数学分析习题课讲义

（第2版）（上册）

谢惠民　恽自求　易法槐　钱定边　编

高等教育出版社·北京

内容简介

　　本书是教育部 "国家理科基地创建名牌课程项目" 的研究成果, 其目的是为数学分析的习题课教学提供一套有创新特色的教材和参考书.

　　本书以编者们 20 多年来在数学分析及其习题课方面的教学经验为基础, 吸取了国内外多种教材和研究性论著中的大量成果, 非常注意经典教学内容中的思想、方法和技巧的开拓和延伸, 在例题的讲解中强调启发式和逐步深入, 在习题的选取上致力于对传统内容的更新、补充与层次化. 本次修订对第 1 版的基本框架 (指章、节和小节) 和主要内容 (指命题、例题、练习题和参考题) 基本上不做改动, 但对书中的一些证明、解法和注释等做了多处改进; 对部分较难的参考题的提示做了改写.

　　本书分上、下两册出版. 上册内容为极限理论和一元微积分, 下册内容为无穷级数和多元微积分.

　　本书可作为高等学校理工科教师和学生在数学分析习题课方面的教材或参考书, 也可以作为全国硕士研究生入学统一考试和其他人员的数学分析辅导书.

图书在版编目 (C I P) 数据

　　数学分析习题课讲义. 上册 / 谢惠民等编. — 2版.
— 北京: 高等教育出版社, 2018.11 (2024.12重印)
　　ISBN 978-7-04-049851-6

　　Ⅰ. ①数… Ⅱ. ①谢… Ⅲ. ①数学分析－高等学校—教学参考资料 Ⅳ. ①O17

　　中国版本图书馆CIP数据核字(2018)第107089号

策划编辑　胡　颖	责任编辑　胡　颖	封面设计　张　志	责任印制　张益豪

出版发行	高等教育出版社	网　　址	http://www.hep.edu.cn
社　　址	北京市西城区德外大街 4 号		http://www.hep.com.cn
邮政编码	100120	网上订购	http://www.hepmall.com.cn
印　　刷	河北鹏盛贤印刷有限公司		http://www.hepmall.com
开　　本	787mm×960mm　1/16		http://www.hepmall.cn
印　　张	27.75	版　　次	2003年7月第1版
字　　数	500千字		2018年11月第2版
购书热线	010-58581118	印　　次	2024年12月第9次印刷
咨询电话	400-810-0598	定　　价	52.80 元

第 1 版序

数学教育本质上是一种素质教育. 学习数学的目的, 不仅仅在于学到一些数学的概念、公式和结论, 更重要的, 是要了解数学的思想方法和精神实质, 真正掌握数学这门学科的精髓. 只有这样, 所学的数学知识才不致沦为一堆僵死的教条, 变得似乎毫无作用, 相反, 能做到触类旁通, 在现实世界中提出的种种问题面前显示出无穷无尽的威力, 终生受用不尽.

要做到这一点, 单靠教师把课讲好是远远不够的. 只有调动学生学习的积极性和主动性, 促使他们自觉地接受经常、充分而又严格的数学训练, 才能使他们真正走近数学, 取得切身的体会, 从而加深对数学的理解. 这些数学训练的内容, 在大学学习阶段, 包括复习课文、做习题、阅读参考书、相互切磋、讨论班报告以及参加与数学有关的实践活动等, 其中, 在认真复习的基础上做好习题, 是和课堂教学联系最直接与紧密、同时也最利于经常实施和长期坚持的一项重要的数学训练. 多讲不如多练, 对数学这样一门注重思考的学科, 情况更是如此. 老师讲课再好, 多媒体等先进教学手段用得再五彩纷呈, 也代替不了学生自己的思考和领悟. 只有通过严格的训练, 使学生手脑并用, 才能启迪心智, 推动思维, 使认识不断深入.

由于解题在训练数学思维方面的极端重要性, 更由于对学生的解题 (至少在初期阶段) 必须进行必要的指引, 长期以来, 对一些大学基础数学课程都开设了相应的习题课, 并安排老师精心指导. 实践证明, 这对保证和提高教学质量是一个颇有成效的培养方式. 然而也毋庸讳言, 近些年来这一个重要的教学环节在一部分学校中却有明显削弱的趋势: 老师布置的习题在数量及质量两方面都降低了要求; 老师批改作业只是象征性的, 有的甚至干脆不改, 简单地公布一个标准答案了事; 习题课不少已名存实亡, 有的干脆已经取消; 极个别的学校甚至将数学课程的考试也采用了 TOEFL 考试的方式等. 这样做的结果, 在全国硕士研究生入学统一考试中也已经可以很清楚地看得出来: 有些平时学习成绩 "优秀" 的学生、甚至一些免试直升的优等生, 对一些基本概念和重要基础理论的似是而非的回答, 对一些基本运算的生疏和迟疑, 往往使主考老师大失所望, 更使他们本人入学后的深造面临重重的困难. 所有这些, 不能不使众多的有识之士深表忧虑和关切.

就数学分析这样的课程来说, 一方面, 它是一门重要的大学基础课程, 很多后继课程都以它为基础, 可视为它的延伸、深化和应用, 而它的基本概念、思想和方法更是无所不在. 因此, 牢固地掌握它的基本内容, 熟练地运用它的基本方法, 透彻地理解它的基本思想, 是打开大学阶段数学学习局面的关键. 另一方面, 为了帮助学生掌握学习的主动权, 尽快实现由初等数学阶段进入高等数学阶段的飞跃, 作为学生最早面对的一门高等数学课程, 它在培养学生养成思考的习惯、提高理解的能力等方面, 更负有重大的启蒙责任. 正因为如此, 上好数学分析的课程, 做好数学分析

ii 第 1 版序

的习题, 努力提高数学分析习题课的质量, 就具有特别重要的意义. 前辈数学大师苏步青教授告诉我们, 他曾做过一万道微积分的习题, 他能得心应手地在微分几何的前沿领域做出举世瞩目的重大贡献, 与他通过这样严格的训练所打下的坚实基础、所培养的顽强毅力以及所积累的对数学思想的洞察是分不开的.

现在的这一本书, 是在作者们长期从事与指导习题课教学的基础上, 为加强数学分析习题课建设而认真撰写的教材与课外读物. 它的着眼点, 不是像现在充斥市面的各种各样的习题解答那样, 消极地为老师或学生提供一些习题的解答, 而是利用习题课这种教学形式, 引导学生深入理解课程内容, 启发学生深入思考, 扩大学生知识视野, 力求使学生达到举一反三、由小见大、由表及里的境界, 较快地熟悉高等数学的思想方法, 迈步走进高等数学的广阔天地. 对于学生, 这是一本富于启发性且颇有新意的辅导读物; 对于担任数学分析授课或习题课的老师, 更是一本独具特色且不可多得的参考书籍. 在已经出版了大量似曾相识的数学分析教材之后, 本书以其鲜明的特色、新颖的视角和丰富的内容, 给我们以耳目一新的感受. 它的出版, 对帮助广大教师提高习题课的教学质量, 对推动学生自觉重视解题的训练, 均可望带来积极的影响, 很值得庆贺, 特为之序.

李大潜

2003 年 4 月 3 日

第 2 版 前 言

本书在 2003 年出版之后, 承蒙许多读者的厚爱, 曾多次印刷使用, 在使用过程中一些院校的师生对本教材提出了很多宝贵的意见与建议. 现在将近十五年了, 情况有了许多变化, 遂决定在初版的基础上进行改写.

第 2 版继续保留了原书的基本框架 (指章、节和小节) 和主要内容 (指命题、例题、练习题和参考题), 结合我们多年的使用经验进行了一些必要的增删和改写.

此次修订, 除对文字、数学名词和符号进行了修改之外, 主要是对部分命题和例题的证明或解法做了改进, 重写和增加了很多注解. 对于参考题, 特别是难度较大的参考题, 大幅度地修改或重写了参考题提示, 力求使得所给出的提示对读者确实有帮助.

在第 2 版中更新和增加了部分参考文献, 在更新的文献中特别要指出, 在第 1 版中多次引用的菲赫金哥尔茨的《微积分学教程》的 50 年代的中译本 (三卷八分册), 由于第 2 版中改用原书第 8 版在 2006 出版的中译本 (三卷), 因此引用该书时一般均有变动. 在增加的文献中,《吉米多维奇数学分析习题集学习指引》(全三册) 和本书一样, 也是学习微积分的辅导用书, 但在写法和内容方面很不一样, 与本书具有很强的互补性, 因此在第 2 版中多次加以引用.

编者在这里要特别感谢本书第 1 版的审阅人沐定夷教授. 他在知道本书将出第 2 版时, 非常支持. 虽然他因健康原因不能提供更多的指导与帮助, 却一再表示出版后一定要给他看. 由于他已于 2017 年 3 月不幸去世, 他的这个愿望已不能实现. 实际上, 沐定夷教授不仅是第 1 版的审阅人, 而且还向我们提供了他在上海交通大学多年的数学分析教学中积累起来的大量宝贵资料, 对第 1 版的编写起到了重要的作用. 谨以本书的出版作为对沐定夷教授的纪念.

最后要指出, 本书的出版得到了高等教育出版社的推动和大力支持. 编者特别对于李蕊同志的帮助、策划和责任编辑胡颖同志的辛勤劳动和高质量的工作表示衷心的感谢.

编者

2018 年 8 月

第 1 版 前 言

本书是以适应多层次需要和具有多种用途为指导思想编写的数学分析习题课教材.

首先, 本书的直接目的是为上数学分析习题课的教师和学生同时提供服务. 为此在书中对于基本例题和基本方法作了比较详细的讲解, 特别注重如何帮助初学者入门和逐步提高 (例如 §1.3、§1.4 和 2.1.3 小节), 按照难度的不同层次收录相当数量的习题, 并在每一章的最后一节总结学习要点. 对许多经典性的内容采取比较新颖的证明和分析方法, 在例题和习题的选取中也力求创新, 改变过去微积分学教程和吉米多维奇习题集一统天下的传统格局. 在编写中非常重视一题多解和前后呼应, 并对学习中常见的典型错误进行分析. 此外, 特别为教师提供的服务还有在§1.1 中对组织习题课教案的意见, 在 §2.8 的数列极限的习题课教案, 在 25.5.1 小节的曲面积分的习题课教案, 以及每一章末对教学的建议等.

其次, 本书可作为学生在解题和扩大知识领域方面的参考书. 我们不赞成像工厂生产标准化产品那样来开展教学工作, 千人一面的做法不可能造就具有高度创造性的人才. 能力的培养不可能离开解题的训练. 学生根据自己的情况, 做一些有难度的课外题是非常必要的. 本书所收录的习题按照其难度和灵活性大致分为练习题和参考题. 每节末有练习题, 每章末有参考题 (一般有两组). 这样安排是为了帮助初学者逐步提高分析问题和解决问题的能力. 此外, 本书对于教材中的一系列问题作了较深入的讨论, 还包括了一些提高部分的内容, 例如第二章的迭代生成数列, 第五章的 Li-Yorke 混沌, 第八章和第十一章的凸函数和不等式中的部分材料等. 它们既是课程内容的自然延伸, 又是进一步学习的起跳板. 本书与一般教科书不同的另一特点是, 文中有大量的引用, 其中除了书末的参考文献外, 还有国内外与数学分析有关的杂志上的大量教学研究论文. 我们认为这种旁征博引对读者是有益的.

对较难的题, 学生一时做不出是十分正常的现象. 建议学生要学会将问题记在心里经常思考. 如能通过自己的不懈努力做出一道较难的题, 那才是真正的收获. 若能持之以恒, 自己的能力和素质就会有切实的提高, 不要养成急于从书本上或他人处寻找现成解答的习惯. 这样看似省力, 实际上往往转身就忘, 反而失去了很好的学习机会. 来得快则去得更快. 没有经过自己的努力, 即使将现成答案放在面前, 也往往不知所云, 一无所得. 本书不附习题解答就是出于以上考虑. 为了对读者提供帮助, 书中附有较多的注解, 经常指出有关例题和习题的意义、与其他题的联系等. 书中对所有参考题均给出提示, 集中放在书末. 但请注意, 该提示中指出的方法未必高明, 更不一定是唯一的方法.

本书也可作为考研的复习教材. 就我们所见, 许多学生在考研前对课程的基本内容已遗忘甚多, 面对茫茫题海不知所措. 本书可以帮助他们对基本内容和方法进行复习, 然后通过数量并不很大的习题训练得到较快的提高.

　　本书还可作为已经学过一般高等数学的读者进一步提高的进修教材. 本书在许多基本方法的讲解上较为细致, 起点不高, 对自学比较合适.

　　苏州大学数学系长期以来非常重视数学分析的习题课建设. 1987—1989 年由吴茂庆和卫瑞霞编写的习题课教材, 分上、中、下三册, 在数学分析教学中起了重要的作用; 但由于当时只油印了几十份, 仅供上习题课的青年教师使用, 目前已很难得到, 而十年以来的形势发展很需要一套全新的习题课教材, 并供广泛得多的读者使用, 这便是编写本书的由来. 本书从 1998 年底开始编写, 并经多次试用和征求同行的意见, 逐步形成现在的面貌. 当然, 数学分析习题课教材的建设是一个长期积累的过程, 不可能毕其功于一役. 希望本书的编写能够起到承前启后的作用, 使数学分析习题课的教学质量得到稳步的提高.

　　本书分上、下两册出版. 上册的内容为极限理论和一元微积分, 下册的内容为无穷级数和多元微积分.

　　为简明起见, 正文内只设命题与例题, 并在每一章节内分别依次编号. 例如, 命题 2.4.1 就是第二章第 4 节的第一个命题. 命题一般是有独立存在价值的定理或结论. 有的例题很重要, 实际上也可以作为命题. 这里没有绝对的界线.

　　在几年的编写和试用过程中, 得到了兄弟院校和本校许多同行的关心和帮助, 并尽可能地吸取了他们对几次初稿的宝贵意见; 上海交通大学的沐定夷教授承担了全书的审阅, 其中包括几年来的每次修改稿, 提出了许多重要意见和建议; 在本书的编写中参考了很多文献, 其中包括教科书、习题课教材、习题集和对数学分析中许多课题和方法的研究性材料; 本书的排版采用天元和 L^AT_EX 系统, 并得到了华东师范大学陈志杰教授的多次热情帮助; 本书的编写得到了教育部 "国家理科基地创建名牌课程项目" 和苏州大学数学系的资助; 本书的出版得到了高等教育出版社数学分社的大力支持, 特别是得益于高级策划王瑜和责任编辑薛春玲的辛勤工作和热情指导; 对于以上种种帮助, 在此一并致以深切的感谢.

　　本书编写组的成员是谢惠民、恽自求、易法槐和钱定边. 极限和一元微分学的执笔人是谢惠民, 一元积分学和无穷级数的执笔人是恽自求和谢惠民, 多元微积分的执笔人是易法槐和钱定边. 此外上册的数列极限习题课教案和对习题课的多数建议是由钱定边提供的.

　　由于编者水平所限, 在目前的版本中必然还会有许多错误和不妥之处, 这完全是执笔人的问题. 本书的许多新的设想和特点也还不成熟. 我们恳切地希望读者对本书批评指正, 提出进一步改进的宝贵意见, 以利于本书今后的修正.

数学分析习题课教材编写组
2003 年 2 月

上册内容简介

这里将分章介绍本书上册正文中的部分内容. 建议读者广泛使用书末的两个索引, 即中文名词索引和外文名词索引, 从中可以查到许多在目录上不易寻找到的材料.

第一章为引论. §1.3 介绍了一系列初等不等式, 其中特别是平均值不等式在书中将多次应用. 在 §1.4 中对两个逻辑符号 ∀ 和 ∃ 的由来和用处作了详细的讲解. 这都是在一般教科书中不可能花很多篇幅来介绍的内容.

第二章为数列极限. 在 2.1.3 小节中对适当放大法作详细讨论. 例题 2.2.1 在一般教科书中是少见的. 2.2.3 小节中提前引入无穷级数, 并对调和级数的发散性给出多个证明. §2.5 用两个通俗问题引入数 e. §2.6 对于迭代生成的数列介绍了 "蛛网工作法", 总结出具有相当普遍性的两条规律.

第三章为实数系的基本定理. 除了单调有界数列的收敛定理是上一章的主要工具外, 在这一章中分节详细介绍其余 5 个基本定理的内容、证明和应用. 对区间套定理的 "凝聚" 特点作了细致的分析. 凝聚定理的证明依赖于一般教科书中不常见的 "任何数列必有单调子列" 的结论. 用三分法证明 Cauchy 收敛准则仅见于 [41]. Lebesgue 数的存在性证明是易法槐提出的. 介绍了上、下极限的三种不同视角, 还包括它们在多个方面的应用. 在 3.7.2 小节举出用本章定理一题多解的例题.

第四章为函数极限. 其中 $\lim\limits_{x\to 0}\dfrac{\sin x}{x}=1$ 的证明取自杂志《数学的实践与认识》中的论文. 对于使用等价量代换法中的常见错误进行了分析, 指出了正确使用的两条规则.

第五章为连续函数. 其中除了对基本定理作细致的处理外, 作为第二章中迭代生成数列的现代发展, 还在 §5.6 介绍了混沌. 为了理解这些最新发展所需的知识只限于连续性和上、下极限的概念.

第六章为导数与微分. 其中对几个基本结果采用了 [17] 中的处理方法. 对于一阶微分的形式不变性作了详细讨论.

第七章为微分学中值定理和 Taylor 定理. 对于 Fermat 定理、Rolle 定理和 Lagrange 中值定理都采用了不同于一般书中的新的证明方法. 根据沐定夷的建议, 提出并证明了 Taylor 多项式的最优性.

第八章为微分学的应用. 这里分 7 个专题作介绍. §8.4 和 §8.5 对于凸函数以及凸性在证明不等式中的应用有丰富的材料, 其中包括大量练习题. 作图题中收入了燕尾突变的例题.

第九章为不定积分. 对于第二换元法作出了一个严格证明 (取自《美国数学月刊》上的论文). 对于求有理函数的不定积分举出两种比较灵活的计算方法 (其中之一来自 [72]).

第十章为定积分. 不正面介绍零测度概念而给出关于 Riemann 可积充要条件的 Lebesgue 定理的证明 [8].对积分第一中值定理的中值可以在开区间中取到的结论作出证明 (与 [53, 57] 类似). 计算定积分的例题 10.4.1 是较新的. 在利用对称性计算定积分方面利用了 [49] 的分析, 这比传统的说法更为透彻. 在对称性分析的基础上形成的命题 10.4.6 成为解决一系列问题的有力工具.

第十一章为积分学的应用. 在几何应用中推荐用 Green 公式的一个特例 [42]. §11.2 与 §8.4 和 §8.5 呼应, 为凸函数和不等式提供了丰富的内容. 对于积分估计给出了较多的例题. Wallis 公式的证明虽然是传统的, 但具有新的视角. Stirling 公式采用 [8] 中比较严格的证明. 改写了 Niven 对于 π 的无理性的证明.

第十二章为广义积分. 对 Dirichlet 判别法的必要性给出证明. 采用较新的方法计算概率积分. 对于无穷限广义积分收敛时被积函数在无穷远处的特殊性质作了详细讨论.

由于篇幅所限, 本书没有介绍插值多项式的丰富内容, 在数值积分方面也未作详细介绍, 但仍收入了关于近似计算的许多材料. 从收敛数列的收敛速度出发, 正式引入算法的阶, 讨论了对圆周率的多种算法、对数 e 的两种近似计算的比较、方程求根的不同算法等.

目　　　录

第一章 引　　论

这一章只是一些准备工作. 读者可先浏览一下, 然后根据自己的需要来使用.

在§1.1 中对于如何上习题课提出一些建议. 在§1.2 中列出了本书中的常用记号. 在§1.3 中介绍几个常用的初等不等式, 供自学. 根据我们的经验, 在学期开始时如能关于初等不等式组织一次课外讲座是很合适的. 就初学者而言, 花点力气学好这一节 (包括练习题) 对今后大有好处. 这不仅因为其中的平均值不等式、三点不等式和 Cauchy (柯西) 不等式是以后的常用工具, 而且还可以通过这些不等式的证明熟悉所用的方法. §1.4 的对偶法则很重要, 也可自学.

§1.1　关于习题课教案的组织

在上册中, 除第二章外, 不提供具体的习题课教案. 附有教案的参考书已有很多, 例如 [13, 61, 65, 70] 等. 我们认为习题课的任课教师应当根据所用的具体教材、大课内容和学生的动态情况来写出自己的习题课教案. 与主讲教师所上的大课相比, 这里有更为广阔的天地可以发挥教师的创造性. 我们在下面先提出一些原则性的建议供参考, 然后从第二章起, 于每章的最后一节提出学习要点和对习题课的建议, 并附有一定难度的若干参考题供选择使用. 注意: 较难的参考题, 特别是第二组参考题, 可供学有余力的学生或考研使用, 对习题课则不尽合适.

在讨论习题课的内容之前, 需要强调指出: 上习题课的教师必须自己动手解题和选题. 随随便便从一本书上抄个题, 不明白它的来龙去脉, 就拿来作为习题课上的例题或练习题, 这不是对学生负责的做法, 效果也一定不会好. 一旦出了问题, 就会砸锅, 使自己下不了台. 以其昏昏, 怎能使人昭昭?

写教案的另一个依据则是掌握学生不断变化的具体情况, 特别是作业批改中出现的活材料. 教师认真批改作业和思考其中出现的问题是上好习题课的必要条件. 对于学习中出现的情况是不可能举尽的, 完全要靠教师的辛勤劳动和对教学内容的把握来作出正确的处理. "教无常法"在这里是非常合适的.

一、课堂提问与讨论　这方面可以参考本书中为部分章节安排的思考题. 但往往最好的材料来自习题批改和学习中出现的具体情况. 要从一开始引导学生学习数学的思维方式. 例如, 对于所提出的问题, 若回答"一定", 则要求能给出证明; 若回答"不一定", 则要求会举出反例. 用来推翻某个论断的例子就叫做"反例". 要引导学生学会举例子来支持自己的观点.

二、课内例题的选取　首先应当注意, 不要将习题课变成例题讲解课, 一讲到底. 这样做的效果往往不一定好. 实际上, 不论例题的选择和讲解是怎样的如花似锦, 学生还是必须经过自己的实践才能吸收其中所含的营养. 这就是 Pólya (波利亚) 所说的"模仿加实践"的意思 (见 [45]). "精讲多练, 加强实践" 的提法在这里是完全正确的. 关于例题的选取可以参考本书各章节的例题和所用教材的内容, 还要根据学生情况来决定其难度和强度. 在一定条件下, 多即是少, 少即是多. 脱离实际讲难度过大的题, 使得绝大多数学生都听不懂, 这完全背离了教学的基本原则. 要学生听不懂, 这是最差的教师都能做得到的事. 教学中困难的恰恰是其反面, 即能够深入浅出, 将重要的基本内容讲得使绝大多数学生都懂. 总之, 在教学上如何为好, 应当根据实际效果作出裁决.

  三、对课内练习题的备课 课内练习题的选取应当考虑到同学的实际情况, 不宜过难. 指导教师要精心考虑如何启发和引导学生, 根据现场情况对有困难的学生给以帮助, 进行个别指导. 要避免使很多学生束手无策或在错误的道路上浪费太多的时间. 还应当在现场及时总结情况, 发现和介绍较好的解法. 这里有一个与上大课不同之处是, 在习题课上经常会出现事先不曾料到的情况. 例如有学生提出新的解法, 它的正确与否, 以及它的意义和价值, 需要习题课任课教师当场作出判断和处理. 由此可见, 上好习题课对教师来说, 无论是刚上讲台的青年教师还是老教师, 都不是简单的工作. 要做到因势利导与随机应变, 真是谈何容易. 当然, 关键还在于充分备课和积累经验. 习题课教师对于所布置的课内练习题的意义、解法和所要达到的目的应当有清楚的了解和充分的准备. 要积极鼓励学生中的创造性思维.

§1.2 书中常用记号

  凡本书中用文字符号表示的数, 如未加说明, 均为实数. 对于实数, 本书一开始采取与中学教材中相同的理解, 即可以用十进有尽小数和无尽小数表示的数.

1. $\mathbf{N}_+$: 所有正整数所成的集合.

2. $\mathbf{R}$: 所有实数所成的集合 (同时也用于表示无限区间 $(-\infty, +\infty)$).

3. $\mathbf{Q}$: 所有有理数所成的集合.

4. $\mathbf{C}$: 所有复数所成的集合.

5. $\Longleftrightarrow$ 是等价关系的记号. $A \Longleftrightarrow B$ 表示 A 和 B 等价. 例如, A 代表 $x > 3$, B 代表 $x - 3 > 0$, 则 $x > 3 \Longleftrightarrow x - 3 > 0$.

6. $[x]$ 是实数 x 的整数部分, 即不超过 x 的最大整数. 例如 $[\sqrt{2}] = 1$, $[-\sqrt{2}] = -2$. 关于 $[x]$ 的基本不等式是: $[x] \leqslant x < [x] + 1$, 或 $x - 1 < [x] \leqslant x$.

7. $\square$ 表示一个证明或解的结束.

8. $\binom{n}{k} = \mathrm{C}_n^k = \dfrac{n(n-1)\cdots(n-k+1)}{k!}$.

9. 记号 $\approx$ 表示近似值. 例如 $\sqrt{2} \approx 1.4$.

10. 复合函数 $f(g(x))$ 也写成 $(f \circ g)(x)$ 或 $f \circ g$.

11. 若 A 和 B 为两个集合, 则用记号 $A - B$ 或 $A \setminus B$ 表示 A 与 B 的差集, 也就是集合 $\{x \mid x \in A \text{ 且 } x \notin B\}$.

12. 用 $O_\delta(a)$ 表示以 a 为中心, 以 $\delta > 0$ 为半径的邻域. 它就是开区间 $(a - \delta, a + \delta)$ (也可用 $U_\delta(a)$ 等记号). 如不必指出半径, 则可简记为 $O(a)$ (或 $U(a)$).

§1.3 几个常用的初等不等式

本节的不等式只要有中学数学基础就能理解, 但在中学时学生不一定都学过, 更谈不上熟悉, 而在大学学习时老师又可能认为这些内容很容易, 学生早就该会了. 在多数的数学分析教材中往往对此不加证明 (或只放在一个注解中). 其实这些不等式, 尤其是算术平均值 – 几何平均值不等式, 以及它们的一些常见的证明方法, 具有深刻的意义, 从一开始就应当重视. 本节以命题的形式介绍它们的基本内容, 作为学习数学分析的准备工作.

1.3.1 几个初等不等式的证明

命题 1.3.1 (Bernoulli (伯努利) 不等式) 设 $h > -1$, $n \in \mathbf{N}_+$, 则成立不等式
$$(1 + h)^n \geqslant 1 + nh,$$
其中当 $n > 1$ 时等号成立的充分必要条件是 $h = 0$.

证 由于 $n = 1$ 或 $h = 0$ 时不等式明显成立 (且其中均成立等号), 以下只需讨论 $n > 1$ 和 $h \neq 0$ 的情况.

将 $(1 + h)^n - 1$ 作因式分解, 就可以得到
$$(1 + h)^n - 1 = h \left[1 + (1 + h) + (1 + h)^2 + \cdots + (1 + h)^{n-1} \right]. \tag{1.1}$$
当 $h > 0$ 时, 在右边方括号内从第二项起都大于 1, 因此就有 $(1+h)^n - 1 > nh$.

在 $-1 < h < 0$ 时在 (1.1) 右边方括号中从第二项起都小于 1, 因此方括号中表达式之和小于 n. 由于 $h < 0$, 因此又得到 $(1 + h)^n - 1 > nh$. $\qquad\square$

为了应用的方便, 可将 Bernoulli 不等式推广为双参数的形式.

令 $h = B/A$, 其中 $A > 0$, $A + B > 0$, 则条件 $1 + h > 0$ 成立. 将这个 h 代入 Bernoulli 不等式中, 就可以得到下一个不等式.

命题 1.3.2 设有 $A > 0$, $A + B > 0$, $n \in \mathbf{N}_+$, 则成立不等式
$$(A + B)^n \geqslant A^n + nA^{n-1}B,$$
而且当 $n > 1$ 时等号成立的充分必要条件是 $B = 0$.

下面要介绍的就是著名的**算术平均值 – 几何平均值不等式**, 也简称为**平均值不等式**. 它在两个实数的情况包含了中学数学的三个基本不等式:

(1) $\sqrt{ab} \leqslant \dfrac{1}{2}(a+b)$ $(a, b \geqslant 0)$, (2) $\dfrac{a}{b} + \dfrac{b}{a} \geqslant 2$ $(a, b$ 同号$)$,

(3) $a^2 + b^2 \geqslant 2ab$ $(a, b \in \mathbf{R})$,

且仅当 $a = b$ 时, 以上三个不等式中等号成立.

平均值不等式"可能是最重要的不等式, 并无疑地是不等式理论的基石" (见 [2]). 平均值不等式在有关不等式的名著 [22, 2] 中都有许多讨论. 这方面的较新专著是 [7], 其中收集了 74 个证明. 读者还可以从 [30] 中找到关于平均值不等式的许多推广和新的研究. 有些数学杂志, 如《数学通报》《中学数学月刊》和《美国数学月刊》等, 还经常发表关于平均值不等式的新证明.

命题 1.3.3 (算术平均值 – 几何平均值不等式) 设 $a_1, a_2, \cdots, a_n$ 是 n 个非负实数, 则成立不等式

$$\frac{a_1 + a_2 + \cdots + a_n}{n} \geqslant \sqrt[n]{a_1 a_2 \cdots a_n},$$

其中等号成立的充分必要条件是 $a_1 = a_2 = \cdots = a_n$.

证 1 一开始可以看出, 如果在 $a_1, a_2, \cdots, a_n$ 中出现 0, 则不等式已经成立. 又可以看出, 这时等号成立的充分必要条件是其中每个数为 0. 因此以下只要对 $a_1, a_2, \cdots, a_n$ 为 n 个正数的情况来进行证明就够了.

应用数学归纳法. 在 $n = 1$ 时结论是平凡的. 在 $n = 2$ 时的结论是中学数学已包含的内容. 现设 $n = k$ 时不等式已成立, 然后讨论 $n = k + 1$. 将 $k + 1$ 个正数 $a_1, a_2, \cdots, a_{k+1}$ 的算术平均值分解如下:

$$\frac{a_1 + a_2 + \cdots + a_{k+1}}{k+1} = \frac{a_1 + a_2 + \cdots + a_k}{k} + \frac{ka_{k+1} - (a_1 + a_2 + \cdots + a_k)}{k(k+1)}. \quad (1.2)$$

然后将上式右边的两项分别记为 A 和 B. 这时条件 $A > 0, A + B > 0$ 满足, 因而就可以应用命题 1.3.2 中的不等式作以下计算:

$$\begin{aligned}
\left(\frac{a_1 + a_2 + \cdots + a_{k+1}}{k+1}\right)^{k+1} &= (A+B)^{k+1} \geqslant A^{k+1} + (k+1)A^k B \\
&= A^k[A + (k+1)B] \\
&= \left(\frac{a_1 + a_2 + \cdots + a_k}{k}\right)^k \cdot a_{k+1} \\
&\geqslant a_1 a_2 \cdots a_k a_{k+1}.
\end{aligned}$$

在不等式中等号成立的条件也可用数学归纳法得到. 在 $n=1$ 时已成立. 设在 $n=k$ 时结论为真, 则在 $n=k+1$ 时可从上述推导看出等号成立的条件是

$$ka_{k+1} = a_1 + a_2 + \cdots + a_k \quad \text{和} \quad a_1 = a_2 = \cdots = a_k,$$

也就是 $a_1 = a_2 = \cdots = a_k = a_{k+1}$. □

证 2 这个证明与第一个证明基本上是一样的, 只是多用了一个技巧, 从而就可以不必用 Bernoulli 不等式, 而只要用二项式展开定理就够了.

只写出与第一个证明不同之处. 在归纳法第二步中, 对 $a_1, a_2, \cdots, a_{k+1}$ 可根据需要重新编号, 使得 a_{k+1} 是其中的最大数 (之一). 然后再作分解 (1.2). 这个分解式右边的第二项一定是非负数, 从而满足条件 $A > 0, B \geqslant 0$. 从二项式展开定理就有 $(A + B)^{k+1} \geqslant A^{k+1} + (k+1)A^k B$, 其后的证明不变. □

证 3 现在介绍用向前 – 向后 (Forward and Backward) 数学归纳法的证明. 这是由 Cauchy 给出的. 由于这个证明十分精彩, 也有人将平均值不等式称为 Cauchy 平均值不等式.

从 $n=2$ 的已知情况出发, 可以得到如下 $n=4$ 时的平均值不等式:

$$
\begin{aligned}
\frac{a_1 + a_2 + a_3 + a_4}{4} &= \frac{1}{2}\left(\frac{a_1 + a_2}{2} + \frac{a_3 + a_4}{2}\right) \\
&\geqslant \sqrt{\left(\frac{a_1 + a_2}{2}\right) \cdot \left(\frac{a_3 + a_4}{2}\right)} \\
&\geqslant \sqrt{\sqrt{a_1 a_2}\sqrt{a_3 a_4}} = \sqrt[4]{a_1 a_2 a_3 a_4}.
\end{aligned}
$$

同样可知, 若 $n = 2^k$ 时不等式已成立, 则可得到 $n = 2^{k+1}$ 时的平均值不等式

$$
\begin{aligned}
\frac{1}{2^{k+1}} \sum_{i=1}^{2^{k+1}} a_i &= \frac{1}{2}\left(\frac{1}{2^k}\sum_{i=1}^{2^k} a_i + \frac{1}{2^k}\sum_{i=2^k+1}^{2^{k+1}} a_i\right) \\
&\geqslant \sqrt{\left(\frac{1}{2^k}\sum_{i=1}^{2^k} a_i\right) \cdot \left(\frac{1}{2^k}\sum_{i=2^k+1}^{2^{k+1}} a_i\right)} \\
&\geqslant \sqrt{\sqrt[2^k]{\prod_{i=1}^{2^k} a_i}\sqrt[2^k]{\prod_{i=2^k+1}^{2^{k+1}} a_i}} = \sqrt[2^{k+1}]{\prod_{i=1}^{2^{k+1}} a_i}.
\end{aligned}
$$

这样就证明了当 n 为 2 的所有方幂时平均值不等式已成立. 这是"向前"部分.

第二步要证明, 当平均值不等式对某个 $n > 2$ 成立时, 则它对 $n-1$ 也一定成立. 这是证明中的"向后"部分. 写出

$$\frac{1}{n-1}\sum_{i=1}^{n-1} a_i = \frac{1}{n} \cdot \left(\frac{n}{n-1}\right)\sum_{i=1}^{n-1} a_i = \frac{1}{n}\left(\sum_{i=1}^{n-1} a_i + \frac{1}{n-1}\sum_{i=1}^{n-1} a_i\right).$$

将圆括号中的第二项看成为 a_n, 就可以利用 n 时已成立的平均值不等式得到

$$\frac{1}{n-1}\sum_{i=1}^{n-1}a_i \geqslant \sqrt[n]{\left(\prod_{i=1}^{n-1}a_i\right)\cdot\left(\frac{1}{n-1}\sum_{i=1}^{n-1}a_i\right)}.$$

将以上不等式两边升高 n 次幂, 就有

$$\left(\frac{1}{n-1}\sum_{i=1}^{n-1}a_i\right)^n \geqslant \left(\prod_{i=1}^{n-1}a_i\right)\cdot\left(\frac{1}{n-1}\sum_{i=1}^{n-1}a_i\right),$$

然后在两边约去公因子 $\dfrac{1}{n-1}\sum_{i=1}^{n-1}a_i$, 再开 $n-1$ 次根, 就得到所要的不等式. 合并以上向前和向后两部分, 可见平均值不等式对每个正整数 n 成立. □

注 除以上证明外, 平均值不等式还有许多其他证明. 例题 8.5.5 即是用微分学方法的证明. 此外, 广义的平均值不等式 (命题 8.5.1) 也有多种证明. 读者可从参考资料中找到更多的材料. 可能今后你自己也会发现一个新的证明.

下面的不等式常称为三点不等式. 实际上, 它不仅在实数范围中成立, 在复数以及更为一般的空间 (例如在高等代数中的线性空间或向量空间) 中也成立, 并因此又被形象化地称为三角形不等式.

命题 1.3.4 (三点不等式) 若 a, b 为实数, 则成立不等式

$$|a+b| \leqslant |a| + |b|,$$

其中等号成立的充分必要条件是 a 和 b 同号 (将数 0 看为和任何数同号).

证 写出不等式 $-|a| \leqslant a \leqslant |a|$ 和 $-|b| \leqslant b \leqslant |b|$, 将它们相加, 得到

$$-(|a|+|b|) \leqslant a+b \leqslant (|a|+|b|),$$

即是 $|a+b| \leqslant |a|+|b|$. 其中等号成立的讨论可类似进行, 请读者补充说明. □

下面的不等式在线性空间中有漂亮的几何意义, 它也称为 Schwarz (施瓦茨) 不等式.

命题 1.3.5 (Cauchy 不等式) 对实数 $a_1, a_2, \cdots, a_n$ 和 $b_1, b_2, \cdots, b_n$ 成立

$$\left|\sum_{i=1}^{n}a_ib_i\right| \leqslant \sqrt{\sum_{i=1}^{n}a_i^2}\sqrt{\sum_{i=1}^{n}b_i^2}.$$

证 引进变量 λ, 写出如下的非负二次三项式:

$$0 \leqslant \sum_{i=1}^{n}(\lambda a_i - b_i)^2 = \lambda^2\sum_{i=1}^{n}a_i^2 - 2\lambda\sum_{i=1}^{n}a_ib_i + \sum_{i=1}^{n}b_i^2.$$

如果 $a_1, a_2, \cdots, a_n$ 全为 0, 则可以发现 Cauchy 不等式已成立. 否则, λ^2 项的系数不会是 0, 因此它的判别式非正, 这就导致

$$\left(\sum_{i=1}^{n} a_i b_i\right)^2 \leqslant \left(\sum_{i=1}^{n} a_i^2\right) \cdot \left(\sum_{i=1}^{n} b_i^2\right).$$

两边开方, 就得到所要求证的不等式.   □

注   在 Cauchy 不等式中等号成立的充分必要条件是两个序列 $\{a_i\}_{1\leqslant i\leqslant n}$ 和 $\{b_i\}_{1\leqslant i\leqslant n}$ 成比例. 其证明请读者完成.

以下是关于三角函数的一个初等不等式, 在其中角度 x 用弧度作为单位.

命题 1.3.6   如果 $0 < x < \dfrac{\pi}{2}$, 则成立不等式 $\sin x < x < \tan x$.

注   由于这个不等式在数学分析教材中都有证明 (例如 [14]), 这里从略. 大多数教科书中采用几何方法, 即利用三角形和扇形的面积关系来导出上述不等式. 在 [41] 上册第 65–66 页中有新的证明, 在一定的意义上更严格一些.

1.3.2   练习题

下面的题用于熟悉以上的初等不等式, 进一步的材料见 [30].

1. 关于 Bernoulli 不等式的推广:

   (1) 证明: 当 $-2 \leqslant h \leqslant -1$ 时 Bernoulli 不等式 $(1+h)^n \geqslant 1+nh$ 仍成立;

   (2) 证明: 当 $h \geqslant 0$ 时成立不等式 $(1+h)^n \geqslant \dfrac{n(n-1)h^2}{2}$, 并推广之;

   (3) 证明: 若 $a_i > -1$ $(i = 1, 2, \cdots, n)$ 且同号, 则成立不等式

   $$\prod_{i=1}^{n}(1+a_i) \geqslant 1 + \sum_{i=1}^{n} a_i.$$

2. 阶乘 $n!$ 在数学分析以及其他课程中经常出现, 以下是几个有关的不等式, 它们都可以从平均值不等式得到:

   (1) 证明: 当 $n > 1$ 时成立 $n! < \left(\dfrac{n+1}{2}\right)^n$;

   (2) 利用 $(n!)^2 = (n \cdot 1)[(n-1) \cdot 2] \cdots (1 \cdot n)$ 证明: 当 $n > 1$ 时成立

   $$n! < \left(\dfrac{n+2}{\sqrt{6}}\right)^n;$$

   (3) 比较 (1) 和 (2) 中两个不等式的优劣, 并说明原因;

   (4) 证明: 对任意实数 r 成立 $(n!)^r \leqslant \dfrac{1}{n^n}\left(\sum_{k=1}^{n} k^r\right)^n$.

(在第二章的参考题中还有关于 $n!$ 的不等式. 这方面的深入讨论见本书 11.4.2 小节的 Wallis (沃利斯) 公式和 Stirling (斯特林) 公式.)

3. 证明**几何平均值 – 调和平均值不等式**: 若 $a_k > 0, k = 1, 2, \cdots, n$, 则有

$$\left(\prod_{k=1}^{n} a_k \right)^{\frac{1}{n}} \geqslant \frac{n}{\displaystyle\sum_{k=1}^{n} \frac{1}{a_k}}.$$

4. 证明: 当 a, b, c 为非负数时成立 $\sqrt[3]{abc} \leqslant \sqrt{\dfrac{ab + bc + ca}{3}} \leqslant \dfrac{a + b + c}{3}$.

(这个结果还可以推广到 n 个非负数的情况.)

5. 证明下列不等式:

   (1) $|a - b| \geqslant |a| - |b|$ 和 $|a - b| \geqslant \big||a| - |b|\big|$;

   (2) $|a_1| - \displaystyle\sum_{k=2}^{n} |a_k| \leqslant \left| \sum_{k=1}^{n} a_k \right| \leqslant \sum_{k=1}^{n} |a_k|$;又问:左边可否为 $\left| |a_1| - \displaystyle\sum_{k=2}^{n} |a_k| \right|$?

   (3) $\dfrac{|a + b|}{1 + |a + b|} \leqslant \dfrac{|a|}{1 + |a|} + \dfrac{|b|}{1 + |b|}$;

   (4) $|(a + b)^n - a^n| \leqslant (|a| + |b|)^n - |a|^n$.

(特别要注意其中的 (1) 是应用三点不等式时的常见形式.)

6. 试按下列提示, 给出 Cauchy 不等式的几个不同证明:

   (1) 用数学归纳法;

   (2) 用 Lagrange (拉格朗日) 恒等式

   $$\sum_{k=1}^{n} a_k^2 \sum_{k=1}^{n} b_k^2 - \left(\sum_{k=1}^{n} |a_k b_k| \right)^2 = \frac{1}{2} \sum_{k=1}^{n} \sum_{i=1}^{n} (|a_k||b_i| - |a_i||b_k|)^2;$$

   (3) 用不等式 $|AB| \leqslant \dfrac{A^2 + B^2}{2}$;

   (4) 构造复的辅助数列 $c_k = a_k^2 - b_k^2 + 2\mathrm{i}\,|a_k b_k|, k = 1, 2, \cdots, n$, 再利用

   $$\left| \sum_{k=1}^{n} c_k \right| \leqslant \sum_{k=1}^{n} |c_k|.$$

7. 用向前 – 向后数学归纳法证明: 设 $0 < x_i \leqslant \dfrac{1}{2}, i = 1, 2, \cdots, n$, 则

$$\frac{\prod\limits_{i=1}^{n} x_i}{\left(\sum\limits_{i=1}^{n} x_i\right)^n} \leqslant \frac{\prod\limits_{i=1}^{n}(1 - x_i)}{\left[\sum\limits_{i=1}^{n}(1 - x_i)\right]^n}.$$

(这个不等式是由在美国数学界有重大影响的华裔数学家樊畿 (Fan Ky) 得到的, 关于它的许多研究和推广见 [30].)

8. 设 a, c, g, t 均为非负数, $a + c + g + t = 1$, 证明 $a^2 + c^2 + g^2 + t^2 \geqslant \dfrac{1}{4}$, 且其中等号成立的充分必要条件是 $a = c = g = t = \dfrac{1}{4}$.

(本题来自 DNA 序列分析.)

§1.4 逻辑符号与对偶法则

在数学中广泛使用从数理逻辑中借用来的两个逻辑符号, 即 $\forall$ 和 $\exists$. 这样就可以将许多带有变元的数学命题或叙述 (Statement) 符号化, 从而得到既简单又准确的表达方式. 更为重要的是, 在学习了本节所介绍的**对偶法则**后, 可以很容易将否定的命题或叙述用正面的方式 (即肯定的方式) 表达出来, 这在数学分析和其他许多课程的学习中是很基本的一种方法.

首先要了解这两个逻辑符号的确切意义.

符号 $\forall$ 是从大写字母 A 绕中心旋转而得到的. 它的意义与英文单词 All 直接有关, 译成中文就是 "对所有" "对任意" "对任何" 或 "对每一个".

符号 $\exists$ 是从大写字母 E 绕中心旋转而得到的. 它的意义与英文单词 Exist 一致, 译成中文就是 "存在" 或 "有".

举例来说, 如何刻画一个数列 $\{a_n\}$ 有界? 如果不用数学符号的话, 则可说成为: 存在一个正数, 使数列的每一项的绝对值都以它为界, 也就是说都不超过这个正数. 如果用上述逻辑符号, 则可以写为

$$\exists M > 0, \forall n, \text{ 使得 } |a_n| \leqslant M \text{ (成立)}. \tag{1.3}$$

当然初学者很可能会觉得这两个不同说法并没有多大差别, 而且在后一个说法中还引进了两个陌生的符号, 何必呢?

现在提出一个新的问题, 即如何刻画一个数列 $\{a_n\}$ 无界?

从定义知道, 数列无界的概念是作为数列有界概念的否定而引进的. 因此问题就变成如何去刻画数列 $\{a_n\}$ 不是有界的? 这在很多场合是不能避免的问题.

例如, 假定你要证明的一个命题是: 若数列满足条件 P, 则必定有界. 如果你打算用反证法, 则证明的第一句话应当是: 设有一个数列 $\{a_n\}$ 满足条件 P, 但同时 $\{a_n\}$ 无界. 如果你不能够将"$\{a_n\}$ 无界"这个反证法的前提用正面方式表达出来, 而只知道无界就是有界的否定的话, 那么你的反证法证明就做不下去了.

现在我们从 (1.3) 出发来看如何导出无界的正面叙述. 在 (1.3) 中的第一句话"$\exists M > 0$", 即存在一个正数, 它具有后两句中所规定的性质. 因此数列 $\{a_n\}$ 无界就应当是它的反面, 即不存在由后两句规定的性质的正数 (这里我们仍然没有前进一步). 换一个说法, 即每一个正数都不具有由 (1.3) 后两句所规定的性质. 这样就可以将数列 $\{a_n\}$ 无界从"不是有界的"改写成

$$\forall M > 0, \text{不成立“} \forall n, \text{使得 } |a_n| \leqslant M\text{”}.$$

然后再看, 如何将"$\forall n$, 使得 $|a_n| \leqslant M$"的否定说法改为正面叙述. 可以看出, 既然不是对每个 n, 成立 $|a_n| \leqslant M$, 那么就等于说至少存在一个 n, 使得 $|a_n| \leqslant M$ 不成立. 这样我们又前进了一步, 即可以将数列 $\{a_n\}$ 无界写为

$$\forall M > 0, \exists n, \text{不成立“} |a_n| \leqslant M\text{”}.$$

最后, $|a_n| \leqslant M$ 的否定当然是 $|a_n| > M$, 因此就得到数列 $\{a_n\}$ 无界的新的叙述为

$$\forall M > 0, \exists n, \text{使得 } |a_n| > M. \tag{1.4}$$

由于其中不出现否定性的词, 因此将它称为无界概念的正面叙述. 又由于它是从叙述 (1.3) 的否定得来的, 因此这就是否定说法的正面叙述的一个例子.

比较 (1.3) 和 (1.4), 可见前一个叙述中的 $\forall$ 和 $\exists$ 在后一个叙述中的对应位置上恰好改为 $\exists$ 和 $\forall$, 还有最后一句从"$|a_n| \leqslant M$"换为恰恰相反的"$|a_n| > M$". 这就是对偶法则.

它的一般形式可以表达如下. 设命题 P 可写为

$$p_1 q_1, p_2 q_2, \cdots, p_n q_n, \text{使得 } q_{n+1} \text{ (成立)}, \tag{1.5}$$

其中 p_i $(i = 1, 2, \cdots, n)$ 为逻辑符号 $\forall$ 或 $\exists$; 而 q_i $(i = 1, 2, \cdots, n + 1)$ 代表普通的数学表达式, 如在 (1.3) 中的 $M > 0$, n, $|a_n| \leqslant M$ 等. 这里对"命题"作广义理解, 它可以是数学中任何叙述、断言、定义等[①]. 例如, P 可以是数列有界的定义, 也可以是对一个数列的有界性的断言.

对偶法则 设命题 P 为 (1.5) 所表示. 则为了得到命题 P 的否命题的正面叙述, 只要将 (1.5) 中的所有逻辑符号 p_i $(i = 1, 2, \cdots, n)$ 从 $\forall$ ($\exists$) 改成 $\exists$ ($\forall$), 并将最后的 q_{n+1} 改为它的否定式即可.

再举几个例子. 其中后两个例子取自数列极限理论, 初学者可以在今后参考.

---

① 对于 $\forall$ 后只有一个表达式或断言的简单情况, 按照文献中的习惯, 常将 $\forall$ 移到最后. 例如: "$\forall x \in (0, 1), f(x) > 0$" 常写为"$f(x) > 0, \forall x \in (0, 1)$."

例题 1.4.1 数集 A 有界, 即是

$$\exists M > 0, \forall x \in A, \text{ 使得 } |x| \leqslant M.$$

它的否定, 即数集 A 无界, 就是

$$\forall M > 0, \exists x \in A, \text{ 使得 } |x| > M.$$

例题 1.4.2 数列 $\{a_n\}$ 收敛于 a, 按定义为

$$\forall \varepsilon > 0, \exists N, \forall n > N, \text{ 使得 } |a_n - a| < \varepsilon.$$

它的否定, 即数列 $\{a_n\}$ 不收敛于 a, 就是

$$\exists \varepsilon_0 > 0, \forall N, \exists n > N, \text{ 使得 } |a_n - a| \geqslant \varepsilon_0.$$

在这里的第一句是存在一个特定的数 ε, 按照习惯, 将它记为 ε_0 是有好处的.

例题 1.4.3 数列 $\{a_n\}$ 收敛, 按定义为

$$\exists a, \forall \varepsilon > 0, \exists N, \forall n > N, \text{ 使得 } |a_n - a| < \varepsilon.$$

它的否定, 即数列 $\{a_n\}$ 发散, 就是

$$\forall a, \exists \varepsilon_0 > 0, \forall N, \exists n > N, \text{ 使得 } |a_n - a| \geqslant \varepsilon_0.$$

最后, 以注解的形式对本节的内容作几点补充.

注 1 前面已经讲到, 符号 "$\forall$" 用中文表达时有多种方式. 同样在英文中它可以表达为 "for any" "for all" "for every" "for each" 等. 著名数学家 Halmos (哈尔莫斯) 在《如何写数学》一文 (见 [20] 的 142 页) 中提出, 在数学写作中决不要用 "for any", 而应当用 "for every" 或 "for each". 我们觉得这是很有见地的建议. 因为 "任意" 或 "任何" 的意思太不清楚, 到底是指一个还是指所有的? 笔者曾经检查了一些数学著作和论文, 发现 Halmos 的意见已为很多作者所采纳. 因此, 我们建议初学者在看到 $\forall$ 时也以理解为 "对每一个" 或 "对每一个给定的" 为好.

注 2 符号 $\forall$ 和 $\exists$ 在数理逻辑中分别称为**全称量词**和**存在量词**. 对偶法则是数理逻辑中的一个规则 (的重复使用). 它实际上来自日常生活中的逻辑思维, 只是经过上述改造后在数学中更便于使用而已. 有了这个工具之后, 不论 (1.5) 有多长, 都可以轻而易举地将它的否定说法的正面叙述立即写出来, "脑筋都不要动". 这比起重复从 (1.3) 到 (1.4) 的思维过程要方便得多. 如果读者对数理逻辑有兴趣, 这里可以推荐获得 "普利策文学奖" 的一本著名的科普读物 [23]. 读者在其中不仅会找到逻辑, 还会遇到许多意想不到的内容, 包括美术和音乐.

练习题 以正面方式写出下列命题或叙述的否定 (有几题可在以后再做):

(1) 数集 A 有上界;

(2) 数集 A 的最小值是 b;

(3) f 是区间 (a, b) 上的单调增加函数;

(4) f 是区间 (a, b) 上的单调函数;

(5) $A \subset B$;

(6) $A - B \neq \varnothing$;

(7) 数列 $\{x_n\}$ 是无穷小量;

(8) 数列 $\{x_n\}$ 是正无穷大量.

第二章 数列极限

极限理论是数学分析的核心, 贯穿在数学分析的全部内容中. 本章只限于介绍数列极限的基础部分, 其他内容将在以后有关章节中介绍.

本章的前三节为数列极限的最基本的内容. 在 §2.1 中含有收敛数列的定义和用适当放大法验证一些给定的数列收敛于已知极限. 在 §2.2 中围绕数列收敛和发散的讨论举了一些基本的例题. 由于单调数列在本章占有中心地位, 关于单调数列的讨论单独列为 §2.3. 在 §2.4 和 §2.5, 分别对 Cauchy 命题、Stolz (施托尔茨) 定理、自然对数的底 e 和 Euler (欧拉) 常数 γ 作专题讨论, 并给出有关命题的完整证明. 在 §2.6 重点介绍关于迭代生成数列的几何方法. §2.7 为学习要点和两组参考题. 在 §2.8 中收入了关于数列极限的四次习题课教案, 供教师参考.

数列极限的基础是实数系的基本定理, 其中除单调有界数列的收敛定理外均放在下一章中. 数列的上极限和下极限、压缩映射原理等也在下一章中介绍.

§2.1 数列极限的基本概念

2.1.1 基本定义

1. 数列 $\{a_n\}$ 收敛于 a (即以 a 为极限) 的定义是: 对于每一个给定的 $\varepsilon > 0$, 存在正整数 N, 使得对满足条件 $n > N$ 的每个正整数 n, 成立不等式 $|a_n - a| < \varepsilon$.

   (1) 上述定义用逻辑符号 $\forall$ 和 $\exists$ 可简写为: $\forall \varepsilon > 0, \exists N \in \mathbf{N}_+, \forall n > N$, 成立 $|a_n - a| < \varepsilon$.

   (2) 数列 $\{a_n\}$ 收敛于 a 的记号为 $\lim\limits_{n \to \infty} a_n = a$, 也可简记为 $a_n \to a$.

   (3) 数列 $\{a_n\}$ 以 a 为极限的几何意义: 对 a 的每个邻域, 在 $\{a_n\}$ 中最多只有有限项落在这个邻域之外, 其余项 (可能是所有项) 均在该邻域内.

   (4) 数列可以看成是以正整数集 $\mathbf{N}_+$ 为定义域的函数. 数列的极限是自变量 n 趋于无穷大时因变量值的一种趋势.

   (5) 在极限定义中的 N 与 ε 有关, 因此有时记为 $N(\varepsilon)$. N 可以不是正整数, 但一般的习惯往往取 $N \in \mathbf{N}_+$.

2. 称极限为 0 的数列为**无穷小量**, 记为 $o(1)$.

3. 不收敛 (即没有极限) 的数列为发散数列. 无穷大量是一类发散数列. 称数列 $\{a_n\}$ 为**无穷大量**, 如果对每一个给定的正数 G, 存在正整数 N, 使得当 $n > N$ 时, 成立 $|a_n| > G$, 记为 $\lim\limits_{n \to \infty} a_n = \infty$, 也可简记为 $a_n \to \infty$.

   这个定义用逻辑符号可简写为: $\forall G > 0, \exists N \in \mathbf{N}_+, \forall n > N$, 成立 $|a_n| > G$.

正无穷大量和负无穷大量是带有确定符号的无穷大量, 即从某项开始后为正数或负数的无穷大量, 分别记为 $+\infty$ 和 $-\infty$.

若一个数列是无穷大量, 则称该数列为无穷大数列. 这时可以称该 (发散) 数列有**广义极限** (或**非正常极限**), 与收敛数列相区别. 在数列 $\{a_n\}$ 收敛或有广义极限时, 认为记号 $\lim\limits_{n\to\infty} a_n$ 均有意义.

4. 记号 o, O 和 $\sim$ 在极限理论中是很有用的①, 它们的全面论述见本书第四章函数极限的 §4.4, 这里只列出以下用法:

   (1) 记号 $o(1)$ 表示无穷小量. 例如 $\dfrac{1}{n} = o(1)$, 就是 $\lim\limits_{n\to\infty} \dfrac{1}{n} = 0$.

   (2) 记号 $O(1)$ 表示有界量. 例如 $\sin n = O(1)$, 就是说 $\{\sin n\}$ 是有界数列.

   (3) 记号 $a_n \sim b_n$ 的定义是: $\lim\limits_{n\to\infty} \dfrac{a_n}{b_n} = 1$.

5. 设 $\{a_n\}$ 是一个数列, 又设 $n_1 < n_2 < \cdots < n_k < n_{k+1} < \cdots$ 是严格单调增加的正整数列, 就可以得到另一个数列

$$a_{n_1}, a_{n_2}, \cdots, a_{n_k}, \cdots,$$

称为数列 $\{a_n\}$ 的一个**子列**, 记为 $\{a_{n_k}\}$. 这就是说取数列 $\{a_n\}$ 的第 n_1 项作为子列的第一项, 取 $\{a_n\}$ 的第 n_2 项作为子列的第二项, $\cdots$. 根据定义, 正整数列 $\{n_k\}$ 一定是严格单调增加的正无穷大量. 不等式 $n_k \geqslant k$ 对一切 $k \in \mathbf{N}_+$ 成立. 例如 $n_3 = 2$ 是不可能的.

2.1.2 思考题

为了掌握数列收敛的定义, 对以下一些问题作思考和讨论是有益的.

1. 数列收敛有很多等价定义. 例如:

   (1) 数列 $\{a_n\}$ 收敛于 $a \iff \forall \varepsilon > 0$, $\exists N \in \mathbf{N}_+$, $\forall n \geqslant N$, 成立 $|a_n - a| < \varepsilon$;

   (2) 数列 $\{a_n\}$ 收敛于 $a \iff \forall m \in \mathbf{N}_+$, $\exists N \in \mathbf{N}_+$, $\forall n > N$, 成立 $|a_n - a| < 1/m$;

   (3) 数列 $\{a_n\}$ 收敛于 $a \iff \forall \varepsilon > 0$, $\exists N \in \mathbf{N}_+$, $\forall n > N$, 成立 $|a_n - a| < K\varepsilon$, 其中 K 是一个与 ε 和 n 无关的正常数.

   试证明以上定义与上一小节列出的定义的等价性.

2. 问: 在数列收敛的定义中, N 是否是 ε 的函数?

3. 判断正确与否: 若 $\{a_n\}$ 收敛, 则有 $\lim\limits_{n\to\infty} (a_{n+1} - a_n) = 0$ 和 $\lim\limits_{n\to\infty} \dfrac{a_{n+1}}{a_n} = 1$.

4. 设收敛数列 $\{a_n\}$ 的每一项都是整数, 问: 该数列有什么特殊性质?

---

① 从上下文容易将这里的大 O 记号与 §1.2 中的邻域记号 $O_\delta(a)$ 或 $O(a)$ 区分开来.

5. 问: 收敛数列是否一定是单调数列? 无穷小量是否一定是单调数列?

6. 问: 一个很小很小的量, 例如取 1 m 为单位长度时, 几个纳米大小的量是否是无穷小量?

7. 问: 正无穷大数列是否一定单调增加? 无界数列是否一定是无穷大量?

8. 问: 如果数列 $\{a_n\}$ 收敛于 a, 那么绝对值 $|a_n - a|$ 是否随着 n 的增加而单调减少趋于 0?

9. 判断正确与否: 非负数列的极限是非负数, 正数列的极限是正数.

2.1.3 适当放大法

在学习数列收敛的定义时, 一开始遇到的问题就是, 对于给定的数列 $\{a_n\}$ 和数 a, 如何按照定义证明 (验证) 数列 $\{a_n\}$ 收敛于 a, 或是其反面. 我们这里主要关心前面一种情况, 因为许多基本的数列极限都可以用验证的方法得到. 这就是要对每一个给定的正数 ε, 证明存在一个正整数 N, 使得它满足下列要求:

$$\text{当 } n > N \text{ 时, 不等式 } |a_n - a| < \varepsilon \text{ 成立.} \tag{2.1}$$

如果将不等式 $|a_n - a| < \varepsilon$ 中的 n 看成未知量, 对于一些简单的情况有可能直接解出这个不等式. 最简单的例子就是数列 $\left\{\dfrac{1}{n}\right\}$ 和 $a = 0$. 这时对于给定的 $\varepsilon > 0$, 不等式 $|a_n - a| < \varepsilon$ 就是 $\dfrac{1}{n} < \varepsilon$. 它等价于 $\dfrac{1}{\varepsilon} < n$. 因此若取 $N = \left[\dfrac{1}{\varepsilon}\right]$, 则当 $n > N$ 时, 就成立

$$n \geqslant N + 1 = \left[\frac{1}{\varepsilon}\right] + 1 > \frac{1}{\varepsilon},$$

从而得到 $\dfrac{1}{n} < \varepsilon$. 这里利用了整数部分 $[x]$ 所满足的基本不等式 $[x] \leqslant x < [x] + 1$.

但是能否将这个方法用于一般的 $\{a_n\}$ 和 a, 从而对给定的 $\varepsilon > 0$ 求出符合要求 (2.1) 的正整数 N? 初学者也许会感到奇怪的是, 对上述问题的回答是否定的. 除了一些最简单的例子以外, 对一般的问题来说, 不可能采用解不等式的方法从 $|a_n - a| < \varepsilon$ 求出符合要求 (2.1) 的 N.

事实上, 如果要将关于 $\left\{\dfrac{1}{n}\right\}$ 和 $a = 0$ 的上述做法加以推广, 那就要对给定的 $\{a_n\}$ 和数 a 去寻找 $\varphi(\varepsilon)$, 它是 ε 的一个表达式, 满足下列等价关系:

$$|a_n - a| < \varepsilon \Longleftrightarrow n > \varphi(\varepsilon). \tag{2.2}$$

容易看出, 如果有了 (2.2), 则当 $\varphi(\varepsilon) \geqslant 1$ 时, 取 $N = [\varphi(\varepsilon)]$ 即可, 否则取 $N = \max\{1, [\varphi(\varepsilon)]\}$, 总可以满足要求 (2.1). 还可以看出, 这样求出的 N 就是对于给定的 $\varepsilon > 0$ 满足要求 (2.1) 的最小的正整数.

但是从数学的角度来看, 这里有两个不能回避的问题: (1) 符合等价关系 (2.2) 的 $\varphi(\varepsilon)$ 存在吗? (2) 如果存在的话, 有办法计算它吗?

不幸的是, 关于这两个问题的回答都是否定的. 首先, 满足 (2.2) 的 $\varphi(\varepsilon)$ 可能根本不存在. 这就是说, 满足不等式 $|a_n - a| < \varepsilon$ 的所有 n 的全体并不能用形式为 $n > \varphi(\varepsilon)$ 的不等式来刻画.

其次, 即使存在这样的 $\varphi(\varepsilon)$, 要想求出它往往是很困难的, 或者是根本做不到的. 只要试几个比刚才的数列 $\left\{\frac{1}{n}\right\}$ 稍稍复杂一点的例子就可以看出这一点.

既然如此, 出路何在? 实际上从数列收敛的定义可以发现, 对于 (每个) 给定的 $\varepsilon > 0$, 只需求出满足要求 (2.1) 的 "一个" N 就够了, 完全没有必要去求出满足要求 (2.1) 的所有 N 或其中最小的 N. 这就是 "适当放大法" 的出发点.

所谓 "适当放大法", 就是先找 n 的一个函数 $f(n)$, 使得 $|a_n - a| \leqslant f(n)$ 成立, 这就是 "放大". 然后再对于每个 $\varepsilon > 0$, 证明存在 N, 使得当 $n > N$ 时成立 $f(n) < \varepsilon$. 由此可以看出, 如果将 $f(1), f(2), \cdots, f(n), \cdots$ 看成一个新的数列 $\{f(n)\}$, 则这个数列一定收敛于 0, 也就是说数列 $\{f(n)\}$ 必须是无穷小量. 初学者用适当放大法时经常容易犯的一个错误就是 $\{f(n)\}$ 不满足基本要求 $f(n) = o(1)$, 这也就是说放大过了头.

当然, 这个方法的成功还取决于 $\{f(n)\}$ 为无穷小量的证明必须很容易. 实际上我们总是取尽可能简单的 $f(n)$ 以满足这个要求. 所以适当放大也就是**简化**, 要使 $f(n)$ 比 $|a_n - a|$ 简单得多, 从而很容易验证 $f(n) = o(1)$. 在具体问题中, 最后所取的 $f(n)$ 往往很简单, 可以从 $f(n) < \varepsilon$ 直接解出 n, 确定 N.

再换一个角度, 可以从两个不等式, 即 $|a_n - a| \leqslant f(n)$ 和 $f(n) < \varepsilon$, 来观察这个方法. 其中的第一个不等式是 "放大", 要求所取的 $f(n)$ 使这个不等式对于所有的 n 都成立, 或至少当 n 充分大时成立. 第二个不等式的意思则完全不同. 它是在取定 $f(n)$ 后, 问是否对每一个给定的 $\varepsilon > 0$ 存在 N, 使得当 $n > N$ 时, 这个不等式能够成立. 这个方法的成功与否在于: 所选取的 $f(n)$ 既要满足第一个不等式, 又要使第二个不等式在上述意义下容易处理. 将两个不等式联系起来, 如果当 $n > N$ 时有 $f(n) < \varepsilon$ 成立, 则由于 $|a_n - a| \leqslant f(n)$, 就得到 $|a_n - a| < \varepsilon$.

2.1.4 例题

下面是用适当放大法的两个基本例题.

例题 2.1.1 证明数列 $\left\{\dfrac{n^5}{2^n}\right\}$ 收敛于 0.

证 利用 $2^n = (1+1)^n = 1 + \binom{n}{1} + \binom{n}{2} + \cdots + \binom{n}{n}$, 在 $n > 6$ 时有

$2^n > \binom{n}{6}$, 因此可以放大如下:

$$\frac{n^5}{2^n} < \frac{n^5 6!}{n(n-1)(n-2)(n-3)(n-4)(n-5)} < \frac{n^4 6!}{(n-5)^5}.$$

然后在 $n > 10$ 时, 将上式最右端表达式中的分母 $(n-5)^5$ 用较小的 $(n/2)^5$ 代替, 进一步放大为

$$\frac{n^5}{2^n} < \frac{n^4 6! \, 2^5}{n^5} < \frac{10^5}{n}.$$

可以看出, 为了使最后一个表达式小于 ε, 只要取 $N = \max\{10, [10^5/\varepsilon]\}$. □

注　初学者要注意, 如果将分子 n^5 换为 n^{100}, 或者 n 的任意次多项式, 结论仍成立. 又如果将分母 2^n 换为 3^n 或 10^n, 结论也成立. 因此就可以知道, 在以 n 为自变量时, 多项式与基数大于 1 的指数函数之比是无穷小量. 从学习数学分析一开始就需要注意各种不同函数之间的极限关系.

在例题 2.1.1 中的主要工具是二项式展开. 在下一个例题中则用到一个基本不等式, 即在第一章 §1.3 中的算术平均值 – 几何平均值不等式 (即命题 1.3.3). 以下的方法也都可用于证明基本题 $\lim\limits_{n\to\infty} \sqrt[n]{b} = 1$ $(b > 0)$ (证明从略).

例题 2.1.2 证明数列 $\{\sqrt[n]{n}\}$ 的极限是 1.

证 1　在 $n \geqslant 2$ 时, 我们有

$$1 \leqslant \sqrt[n]{n} = \Big(\sqrt{n} \cdot \sqrt{n} \cdot \underbrace{1 \cdot 1 \cdots 1}_{n-2 \text{ 个 } 1}\Big)^{\frac{1}{n}} < \frac{2\sqrt{n} + n - 2}{n} < 1 + \frac{2}{\sqrt{n}},$$

因此得到估计

$$0 \leqslant \sqrt[n]{n} - 1 < \frac{2}{\sqrt{n}}.$$

对于给定的 $\varepsilon > 0$, 取 $N = \max\{2, [4/\varepsilon^2]\}$ 即可. □

证 2　本题也可以用类似于例题 2.1.1 的方法来证明. 由于 $\sqrt[n]{n} \geqslant 1$, 只要关心不等式 $\sqrt[n]{n} - 1 < \varepsilon$. 令 $y_n = \sqrt[n]{n} - 1$, 则 $y_n \geqslant 0$ 成立, 且当 $n > 1$ 时有

$$n = (1 + y_n)^n \geqslant \frac{n(n-1)}{2} y_n^2.$$

从这个不等式解出 y_n, 就找到了在 $n > 1$ 时的"适当放大":

$$\sqrt[n]{n} - 1 = y_n \leqslant \sqrt{\frac{2}{n-1}},$$

因此取 $N = [2/\varepsilon^2] + 1$ 即可. □

注　请读者注意, 以上两个基本例题还有很多解法 (即一题多解). 例如用后面的单调有界数列的收敛定理或 Stolz 定理都可以解决这两个问题.

2.1.5 练习题

1. 按极限定义证明:

(1) $\lim\limits_{n\to\infty} \dfrac{3n^2}{n^2-4} = 3$;

(2) $\lim\limits_{n\to\infty} \dfrac{\sin n}{n} = 0$;

(3) $\lim\limits_{n\to\infty} (1+n)^{\frac{1}{n}} = 1$;

(4) $\lim\limits_{n\to\infty} \dfrac{a^n}{n!} = 0 \quad (a > 0)$.

2. 设 $a_n \geqslant 0,\, n \in \mathbf{N}_+$, 数列 $\{a_n\}$ 收敛于 a, 证明 $\lim\limits_{n\to\infty} \sqrt{a_n} = \sqrt{a}$.

3. 若 $\lim\limits_{n\to\infty} a_n = a$, 证明 $\lim\limits_{n\to\infty} |a_n| = |a|$. 反之如何?

4. 下面一组题在本章的许多极限计算中有用 (并与第五章的连续性概念有关):

(1) 设 $p(x)$ 是 x 的多项式. 若 $\lim\limits_{n\to\infty} a_n = a$, 证明 $\lim\limits_{n\to\infty} p(a_n) = p(a)$;

(2) 设 $b > 0$, $\lim\limits_{n\to\infty} a_n = a$, 证明 $\lim\limits_{n\to\infty} b^{a_n} = b^a$;

(3) 设 $b > 0$, $\{a_n\}$ 为正数列, $\lim\limits_{n\to\infty} a_n = a,\, a > 0$, 证明 $\lim\limits_{n\to\infty} \log_b a_n = \log_b a$;

(4) 设 b 为实数, $\{a_n\}$ 为正数列, $\lim\limits_{n\to\infty} a_n = a,\, a > 0$, 证明 $\lim\limits_{n\to\infty} a_n^b = a^b$;

(5) 设 $\lim\limits_{n\to\infty} a_n = a$, 证明 $\lim\limits_{n\to\infty} \sin a_n = \sin a$.

(例如上面提到过的题: 若 $b > 0$, 则 $\lim\limits_{n\to\infty} b^{\frac{1}{n}} = 1$. 它是第 (2) 题的特例.)

5. 设 $a > 1$, 证明 $\lim\limits_{n\to\infty} \dfrac{\log_a n}{n} = 0$.

(可以利用已知极限 $\lim\limits_{n\to\infty} \sqrt[n]{n} = 1$.)

§2.2 收敛数列的基本性质

关于收敛数列有下列基本性质和定理:

1. 收敛数列的极限是唯一的;

2. 收敛数列一定有界;

3. 收敛数列的比较定理, 包括保号性定理;

4. 收敛数列满足一定的四则运算规则;

5. 收敛数列的每一个子列一定收敛于同一极限.

对以上内容不仅要会用, 还应学习它们的证明, 因为其中的方法在数学分析中都是基本的, 学会了这些方法才能说真正懂得了数列收敛的定义和实质.

这里还应指出, 在数列敛散性的讨论中我们经常利用的一个基本事实, 这就是数列的收敛或发散与该数列的 (任意) 有限多项无关. 实际上, 从定义即可看出, 一

个数列 $\{a_n\}$ 是否收敛, 在收敛时它的极限是什么, 当然和数列的第一项 a_1 无关. 将这一个简单事实推而广之, 就得到一个很有用的结论, 即数列是否收敛 (以及在收敛时的极限是什么) 和数列中的有限多项无关. 例如, 对一个给定的数列, 改变它的前 100 项, 或将它们统统去掉, 或在它们之前再增加若干项, 这样我们就得到了新的数列. 从极限的定义可知, 所有这些新的数列的敛散性与原来的数列完全相同. 若原数列收敛, 则所有新数列不但收敛, 而且还有相同的极限.

对于这一事实的用法举几个例子. 实际上, 在前面讲适当放大法时已经提到, 不等式 $|a_n - a| < f(n)$ 并不一定要对所有正整数成立, 只要对足够大的 n 成立就可以了. 在两个例题中我们都是这样做的. 又如在今后的许多定理中, 其中的条件均可以修改为在 n 充分大时成立即可. 以下面将多次使用的单调有界数列的收敛定理为例, 一个给定的数列虽然并非单调, 但只要从某项以后单调, 就可以使用这个定理.

2.2.1 思考题

1. 设 $\{a_n\}$ 收敛而 $\{b_n\}$ 发散, 问: 数列 $\{a_n + b_n\}$ 和 $\{a_n b_n\}$ 的敛散性如何?
2. 设 $\{a_n\}$ 和 $\{b_n\}$ 都发散, 问: 数列 $\{a_n + b_n\}$ 和 $\{a_n b_n\}$ 的敛散性如何?
3. 设 $a_n \leqslant b_n \leqslant c_n, n \in \mathbf{N}_+$, 已知 $\lim\limits_{n \to \infty} (c_n - a_n) = 0$, 问: 数列 $\{b_n\}$ 是否收敛?
4. 找出下列运算中的错误:
$$\lim_{n \to \infty} \left(\frac{1}{n+1} + \frac{1}{n+2} + \cdots + \frac{1}{2n} \right)$$
$$= \lim_{n \to \infty} \frac{1}{n+1} + \lim_{n \to \infty} \frac{1}{n+2} + \cdots + \lim_{n \to \infty} \frac{1}{2n} = 0.$$
5. 设已知 $\{a_n\}$ 收敛于 a, 又对每个 n 有 $b < a_n < c$, 问: 是否成立 $b < a < c$?
6. 设已知 $\{a_n\}$ 收敛于 a, 又有 $b \leqslant a \leqslant c$, 问: 是否存在 N, 使得当 $n > N$ 时成立 $b \leqslant a_n \leqslant c$?
7. 设已知 $\lim\limits_{n \to \infty} a_n = 0$, 问: 是否有 $\lim\limits_{n \to \infty} (a_1 a_2 \cdots a_n) = 0$? 又问: 反之如何?

2.2.2 例题

下一个例题的结论很不平常, 它是收敛数列的一个特点, 它的证明方法与收敛数列的有界性定理的证明方法几乎相同. (请思考: 为什么说这个结论不平常?)

例题 2.2.1 若数列 $\{a_n\}$ 收敛, 则在此数列中一定有最大数或最小数, 但不一定同时有最大数和最小数.

证 1 设此数列的极限为 a. 若此数列的每一项等于 a, 则不必再说. 否则, 设数列的某一项 $a_m \neq a$. 若有 $a_m > a$, 则可取 $\varepsilon = a_m - a$. 从收敛数列的定义知道,

存在 N, 使得当 $n > N$ 时, $|a_n - a| < \varepsilon$. 由于有 $a_m - a = \varepsilon$, 显然 $m \leqslant N$. 从图 2.1 可见, 在 $[a_m, +\infty)$ 中至少含有 $\{a_n\}$ 中的一项 a_m, 但至多含有该数列中的 N 项.

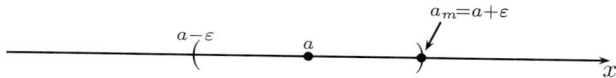

图 2.1

令 $M = \max\{a_1, a_2, \cdots, a_N\}$, 则在 $n > N$ 时, 有

$$a_n < a + \varepsilon = a + (a_m - a) = a_m \leqslant M,$$

可见 M 是数列 $\{a_n\}$ 的最大数. 同样可证在 $a_m < a$ 时, 数列 $\{a_n\}$ 有最小数.

很容易举出不同时存在最大数和最小数的收敛数列的例子. 例如数列 $\left\{\dfrac{1}{n}\right\}$ 收敛于0, 它有最大数, 但没有最小数. $\qquad\square$

证 2 若 $\{a_n\}$ 不是常值数列, 则可从数列中取出不等的两项, 设为 $a_s < a_t$, 然后用反证法如下. 设数列中既无最小数又无最大数, 则存在无穷多项小于 a_s, 又存在无穷多项大于 a_t. 因此, 所有大于 a_s 或小于 a_t 的实数都不可能是数列 $\{a_n\}$ 的极限. 于是 $\{a_n\}$ 没有极限, 与其收敛性矛盾. $\qquad\square$

下面一个例题有很多解法. 这里举出两种不同解法.

例题 2.2.2 若 $\lim\limits_{n \to \infty} \dfrac{x_n - a}{x_n + a} = 0$, 证明 $\lim\limits_{n \to \infty} x_n = a$.

证 1 由题设可见 $a \neq 0$. 由条件可知, $\forall \varepsilon > 0$, $\exists N$, 当 $n > N$ 时, 成立

$$\left| \frac{x_n - a}{x_n + a} \right| < \varepsilon.$$

由此可估计出 $|x_n - a| < \varepsilon|x_n + a| = \varepsilon|(x_n - a) + 2a| \leqslant \varepsilon(|x_n - a| + 2|a|)$. 若限制 $\varepsilon < 1$, 则可得出 $|x_n - a| < 2\varepsilon|a|/(1 - \varepsilon)$. 又若限制 $\varepsilon < 1/2$, 则又可得到

$$|x_n - a| < \frac{2\varepsilon|a|}{1 - \varepsilon} < 4|a|\varepsilon.$$

由于上式右边是 ε 乘固定常数, 可见成立 $\lim\limits_{n \to \infty} x_n = a$. $\qquad\square$

证 2 作代换

$$y_n = \frac{x_n - a}{x_n + a},$$

则从 $a \neq 0$ 可以看出对每个 n 都有 $y_n \neq 1$, 因此就可以将 x_n 用 y_n 表示出来:

$$x_n = a \cdot \frac{1 + y_n}{1 - y_n},$$

然后根据 $\lim\limits_{n \to \infty} y_n = 0$ 和极限运算法则就得到 $\lim\limits_{n \to \infty} x_n = a$. $\qquad\square$

注 1 与适当放大法的例题不同, 那里只是从数列收敛的定义出发, 但在这两个证明中我们已经用到了收敛数列的许多基本知识, 初学者要看到这个变化.

注 2   在证 2 中用了变量代换法. 这值得注意. 实际上, 若要证明 $\lim\limits_{n\to\infty} x_n = a$, 就可以令 $y_n = x_n - a$, 然后去证明 $\lim\limits_{n\to\infty} y_n = 0$. 这就是变量代换的最简单例子. 应当指出, 即使是如此平凡的代换, 对于考虑问题也是有帮助的.

如何证明数列收敛和计算收敛数列的极限是这一章中的主要问题. 一般说来, 除了少数情况外, 对于给定的一个数列 $\{a_n\}$, 即使它是收敛的, 我们也不知道它的极限是什么. 这时在数列收敛定义中的 a 不是一个已知量, 不可能用来验证数列 $\{a_n\}$ 收敛. 因此当然需要新的工具.

在研究数列收敛方面有两个工具是很基本的, 这就是

- **夹逼定理** (也称为两面夹定理等);

- **单调有界数列的收敛定理**.

其中单调有界数列的收敛定理在理论上和应用上都非常重要, 是本章的重点学习内容, 我们将在下面 §2.3 中专门讨论.

夹逼定理是求极限的有力工具. 其中包含的思想是, 对难以直接处理的数列表达式, 寻找两个较为简单的数列从两边夹住. 如果这两个数列收敛于同一极限, 则问题就解决了. 能否找到这样两个数列是成功应用夹逼定理的关键.

下面是一个有代表性的例子, 且有许多推广 (参见例题 10.2.5).

例题 2.2.3   设 $a > 0, b > 0$, 求极限 $\lim\limits_{n\to\infty} (a^n + b^n)^{\frac{1}{n}}$.

解   不妨先假定 $a \leqslant b$. 这时就有两面夹的不等式:
$$b = (b^n)^{\frac{1}{n}} < (a^n + b^n)^{\frac{1}{n}} \leqslant (2b^n)^{\frac{1}{n}},$$

也就是 $b < (a^n + b^n)^{\frac{1}{n}} \leqslant \sqrt[n]{2}\, b$. 利用 $\lim\limits_{n\to\infty} \sqrt[n]{2} = 1$ 和夹逼定理, 可见极限为 b. 对 $a > b$ 可作类似讨论. 最后的答案是 $\max\{a, b\}$. $\qquad\square$

例题 2.2.4   求数列 $\{a_n\}$ 的极限, 其中 $a_n = \dfrac{1! + 2! + \cdots + n!}{n!}, n \in \mathbf{N}_+$.

解   将分子 (设 $n > 2$) 中的前 $n - 2$ 项适当放大, 就有估计
$$1! + 2! + \cdots + n! \leqslant (n-2)(n-2)! + (n-1)! + n! < 2(n-1)! + n!,$$

因此知道在 $n > 2$ 时, 有
$$1 < \frac{1! + 2! + \cdots + n!}{n!} < \frac{2}{n} + 1,$$

令 $n \to \infty$ 即可知极限为 1. $\qquad\square$

2.2.3 判定数列发散的方法

这里的基本方法有

1. 无界数列一定发散.

2. 从数列收敛的定义出发, 用对偶法则就可得到 (参考 §1.4)

$\{a_n\}$ 发散 $\iff \forall a, \exists \varepsilon_0 > 0, \forall N, \exists n > N,$ 使得 $|a_n - a| \geqslant \varepsilon_0.$

3. 有一个发散子列的数列一定发散.

4. 如果发现有两个子列不可能收敛于相同极限, 则这个数列一定发散.

5. Cauchy 收敛准则也是判定数列发散的充分必要条件 (见下一章 §3.4).

在下面的例题中不但证明所给定的数列无界, 而且证明它是正无穷大量.

例题 2.2.5 根据无穷大量的定义证明 $\lim\limits_{n \to \infty} \dfrac{n^3 + n - 7}{n + 3} = +\infty.$

证 要对每个给定的 $G > 0$, 证明有 N, 当 $n > N$ 时, 有 $(n^3 + n - 7)/(n+3) > G.$ 不妨令 $n > 3$, 这样分母就可用 $2n$ 代替而使分式变小. 由于这时分子中的 $n^3 - 7 > \frac{1}{2}n^3$, 又弃去分子中的 n, 这样就可以估计出

$$\frac{n^3 + n - 7}{n + 3} > \frac{\frac{1}{2}n^3}{2n} = \frac{1}{4}n^2 > \frac{1}{4}n.$$

为使最后一式大于 G, 只要取 $N = \max\{3, [4G]\}$ 即可. □

注 这里所用的方法与前面的"适当放大法"完全一样, 但或许应称为"适当缩小法"了. 容易看出, 本题的关键在于分子的最高次数高于分母的最高次数. 只要保持这一特点, 在简化时就可以慷慨地缩小, 最后得到 N 的简单表达式.

接下来的例题是数学分析中的一个重要结果, 这里将给出 3 个证明, 并在几个注解中作进一步的补充.

例题 2.2.6 设 $S_n = 1 + \dfrac{1}{2} + \dfrac{1}{3} + \cdots + \dfrac{1}{n}, n \in \mathbf{N}_+$, 证明数列 $\{S_n\}$ 发散.

数列 $\{S_n\}$ 发散是不容易猜出来的. 如果读者 (用计算器或计算机) 试算一下这个数列的前若干项, 就会发现这个数列增长得很慢. 从第一项 $S_1 = 1$ 开始, 到 S_{83} 才第一次大于 5, 到 S_{12367} 才刚超过 10. 今后在 2.5.3 小节中学了有关 Euler 常数的知识后我们就能够准确估计 S_n 的近似值. 这里的精彩故事见数学通俗读物 [12] 的第八章.

历史上的证明最早是 Oresme (奥雷姆, 约 1323–1382) 在 1360 年左右发表的 (见 [29]). 后来 Bernoulli 兄弟, Jacob Bernoulli (1655–1705) 和 Johnann Bernoulli (1667–1748), 在 1689 年左右又给出了两个证明.

证 1 较为常见的证明就是 Oresme 的方法, 其实质是利用不等式

$$\frac{1}{n+1} + \frac{1}{n+2} + \cdots + \frac{1}{2n} > n \cdot \frac{1}{2n} = \frac{1}{2}. \tag{2.3}$$

这样就可以得到

$$S_2 = 1 + \frac{1}{2}, \quad S_4 = S_2 + \frac{1}{3} + \frac{1}{4} > S_2 + 2\left(\frac{1}{4}\right) = 2,$$
$$S_8 = S_4 + \frac{1}{5} + \frac{1}{6} + \frac{1}{7} + \frac{1}{8} > S_4 + 4\left(\frac{1}{8}\right) > 1 + \frac{3}{2} = 2.5,$$
$$\cdots\cdots\cdots\cdots$$

不难用数学归纳法证明 (请读者完成): 对每一个 n, 成立不等式

$$S_{2^n} \geqslant 1 + \frac{n}{2}.$$

可见数列 $\{S_n\}$ 无上界, 因此发散. □

证 2 这是 Jacob Bernoulli 的证明 (引自 [29]). 他发现对任意的正整数 n, 有

$$\frac{1}{n+1} + \frac{1}{n+2} + \cdots + \frac{1}{n^2} > \frac{n^2 - n}{n^2} = 1 - \frac{1}{n},$$

因此得到不等式

$$\frac{1}{n} + \frac{1}{n+1} + \cdots + \frac{1}{n^2} > 1. \tag{2.4}$$

由于 n 是任意的, 这样就知道

$$S_4 = 1 + \frac{1}{2} + \frac{1}{3} + \frac{1}{4} > 2,$$
$$S_{25} = S_4 + \frac{1}{5} + \frac{1}{6} + \cdots + \frac{1}{25} > 3,$$

依此类推, 可见数列 $\{S_n\}$ 不可能收敛. □

证 3 用反证法. 若 $\{S_n\}$ 收敛, 记 $S = \lim\limits_{n\to\infty} S_n$. 分拆 $S_{2n} = A_n + B_n$, 其中

$$A_n = 1 + \frac{1}{3} + \frac{1}{5} + \cdots + \frac{1}{2n-1},$$
$$B_n = \frac{1}{2} + \frac{1}{4} + \frac{1}{6} + \cdots + \frac{1}{2n}.$$

由于 $B_n = \frac{1}{2} S_n$, 因此 $\lim\limits_{n\to\infty} B_n = \frac{1}{2} S$. 但由此又可以计算出

$$\lim_{n\to\infty} A_n = \lim_{n\to\infty} (S_{2n} - B_n) = \frac{1}{2} S.$$

比较 A_n 和 B_n, 对每个 n 都有 $A_n - B_n > \frac{1}{2}$, 因此 $\{A_n\}$ 和 $\{B_n\}$ 收敛于同一个极限值是不可能的. □

注 由于 $\{S_n\}$ 是严格单调增加数列. 在前两个证明的基础上不难证明 $\{S_n\}$ 是正无穷大量. 此外, 例题 2.2.6 还有许多其他解法. 在例题 2.3.4 中将会证明数列 $\left\{\dfrac{1}{n+1}+\dfrac{1}{n+2}+\cdots+\dfrac{1}{2n}\right\}$ 收敛, 而且极限大于 0. 由于这个数列的通项是 $S_{2n}-S_n$, 若 $\{S_n\}$ 收敛, 则 $\lim\limits_{n\to\infty}(S_{2n}-S_n)=0$. 这与例题 2.3.4 的结论矛盾, 可看成是本题的第 4 个证明. 在例题 3.4.2 中用 Cauchy 收敛准则又对本题给出新证明.

下一个例题将介绍如何用构造两个子列的方法来证明数列发散.

例题 2.2.7 证明数列 $\{\sin n\}$ 发散.

证 1 (几何方法) 从正弦曲线 $y=\sin x$ 的图像 (如图2.2) 可以设法构造出两个子列. 虽然我们并不知道它们是否收敛, 但却有把握知道它们 (如果收敛的话) 决不可能收敛于同一极限. 现在观察 $y=\sin x$ 在一个周期上的几何图像:

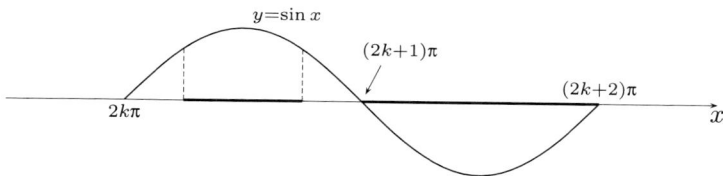

图 2.2

先看图 2.2 中介于 $2k\pi$ 和 $(2k+1)\pi$ 之间的 (加黑的) 区间 $[2k\pi+(\pi/4),2k\pi+(3\pi/4)]$. 由于函数 $\sin x$ 在这个区间上的取值不小于 $\sin(\pi/4)=\sqrt{2}/2$, 同时区间长度又大于 1, 因此在该区间中一定存在一个正整数, 记为 n'_k. 对每个 k 都这样做, 就得到一个子列 $\{\sin n'_k\}$. 如果它收敛的话, 其极限一定不小于 $\sqrt{2}/2$.

类似地可以在图 2.2 上的区间 $[(2k+1)\pi,(2k+2)\pi]$ 中选出正整数 n''_k, 得到第二个子列 $\{\sin n''_k\}$. 它如果收敛的话, 极限一定不会大于 0.

因为收敛数列的每个子列都收敛于同一极限, 而现在所构造出的两个子列即使都收敛, 也不可能收敛于同一极限, 从而就推知 $\{\sin n\}$ 是发散数列. □

利用正弦函数的特殊性, 本题也可证明如下.

证 2 用反证法. 设存在 $\lim\limits_{n\to\infty}\sin n=a$, 则就有 $\sin(n+1)-\sin(n-1)\to 0$. 由于 $\sin(n+1)-\sin(n-1)=2\sin 1\cos n$, 因此得到 $\cos n\to 0$. 再利用 $\cos(n+1)-\cos(n-1)=-2\sin n\sin 1\to 0$, 又得到 $\sin n\to 0$. 这样就有

$$\lim_{n\to\infty}\sin n=\lim_{n\to\infty}\cos n=0.$$

这与恒等式 $\sin^2 n+\cos^2 n=1$ 相矛盾. □

注 本例题的解法还有很多, 见下一章的例题 3.4.3.

下一例题的方法与上面完全不同. 在 §2.6 将对这类"迭代"数列作专题讨论.

例题 2.2.8 设 $x_1 = \dfrac{c}{2}$, $x_{n+1} = \dfrac{c}{2} + \dfrac{x_n^2}{2}, n \in \mathbf{N}_+$, 证明: 若 $c > 1$, 则数列 $\{x_n\}$ 发散.

证 用反证法. 若数列 $\{x_n\}$ 收敛, 记其极限为 A. 在递推公式

$$x_{n+1} = \frac{c}{2} + \frac{x_n^2}{2}$$

两边令 $n \to \infty$, 就得到

$$A = \frac{c}{2} + \frac{A^2}{2}.$$

这表明极限值 A 应当满足二次方程 $A^2 - 2A + c = 0$. 但由于这个二次方程的判别式 $\Delta = 4 - 4c < 0$, 因此无实根. 这表明 A 不存在, 因此数列 $\{x_n\}$ 发散. □

注 1 显然, $\{x_n\}$ 在 $c > 0$ 时严格单调增加, 因此在 $c > 1$ 时是正无穷大量.

注 2 这个例题是 [14] 的第一卷的第 35 小节中例 6 的一部分. 在那里对参数 c 的其他情况作了详细研究. 但其中对于 $c < -3$ 时未作深入讨论就说数列 $\{x_n\}$ 发散, 这是不正确的. 在 [24] 的 8–14 页对此题作了完整的讨论, 其中证明存在可列个参数值 $c < -3$ 使得 $\{x_n\}$ 收敛. 由于此题的迭代方程在 $c \leqslant 1$ 时通过线性变换 $x = (1 + \sqrt{1-c})(1 - 2y)$ 即可成为本章第二组参考题 19 (以及 2.6.3 小节中的题 3) 中的 logistic (逻辑斯谛) 映射 (抛物线映射) 的迭代系统, 因此本书正文中不再讨论 $c \leqslant 1$ 的情况.

下一个例题的内容和证明都很简单, 但实际上是无穷级数收敛的一个必要条件. 这在无穷级数理论中是一个基本内容.

例题 2.2.9 设有两个数列 $\{S_n\}$ 和 $\{a_n\}$, 且有关系如下:

$$S_n = a_1 + a_2 + \cdots + a_n, \quad n \in \mathbf{N}_+.$$

若 $\{S_n\}$ 收敛, 则 $\{a_n\}$ 为无穷小量. 反之, 若 $\{a_n\}$ 不是无穷小量, 则 $\{S_n\}$ 发散.

证 从 $n \geqslant 2$ 起有 $a_n = S_n - S_{n-1}$, 又当 $\{S_n\}$ 收敛时, $\{S_{n-1}\}_{n \geqslant 2}$ 也一定收敛, 而且收敛于同一极限, 在上式两边取 $n \to \infty$, 就得到 $\lim\limits_{n \to \infty} a_n = 0$. □

注 对于给定的数列 $\{a_n\}$, 将记号

$$\sum_{n=1}^{\infty} a_n = a_1 + a_2 + \cdots + a_n + \cdots$$

称为以 a_n 为通项的**无穷级数**. 从 $\{a_n\}$ 出发, 就可以如例题 2.2.9 中的关系式那样定义数列 $\{S_n\}$, 称为该无穷级数的**部分和数列**. 如果 $\{S_n\}$ 收敛, 并有

$$\lim_{n \to \infty} S_n = S,$$

则定义该无穷级数收敛, 且称 S 为该无穷级数的和, 记为

$$\sum_{n=1}^{\infty} a_n = a_1 + a_2 + \cdots + a_n + \cdots = S.$$

否则就说该无穷级数发散.

无穷级数理论具有极其丰富的内容, 是本书下册的中心内容之一. 但由以上的简单介绍也已经可以看出, 无穷级数与数列有密切的联系. 实际上前面的例题 2.2.6 的内容就是证明以 $1/n$ 为通项的无穷级数发散 (于正无穷大). 这个级数一般称为**调和级数**.

用无穷级数的语言来说, 例题 2.2.9 的内容是: 无穷级数收敛的必要条件是它的通项 (所成的数列) 收敛于 0. 当然, 这并非是充分条件, 用例题 2.2.6 就可以说明这一点.

2.2.4 练习题

1. 证明: $\{a_n\}$ 收敛的充分必要条件是 $\{a_{2k}\}$ 和 $\{a_{2k-1}\}$ 收敛于同一极限.

2. 以下是可以应用夹逼定理的几个题:

   (1) 给定 p 个正数 $a_1, a_2, \cdots, a_p$, 求 $\lim\limits_{n\to\infty} \sqrt[n]{a_1^n + a_2^n + \cdots + a_p^n}$;

   (2) 设 $x_n = \dfrac{1}{\sqrt{n^2+1}} + \dfrac{1}{\sqrt{n^2+2}} + \cdots + \dfrac{1}{\sqrt{(n+1)^2}}$, $n \in \mathbf{N}_+$, 求 $\lim\limits_{n\to\infty} x_n$;

   (3) 设 $a_n = \left(1 + \dfrac{1}{2} + \cdots + \dfrac{1}{n}\right)^{\frac{1}{n}}$, $n \in \mathbf{N}_+$, 求 $\lim\limits_{n\to\infty} a_n$;

   (4) 设 $\{a_n\}$ 为正数列, 并且已知它收敛于 $a > 0$, 证明 $\lim\limits_{n\to\infty} \sqrt[n]{a_n} = 1$.

3. 求下列极限:

   (1) $\lim\limits_{n\to\infty} (1+x)(1+x^2)\cdots(1+x^{2^n})$, 其中 $|x| < 1$;

   (2) $\lim\limits_{n\to\infty} \left(1 - \dfrac{1}{2^2}\right)\left(1 - \dfrac{1}{3^2}\right)\cdots\left(1 - \dfrac{1}{n^2}\right)$;

   (3) $\lim\limits_{n\to\infty} \left(1 - \dfrac{1}{1+2}\right)\left(1 - \dfrac{1}{1+2+3}\right)\cdots\left(1 - \dfrac{1}{1+2+\cdots+n}\right)$;

   (4) $\lim\limits_{n\to\infty} \left[\dfrac{1}{1\cdot2\cdot3} + \dfrac{1}{2\cdot3\cdot4} + \cdots + \dfrac{1}{n(n+1)(n+2)}\right]$;

   (5) $\lim\limits_{n\to\infty} \sum\limits_{k=1}^{n} \dfrac{1}{k(k+1)\cdots(k+\nu)}$ (其中 ν 为正整数).

   (最后两个题是 $\lim\limits_{n\to\infty} \left[\dfrac{1}{1\cdot2} + \dfrac{1}{2\cdot3} + \cdots + \dfrac{1}{n(n+1)}\right]$ 的推广.)

4. 设 $s_n = a + 3a^2 + \cdots + (2n-1)a^n, |a| < 1$, 求 $\{s_n\}$ 的极限.

   (试计算 $s_n - as_n$.)

5. 设正数列 $\{x_n\}$ 收敛, 极限大于 0, 证明: 这个数列有正下界, 但在数列中不一定有最小数.

6. 证明: 若有 $\lim_{n \to \infty} a_n = +\infty$, 则在数列 $\{a_n\}$ 中一定有最小数.

7. 证明: 无界数列至少有一个子列是确定符号的无穷大量.

8. 证明数列 $\{\tan n\}$ 发散.

9. 设数列 $\{S_n\}$ 的定义为

$$S_n = 1 + \frac{1}{2^p} + \frac{1}{3^p} + \cdots + \frac{1}{n^p}, \ n \in \mathbf{N}_+.$$

   证明 $\{S_n\}$ 在以下两种情况均发散: (1) $p \leqslant 0$, (2) $0 < p < 1$.

§2.3 单调数列

关于单调数列的基本结论很简单, 只不过是

(1) 单调有界数列一定收敛;

(2) 单调无界数列一定是有确定符号的无穷大量.

然而这两个基本结论在数列的研究中起着很重要的作用. 它们不仅是本节各个例题中的主要工具, 而且也是学习 §2.5 和 §2.6 的基础.

与 §2.1 一开始的收敛数列的定义相比较, 可以看出对单调数列来说, 我们可以从数列本身判定其收敛或发散, 而不需要对极限的存在或不存在作假定. 这是一个很大的进步. 由于对单调有界数列只肯定了它的极限存在, 而没有给出极限本身, 因此这是在数学中的存在性定理的一个典型例子. 从下面的例题可以看出, 极限的存在性有时能帮助我们将极限计算出来.

如何对一般的数列从其本身来判定它收敛还是发散? 这就是下一章 §3.4 中的 Cauchy 收敛准则要回答的问题.

2.3.1 例题

收敛数列当然不一定是单调数列, 但是有很多常用的数列确实是单调的, 或者从某一项开始是单调的. 例如以下几个常见数列的收敛性都可以从单调性出发得到证明 (虽然不一定是最佳的证明方法), 并求出它们的极限:

$$\{\sqrt[n]{a}\} \ (a > 0), \{\sqrt[n]{n}\}, \left\{\frac{n^k}{a^n}\right\} \ (k > 0, a > 1), \left\{\frac{a^n}{n!}\right\}, \left\{\frac{n!}{n^n}\right\}.$$

为了知道一个数列是否单调, 一个自然的方法就是去比较数列中相继两项的大小. 这可以通过分析相继两项之比或差来达到目的. 以下几个例子都是如此, 其中还介绍在知道极限存在后如何计算极限.

下面的前两个例题是上一节的例题 2.1.1 和 2.1.2 的新解, 但在问题的提法上有不同, 不再是验证已给定数列是否以某个数为其极限了.

例题 2.3.1 用单调有界数列的收敛定理, 证明 $\left\{\dfrac{n^5}{2^n}\right\}$ 收敛, 并求其极限.

证 记数列的通项为 $a_n = \dfrac{n^5}{2^n}, n \in \mathbf{N}_+$, 则可以看出前后两项之比为

$$\frac{a_{n+1}}{a_n} = \frac{1}{2} \cdot \left(1 + \frac{1}{n}\right)^5.$$

分析上式右边的第二个因子, 从 $\lim\limits_{n \to \infty} \left(1 + \dfrac{1}{n}\right)^5 = 1$, 可见存在 N, 当 $n > N$ 时, 满足不等式 $\left(1 + \dfrac{1}{n}\right)^5 < 2$. 因此, 当 $n > N$ 时, 就有

$$a_{n+1} = a_n \cdot \frac{1}{2} \cdot \left(1 + \frac{1}{n}\right)^5 < a_n. \tag{2.5}$$

由此可见, 至少从 $n > N$ 起数列 $\{a_n\}$ 严格单调减少. 又由于 $\{a_n\}$ 是正数列, 以 0 为下界, 因此就可以用单调有界数列的收敛定理, 知道存在极限 $a = \lim\limits_{n \to \infty} a_n$. 利用极限的存在性, 在 (2.5) 左边的等式两边令 $n \to \infty$, 就有

$$a = \frac{1}{2}a \Longrightarrow a = 0. \qquad\qquad \square$$

注 希望初学者比较这个方法与例题 2.1.1 中的方法. 这里在问题的提法、采取的思路和所需要的工具等方面都完全不同.

例题 2.3.2 研究数列 $\{\sqrt[n]{n}\}$ 是否单调, 并求出该数列的极限.

解 记 $a_n = \sqrt[n]{n}, n \in \mathbf{N}_+$. 计算数列的前几项, 得 $a_1 = 1, a_2 = \sqrt{2}$, 以及 $a_3 = \sqrt[3]{3} \approx 1.44, a_4 = a_2 \approx 1.41, a_5 = \sqrt[5]{5} \approx 1.38, a_6 = \sqrt[6]{6} \approx 1.35, \cdots$, 可见这个数列有可能从第三项起严格单调减少. 比较前后两项, 由于有

$$a_{n+1} = \sqrt[n+1]{n+1} < a_n = \sqrt[n]{n} \iff \left(1 + \frac{1}{n}\right)^n < n,$$

只要证明当 n 充分大时右边的不等式成立, 就可以证实我们的猜测正确. 利用平均值不等式, 可以得到

$$\frac{1}{n}\left(1 + \frac{1}{n}\right)^n = \left(\frac{1}{\sqrt{n}}\right)^2 \left(1 + \frac{1}{n}\right)^n < \left(\frac{n + 1 + 2/\sqrt{n}}{n + 2}\right)^{n+2},$$

可见只要 $n > 4$ 就可以使上式右边的表达式严格小于 1. 因此数列 $\{\sqrt[n]{n}\}$ 至少从第 5 项起是严格单调减少数列. 又由于这个数列以 1 为下界, 因此从单调有界数列的收敛定理知道, 存在极限

$$\lim_{n \to \infty} \sqrt[n]{n} = a \geqslant 1.$$

以下只要证明 $a > 1$ 是不可能的. 用反证法. 若有 $a = 1 + h, h > 0$, 则当 n 充分大时应当成立 $\sqrt[n]{n} > 1 + h$, 从而得到

$$n > (1+h)^n > \frac{n(n-1)}{2} h^2.$$

但这是不可能的. 因此得出结论: $\lim_{n \to \infty} \sqrt[n]{n} = 1$. □

对数列研究前后两项之比可以提升为一种方法, 并建立如下结果.

例题 2.3.3 设对于 $\{a_n\}$, 有 $\lim\limits_{n \to \infty} \left| \dfrac{a_{n+1}}{a_n} \right| = c < 1$, 则 $\{a_n\}$ 是无穷小量.

证 取 $\varepsilon = (1-c)/2$, 有 N, 当 $n > N$ 时, 成立

$$\left| \frac{a_{n+1}}{a_n} \right| < c + \frac{1-c}{2} = \frac{1+c}{2} < 1,$$

因此在 $n > N$ 时 $\{|a_n|\}$ 是严格单调减少数列. 由于它以 0 为下界, 因此收敛. 记它的极限为 a. 在不等式

$$|a_{n+1}| < \frac{1+c}{2} |a_n| \tag{2.6}$$

两边令 $n \to \infty$, 就得到 $0 \leqslant a \leqslant a(1+c)/2$. 因为 $0 < (1+c)/2 < 1$, 这只能导致 $a = 0$. 从 $\{|a_n|\}$ 收敛于 0 可知 $\{a_n\}$ 也收敛于 0. □

注 这个例题中由于有很强的条件, 不用单调有界数列的收敛定理也能证出来. 例如, 在得到不等式 (2.6) 后, 引入记号 $c_1 = (1+c)/2$, 然后证明存在常数 $M > 0$, 使不等式 $|a_n| < Mc_1^n$ 在 $n > N$ 时成立, 由于 $c_1 \in (0,1)$, 可知有 $\lim\limits_{n \to \infty} |a_n| = 0$. 因此, 对一般的数列研究其后项与前项之比也可能有用处.

例题 2.3.4 设 $a_n = \dfrac{1}{n+1} + \dfrac{1}{n+2} + \cdots + \dfrac{1}{2n}$, $n \in \mathbf{N}_+$, 证明 $\{a_n\}$ 收敛.

证 比较数列的前后两项之差, 就可发现

$$a_{n+1} - a_n = \frac{1}{2n+1} + \frac{1}{2n+2} - \frac{1}{n+1} > 2 \cdot \frac{1}{2n+2} - \frac{1}{n+1} = 0,$$

可见数列单调增加. 由于 $a_n < \dfrac{n}{n+1} < 1$, 可取 1 作为上界, 因此数列收敛. □

注 以后将会求出本题中的数列极限是 $\ln 2$ (见例题 2.5.4, 11.4.1).

下一个例子并不难, 但是其中的方法很基本, 同时它的结论自 1976 年后在计算数学中变得很有用 (见例题后的注解).

例题 2.3.5 给定两个正数 a 和 b, 且有 $0 < b < a$. 令 $a_0 = a$, $b_0 = b$, 并按照递推公式

$$a_n = \frac{a_{n-1} + b_{n-1}}{2}, \ b_n = \sqrt{a_{n-1}b_{n-1}}, \ n \in \mathbf{N}_+,$$

定义数列 $\{a_n\}$ 和 $\{b_n\}$. 证明这两个数列收敛于同一个极限.

证 利用 $0 < b_0 < a_0$ 和平均值不等式, 可以得到 $b_0 < b_1 < a_1 < a_0$. 用数学归纳法可以证明对每个 n 均成立

$$b_0 < b_1 < \cdots < b_n < a_n < \cdots < a_1 < a_0.$$

因此数列 $\{a_n\}$ 和 $\{b_n\}$ 都是单调有界的, 记极限为 A 和 B, 则均为正数. 在两个迭代式中任取一个, 令 $n \to \infty$, 就得到 $A = B$. □

注 一般称上述极限为数 a 和 b 的**算术几何平均值**, 记为 $AG(a, b)$. 利用积分换元计算可以得到 $AG(a, b)$ 的解析表达式 (见 [14] 第二卷的 315 小节):

$$AG(a, b) = \frac{\pi}{2G}, \ 其中 \ G = \int_0^{\pi/2} \frac{\mathrm{d}x}{\sqrt{a^2 \cos^2 x + b^2 \sin^2 x}}.$$

算术几何平均值和上述解析表达式是大数学家 Gauss (高斯) 在 14 岁 (1791 年) 时发现的, 在他的早期研究工作中起了重要的作用. 但这个结果长期以来没有引起足够重视, 直到 1976 年才由 Salamin (萨拉明) 和 Brent (布伦特) 等人以此为基础发展出一种算术几何平均值快速算法, 成为目前在计算机上计算圆周率 π 和初等函数的最有效方法之一. 例如对于 π 来说, 这种算法每计算一步可以使 π 的有效位数增加一倍或更多 (见例题 8.7.2 及其注之后的介绍). 关于 π 在历年来的许多奇妙发现可以参看 [1, 60].

下一题就是前面的例题 2.2.4, 但方法与当时的夹逼方法完全不同.

例题 2.3.6 求数列 $\{a_n\}$ 的极限, 其中 $a_n = \dfrac{1! + 2! + \cdots + n!}{n!}, n \in \mathbf{N}_+$.

解 研究相继两项之比 $\dfrac{a_{n+1}}{a_n}$, 有

$$\frac{a_{n+1}}{a_n} = \frac{1! + 2! + \cdots + (n+1)!}{(n+1)(1! + 2! + \cdots + n!)} = \frac{3 + 3! + \cdots + (n+1)!}{(n+1) + (n+1)2! + \cdots + (n+1)!}.$$

在 $n > 2$ 时分母的每一项大于等于分子的对应项, 因此 $\{a_n\}$ 在 $n > 2$ 后单调减少. 由于 0 是下界, 因此数列收敛. 又可发现联系前后两项的另一个关系式为

$$a_{n+1} = 1 + \frac{a_n}{n+1},$$

在两边令 $n \to \infty$, 即知极限为 1. □

2.3.2 练习题

1. 证明: 若 $\{x_n\}$ 单调, 则 $\{|x_n|\}$ 至少从某项开始后单调. 又问: 反之如何?

2. 设 $\{a_n\}$ 单调增加, $\{b_n\}$ 单调减少, 且有 $\lim\limits_{n\to\infty}(a_n-b_n)=0$. 证明: 数列 $\{a_n\}$ 和 $\{b_n\}$ 都收敛, 且极限相等.

3. 按照极限的定义证明: 单调增加有上界的数列的极限不小于数列的任何一项, 单调减少有下界的数列的极限不大于数列的任何一项.

4. 设 $x_n=\dfrac{2}{3}\cdot\dfrac{3}{5}\cdot\cdots\cdot\dfrac{n+1}{2n+1}$, $n\in\mathbf{N}_+$, 求数列 $\{x_n\}$ 的极限.

5. 设 $a_n=\dfrac{10}{1}\cdot\dfrac{11}{3}\cdot\cdots\cdot\dfrac{n+9}{2n-1}$, $n\in\mathbf{N}_+$, 求数列 $\{a_n\}$ 的极限.

6. 在例题 2.2.6 的基础上证明: 当 $p>1$ 时, 数列 $\{S_n\}$ 收敛, 其中
$$S_n=1+\frac{1}{2^p}+\frac{1}{3^p}+\cdots+\frac{1}{n^p}, \ n\in\mathbf{N}_+.$$

7. 设 $0<x_0<\dfrac{\pi}{2}$, $x_n=\sin x_{n-1}$, $n\in\mathbf{N}_+$, 证明: $\{x_n\}$ 收敛, 并求其极限.

   (参见 §2.6 和例题 8.1.10.)

8. 设 $a_n=\left[\dfrac{(2n-1)!!}{(2n)!!}\right]^2$, $n\in\mathbf{N}_+$, 证明: $\{a_n\}$ 收敛于 0.

   (观察 $a_n=\left(\dfrac{1\cdot3}{2\cdot2}\right)\left(\dfrac{3\cdot5}{4\cdot4}\right)\cdots\left[\dfrac{(2n-3)(2n-1)}{(2n-2)(2n-2)}\right]\left[\dfrac{2n-1}{(2n)^2}\right]$.)

9. 设 $a_n=\left[\dfrac{(2n)!!}{(2n-1)!!}\right]^2\cdot\dfrac{1}{2n+1}$, $n\in\mathbf{N}_+$, 证明: $\{a_n\}$ 收敛.

   (方法与上一题类似. 在学了积分学后将于命题 11.4.1 中求出上述数列的极限为 $\dfrac{\pi}{2}$. 这就是 Wallis 公式.)

10. 下列数列中, 哪些是单调的:

    (1) $\left\{\dfrac{1}{1+n^2}\right\}$;　　　　　(2) $\{\sin n\}$;　　　　　(3) $\{\sqrt[n]{n!}\}$.

11. 证明: 单调数列 $\{a_n\}$ 收敛的充分必要条件是它有一个收敛子列.

12. 对每个正整数 n, 用 x_n 表示方程 $x+x^2+\cdots+x^n=1$ 在闭区间 $[0,1]$ 中的根. 求 $\lim\limits_{n\to\infty}x_n$.

§2.4 Cauchy 命题与 Stolz 定理

求极限时困难往往在于处理不定式. 本节中介绍的几个命题就是处理 $\dfrac{\infty}{\infty}$ 和 $\dfrac{0}{0}$ 的有力工具. 其他类型的不定式往往可转化为这两种不定式.

应当指出, 本节的内容与单调有界数列的收敛定理无关. 从更一般的观点来看, 本节的结论和方法与实数系以及实数系的基本定理也没有关系. 因此在讲授时间的安排上有很大的灵活性. 这些内容往往可作为考研复习的起点.

2.4.1 基本命题

由于以下几个命题中的证明方法很重要, 因此在列出命题的同时还给出完整的证明, 并在证明前后作一些分析, 以供读者参考.

命题 2.4.1 (Cauchy 命题) 设 $\{x_n\}$ 收敛于 l, 则它的前 n 项的算术平均值 (所成的数列) 也收敛于 l, 即有

$$\lim_{n \to \infty} \frac{x_1 + x_2 + \cdots + x_n}{n} = l.$$

分析 由于前面的各种方法, 包括夹逼定理、单调有界数列的收敛定理等, 对上述命题的证明似乎都用不上, 因此需要有新的方法.

直接观察表达式

$$\frac{x_1 + x_2 + \cdots + x_n}{n}. \tag{2.7}$$

可以想像, 如果分子的每一项与 l 都充分接近, 则它们的算术平均值也会与 l 充分接近. 由于 $\lim\limits_{n \to \infty} x_n = l$, 只要令 $\varepsilon > 0$ 充分小, 则从某项 (即有 N) 之后的每一项 (即 $n > N$ 的所有 x_n) 就会与 l 很接近, 也就是满足要求 $|x_n - l| < \varepsilon$. 因此可以将上述表达式分拆成两部分:

$$\frac{x_1 + x_2 + \cdots + x_n}{n} = \frac{x_1 + x_2 + \cdots + x_N}{n} + \frac{x_{N+1} + x_{N+2} + \cdots + x_n}{n}. \tag{2.8}$$

第二个分式中分子的每一项与 l 已充分接近. 由于一共有 $n - N$ 项, 如果分母不是 n, 而是 $n - N$, 则第二个分式的值就会与 l 充分接近了. 但这里并没有困难, 因为由此引起的差异是一个小于 1 的因子 $(n-N)/n$, 且当 N 固定时, 这个因子当 $n \to \infty$ 时的极限为 1.

对于 (2.8) 右边的第一个分式, 可以看出, 由于我们对分子各项的大小完全不能控制, 因此只有依靠分母 $n \to \infty$.

于是在 (2.8) 中的两个分式的性质完全不同. 在取定 N 后只要取 n 充分大, 第一部分的值将与 0 充分接近, 而第二部分则与 l 充分接近.

但是为什么可以将 N 固定? 这里又需要回到极限的定义. 我们知道, N 虽然并不是 ε 的函数, 但一般来说是与 ε 有关的. 如果 ε 取得越来越小, 则一般来说相应的 N 就会越来越大. 然而对给定的一个 ε 而言, 只要能取到一个 N 就够了. 为了证明表达式 (2.7) 的极限为 l, 根据极限定义, 只要对于每个 $\varepsilon > 0$, 能有一个 N, 使得当 $n > N$ 时该表达式与 l 之差的绝对值小于 ε 即可. 由分析可见, 上面已取出的 N 是不够大的. 于是, 我们可以在 N 的基础上再取更大的 N_1, 使得当 $n > N_1$ 时 (2.7) 与 l 充分接近.

于是这里就发展出两步走的方法. 在这个方法中, 先取 N 是必须的, 否则就没有从 (2.7) 到 (2.8) 的分拆, 也无法控制第二项. 将它固定也是必须的, 否则就无法取出合乎要求的 N_1 去控制第一项.

根据以上分析, 我们可以写出证明如下.

证 根据条件 $\lim\limits_{n\to\infty} x_n = l$, 可以对给定的 $\varepsilon > 0$ 取定 N, 使得当 $n > N$ 时成立 $|x_n - l| < \varepsilon$. 然后可估计如下 (其中 $n > N$):

$$\left| \frac{x_1 + x_2 + \cdots + x_n}{n} - l \right|$$
$$= \frac{|(x_1 - l) + (x_2 - l) + \cdots + (x_n - l)|}{n}$$
$$\leqslant \frac{|(x_1 - l) + (x_2 - l) + \cdots + (x_N - l)|}{n} + \frac{|x_{N+1} - l| + |x_{N+2} - l| + \cdots + |x_n - l|}{n}$$
$$< \frac{M}{n} + \frac{n - N}{n}\varepsilon, \tag{2.9}$$

这里的 $M = |(x_1 - l) + (x_2 - l) + \cdots + (x_N - l)|$ 是一个确定的数. 可见只要取

$$N_1 = \max\left\{ N, \left[\frac{M}{\varepsilon}\right] \right\},$$

就保证当 $n > N_1$ 时成立不等式

$$\left| \frac{x_1 + x_2 + \cdots + x_n}{n} - l \right| < 2\varepsilon. \qquad \square$$

注 1 Cauchy命题中的证明方法非常有特色, 是极限理论中的基本方法之一. 回顾上面的分析和证明, 可以看出: 首先, 将 (2.7) 分成性质不同的两个部分是关键. (2.8) 中的第二个分式在 $n \to \infty$ (而 N 固定) 时的极限就是 l, 因此可以说是"主要部分", 而 (2.8) 中的第一个分式在这时为无穷小量, 因此可以说是"次要部分". 其次, 对这两个部分的处理方法是不同的, 可以说是"分而治之". 从最后写出的证明可见, 只要对 $\varepsilon > 0$ 取出 N, 就完成了对 (2.9) 的第二部分的估计. 但只有在取定 N 的基础上再取出 N_1 才能实现对 (2.9) 的第一部分的估计.

注 2 Cauchy 命题在数列 $\{x_n\}$ 为有确定符号的无穷大量时也是成立的 (这就是说在上述命题中的 l 可取为 $+\infty$ 或 $-\infty$). 读者应当至少对其中之一作出证明, 以此检验自己是否已经学会在 Cauchy 命题证明中的重要方法.

注 3 可以从数列变换的观点来理解 Cauchy 命题的意义. 这就是从 $\{x_n\}$ 出发构造出一个新数列, 后者的通项, 即第 n 项, 是第一个数列的前 n 项的算术平均值. Cauchy 命题就是说当第一个数列收敛时, 则第二个数列也收敛, 且极限相同. 在极限理论中有以 Toeplitz (特普利茨) 定理 (见第二组参考题 10) 为代表的一系列命题, 它们都可以看成是 Cauchy 命题的推广, 即从一个数列变换为一个新数列, 然后讨论它们之间的敛散性关系. 这方面在 [48] 的第 I 篇第二章中有丰富的材料, 还可参考 [62] 的第 5 章和 [56] 等. 在本章的第二组参考题中也有几个题供训练用.

命题 2.4.2 ($\frac{0}{0}$ 型的 Stolz 定理) 设 $\{a_n\}$ 和 $\{b_n\}$ 都是无穷小量, 其中 $\{a_n\}$ 还是严格单调减少数列, 又存在

$$\lim_{n\to\infty} \frac{b_{n+1} - b_n}{a_{n+1} - a_n} = l$$

(其中 l 为有限或 $\pm\infty$), 则有

$$\lim_{n\to\infty} \frac{b_n}{a_n} = l.$$

证 只对有限的 l 作证明. 根据条件对 $\varepsilon > 0$ 存在 N, 使得当 $n > N$ 时成立

$$\left| \frac{b_n - b_{n+1}}{a_n - a_{n+1}} - l \right| < \varepsilon.$$

由于对每个 n 都有 $a_n > a_{n+1}$, 这样就有

$$(l - \varepsilon)(a_n - a_{n+1}) < b_n - b_{n+1} < (l + \varepsilon)(a_n - a_{n+1}).$$

任取 $m > n$, 并且将上述不等式中的 n 换成 $n+1, n+2, \cdots$, 直到 $m-1$, 然后将所有这些不等式相加, 就得到

$$(l - \varepsilon)(a_n - a_m) < b_n - b_m < (l + \varepsilon)(a_n - a_m),$$

即

$$\left| \frac{b_n - b_m}{a_n - a_m} - l \right| < \varepsilon.$$

令 $m \to \infty$, 并利用条件 $\lim\limits_{m\to\infty} a_m = \lim\limits_{m\to\infty} b_m = 0$, 就知道当 $n > N$ 时成立

$$\left| \frac{b_n}{a_n} - l \right| \leqslant \varepsilon. \qquad \square$$

命题 2.4.3 ($\frac{*}{\infty}$ 型的 Stolz 定理) 设数列 $\{a_n\}$ 是严格单调增加的无穷大量, 又存在

$$\lim_{n\to\infty} \frac{b_{n+1} - b_n}{a_{n+1} - a_n} = l$$

(其中 l 为有限或 $\pm\infty$), 则有

$$\lim_{n\to\infty} \frac{b_n}{a_n} = l.$$

这个命题有时也称为 $\dfrac{\infty}{\infty}$ 型的 Stolz 定理. 但从证明过程中可以发现实际上并不要求分子上的数列 $\{b_n\}$ 是无穷大量, 因此这里称为 $\dfrac{*}{\infty}$ 型的 Stolz 定理. 这对于许多应用是很重要的.

证　只对 l 为有限的情况写出证明. 对 $\varepsilon > 0$ 存在 N, 使得当 $n \geqslant N$ 时成立

$$\left| \frac{b_{n+1} - b_n}{a_{n+1} - a_n} - l \right| < \varepsilon.$$

由于对每个 n 有 $a_{n+1} > a_n$, 这样就有

$$(l - \varepsilon)(a_{n+1} - a_n) < b_{n+1} - b_n < (l + \varepsilon)(a_{n+1} - a_n).$$

取定 N, 并且将上述不等式中的 n 换成 N, $N + 1$, $\cdots$, 直到 $n - 1$, 然后将所有这些不等式相加, 就得到

$$(l - \varepsilon)(a_n - a_N) < b_n - b_N < (l + \varepsilon)(a_n - a_N),$$

即

$$\left| \frac{b_n - b_N}{a_n - a_N} - l \right| < \varepsilon. \tag{2.10}$$

为了进一步得到关于 $\left| \dfrac{b_n}{a_n} - l \right|$ 的估计, 可以利用恒等式

$$\frac{b_n}{a_n} - l = \left(1 - \frac{a_N}{a_n} \right) \cdot \left(\frac{b_n - b_N}{a_n - a_N} - l \right) + \frac{b_N - la_N}{a_n}. \tag{2.11}$$

由于 $\lim\limits_{n \to \infty} a_n = +\infty$, 存在 N_1, 使得当 $n > N_1$ 时, 成立

$$0 < 1 - \frac{a_N}{a_n} < 2 \quad \text{和} \quad \left| \frac{b_N - la_N}{a_n} \right| < \varepsilon,$$

则在 $n > \max\{N, N_1\}$ 时就得到

$$\left| \frac{b_n}{a_n} - l \right| < 3\varepsilon. \qquad\qquad \square$$

注 1　不难看出, Cauchy 命题是 $\dfrac{*}{\infty}$ 型的 Stolz 定理的一个特例. 为此只要将该定理中的 b_n 写成

$$b_n = (b_n - b_{n-1}) + (b_{n-1} - b_{n-2}) + \cdots + (b_2 - b_1) + b_1,$$

然后令 $x_1 = b_1, x_2 = b_2 - b_1, \cdots, x_n = b_n - b_{n-1}$, 则就有 $b_n = x_1 + x_2 + \cdots + x_n$, 再取 $a_n = n$ 即可. 此外, 在该定理中对分子上的 b_n 不加条件, 这与 Cauchy 命题中对分子上的 $x_1 + x_2 + \cdots + x_n$ 不加条件也是完全一致的.

注 2　初学者第一次见到恒等式 (2.11) 时可能会觉得奇怪, 它是怎样想出来的? 回顾证明, 可见当时的问题完全在于如何从已经得到的估计式 (2.10) 出发去估计 $\left| \dfrac{b_n}{a_n} - l \right|$. 困难何在? 前一式的分母是 $a_n - a_N$, 而后一式的分母是 a_n. 恒等

式 (2.11) 就是用于建立这两个分母不同的分式之间的联系. 打个比方来说, 怎样建立 3/5 和 2/7 之间的联系? 模仿恒等式 (2.11) 的内容就可以简单地得到

$$\frac{3}{5} = \frac{7}{5} \cdot \frac{2}{7} + \frac{1}{5}.$$

注 3 读者可以将恒等式 (2.11) 与 Cauchy 命题证明中的分拆作比较. 如在 (2.11) 中令 $b_n = x_1 + x_2 + \cdots + x_n, a_n = n$ 代入, 可见完全一样.

注 4 这三个命题的逆命题都不成立. 以 Cauchy 命题为例, 在数列 $\{x_n\}$ 发散 (但不是有确定符号的无穷大量) 时, 极限

$$\lim_{n \to \infty} \frac{x_1 + x_2 + \cdots + x_n}{n}$$

仍可能存在. 最简单的例子就是 $\{(-1)^{n-1}\}$, 这时上述极限为 0.

思考题 若在这三个命题的条件中将极限值 l 改为不带符号的无穷大量 ∞, 则结论均不成立. 请读者举出反例.

2.4.2 例题

首先重新处理例题 2.2.4 (即例题 2.3.6). 可是它现在已经是最平凡的题了.

例题 2.4.1 设 $a_n = \dfrac{1! + 2! + \cdots + n!}{n!}, n \in \mathbf{N}_+$, 求 $\{a_n\}$ 的极限.

解 直接用 Stolz 定理计算如下:

$$\lim_{n \to \infty} \frac{1! + 2! + \cdots + n!}{n!} = \lim_{n \to \infty} \frac{(n+1)!}{(n+1)! - n!} = \lim_{n \to \infty} \frac{(n+1)!}{n!n} = 1. \qquad \square$$

例题 2.4.2 设 $a_1 > 0, a_{n+1} = a_n + \dfrac{1}{a_n}, n \in \mathbf{N}_+$, 证明 $\lim\limits_{n \to \infty} \dfrac{a_n}{\sqrt{2n}} = 1$.

证 首先可看出 $\{a_n\}$ 为严格单调增加的正数列. 因此只有两种可能. 假定它有极限 a, 在递推公式

$$a_{n+1} = a_n + \frac{1}{a_n}$$

的两边令 $n \to \infty$, 得到 $a = a + \dfrac{1}{a}$, 这对任何有限数 a 都不可能成立. 因此知道 $\{a_n\}$ 只能是正无穷大量.

然后根据 2.1.5 小节的练习题 2, 只要用 Stolz 定理计算如下:

$$\lim_{n \to \infty} \frac{a_n^2}{2n} = \lim_{n \to \infty} \frac{a_{n+1}^2 - a_n^2}{2(n+1) - 2n} = \frac{1}{2} \lim_{n \to \infty} \left(2 + \frac{1}{a_n^2} \right) = 1. \qquad \square$$

注 本例在以下几方面具有典型性: (1) 在 $\{a_n\}$ 为正无穷大量的基础上得到更为精确的结果: $a_n \sim \sqrt{2n}$; (2) 用 Stolz 定理时有一定的技巧性. 若对 $\lim\limits_{n\to\infty} \dfrac{a_n}{\sqrt{2n}}$ 直接用 Stolz 定理就很不好做 (参见例题 8.1.10 和第八章第一组参考题 3 等).

例题 2.4.3 设已知 $\lim\limits_{n\to\infty} a_n = a$, 证明: $\lim\limits_{n\to\infty} \dfrac{1}{2^n} \sum\limits_{k=0}^{n} \binom{n}{k} a_k = a$.

证 利用 $2^n = (1+1)^n = \sum\limits_{k=0}^{n} \binom{n}{k}$, 可以估计如下:

$$\left| \frac{1}{2^n} \sum_{k=0}^{n} \binom{n}{k} a_k - a \right| = \left| \frac{1}{2^n} \sum_{k=0}^{n} \binom{n}{k} (a_k - a) \right| \leqslant \frac{1}{2^n} \sum_{k=0}^{n} \binom{n}{k} |a_k - a|.$$

对 $\varepsilon > 0$, 存在 N, 当 $k > N$ 时成立 $|a_k - a| < \varepsilon$. 对 $n > N$ 将最后一式作分拆:

$$\frac{1}{2^n} \sum_{k=0}^{N} \binom{n}{k} |a_k - a| + \frac{1}{2^n} \sum_{k=N+1}^{n} \binom{n}{k} |a_k - a|. \tag{2.12}$$

对其中的第二部分的估计是容易的:

$$\frac{1}{2^n} \sum_{k=N+1}^{n} \binom{n}{k} |a_k - a| < \varepsilon \cdot \frac{1}{2^n} \sum_{k=N+1}^{n} \binom{n}{k} < \varepsilon.$$

对 (2.12) 中的第一部分的估计与 Cauchy 命题中不同, 因为这里的第一部分的分子也与 n 有关. 但可以发现实际上并不难. 固定 N, 存在 $M > 0$, 使得 $|a_k - a| < M$ 对 $k = 0, 1, \cdots, N$ 成立. 再利用 $\binom{n}{k} < n^k$, 就可以估计如下:

$$\frac{1}{2^n} \sum_{k=0}^{N} \binom{n}{k} |a_k - a| < \frac{M(1 + n + \cdots + n^N)}{2^n}. \tag{2.13}$$

因 N 已固定, 右边当 $n \to \infty$ 时的极限为 0, 因此存在 $N_1 > N$, 当 $n > N_1$ 时成立

$$\frac{1}{2^n} \sum_{k=0}^{N} \binom{n}{k} |a_k - a| < \varepsilon.$$

合并对两部分的估计, 就得到当 $n > N_1$ 时成立

$$\left| \frac{1}{2^n} \sum_{k=0}^{n} \binom{n}{k} a_k - a \right| < 2\varepsilon. \qquad \square$$

注 1 在这个例题中我们使用了 Cauchy 命题的证明方法, 而不是命题的结论. 此外, 在一开始可以应用 $2^n = (1+1)^n$ 的二项式展开, 将要求证明的极限等式右边的 a "无中生有" 地写成与左边的表达式非常相似的形式, 这是证明的主要手段. 实际上, 这就是数学中的一种常用方法, 可称为 "拟合法".

注 2 在估计 (2.13) 时关键完全在于分母上有指数函数 2^n, 而分子只是项数固定的 n 的多项式, 因此整个表达式一定是无穷小量, 其他一切都是次要因素. 此外, 最后我们并没有写出 N_1 的表达式. 再次回顾数列收敛定义, 可见只要对每个 $\varepsilon > 0$ "存在"满足要求的 N 即可, 并不要求具体写出 N.

2.4.3 练习题

1. 设 $\lim\limits_{n \to \infty} x_n = +\infty$, 证明: $\lim\limits_{n \to \infty} \dfrac{x_1 + x_2 + \cdots + x_n}{n} = +\infty$.

2. 设 $\{x_n\}$ 单调增加, $\lim\limits_{n \to \infty} \dfrac{x_1 + x_2 + \cdots + x_n}{n} = a$, 证明: $\{x_n\}$ 收敛于 a.

3. 设 $\{a_{2k-1}\}$ 收敛于 a, $\{a_{2k}\}$ 收敛于 b, 且 $a \neq b$, 求 $\lim\limits_{n \to \infty} \dfrac{a_1 + a_2 + \cdots + a_n}{n}$.

    (注意: 虽然数列 $\{a_n\}$ 发散, 但前 n 项的算术平均值所成的数列仍可以有极限. 一个典型例子就是 $\{(-1)^n\}$.)

4. 若 $\lim\limits_{n \to \infty} (a_n - a_{n-1}) = d$, 证明: $\lim\limits_{n \to \infty} \dfrac{a_n}{n} = d$.

    (本题可以说是 Cauchy 命题的另一种形式, 也很有用.)

5. 设 $\{a_n\}$ 为正数列, 且收敛于 A, 证明: $\lim\limits_{n \to \infty} (a_1 a_2 \cdots a_n)^{\frac{1}{n}} = A$.

    (本题与 Cauchy 命题的关系是明显的.)

6. 设 $\{a_n\}$ 为正数列, 且存在极限 $\lim\limits_{n \to \infty} \dfrac{a_{n+1}}{a_n} = l$, 证明 $\lim\limits_{n \to \infty} \sqrt[n]{a_n} = l$.

    (本题对类型为 $\{\sqrt[n]{a_n}\}$ 的极限问题很有用, 可以说是例题 2.1.2 的一个发展. 这个结果在无穷级数的研究中也很重要.)

7. 设 $\lim\limits_{n \to \infty} (x_n - x_{n-2}) = 0$, 证明: $\lim\limits_{n \to \infty} \dfrac{x_n}{n} = 0$.

8. 设 $\lim\limits_{n \to \infty} (x_n - x_{n-2}) = 0$, 证明: $\lim\limits_{n \to \infty} \dfrac{x_n - x_{n-1}}{n} = 0$.

    (本题是 1970 年的 Putnam 竞赛题, 若没有题 7 的铺垫该如何做?)

9. 设数列 $\{a_n\}$ 满足条件 $0 < a_1 < 1$ 和 $a_{n+1} = a_n(1 - a_n)$ $(n \geqslant 1)$, 证明: $\lim\limits_{n \to \infty} n a_n = 1$.

10. 若 $\lim\limits_{n \to \infty} a_n = \alpha$, $\lim\limits_{n \to \infty} b_n = \beta$, 证明: $\lim\limits_{n \to \infty} \dfrac{a_1 b_n + a_2 b_{n-1} + \cdots + a_n b_1}{n} = \alpha\beta$.

§2.5 自然对数的底 e 和 Euler 常数 γ

在数学分析中数 e 是通过数列极限而引进的一个常数, 近似值为 e ≈ 2.718 28. 数 e 在数学以及一般科学中的重要性决不亚于圆周率 π.

2.5.1   与数 e 有关的两个问题

虽然数 e 不如圆周率 π 那样容易理解, 但仍然有与 e 密切有关的简单例子.

例题 2.5.1 如果一笔钱在银行里存入时间 T 后增值一倍, 存入时间 $T/2$ 后增值 50%, 那么顾客就可以采取以下策略: 将同样的钱先存入时间 $T/2$, 然后取出, 再存入时间 $T/2$, 最后得到的钱是原来的 $1.5^2 = 2.25$ 倍, 即增值 125%. 现在将条件进一步理想化, 设银行利率不随存入时间长短而改变, 即存入时间 $T/3$ 后增值 33.33%, 存入时间 $T/4$ 后增值 25%, 依此类推. 问: 用以上缩短存入时间并多次重复的方法能在时间 T 后得到的最大增值是多少?

不妨令 $T = 1$ 为单位时间. 设存取 n 次, 每次存入时间分别为 $x_1, x_2, \cdots, x_n$, 满足条件 $\sum\limits_{i=1}^{n} x_i = 1$ (即时间总和为 T). 从平均值不等式有

$$(1 + x_1)(1 + x_2) \cdots (1 + x_n) \leqslant \left(\frac{n + x_1 + \cdots + x_n}{n} \right)^n = \left(1 + \frac{1}{n} \right)^n,$$

且当 $x_1 = x_2 = \cdots = x_n$ 时成立等号. 这表明在固定次数存取的前提下以等时间安排最为有利. 于是问题归结为研究数列

$$\left\{ \left(1 + \frac{1}{n} \right)^n \right\}$$

的性质. 这个问题直接引向本节的主题 e. 从下面的分析和数 $e \approx 2.718\,28$ 可知, 最大增值不会超过原有钱数的 171.83%.

例题 2.5.2 已知正数 a, 把它分成若干部分, 如果要使它们的乘积达到最大, 应该怎样分法? 容易知道, 将 a 分成相等的若干部分最为有利, 这是平均值不等式的又一次应用. 但平均值不等式并不能告诉我们应该将数 a 分成几部分最好? 以 $a = 10$ 为例, 可以试算出以下几个结果:

$$\left(\frac{10}{2} \right)^2 = 25, \left(\frac{10}{3} \right)^3 \approx 37.037, \left(\frac{10}{4} \right)^4 = 39.062\,5, \left(\frac{10}{5} \right)^5 = 32.$$

今后可以证明: 当等分而成的每一部分的值与数 e 最接近的时候, 它们的乘积最大. 对 $a = 10$ 来说, 就是将它等分成四部分时所得到的乘积最大.

注   以上的第二个例子取自著名的中学生课外读物 [3]. 我们将在例题 8.3.3 中证明以上结论. 在那里的注 1 中还解决了与此密切相关的另一个问题, 即如果对 a 以及所分的每一部分都限制为正整数时, 应当怎样分才能使乘积最大?

2.5.2   关于数 e 的基本结果

命题 2.5.1 设 $a_n = \left(1 + \dfrac{1}{n} \right)^n$, $n \in \mathbf{N}_+$, 则 $\{a_n\}$ 严格单调增加且收敛.

证 1 数列 $\{a_n\}$ 的通项就是一个数自乘 n 次, 如再乘上 1, 就可看成为 $n+1$ 个数的乘积. 利用平均值不等式, 就有

$$a_n = 1 \cdot \left(1 + \frac{1}{n}\right)^n < \left[\frac{n\left(1 + \frac{1}{n}\right) + 1}{n+1}\right]^{n+1} = \left(\frac{n+2}{n+1}\right)^{n+1} = a_{n+1}.$$

因此数列 $\{a_n\}$ 严格单调增加.

引入第二个数列 $b_n = \left(1 + \frac{1}{n}\right)^{n+1}$, $n \in \mathbf{N}_+$, 再用平均值不等式, 得到

$$\frac{1}{b_n} = 1 \cdot \left(\frac{n}{n+1}\right)^{n+1} < \left[\frac{(n+1)\left(\frac{n}{n+1}\right) + 1}{n+2}\right]^{n+2} = \left(\frac{n+1}{n+2}\right)^{n+2} = \frac{1}{b_{n+1}}.$$

又由于对每个 n 有不等式 $a_n < b_n$, 可见 $\{a_n\}$ 严格单调增加, 且以每一个 b_n 为上界; 同时 $\{b_n\}$ 严格单调减少, 且以每一个 a_n 为下界, 因此两个数列都收敛. 利用 $a_n(1 + 1/n) = b_n$, 可见它们的极限相同. □

在图 2.3 中将 $\{a_n\}$ 和 $\{b_n\}$ 的表达式看成是 n 的函数, 分别用小圆点作出它们的前 10 项. 它们的极限就是 e, 在图中用水平虚线的高度表示.

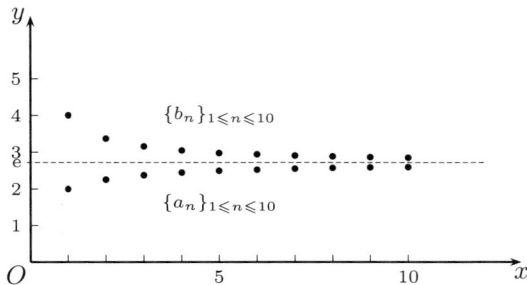

图 2.3

注 同时考虑两个数列的方法有一个优点, 即可以得到后面的不等式 (2.16). 若只要证 $\{a_n\}$ 有上界, 则有很多其他方法. 例如, 下面的构思见 [41]: 由于

$$\left(1 + \frac{1}{n}\right)^n \cdot \frac{1}{2} \cdot \frac{1}{2} < \left[\frac{n\left(1 + \frac{1}{n}\right) + 2 \cdot \frac{1}{2}}{n+2}\right]^{n+2} = 1,$$

可知 $\{a_n\}$ 以 4 为上界. (用此法还可证明 $\{a_n\}$ 以 $\{b_n\}$ 的每一项为上界, 其中即有 $b_1 = 4$.)

证 2 将数列的通项 a_n 用二项式展开, 得到

$$
\begin{aligned}
a_n &= 1 + \sum_{k=1}^{n} \binom{n}{k} \frac{1}{n^k} \\
&= 1 + 1 + \frac{1}{2!}\left(1 - \frac{1}{n}\right) + \frac{1}{3!}\left(1 - \frac{1}{n}\right)\left(1 - \frac{2}{n}\right) + \cdots \\
&\quad + \frac{1}{n!}\left(1 - \frac{1}{n}\right)\left(1 - \frac{2}{n}\right)\cdots\left(1 - \frac{n-1}{n}\right).
\end{aligned}
$$

比较 a_n 和 a_{n+1} 的类似展开式, 可以看出前两项相同, 而从第三项起, a_{n+1} 的展开式中的每一项都比 a_n 的展开式中的相应项来得大, 而且最后还要多出一个正项, 因此 $\{a_n\}$ 是严格单调增加数列. 又可以用上述展开式作如下估计:

$$
a_n < 1 + \frac{1}{1!} + \frac{1}{2!} + \frac{1}{3!} + \cdots + \frac{1}{n!} < 1 + 1 + \frac{1}{2} + \frac{1}{2^2} + \cdots + \frac{1}{2^{n-1}} < 3,
$$

因此 $\{a_n\}$ 有上界, 从而收敛. □

将上一命题中确定的极限记为 e, 它的近似值是 $2.718\ 281\ 828\cdots$. 在 1728 年大数学家 Euler 引入 e 作为自然对数的底 (见 [29]). 在本书中将自然对数 $\log_e x$ 记为 $\ln x$, 在其他文献中也有记为 $\log x$ 的. 从以后的学习中可以看到, 虽然在日常计算中一般用常用对数, 但在数学中用自然对数更为 "自然" 和方便得多.

下一命题表明数 e 又是另一个数列的极限, 它也称为 e 的**无穷级数展开式**.

命题 2.5.2 证明数

$$
e = \sum_{n=0}^{\infty} \frac{1}{n!} = 1 + 1 + \frac{1}{2!} + \frac{1}{3!} + \cdots + \frac{1}{n!} + \cdots.
$$

(记号 $\sum\limits_{n=0}^{\infty} \frac{1}{n!}$ 是以 $\frac{1}{n!}$ 为通项的无穷级数, 其中 $0! = 1$. 级数的和定义为部分和数列 $\{s_n\}$ 的极限, 其中 $s_n = 1 + \frac{1}{1!} + \frac{1}{2!} + \cdots + \frac{1}{n!}$. 参见例题 2.2.9 的注.)

证 从上一命题中已知 $\{s_n\}$ 以 3 为上界, 又因 $\{s_n\}$ 严格单调增加, 因此收敛. 记其极限为 s, 则从 $a_n < s_n$ 得到 $e \leqslant s$. 固定正整数 m, 并令 $n > m$, 就有

$$
\begin{aligned}
a_n &= 1 + 1 + \frac{1}{2!}\left(1 - \frac{1}{n}\right) + \cdots + \frac{1}{n!}\left(1 - \frac{1}{n}\right)\left(1 - \frac{2}{n}\right)\cdots\left(1 - \frac{n-1}{n}\right) \\
&> 1 + 1 + \frac{1}{2!}\left(1 - \frac{1}{n}\right) + \cdots + \frac{1}{m!}\left(1 - \frac{1}{n}\right)\left(1 - \frac{2}{n}\right)\cdots\left(1 - \frac{m-1}{n}\right).
\end{aligned}
$$

其中不等号右边的和式是从 a_n 的表达式中去掉后 $n - m$ 个正项得到的. 令 $n \to \infty$, 就有

$$
e \geqslant 1 + 1 + \frac{1}{2!} + \frac{1}{3!} + \cdots + \frac{1}{m!} = s_m.
$$

再令 $m \to \infty$, 得到 $e \geqslant s$. 因此有 $s = e$. □

命题 2.5.3 记 $\varepsilon_n = e - \left(1 + 1 + \dfrac{1}{2!} + \cdots + \dfrac{1}{n!}\right)$, 则有 $\lim\limits_{n\to\infty} \varepsilon_n(n+1)! = 1$.

证 写出

$$\lim_{n\to\infty} \varepsilon_n(n+1)! = \lim_{n\to\infty} \frac{\varepsilon_n}{\dfrac{1}{(n+1)!}},$$

然后用 $\dfrac{0}{0}$ 型的 Stolz 定理 (即命题 2.4.2), 这时

$$\varepsilon_{n+1} - \varepsilon_n = -\frac{1}{(n+1)!}, \quad \frac{1}{(n+2)!} - \frac{1}{(n+1)!} = -\frac{1}{n!\,(n+2)},$$

可见所求的极限为 1.   □

这个结果也可以从下面更为精细的估计得出.

命题 2.5.4 对于上述 ε_n 成立不等式 $\dfrac{1}{(n+1)!} < \varepsilon_n < \dfrac{1}{n!\,n}$.

证 从 $\varepsilon_n = \sum\limits_{k=n+1}^{\infty} \dfrac{1}{k!}$ 可见 $\varepsilon_n > \dfrac{1}{(n+1)!}$ 成立. 对任意的 $m > n$, 估计

$$\frac{1}{(n+1)!} + \frac{1}{(n+2)!} + \cdots + \frac{1}{m!} < \frac{1}{(n+1)!}\left(1 + \frac{1}{n+2} + \cdots + \frac{1}{(n+2)^k} + \cdots\right)$$

$$= \frac{1}{(n+1)!} \cdot \frac{1}{1 - \dfrac{1}{n+2}}$$

$$= \frac{n+2}{(n+1)!(n+1)} < \frac{1}{n!\,n},$$

再令 $m \to \infty$, 就得到所求的第二个不等式.   □

现在证明关于数 e 的一个基本结果, 它也是 Euler 首先得到的.

命题 2.5.5 自然对数的底 e 是无理数.

证 用反证法. 如果 e 是有理数, 则可写为 $e = p/q$, 这里 p 和 q 是正整数. 从上两个命题知道, 对于正整数 q, 可以将 e 的无穷级数展开式写成为两项之和, 即从级数的第一项到 $1/q!$ 为第一部分, 余下的 ε_q 为第二部分:

$$e = \frac{p}{q} = \left(1 + \frac{1}{1!} + \frac{1}{2!} + \frac{1}{3!} + \cdots + \frac{1}{q!}\right) + \varepsilon_q. \tag{2.14}$$

由此可见, ε_q 一定是 $1/q!$ 的整数倍. 但从上一个例题对 ε_q 的估计知道, 有

$$0 < \varepsilon_q < \frac{1}{q!\,q},$$

因此这是不可能的.   □

注 1   换一个写法, 对不等式

$$0 < \frac{p}{q} - \left(1 + \frac{1}{1!} + \frac{1}{2!} + \cdots + \frac{1}{q!}\right) < \frac{1}{q!\, q}$$

的两边同乘 $q!\, q$, 则可见在中间的一个整数的值介于 0 和 1 之间, 引出矛盾.

注 2   在 1873 年数学家 Hermite (埃尔米特) 进一步证明 e 是超越数, 也就是说 e 不是任何一个整系数代数方程的根. 这个证明可以在 [53, 55] 中找到.

本小节的前两个命题给出了以 e 为极限的两个数列. 在计算 e 的近似值时用它的无穷级数展开式的前有限项之和有很多优点: 计算方便, 收敛快, 又有很好的误差估计. 如果用 $a_n = \left(1 + \dfrac{1}{n}\right)^n$ 来计算 e, 情况很不一样. 若令

$$\delta_n = \mathrm{e} - \left(1 + \frac{1}{n}\right)^n,$$

那么从本小节的命题 2.5.1 的证 1 可知

$$\delta_n < \left(1 + \frac{1}{n}\right)^{n+1} - \left(1 + \frac{1}{n}\right)^n = \left(1 + \frac{1}{n}\right)^n \cdot \frac{1}{n} < \frac{\mathrm{e}}{n} < \frac{3}{n}.$$

进一步还可以得到

$$\lim_{n \to \infty} \frac{2n\delta_n}{\mathrm{e}} = 1,$$

也就是说有

$$\delta_n \sim \frac{\mathrm{e}}{2n}, \tag{2.15}$$

其证明见例题 8.1.4.

用 $\{a_n\}$ 计算 e 的近似值的实际例子: 在取 $n = 100$ 时, $a_{100} = 2.70\cdots$, 只有两位数字是正确的. 又取 $n = 10^4$, 则有 $a_{10^4} = 2.718\,14\cdots$, 也只有四位数字是正确的. 这里的误差与公式 (2.15) 的估计是一致的. 另一方面, 若用

$$s_n = 1 + \frac{1}{1!} + \frac{1}{2!} + \frac{1}{3!} + \cdots + \frac{1}{n!}$$

来求 e 的近似值, 则在取 $n = 10$ 时就有 $s_{10} = 2.718\,281\,8\cdots$, 所写出的八位数字都是正确的. 这与命题 2.5.4 给出的误差估计也是一致的. 关于收敛的速度和计算效率的研究将会在计算方法课程中学习. 数学分析为此提供了基础.

小结   数 e 的引进和研究是一个重要范例. 这表明通过极限理论可以发现新的数. 应当指出, 由于这些数是通过极限来定义的, 对它们的研究就很不容易. 在这方面还有许多我们所不了解的东西, 有待今后的研究. 例如, 虽然已经证明了 e 和 π 都是无理数和超越数, 但迄今为止还没有人能证明 e + π 是无理数.

2.5.3 Euler 常数 γ

命题 2.5.6 数列 $\{c_n\}$ 收敛, 其中 $c_n = 1 + \frac{1}{2} + \cdots + \frac{1}{n} - \ln n, n \in \mathbf{N}_+$.

证 这里需要用不等式

$$\frac{1}{n+1} < \ln\left(1 + \frac{1}{n}\right) < \frac{1}{n}, \tag{2.16}$$

这可从命题 2.5.1 中建立的 $\left(1 + \frac{1}{n}\right)^n < e < \left(1 + \frac{1}{n}\right)^{n+1}$ 取自然对数得到.

现在研究数列 $\{c_n\}$ 的前后两项之差. 由 (2.16) 的第一个不等式可见

$$c_{n+1} - c_n = \frac{1}{n+1} - \ln(n+1) + \ln n = \frac{1}{n+1} - \ln\left(1 + \frac{1}{n}\right) < 0,$$

因此 $\{c_n\}$ 是严格单调减少数列. 以下只要证明这个数列有下界即可.

在 (2.16) 的右边的不等式中将 n 用 $1, 2, \cdots, n$ 代入, 然后将这些不等式相加, 就得到

$$1 + \frac{1}{2} + \cdots + \frac{1}{n} > \ln(n+1) = \ln n + \ln\left(1 + \frac{1}{n}\right) > \ln n + \frac{1}{n+1}.$$

因此有

$$c_n = 1 + \frac{1}{2} + \cdots + \frac{1}{n} - \ln n > \frac{1}{n+1} > 0,$$

可见数列 $\{c_n\}$ 为正数列, 因此收敛. □

注 在确立了数列 $\{c_n\}$ 单调减少之后, 也可以如同命题 2.5.1 的证 1 那样, 引入第二个数列 $\{d_n\}$, 其中 $d_n = 1 + \frac{1}{2} + \cdots + \frac{1}{n} - \ln(n+1), n \in \mathbf{N}_+$. 这时有 $d_n < c_n, \forall n \in \mathbf{N}_+$, 且由 (2.16) 知 $c_n - d_n \to 0$. 同样可由 (2.16) 得到

$$d_{n+1} - d_n = \frac{1}{n+1} - \ln(n+2) + \ln(n+1) = \frac{1}{n+1} - \ln\left(1 + \frac{1}{n+1}\right) > 0.$$

因此 $\{d_n\}$ 是严格单调增加数列, 且有 $d_1 < d_2 < \cdots < d_n < c_n < c_{n-1} < \cdots < c_1, \forall n \in \mathbf{N}_+$. 因此数列 $\{c_n\}$ 以每个 d_n 为下界, 且和 $\{d_n\}$ 收敛于同一极限.

称以上数列 $\{c_n\}$ 的极限为 Euler 常数 (或 Euler-Mascheroni (马斯凯罗尼) 常数), 记为

$$\gamma = \lim_{n \to \infty}\left(1 + \frac{1}{2} + \cdots + \frac{1}{n} - \ln n\right) \approx 0.577\,215\,664.$$

由上述命题, 我们得到

$$1 + \frac{1}{2} + \cdots + \frac{1}{n} = \ln n + \gamma + o(1).$$

用这个公式和 Euler 常数的近似值就可以近似估计例题 2.2.6 中的发散数列 $\{S_n\}$ 当 n 很大时的值. 例如, 在 $n = 10^6$ 时, 从

$$S_{10^6} = \sum_{k=1}^{10^6} \frac{1}{k} \approx 6 \ln 10 + \gamma,$$

就得到 $S_{10^6} \approx 14.392\,726$. 用 Mathematica 软件验算, 知道这 8 位数字都是准确的. 实际上如用近似公式

$$1 + \frac{1}{2} + \cdots + \frac{1}{n} \approx \ln n + \gamma + \frac{1}{2n},$$

则效果还要好得多. 关于这方面的材料可以参考 [66].

一个尚未解决的问题是: Euler 常数 γ 是否是无理数? 类似的问题在数学中还有很多. 有人称 Euler 常数是其中"最大的谜" (见 [9] 中的 260 和 262 页).

2.5.4   例题

例题 2.5.3 证明 $\lim\limits_{n \to \infty} \dfrac{n}{\sqrt[n]{n!}} = e$.

证 1   将 $\dfrac{n}{\sqrt[n]{n!}}$ 取对数, 则只需证明其极限等于 1. 经整理后得到

$$\ln \frac{n}{\sqrt[n]{n!}} = \frac{n \ln n - (\ln 2 + \ln 3 + \cdots + \ln n)}{n} = \frac{b_n}{n}.$$

用 Cauchy 命题即知 (也就是 2.4.3 小节的题 4):

$$\lim_{n \to \infty} (b_{n+1} - b_n) = l \implies \lim_{n \to \infty} \frac{b_n}{n} = l,$$

计算得到 $b_{n+1} - b_n = n \ln \left(1 + \dfrac{1}{n}\right) = \ln \left(1 + \dfrac{1}{n}\right)^n$, 可见极限为 1. □

证 2   将 $\dfrac{n}{\sqrt[n]{n!}}$ 改写为 $\sqrt[n]{\dfrac{n^n}{n!}}$, 就可以用 2.4.3 小节题 6 中的方法来做. 这时记 $a_n = \dfrac{n^n}{n!}$, 因此只需计算后项与前项之比的极限:

$$\lim_{n \to \infty} \frac{a_{n+1}}{a_n} = \lim_{n \to \infty} \frac{(n+1)^{n+1}}{(n+1)!} \cdot \frac{n!}{n^n} = \lim_{n \to \infty} \left(1 + \frac{1}{n}\right)^n = e. \qquad \square$$

注   利用下一小节题 7 中的不等式可以得到本题的又一个解法. 此外, 本题还有积分学解法 (例题 11.4.2).

例题 2.5.4 计算极限 $\lim\limits_{n\to\infty}\left(\dfrac{1}{n+1}+\dfrac{1}{n+2}+\cdots+\dfrac{1}{2n}\right)$.

解　从 Euler 常数的讨论知道, 以

$$c_n = 1 + \frac{1}{2} + \cdots + \frac{1}{n} - \ln n$$

为通项的数列收敛. 因此就知道 $\lim\limits_{n\to\infty}(c_{2n}-c_n)=0$, 又有

$$c_{2n} - c_n = \frac{1}{n+1} + \frac{1}{n+2} + \cdots + \frac{1}{2n} - \ln 2,$$

因此就求出

$$\lim_{n\to\infty}\left(\frac{1}{n+1}+\frac{1}{n+2}+\cdots+\frac{1}{2n}\right)=\lim_{n\to\infty}(c_{2n}-c_n)+\ln 2 = \ln 2. \qquad \square$$

注　此题的另一巧妙解法见 2.8.3 小节中的例题 4. 此外本题在学了积分学后就只是一个常规练习题 (参见例题 11.4.1).

2.5.5　练习题

1. 计算下列极限:

(1) $\lim\limits_{n\to\infty}\left(1-\dfrac{1}{n}\right)^n$;

(2) $\lim\limits_{n\to\infty}\left(1+\dfrac{1}{2n}\right)^n$;

(3) $\lim\limits_{n\to\infty}\left(1+\dfrac{2}{n}\right)^n$;

(4) $\lim\limits_{n\to\infty}\left(1+\dfrac{1}{n}\right)^{n^2}$;

(5) $\lim\limits_{n\to\infty}\left(1+\dfrac{1}{n^2}\right)^n$;

(6) $\lim\limits_{n\to\infty}\left(1+\dfrac{1}{n}+\dfrac{1}{n^2}\right)^n$.

注　在计算中可以应用 2.1.5 小节题 4 中有关连续性的结果. 但是要请读者注意, 在现阶段如下的做法是缺乏根据的 (以题 (3) 为例):

$$\lim_{n\to\infty}\left(1+\frac{2}{n}\right)^n = \lim_{n\to\infty}\left[\left(1+\frac{2}{n}\right)^{\frac{n}{2}}\right]^2 = e^2.$$

2. 设 $k\in\mathbf{N}_+$, 证明: $\dfrac{k}{n+k} < \ln\left(1+\dfrac{k}{n}\right) < \dfrac{k}{n}$.

3. 求 $\lim\limits_{n\to\infty}\left(1+\dfrac{1}{n^2}\right)\left(1+\dfrac{2}{n^2}\right)\cdots\left(1+\dfrac{n}{n^2}\right)$.

4. 设 $\{p_n\}$ 是正数列, 且 $p_n\to+\infty$, 计算 $\lim\limits_{n\to\infty}\left(1+\dfrac{1}{p_n}\right)^{p_n}$.

5. 求 $\lim\limits_{n\to\infty}\dfrac{n!\,2^n}{n^n}$.

6. 求极限 $\lim\limits_{n\to\infty} \dfrac{\ln n}{1 + \dfrac{1}{2} + \cdots + \dfrac{1}{n}}$.

7. 证明: $\left(\dfrac{n+1}{\mathrm{e}}\right)^n < n! < \mathrm{e}\left(\dfrac{n+1}{\mathrm{e}}\right)^{n+1}$.

   (由此又可得到 $\lim\limits_{n\to\infty} \dfrac{n}{\sqrt[n]{n!}} = \mathrm{e}$.)

8. 设 $S_n = 1 + 2^2 + 3^3 + \cdots + n^n, n \in \mathbf{N}_+$. 证明: 对 $n \geqslant 2$, 成立不等式

$$n^n\left[1 + \frac{1}{4(n-1)}\right] \leqslant S_n < n^n\left[1 + \frac{2}{\mathrm{e}(n-1)}\right].$$

9. 设有 $a_1 = 1, a_n = n(a_{n-1} + 1), n = 2, 3, \cdots$, 又设 $x_n = \prod\limits_{k=1}^{n}\left(1 + \dfrac{1}{a_k}\right), n \in \mathbf{N}_+$, 求数列 $\{x_n\}$ 的极限.

§2.6   由迭代生成的数列

这里所说的"由迭代生成的数列"是指在给出数列的第一项 a_1 后, 用递推公式 $a_{n+1} = f(a_n)\,(n \in \mathbf{N}_+)$ 通过迭代生成的数列. 这里只讨论函数 f 与 n 无关的情况. 这样的数列在数学和其他领域中经常出现, 有很强的理论和实用价值. 例如, 大量的近似计算方法都是用迭代方式来实现的 (一个具体例子就是本书 §8.7 的方程求根算法). 同时这类数列有很强的共同规律, 又与 20 世纪 70 年代中期发展起来的混沌研究直接有关. 本节将对此作一个基本介绍, 重点是几何方法.

在下一章学了 Cauchy 收敛准则后, 将进一步介绍处理迭代生成数列的另一种方法——压缩映射原理, 并且用这个原理对下一小节中的两个例题给出新的解法. 此外, 在那里还会看到, 上、下极限也是处理迭代生成数列的有用工具.

2.6.1   例题

例题 2.6.1 设 $a_1 = \sqrt{2}, a_{n+1} = \sqrt{2 + a_n}, n \in \mathbf{N}_+$. 讨论数列 $\{a_n\}$ 的敛散性, 若收敛则求出其极限.

(本题的另一种形式是求极限 $\lim\limits_{n\to\infty} \underbrace{\sqrt{2 + \sqrt{2 + \cdots + \sqrt{2}}}}_{n \text{ 重}}$, 这时的第一步就是将数列写成递推形式.)

解 可以归纳地证明这个数列是严格单调增加的, 并且以 2 为上界. 实际上, 从递推公式和初始值为正就可推知数列的每一项为正. 从

$$a_1 = \sqrt{2} < \sqrt{2 + \sqrt{2}} = a_2,$$

以及
$$a_{n-1} < a_n \Longrightarrow a_n = \sqrt{2 + a_{n-1}} < \sqrt{2 + a_n} = a_{n+1},$$
可见数列是单调增加的. 又从 $a_1 < 2$ 和
$$a_n < 2 \Longrightarrow a_{n+1} = \sqrt{2 + a_n} < \sqrt{2 + 2} = 2,$$
可见数列以 2 为上界. 因此它是收敛数列. 记极限是 a. 在递推公式 $a_{n+1} = \sqrt{2 + a_n}$ 的两边令 $n \to \infty$, 就得到关于 a 的方程
$$a = \sqrt{2 + a}.$$
因 $a > 0$, 该方程只有一个正解 $a = 2$, 这就是所要求的极限. □

注 这里介绍证明 $\{a_n\}$ 有上界的另一个方法. 它在处理 a_n 中出现 n 重根式的类似问题时可能有用. 利用
$$\sqrt{2 + \sqrt{2}} < \sqrt{2 + 2} = 2,$$
就可以在 a_n 的表达式 $\sqrt{2 + \sqrt{2 + \cdots + \sqrt{2}}}$ 中从最里面开始, 从内到外将根号逐个脱去, 得到 $a_n < 2$.

问题 在上述简单例题中是否包含了迭代生成数列所共有的某些普遍规律? 例如, 这样的数列是否都是单调的? 上界 2 与答案相同是否偶然? 求极限的方法是否都是如此? 总而言之, 迭代生成数列的收敛与求其极限是否有普遍适用的方法? 在下一小节我们将要回答这些问题. 在此之前, 再看一个例题. 它说明迭代生成的数列不一定是单调的. 但这里仍然有规律.

例题 2.6.2 数列 $\{b_n\}$ 由 $b_1 = 1$ 和 $b_{n+1} = 1 + \dfrac{1}{b_n}$ $(n \in \mathbf{N}_+)$ 生成. 讨论 $\{b_n\}$ 的敛散性, 若收敛则求出其极限.

解 先假定数列 $\{b_n\}$ 收敛, 记极限为 b. 从迭代所用的递推公式中令 $n \to \infty$, 就得到 $b^2 - b - 1 = 0$. 它有两个根: $(1 \pm \sqrt{5})/2$. 由于容易归纳地看出所有的 $b_n > 0$, 因此如果存在极限, 则只能是 $b = (1 + \sqrt{5})/2 \approx 1.618$.

考虑数列 $\{b_n\}$ 中的项 b_n 和 b_{n+2} 的关系. 可以从递推公式导出 $b_{n+2} = 2 - 1/(b_n + 1)$. 由于上面求出的 b 也满足等式 $b = 2 - 1/(b + 1)$, 就有
$$b_{n+2} - b = \frac{b_n - b}{(b_n + 1)(b + 1)}. \tag{2.17}$$
可见 $b_n - b$ 和 $b_{n+2} - b$ 总是同号的. 利用 b 的近似值 1.618 和 $b_1 = 1$, $b_2 = 2$, 就知道对每个 k 成立 $b_{2k-1} < b < b_{2k}$. 直接研究差值
$$b_{n+2} - b_n = \frac{b_n - b_{n-2}}{(b_n + 1)(b_{n-2} + 1)},$$
并计算出数列的前几项 $b_1 = 1, b_2 = 2, b_3 = 1.5, b_4 = 1.666\cdots$, 可见 $\{b_{2k-1}\}$ 严格单调增加, $\{b_{2k}\}$ 严格单调减少, 而且有

$$b_1 < b_3 < \cdots < b < \cdots < b_4 < b_2,$$

因此它们都是收敛数列. 在它们共同的递推公式 $b_{n+2} = 2 - \dfrac{1}{b_n + 1}$ 中令 $n \to \infty$, 可见它们的极限都是 b. 因此数列 $\{b_n\}$ 收敛于 b. □

注　顺便指出本题与 Fibonacci (斐波那契) 数列有关. 所谓 Fibonacci 数列, 即是由

$$F_1 = 1, F_2 = 1, F_{n+2} = F_{n+1} + F_n, n \in \mathbf{N}_+$$

确定的数列 $\{F_n\}$. 它的前 12 项是 $1, 1, 2, 3, 5, 8, 13, 21, 34, 55, 89, 144$. 如果要求其中相继两项的增长率的极限, 即 $\lim\limits_{n \to \infty} (F_{n+1}/F_n)$, 则从

$$\frac{F_{n+1}}{F_n} = \frac{F_n + F_{n-1}}{F_n} = 1 + \frac{1}{\dfrac{F_n}{F_{n-1}}}$$

可见, 这个极限就是上一个例题中求出的答案: $\dfrac{\sqrt{5}+1}{2} \approx 1.618$.

很自然会产生这样的问题: 例题 2.6.2 的解法是怎样想出来的? 为什么会去研究 b_{n+2} 和 b_n 的关系?

实际上与很多其他例题一样, 写在书本上的解答与实际的思维过程可能完全不同. 对本题的一般思维过程是先计算数列 $\{b_n\}$ 的前几项, 发现它们有 (例如) 以下的大小关系:

$$b_1 < b_3 < b_5 < \cdots < b_6 < b_4 < b_2,$$

然后 (可能会提出) 猜测: $\{b_{2k-1}\}$ 可能单调增加, $\{b_{2k}\}$ 可能单调减少. 又假定数列收敛, 求出 b, 由此想到去研究 $b_{n+2} - b$ 和 $b_{n+2} - b_n$. 注意, 这里由几个特例作出猜测的方法是在科学研究中 (不仅仅在数学中) 普遍采用的归纳法. 但这不是数学归纳法. 数学归纳法是用来证明与正整数有关的命题 $P(n)$ 成立的严格的数学方法, 也称为完全归纳法. 一旦证明成功, 命题就成立了. 但上面所说的归纳法并非如此, 它更接近于科学研究中的一般思维方法. 从几个特例总结出来的命题可能对, 也可能错, 因此有时也称为**不完全归纳法**. 在这一点上说, 它似乎不如数学归纳法. 但实际上数学归纳法只是证明命题的一种严格的数学方法, 至于这个命题从何处得来, (在证明成功之前) 命题成立的可能性如何, 数学归纳法对此是无能为力的. 从不完全归纳法提出的猜测也被称为**似然猜想**, 在 Pólya 的 [46] 中对此有系统的论述. 该书和 [45, 47] 一起, 是有关数学思维和数学教育方面的名著. 在这方面还可以参考 [49].

实际上, 上面两个例题中的确包含了许多迭代生成数列的共同规律. 如果掌握了这些规律, 就有可能更有效地处理同样类型的问题.

2.6.2 单调性与几何方法

关于迭代生成数列的第一个规律可概括在下列命题中.

命题 2.6.1 (第一律) 设数列 $\{x_n\}$ 满足递推公式 $x_{n+1} = f(x_n)$, $n \in \mathbf{N}_+$. 若有 $\lim\limits_{n\to\infty} x_n = \xi$, 同时又成立

$$\lim_{n\to\infty} f(x_n) = f(\xi), \tag{2.18}$$

则极限 ξ 一定是方程 $f(x) = x$ 的根 (这时称 ξ 为函数 f 的**不动点**).

注 这个命题的证明是简单的, 只不过是在递推公式 $x_{n+1} = f(x_n)$ 的两边令 $n \to \infty$ 而已. 这在上面两个例题中都已这样做过. 命题中的条件 (2.18) 在今后学了函数的连续性概念后可替换为 f 在点 ξ 处连续或在更大的范围上连续等条件. (从第五章连续函数中的 Heine (海涅) 归结原理知道, 函数 f 在点 a 处连续的充分必要条件就是对每个收敛于 a 的数列 $\{a_n\}$, 成立 $\lim\limits_{n\to\infty} f(a_n) = f(a)$.)

这个命题的用处是明显的. 它使我们在还不知道数列的收敛情况之前, 就可以先去求解方程 $f(x) = x$. 求出方程的根对判定原数列的收敛性往往会是有帮助的. 例如, 如果方程 $f(x) = x$ 在实数范围中无根, 则无须再作任何研究就可以断定: 这个迭代生成数列一定发散 (见前面的例题 2.2.8). 又如在上面的例题 2.6.2 中, 一开始就求出 b, 到最后才证明它是极限. 我们已经看到在该题的求解中 b 所起的作用.

关于迭代生成数列的第二个规律是它的单调性. 如果假定在递推公式中的函数 f 为单调函数, 则很容易证明只有两种可能情况: (1) 这个数列是单调的, (2) 这个数列的奇数项子列和偶数项子列分别是单调的, 而且具有相反的单调性. 事实上, 在数学分析课程中见到的这类数列的绝大多数都合乎这个规律. 这就是下一个命题. 请注意其中既不要求数列收敛, 也不要求它有界 (区间 I 可以无界).

命题 2.6.2 (第二律) 设 $\{x_n\}$ 满足关系 $x_{n+1} = f(x_n)$, $n \in \mathbf{N}_+$, 其中的函数 f 在区间 I 上单调, 同时数列 $\{x_n\}$ 的每一项都在区间 I 中, 则只有两种可能: (1) 当 f 单调增加时, $\{x_n\}$ 为单调数列; (2) 当 f 单调减少时, $\{x_n\}$ 的两个子列 $\{x_{2k-1}\}$ 和 $\{x_{2k}\}$ 分别为单调数列, 且具有相反的单调性.

证 分别讨论命题中的两种情况.

(1) 设 $f(x)$ 在区间 I 上单调增加. 根据条件, 有 $x_n \in I$, $n \in \mathbf{N}_+$. 观察数列的前两项. 如有 $x_1 \leqslant x_2 = f(x_1)$, 则就有 $x_2 = f(x_1) \leqslant f(x_2) = x_3$. 用数学归纳法可以证明, 数列 $\{x_n\}$ 单调增加. 完全类似地可以证明, 在 $x_1 \geqslant x_2$ 时, 数列 $\{x_n\}$ 单调减少.

(2) 设 $f(x)$ 在区间 I 上单调减少. 注意: 复合函数 $f(f(x))$ 却是单调增加的. 严格地说, 只要 $a, b \in I$, $a < b$, 而且 $f(a), f(b) \in I$, 就成立 $f(f(a)) \leqslant f(f(b))$.

观察 x_1 与 x_3. 如果 $x_1 = x_3$, 则子列 $\{x_{2k-1}\}$ 为常值数列. 如成立 $x_1 < x_3$, 从 f 单调减少就有 $x_2 \geqslant x_4$, 然后推出 $x_3 \leqslant x_5$. 以下的讨论已无困难. 用数学归纳法即可证明这时子列 $\{x_{2k-1}\}$ 单调增加. 由于函数 f 单调减少, 从 $x_{2k} = f(x_{2k-1}), k \in \mathbf{N}_+$, 可知子列 $\{x_{2k}\}$ 单调减少. 对于 $x_1 > x_3$ 的讨论完全类似, 从略. □

注 从证明中不难看出, 以上的单调性还具有一个特点. 举例来说, 在(1) 中的 $\{x_n\}$ 为单调增加的情况, 只有两种可能性: 或者是从某项之后为常值数列, 或者是严格单调增加数列.

现在问题已经很清楚, 如果迭代生成数列 $\{x_n\}$ 在函数 f 的单调区间内而且有界的话 (区间 I 可以无界), 则在情况 (1) 时数列必收敛, 而在情况 (2) 时数列可能收敛, 也可能发散, 但两个子列 $\{x_{2k-1}\}$ 和 $\{x_{2k}\}$ 则一定收敛. 因此问题取决于这两个子列的极限是否相等. 对于数列无界的情况可以作出类似的讨论.

对于具体问题来说, 应用以上两个规律的最简便方法就是作图. 首先在坐标平面上作出函数 $y = f(x)$ 的图像. 在命题 2.6.1 中的不动点就是曲线 $y = f(x)$ 和直线 $y = x$ 的交点. 对于很多简单函数, 不难确定它的单调区间. 为了知道迭代生成数列的具体情况, 往往不需要作很多计算, 而只要用我们在下面介绍的作图法即可. 它有一个很形象化的名称 —— 蛛网 (cobweb) 工作法.

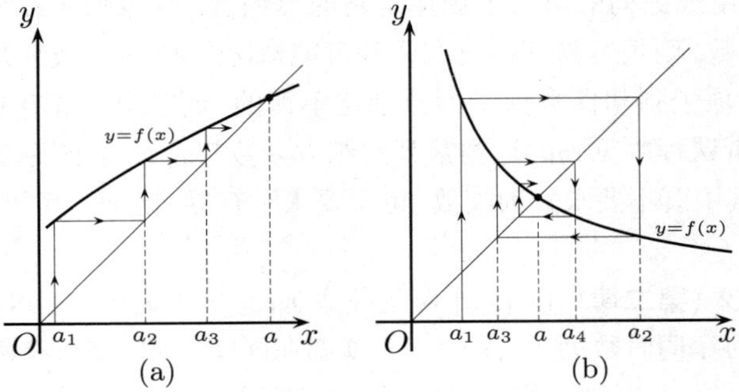

图 2.4

先看图 2.4(a). 在其中的曲线代表函数 $y = f(x)$. 它同直线 $y = x$ 的交点的横坐标 a 就是 f 的不动点. 从图中的 x 轴上代表初始值 a_1 的点出发作平行于 y 轴的直线, 它与曲线 $y = f(x)$ 的交点的纵坐标就是 $a_2 = f(a_1)$. 在这里的一个技巧是从上述交点作平行于 x 轴的直线与直线 $y = x$ 相交, 这个交点的横坐标当然也是 a_2. 在图中从这个交点作一条虚线与纵轴平行, 并将它与 x 轴的交点标为 a_2. 这就完成了蛛网工作法的第一步.

在图 2.4(a) 上将这个方法继续做几步, 可以看出, 所得的数列是单调增加的. 这与命题 2.6.2 一致, 它可能以 a 为极限. 当然要严格建立这些结论的话还要进行分析证明. 但以上的几何观察在发现规律和提供思路上是很有用的.

将图 2.4(a) 中的想法严格化, 就可以建立下面的命题. 在这个命题中, 对于 f 在点 a 的连续性条件, 按照命题 2.6.1 的注解来理解.

命题 2.6.3　设 a 是 $f(x)$ 的不动点, 函数 f 在 a 处连续, 在点 a 的邻域 $(a-r, a+r)$ 上严格单调增加, 并且在区间 $(a-r, a)$ 上有 $f(x) > x$, 而在区间 $(a, a+r)$ 上有 $f(x) < x$, 那么迭代生成数列只要第一项在 $(a-r, a+r)$ 内, 且不等于 a, 则以后就不会越出这个区间, 而且是以 a 为极限的严格单调数列.

证　从条件可知, f 在点 a 的两侧均有 $f(x) \neq x$, 因此 f 在区间 $(a-r, a+r)$ 内只可能有唯一的不动点 a. 不妨设初始值 $a_1 \in (a-r, a)$. 从 f 的严格单调性和 $a_1 < a$ 得到 $a_2 = f(a_1) < f(a) = a$. 又因为在区间 $(a-r, a)$ 上满足条件 $f(x) > x$, 就有 $a_2 = f(a_1) > a_1$. 合并起来就有 $a_1 < a_2 < a$.

用数学归纳法可以证明数列 $\{a_n\}$ 完全落在区间 $(a-r, a)$ 内, 且严格单调增加. 由于它以 a 为上界, 因此收敛. 它的极限应当在区间 $[a_1, a] \subset (a-r, a]$ 内. 由于在这里 a 是唯一的不动点, 因此极限就是 a. 又类似地可以证明, 在初始值 $a_1 \in (a, a+r)$ 时, 数列 $\{a_n\}$ 是以 a 为极限的严格单调减少数列.　　□

一方面, 如果将在区间 $(a-r, a)$ 上 "$f(x) > x$" 的条件改为 "$f(x) < x$", 而保持其他条件不动, 则当初始值 $a_1 \in (a-r, a)$ 时, 就有 $a_2 = f(a_1) < a_1$. 这样一来, 在几次迭代之后就可能会越出 $(a-r, a)$, 但在这之前是严格单调减少的.

另一方面, 当函数 f 在点 a 附近为单调减少时, 就可能出现第二种情况, 它同样有明显的几何意义. 这就是图 2.4(b) 中所表示的情况. 这里数列 $\{a_n\}$ 的奇数项子列严格单调增加, 而偶数项子列严格单调减少. 当然为了迭代生成数列不越出 f 的单调区间并收敛于不动点 a, 这时对函数 f 也需要加一定的条件才行 (读者可自己写出具体的条件并加以分析论证).

现在可以回答上一小节末提出的问题. 我们解例题 2.6.2 的方法是先作一个类似于图 2.4(b) 那样的草图, 其中的 $f(x) = 1 + \dfrac{1}{x}$. 然后在图上使用蛛网工作法. 这样就在写分析论证之前可以看出此题的迭代生成数列一定是第二律中的情况 (2). 剩下的就是通过细心的运算来写出证明而已. 这个求解的书写恰如用数学归纳法一样, 所要证明的结论是在证明之前用其他方法得到的.

以上所介绍的关于迭代生成数列的一些简单规律是许多科学家早就知道的, 并在生态学等领域有实际应用. 长期以来, 没有人去考虑在这些规律性之外还会有什么值得研究. 在 20 世纪 70 年代中期, 开始有人对迭代生成数列进行大范围的研究, 这是混沌科学开始发展的几个源头之一. 在这里要指出, 当函数 $y = f(x)$ 在定义域上并非单调时, 在迭代过程中离开某个不动点的点完全可能再回到这个不动点附近, 甚至直接落到这个或另一个不动点上, 从而会出现极其复杂的行为. 有兴趣的读者可以阅读生态学家 R. M. May (梅) 的科普文章 [39]. 该文强调了迭代生成数列在生物学、经济学和社会科学中的重要性, 同时还呼吁将其中的最新发现放到初等数学的课程中去. 此文在推动混沌学的发展上起过重要的作用. (参看本书的 §5.6.)

2.6.3 练习题

在以下各题中均可试用几何方法, 或作出几何解释.

1. (1) 设 $a > 0$, $x_1 = \sqrt{a}$, $x_{n+1} = \sqrt{a + x_n}$, $n \in \mathbf{N}_+$, 求 $\lim\limits_{n \to \infty} x_n$;

    (2) 设 $a > 0$, $x_1 = \sqrt{a}$, $x_{n+1} = \sqrt{ax_n}$, $n \in \mathbf{N}_+$, 求 $\lim\limits_{n \to \infty} x_n$.

    (这两题外形相似, 都可用本节方法解决. 但题 (2) 有更简单的直接解法.)

2. 设 $A > 0$, $0 < b_1 < A^{-1}$, $b_{n+1} = b_n(2 - Ab_n)$, $n \in \mathbf{N}_+$. 证明: $\lim\limits_{n \to \infty} b_n = A^{-1}$.

3. 设参数 $b > 4$, $x_1 = \dfrac{1}{2}$, $x_{n+1} = bx_n(1 - x_n)$, $n \in \mathbf{N}_+$. 证明: $\{x_n\}$ 发散.

4. 设 $x_1 = b$, $x_{n+1} = \dfrac{1}{2}(x_n^2 + 1)$. 问: b 取何值时数列 $\{x_n\}$ 收敛, 并求其极限.

5. 设 $x_0 = a$, $x_n = 1 + bx_{n-1}$, $n \in \mathbf{N}_+$. 试求出使该数列收敛的 a, b 的所有值.

    (本题为线性迭代, 解法很多.)

6. (对于线性迭代的全面讨论) 设给定初始值 x_1, 然后用线性函数 $f(x) = ax + b$ 迭代生成数列 $\{x_n\}$, 即 $x_{n+1} = ax_n + b$. 试回答以下问题:

    (1) 是否存在线性函数, 使对于任何初始值 x_1, $\{x_n\}$ 总是收敛的?

    (2) 是否存在线性函数, 使对于任何初始值 x_1, $\{x_n\}$ 总是发散的?

    (3) 是否存在线性函数, 使对于不同的初始值 x_1, $\{x_n\}$ 收敛到不同极限?

    (4) 是否存在线性函数, 使对于某些初始值 x_1, $\{x_n\}$ 收敛, 而对于其他初始值 x_1, $\{x_n\}$ 发散?

7. 设 $\{x_n\}$ 为正数列, 且满足 $x_{n+1} + \dfrac{1}{x_n} < 2$, $n \in \mathbf{N}_+$. 证明数列 $\{x_n\}$ 收敛, 并求其极限.

8. 设 $A > 0$, $x_1 > 0$, $x_{n+1} = \dfrac{1}{2}\left(x_n + \dfrac{A}{x_n}\right)$, $n \in \mathbf{N}_+$, 证明: $\lim\limits_{n \to \infty} x_n = \sqrt{A}$.

    (这是求平方根的快速算法. 实际上可以得到对于收敛速度的估计:

$$x_{n+1} - \sqrt{A} = \frac{1}{x_n}(x_n - \sqrt{A})^2 \leqslant \frac{1}{\sqrt{A}}(x_n - \sqrt{A})^2,$$

因此若记 $|x_n - \sqrt{A}| = \varepsilon_n$ 为第 n 次误差, 则在 n 充分大时有 $\varepsilon_{n+1} \approx \dfrac{1}{\sqrt{A}}\varepsilon_n^2$. 每迭代一次, 有效位数几乎增加一倍.)

9. 设 $A > 0, x_1 > 0, x_{n+1} = \dfrac{x_n(x_n^2 + 3A)}{3x_n^2 + A}$, $n \in \mathbf{N}_+$, 证明: $\{x_n\}$ 收敛于 $\sqrt{A}$.

(这是求平方根的另一个快速算法. 请读者对收敛速度作估计.)

§2.7 对于教学的建议

本节在第一小节中提出了学习本章材料的一些意见, 在第二小节中举出了几个补充例题供参考, 只指出有关的思路和问题, 在第三小节给出了两组参考题.

2.7.1 学习要点

由于各种教材在材料安排上的不同, 深度要求也各不相同, 因此以下学习要点是根据本章所收入的内容而提出来的. 如本章一开始所说, 对数列极限的学习有相当部分将延续到下一章中. 以下内容主要是为上习题课的青年教师提供服务, 希望对其他读者也有一定的参考价值.

1. 数列极限的定义. 由于数学分析以及许多后继的分析课程都建立在极限理论的基础上, 因此理解和掌握数列极限的定义无疑是极其重要的. 实践证明, 学生对数列极限的 $\varepsilon\text{-}N$ 定义往往很不容易理解, 或是表面上理解了, 但并不会用它来解决一些简单问题. 实际上这是完全正常的现象. 因为微积分的历史说明了极限概念的正确形成很不容易, 有一个很长的发展过程 (参见 [6]). 因此我们不要急于求成, 对于极限的学习应当贯穿在整个数学分析的课程中. 学生通过大课学习和适当的习题训练, 特别是做一些带有理论性质的习题, 就可以逐步理解极限的真正意义和用法.

2. 要学会用对偶法则正面叙述数列 $\{a_n\}$ 发散的定义, 以及数列 $\{a_n\}$ 不收敛于给定的数 a 的定义. 注意两者不是一回事. 数列 $\{a_n\}$ 不收敛于数 a 时, 它可能是发散数列, 也可能是收敛数列, 但极限不是 a.

3. 对于给定的数列 $\{a_n\}$ 和数 a, 用数列收敛的定义验证 $\lim\limits_{n\to\infty} a_n = a$. 这里主要是学习 "适当放大法". 不要轻视这个初步训练, 因为一方面它提供了第一批重要的基本结果, 另一方面这对于理解极限定义很有用处, 也是学习进一步内容的基础. 对适当放大过程中的简化技巧应当重视.

4. 对于常见的几个无穷大量的 "级别" 要有清楚的概念, 特别是下列关系:
$$\ln n \ll n^\varepsilon \ll a^n \ll n! \ll n^n \ (a > 1, \varepsilon > 0).$$
这里关于无穷大量之间的记号 $\ll$ 的定义是: $a_n \ll b_n$, 如果 $\{a_n\}$ 和 $\{b_n\}$ 都是无穷大量, 且满足条件 $\lim\limits_{n\to\infty} \dfrac{a_n}{b_n} = 0$.

5. Cauchy 命题 (即命题 2.4.1) 的结论和它的证明中所体现的方法应当作为本科生微积分学习中的基本要求. 由于它与数列收敛的定义密切相关, 与单调有界数列的收敛定理无关 (也就是说与实数系的基本定理无关), 因此在时间的安排上可以提前. 如能学习 Stolz 定理当然更好.

6. 关于常数 e, γ 和迭代生成数列等材料应根据需要来决定如何使用.

2.7.2　补充例题

以下几个例题可用于习题课或复习.

第一个例题就是"保号性定理". 它很容易, 可以检验学生是否掌握了极限的定义. 同时它又很有用, 值得将它作为课内练习题 (或测验题) 以加深印象 (证明从略).

例题 2.7.1 设数列 $\{a_n\}$ 收敛于正数 $a > 0$. 证明: 对每个常数 $c \in (0, a)$, 存在 N, 使得当 $n > N$ 时, 成立 $a_n > c$. 又问: 可否取 $c = 0$ 和 $c = a$?

下面又是一题多解的典型, 而且其中的结论和今后的好多个问题有联系.

例题 2.7.2 证明 $\lim\limits_{n \to \infty} \dfrac{1}{\sqrt[n]{n!}} = 0$.

这里只讲本题的几种不同解法的主要思路 (还有很多其他方法可用):

1. 用数学归纳法 (或其他方法) 可证明有 $\sqrt[n]{n!} \geqslant \sqrt{n}, \forall n$, 由此得到适当放大.

2. 用数学归纳法可证明有 $\sqrt[n]{n!} > \dfrac{n}{3}, \forall n$, 由此得到适当放大.

3. 观察 $\dfrac{1}{\sqrt[n]{n!}} < \varepsilon \iff \dfrac{(1/\varepsilon)^n}{n!} < 1$, 然后利用已知的结果 $\lim\limits_{n \to \infty} \dfrac{c^n}{n!} = 0$ $(c > 0)$.

4. 在学了 Cauchy 命题 (命题 2.4.1) 之后, 可以用不等式 $(n \geqslant 2)$

$$\frac{1}{\sqrt[n]{n!}} = \sqrt[n]{1 \cdot \frac{1}{2} \cdot \cdots \cdot \frac{1}{n}} < \frac{1 + \frac{1}{2} + \cdots + \frac{1}{n}}{n}.$$

这是一个思路很清晰的方法.

5. 从 $\lim\limits_{n \to \infty} \dfrac{n}{\sqrt[n]{n!}} = e$ 可见, $\left\{ \dfrac{1}{\sqrt[n]{n!}} \right\}$ 作为无穷小量和 $\left\{ \dfrac{e}{n} \right\}$ 是等价的.

在学习了单调数列的基础上可以将下一题作为课内练习题或在复习中使用.

例题 2.7.3 设 $a_n = 1 - \dfrac{1}{2} + \dfrac{1}{3} - \dfrac{1}{4} + \cdots + (-1)^{n-1} \dfrac{1}{n}, n \in \mathbf{N}_+$, 证明数列 $\{a_n\}$ 收敛.

这里只指出以下几点:

1. 可以先试算数列的前几项, 寻找规律性.

2. 可给学生以提示: 分别研究这个数列的偶数项子列与奇数项子列的单调性.

3. 可以与闭区间套定理相联系. 即使当时大课上尚未讲到这个定理, 也可以在习题课上将它作为一个例子提前介绍其中的思想.

4. 可以介绍一个不容易发现的关系 (Catalan (**卡塔兰**) **恒等式**):

$$
\begin{aligned}
a_{2n} &= 1 - \frac{1}{2} + \frac{1}{3} - \frac{1}{4} + \cdots + \frac{1}{2n-1} - \frac{1}{2n} \\
&= \left(1 + \frac{1}{2} + \frac{1}{3} + \frac{1}{4} + \cdots + \frac{1}{2n-1} + \frac{1}{2n}\right) - 2\left(\frac{1}{2} + \frac{1}{4} + \cdots + \frac{1}{2n}\right) \\
&= \left(1 + \frac{1}{2} + \cdots + \frac{1}{2n}\right) - \left(1 + \frac{1}{2} + \cdots + \frac{1}{n}\right) \\
&= \frac{1}{n+1} + \frac{1}{n+2} + \cdots + \frac{1}{2n}.
\end{aligned}
$$

这样就可以同例题 2.3.4 和 2.5.4 联系起来, 甚至求出极限.

5. 还可以估计通项与数列极限的误差.

关于迭代生成数列, 还可以考虑以下例题.

例题 2.7.4 设 $\{x_n\}$ 对每个 $n \in \mathbf{N}_+$ 满足 $(2 - x_n)x_{n+1} = 1$. 证明: $\lim\limits_{n \to \infty} x_n = 1$.

本题的特点是要对所有可能的初始值情况进行讨论 ($x_1 = 2$ 是不可能的). 此题解法很多, 这里只指出以下几种思路完全不同的方法, 并希望展开讨论.

1. 在 §2.6 中介绍的几何方法在此完全有效. 如果用这个方法的话, 则第一步是作出函数 $f(x) = 1/(2 - x)$ 的图像.

2. 作代换 $y_n = 1/(1 - x_n)$ 后就很容易求出 y_n 的表达式, 然后令 $n \to \infty$ 求出 $\{y_n\}$ 的极限, 再求出 $\{x_n\}$ 的极限.

3. 也完全可以直接从 x_1 出发求出 x_n 的表达式, 然后令 $n \to \infty$ 求极限.

2.7.3 参考题

第一组参考题

1. 设 $\{a_{2k-1}\}$, $\{a_{2k}\}$ 和 $\{a_{3k}\}$ 都收敛, 证明: $\{a_n\}$ 收敛.

2. 设 $\{a_n\}$ 有界, 且满足条件 $a_n \leqslant a_{n+2}$, $a_n \leqslant a_{n+3}$, $n \in \mathbf{N}_+$, 证明: $\{a_n\}$ 收敛.

3. 设 $\{a_n + a_{n+1}\}$ 和 $\{a_n + a_{n+2}\}$ 都收敛, 证明: $\{a_n\}$ 收敛.

4. 设数列 $\{a_n\}$ 收敛于 0, 又存在极限 $\lim\limits_{n\to\infty}\left|\dfrac{a_{n+1}}{a_n}\right| = a$. 证明: $a \leqslant 1$.

5. 设 $a_n = \sum\limits_{k=1}^{n}\left(\sqrt{1+\dfrac{k}{n^2}}-1\right)$, $n \in \mathbf{N}_+$, 计算 $\lim\limits_{n\to\infty} a_n$.

6. 用 $p(n)$ 表示能整除 n 的素数的个数, 证明: $\lim\limits_{n\to\infty}\dfrac{p(n)}{n} = 0$.

7. 设 $a_0, a_1, \cdots, a_p$ 是 $p+1$ 个给定的数, 且满足条件 $a_0 + a_1 + \cdots + a_p = 0$. 求 $\lim\limits_{n\to\infty}(a_0\sqrt{n} + a_1\sqrt{n+1} + \cdots + a_p\sqrt{n+p})$.

8. 证明: 当 $0 < k < 1$ 时, $\lim\limits_{n\to\infty}[(1+n)^k - n^k] = 0$.

9. (1) 设 $\{x_n\}$ 收敛. 令 $y_n = n(x_n - x_{n-1})$, $n \in \mathbf{N}_+$, 问 $\{y_n\}$ 是否收敛?

   (2) 在上一小题中, 若 $\{y_n\}$ 也收敛, 证明: $\{y_n\}$ 收敛于 0.

10. (1) 设正数列 $\{a_n\}$ 满足条件 $\lim\limits_{n\to\infty}\dfrac{a_n}{a_{n+1}} = 0$, 证明: $\{a_n\}$ 是正无穷大量.

    (2) 设正数列 $\{a_n\}$ 满足条件 $\lim\limits_{n\to\infty}\dfrac{a_n}{a_{n+1}+a_{n+2}} = 0$, 证明: $\{a_n\}$ 无界.

11. 证明: $\left(\dfrac{n}{3}\right)^n < n! < \left(\dfrac{n}{2}\right)^n$, 其中右边的不等式当 $n \geqslant 6$ 时成立.

12. 证明: $\left(\dfrac{n}{\mathrm{e}}\right)^n < n! < \mathrm{e}\left(\dfrac{n}{2}\right)^n$.

13. (对于命题 2.5.4 的改进) 证明:

    (1) $n \geqslant 2$ 时成立
    $$1 + 1 + \frac{1}{2!} + \cdots + \frac{1}{n!} + \frac{1}{n!n} = 3 - \frac{1}{2!1\cdot 2} - \cdots - \frac{1}{n!(n-1)n};$$

    (2) $\mathrm{e} = 3 - \lim\limits_{n\to\infty}\sum\limits_{k=0}^{n}\dfrac{1}{(k+2)!(k+1)(k+2)}$;

    (3) 用 $\sum\limits_{k=0}^{n}\dfrac{1}{k!} + \dfrac{1}{n!n}$ 计算 e 要比不加上最后一项好得多.

14. 设 $a_n = 1 + \dfrac{1}{\sqrt{2}} + \dfrac{1}{\sqrt{3}} + \cdots + \dfrac{1}{\sqrt{n}} - 2\sqrt{n}$, $n \in \mathbf{N}_+$, 证明: $\{a_n\}$ 收敛.

15. 设已知存在极限 $\lim\limits_{n\to\infty}\dfrac{a_1 + a_2 + \cdots + a_n}{n}$, 证明: $\lim\limits_{n\to\infty}\dfrac{a_n}{n} = 0$.

16. 证明: $\lim\limits_{n\to\infty}(n!)^{1/n^2} = 1$.

17. 设对每个 n 有 $x_n < 1$ 和 $(1-x_n)x_{n+1} \geqslant \dfrac{1}{4}$, 证明 $\{x_n\}$ 收敛, 并求其极限.

18. 设 $a_1 = b$, $a_2 = c$, 在 $n \geqslant 3$ 时, $a_n = \dfrac{a_{n-1} + a_{n-2}}{2}$, 证明数列 $\{a_n\}$ 收敛, 并求其极限.

19. 设 a, b, c 是三个给定的实数. 令 $a_1 = a, b_1 = b, c_1 = c$, 并以递推公式定义

$$a_{n+1} = \frac{b_n + c_n}{2}, b_{n+1} = \frac{c_n + a_n}{2}, c_{n+1} = \frac{a_n + b_n}{2}, n \in \mathbf{N}_+.$$

求这三个数列的极限.

20. (1) 设 $a_1 > b_1 > 0$, $a_{n+1} = \dfrac{2a_n b_n}{a_n + b_n}$, $b_{n+1} = \sqrt{a_{n+1} b_n}$, $n \in \mathbf{N}_+$, 证明: $\{a_n\}$ 和 $\{b_n\}$ 收敛于同一极限.

   (2) 在 $a_1 = 2\sqrt{3}, b_1 = 3$ 时, 证明上述极限等于单位圆的半周长 π. (这里可以利用极限 $\lim\limits_{n\to\infty} n \sin \dfrac{\pi}{n} = \pi$.)

   注 本题与例题 2.3.5 完全不同. 实际上这就是计算圆周率的 Archimedes (阿基米德) – 刘徽方法的迭代形式 (参见 [4, 60]). 在 (2) 中的两个数列 $\{a_n\}$ 和 $\{b_n\}$ 就是单位圆的外切和内接正多边形的半周长 (请求出边数与 n 的关系).

第二组参考题

1. 设 $a_n = \sqrt{1 + \sqrt{2 + \cdots + \sqrt{n}}}$, $n \in \mathbf{N}_+$, 证明: $\{a_n\}$ 收敛.

2. 证明: 对每个正整数 n, 成立不等式 $\left(1 + \dfrac{1}{n}\right)^n > \sum\limits_{k=0}^{n} \dfrac{1}{k!} - \dfrac{\mathrm{e}}{2n}$.

3. 求极限 $\lim\limits_{n\to\infty} n \sin(2\pi n! \,\mathrm{e})$.

4. 记 $S_n = 1 + \dfrac{1}{2} + \cdots + \dfrac{1}{n}$, $n \in \mathbf{N}_+$. 用 K_n 表示使 $S_k \geqslant n$ 的最小下标, 求极限 $\lim\limits_{n\to\infty} \dfrac{K_{n+1}}{K_n}$.

5. 设 $x_n = \dfrac{1}{n^2} \sum\limits_{k=0}^{n} \ln \dbinom{n}{k}$, $n \in \mathbf{N}_+$, 求 $\lim\limits_{n\to\infty} x_n$.

6. 将二项式系数 $\dbinom{n}{0}, \dbinom{n}{1}, \cdots, \dbinom{n}{n}$ 的算术平均值和几何平均值分别记为 A_n 和 G_n. 证明: (1) $\lim\limits_{n\to\infty} \sqrt[n]{A_n} = 2$; (2) $\lim\limits_{n\to\infty} \sqrt[n]{G_n} = \sqrt{\mathrm{e}}$.

7. 设 $A_n = \sum\limits_{k=1}^{n} a_k$, $n \in \mathbf{N}_+$, 数列 $\{A_n\}$ 收敛. 又有一个单调增加的正数数列 $\{p_n\}$, 且为正无穷大量. 证明: $\lim\limits_{n\to\infty} \dfrac{p_1 a_1 + p_2 a_2 + \cdots + p_n a_n}{p_n} = 0$.

8. 设 $\{a_n\}$ 满足 $\lim\limits_{n\to\infty}\left(a_n\sum\limits_{i=1}^{n}a_i^2\right)=1$, 证明: $\lim\limits_{n\to\infty}\sqrt[3]{3n}\,a_n=1$.

9. 设数列 $\{u_n\}_{n\geqslant 0}$ 对每个非负整数 n 满足条件

$$u_n=\lim_{m\to\infty}(u_{n+1}^2+u_{n+2}^2+\cdots+u_{n+m}^2),$$

   证明: 若存在有限极限 $\lim\limits_{n\to\infty}(u_1+u_2+\cdots+u_n)$, 则只能是每个 $u_n=0$.

10. (Toeplitz 定理) 设对 $n,k\in\mathbf{N}_+$, 有 $t_{nk}\geqslant 0$. 又有 $\sum\limits_{k=1}^{n}t_{nk}=1$, $\lim\limits_{n\to\infty}t_{nk}=0$. 若
    已知 $\lim\limits_{n\to\infty}a_n=a$, 定义 $x_n=\sum\limits_{k=1}^{n}t_{nk}a_k$, $n\in\mathbf{N}_+$. 证明: $\lim\limits_{n\to\infty}x_n=a$.

    (几种变型: (1) 将条件 $\sum\limits_{k=1}^{n}t_{nk}=1$ 改为 $\lim\limits_{n\to\infty}\sum\limits_{k=1}^{n}t_{nk}=1$; (2) 不要求 t_{nk} 非负,
    将 (1) 中的条件改为存在 $M>0$, 使得对每个 n, 成立不等式 $|t_{n1}|+|t_{n2}|+$
    $\cdots+|t_{nn}|\leqslant M$. 则结论对 $a=0$ 仍成立.)

11. 用 Toeplitz 定理导出 Stolz 定理.

12. 设 $0<\lambda<1$, $\{a_n\}$ 收敛于 a. 证明:

$$\lim_{n\to\infty}(a_n+\lambda a_{n-1}+\lambda^2 a_{n-2}+\cdots+\lambda^n a_0)=\frac{a}{1-\lambda}.$$

13. 设 $\lim\limits_{n\to\infty}x_n=0$, 并且存在常数 K, 使得 $|y_1|+|y_2|+\cdots+|y_n|\leqslant K$ 对每个 n 成
    立. 令 $z_n=x_1y_n+x_2y_{n-1}+\cdots+x_ny_1$, $n\in\mathbf{N}_+$, 证明: $\lim\limits_{n\to\infty}z_n=0$.

    (从本题的条件已可推出 $\lim\limits_{n\to\infty}y_n=0$. 但是可以举出例子说明仅仅有条件
    $\lim\limits_{n\to\infty}x_n=\lim\limits_{n\to\infty}y_n=0$ 不能得到

$$\lim_{n\to\infty}(x_1y_n+x_2y_{n-1}+\cdots+x_ny_1)=0.)$$

14. 设 $y_n=x_n+2x_{n+1}$, $n\in\mathbf{N}_+$. 证明: 若 $\{y_n\}$ 收敛, 则 $\{x_n\}$ 也收敛.

15. 由初始值 a_0 和 $a_n=2^{n-1}-3a_{n-1}$, $n\in\mathbf{N}_+$, 确定数列 $\{a_n\}$. 求 a_0 的所有可能
    值, 使得数列 $\{a_n\}$ 是严格单调增加的.

16. 证明数列 $\sqrt{7}$, $\sqrt{7-\sqrt{7}}$, $\sqrt{7-\sqrt{7+\sqrt{7}}}$, $\sqrt{7-\sqrt{7+\sqrt{7-\sqrt{7}}}}$, $\cdots$ 收敛, 并求
    其极限.

17. 令 $y_0\geqslant 2$, $y_n=y_{n-1}^2-2$, $n\in\mathbf{N}_+$. 设 $S_n=\dfrac{1}{y_0}+\dfrac{1}{y_0y_1}+\cdots+\dfrac{1}{y_0y_1\cdots y_n}$. 证
    明: $\lim\limits_{n\to\infty}S_n=\dfrac{y_0-\sqrt{y_0^2-4}}{2}$.

18. 设 $x_1 = c, x_{n+1} = a^{x_n}(a > 0, a \neq 1), n \in \mathbf{N}_+$. 根据下面提供的函数 $f(x) = a^x$ 和 $f(f(x))$ 的单调性和不动点的知识, 讨论数列 $\{x_n\}$ 的敛散性.

   (1) 在 $a > 1$ 时函数 $f(x) = a^x$ 单调增加.

      (i) 如 $a > e^{\frac{1}{e}}$, 则 f 无不动点. 证明: 不论 c 如何, 数列 $\{x_n\}$ 总是单调增加的正无穷大量;

      (ii) 在 $a = e^{\frac{1}{e}}$ 时 f 恰有一个不动点. 证明: 当 $c \leqslant e$ 时, 数列 $\{x_n\}$ 单调增加收敛于 e, 而当 $c > e$ 时, $\{x_n\}$ 是单调增加的正无穷大量;

      (iii) 如 $1 < a < e^{\frac{1}{e}}$, 则 f 有两个不动点. 根据 $x_1 = c$ 的大小, 讨论数列 $\{x_n\}$ 的敛散性;

   (2) 在 $0 < a < 1$ 时函数 $f(x) = a^x$ 单调减少, 存在唯一不动点.

      (i) 如 $e^{-e} \leqslant a < 1$, 则复合函数 $f(f(x)) = a^{a^x}$ 只有一个不动点. 证明: 数列 $\{x_n\}$ 收敛, 它的子列 $\{x_{2k-1}\}$ 和 $\{x_{2k}\}$ 是具有不同单调性的单调数列;

      (ii) 如 $0 < a < e^{-e}$, 则复合函数 $f(f(x)) = a^{a^x}$ 有三个不动点. 证明: 除非 $x_1 = c$ 恰好是 f 的不动点, 否则子列 $\{x_{2k-1}\}$ 和 $\{x_{2k}\}$ 分别单调收敛于不同的极限, 数列 $\{x_n\}$ 发散.

   注 这是关于迭代生成数列的一道名题, 从 Euler 开始就有许多人对它作过研究 (不限于在实数范围内), 在《美国数学月刊》(1981) 第 88 卷 235–252 页有详细介绍, 并附有丰富的文献. 但是从混沌学的角度来看, 至少在实数范围内进行讨论时, 问题在本质上是简单的, 只不过依赖于对函数 $f(x) = a^x$ 和 $f(f(x)) = a^{a^x}$ 的单调性和不动点个数的讨论. 这些问题在学了微分学后就不难解决 (见第八章第二组参考题 17, 18). 此外, 对本题的讨论也可以和计算机实验相配合, 其中出现一次倍周期分岔.

19. 设参数 $b > 0, x_1 = \frac{1}{2}, x_{n+1} = bx_n(1 - x_n), n \in \mathbf{N}_+$. 证明以下结论 (对于情况 $b > 4$ 的讨论即是 2.6.3 小节中的题 3):

   (1) 当 $0 < b \leqslant 1$ 时, $\{x_n\}$ 单调减少收敛于 0;

   (2) 当 $1 < b \leqslant 2$ 时, $\{x_n\}$ 单调减少收敛于 $1 - \frac{1}{b}$;

   (3) 当 $2 < b \leqslant 3$ 时, 子列 $\{x_{2k-1}\}$ 和 $\{x_{2k}\}$ 具有相反的单调性, 并收敛于同一极限 $1 - \frac{1}{b}$;

   (4) 当 $3 < b \leqslant 1 + \sqrt{5}$ 时, 子列 $\{x_{2k-1}\}$ 和 $\{x_{2k}\}$ 具有相反的单调性, 但收敛于不同极限.

注 这就是 20 世纪 70 年代中期以来在混沌学中研究得最多的范例之一. 映射 $f(x) = bx(1-x)$ 的名称有 logistic 映射、抛物线映射等. 用这个映射通过迭代可以得到非常丰富而复杂的结果 (例如见 [39, 21, 38]), 对其中的许多问题的研究一直延续到现在. 虽然关于它的全面介绍在本书中是不可能的, 但以上四个小题就是进入混沌的前奏曲, 它们完全是初等的. 例如, 用时间离散的动力系统的术语 (见 5.6.1 小节) 来说, 前三种情况中从 $x_1 = 1/2$ 出发的轨道 (即数列 $\{x_n\}$) 收敛到不动点上. 而最后一种情况就是说从 $x_1 = 1/2$ 出发的轨道收敛到一个周期为 2 的周期轨上. 特别当 $b = 1 + \sqrt{5}$ 时, 有

$$x_{2k-1} = \frac{1}{2}, x_{2k} = \frac{1+\sqrt{5}}{4}, k \in \mathbf{N}_+,$$

也就是说这条轨道本身就是一个周期 2 轨道. 在 $b > 1 + \sqrt{5}$ 之后的情况请参考前述文献. 在本书后面的 §5.6 将对混沌作介绍.

20. 给定 $x_1, x_2, \cdots, x_n$, 令 $x_i^{(1)} = \dfrac{x_i + x_{i+1}}{2}$, $i = 1, 2, \cdots, n$, 其中 $x_{n+1} = x_1$. 归纳地定义

$$x_i^{(k)} = \frac{x_i^{(k-1)} + x_{i+1}^{(k-1)}}{2}, i = 1, 2, \cdots, n,$$

其中 $x_{n+1}^{(k-1)} = x_1^{(k-1)}$, $k = 2, 3, \cdots$. 证明: 对于 $i = 1, 2, \cdots, n$ 均成立

$$\lim_{k \to \infty} x_i^{(k)} = \frac{x_1 + x_2 + \cdots + x_n}{n}.$$

注 将本题与 §2.6 的迭代生成数列作比较, 可见本题是迭代生成长度为 n 的数组序列. 由于这里的迭代是线性齐次的, 因此用线性代数工具非常自然. 见本书的参考题提示关于本题的第一种证法.

§2.8 关于数列极限的一组习题课教案

在本节介绍一组使用过的具体教案供参考, 教学对象为基地班学生, 教材为 [42] 的第二章 (数列极限). 根据大课的进度关于数列极限的习题课共安排 4 次, 每次为 3 课时. 我们从第一次习题课就开始给同学进行有关数学命题的讨论与表述的训练, 因为这很重要, 在大课中没有时间讲得太多, 但又往往为一些中学教学所忽视. 第一次的习题课中已包含界是因为教材 [42] 的安排如此. 我们认为每次习题课都要安排一定的时间讲评批改过的课外习题. 关于习题课教案的组织在本书的第一章开头就讲了, 使用本书的老师应当根据学生和教材等情况作具体把握.

2.8.1 第一次习题课

训练重点为: 极限的 ε-N 定义, 收敛数列的性质 (I), 命题的证明与讨论.

一、数列极限的 ε–N 定义

1. $\lim\limits_{n\to\infty} x_n = a$ 的定义.

   解析描述: $\forall \varepsilon > 0, \exists N$, 使 $\forall n \geqslant N$, 有 $|x_n - a| < \varepsilon$.

   直观描述 (用数轴画图).

   几何意义: $\forall \varepsilon > 0$, 在邻域 $O_\varepsilon(a)$ 之外最多只有 $\{x_n\}$ 中的有限项.

2. 对定义的讨论:

   (1) ε 是一把可任意小的尺子, 用于刻画数列的各项接近 a 的情况. 因而 "$\forall \varepsilon > 0$" 不可改为 "$\exists \varepsilon > 0$"; "$\forall n \geqslant N$" 不可改为 "$\exists n \geqslant N$".

   (2) 根据 ε 而取的 N 决不会是唯一的选择. 我们有时写 $N = N(\varepsilon)$, 只是表示 N 的选择是与 ε 有关的, 但并不表示非取满足定义中相关不等式的最小 n 为 N. $N = N(\varepsilon)$ 不是函数关系.

   (3) 标准定义中 "$|x_n - a| < \varepsilon$" 可改为 "$|x_n - a| < k\varepsilon$, 其中 k 是与 ε 无关的正常数", 也可改为 "$\forall m \in \mathbf{N}_+, \exists N$ 使 $\forall n \geqslant N$, 有 $|x_n - a| < 1/m$".

3. 适当放大法的一些实例.

   注意放大不等式的方向, 即在 $|x_n - a| < f(n) < \varepsilon$ 中由 $f(n) < \varepsilon$ 解出合乎要求的 N.

   例题 1.1 用 ε–N 语言证明 $\lim\limits_{n\to\infty} \sqrt[n]{a} = 1$ $(a > 0)$.

   例题 1.2 设 $x_n > 0$ $(n = 1, 2, \cdots)$, 且 $\lim\limits_{n\to\infty} x_n = a > 0, b > 1$. 用 ε–N 语言证明 $\lim\limits_{n\to\infty} \log_b x_n = \log_b a$.

二、收敛数列的性质 (I)

1. 极限的唯一性.

2. $\lim\limits_{n\to\infty} x_n = a \iff x_n - a = o(1)$ $(n \to \infty)$.

3. 收敛数列必有界. (逆命题成立否?)

4. 四则运算.

   例题 2.1 利用收敛数列的性质求 $\lim\limits_{n\to\infty} \sqrt{2\sqrt{2\cdots\sqrt{2}}}$ (n 重根号).

三、课堂练习题

1. 用 ε–N 语言证明 $\lim\limits_{n\to\infty} \dfrac{a^n}{n!} = 0$ (注意分情况 $a \neq 0, a = 0$).

2. 用 ε–N 语言证明 $\lim\limits_{n\to\infty} \dfrac{n^c}{a^n} = 0$, 其中 $c \geqslant 0, a > 1$.

3. 设 $\lim\limits_{n\to\infty} x_n = a$, 又已知用 ε–N 语言描述这个极限时, 可取 N 与 ε 无关, 问这样的数列 $\{x_n\}$ 是否一定是常值数列? 如果不是, 又具有怎样的特性?

4. (1) 正面叙述 $\{x_n\}$ 不是无穷小量 (用对偶法则).

   (2) 正面叙述 "$\forall \varepsilon > 0, \exists N, \forall n, m \geqslant N$ 有 $|x_n - x_m| < \varepsilon$" 的否命题.

5. 证明: 给定实数 a 的任意邻域 $O_\delta(a)$ 中必定同时存在有理数与无理数.

四、命题的证明与讨论

例题 4.1 设 $\lim\limits_{n\to\infty} x_n = a > 0$, 证明存在 N, 使 $n \geqslant N$ 时, $x_n > 0$.

例题 4.2 设 $\{x_n\}$ 为正数列, 且 $\lim\limits_{n\to\infty} x_n = a$, 问是否有 $a > 0$?

(强调: 若肯定一个结论, 则要给出证明. 而否定一个结论则只需举出一个反例. 证明要做到: 说话有依据, 推理有逻辑性, 表述要清晰、简洁.)

例题 4.3 设 A 和 B 是两个非空数集, $A \bigcup B = \mathbf{R}$, 又 A 的每一个元素都小于 B 的每一个元素, 证明 $\sup A = \inf B$ (布置前需作简单讲解).

2.8.2 第二次习题课

训练重点为: 数列极限的 ε–N 语言 (通过习题讲评进行巩固), 数列基本概念的复习, 求极限的技巧.

一、习题讲评

1. 设 $x_n > 0, a > 0, a \neq 1$, 证明: $\lim\limits_{n\to\infty} x_n = 1 \iff \lim\limits_{n\to\infty} \log_a x_n = 0$.

   (先抄一个错误的证法在黑板上, 再逐点纠正, 以此训练学生的表达能力, 特别是要分析证明叙述中的逻辑关系.)

2. 设 A, B 为非空的有界集, $C = \{x + y \mid x \in A, y \in B\}$, 证明: $\sup C = \sup A + \sup B$.

二、若干基本概念

有界集、区间、有界 (无界) 数列、无穷大量、无穷小量、收敛数列、发散数列.

通过提问、举例和标出相互关系等方式, 对上述概念进行复习以提醒学生, 数学分析学习必须建立在清晰的概念基础上. 仅对技巧感兴趣是学不好数学分析的. 复习时应注意对偶法则的使用.

三、收敛数列的性质 (II)

1. 夹逼定理.

2. 保号性.

四、Cauchy 命题与 Stolz 定理

对上述定理的应用方法、应用条件、证明要点进行复习, 但对其证明方法的展开放到下一次习题课, 这一次仅涉及它们的应用, 包括定理的变形.

五、例题

1. 设 $\lim\limits_{n\to\infty} x_n = a$, $\lim\limits_{n\to\infty} y_n = b$, 则有 $\lim\limits_{n\to\infty} \max\{x_n, y_n\} = \max\{a, b\}$.

   (包括利用 $\max\{x_n, y_n\} = \dfrac{x_n + y_n}{2} + \dfrac{|x_n - y_n|}{2}$ 和四则运算.)

2. 设 $a_k > 0, k = 1, 2, \cdots, m$, 证明 (用夹逼定理):
   $$\lim_{n\to\infty} (a_1^n + a_2^n + \cdots + a_m^n)^{\frac{1}{n}} = \max\{a_1, a_2, \cdots, a_m\}.$$

3. (1) 设 $x_0 = 1, x_{n+1} = \dfrac{1}{1 + x_n}$, 证明 $\lim\limits_{n\to\infty} x_n = \dfrac{\sqrt{5} - 1}{2}$;

   (2) 设 $\{F_n\}$ 是 Fibonacci 数列, 即 $F_0 = F_1 = 1, F_{n+1} = F_n + F_{n-1}$,
   $n = 1, 2, \cdots$. 证明: $\lim\limits_{n\to\infty} \dfrac{F_n}{F_{n+1}} = \dfrac{\sqrt{5} - 1}{2} \approx 0.618$.

   (在 (1) 中利用 $0 \leqslant |x_n - a| \leqslant \left(\dfrac{1}{2}\right)^n |x_0 - a|$, 在 (2) 中定义 $x_n = \dfrac{F_n}{F_{n+1}}$.)

4. 求 $\lim\limits_{n\to\infty} \left(\dfrac{3}{2} \cdot \dfrac{5}{4} \cdot \dfrac{17}{16} \cdot \cdots \cdot \dfrac{2^{2^n} + 1}{2^{2^n}}\right)$.

   (设 $x_n = \left(\dfrac{3}{2} \cdot \dfrac{5}{4} \cdot \dfrac{17}{16} \cdot \cdots \cdot \dfrac{2^{2^n} + 1}{2^{2^n}}\right)$, 则 $\left(1 - \dfrac{1}{2}\right) x_n = \dfrac{2^{2^{n+1}} - 1}{2^{2^{n+1}}}$.)

5. 设 $x_n = a_1 + a_2 + \cdots + a_n$, 且有 $\lim\limits_{n\to\infty} x_n = a$, 证明:
   $$\lim_{n\to\infty} \frac{a_1 + 2a_2 + \cdots + na_n}{n} = 0.$$

6. 设 $0 < \lambda < 1, a_n > 0 \ (n = 1, 2, \cdots)$, 且 $\lim\limits_{n\to\infty} a_n = a$, 证明:
   $$\lim_{n\to\infty} (a_n + \lambda a_{n-1} + \lambda^2 a_{n-2} + \cdots + \lambda^n a_0) = \frac{a}{1 - \lambda}.$$

   (可先考虑 $a = 0$ 的情形.)

注 上述例题均含一定的技巧. 在讲解过程中, 要注意简化、对比、建立辅助公式进行归纳等数学思想的渗透. 课后要布置一些类似的习题与课内例题相呼应.

六、课堂练习题

1. 求 $\lim\limits_{n\to\infty} (\lambda + 2\lambda^2 + \cdots + n\lambda^n)$, 其中 $|\lambda| < 1$.

2. 求 $\lim\limits_{n\to\infty} \left(\dfrac{1}{\sqrt{n^2 + 1}} + \dfrac{1}{\sqrt{n^2 + 2}} + \cdots + \dfrac{1}{\sqrt{n^2 + n}}\right)$.

3. 设 $b_n > 0$, $\lim\limits_{n\to\infty} \dfrac{b_{n+1}}{b_n} = b$. 证明: $\lim\limits_{n\to\infty} b_n^{\frac{1}{n}} = b$.

($b = 0$ 时, 用夹逼定理; $b > 0$ 时, 取对数.)

4. 证明对应于 $\lim\limits_{n\to\infty} x_n = +\infty$ 的 Cauchy 命题.

2.8.3 第三次习题课

训练重点为: Cauchy 命题的方法, 单调有界定理, 极限 $\lim\limits_{n\to\infty}\left(1 + \dfrac{1}{n}\right)^n = \mathrm{e}$.

一、习题讲评

1. 指出下列解法的错误之处:

(1) 计算极限

$$\lim_{n\to\infty}\left[\frac{1}{(n+1)^2} + \frac{1}{(n+2)^2} + \cdots + \frac{1}{(2n)^2}\right]$$
$$= \lim_{n\to\infty}\frac{1}{(n+1)^2} + \lim_{n\to\infty}\frac{1}{(n+2)^2} + \cdots + \lim_{n\to\infty}\frac{1}{(2n)^2}$$
$$= 0 + 0 + \cdots + 0 = 0$$

(错用收敛数列的四则运算法则);

(2) 设 $\lim\limits_{n\to\infty} b_n = b$, 则 $\lim\limits_{n\to\infty}\dfrac{b_{n+1}}{b_n} = 1$ (没有考虑 $b = 0$ 的可能性);

(3) $\lim\limits_{n\to\infty}\dfrac{n^k}{a^n} = \lim\limits_{n\to\infty}\dfrac{1}{\left(\dfrac{a^n}{n^k}\right)} = \lim\limits_{n\to\infty}\dfrac{1-1}{\dfrac{a^{n+1}}{(n+1)^k} - \dfrac{a^n}{n^k}} = 0$

(用 Stolz 定理时必须检验条件是否满足);

(4) 用 Stolz 定理, $\lim\limits_{n\to\infty}\dfrac{1^k + 2^k + \cdots + n^k}{n^{k+1}} = \dfrac{1}{\lim\limits_{n\to\infty}\left[(n+1) - n\left(\dfrac{n}{n+1}\right)^k\right]}$,

然后从 $n/(n+1) \to 1$ 知道分母极限为 1, 因此答案也是 1.

(求极限不可"分而求之".)

2. 无穷大量 (对偶法则), 常见无穷大量间的大小比较 (让学生罗列).

3. 级数与数列的关系 (级数收敛的必要条件, p–级数, 几何级数, Euler 常数).

二、例题

1. 设 $\lim\limits_{n\to\infty} x_n = \alpha$, $\lim\limits_{n\to\infty} y_n = \beta$, 证 $\lim\limits_{n\to\infty}\dfrac{x_1 y_n + x_2 y_{n-1} + \cdots + x_n y_1}{n} = \alpha\beta$.

(先考虑 $\alpha = \beta = 0$ 的情况, 学会从简单情况做起. 根据 ε 选择 N, 把要估计的项拆成两部分, 一部分可用 ε 或 $M\varepsilon$ (M 与 ε 无关) 控制; 另一部分含 n 和 N, 对固定的 N, 让 n 足够大, 就可使这部分变小.)

2. 设 $0 < x_0 < \dfrac{\pi}{2}$, $x_n = \sin x_{n-1}$, $n = 1, 2, \cdots$, 求 $\lim\limits_{n\to\infty} x_n$.

   (先证 x_n 单调有界, 并设 $a = \lim\limits_{n\to\infty} x_n$; 然后证明 $\lim\limits_{n\to\infty} \sin x_n = \sin a$; 最后由 $a = \sin a$, $0 \leqslant a \leqslant x_0 < \dfrac{\pi}{2}$, 推得 $a = 0$.)

3. 求 $\lim\limits_{n\to\infty} \left(1 + \dfrac{1}{n} + \dfrac{1}{n^2}\right)^n$.

   $\left(\text{用 } \left(1 + \dfrac{1}{n}\right)^n < \left(1 + \dfrac{1}{n} + \dfrac{1}{n^2}\right)^n < \left(1 + \dfrac{1}{n-1}\right)^n \text{ 进行夹逼.}\right)$

4. 求 $\lim\limits_{n\to\infty} \left(\dfrac{1}{n} + \dfrac{1}{n+1} + \cdots + \dfrac{1}{2n}\right)$.

   $\bigg(\text{设 } a_n = \dfrac{1}{n} + \dfrac{1}{n+1} + \cdots + \dfrac{1}{2n}, \text{ 利用不等式 } \dfrac{1}{n+1} < \ln\left(1 + \dfrac{1}{n}\right) < \dfrac{1}{n},$

   对 a_n 夹逼, 得到

   $$\ln\left(1 + \dfrac{1}{n}\right) + \ln\left(1 + \dfrac{1}{n+1}\right) + \cdots + \ln\left(1 + \dfrac{1}{2n}\right)$$
   $$< a_n < \ln\left(1 + \dfrac{1}{n-1}\right) + \ln\left(1 + \dfrac{1}{n}\right) + \cdots + \ln\left(1 + \dfrac{1}{2n-1}\right),$$

   即

   $$\ln \dfrac{2n+1}{n} < a_n < \ln \dfrac{2n}{n-1},$$

   两边取极限, 用夹逼定理可得 $\{a_n\}$ 的极限为 $\ln 2\big)$.

5. 设 A, B 是两个非空且互不相交的数集, 若 $A \cup B = [0, 1]$, 则必存在 $\xi \in [0, 1]$, 使得 $\forall \delta > 0$, 于 $O_\delta(\xi)$ 中既有集 A 的点又有集 B 的点.

三、课堂练习题

1. 设 $0 < x_0 < 1$, $x_{n+1} = 1 - \sqrt{1 - x_n}$, $n \in \mathbf{N}_+$, 求 $\lim\limits_{n\to\infty} x_n$.

2. 求下列极限:

   (1) $\lim\limits_{n\to\infty} \left(1 + \dfrac{1}{2n}\right)^n$;   (2) $\lim\limits_{n\to\infty} \left(1 + \dfrac{1}{n^2}\right)^n$.

3. 证明: $\{a_n\}$ 收敛 $\Longleftrightarrow$ $\{a_{2n}\}$ 和 $\{a_{2n+1}\}$ 收敛到同一极限.

4. 求极限 $\lim\limits_{n\to\infty} \left[1 - \dfrac{1}{2} + \dfrac{1}{3} - \dfrac{1}{4} + \cdots + (-1)^{n-1}\dfrac{1}{n}\right]$.

2.8.4 第四次习题课

主要内容为: 子列, 作本章小结, 进行单元测验.

一、子列

1. 概念: $\{a_{n_k}\} \subset \{a_n\}$, 取项不重复, 且按顺序 $n_1 < n_2 < \cdots < n_k < n_{k+1} < \cdots$. 数列 $\{n_k\}$ 一定是严格单调增加的正无穷大量: $\lim\limits_{k\to\infty} n_k = +\infty$.

2. 有关性质:

(1) $\lim\limits_{n\to\infty} x_n = a \iff \{x_n\}$ 的任一子列收敛到 a.

(2) 如果 $\{x_n\}$ 有某一子列收敛到 a, 且 $\{x_n\}$ 单调, 则 $\lim\limits_{n\to\infty} x_n = a$.

(3) $\{x_n\}$ 收敛 $\iff \{x_n\}$ 的奇数项子列 $\{x_{2n-1}\}$ 和偶数项子列 $\{x_{2n}\}$ 收敛到同一极限.

(4) 如果 $\{x_n\}$ 有界, 则 $\{x_n\}$ 有收敛子列.

(5) 如果 $\{x_n\}$ 无界, 则存在子列 $\{x_{n_k}\}$ 为无穷大量.

(可挑若干性质加以证明.)

二、本章小结 (从略)

三、单元测验 (约一小时)

1. 设 A 和 B 是上有界集, 定义 $A + B = \{x + y \mid x \in A, \, y \in B\}$. 证明 $\sup(A + B) = \sup A + \sup B$.

2. 设 $\lim\limits_{n\to\infty} x_n = a > 0$, 证明: 存在 N, 使当 $n > N$ 时, $x_n > 0$. 并举例说明逆命题不成立.

3. 求 $\lim\limits_{n\to\infty}\left(\dfrac{1}{n+\sqrt{1}} + \dfrac{1}{n+\sqrt{2}} + \cdots + \dfrac{1}{n+\sqrt{n}}\right)$.

4. 叙述并证明 $\dfrac{0}{0}$ 型不定式的 Stolz 定理.

5. 证明极限 $\lim\limits_{n\to\infty}\sqrt{1 + \sqrt{2 + \cdots + \sqrt{n}}}$ (n 重根号) 的存在性.

第三章 实数系的基本定理

数列极限的基础是实数系的基本定理. 在上一章中占有中心地位的单调有界数列的收敛定理就是其中之一. 在本书中不讨论如何建立实数系, 而是在下面分节介绍实数系的其他 5 个基本定理, 包括以这些定理为基础的各种方法, 以及它们在数列极限理论中的应用. 在 §3.6 介绍上极限和下极限. 本章中的许多内容都与数列极限有关, 它们与第二章一起, 给出了数列极限理论的比较完整的基本介绍. 最后一节是学习要点和两组参考题.

§3.1 确界的概念和确界存在定理

3.1.1 基本内容

这里最基本的概念、定义和定理如下 (其中凡提到数集时均指非空实数集):

1. 一个实数集合有上界不一定有最大数, 有下界不一定有最小数.
2. 定义: (1) 如果 A 是一个有上界的实数集, 则称 A 的最小上界为 A 的上确界; (2) 如果 A 是一个有下界的实数集, 则称 A 的最大下界为 A 的下确界.
3. 记号: 数集 A 的上确界记为 $\sup A$, 数集 A 的下确界记为 $\inf A$.
4. 如果数集 A 有最大数, 则这个最大数就是 A 的上确界; 如果数集 A 有最小数, 则这个最小数就是 A 的下确界.
5. 确界存在定理: 在实数系中, 有上界的数集一定有上确界, 有下界的数集一定有下确界.
6. 对无上界的数集 A, 约定 $\sup A = +\infty$; 对无下界的数集 A, 约定 $\inf A = -\infty$.
7. 由上确界的定义知道: 数 β 是数集 A 的上确界, 如果满足以下两个条件: (1) β 是 A 的上界, 即对每一个数 $x \in A$, 成立 $x \leqslant \beta$; (2) 比 β 小的数不会是数集 A 的上界, 即对每一个数 $\beta' < \beta$, 存在 $x' \in A$, 使得 $x' > \beta'$.
8. 由下确界的定义知道: 数 α 是数集 A 的下确界, 如果满足以下两个条件: (1) α 是 A 的下界, 即对每一个数 $x \in A$, 成立 $x \geqslant \alpha$; (2) 比 α 大的数不会是数集 A 的下界, 即对每一个数 $\alpha' > \alpha$, 存在 $x' \in A$, 使得 $x' < \alpha'$.
9. 数集的上 (下) 确界如果存在, 则必定唯一.

3.1.2 例题

由确界存在定理可以证明单调有界数列的收敛定理. 初学者要注意在这个证明中对于单调数列的极限作出了准确的刻画.

例题 3.1.1 用确界存在定理证明单调有界数列一定收敛.

证 不妨只讨论单调减少的有界数列. 设 $\{a_n\}$ 是一个这样的数列, 即有
$$a_1 \geqslant a_2 \geqslant \cdots \geqslant a_n \geqslant \cdots,$$
同时根据条件, 这个数列有下界 (它显然以 a_1 为上界).

现考虑数集 $A = \{a_n \mid n \in \mathbf{N}_+\}$. 由于数列有下界, 因此数集 A 有下界. 对 A 应用确界存在定理, 知道 A 有下确界. 记这个下确界为 $a = \inf A$.

根据下确界的定义, a 是数集 A 的最大下界. 因此一方面, 对每个 n 有 $a_n \geqslant a$. 另一方面, 对每一个 $\varepsilon > 0$, 比 a 大的数 $a + \varepsilon$ 就不能再是数集 A 的下界, 因此在数列中一定有一项比 $a + \varepsilon$ 还要小, 将这一项记为 a_N, 就得到
$$a + \varepsilon > a_N.$$
由于数列的单调减少性质, 当 $n > N$ 时成立
$$a + \varepsilon > a_N \geqslant a_n \geqslant a.$$
因此在 $n > N$ 时就得到
$$|a_n - a| \leqslant |a_N - a| < \varepsilon.$$
这样就证明了单调减少有界数列收敛, 而且它的极限就是数集 A 的下确界. □

必须强调指出, 确界存在定理是在实数系 $\mathbf{R}$ 中才成立的.

例题 3.1.2 举例说明: 有上界的有理数集在 $\mathbf{Q}$ 中可以没有上确界, 有下界的有理数集在 $\mathbf{Q}$ 中可以没有下确界.

解 对两个论断之一举例就够了. 从中学数学出发, 将无理数理解为不循环十进无尽小数, 则只要取 $\sqrt{2}$ 的 n 位有效不足近似值作为 a_n: $a_1 = 1$, $a_2 = 1.4$, $a_3 = 1.41$, $\cdots$, 就得到严格单调增加的有理数数列 $\{a_n\}$, 它收敛于 $\sqrt{2}$. 从上一个例题可知, 这也就是数集 $A = \{a_n \mid n \in \mathbf{N}_+\}$ 的上确界. 由于上确界唯一, 因此数集 A 在有理数集中就没有上确界. □

注 由此可知: 在有理数集 $\mathbf{Q}$ 中的单调有界数列在 $\mathbf{Q}$ 中可以没有极限.

下一个例题说明在确界和数列之间存在密切联系.

例题 3.1.3 设 A 是有上界的数集, $\beta = \sup A$. 证明: 存在 $\{a_n\}$, 使 $a_n \in A$, $n \in \mathbf{N}_+$, 而且 $\lim\limits_{n\to\infty} a_n = \beta$. 又若 $\beta \notin A$, 则 $\{a_n\}$ 可以是严格单调增加的.

证 如果 A 的上确界就是数集的最大数, 即 $\beta = \sup A \in A$, 则只要简单取 $a_n = \beta$ $(n \in \mathbf{N}_+)$ 即可. 这时数列 $\{a_n\}$ 是常值数列. 以下讨论 $\beta \notin A$ 的情况.

由于 β 是数集 A 的最小上界, 对每个正整数 n, $\beta - 1/n$ 不会是数集 A 的上界. 因此在 A 中至少存在一个数比 $\beta - 1/n$ 大, 将它记为 a_n. 对每个 n 都这样做, 就得到一个数列 $\{a_n\}$. 从不等式
$$\beta - \frac{1}{n} < a_n \leqslant \beta, \ n \in \mathbf{N}_+$$

可见, 数列 $\{a_n\}$ 收敛于 β.

为了使得数列 $\{a_n\}$ 严格单调增加 (这同时使数列中的每一项和其他任何一项不相等), 对以上的做法还要作一点改进. 实际上, 在取定第一项时, 有 $\beta - 1 < a_1 \leqslant \beta$. 但由于 β 不属于数集 A, 因此它不会等于 a_1. 这样就得到

$$\beta - 1 < a_1 < \beta.$$

由于 a_1 和 $\beta - \dfrac{1}{2}$ 都比 β 小, 即 $\max\left\{a_1, \beta - \dfrac{1}{2}\right\} < \beta$, 因此可以在数集 A 找到 a_2, 使它同时满足条件:

$$\beta - \frac{1}{2} < a_2 < \beta \quad \text{和} \quad a_1 < a_2.$$

注意: 根据上述同样的理由, 已将不等式 $a_2 \leqslant \beta$ 改为 $a_2 < \beta$. 这样归纳地做下去, 就可以取到数列 $\{a_n\}$, 使得对每一个 n 同时成立不等式

$$\beta - \frac{1}{n} < a_n < \beta \quad \text{和} \quad a_{n-1} < a_n.$$

其中第一个不等式使 $\{a_n\}$ 收敛于 β, 第二个不等式保证它严格单调增加.   □

3.1.3 练习题

1. 试证明确界的唯一性.

2. 设对每个 $x \in A$ 成立 $x < a$. 问: 在 $\sup A < a$ 和 $\sup A \leqslant a$ 中哪个是对的?

3. 设数集 A 以 β 为上界, 又有数列 $\{x_n\} \subset A$ 和 $\lim\limits_{n \to \infty} x_n = \beta$. 证明: $\beta = \sup A$.

4. 求下列数集的上确界和下确界:

   (1) $\{x \in \mathbf{Q} \mid x > 0\}$;
   (2) $\left\{y \,\middle|\, y = x^2, x \in \left(-\dfrac{1}{2}, 1\right)\right\}$;

   (3) $\left\{\left(1 + \dfrac{1}{n}\right)^n \,\middle|\, n \in \mathbf{N}_+\right\}$;
   (4) $\{n e^{-n} \mid n \in \mathbf{N}_+\}$;

   (5) $\{\arctan x \mid x \in (-\infty, +\infty)\}$;
   (6) $\left\{(-1)^n + \dfrac{1}{n}(-1)^{n+1} \,\middle|\, n \in \mathbf{N}_+\right\}$;

   (7) $\left\{1 + n \sin \dfrac{n\pi}{2} \,\middle|\, n \in \mathbf{N}_+\right\}$.

5. 证明:

   (1) $\sup\{x_n + y_n\} \leqslant \sup\{x_n\} + \sup\{y_n\}$;

   (2) $\inf\{x_n + y_n\} \geqslant \inf\{x_n\} + \inf\{y_n\}$.

6. 设有两个数集 A 和 B, 且对数集 A 中的任何一个数 x 和数集 B 中的任何一个数 y 成立不等式 $x \leqslant y$. 证明: $\sup A \leqslant \inf B$.

7. 设数集 A 有上界, 数集 $B = \{x + c \mid x \in A\}$, 其中 c 是一个常数. 证明:
$$\sup B = \sup A + c, \inf B = \inf A + c.$$

8. 设 A, B 是两个有上界的数集, 又有数集 $C \subset \{x + y \mid x \in A, y \in B\}$, 则 $\sup C \leqslant \sup A + \sup B$. 举出成立严格不等号的例子.

9. 设 A, B 是两个有上界的数集, 又有数集 $C \supset \{x + y \mid x \in A, y \in B\}$, 则 $\sup C \geqslant \sup A + \sup B$. 举出成立严格不等号的例子.

   (合并以上两题可见: 当且仅当 $C = \{x + y \mid x \in A, y \in B\}$ 时成立 $\sup C = \sup A + \sup B$.)

§3.2 闭区间套定理

3.2.1 基本内容

1. 称 $\{I_n\}$ 为一个闭区间套, 如果每个 I_n 是闭区间, 而且成立单调减少的包含关系, 即 $I_n \supset I_{n+1}, n \in \mathbf{N}_+$. 也就是说有 $I_1 \supset I_2 \supset \cdots \supset I_n \supset \cdots$.

2. 闭区间套定理: 若 $\{I_n\}$ 为闭区间套, 则 $\bigcap\limits_{n=1}^{\infty} I_n \neq \varnothing$. 又如 I_n 的长度 $|I_n| \to 0$, 则 $\bigcap\limits_{n=1}^{\infty} I_n$ 为单点集.

3. 闭区间套定理的另一种形式: 设有闭区间序列 $\{[a_n, b_n]\}$ 满足条件
$$a_n \leqslant a_{n+1} \leqslant b_{n+1} \leqslant b_n, n \in \mathbf{N}_+,$$
则存在 ξ, 使得 $a_n \leqslant \xi \leqslant b_n, n \in \mathbf{N}_+$. 又如 $\lim\limits_{n\to\infty} |b_n - a_n| = 0$, 则上述 ξ 是唯一的. 这时数列 $\{a_n\}$ 和 $\{b_n\}$ 从点 ξ 的两侧单调收敛于同一极限 ξ.

4. 闭区间套定理的证明. 从定理的第二种形式, 就可以清楚地看出, 闭区间套的左右端点分别形成两个数列, 其中左端点所成的数列 $\{a_n\}$ 单调增加, 以每个 b_n 为上界; 而右端点所成的数列 $\{b_n\}$ 单调减少, 以每个 a_n 为下界, 因此它们都收敛. 记 $\{a_n\}$ 的极限为 α, $\{b_n\}$ 的极限为 β. 在不等式 $a_n \leqslant b_n$ 两边取极限, 就有 $\alpha \leqslant \beta$. 而且对每个 n 成立 $a_n \leqslant \alpha \leqslant \beta \leqslant b_n$. 因此在 α 和 β 之间取 ξ 即可. 在 $|b_n - a_n| \to 0$ 时, 从推导可见 $\alpha = \beta$, 因此 ξ 唯一.

5. **评注** 从表面上看, 与单调有界数列的收敛定理相比较, 闭区间套定理似乎没有多少新的东西. 后者只不过是含有两个有一定关系的单调数列而已. 但实际上并非如此. 这里可以指出两点: (1) 闭区间套定理并不限于实数系, 可以推广为非常一般的形式, 有许多重要应用, 而单调性定理则离不开数直线上的序关系; (2) 与闭区间套定理相联系, 有构造闭区间套的方法, 从而在应用中往往要比单调有界数列的收敛定理强得多 (见下面的例子).

6. 在上一章中已经见到许多例题, 在其中有收敛于同一极限的两个单调性相反的单调序列. 可以说在这些例题中自然地出现了闭区间套 (请看第二章的例题 2.3.5, 2.6.2, 2.7.3 和命题 2.5.1 的证 1, 命题 2.5.6, 2.6.2 等).

3.2.2 例题

例题 3.2.1 用闭区间套定理证明实数集 **R** 是不可列集.

证 用反证法. 设 **R** 可列, 则存在 **R** 与正整数集 $\mathbf{N_+}$ 之间的一一对应, 因此可以将实数集 **R** 的所有元, 即所有实数, 排成一个序列:
$$\mathbf{R} = \{x_1, x_2, \cdots, x_n, \cdots\}.$$
现在开始构造闭区间套. 根据 x_1, 取闭区间 $I_1 \subset \mathbf{R} - \{x_1\}$. 然后根据 I_1 和 x_2, 取闭区间 $I_2 \subset I_1 - \{x_2\}$. 一般地, 在有了 I_{n-1} 之后, 可以根据 x_n, 取闭区间 $I_n \subset I_{n-1} - \{x_n\}$. 这样就可以归纳地得到一个闭区间套 $\{I_n\}$. 应用闭区间套定理, 存在一个实数 ξ, 它属于每一个闭区间 I_n, 因此对每一个 n, 都有 $\xi \neq x_n$. 这样就找到了一个不在 **R** 中的实数, 引出矛盾. □

现在通过例子介绍用 Bolzano (波尔查诺) 二分法来构造闭区间套.

例题 3.2.2 用闭区间套定理证明: 有界数列必有收敛子列 (即凝聚定理).

证 设 $\{x_n\}$ 有界, 且有 $a < b$ 使 $a \leqslant x_n \leqslant b$ 对每个 n 成立. 改记 $a_1 = a$, $b_1 = b$, 令 $I_1 = [a_1, b_1]$ 为第一个闭区间, 然后取这个区间的中点 $c_1 = (a_1 + b_1)/2$, 这样得到两个子区间: $[a_1, c_1]$ 和 $[c_1, b_1]$. 可以看出, 在这两个子区间中至少有一个含有数列 $\{x_n\}$ 中的无穷多项. 取具有这个性质的一个子区间为 I_2, 记为 $[a_2, b_2]$. (如果两个子区间都有此性质, 则任意取定一个为 I_2.) 然后取 I_2 的中点 $c_2 = (a_2 + b_2)/2$, 同样在两个子区间 $[a_2, c_2]$ 和 $[c_2, b_2]$ 中取定一个记为 $I_3 = [a_3, b_3]$, 它含有数列 $\{x_n\}$ 中的无穷多项. 这样进行下去, 就可以归纳地得到一个闭区间套 $\{[a_n, b_n]\}$. 在这里重要的是, 它不仅是一个闭区间套, 而且还具有构造过程所确定的两个**特殊性质**: (1) 从第二个闭区间起, 每个闭区间的长度是前一个闭区间的长度的一半. 也就是说有 $|I_{n+1}| = \frac{1}{2}|I_n|, n \in \mathbf{N_+}$; (2) 在每个闭区间中含有数列 $\{x_n\}$ 中的无穷多项.

应用闭区间套定理于上述 $\{I_n\}$, 存在 (唯一) $\xi \in \bigcap_{n=1}^{\infty} I_n$. 但到此为止似乎与我们的目的还是毫不相干. (记住: 我们的目的是要找一个收敛子列.) 从闭区间 I_1 中任取 x_{n_1} (当然可取 $n_1 = 1$), 而在 I_2 中由于它含有数列 $\{x_n\}$ 中的无穷多项, 这就保证能在 I_2 中取到 x_{n_2}, 满足条件 $n_2 > n_1$. 这样归纳地做下去, 就得到一个子列 $\{x_{n_k}\}$. 它具有性质: $x_{n_k} \in I_k, k \in \mathbf{N_+}$. 由于
$$|x_{n_k} - \xi| \leqslant |I_k| = \frac{1}{2^{k-1}}|I_1| = \frac{1}{2^{k-1}}(b - a),$$
可见这个子列收敛于 ξ. □

注 请初学者重视上面这个例题, 因为其中所用的构造闭区间套的方法具有典型意义. 使用二分法必然具有性质 (1), 这保证了点 ξ 唯一. 但是更为重要的是构造出具有特殊性质 (2) 的闭区间套.

容易理解, 对于每个具体问题, 所构造的闭区间套一定要具有某种特殊性质. 在上面的例题中, 就是要求每个 $[a_n, b_n]$ 必须含有数列 $\{x_n\}$ 中的无穷多项. 构造过程就是要求将这个性质保持下去. 通过闭区间套定理将这个特性"凝聚"到一个点 ξ, 也就是说在 ξ 的任何一个邻域内都含有数列 $\{x_n\}$ 中的无穷多项.

为什么要使得这里的每个闭区间 $[a_n, b_n]$ 具有这个性质而不是别的什么性质? 这完全由我们的目的所决定. 我们的目的是选出收敛子列. 由于用二分法得到的闭区间套收缩到唯一的点 ξ, 因此只要从第 k 个区间 $[a_k, b_k]$ 中选子列的第 k 项, 就保证了子列收敛. 于是问题成为有否可能按这样的方式选出子列?

设想一下, 如果已经有了子列的前 k 项: $x_{n_1}, x_{n_2}, \cdots, x_{n_k}$, 它们的下标满足条件 $n_1 < n_2 < \cdots < n_k$. 为了在区间 $[a_{k+1}, b_{k+1}]$ 内能找到子列的下一项, 即将数列的某一项选为 $x_{n_{k+1}}$, 满足 $n_k < n_{k+1}$, 当然需要在这个区间内有数列中的无穷多项以供选择.

以上考虑决定了在二分法中从两个子区间中究竟应当决定取哪一个. 当然也许两个子区间都可以, 这时任取一个即可. 但一般而言是不能任取的. 这方面的具体例子是下一小节的第一个练习题.

请初学者检查本书下面应用闭区间套定理的所有例子 (也包括例题 3.2.1), 观察在每个例子中构造闭区间套时的基本思想是否与这里所讲的相同.

小结 在用闭区间套定理证明某个结论时, 关键是如何构造闭区间套. 具体而言, 就是要确定该闭区间套应该具有什么样的特性. 构造过程应该使这种特性从第一个闭区间开始"传递"给第二个闭区间, 再从第二个闭区间"传递"给第三个闭区间, 依次类推, 直到将这个特性"凝聚"到闭区间套所共有的点的任意邻近. 当然这种特性要能解决我们的问题. 想清楚之后 (而不是之前) 就可以试写出证明. 如果还是证明不出, 说明上面的特性选择错了, 从头再来.

3.2.3 练习题

1. 如果数列是 $\{(-1)^n\}$, 开始的区间是 $[-1, 1]$. 试用例题 3.2.2 中的方法具体找出一个闭区间套和相应的收敛子列. 又问: 你能否用这样的方法在这个例子中找出 3 个收敛子列?

2. 如闭区间套定理中的闭区间套改为开区间套 $\{(a_n, b_n)\}$, 其他条件不变, 则可以举出例子说明结论不成立.

3. 如 $\{(a_n, b_n)\}$ 为开区间套, 数列 $\{a_n\}$ 严格单调增加, 数列 $\{b_n\}$ 严格单调减少, 又满足条件 $a_n < b_n, n \in \mathbf{N}_+$, 证明 $\bigcap\limits_{n=1}^{\infty} (a_n, b_n) \neq \varnothing$.

4. 用闭区间套定理证明确界存在定理.

5. 用闭区间套定理证明单调有界数列的收敛定理.

§3.3 凝聚定理

3.3.1 基本内容

1. 凝聚定理 (Bolzano-Weierstrass (魏尔斯特拉斯) 定理): 有界数列必有收敛子列.

2. 凝聚定理在实数系中成立, 在有理数集 **Q** 中不成立 (作为思考题).

3. **评注** 从数列的极限理论知道, 收敛数列一定有界, 但有界数列不一定收敛. 在一系列需要构造收敛数列的分析问题中, 往往采取分两步走的办法, 即一开始构造一个有界数列, 然后对它用凝聚定理得到收敛子列. 凝聚定理的这种用法往往有效, 用形象化的语言来说, 即是从混乱中找出了秩序.

3.3.2 例题

凝聚定理的证法很多. 除了例题 3.2.2 的证明外, 这里介绍一个较新的证明. 它依赖于一个很有意思的发现: 任何数列都有单调子列 (可以参考 [8, 41, 55]). 需要指出: 这个结论与实数系无关. 将它用于有界数列, 再利用单调有界数列的收敛定理, 就得到凝聚定理. 因此为证明凝聚定理, 我们只需证明下列结论.

例题 3.3.1 每个数列都有单调子列.

证 称数列 $\{a_n\}$ 中的项 a_n 具有性质 (M): 若对每个 $i > n$, 成立 $a_n \geqslant a_i$. 这就是说, a_n 是集合 $\{a_i \mid i \geqslant n\}$ 的最大数.

分两种情况讨论. (1) 数列 $\{a_n\}$ 有无穷多项具有性质 (M). 将它们按下标的顺序排队, 记为 $a_{n_1}, a_{n_2}, \cdots, a_{n_k}, \cdots$, 满足条件 $n_1 < n_2 < \cdots < n_k < \cdots$. 那么就已经得到一个单调减少的子列 $\{a_{n_k}\}$.

(2) 数列 $\{a_n\}$ 中只有有限多项具有性质 (M). 那么存在 N, 使得所有的 a_n $(n \geqslant N)$ 都不具有性质 (M). 从中任取一项记为 a_{n_1}. 因为它不具有性质 (M), 所以能找到 $n_2 > n_1$, 使得 $a_{n_1} < a_{n_2}$. 同样因为 a_{n_2} 不具有性质 (M), 所以又有 $n_3 > n_2$, 使得 $a_{n_2} < a_{n_3}$. 这样就可归纳地定出严格单调增加的子列 $\{a_{n_k}\}$. □

注 若要作进一步了解, 可参考《美国数学月刊》(1988) 第 95 卷 44–45 页.

作为凝聚定理的一个应用, 同时也是对凝聚定理的一个发展, 有以下例题.

例题 3.3.2 数列有收敛子列的充分必要条件是该数列不是无穷大量.

证 必要性是明显的. 现证明充分性. 设 $\{a_n\}$ 是一个数列, 它不是无穷大量. 写出无穷大量的定义, 即

$$\forall G > 0, \exists N, \forall n > N, \text{成立} |a_n| > G,$$

然后用 §1.4 的对偶法则, 写出 "不是无穷大量" 的正面陈述:

$$\exists G_0 > 0, \forall N, \exists n > N, \text{成立} |a_n| \leqslant G_0.$$

现在对 $N = 1$, 取 $n_1 > 1$, 使 $|a_{n_1}| < G_0$. 再对 $N = n_1$, 取 $n_2 > n_1$, 使得 $|a_{n_2}| < G_0$. 这样就可以归纳地得到数列 $\{a_n\}$ 的一个有界子列 $\{a_{n_k}\}$. 对它用凝聚定理, 就得到 $\{a_{n_k}\}$ 的一个收敛子列. 由于它也是 $\{a_n\}$ 的子列 (一个数列的子列的子列仍然是数列的子列), 这样就找到了数列 $\{a_n\}$ 的一个收敛子列.　　　□

3.3.3　练习题

1. 对于给定的数列 $\{x_n\}$ 和数 a, 证明: 在 a 的每个邻域中有数列 $\{x_n\}$ 的无穷多项的充分必要条件是, a 是数列 $\{x_n\}$ 的某个子列的极限.

2. 证明: 有界数列发散的充分必要条件是存在两个收敛于不同极限值的子列.

3. 证明: 若 $\{x_n\}$ 无界, 但不是无穷大量, 则存在两个子列, 其中一个子列收敛, 另一个子列是无穷大量.

4. 用凝聚定理证明单调有界数列的收敛定理.

§3.4　Cauchy 收敛准则

3.4.1　基本内容

Cauchy 收敛准则是数列收敛的充分必要条件, 其中的基本概念和结论如下:

1. 定义: 称数列 $\{x_n\}$ 为**基本数列** (或 **Cauchy 数列**), 如果对每个 $\varepsilon > 0$, 存在 N, 使得对每一对正整数 $n, m > N$, 成立 $|a_n - a_m| < \varepsilon$.

2. 基本数列的另一个等价定义是: 对每个 $\varepsilon > 0$, 存在 N, 对每个正整数 $n > N$ 和每个正整数 p, 成立 $|a_{n+p} - a_n| < \varepsilon$.

3. 收敛数列一定是基本数列.

4. 基本数列一定是有界数列.

5. Cauchy 收敛准则: 收敛数列 $\Longleftrightarrow$ 基本数列.

6. Cauchy 收敛准则在有理数集 $\mathbf{Q}$ 中不成立 (作为思考题).

7. **评注**

   (1) 与收敛数列的定义相比, Cauchy 收敛准则完全从数列本身出发, 不需要假定极限的存在, 这是一个很大的进步. 实际上, 只有很少的数列例子可以先猜出极限, 然后用定义 (与适当放大法) 验证它收敛.

   (2) 在第二章中介绍了许多有关数列收敛的条件, 但都有很大的局限性. 在其中单调有界数列的收敛定理是数列收敛的充分条件, 在应用时也不需要知道极限, 但它当然依赖于单调性. 其他如夹逼定理是数列收敛的充分条件, 在应用时局限性更大. 数列有界当然是数列收敛的必要条件, 但只能用于在无界时判定数列发散. 有一个与子列有关的数列收敛的充分必要条件, 即数列收敛等价于它的一切子列收敛. 由于数列也是自身的子列, 所以这个结论的充分性部分等于什么也没说.

(3) 在一般意义上来说, Cauchy 收敛准则是研究数列收敛的最有力工具, 但理解和使用有一定困难. 为此需要学习较多的例题.

(4) 纵观数学分析的全部内容, 在包括积分与级数的许多类型的极限中, 都有相应的 Cauchy 收敛准则, 而且往往是其他收敛判别法的基础. 因此, 它具有其他基本定理所不能代替的独特作用.

3.4.2　基本命题

命题 3.4.1 收敛数列一定是基本数列.

证　设 $\{a_n\}$ 收敛于 a, 则对 $\varepsilon > 0$, 存在 N, 当 $n > N$ 时, 成立 $|a_n - a| < \dfrac{\varepsilon}{2}$. 因此当 $n, m > N$ 时, 就有不等式

$$|a_n - a_m| \leqslant |a_n - a| + |a - a_m| < \frac{\varepsilon}{2} + \frac{\varepsilon}{2} = \varepsilon,$$

即 $\{a_n\}$ 为基本数列. $\qquad\qquad\qquad\qquad\qquad\qquad\qquad\qquad\qquad\qquad\square$

命题 3.4.2 基本数列一定有界.

证　设 $\{a_n\}$ 为基本数列. 对 $\varepsilon = 1$, 存在 N, 当 $n, m > N$ 时, 成立 $|a_n - a_m| < 1$. 取定 $m = N + 1$, 则当 $n > N$ 时, 就有 $|a_n| \leqslant |a_n - a_{N+1}| + |a_{N+1}| < |a_{N+1}| + 1$. 因此得到

$$|a_n| \leqslant M = \max\{|a_1|, |a_2|, \cdots, |a_N|, |a_{N+1}| + 1\}, \forall n \in \mathbf{N}_+. \qquad\square$$

以下给出 Cauchy 收敛准则的两个证明.

命题 3.4.3 (Cauchy 收敛准则) 数列收敛的充分必要条件是该数列为基本数列.

证 1 (用凝聚定理) 必要性部分已在命题 3.4.1 中得到证明, 这里只需证明收敛准则的充分性部分. 设 $\{a_n\}$ 是基本数列. 从命题 3.4.2 知道这个数列有界. 用凝聚定理, 数列 $\{a_n\}$ 有一个收敛子列, 记为 $\{a_{n_k}\}$. 又记这个子列的极限为 a. 显然, 只要证明数列 $\{a_n\}$ 收敛于 a.

由于 $\{a_n\}$ 是基本数列, 对 $\varepsilon > 0$, 存在 N, 当 $n, m > N$ 时, 成立 $|a_n - a_m| < \varepsilon/2$. 又因子列 $\{a_{n_k}\}$ 的下标总有 $n_k \geqslant k$, 因此当 $k > N$ 时就有 $n_k > N$. 用 n_k 代替 m, 就在 $n > N$ 和 $k > N$ 时得到不等式 $|a_n - a_{n_k}| < \varepsilon/2$. 在其中令 $k \to \infty$, 就得出

$$|a_n - a| \leqslant \frac{\varepsilon}{2} < \varepsilon, \forall n > N. \qquad\qquad\qquad\qquad\qquad\square$$

证 2 (用三分法构造闭区间套 (见 [41] 的 120 页)) 只需证明充分性部分. 设 $\{x_n\}$ 为基本数列, 因此有界. 从而有常数 a_1, b_1, 满足条件 $a_1 \leqslant x_n \leqslant b_1$, $n \in \mathbf{N}_+$.

将闭区间 $[a_1, b_1]$ 三等分. 令 $c_1 = (2a_1 + b_1)/3$, $c_2 = (a_1 + 2b_1)/3$, 得到三个长度相同的子区间 $[a_1, c_1]$, $[c_1, c_2]$ 和 $[c_2, b_1]$, 分别记为 J_1, J_2 和 J_3. 根据它们在实数轴上的左、中、右位置和基本数列的定义就可以发现: 在左边的 J_1 和右边的 J_3 中, 至少有一个子区间只含有数列 $\{x_n\}$ 中的有限多项.

这从几何上看是很直观的. 如果在 J_1 和 J_3 中都有数列中的无穷多项, 则可以在 J_1 中取 x_n, 在 J_3 中取 x_m, 使得 n, m 都可以任意大, 同时满足不等式

$$|x_n - x_m| \geqslant \frac{b - a}{3}.$$

这与 $\{x_n\}$ 为基本数列的条件矛盾.

于是可以从 $[a_1, b_1]$ 中去掉只含有 $\{x_n\}$ 中有限多项的子区间 J_1 或 J_3 (如果两个子区间都是如此则任去其一), 将得到的区间记为 $[a_2, b_2]$.

重复这个过程, 就得到一个闭区间套 $\{[a_k, b_k]\}$, 它具有两个特殊性质: (1) 闭区间套中的每个区间的长度是前一个区间长度的三分之二; (2) 每一个 $[a_k, b_k]$ 中含有数列 $\{x_n\}$ 从某项起的所有项. 性质 (1) 保证存在 ξ, 使得闭区间套的端点序列 $\{a_k\}$ 和 $\{b_k\}$ 从两侧分别单调地收敛于 ξ, 即有 $\lim\limits_{k \to \infty} a_k = \lim\limits_{k \to \infty} b_k = \xi$.

现在我们证明: 这个 ξ 就是基本数列 $\{x_n\}$ 的极限. 对给定的 $\varepsilon > 0$, 有 N, 使得 a_N 和 b_N 进入点 ξ 的 ε 邻域, 也就是说有 $[a_N, b_N] \subset (\xi - \varepsilon, \xi + \varepsilon)$. 由于闭区间 $[a_N, b_N]$ 又具有性质 (2), 即含有数列 $\{x_n\}$ 中从某项之后的全部项, 因此存在 N_1, 使得当 $n > N_1$ 时, 成立不等式 $|x_n - \xi| < \varepsilon$. $\qquad \square$

注 本题也可以用例题 3.2.2 中的二分法来证明, 甚至可能更为简单. 请读者试之, 并与上面的三分法比较它们的异同之处. 注意基本数列的条件分别用于何处.

3.4.3 例题

例题 3.4.1 设数列 $\{b_n\}$ 有界, 令 $a_n = \dfrac{b_1}{1 \cdot 2} + \dfrac{b_2}{2 \cdot 3} + \cdots + \dfrac{b_n}{n(n+1)}$, $n \in \mathbf{N}_+$, 证明数列 $\{a_n\}$ 收敛.

证 取常数 $M > 0$, 使得 $|b_n| \leqslant M$, $n \in \mathbf{N}_+$. 然后对任意 $p \in \mathbf{N}_+$ 作估计:

$$|a_{n+p} - a_n| \leqslant M\Big[\frac{1}{(n+1)(n+2)} + \frac{1}{(n+2)(n+3)} + \cdots + \frac{1}{(n+p)(n+p+1)}\Big]$$

$$= M\Big[\Big(\frac{1}{n+1} - \frac{1}{n+2}\Big) + \Big(\frac{1}{n+2} - \frac{1}{n+3}\Big) + \cdots + \Big(\frac{1}{n+p} - \frac{1}{n+p+1}\Big)\Big]$$

$$= M\Big(\frac{1}{n+1} - \frac{1}{n+p+1}\Big) < \frac{M}{n+1}.$$

因此对 $\varepsilon > 0$, 取 $N = [M/\varepsilon]$, 就可使 $n > N$ 和 $p \in \mathbf{N}_+$ 时, 成立 $|a_{n+p} - a_n| < \varepsilon$. 这样就证明了 $\{a_n\}$ 是基本数列. 根据 Cauchy 收敛准则知道 $\{a_n\}$ 收敛. $\qquad \square$

注 由于 $\{b_n\}$ 除了有界性之外没有任何其他已知性质, 因此 $\{a_n\}$ 谈不上有单调性, 从而第二章的主要方法, 即单调有界数列的收敛定理, 在这里完全失效. 可见 Cauchy 收敛准则是一个非常有力的工具.

下一个例题在第二章中已经有了 3 个证明 (见第二章例题 2.2.6). 现用本节的 Cauchy 收敛准则给出新的证明, 但也可以说是那里的第二个证明的改写.

例题 3.4.2 设 $S_n = 1 + \dfrac{1}{2} + \dfrac{1}{3} + \cdots + \dfrac{1}{n}, n \in \mathbf{N}_+$, 证明 $\{S_n\}$ 发散.

证 写出

$$S_{2n} - S_n = \frac{1}{n+1} + \frac{1}{n+2} + \cdots + \frac{1}{2n} \geqslant n \cdot \frac{1}{2n} = \frac{1}{2},$$

可见对 $\varepsilon = \dfrac{1}{2}$ 和任意 N, 在 $n, m > N$ 时, 只要取 $m = 2n$, 不等式 $|S_n - S_m| < \dfrac{1}{2}$ 就不可能成立. 这表明数列 $\{S_n\}$ 不是基本数列, 因此发散. □

同样, 对于例题 2.2.7, 可以用 Cauchy 收敛准则写出新的证明.

例题 3.4.3 证明数列 $\{\sin n\}$ 发散.

证 这个证明与例题 2.2.7 中的 (以几何观察为基础的) 第一个证明类似. 从那里的图 2.2 可见, 对每个 $k \in \mathbf{N}_+$, 可以找到正整数 n'_k 和 n''_k, 使 $\sin n'_k \geqslant \sqrt{2}/2$, $\sin n''_k \leqslant 0$. 因此, $\sin n'_k - \sin n''_k > 0.5$. 由于 n'_k 和 n''_k 可任意大, 因此 $\{\sin n\}$ 不可能是基本数列, 根据 Cauchy 收敛准则知道它一定是发散数列. □

3.4.4 压缩映射原理

在第一章中介绍了用于迭代生成数列的几何方法. 应当指出, 这个方法完全依赖于实数的有序性 (即在实数轴上点有序), 也就是说它只能用于一维问题. 本节要介绍的压缩映射原理以 Cauchy 收敛准则为基础, 它在处理迭代生成数列时很有效, 而且可以推广到多维甚至无穷维的问题上去. 当然, 压缩映射原理在本质上是局部性结果, 对于大范围的非线性问题一般无效.

压缩映射的定义 设函数 f 在区间 $[a, b]$ 上定义, $f([a, b]) \subset [a, b]$, 并存在一个常数 k, 满足 $0 < k < 1$, 使得对一切 $x, y \in [a, b]$ 成立不等式 $|f(x) - f(y)| \leqslant k|x - y|$, 则称 f 是 $[a, b]$ 上的一个**压缩映射**, 称常数 k 为**压缩常数**.

命题 3.4.4 (压缩映射原理) 设 f 是 $[a, b]$ 上的一个压缩映射, 则

(1) f 在 $[a, b]$ 中存在唯一的不动点 $\xi = f(\xi)$;

(2) 由任何初始值 $a_0 \in [a, b]$ 和递推公式 $a_{n+1} = f(a_n), n \in \mathbf{N}_+$ 生成的数列 $\{a_n\}$ 一定收敛于 ξ;

(3) 成立估计式 $|a_n - \xi| \leqslant \dfrac{k}{1-k}|a_n - a_{n-1}|$ 和 $|a_n - \xi| \leqslant \dfrac{k^n}{1-k}|a_1 - a_0|$ (即**事后估计**与**先验估计**).

证 (注意在这个证明中不需要函数 f 的连续性概念.) 由于 $f([a,b]) \subset [a,b]$, 因此 $\{a_n\}$ 必在 $[a,b]$ 中. 根据 Cauchy 收敛准则估计

$$|a_n - a_{n+p}| \leqslant k|a_{n-1} - a_{n+p-1}| \leqslant k^2|a_{n-2} - a_{n+p-2}|$$
$$\leqslant \cdots \leqslant k^n|a_0 - a_p| \leqslant k^n(b-a).$$

可见对 $\varepsilon > 0$, 只要取 $N = [\ln(\varepsilon/(b-a))/\ln k]$, 当 $n > N$ 和 $p \in \mathbf{N}_+$ 时, 就有 $|a_n - a_{n+p}| < \varepsilon$. 因此 $\{a_n\}$ 是基本数列, 从而收敛. 记其极限为 $\xi \in [a,b]$. 为了证明这个 ξ 是 f 的不动点, 需要研究第二个数列 $\{f(a_n)\}$. 从不等式 $|f(a_n) - f(\xi)| \leqslant k|a_n - \xi|$ 和 $\lim\limits_{n\to\infty} a_n = \xi$ 可见, 数列 $\{f(a_n)\}$ 收敛于 $f(\xi)$.

在 $a_{n+1} = f(a_n)$ 两边令 $n \to \infty$, 就得到 $\xi = f(\xi)$. 因此 ξ 是 f 的不动点.

如果 f 在 $[a,b]$ 内还有不动点 η, 即 $\eta = f(\eta)$, 则就有 $|\xi - \eta| = |f(\xi) - f(\eta)| \leqslant k|\xi - \eta|$. 由于 $0 < k < 1$, 只能有 $\xi = \eta$. 因此 f 在 $[a,b]$ 内的不动点是唯一的. 这样就证明了命题的 (1) 和 (2).

命题之 (3) 的前一式可从估计式

$$|a_n - \xi| = |f(a_{n-1}) - f(\xi)| \leqslant k|a_{n-1} - \xi| \leqslant k(|a_{n-1} - a_n| + |a_n - \xi|)$$

得到:

$$|a_n - \xi| \leqslant \frac{k}{1-k}|a_n - a_{n-1}|.$$

又由上式出发, 利用 $|a_j - a_{j-1}| \leqslant k|a_{j-1} - a_{j-2}|$ 就可以如下得到 (3) 的后一式:

$$|a_n - \xi| \leqslant \frac{k^2}{1-k}|a_{n-1} - a_{n-2}| \leqslant \cdots \leqslant \frac{k^n}{1-k}|a_1 - a_0|. \qquad \square$$

注 在 (3) 中的两个不等式在实际计算中很有用处. 前一个不等式可以从相继的两次计算估计当前误差, 称为事后估计; 后一个不等式比前一个要粗一些, 但可以用于在计算之前估计要迭代多少次才能达到所要的精度, 称为先验估计.

下面介绍如何将压缩映射原理用于 §2.6 中的两个典型例题. 它们的解法和那里完全不同.

例题 3.4.4 设 $a_1 = \sqrt{2}$, $a_{n+1} = \sqrt{2 + a_n}$, $n \in \mathbf{N}_+$. 讨论数列 $\{a_n\}$ 的敛散性, 若收敛则求出其极限.

解 这时 $f(x) = \sqrt{2+x}$. 取闭区间 $[0,2]$, 则可实现 $f([0,2]) \subset [0,2]$. 从

$$|f(x) - f(y)| = |\sqrt{2+x} - \sqrt{2+y}| = \frac{|x-y|}{\sqrt{2+x} + \sqrt{2+y}}$$

知道可取 $k = 1/(2\sqrt{2})$ 为压缩常数. 于是数列 $\{a_n\}$ 的收敛性已为压缩映射原理所保证, 而且极限是 f 在 $[0,2]$ 内的唯一不动点 2. $\qquad \square$

例题 3.4.5 数列 $\{b_n\}$ 由 $b_1 = 1$ 和 $b_{n+1} = 1 + \dfrac{1}{b_n}$ $(n \in \mathbf{N}_+)$ 生成. 讨论数列 $\{b_n\}$ 的敛散性, 若收敛则求出其极限.

解 这里的函数 $f(x) = 1 + \dfrac{1}{x}$. 观察

$$|f(x) - f(y)| = \left| \frac{1}{x} - \frac{1}{y} \right| = \frac{|x - y|}{|xy|},$$

并考虑如何选择区间. 这里要利用函数 f 在 $x > 0$ 时单调减少, 以及数列的前几项 $b_1 = 1$, $b_2 = 2$, $b_3 = 1.5$, $\cdots$. 如果用以 $b_1 = 1$ 和 $b_2 = 2$ 为端点的闭区间 $[1, 2]$, 则可以实现 $f([1, 2]) = [1.5, 2] \subset [1, 2]$. 但在这个区间 $[1, 2]$ 上不能取到在 0 和 1 之间的压缩常数. 再尝试以 $b_2 = 2$ 和 $b_3 = 1.5$ 为端点的区间 $[1.5, 2]$, 发现有 $f([1.5, 2]) \subset [1.5, 2]$, 同时可以估计出

$$|f(x) - f(y)| = \frac{|x - y|}{|xy|} \leqslant \frac{1}{1.5^2} |x - y| = \frac{4}{9} |x - y|, \forall\, x, y \in [1.5, 2].$$

由于数列 $\{b_n\}$ 从第二项起就进入 $[1.5, 2]$, 因此由压缩映射原理保证了它的收敛性. 极限就是 f 在 $x > 0$ 中的唯一不动点 $b = (1 + \sqrt{5})/2$. $\qquad\square$

注 以上两个例题的解法都是去验证压缩映射原理的条件满足. 但实际上往往可以直接应用原理中的思想方法. 例如, 在例题 3.4.5 中可以先证明从 $n = 2$ 起, $b_n \in [1.5, 2]$ 成立. 然后得到 (利用公式 (2.17))

$$|b_{n+2} - b| = \left| \frac{b_n - b}{(b_n + 1)(b + 1)} \right| \leqslant \frac{4}{25} |b_n - b|,$$

从而有 $|b_{2k} - b| \leqslant |b_2 - b| \cdot \left(\dfrac{4}{25} \right)^{k-1}$, 即知道 $\{b_{2k}\}$ 收敛于 b. 同理可证 $\{b_{2k-1}\}$ 也收敛于 b.

3.4.5 练习题

1. 满足以下条件的数列 $\{x_n\}$ 是否一定是基本数列? 若回答"是", 请作出证明; 若回答"不一定是", 请举出反例:

   (1) 对每个 $\varepsilon > 0$, 存在 N, 当 $n > N$ 时, 成立 $|x_n - x_N| < \varepsilon$;

   (2) 对所有 $n, p \in \mathbf{N}_+$, 成立不等式 $|x_{n+p} - x_n| \leqslant p/n$;

   (3) 对所有 $n, p \in \mathbf{N}_+$, 成立不等式 $|x_{n+p} - x_n| \leqslant p/n^2$;

   (4) 对每个正整数 p, 成立 $\lim\limits_{n \to \infty} (x_n - x_{n+p}) = 0$.

2. 用对偶法则于数列收敛的 Cauchy 收敛准则, 以正面方式写出数列发散的充分必要条件.

3. 证明下列数列为基本数列, 因此都是收敛数列:

(1) $a_n = 1 + \dfrac{1}{2!} + \dfrac{1}{3!} + \cdots + \dfrac{1}{n!}, n \in \mathbf{N}_+$;

(2) $b_n = 1 - \dfrac{1}{2} + \dfrac{1}{3} - \cdots + (-1)^{n-1}\dfrac{1}{n}, n \in \mathbf{N}_+$;

(3) $c_n = \dfrac{\sin 2x}{2(2 + \sin 2x)} + \dfrac{\sin 3x}{3(3 + \sin 3x)} + \cdots + \dfrac{\sin nx}{n(n + \sin nx)}, n \in \mathbf{N}_+$.

4. 设 $a_n = \sin 1 + \dfrac{\sin 2}{2!} + \cdots + \dfrac{\sin n}{n!}, n \in \mathbf{N}_+$, 证明:

(1) 数列 $\{a_n\}$ 有界, 但不单调; (2) $\{a_n\}$ 收敛.

5. 设从某个数列 $\{a_n\}$ 定义 $x_n = \sum\limits_{k=1}^{n} a_k, y_n = \sum\limits_{k=1}^{n} |a_k|, n \in \mathbf{N}_+$, 若数列 $\{y_n\}$ 收敛, 证明数列 $\{x_n\}$ 也收敛.

(本题可以看成是上一题和例题 3.4.1 的推广.)

6. 设 $S_n = 1 + \dfrac{1}{2^p} + \dfrac{1}{3^p} + \cdots + \dfrac{1}{n^p}, n \in \mathbf{N}_+$, 其中 $p \leqslant 1$, 证明 $\{S_n\}$ 发散.

7. 天文学中的 Kepler (开普勒) 方程 $x - q\sin x = a \, (0 < q < 1)$ 是一个超越方程, 没有求根公式 (见 [15] 的 22 和 72 页). 求近似解的一个方法是通过迭代. 取定 x_1, 然后用递推公式 $x_{n+1} = q\sin x_n + a, n \in \mathbf{N}_+$. 证明这个方法的正确性.

(这个方程是 Kepler 在 1609 年左右研究行星运动规律时得到的方程. 从天体力学的角度来分析可以肯定, 对每个给定的 a, 方程存在唯一解. 这个解没有可用的显式表达式, 但可以用近似方法求解. 本题就是用迭代生成数列的方法求近似解. 在 [14] 第二卷的 452 小节有解的无穷级数表达式.)

§3.5 覆盖定理

3.5.1 基本内容

1. 定义: 设有 $[a,b] \subset \bigcup\limits_{\alpha} \mathcal{O}_\alpha$, 其中每个 $\mathcal{O}_\alpha$ 是开区间, 则称 $\{\mathcal{O}_\alpha\}$ 是区间 $[a,b]$ 的一个开覆盖.

2. 覆盖定理 (Heine-Borel (博雷尔) 定理): 如果 $\{\mathcal{O}_\alpha\}$ 是区间 $[a,b]$ 的一个开覆盖, 则存在 $\{\mathcal{O}_\alpha\}$ 的一个有限子集 $\{\mathcal{O}_1, \mathcal{O}_2, \cdots, \mathcal{O}_n\}$, 它是区间 $[a,b]$ 的一个开覆盖, 也就是说有 $[a,b] \subset \bigcup\limits_{i=1}^{n} \mathcal{O}_i$.

3. 覆盖定理也可以简单地表述为: 一个闭区间的任何一个开覆盖中一定有这个闭区间的有限子覆盖.

4. 在覆盖定理中的条件不能随意变动. 如果将闭区间 $[a, b]$ 改为开区间或无界区间, 或者将开覆盖中的每个开区间改为闭区间, 定理的结论都不再成立.

5. 在学习了拓扑学后会知道, 在数学分析中的覆盖定理是对实数系中的有界闭区间的某种拓扑性质的一种刻画. 这种性质在拓扑学中称为**紧性**. 在实数范围内, 区间的紧性和有界闭等价. 因此也将有界闭区间称为**紧区间**.

3.5.2 例题

例题 3.5.1 举例说明: 覆盖定理在 **Q** 中不成立.

注 这里只考虑有理数, 因此在开覆盖中的开区间和所覆盖的闭区间都由有理数组成, 它们的端点当然也都是有理数. 为了简明起见, 下面只将被覆盖的闭区间与有理数集 **Q** 取交, 而对于在开覆盖中的开区间仍采用原记号.

解 我们将在有理数的范围内构造一个开覆盖, 它将区间 $[0, 2]$ 中的每一个有理数都覆盖住, 但在这个开覆盖中的任何一个有限子集却做不到这点. 为清楚起见, 用 $J = [0, 2] \cap \mathbf{Q}$ 表示开覆盖的覆盖对象.

任取点 $x \in J \subset \mathbf{Q}$. 由于 $x \neq \sqrt{2}$, 可以取到有理数 r_x, 使 $\sqrt{2} \notin (x - r_x, x + r_x)$ 成立. (例如取 $r_x \in (0, |x - \sqrt{2}|) \cap \mathbf{Q}$ 即可.) 这样就得到 J 的一个开覆盖

$$\{(x - r_x, x + r_x) \mid x \in J, r_x \in Q\}.$$

可以证明: 在这个开覆盖中的任何有限子集都不能覆盖 J.

任取上述开覆盖中的一个有限子集

$$(x_1 - r_{x_1}, x_1 + r_{x_1}), (x_2 - r_{x_2}, x_2 + r_{x_2}), \cdots, (x_n - r_{x_n}, x_n + r_{x_n}),$$

先考察其中的一个开区间. 由于它不含有 $\sqrt{2}$, 同时区间的端点都是有理数, 因此它也不会包含和 $\sqrt{2}$ 充分接近的有理数. 又由于只取有限个开区间, 因此它们的并也不会含有 $\sqrt{2}$ 以及和 $\sqrt{2}$ 充分接近的有理数. 具体来说, 令 $\delta_i = \max\{x_i - r_{x_i} - \sqrt{2}, \sqrt{2} - x_i - r_{x_i}\}$, $i = 1, 2, \cdots, n$, 再令 $\delta = \min\{\delta_1, \delta_2, \cdots, \delta_n\}$, 则在上述开覆盖中的这个有限子集不能覆盖 J 中满足 $|\sqrt{2} - r| < \delta$ 的有理数 r. □

以下给出覆盖定理的一个证明. 其中不仅用了确界存在定理, 而且使用了一种很有特色的 **Lebesgue (勒贝格) 方法**. 这种方法有明显的几何意义, 可解决很多问题. (这种方法的缺点是: 它给出的证明一般都是非构造性的, 此外也难以推广到高维情况.)

例题 3.5.2 用 Lebesgue 方法证明覆盖定理.

证 设闭区间 $[a, b]$ 有一个开覆盖 $\{\mathcal{O}_\alpha\}$. 定义数集

$$A = \{x \geqslant a \mid \text{区间} [a, x] \text{ 在 } \{\mathcal{O}_\alpha\} \text{ 中存在有限子覆盖}\}.$$

从区间的左端点 $x = a$ 开始. 由于在开覆盖 $\{\mathcal{O}_\alpha\}$ 中当然有一个开区间覆盖 a, 因此 a 及其右侧充分邻近的点均在数集 A 中. 这保证了数集 A 是非空的. 从数集 A

的定义可见, 如果 $x \in A$, 则整个区间 $[a, x] \subset A$. 因此如果 A 无上界, 则 $b \in A$, 这就是说区间 $[a, b]$ 在开覆盖 $\{\mathcal{O}_\alpha\}$ 中存在有限子覆盖.

如果 A 有上界, 用确界存在定理, 得到 $\xi = \sup A$. 这时可见每个满足 $x < \xi$ 的 x 都在 A 中. 事实上从 $\xi = \sup A$ 和上确界为最小上界的定义, 在 $x < \xi$ 时, 存在 $y \in A$, 使得 $x < y$. 由于 $[a, y]$ 在 $\{\mathcal{O}_\alpha\}$ 中存在有限开覆盖, 所以 $[a, x] \subset [a, y]$ 更没有问题, 这就是说 $x \in A$.

因此只要证明 $b < \xi$, 就知道 $b \in A$, 即 $[a, b]$ 在 $\{\mathcal{O}_\alpha\}$ 中存在有限开覆盖.

用反证法. 如果 $\xi \leqslant b$, 则 $\xi \in [a, b]$, 因此在开覆盖 $\{\mathcal{O}_\alpha\}$ 中有一个开区间 $\mathcal{O}_{\alpha_0}$ 覆盖 ξ. 于是我们可以在这个开区间中找到 a_0 和 b_0, 使它满足条件 $a_0 < \xi < b_0$. 由上面的论证知道 $a_0 \in A$. 这就是说区间 $[a, a_0]$ 在开覆盖 $\{\mathcal{O}_\alpha\}$ 中存在有限子覆盖. 向这个有限子覆盖再加上一个开区间 $\mathcal{O}_{\alpha_0}$, 就成为区间 $[a, b_0]$ 的覆盖, 所以得到 $b_0 \in A$. 这与 $\xi = \sup A$ 矛盾. $\qquad\square$

例题 3.5.3 (加强形式的覆盖定理) 证明: 如果 $\{\mathcal{O}_\alpha\}$ 是区间 $[a, b]$ 的一个开覆盖, 则存在一个正数 $\delta > 0$, 使得对于区间 $[a, b]$ 中的任何两个点 x', x'', 只要 $|x' - x''| < \delta$, 就存在开覆盖中的一个开区间, 它覆盖 x', x''. (称这个数 δ 为开覆盖的 **Lebesgue 数**.)

证 首先用覆盖定理, 得到区间 $[a, b]$ 的一个有限子覆盖, 即开覆盖 $\{\mathcal{O}_\alpha\}$ 中的有限个开区间

$$\mathcal{O}_1, \mathcal{O}_2, \cdots, \mathcal{O}_n, \tag{3.1}$$

它们的并覆盖了 $[a, b]$. 将这有限个开区间的所有端点按大小顺序排列, 去掉其中可能有重复的点, 记为

$$x_0 < x_1 < \cdots < x_N.$$

并记这个端点集为 $A = \{x_0, x_1, \cdots, x_N\}$. 现在令

$$\delta = \min\{x_1 - x_0, x_2 - x_1, \cdots, x_N - x_{N-1}\}.$$

我们来证明这就是所求的 Lebesgue 数.

设任取两点 $x', x'' \in [a, b]$, 使 $0 < x'' - x' < \delta$. 则有两个可能 (见图 3.1):

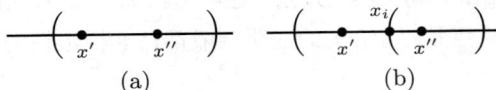

图 3.1

(a) 在闭区间 $[x', x'']$ 内没有端点集 A 中的点. 于是在 (3.1) 中覆盖该闭区间中任何一点的开区间也就覆盖了整个闭区间.

(b) 在闭区间 $[x', x'']$ 内有 A 中的点. 由于数 δ 的取法, 这样的点只有一个. 在图 3.1(b) 中将这个点记为 x_i, 于是有 $x' \leqslant x_i \leqslant x''$. 由于这个点 x_i 是 (3.1) 中的开

区间的端点, 而这个开区间并不覆盖点 x_i, 因此在 (3.1) 中一定另有开区间覆盖点 x_i, 它的左右端点必然分别小于 x' 和大于 x'', 从而也就同时覆盖点 x' 和 x''. $\square$

注 这个例题是覆盖定理的加强, 在今后会看到由于有了这种加强形式, 覆盖定理变得更为有力 (例如例题 5.2.2, 例题 5.4.1 和 命题 10.1.5 等).

3.5.3 练习题

1. 对开区间 $(0,1)$ 构造一个开覆盖, 使得它的每一个有限子集都不能覆盖 $(0,1)$.
2. 用闭区间套定理证明覆盖定理.
3. 用覆盖定理证明闭区间套定理.
4. 用覆盖定理证明凝聚定理.
5. 试对于例题 3.5.2 的证明举出两个具体例子, 即 (1) 数集 A 无上界; (2) A 有上界, 且有 $b < \xi = \sup A$ 和 $\xi \notin A$.

§3.6 数列的上极限和下极限

数列的上、下极限概念是第二章内容的自然延伸. 由于其中需要较多的工具, 引入的概念和方法也较为精细, 因此放在这里讨论.

3.6.1 基本定义

数列的上极限和下极限有几个等价的定义. 其中最直观的是用极限点来定义. 本书将用极限点来定义上、下极限, 其他定义则以命题的形式给出.

1. 数列的**极限点**就是数列的收敛子列的极限. 这里约定:

   若存在正 (负) 无穷大量的子列, 则将 $+\infty$ ($-\infty$) 也作为极限点. 因此一个无上界 (无下界) 数列的极限点中一定有 $+\infty$ ($-\infty$). 为区别起见, 称收敛子列的极限为**有限极限点**, 而将 $+\infty$ 和 $-\infty$ 称为**无限极限点**.

2. 在上述定义下, 数列必有极限点 (证明见命题 3.6.1).

3. 数列的上极限是数列的最大极限点, 数列的下极限是数列的最小极限点. 这里在比较大小时将 $+\infty, -\infty$ 都作为数来对待. 这里最大极限点和最小极限点的存在性也就是上、下极限的存在性, 将在命题 3.6.2 中证明.

4. 从以上定义可以知道, 如果存在上极限 (下极限), 则一定唯一.

5. 数列 $\{x_n\}$ 的上极限记为 $\overline{\lim_{n \to \infty}} x_n$, 下极限记为 $\underline{\lim_{n \to \infty}} x_n$. (在文献中也用记号 $\limsup\limits_{n \to \infty} x_n$ 和 $\liminf\limits_{n \to \infty} x_n$ 来表示数列 $\{x_n\}$ 的上极限和下极限.)

3.6.2 基本性质

首先列出从上、下极限定义即可得到的简单性质:

1. 从定义即知 $\varliminf\limits_{n\to\infty} x_n \leqslant \varlimsup\limits_{n\to\infty} x_n$.

2. 由于数列收敛的充分必要条件是它的每个子列收敛于同一极限, 因此即有: 数列 $\{x_n\}$ 收敛的充分必要条件是它的上极限和下极限均为有限且相等.

3. 类似地可以知道, 数列为正无穷大量 (负无穷大量) 的充分必要条件是它的上极限和下极限都是 $+\infty$ $(-\infty)$.

4. 以上两点可以综合为: 数列 $\{x_n\}$ 收敛或为有确定符号的无穷大量的充分必要条件是数列的上极限和下极限相等, 而且在这时成立

$$\lim_{n\to\infty} x_n = \varlimsup_{n\to\infty} x_n = \varliminf_{n\to\infty} x_n.$$

5. 上、下极限的其他几个简单性质 (证明从略):

   (1) $\varlimsup\limits_{n\to\infty} (-x_n) = -\varliminf\limits_{n\to\infty} x_n$;

   (2) $\varliminf\limits_{n\to\infty} (-x_n) = -\varlimsup\limits_{n\to\infty} x_n$;

   (3) 若 $C > 0$, 则 $\varlimsup\limits_{n\to\infty} (Cx_n) = C\varlimsup\limits_{n\to\infty} x_n$;

   (4) 若 $C < 0$, 则 $\varlimsup\limits_{n\to\infty} (Cx_n) = C\varliminf\limits_{n\to\infty} x_n$.

(在这里若出现带确定符号的无穷大量, 则按 $-(+\infty) = -\infty$, $-(-\infty) = +\infty$ 等方式来理解.)

下面以命题的形式介绍上、下极限的一些重要性质, 其中包括了它们的等价定义, 这些定义实际上是从几个不同的角度刻画出上、下极限的特性.

命题 3.6.1 证明: 任何数列必有极限点.

证 这里只需要应用例题 3.3.1 的结论, 即任何数列都有单调子列. 如果这个子列有界, 就得到有限极限点; 如果它无界, 就得到无限极限点. □

在上一小节给出的上、下极限定义中并未证明最大极限点和最小极限点的存在性, 因此这样的定义是不完整的. 下一个命题给出上、下极限的第二个等价定义, 证明上、下极限的存在性, 同时还给出它们的显式表示.

命题 3.6.2 每个数列 $\{x_n\}$ 都存在上极限和下极限, 且成立公式

$$\varlimsup_{n\to\infty} x_n = \lim_{n\to\infty} \sup_{k\geqslant n}\{x_k\}, \tag{3.2}$$

$$\varliminf_{n\to\infty} x_n = \lim_{n\to\infty} \inf_{k\geqslant n}\{x_k\}. \tag{3.3}$$

证 在这里只证下极限的存在性和公式 (3.3) 成立. 在这以后可以利用

$$\overline{\lim_{n\to\infty}} x_n = -\underline{\lim_{n\to\infty}}(-x_n)$$

来证明上极限存在和 (3.2) 成立 (这一步请读者完成).

首先分析公式 (3.3) 的右边. 引入记号

$$b_n = \inf_{k\geqslant n}\{x_k\} = \inf\{x_n, x_{n+1}, \cdots\}, \ n \in \mathbf{N}_+, \tag{3.4}$$

就可以将 (3.3) 的右边记为 $b = \lim_{n\to\infty} b_n$.

这时要区分两种可能的情况.

(1) 如果有某个 b_n 不是有限数, 则从 (3.4) 可见这个 b_n 不可能是 $+\infty$, 而只能是 $-\infty$. 这时从 (3.4) 可见数列 $\{x_n\}$ 无下界, 从而推出每个 b_n, $n \in \mathbf{N}_+$ 都是 $-\infty$. 这时在等式 (3.3) 的右边只能约定为 $b = \lim_{n\to\infty} b_n = -\infty$. 另一方面, 由于这时 $\{x_n\}$ 无下界, 因此它有一个无限极限点 $-\infty$. 这就证明了数列 $\{x_n\}$ 的下极限是 $-\infty$, 同时公式 (3.3) 成立.

(2) 在数列 $\{b_n\}$ 的每一项为有限数时, 从 (3.4) 可见数列 $\{b_n\}$ 一定是单调增加数列. 因此记号 $b = \lim_{n\to\infty} b_n$ 一定有意义. 这时又要分两种情况来讨论.

(i) 当 $\{b_n\}$ 无上界时就有 $b = +\infty$. 从 (3.4) 可见 $b_n \leqslant x_n$. 由于 $\{b_n\}$ 是单调增加的正无穷大量, 因此可推出 $\lim_{n\to\infty} x_n = +\infty$. 这时数列 $\{x_n\}$ 的唯一极限点是 $+\infty$. 因此数列 $\{x_n\}$ 的下极限是 $+\infty$, 同时公式 (3.3) 成立.

(ii) 最后一种情况是 $b = \lim_{n\to\infty} b_n$ 为有限数. 这时要分两步来做. 首先, 我们要从数列 $\{x_n\}$ 中寻找一个子列, 使它以 b 为极限. 这样就可以证明 b 是数列 $\{x_n\}$ 的一个极限点.

对 $\varepsilon = 1$, 因 $\{b_n\}$ 单调增加收敛于 b, 就有某个 b_{k_1} 满足 $b-1 < b_{k_1} \leqslant b < b+1$. 根据 $b_{k_1} = \inf\{x_{k_1}, x_{k_1+1}, \cdots\}$, 存在 x_{n_1} $(n_1 \geqslant k_1)$ 满足 $b_{k_1} \leqslant x_{n_1} < b+1$, 从而有

$$b-1 < x_{n_1} < b+1.$$

同理对 $\varepsilon = \frac{1}{2}$, 有 $k_2 > n_1$, 使 b_{k_2} 满足 $b - \frac{1}{2} < b_{k_2} \leqslant b < b + \frac{1}{2}$. 根据 $b_{k_2} = \inf\{x_{k_2}, x_{k_2+1}, \cdots\}$, 存在 x_{n_2} $(n_2 \geqslant k_2 > n_1)$ 满足 $b_{k_2} \leqslant x_{n_2} < b + \frac{1}{2}$, 从而有

$$b - \frac{1}{2} < x_{n_2} < b + \frac{1}{2}.$$

这样归纳地做下去, 就可以得到子列 $\{x_{n_k}\}$, 对于每个 $k \in \mathbf{N}_+$, 满足

$$b - \frac{1}{k} < x_{n_k} < b + \frac{1}{k}.$$

既然这个子列以 b 为极限, 因此 b 是数列 $\{x_n\}$ 的一个极限点.

第二步是要证明 b 是数列 $\{x_n\}$ 的最小极限点. 假设 c 是数列 $\{x_n\}$ 的另一个极限点, 则有子列 $\{x_{n_k'}\}$, 成立

$$\lim_{k \to \infty} x_{n_k'} = c.$$

在 (3.4) 中令 $n = n_k'$, 就有不等式

$$b_{n_k'} \leqslant x_{n_k'}.$$

令 $k \to \infty$, 就得到 $b \leqslant c$. 这样我们就证明了 b 确实是数列 $\{x_n\}$ 的最小极限点. 根据下极限的定义, 可见下极限存在, 同时成立公式 (3.3). □

下面实际上是上极限和下极限的又一个等价定义, 它和数列收敛的 ε-N 定义最为接近. 为简要起见, 只讨论下极限, 读者可以对上极限作相应的讨论.

命题 3.6.3 (1) 有限数 b 是数列 $\{x_n\}$ 的下极限的充分必要条件是: 对每个 $\varepsilon > 0$, 在邻域 $(b - \varepsilon, b + \varepsilon)$ 中有数列中的无限多项, 同时存在 N, 当 $n > N$ 时, 成立不等式 $x_n > b - \varepsilon$; (2) $+\infty$ 是数列 $\{x_n\}$ 的下极限的充分必要条件是 $\{x_n\}$ 为正无穷大量; (3) $-\infty$ 是数列 $\{x_n\}$ 的下极限的充分必要条件是 $\{x_n\}$ 无下界.

证 (2) 和 (3) 已包含在下极限的定义和上一命题中, 因此只须证明 (1).

先证 (1) 的必要性. 因为 b 是数列 $\{x_n\}$ 的有限极限点, 因此 b 是某一个子列 $\{x_{n_k}\}$ 的极限. 从而对每个 $\varepsilon > 0$, 在邻域 $(b - \varepsilon, b + \varepsilon)$ 中含有这个子列从某项之后的所有项, 当然也就含有数列 $\{x_n\}$ 中的无限多项. 又可断言数列 $\{x_n\}$ 中满足条件 $x_n \leqslant b - \varepsilon$ 的项至多只有有限个. 否则就可以找出一个子列, 使它的每一项都满足这个不等式. 用凝聚定理于这个子列, 就得到比 b 还要小的极限点, 这与 b 是最小极限点相矛盾. 因此对 $\varepsilon > 0$, 有 N, 当 $n > N$ 时, $x_n > b - \varepsilon$.

再证 (1) 的充分性. 令 $\varepsilon = 1$, 因在 $(b - 1, b + 1)$ 中有数列 $\{x_n\}$ 中的无限多项, 可任取其中一项为 x_{n_1}. 再令 $\varepsilon = \frac{1}{2}$, 由于在 $\left(b - \frac{1}{2}, b + \frac{1}{2}\right)$ 中含有数列中的无限多项, 因此能取到其中的一项作为 x_{n_2}, 满足 $n_2 > n_1$. 归纳地进行下去, 就可以得到子列 $\{x_{n_k}\}$, 满足要求

$$|x_{n_k} - b| < \frac{1}{k}, \ k \in \mathbf{N}_+,$$

因此这个子列收敛于 b. 这就证明 b 是数列 $\{x_n\}$ 的极限点.

任取一个 $b' < b$, 令

$$\varepsilon = \frac{b - b'}{2},$$

从条件知有 N, 当 $n > N$ 时, 成立不等式 $x_n > b - \varepsilon = b' + \varepsilon > b'$. 因此比 b 小的 b' 不可能是极限点. □

下一个命题是上、下极限的重要性质, 它在应用中往往起关键作用.

命题 3.6.4 不等式

$$\varlimsup_{n\to\infty}(x_n+y_n)\leqslant \varlimsup_{n\to\infty}x_n+\varlimsup_{n\to\infty}y_n, \tag{3.5}$$

$$\varliminf_{n\to\infty}(x_n+y_n)\geqslant \varliminf_{n\to\infty}x_n+\varliminf_{n\to\infty}y_n \tag{3.6}$$

在右边有意义 (即不是 $+\infty$ 与 $-\infty$ 之和) 时成立.

证 1 这里只写出第二个不等式 (3.6) 的证明. 证明的方法是用下极限的表达式 (3.3), 先建立不等式

$$\inf_{k\geqslant n}\{x_k+y_k\}\geqslant \inf_{k\geqslant n}\{x_k\}+\inf_{k\geqslant n}\{y_k\}, \tag{3.7}$$

然后取极限. 如果其中出现的下确界都是有限数, 可以记 $A=\inf\limits_{k\geqslant n}\{x_k\}$, $B=\inf\limits_{k\geqslant n}\{y_k\}$. 由于对每个 $k\geqslant n$, 有 $x_k\geqslant A$ 和 $y_k\geqslant B$, 就有 $x_k+y_k\geqslant A+B$. 在这里右边是常数, 左边对 $k\geqslant n$ 取下确界, 就得到所要的不等式 (3.7). 然后在两边令 $n\to\infty$, 因为出现在两边的三个数列都是单调增加的, 因此不论是收敛还是正无穷大量都是有意义的. 这样就得到所求证的公式.

再考虑在不等式 (3.7) 中出现非有限数的情况. 根据下确界的定义, 在 (3.7) 中只可能出现 $-\infty$. 从上一个命题已经知道, 下极限为 $-\infty$ 就是数列无下界的情况. 这时在命题 3.6.2 中的公式 (3.3) 的右边只是一种约定的记号, 并非极限过程. 因此不如直接观察所求证的不等式 (3.6).

分析各种可能性. (1) 若数列 $\{x_n\}$ 和 $\{y_n\}$ 都无下界, 则不论不等式 (3.6) 的左边如何, 不等式右边的每一项都是 $-\infty$, 结论总是成立的. (2) 在两个数列中一个无下界, 另一个不是正无穷大量. 这时不等式 (3.6) 的右边为 $-\infty$ 与一个有限数之和. 只要将这样的和理解为 $-\infty$, 则不论不等式左边如何, 仍然成立. $\square$

证 2 这个证明完全依赖于极限点概念. 为简单起见, 只对于所出现的极限点均为有限数的情况写出证明. 记 $A=\varliminf\limits_{n\to\infty}(x_n+y_n)$, $B=\varliminf\limits_{n\to\infty}x_n$, $C=\varliminf\limits_{n\to\infty}y_n$. 由于 A 是数列 $\{x_n+y_n\}$ 的极限点, 因此有子列 $\{x_{n_k}+y_{n_k}\}$ 收敛于 A, 即

$$\lim_{n\to\infty}(x_{n_k}+y_{n_k})=A.$$

这时可不妨假定 $\{x_{n_k}\}$ 也收敛, 否则由于 $\{x_{n_k}\}$ 为有界数列, 由凝聚定理知它有收敛子列 $\{x_{n_{k_j}}\}$, 于是可以用 $\{x_{n_{k_j}}+y_{n_{k_j}}\}$ 代替 $\{x_{n_k}+y_{n_k}\}$ 作以下讨论.

在 $\{x_{n_k}\}$ 收敛时, $\{y_{n_k}\}$ 也收敛. 又因为 B 是 $\{x_n\}$ 的最小极限点, C 是 $\{y_n\}$ 的最小极限点, 因此就得到

$$\lim_{n\to\infty}x_{n_k}\geqslant B \quad \text{和} \quad \lim_{n\to\infty}y_{n_k}\geqslant C.$$

将两式相加就有所要的不等式 $A\geqslant B+C$. $\square$

注 由于下极限可以是 $+\infty$ 或 $-\infty$, 因此 (3.6) 右边无意义的情况确实可能发生. 这就是在数列 $\{x_n\}$ 和 $\{y_n\}$ 中有一个无下界, 而另一个为正无穷大量的情况. 这时 (3.6) 的左边可以出现各种可能性, 但右边无意义, 因此 (3.6) 不能成立.

下一个命题也是上、下极限的基本性质. 它的证明与上一个命题类似, 从略.

命题 3.6.5 不等式

$$\varliminf_{n\to\infty}(x_n+y_n) \leqslant \varliminf_{n\to\infty}x_n + \varlimsup_{n\to\infty}y_n \leqslant \varlimsup_{n\to\infty}(x_n+y_n)$$

在中间的和式有意义时成立.

注 合并以上两个命题就得到以下一组不等式:

$$\varliminf_{n\to\infty}x_n + \varliminf_{n\to\infty}y_n \leqslant \varliminf_{n\to\infty}(x_n+y_n)$$
$$\leqslant \varliminf_{n\to\infty}x_n + \varlimsup_{n\to\infty}y_n$$
$$\leqslant \varlimsup_{n\to\infty}(x_n+y_n)$$
$$\leqslant \varlimsup_{n\to\infty}x_n + \varlimsup_{n\to\infty}y_n,$$

只要假定其中的和式均有意义.

由此又可推出在上、下极限应用中很有用的下列结论.

命题 3.6.6 若在数列 $\{x_n\}$ 和 $\{y_n\}$ 中已知 $\{y_n\}$ 收敛, 或为带有确定符号的无穷大量时, 则成立

$$\varliminf_{n\to\infty}(x_n+y_n) = \varliminf_{n\to\infty}x_n + \lim_{n\to\infty}y_n, \quad \varlimsup_{n\to\infty}(x_n+y_n) = \varlimsup_{n\to\infty}x_n + \lim_{n\to\infty}y_n.$$

(在 $\{y_n\}$ 为无穷大量时要求所出现的和式有意义.)

3.6.3 例题

例题 3.6.1 用上、下极限方法证明 Cauchy 收敛准则的充分性部分.

证 1 设 $\{x_n\}$ 是基本数列, 则 $\forall \varepsilon > 0$, $\exists N$, $\forall n > N$, $p \in \mathbf{N}_+$, 成立

$$|x_n - x_{n+p}| < \varepsilon.$$

将这个不等式改写为 $x_n - \varepsilon < x_{n+p} < x_n + \varepsilon$, 然后固定某一个 $n\,(> N)$, 令 $p \to \infty$, 由于不论数列收敛与否, 总存在上极限和下极限, 因而就有

$$x_n - \varepsilon \leqslant \varliminf_{n\to\infty}x_n \leqslant \varlimsup_{n\to\infty}x_n \leqslant x_n + \varepsilon.$$

上述不等式还表明基本数列的上极限和下极限一定都是有限数 (因此基本数列必有界也已得到). 由上述不等式可推出

$$0 \leqslant \varlimsup_{n \to \infty} x_n - \varliminf_{n \to \infty} x_n \leqslant 2\varepsilon.$$

由于 $\varepsilon > 0$ 可任意给定, 可见夹在 0 和 2ε 中间的两个数只能相等. 这样就推出上极限和下极限相等, 因此数列 $\{x_n\}$ 收敛. $\qquad\square$

证 2 设 $\{x_n\}$ 是基本数列. 对每个 $\varepsilon > 0$, 存在 N, 当 $n, m > N$ 时, 成立 $|x_n - x_m| < \varepsilon$. 将它改写为 $x_m - \varepsilon < x_n < x_m + \varepsilon$, 在后一个不等式中固定 x_n, 令 $m \to \infty$, 利用命题 3.6.6, 就得到

$$x_n \leqslant \varliminf_{m \to \infty} (x_m + \varepsilon) = \varliminf_{m \to \infty} x_m + \varepsilon = \varliminf_{n \to \infty} x_n + \varepsilon.$$

由于这对每个 $n > N$ 成立, 而右边是固定数, 在左边取上极限, 就得到

$$\varlimsup_{n \to \infty} x_n \leqslant \varliminf_{n \to \infty} x_n + \varepsilon.$$

以上推导还表明 $\{x_n\}$ 的上、下极限都是有限数. 最后, 利用 ε 的任意性, 就有

$$\varlimsup_{n \to \infty} x_n \leqslant \varliminf_{n \to \infty} x_n.$$

由于相反方向的不等式总是成立的, 因此成立

$$\varlimsup_{n \to \infty} x_n = \varliminf_{n \to \infty} x_n,$$

即数列 $\{x_n\}$ 收敛. $\qquad\square$

注 教科书 [33] 在数列极限一章中就讲授上、下极限, 并用于证明 Cauchy 收敛准则. 其中所用的就是上述第一个证明.

再给出上、下极限在迭代生成数列问题中的一个应用 (参见例题 3.4.5), 其中用到的有关上、下极限的知识请读者自己证明.

例题 3.6.2 设数列 $\{b_n\}$ 由 $b_1 = 1$ 和 $b_{n+1} = 1 + \dfrac{1}{b_n}$ 生成. 讨论数列 $\{b_n\}$ 的敛散性, 若收敛则求出其极限.

解 设已证明数列 $\{b_n\}$ 从第二项起不越出区间 $[1.5, 2]$. 因此有 $1.5 \leqslant \alpha = \varliminf_{n \to \infty} b_n \leqslant \beta = \varlimsup_{n \to \infty} b_n \leqslant 2$. 在递推公式两边取上极限和下极限, 得到

$$\alpha = 1 + \varliminf_{n \to \infty} \left(\frac{1}{b_n} \right) = 1 + \frac{1}{\varlimsup\limits_{n \to \infty} b_n} = 1 + \frac{1}{\beta}$$

和对称的

$$\beta = 1 + \varlimsup_{n \to \infty} \left(\frac{1}{b_n} \right) = 1 + \frac{1}{\varliminf\limits_{n \to \infty} b_n} = 1 + \frac{1}{\alpha}.$$

将这两个方程联立, 相减后得到

$$(\alpha - \beta)\left(1 - \frac{1}{\alpha\beta}\right) = 0.$$

由于 $\beta \geqslant \alpha \geqslant 1.5$, 即可得到 $\alpha = \beta$, 即数列收敛. 然后再求出极限 (从略).   □

以下是用上、下极限方法于第二章第二组参考题 14.

例题 3.6.3 设 $y_n = x_n + 2x_{n+1}, n \in \mathbf{N}_+$. 证明: 若 $\{y_n\}$ 收敛, 则 $\{x_n\}$ 也收敛.

证 由于 $\{y_n\}$ 收敛, 因此它有界. 取正数 $M > 0$ 使同时成立 $|x_1| \leqslant M$ 和 $|y_n| \leqslant M, n \in \mathbf{N}_+$. 将递推公式改写为 $x_{n+1} = \frac{1}{2}y_n - \frac{1}{2}x_n$, 则有

$$|x_{n+1}| \leqslant \frac{1}{2}|y_n| + \frac{1}{2}|x_n|.$$

因此, 用数学归纳法可以知道 $|x_n| \leqslant M$ 对每个 n 成立. 即数列 $\{x_n\}$ 有界.

记 $\varlimsup_{n\to\infty} x_n = A$, $\varliminf_{n\to\infty} x_n = B$ 和 $\lim_{n\to\infty} y_n = C$, 则它们都是有限数. 只要证明 $A = B$. 在 $x_n = y_n - 2x_{n+1}$ 两边分别取上极限和下极限, 由于 $\{y_n\}$ 收敛, 可以利用命题 3.6.6, 得到等式 $A = C - 2B$ 和 $B = C - 2A$, 由此推出 $A = B$.   □

注 有了上、下极限的新工具, 不必知道数列收敛就可以进行上、下极限运算. 请读者将这个方法与过去的方法对比, 并在其他问题上尝试一下. 在第二章中的不少问题都有可能用上、下极限的新工具来做, 以上的两个例题仅供参考.

下一个例题与确界和上、下极限都有关系. 它 (以及它的变形) 出现在多个领域的研究中, 可以说是上、下极限的一个重要应用.

例题 3.6.4 设正数列 $\{a_n\}$ 满足条件 $a_{n+m} \leqslant a_n a_m, \forall n, m \in \mathbf{N}_+$, 则有

$$\lim_{n\to\infty} \frac{\ln a_n}{n} = \inf_{n \geqslant 1}\left\{\frac{\ln a_n}{n}\right\}.$$

证 令 $\alpha = \inf_{n \geqslant 1}\left\{\frac{\ln a_n}{n}\right\}$, 则从命题 (3.6.2) 的公式 (3.3) 可见有

$$\alpha \leqslant \varliminf_{n\to\infty} \frac{\ln a_n}{n}. \tag{3.8}$$

又从 α 为下确界 (即最大下界) 可见, 对 $\varepsilon > 0$, 存在 N, 使得

$$\frac{\ln a_N}{N} < \alpha + \varepsilon.$$

固定这个 N, 可以将每个正整数 n 写为 $n = mN + k$, 其中 $0 \leqslant k < N$. 从题设条件, 有不等式

$$a_n = a_{mN+k} \leqslant a_N^m a_k,$$

取对数后可以得到

$$\frac{\ln a_n}{n} \leqslant \frac{m}{n} \ln a_N + \frac{1}{n} \ln a_k \leqslant \frac{mN}{n}(\alpha + \varepsilon) + \frac{1}{n} \ln a_k.$$

在这个不等式两边令 $n \to \infty$, 右边第一项中有极限

$$\lim_{n \to \infty} \frac{mN}{n} = 1,$$

而 a_k 最多只取 N 个值, 因此右边的极限是 $\alpha + \varepsilon$. 左边的极限虽然不知道是否存在, 但可利用上极限的保不等式性质 (作为练习题), 在不等式两边取上极限, 从而得到

$$\varlimsup_{n \to \infty} \frac{\ln a_n}{n} \leqslant \alpha + \varepsilon.$$

由于 $\varepsilon > 0$ 的任意性, 就得到

$$\varlimsup_{n \to \infty} \frac{\ln a_n}{n} \leqslant \alpha.$$

将这个不等式与 (3.8) 合并, 可见 $\lim\limits_{n \to \infty} \dfrac{\ln a_n}{n}$ 一定有意义, 且等于 α.　　　□

　　注 1　上述结论的意思是: 当 α 为有限数时数列 $\left\{ \dfrac{\ln a_n}{n} \right\}$ 一定收敛, 以 α 为极限, 而当 $\alpha = -\infty$ 时, 这个数列一定是负无穷大量.

　　注 2　又由此可见, 在正数列满足条件 $a_{n+m} \leqslant a_n a_m, \forall n, m \in \mathbf{N}_+$ 时, 极限 $\lim\limits_{n \to \infty} \sqrt[n]{a_n}$ 一定存在.

　　注 3　与此等价的命题是: 设 $\{a_n\}$ 满足条件 $a_{n+m} \leqslant a_n + a_m, \forall n, m \in \mathbf{N}_+$, 则有

$$\lim_{n \to \infty} \frac{a_n}{n} = \inf_{n \geqslant 1} \left\{ \frac{a_n}{n} \right\}.$$

3.6.4　练习题

1. 求下列数列的上极限和下极限:

　　(1) $x_n = \dfrac{1 + (-1)^n}{2}, n \in \mathbf{N}_+$;　　　　　　(2) $x_n = \sin \dfrac{n\pi}{4}, n \in \mathbf{N}_+$;

　　(3) $x_n = n^{(-1)^n}, n \in \mathbf{N}_+$;　　　　　　　　(4) $x_n = \mathrm{e}^{n(-1)^n}, n \in \mathbf{N}_+$.

2. 若 $x_n \geqslant y_n, n \in \mathbf{N}_+$, 证明: $\varlimsup\limits_{n \to \infty} x_n \geqslant \varlimsup\limits_{n \to \infty} y_n$, $\varliminf\limits_{n \to \infty} x_n \geqslant \varliminf\limits_{n \to \infty} y_n$.

3. 对 $\{x_n\}$, 记 $S_n = \dfrac{1}{n} \sum\limits_{k=1}^{n} x_k, n \in \mathbf{N}_+$, 证明:

$$\varliminf_{n \to \infty} x_n \leqslant \varliminf_{n \to \infty} S_n \leqslant \varlimsup_{n \to \infty} S_n \leqslant \varlimsup_{n \to \infty} x_n.$$

(可以看出本题的结论蕴涵了 §2.4 中的 Cauchy 命题.)

4. 设 $\{a_n\}$ 为正数列, 证明: $\varlimsup\limits_{n\to\infty} \sqrt[n]{a_n} \leqslant 1$ 的充分必要条件是对大于 1 的每个数 l 成立 $\lim\limits_{n\to\infty} \dfrac{a_n}{l^n} = 0$.

5. 设 $\{a_n\}$ 为正数列, 证明:

$$\varliminf_{n\to\infty} \frac{a_{n+1}}{a_n} \leqslant \varliminf_{n\to\infty} \sqrt[n]{a_n} \leqslant \varlimsup_{n\to\infty} \sqrt[n]{a_n} \leqslant \varlimsup_{n\to\infty} \frac{a_{n+1}}{a_n}.$$

6. 根据极限点的定义直接证明: 每个数列的极限点集中必有最大数和最小数 (不要利用命题 3.6.2 和 3.6.3 的现成结论).

7. 证明在例题 3.6.2 中所用到的关于上、下极限的公式.

8. 证明公式 (3.2).

9. 对上极限写出与命题 3.6.3 对应的结论, 并作出证明.

10. 证明公式 (3.5).

11. 证明命题 3.6.5.

§3.7 对于教学的建议

3.7.1   学习要点

1. 本章中相当多的内容都是为数学分析的整个理论展开做准备工作的. 对初次接触实数系基本定理的读者来说, 应当脚踏实地将每一个定理的条件、结论搞清楚, 并至少对每个定理能独立用于证明一个常见的命题或习题. 与其他内容的学习一样, 看别人的十个现成的题解还不如自己动手做一个题. 当然, 一开始时不看书上的题解而能将它正确地复述出来也是学习的一种方法. 但在这个基础上还是需要自己动手做题.

2. 另一种方法也可以用, 这就是先重点学会其中的一个定理. 例如闭区间套定理, 由于有 Bolzano 的二分法等方法可用, 下手比较容易. 初学者可以尝试用它去解决几个问题, 如在后面连续函数理论中的许多命题, 或用于证明其他基本定理等. 在比较熟悉之后再换一个工具. 这样分段学习往往比较切合实际, 有些教材就是如此进行安排的.

3. 本章的另一个内容是上、下极限. 由于这是数列极限理论中最为精细的部分, 又有三个等价定义从不同角度进行刻画, 因此对初学者是比较困难的. 这方面较难的题很多, 除了特别有价值的例题 3.6.4 外, 本书均未收入. 读者如在这方面有进一步的需要, 可以从 [8, 44, 56] 中找到更多的材料. 应当指出, 没有上、下极限的极限理论是不完整的. 从例题 3.6.1、3.6.2 和 3.6.3 可见, 上极限和下极限为很多问题提供了全新的方法, 很有价值.

4. 对习题课的建议 如前所述, 在整个数学分析的内容中, 本章是理论性最强的一章, 因此对于初学者来说会有很大的困难. 如何进行有良好效果的教学乃是教师和学生共同面临的问题. 容易理解, 教学中的系统性和可接受性有时难以两全. 因此, 除了少数教材外 (例如 [14, 73] 等), 在大多数教材中都采取了分散难点的安排方法. 本书将它们集中在一章里, 便于参考, 但应当按照初学者接受知识的规律来使用这些材料.

3.7.2 一题多解

在本节中举一个非常简单的例题, 但尝试用每一个基本定理对它作出证明 (其中的方法均已出现过), 供读者比较.

例题 3.7.1 如函数 f 在闭区间 $[a, b]$ 上处处局部有界 (它的确切含义在证 1 中写出), 则函数 f 在 $[a, b]$ 上有界.

证 1 (用覆盖定理为工具) 函数 f 在 $[a, b]$ 上处处局部有界是指: 对每个 $x \in [a, b]$, 存在邻域 $O(x)$ 和常数 M_x, 使得

$$|f(x)| < M_x, \forall x \in O(x) \cap [a, b].$$

对每个 $x \in [a, b]$ 取定一个 $O(x)$ 和相应的常数 M_x, 就得到了闭区间 $[a, b]$ 的一个开覆盖. 用覆盖定理, 在上述开覆盖中存在有限子覆盖, 不妨记为 $O_1, O_2, \cdots, O_n$, 与它们相应的常数记为 $M_1, M_2, \cdots, M_n$. 取 $M = \max\{M_1, M_2, \cdots, M_n\}$, 由于

$$[a, b] \subset \bigcup_{i=1}^{n} O_i,$$

可见对于每个 $x \in [a, b]$ 都成立 $|f(x)| < M$, 即函数 f 在 $[a, b]$ 上有界. $\square$

证 2 (用闭区间套定理和 Bolzano 二分法为工具) 用反证法. 设 f 在 $[a, b]$ 上无界. 记 $a_1 = a, b_1 = b$. 在 $[a_1, b_1]$ 中取中点 $c_1 = (a_1 + b_1)/2$, 得到两个子区间 $[a_1, c_1]$ 和 $[c_1, b_1]$. 函数 f 至少在这两个子区间中的某一个上无界, 将它取为 $[a_2, b_2]$ (若两个子区间上 f 均无界则任取其一). 这是构造的第一步.

继续这样做下去, 归纳地得到一个闭区间套 $\{[a_n, b_n]\}$, 它具有两个特性: (1) 区间长度所成的数列收敛于 0; (2) 每个区间 $[a_n, b_n]$ 上 f 都是无界的.

用闭区间套定理于上述 $\{[a_n, b_n]\}$, 知有 $\xi \in [a, b]$, 成立

$$\lim_{n \to \infty} a_n = \lim_{n \to \infty} b_n = \xi.$$

由于 f 在 $[a, b]$ 上的局部有界性, 对 ξ 存在邻域 $O(\xi)$, 使 f 在 $O(\xi) \cap [a, b]$ 上有界. 将这个邻域的半径记为 ε, 就可以写出 $O(\xi) = (\xi - \varepsilon, \xi + \varepsilon)$. 但由于 ξ 是闭区间套的端点所成数列的极限, 存在 N, 使得 $[a_N, b_N] \subset (\xi - \varepsilon, \xi + \varepsilon)$. 由于 f 在 $[a_N, b_N]$ 上无界, 引出矛盾. $\square$

证 3 (用 Cauchy 收敛准则为工具)   这个方法的第一步与用闭区间套定理的证明相同. 用反证法, 构造 $\{[a_n, b_n]\}$, 因为 f 在每个 $[a_n, b_n]$ 上无界, 存在 $x_n \in [a_n, b_n]$, 使得 $|f(x_n)| > n$. 由于 x_n 和 x_{n+p} ($p \in \mathbf{N}_+$) 都属于 $[a_n, b_n]$, 因此就得到估计

$$|x_n - x_{n+p}| < \frac{1}{2^{n-1}}(b - a).$$

这表明 $\{x_n\}$ 是基本数列. 由 Cauchy 收敛准则知 $\{x_n\}$ 收敛, 记其极限为 ξ.

由于 f 的局部有界性, 存在 $\varepsilon > 0$ 和 $M > 0$, 当 $x \in (\xi - \varepsilon, \xi + \varepsilon) \cap [a, b]$ 时成立 $|f(x)| < M$. 又因 $\{x_n\}$ 收敛于 ξ, 对上述 $\varepsilon > 0$, 有 N, 当 $n > N$ 时, 成立 $|x_n - \xi| < \varepsilon$.

于是当 $n > N$ 时有 $|f(x_n)| < M$, 又对每个 n 有 $|f(x_n)| > n$, 引出矛盾.   □

证 4 (用单调有界数列的收敛定理为工具)   用反证法. 设 f 在 $[a, b]$ 上无界, 则对每个 n, 存在 $x_n \in [a, b]$, 使 $|f(x_n)| > n$. 这样得到一个有界数列 $\{x_n\}$. 利用例题 3.3.1, 在 $\{x_n\}$ 中有单调子列 $\{x_{n_k}\}$ 收敛, 记其极限为 ξ, 即有

$$\lim_{n \to \infty} x_{n_k} = \xi.$$

由于 f 的局部有界性, 存在 $\varepsilon > 0$ 和 $M > 0$, 当 $x \in (\xi - \varepsilon, \xi + \varepsilon) \cap [a, b]$ 时成立 $|f(x)| < M$.

由于 $\{x_{n_k}\}$ 收敛于 ξ, 对上述 $\varepsilon > 0$, 有 K, 当 $k > K$ 时, 成立 $|x_{n_k} - \xi| < \varepsilon$.

于是, 一方面, 对所有 $k > K$ 有 $|f(x_{n_k})| < M$; 另一方面, 又有 $|f(x_{n_k})| > n_k \geqslant k$, 这在取 $k = \max\{K + 1, [M] + 1\}$ 时就不能相容, 引出矛盾.   □

证 5 (用凝聚定理为工具)   这个证明与上一个证明几乎相同, 只是在用例题 3.3.1 时改用凝聚定理而已, 细节从略.   □

证 6 (用确界存在定理和 Lebesgue 方法为工具)   定义数集

$$A = \{x \in [a, b] \mid \text{在区间 } [a, x] \text{ 上函数 } f \text{ 有界}\}.$$

由于 $a \in A$, 所以 A 非空. 由于 $A \subset [a, b]$, 因此 $\xi = \sup A \leqslant b$.

从数集 A 的定义可以看出, 它有个明显的特点, 即如果有 $y > a$ 使 $y \in A$, 那么 $[a, y] \subset A$. 于是当 $a < z < \xi = \sup A$ 时, 就可以证明 $[a, z] \in A$. 实际上, 因为 $\xi = \sup A$, 而 $z < \xi$, 因此存在某个 $y \in A$, 使 $z < y < \xi$. 再结合前面所说的特点, 可知 $[a, z] \subset A$ 成立.

现在我们证明有 $\xi = b$. 反证法. 如有 $\xi < b$, 则从 f 的局部有界性知, 存在 $\varepsilon > 0$, 使 f 在 $[\xi - \varepsilon, \xi + \varepsilon]$ ($\subset [a, b]$) 上有界. 可以不妨设已有 $a < \xi - \varepsilon$ 成立, 从上面的讨论知道 $[a, \xi - \varepsilon] \subset A$. 这样一来可以看出, f 在区间 $[a, \xi + \varepsilon] = [a, \xi - \varepsilon] \cup [\xi - \varepsilon, \xi + \varepsilon]$ 上也有界, 因此 $\xi + \varepsilon \in A$. 这与 $\xi = \sup A$ 矛盾.

由于 f 在点 b 局部有界, 有 $\varepsilon' > 0$, 使 f 在 $[b - \varepsilon', b]$ 上有界. 由上又知 f 在 $[a, b - \varepsilon']$ 上有界, 因此 f 在 $[a, b]$ 上有界 (同时也证明了 $b = \sup A \in A$).   □

评注 可以看出, 由于几个基本定理彼此等价, 因此对本题都有效. 但又由于各个基本定理的内容和角度都不一样, 因此所作出的证明可以很不相同.

对比前两个证明是很有教益的. 覆盖定理在从局部性质推出整体性质时的运用非常自然; 但闭区间套定理恰恰相反, 它是通过构造闭区间套的方法从某种整体性质推出在某个点附近有某种局部性质 (请参考例题 3.2.2 后的注), 这与本例题中的要求方向相反. 因此只能是用反证法.

还应看到, 即使用同一个基本定理, 也可能有不同的方法. 即使方法相同也还可以有不同的细节. 可以认为: 数学分析与大千世界一样, 在其中的发现也是无穷尽的. 有志的初学者也可能作出新的发现.

3.7.3 参考题

第一组参考题

1. 证明: 数列有界的充分必要条件是它的每个子列有收敛子列.

2. 证明: 数列收敛的充分必要条件是存在一个数 a, 使数列的每个子列有收敛于 a 的子列.

3. 证明: 在有界闭区间上的无界函数一定在这个区间的某一点的每一个邻域上无界. 又问: 在开区间上的无界函数是否有与此类似的性质?

4. 设函数 f 在区间 (a,b) 上定义, 对区间 (a,b) 的每一个点 ξ, 存在 $\delta > 0$, 当 $x \in (\xi - \delta, \xi + \delta) \cap (a,b)$ 时, 如 $x < \xi$, 则 $f(x) < f(\xi)$; 如 $x > \xi$, 则 $f(x) > f(\xi)$. 证明: 函数 f 在 (a,b) 上严格单调增加.

5. 试用上、下极限的工具证明第二章 2.4.1 小节中的 Stolz 定理.

(参考 3.6.4 小节的题 3.)

6. 设 $\{x_n\}, \{y_n\}$ 是非负数列. 在以下乘积均有意义时证明:

$$\varliminf_{n\to\infty} x_n \varliminf_{n\to\infty} y_n \leqslant \varliminf_{n\to\infty}(x_n y_n) \leqslant \varliminf_{n\to\infty} x_n \varlimsup_{n\to\infty} y_n$$
$$\leqslant \varlimsup_{n\to\infty}(x_n y_n) \leqslant \varlimsup_{n\to\infty} x_n \varlimsup_{n\to\infty} y_n.$$

7. 设 $\{x_n\}$ 为正数列. 用上、下极限证明: 若 $\lim\limits_{n\to\infty} \dfrac{x_{n+1}}{x_n} = l$, 则 $\lim\limits_{n\to\infty} \sqrt[n]{x_n} = l$.

8. 若对于数列 $\{a_n\}$ 的每个子列 $\{a_{n_k}\}$ 都有 $\lim\limits_{k\to\infty} \dfrac{a_{n_1} + a_{n_2} + \cdots + a_{n_k}}{k} = a$, 证明: $\lim\limits_{n\to\infty} a_n = a$.

9. 设 $\{x_n\}$ 为正数列, 证明 $\varlimsup\limits_{n\to\infty} n\left(\dfrac{1 + x_{n+1}}{x_n} - 1\right) \geqslant 1$, 且右边的 1 为最佳值.

10. 设 $\{x_n\}$ 为正数列, 证明 $\varlimsup\limits_{n\to\infty} \left(\dfrac{x_1 + x_{n+1}}{x_n}\right)^n \geqslant \mathrm{e}$, 且右边的 e 为最佳值.

第二组参考题

1. 从确界存在定理出发, 证明: 对于 $\mathbf{R}$ 中的任何两个正数 a, b, 存在正整数 n, 使得 $na > b$. (这个结论常称为 Archimedes 公理或原理.)

2. 设有两个非空实数集 A 和 B, 满足条件: (1) $\mathbf{R} = A \cup B$; (2) 在 A 中的每一个数都小于 B 中的每一个数, 证明: 或者 A 有最大数而 B 无最小数, 或者 B 有最小数而 A 无最大数. (这就是 Dedekind (戴德金) 的连续性定理或公理, 它与实数系的每一个基本定理等价.)

3. 证明: 将实数 $\mathbf{R}$ 分成两个非空集合 A 和 B, 则或者 A 中有数列收敛于 B 中的点, 或者 B 中有数列收敛于 A 中的点. (这个结论称为实数的连通性, 它与实数系的每一个基本定理等价.)

4. 试用压缩映射原理证明数列

$$\sqrt{7}, \sqrt{7 - \sqrt{7}}, \sqrt{7 - \sqrt{7 + \sqrt{7}}}, \sqrt{7 - \sqrt{7 + \sqrt{7 - \sqrt{7}}}}, \cdots$$

收敛, 并计算其极限.

(即用压缩映射原理重做第二章的第二组参考题 16.)

5. 设有界数列 $\{x_n\}$ 具有如下性质: 对于每个数列 $\{y_n\}$, 成立 $\varlimsup\limits_{n \to \infty} (x_n + y_n) = \varlimsup\limits_{n \to \infty} x_n + \varlimsup\limits_{n \to \infty} y_n$. 证明 $\{x_n\}$ 收敛.

6. (1) 设 $\{x_n\}$ 为正数列, 且 $\lim\limits_{n \to \infty} x_n = 0$. 证明: 存在无限多个 n, 成立
$$x_n < x_k, \ k = 1, 2, \cdots, n - 1.$$
   (2) 设 $\{x_n\}$ 为正数列, 且有正下界. 证明: $\varlimsup\limits_{n \to \infty} \dfrac{x_{n+1}}{x_n} \geqslant 1$.

7. 设 $y_n = p x_n + q x_{n+1}, n \in \mathbf{N}_+$, 其中 $|p| < |q|$. 证明: 若 $\{y_n\}$ 收敛, 则 $\{x_n\}$ 也一定收敛.

8. 设 $\{x_n\}$ 有界, 且 $\lim\limits_{n \to \infty} (x_{2n} + 2x_n) = A$. 证明 $\{x_n\}$ 收敛, 并求其极限.

9. 设 $x_n = \sin n, n \in \mathbf{N}_+$, 证明数列 $\{x_n\}$ 的极限点集合为 $[-1, 1]$.

10. 设 $\{x_n\}$ 有界, 且 $\lim\limits_{n \to \infty} (x_{n+1} - x_n) = 0$. 将 $\{x_n\}$ 的下极限和上极限分别记为 l 和 L. 证明: 在区间 $[l, L]$ 中的每一个点都是数列 $\{x_n\}$ 的极限点.

   (众所周知, 本题的条件与基本数列的条件差得很远, 一般来说当然不能保证数列 $\{x_n\}$ 收敛. 但是 1976 年有人发现, 如果 $\{x_n\}$ 是迭代生成数列, 则从 $\lim\limits_{n \to \infty} (x_{n+1} - x_n) = 0$, 差不多就可以推出 $\{x_n\}$ 收敛, 从而 $l = L$. 确切内容请看第五章第二组参考题 20.)

第四章 函数极限

本章为一元函数的极限理论, 是数列极限的推广. 由于数列也可看成是以正整数集 $\mathbf{N}_+$ 为定义域的一元函数, 所以我们约定, 本章及以后凡讲到一元函数, 若不另作说明的话, 其定义域一般均为区间或区间的并. 按照流行的术语, 也就是说以下讨论的一元函数的自变量均为连续而不是离散的.

本章计算函数极限的方法只是在数列极限的基础上引申出来的一些基本方法. 计算函数极限最有力的方法, 即 L'Hospital (洛必达) 法则和 Taylor (泰勒) 公式, 均以一元微分学为基础, 将在 §8.1 和 §8.2 中介绍.

本章的前三节依次为函数极限的定义、性质和两个重要极限. 在 §4.4 对无穷小量、有界量和无穷大量作一个小结, 重点讨论等价量代换法, 并指出乱用这个方法会造成的错误. 最后一节为学习要点和参考题.

§4.1 函数极限的定义

4.1.1 函数极限的基本类型

函数极限有多种类型, 本书中将下面定义的函数极限称为**基本类型**.

1. 函数 f 在点 a 处有极限 (即收敛) 的定义是: 存在数 A, 使得函数 $f(x)$ 在 x 趋于 a 时以 A 为极限 (其定义见下一项).

2. 函数 $f(x)$ 在 x 趋于 a 时以 A 为极限 (或函数 f 在点 a 处有极限 A) 的定义是: 设 $a, A \in \mathbf{R}$, 函数 f 在点 a 的一个去心邻域上有定义, 若对每一个给定的 $\varepsilon > 0$, 存在 $\delta > 0$, 使得当 $x \in O_\delta(a) - \{a\}$ (即 $0 < |x - a| < \delta$) 时, 成立 $|f(x) - A| < \varepsilon$.

3. 上述定义用逻辑符号 $\forall$ 和 $\exists$ 可简写为: $\forall \varepsilon > 0, \exists \delta > 0, \forall x \in O_\delta(a) - \{a\}$, 成立 $|f(x) - A| < \varepsilon$.

4. 若函数 $f(x)$ 在 x 趋于 a 时存在极限 A, 则记为 $\lim\limits_{x \to a} f(x) = A$ 或 $f(x) \to A \ (x \to a)$. 注意: 数列 $\{a_n\}$ 收敛于 a 可简记为 $a_n \to a$, 但在函数极限的记号 $f(x) \to A \ (x \to a)$ 中的 $(x \to a)$ 一般不能省略 (除非另有约定).

5. 函数 $f(x)$ 在 x 趋于 a 时是否收敛, 在收敛时极限是什么, 这完全由函数在点 a 附近 (但不包括点 a) 的性质决定, 因此是函数在点 a 附近的局部性质. 初学者应注意这个特点在解题中的作用, 并由此体会函数极限的意义.

6. 中学教材里的初等函数均成立 $\lim\limits_{x \to a} f(x) = f(a)$. 实际上这是函数 $f(x)$ 在点 a 处连续的定义, 它是下一章的内容. 但对于高等数学来说, 将函数的极限和连续这两个有密切联系但又不同的概念区分开来是必要的.

7. 称 $O_\delta(a) - \{a\}$ 为点 a 的一个去心邻域 (或空心邻域). 注意: $x \in O_\delta(a) -$
   $\{a\} \Longleftrightarrow 0 < |x - a| < \delta \Longleftrightarrow x \in (a - \delta) \cup (a + \delta)$.

4.1.2 函数极限的其他类型

首先, 恰如在数列极限的情况那样, 在记号 $\lim\limits_{x \to a} f(x) = A$ 或 $f(x) \to A \ (x \to a)$
中的 A 既可以是有限数, 又可以是 $\infty, +\infty$ 和 $-\infty$.

其次, 在记号 $\lim\limits_{x \to a} f(x) = A$ 中的 a 也可以从有限数换为 $\infty, +\infty$ 和 $-\infty$ 中间
的任何一种. 在今后可用记号 $f(\infty), f(+\infty), f(-\infty)$ 表示这三类极限.

还有, 在 a 为有限数时, 自变量 x 趋于 a 时又可以受到 $x < a$ 或 $x > a$ 的限制,
这样一来又产生两种单侧极限, 即左侧极限与右侧极限, 分别记为
$$\lim_{x \to a^-} f(x) \ \text{与} \ \lim_{x \to a^+} f(x).$$
此外, 单侧极限还有自己的特殊记号: $f(a^-)$ 与 $f(a^+)$.

因此从函数极限的基本类型
$$\lim_{x \to a} f(x) = A \tag{4.1}$$
出发, 其中 $x \to a$ 可以换成 $x \to \infty, x \to +\infty, x \to -\infty, x \to a^-$ 和 $x \to a^+$, 共有
6 种. 另一方面, 在 (4.1) 中右边的 (有限数) A 可以换成 $\infty, +\infty$ 和 $-\infty$, 共有 4 种.
这样组合就可以得到 24 种不同的极限. 在 A 不是有限数时可称为广义极限 (或非
正常极限). 如果再加上数列极限和无穷大数列, 就一共有 28 种.

4.1.3 思考题

1. 下列几种叙述能否作为函数极限 $\lim\limits_{x \to a} f(x) = A$ 的等价定义?

   (1) $\forall \varepsilon > 0, \exists \delta > 0, \forall x \in O_\delta(a) - \{a\}$, 成立 $|f(x) - A| \leqslant \varepsilon$;

   (2) $\forall \varepsilon > 0, \exists \delta > 0, \forall x \in O_\delta(a) - \{a\}$, 成立 $|f(x) - A| < k\varepsilon$ (k 为常数);

   (3) $\forall n \in \mathbf{N}_+, \exists \delta > 0, \forall x \in O_\delta(a) - \{a\}$, 成立 $|f(x) - A| < 1/n$;

   (4) $\forall \varepsilon > 0, \exists n, \forall x \in O_{\frac{1}{n}}(a) - \{a\}$, 成立 $|f(x) - A| < \varepsilon$.

2. 下列几种叙述能否作为函数极限 $\lim\limits_{x \to a} f(x) = A$ 的等价定义?

   (1) $\exists \delta > 0, \forall \varepsilon > 0, \forall x \in O_\delta(a) - \{a\}$, 成立 $|f(x) - A| < \varepsilon$;

   (2) $\forall \delta > 0, \exists \varepsilon > 0, \forall x \in O_\delta(a) - \{a\}$, 成立 $|f(x) - A| < \varepsilon$;

   (3) 当 x 充分靠近 a 时, $f(x)$ 越来越接近 A.

3. 用对偶法则给出: (1) "$f(x)$ 在点 a 不收敛于 A" 的正面叙述; (2) "$f(x)$ 在点 a 处
   没有极限" 的正面叙述.

4. 怎样用正面方式叙述下列否定性概念:

(1) $\lim\limits_{x\to\infty} f(x) \neq A$; (2) $\lim\limits_{x\to-\infty} f(x) \neq A$;

(3) $\lim\limits_{x\to a} f(x) \neq \infty$; (4) $\lim\limits_{x\to a^-} f(x) \neq A$;

(5) $\lim\limits_{x\to a^+} f(x) \neq +\infty$.

4.1.4 例题

请初学者在以下例题中注意: 处理函数极限的方法与数列极限类似, 但还是有自己的特点. 我们从最简单的例题开始, 逐步增加复杂性.

例题 4.1.1 证明 $\lim\limits_{x\to 1} \dfrac{x^2-1}{x-1} = 2$.

证 根据极限定义, 尽管函数 $f(x) = \dfrac{x^2-1}{x-1}$ 在 $x=1$ 处没有定义, 仍可以考虑它在该点的极限. 由于在 $x\to 1$ 的极限定义中 $x \neq 1$, 因此在函数 f 的分子和分母中的因子 $x-1$ 可以约去. 这样就有

$$|f(x) - 2| = \left|\frac{x^2-1}{x-1} - 2\right| = |x-1|.$$

对 $\varepsilon > 0$, 取 $\delta = \varepsilon$, 就可以使 $0 < |x-1| < \delta$ 时, 成立 $|f(x) - 2| < \varepsilon$. □

例题 4.1.2 求极限 $\lim\limits_{x\to 1}(x^2+5)$.

解 将 x^2+5 写为 $x^2+5 = (x-1)^2 + 2(x-1) + 6$, 可见极限会是 6. 分析

$$|(x^2+5) - 6| = |(x-1)^2 + 2(x-1)| = |x-1|\cdot|x+1|,$$

不妨一开始就限制 $\delta \leqslant 1$, 也就是说将 x 的范围限制在 $|x-1| < 1$ (即 $0 < x < 2$) 之内. 这时因子 $|x+1| < 3$, 因此对于给定的 $\varepsilon > 0$, 只要取 $\delta = \min\left\{1, \dfrac{1}{3}\varepsilon\right\}$, 就可以从 $0 < |x-1| < \delta$ 得到

$$|x^2+5-6| = |x+1|\cdot|x-1| \leqslant 3|x-1| < 3\delta \leqslant \varepsilon,$$

故所求的极限确实是 6. □

注 虽然本题很简单, 但仍值得注意. 由于极限类型是 $x\to 1$, 因此关键在于找出因子 $(x-1)$. 与此相反的是, 另一个因子 $|x+1|$ 是非本质的, 问题只在于如何估计. 本题的方法在函数极限问题中具有典型性. 这就是对尚未确定的 δ 事先加一个限制, 然后估计就容易了. 这完全相当于在数列极限的讨论中, 在对 $\varepsilon > 0$ 取 N 时, 可以根据情况假定 N 已大于某个值, 然后再求出最后的 N. 在讨论函数极限时 (以基本类型 $\lim\limits_{x\to a} f(x)$ 为例), 由于问题只与 f 在点 a 附近的性态有关, 因此可以根据需要取 a 的某个邻域, 将讨论限制在这个邻域中.

思考题 对多项式 $p_n(x) = a_0 x^n + a_1 x^{n-1} + \cdots + a_n$ 证明: $\lim\limits_{x\to a} p_n(x) = p_n(a)$.

例题 4.1.3 证明 $\lim\limits_{x\to 0}\sin x=0$.

证 1　根据定义, 对 $\varepsilon>0$, 考虑不等式 $-\varepsilon<\sin x<\varepsilon$. 不妨设已有 $\varepsilon<1$. 利用反正弦函数, 上述不等式等价于

$$-\arcsin\varepsilon<x<\arcsin\varepsilon.$$

因此只要取 $\delta=\arcsin\varepsilon$, 就保证当 $|x|<\delta$ 时成立 $|\sin x|<\varepsilon$.　　□

证 2　从第一章中的三角函数不等式 (即命题 1.3.6) 可以知道不等式 $|\sin x|\leqslant |x|$ 对一切 x 成立. 因此, 对给定的 $\varepsilon>0$, 只要取 $\delta=\varepsilon$ 即可.　　□

注　这个例子似乎太简单, 但还是值得分析. 证 1 是求解不等式, 这种方法不可能解决稍为复杂一点的问题 (参见 2.1.3 小节对数列的讨论). 证 2 利用了一个基本不等式 $|\sin x|\leqslant |x|$, 处理就非常方便. 这就是适当放大或者说简化方法. 例如, 用同样的方法, 几乎原封不动地就可以证明

$$\lim_{x\to 0}x\sin\frac{1}{x}=0.$$

例题 4.1.4 证明: $\lim\limits_{x\to 1^-}\left(\sqrt{\dfrac{1}{1-x}+1}-\sqrt{\dfrac{1}{1-x}-1}\right)=0.$

证　在这里作代换

$$y=\frac{1}{1-x}$$

是很合适的. 由于 $x\to 1^-\Longleftrightarrow y\to +\infty$, 因此只要证明

$$\lim_{y\to +\infty}(\sqrt{y+1}-\sqrt{y-1})=0.$$

由于 $y\to +\infty$, 可以假定 $y>1$ 已成立. 这时就可以估计出

$$0<\sqrt{y+1}-\sqrt{y-1}=\frac{2}{\sqrt{y+1}+\sqrt{y-1}}<\frac{2}{\sqrt{y}}.$$

到这里已容易看出, 只要令 $y>M=4/\varepsilon^2$, 就能使得

$$0<\sqrt{y+1}-\sqrt{y-1}<\frac{2}{\sqrt{y}}<\varepsilon.$$

　　□

例题 4.1.5 设已知 $\lim\limits_{x\to +\infty}f(x)=a$, 证明: $\lim\limits_{x\to +\infty}\dfrac{[xf(x)]}{x}=a.$

证　利用关于整数部分记号 $[x]$ 的基本不等式是本题的唯一要点. 从

$$xf(x)-1<[xf(x)]\leqslant xf(x)$$

知 (设 $x>0$)

$$\frac{xf(x)-1}{x}=f(x)-\frac{1}{x}<\frac{[xf(x)]}{x}\leqslant f(x)$$

成立. 令 $x\to +\infty$, 用夹逼定理, 可见所求证的结论成立.　　□

我们经常发现, 根据具体问题作适当的变量代换是非常有用的手段. 这里有一个在求极限时作变量代换的合理性问题. 具体来说, 要求极限

$$\lim_{x \to a} F(x),$$

其中 $F(x) = f(g(x))$, 又已知 $\lim_{x \to a} g(x) = A$ 和 $\lim_{y \to A} f(y) = B$. 问: 是否成立

$$\lim_{x \to a} F(x) = \lim_{x \to a} f(g(x)) \overset{?}{=} \lim_{y \to A} f(y) = B. \tag{4.2}$$

如果这并不是无条件成立的话, 那么在什么条件下成立?

实际上, (4.2) 并不是无条件成立的. 例如, 设 $a = 0, A = 0$, 函数 $g(x) \equiv 0$,

$$f(y) = \begin{cases} 1, & y = 0, \\ 0, & y \neq 0, \end{cases}$$

则有 $f(g(x)) \equiv 1$. 由于 $\lim_{y \to 0} f(y) = 0, \lim_{x \to 0} f(g(x)) = 1$, 因此等式 (4.2) 不成立.

在下一个命题中给出使 (4.2) 成立的三个充分条件, 但都不是必要条件.

命题 4.1.1 设 $\lim_{x \to a} g(x) = A$, $\lim_{y \to A} f(y) = B$ 成立, 且在点 a 的某个邻域上 $g(x) = y$. 如果满足以下条件之一:

1. 存在点 a 的一个空心邻域 $O_{\delta_0}(a) - \{a\}$, 在其中 $g(x) \neq A$,
2. $\lim_{y \to A} f(y) = f(A)$,
3. $A = \infty$, 且 $\lim_{y \to A} f(y)$ 有意义,

则成立

$$\lim_{x \to a} f(g(x)) = \lim_{y \to A} f(y) = B.$$

证 在条件 1 或条件 2 满足时, 先将条件 $\lim_{y \to A} f(y) = B$ 写为

$$\forall \, \varepsilon > 0, \exists \, \delta > 0, \forall \, 0 < |y - A| < \delta, \text{ 成立 } |f(y) - B| < \varepsilon, \tag{B}$$

又将条件 $\lim_{x \to a} g(x) = A$ 写为

$$\forall \, \delta > 0, \exists \, \eta > 0, \forall \, 0 < |x - a| < \eta, \text{ 成立 } |g(x) - A| < \delta, \tag{A}$$

就可以发现不能简单地用代换 $y = g(x)$ 得到 $\lim_{x \to a} f(g(x)) = \lim_{y \to A} f(y) = B$. 这是因为在 (B) 中的 $0 < |y - A| < \delta$ 和 (A) 中的 $|g(x) - A| < \delta$ 不一致.

如果满足条件 1, 则在 (A) 中就得到 $0 < |g(x) - A| < \delta$, 因此就消除了上面的不一致性. 如果满足条件 2, 则就有 $f(A) = B$, 而在 (B) 中就只要 $|y - A| < \delta$, 这样也消除了上面所说的不一致性.

对于条件 3, 这时 $A = \infty$, 上面的 (B) 和 (A) 应改写为

$$\forall \, \varepsilon > 0, \exists \, M > 0, \forall \, |y| > M, \text{ 成立 } |f(y) - B| < \varepsilon, \tag{B$'$}$$

和

$$\forall \, M > 0, \exists \, \eta > 0, \forall \, 0 < |x - a| < \eta, \text{ 成立 } |g(x)| > M, \tag{A$'$}$$

因此只要令 $g(x) = y$ 就可以得到所要的结果. $\qquad\square$

思考题 设 $\lim\limits_{x \to a} g(x) = A$, $\lim\limits_{y \to A} f(y) = B$, 证明 $\lim\limits_{x \to a} f(g(x))$ 只有 3 种可能性: (1) $\lim\limits_{x \to a} f(g(x)) = B$; (2) $\lim\limits_{x \to a} f(g(x)) = f(A)$; (3) 极限 $\lim\limits_{x \to a} f(g(x))$ 不存在. (本题来自《美国数学月刊》(1975) 第 82 卷 63–64 页.)

下一个例题中的内容也经常出现在极限计算中.

例题 4.1.6 若 $\lim\limits_{x \to a} f(x) = A > 0$, $\lim\limits_{x \to a} g(x) = B$, 是否有 $\lim\limits_{x \to a} f(x)^{g(x)} = A^B$ 成立?

解 设已知 $\lim\limits_{x \to a} \ln x = \ln a$ $(a > 0)$ 和 $\lim\limits_{x \to b} e^x = e^b$ 成立 (留作练习题 7 和 8). 在这基础上, 分析以下推导 (其中将 e^u 写成 $\exp(u)$):

$$\lim_{x \to a} f(x)^{g(x)} = \lim_{x \to a} \exp\left[g(x) \ln f(x)\right] = \exp\left[\lim_{x \to a}(g(x) \ln f(x))\right]$$
$$= \exp\left[\lim_{x \to a} g(x) \cdot \lim_{x \to a} \ln f(x)\right] = \exp(B \ln A) = A^B.$$

可以看出其中只有

$$\lim_{x \to a}(g(x) \ln f(x)) = \lim_{x \to a} g(x) \cdot \lim_{x \to a} \ln f(x) \tag{4.3}$$

这一步可能出问题. 实际上, 在以下三种情况时等式 (4.3) 不一定能够成立. 这就是 (1) $A = 0, B = 0$; (2) $A = +\infty, B = 0$; (3) $A = 1, B = \infty$. 它们均使 (4.3) 的左方为 $0 \cdot \infty$ 的不定式, 因此不能用普通的乘法运算法则得到等式 (4.3). 按习惯将这三种情况分别称为 0^0, ∞^0 和 1^∞ 型的不定式. □

注 从数列极限开始, 除了常见的 $\dfrac{0}{0}$, $\dfrac{\infty}{\infty}$, $0 \cdot \infty$ 和 $\infty - \infty$ 外, 还经常遇到这三种不定式. 例如: $\left\{\left(1 + \dfrac{1}{n}\right)^n\right\}$ 是 1^∞ 型不定式, $\{\sqrt[n]{n}\}$ 是 ∞^0 型不定式. 如将后者取倒数, 就是 0^0 型不定式.

4.1.5 练习题

下列各题要求按照函数极限的定义来做:

1. 证明: $\lim\limits_{x \to 0} \dfrac{\sqrt{1+x} - \sqrt{1-x}}{x} = 1$.

2. 证明: $\lim\limits_{x \to 1} \dfrac{x^2 + x - 2}{x(x^2 - 3x + 2)} = -3$.

3. 证明: $\lim\limits_{x \to +\infty} \dfrac{x+1}{x^2 - x} = 0$.

4. 当 a 取什么数值时, $\lim\limits_{x \to -1} \dfrac{x^3 - ax^2 - x + 4}{x+1}$ 存在? 此时极限为何?

5. 求 a, b, 使 $\lim\limits_{x \to 2} \dfrac{x^2 + ax + b}{x^2 - x - 2} = 2$.

6. 问: 使得 $\lim\limits_{x\to 0^+} \dfrac{a+\sin\frac{1}{x}}{x} = \pm\infty$ 的参数 a 是什么?

7. 证明: $\lim\limits_{x\to a}\ln x = \ln a$, 其中 $a>0$.

8. 证明: $\lim\limits_{x\to a}\mathrm{e}^x = \mathrm{e}^a$.

9. 证明 $\lim\limits_{x\to 0} f(x)$ 与 $\lim\limits_{x\to 0} f(x^3)$ 同时存在或不存在, 而当它们存在时必相等.

10. 问 $\lim\limits_{x\to 0} f(x)$ 与 $\lim\limits_{x\to 0} f(x^2)$ 是否一定同时存在或不存在?

11. 证明: Dirichlet (狄利克雷) 函数

$$D(x) = \begin{cases} 1, & x \text{ 是有理数}, \\ 0, & x \text{ 是无理数} \end{cases}$$

在每一点都没有极限.

(试用几个不同方法证明这个结论. 例如: 从极限的定义出发, 或者用下节中的 Cauchy 收敛准则和 Heine 归结原理.)

12. 试举出一个在区间 $(-\infty, +\infty)$ 上定义的函数, 使得它在点 $x=1$ 处有极限, 但在区间的其他点都没有极限.

13. 证明: 若 f 为周期函数, 且 $\lim\limits_{x\to +\infty} f(x)=0$, 则 $f(x)\equiv 0$.

14. 证明: 任何非常值的周期函数不可能是有理分式函数.

§4.2 函数极限的基本性质

4.2.1 基本性质

数列极限的一系列基本性质都可以移植到每一种函数极限 (或广义极限) 上去. 对于基本类型 $\lim\limits_{x\to a} f(x)=a$, 以下几个基本性质或定理在教科书中都有证明:

1. 函数极限如果存在, 一定唯一.

2. 函数极限的局部有界性定理, 即若函数在点 a 有极限, 则函数在点 a 局部有界 (可以在点 a 无定义).

3. 函数极限的局部比较定理, 包括局部保号性定理.

4. 函数极限的四则运算.

函数极限的其他基本性质, 包括单调函数必有单侧极限 (或广义极限)、Heine 归结原理和 Cauchy 收敛准则等, 将在下面作为基本命题逐个介绍.

4.2.2　基本命题

下面是单侧极限与非单侧极限之间的重要联系 (它的证明留给读者).

命题 4.2.1 设 a 为有限实数, 则 $\lim\limits_{x\to a} f(x) = A$ 的充分必要条件是 $f(a^-) = f(a^+) = A$, 其中 A 可以是有限数, 也可以是无穷大量.

与单调数列的情况相似, 有单调函数的极限存在定理 (以下只是一种情况).

命题 4.2.2 (单调函数的单侧极限存在定理) 设 f 在区间 (a,b) 上单调, 则 $f(b^-) = \lim\limits_{x\to b^-} f(x)$ 一定有意义. 当 f 单调增加时, 如 f 在 (a,b) 上有上界, 则 $f(b^-)$ 为有限数, 否则 $f(b^-) = +\infty$. 对 f 单调减少有类似的结论成立.

证　不失一般性, 可设 f 单调增加. 考虑函数 f 的值域, 即数集
$$S = \{y \mid \text{存在 } x \in (a,b),\ \text{使 } y = f(x)\}.$$
分两种情况讨论.

(1) 值域 S 有上界. 由确界存在定理, 存在有限数 $\beta = \sup S$. 我们要证明
$$\lim_{x\to b^-} f(x) = \beta.$$
由上确界定义知, $\forall \varepsilon > 0$, 数 $\beta - \varepsilon$ 不是数集 S 的上界, 因此存在 $x_0 \in (a,b)$, 使 $f(x_0) > \beta - \varepsilon$. 取 $\delta = b - x_0$, 则当 $0 < b - x < \delta = b - x_0$ 时, 也就是 $x_0 < x < b$ 时, 成立
$$\beta - \varepsilon < f(x_0) \leqslant f(x) \leqslant \beta,$$
即 $|f(x) - \beta| < \varepsilon$. 因此得到 $\lim\limits_{x\to b^-} f(x) = f(b^-) = \beta$.

(2) 值域 S 无上界. 这时 $\sup S = +\infty$. 对任何给定的数 $G > 0$, 都存在 $x_1 \in (a,b)$, 使 $f(x_1) > G$. 取 $\delta = b - x_1$, 则当 $0 < b - x < \delta = b - x_1$ 时, 也就是 $x_1 < x < b$ 时, 成立
$$f(x) \geqslant f(x_1) > G,$$
因此得到 $\lim\limits_{x\to b^-} f(x) = f(b^-) = +\infty$. 　　　　□

Heine 归结原理是函数极限的又一个基本性质, 它是沟通函数极限与数列极限的桥梁. 利用这个原理, 可以将许多函数极限问题归结为数列极限问题去解决, 因此具有独特的重要性. 此外, 它的证明方法也是极限理论中的基本内容.

命题 4.2.3 (Heine 归结原理) 设 $a, A \in \mathbf{R}$. 存在极限 $\lim\limits_{x\to a} f(x) = A$ 的充分必要条件是: 对满足条件 $x_n \neq a, \forall n \in \mathbf{N}_+$, $\lim\limits_{n\to\infty} x_n = a$ 的每个数列 $\{x_n\}$, 都有 $\lim\limits_{n\to\infty} f(x_n) = A$.

证　先证必要性. 既然极限 $\lim\limits_{x\to a} f(x) = A$ 存在, 因此 $\forall \varepsilon > 0$, 有 $\delta > 0$, 使得当 $0 < |x - a| < \delta$ 时, 成立 $|f(x) - A| < \varepsilon$. 如果数列 $\{x_n\}$ 满足定理中所说的条件, 则对上述 $\delta > 0$, 存在 N, 当 $n > N$ 时, 成立 $0 < |x_n - a| < \delta$. 因此也就有

$$|f(x_n) - A| < \varepsilon.$$

这就证明了数列 $\{f(x_n)\}$ 收敛于 A.

再证充分性. 这时对每个数列 $\{x_n\}$, 只要它满足条件 $x_n \neq a, \forall n \in \mathbf{N}_+$, $\lim\limits_{n\to\infty} x_n = a$, 数列 $\{f(x_n)\}$ 就一定收敛于 A. 用反证法. 如果结论 $\lim\limits_{x\to a} f(x) = A$ 不真, 则由对偶法则 (见 §1.4) 知存在一个 $\varepsilon_0 > 0$, 对于每一个 $\delta > 0$, 存在 x 同时满足条件 $0 < |x - a| < \delta$ 和 $|f(x) - A| \geqslant \varepsilon_0$.

取 $\delta_n = 1/n$, 将上述 x 记为 x_n, 并对于每一个 $n \in \mathbf{N}_+$ 都这样做, 就得到数列 $\{x_n\}$, 它满足条件

$$0 < |x_n - a| < \frac{1}{n}, \ |f(x_n) - A| \geqslant \varepsilon_0 > 0.$$

容易看出两点: (1) 这个数列 $\{x_n\}$ 满足定理中对它的全部要求; (2) 数列 $\{f(x_n)\}$ 不会收敛于 A, 因此与定理的条件相矛盾. □

注 在数列极限中有一个与 Heine 归结原理相似的命题: 数列收敛的充分必要条件是其每个子列收敛于相同极限. 由于数列本身也是一个子列, 因此这个命题的充分性只是空话. 但其必要性的证明与归结原理的证明确有类似之处.

Heine 归结原理还有一个变形, 有时也很有用.

命题 4.2.4 (Heine 归结原理的推论) 函数 f 在点 a 存在极限 $\lim\limits_{x\to a} f(x)$ 的充分必要条件是: 对满足条件 $x_n \neq a, \forall n \in \mathbf{N}_+$, $\lim\limits_{n\to\infty} x_n = a$ 的每个数列 $\{x_n\}$, 对应的数列 $\{f(x_n)\}$ 一定收敛.

证 必要性不成问题, 讨论充分性. 为此只要证明, 在命题的条件下, 所得的每个数列 $\{f(x_n)\}$ 都收敛于同一极限, 然后就可用 Heine 归结原理.

用反证法. 假设存在两个数列 $\{x_n\}$ 和 $\{y_n\}$, 分别满足条件 $x_n \neq a, \forall n \in \mathbf{N}_+$, $\lim\limits_{n\to\infty} x_n = a$ 和 $y_n \neq a, \forall n \in \mathbf{N}_+$, $\lim\limits_{n\to\infty} y_n = a$, 而且有

$$\lim_{n\to\infty} f(x_n) = A_1, \lim_{n\to\infty} f(y_n) = A_2, A_1 \neq A_2.$$

这时我们可以构造一个新的数列 $\{z_n\}$, 只要令 $z_{2k-1} = x_k, z_{2k} = y_k \ (k \in \mathbf{N}_+)$, 就可以知道它满足条件 $z_n \neq a, \forall n \in \mathbf{N}_+$, $\lim\limits_{n\to\infty} z_n = a$, 但同时 $\{f(z_n)\}$ 发散. 因为它的奇数项子列和偶数项子列收敛于不同极限. 这与本命题条件矛盾. □

函数极限的基本性质, 从极限的唯一性定理到四则运算法则, 一般地说至少可以用两个方法来证明. 第一个方法就是仿照数列极限理论中采用的方法, 第二个方法就是用 Heine 归结原理将问题转化为数列的相应问题去解决. 以下举一个例子来说明后一个方法.

例题 4.2.1 (函数极限的除法运算法则) 如果有 $\lim\limits_{x\to a} f(x) = A, \lim\limits_{x\to a} g(x) = B$, 且 $B \neq 0$, 则成立

$$\lim_{x \to a} \frac{f(x)}{g(x)} = \frac{\lim\limits_{x \to a} f(x)}{\lim\limits_{x \to a} g(x)} = \frac{A}{B}.$$

证　根据 Heine 原理的必要性, 对任意数列 $\{a_n\}$, 只要满足条件 $a_n \neq a, \forall n \in \mathbf{N}_+$ 和 $\lim\limits_{n \to \infty} a_n = a$, 就有

$$\lim_{n \to \infty} f(a_n) = A \text{ 和 } \lim_{n \to \infty} g(a_n) = B.$$

应用关于收敛数列的除法运算法则, 知道有

$$\lim_{n \to \infty} \frac{f(a_n)}{g(a_n)} = \frac{\lim\limits_{n \to \infty} f(a_n)}{\lim\limits_{n \to \infty} g(a_n)} = \frac{A}{B}.$$

再根据 Heine 原理的充分性, 既然对满足上述条件的任意数列 $\{a_n\}$ 有

$$\lim_{n \to \infty} \frac{f(a_n)}{g(a_n)} = \frac{A}{B},$$

那就得到

$$\lim_{x \to a} \frac{f(x)}{g(x)} = \frac{A}{B} \left(= \frac{\lim\limits_{x \to a} f(x)}{\lim\limits_{x \to a} g(x)} \right). \qquad \square$$

　　与数列的情况类似, 可以从函数 f 在点 a 附近的性态本身判定它在点 a 是否收敛. 这就是函数极限的 Cauchy 收敛准则. 在以下证明中我们可以看到 Heine 归结原理是如何起作用的.

　　命题 4.2.5 (函数极限的 Cauchy 收敛准则)　函数 f 在点 a 有极限的充分必要条件是: 对每一个给定的 $\varepsilon > 0$, 存在 $\delta > 0$, 使得对于在 $O_\delta(a) - \{a\}$ 中的每一对点 x', x'', 满足不等式 $|f(x') - f(x'')| < \varepsilon$.

　　证　先证必要性. 由函数 f 在点 a 有极限知, 存在 A, 使 $\lim\limits_{x \to a} f(x) = A$. 因此对每个给定的 $\varepsilon > 0$, 存在 $\delta > 0$, 当 $0 < |x - a| < \delta$ 时, 成立 $|f(x) - A| < \frac{1}{2}\varepsilon$. 于是当 $x_1, x_2 \in O_\delta(a) - \{a\}$ 时, 就有

$$|f(x_1) - f(x_2)| \leqslant |f(x_1) - A| + |A - f(x_2)| < \frac{\varepsilon}{2} + \frac{\varepsilon}{2} = \varepsilon.$$

　　再证充分性. 按照 Heine 归结原理的上述推论, 只要证明, 凡满足要求 $x_n \neq a, \forall n \in \mathbf{N}_+, \lim\limits_{n \to \infty} x_n = a$ 的数列 $\{x_n\}$, 它对应的数列 $\{f(x_n)\}$ 必定收敛.

　　对给定的 $\varepsilon > 0$, 根据命题的条件, 有 $\delta > 0$, 当 $x', x'' \in O_\delta(a) - \{a\}$ 时, 成立 $|f(x') - f(x'')| < \varepsilon$.

　　由于 $x_n \neq a, \forall n \in \mathbf{N}_+, \lim\limits_{n \to \infty} x_n = a$, 所以对上述 $\delta > 0$, 存在 N, 当 $n > N$ 时, 成立 $0 < |x_n - a| < \delta$. 因此当 $n, m > N$ 时, 就有 $x_n, x_m \in O_\delta(a) - \{a\}$, 并成立

$$|f(x_n) - f(x_m)| < \varepsilon.$$

这就是说数列 $\{f(x_n)\}$ 是基本数列. 从关于收敛数列的 Cauchy 收敛准则可见 $\{f(x_n)\}$ 收敛. $\square$

注 可以看出, 必要性部分的证明与数列情况的证明完全一样 (参见命题 3.4.1). 但是充分性部分的证明则是利用 Heine 归结原理转化为数列问题, 然后利用收敛数列的 Cauchy 收敛准则, 因而比数列情况的证明容易得多.

4.2.3 思考题

1. 试就 $\lim\limits_{x\to+\infty} f(x) = A$ 和 $\lim\limits_{x\to a^+} f(x) = A$ 两类极限叙述极限的唯一性定理、局部有界性定理、局部保号性定理、比较定理、夹逼定理、Heine 归结原理和 Cauchy 收敛准则.

2. 回答下列有关极限的四则运算法则方面的问题:

   (1) 若 $\lim\limits_{x\to a}[f(x) + g(x)]$ 存在, 则当 x 趋于 a 时在 $f(x)$ 和 $g(x)$ 的敛散性之间有何联系?

   (2) 若 $\lim\limits_{x\to a} f(x)$ 存在, $\lim\limits_{x\to a} g(x)$ 不存在, 则 $\lim\limits_{x\to a} f(x)g(x)$ 是否存在?

3. 找出下列运算中的错误:

   (1) $\lim\limits_{x\to 2} \dfrac{x-2}{\sin\dfrac{1}{x-2}} = \dfrac{\lim\limits_{x\to 2}(x-2)}{\lim\limits_{x\to 2}\sin\dfrac{1}{x-2}} = \dfrac{0}{\lim\limits_{x\to 2}\sin\dfrac{1}{x-2}} = 0;$

   (2) $\lim\limits_{x\to\infty} \dfrac{\sin x}{x} = \lim\limits_{x\to\infty}\dfrac{1}{x} \cdot \lim\limits_{x\to\infty}\sin x = 0 \cdot \lim\limits_{x\to\infty}\sin x = 0.$

4. 对于极限的加法运算法则作出两个证明: (1) 用函数极限定义; (2) 用 Heine 归结原理.

5. 对于各种类型的函数极限中 $A = \infty$ 但不是有确定符号的无穷大量的情况, 夹逼定理不成立. 为什么? 举出反例.

4.2.4 例题

例题 4.2.2 证明: 如果存在极限 $\lim\limits_{x\to+\infty}(a\sin x + b\cos x)$, 则只能是 $a = b = 0$.

证 1 记 $f(x) = a\sin x + b\cos x$. 令 $x_n = n\pi, n \in \mathbf{N}_+$, 有 $f(x_n) = b(-1)^n$. 由归结原理, $\{f(x_n)\}$ 收敛, 因此 $b = 0$. 再令 $x_n' = \left(n + \dfrac{1}{2}\right)\pi, n \in \mathbf{N}_+$, 就类似地可得到 $a = 0$. $\square$

证 2 用反证法. 若 a 和 b 不全为 0, 则可以将表达式改写如下:

$$a\sin x + b\cos x = \sqrt{a^2 + b^2}\sin(x + \varphi),$$

其中 φ 为某常数. 取 $x_n = 2n\pi + \dfrac{1}{2}\pi - \varphi$ 和 $x_n' = 2n\pi - \varphi$ 分别代入, 并令 $n \to \infty$, 由 Heine 归结原理知两个极限存在且相等, 由此得到 $\sqrt{a^2 + b^2} = 0$, 引出矛盾. □

例题 4.2.3 证明函数 $\sin \dfrac{1}{x}$ 在 $x = 0$ 处不收敛.

证 1 (用 Heine 归结原理)　考虑两个均为无穷小量的数列

$$x_n = \frac{1}{2n\pi + \dfrac{\pi}{2}},\ y_n = \frac{1}{2n\pi},\ n \in \mathbf{N}_+.$$

则有

$$\sin \frac{1}{x_n} = \sin\left(2n\pi + \frac{\pi}{2}\right) = 1,\ \sin \frac{1}{y_n} = \sin 2n\pi = 0,\ n \in \mathbf{N}_+.$$

因此数列 $\left\{\sin \dfrac{1}{x_n}\right\}$ 和 $\left\{\sin \dfrac{1}{y_n}\right\}$ 分别收敛于 1 和 0. 根据 Heine 归结原理, 函数 $\sin \dfrac{1}{x}$ 在 $x = 0$ 不可能有极限. □

证 2 (用 Cauchy 收敛准则)　用反证法. 若函数 $\sin \dfrac{1}{x}$ 在 $x = 0$ 处收敛, 则对 $\varepsilon = \dfrac{1}{2}$, 存在 $\delta > 0$, 使得当 $0 < |x'|, |x''| < \delta$ 时, 成立

$$|\sin x' - \sin x''| < \frac{1}{2}. \tag{4.4}$$

现在令

$$x' = \frac{1}{2n\pi + \dfrac{\pi}{2}},\ x'' = \frac{1}{2n\pi},$$

其中取正整数 n 充分大, 必可使条件 $0 < |x'|, |x''| < \delta$ 成立. 这时总有 $\sin x' = 1, \sin x'' = 0$ 成立. 因此 (4.4) 不能成立, 引出矛盾. □

下一个例题是 Heine 归结原理在极限 $\lim\limits_{x \to +\infty} f(x) = A$ 上的推广, 并具有一些新的特点. 它在今后学习级数与积分时有一定的用处.

例题 4.2.4 设 A 为有限数. 存在极限 $\lim\limits_{x \to +\infty} f(x) = A$ 的充分必要条件是: 对每个严格单调增加的正无穷大数列 $\{x_n\}$, 都有 $\lim\limits_{n \to \infty} f(x_n) = A$.

证　先证必要性. 既然 $\lim\limits_{x \to +\infty} f(x) = A$ 存在, 因此对 $\varepsilon > 0$, 有 $M > 0$, 当 $x > M$ 时, 成立 $|f(x) - A| < \varepsilon$. 若 $\{x_n\}$ 满足题设条件, 有 $\lim\limits_{n \to \infty} x_n = +\infty$, 则对于上述 $M > 0$, 存在 N, 当 $n > N$ 时, 成立 $x_n > M$. 因此就有 $|f(x_n) - A| < \varepsilon$. 这就证明了数列 $\{f(x_n)\}$ 收敛于 A (这时 $\{x_n\}$ 的严格单调增加不起作用).

再证充分性. 这时对每个满足题中所说条件的数列 $\{x_n\}$ (即 $\{x_n\}$ 为严格单调增加的正无穷大量), 成立 $\lim\limits_{n\to\infty} f(x_n) = A$. 用反证法. 如果结论 $\lim\limits_{x\to a} f(x) = A$ 不真, 则由对偶法则 (见 §1.4) 知存在一个 $\varepsilon_0 > 0$, 对于每一个 $M > 0$, 存在 x, 同时满足条件 $x > M$ 和 $|f(x) - A| \geqslant \varepsilon_0$.

任取 $M_1 \geqslant 1$, 得到 $x_1 > M_1$, 满足 $|f(x_1) - A| \geqslant \varepsilon_0$. 然后取 $M_2 = \max\{2, x_1\}$, 得到 $x_2 > M_2$, 满足 $|f(x_2) - A| \geqslant \varepsilon_0$. 归纳地进行下去, 在有了 x_n 后取 $M_{n+1} = \max\{n+1, x_n\}$, 得到 $x_{n+1} > M_{n+1}$, 满足 $|f(x_{n+1}) - A| \geqslant \varepsilon_0$. 可以看出, 这样取出的数列 $\{x_n\}$ 是严格单调增加的正无穷大量. 但对应的数列 $\{f(x_n)\}$ 不会收敛于 A. 因此与定理的条件相矛盾. □

思考题 Heine 归结原理的推论在这里也成立. 试证之.

4.2.5 练习题

1. 证明:

(1) $\lim\limits_{x\to+\infty} \dfrac{x^k}{a^x} = 0 \ (a > 1, k > 0)$; (2) $\lim\limits_{x\to+\infty} \dfrac{\ln x}{x^k} = 0 \ (k > 0)$;

(3) $\lim\limits_{x\to\infty} \sqrt[x]{a} = 1 \ (a > 0)$; (4) $\lim\limits_{x\to+\infty} \sqrt[x]{x} = 1$.

2. 求 $\lim\limits_{y\to+\infty} \dfrac{\sqrt{1+y^3}}{\sqrt{y^2+y^3+y}}$.

3. 求 $\lim\limits_{x\to+\infty} \left(\dfrac{x^2-1}{x^2+1}\right)^{\frac{x-1}{x+2}}$.

4. 求 $\lim\limits_{x\to0} \dfrac{\sqrt[n]{1+x}-1}{x}$, 其中 n 为正整数.

5. 设已知 $\lim\limits_{x\to0} \dfrac{f(x)}{x} = l$, $b \neq 0$, 求 $\lim\limits_{x\to0} \dfrac{f(bx)}{x}$.

6. 证明: $\lim\limits_{x\to0} \dfrac{\sqrt{1+\sin x}-\sqrt{1-\sin x}}{\sin x} = 1$.

7. 证明: 在区间 $(a,+\infty)$ 上单调有界函数 f 一定存在极限 $\lim\limits_{x\to+\infty} f(x)$.

8. 设 $f(x)$ 在区间 (a,b) 上为单调增加函数, 且存在一个数列 $\{x_n\} \subset (a,b)$, 使得 $\lim\limits_{n\to\infty} x_n = b$, $\lim\limits_{n\to\infty} f(x_n) = A$. 证明:

(1) f 在区间 (a,b) 上以 A 为上界; (2) $\lim\limits_{x\to b^-} f(x) = A$.

9. 设 $\lim\limits_{x\to+\infty} f(x) = A > 0$. 证明: 对每个 $c \in (0,A)$, 存在 $M > 0$, 当 $x > M$ 时, 成立 $f(x) > c$.

(这是对于极限类型为 $\lim\limits_{x\to+\infty} f(x)$ 的保号性定理.)

10. 设 $f(a^-) < f(a^+)$. 证明: 存在 $\delta > 0$, 当 $x \in (a - \delta, a)$ 和 $y \in (a, a + \delta)$ 时, 成立 $f(x) < f(y)$.

11. 试用 Heine 归结原理证明单调函数的单侧极限存在定理.

(这里先要将 Heine 归结原理 (命题 4.2.3) 推广到单侧极限. 注意这时在条件中的数列可限于单调数列.)

§4.3 两个重要极限

本节将以命题的形式证明两个重要极限. 在它们的基础上可以解决许多极限的计算问题, 特别是从这两个极限出发可以导出微分学中基本初等函数的所有求导法则 (见 [49]), 因此是进入微分学之前的必要准备.

4.3.1 $\lim\limits_{x \to 0} \dfrac{\sin x}{x} = 1$

在所见的多数教科书 (例如 [14]) 中均利用三角形和扇形之间的面积关系得到初等不等式 (即命题 1.3.6)

$$\sin x < x < \tan x, \forall x \in \left(0, \frac{\pi}{2}\right),$$

然后用于证明本小节的极限. 在教材 [41, 42] 中对这个问题采取了不同的处理方法. 下面的证法见《数学的实践与认识》(1987) 第 4 期 79–81 页, 其中不需要上述不等式, 但需要例题 4.1.3 的结论 $\lim\limits_{x \to 0} \sin x = 0$. (那里的证 1 不需要用上述不等式.)

命题 4.3.1 (第一个重要极限) $\quad \lim\limits_{x \to 0} \dfrac{\sin x}{x} = 1.$

证 在单位圆内用圆心角 $2x$ $(0 < x \leqslant \frac{\pi}{2})$ 分圆, 作出圆的一个内接多边形. 如果 $\pi/x = n$ 为正整数, 就得到内接正 n 边形. 否则记

$$n = \left[\frac{\pi}{x}\right],$$

就可以得到圆的一个内接 $n + 1$ 边形, 其中的 n 条边所对应的圆心角都是 $2x$. 将余下的一条边所对应的圆心角记为 θ_x, 可以计算出有

$$0 < \theta_x = 2\pi - 2nx = 2\pi - 2x\left[\frac{\pi}{x}\right] = 2x\left(\frac{\pi}{x} - \left[\frac{\pi}{x}\right]\right) < 2x.$$

又令 $\theta_x = 0$ 对应于 π/x 为正整数的情况. 将上述内接 n 或 $n + 1$ 边形的周长记为 S_x, 就可得到

$$S_x = 2n\sin x + 2\sin\frac{\theta_x}{2} = 2\left[\frac{\pi}{x}\right]\sin x + 2\sin\frac{\theta_x}{2}$$
$$= 2\pi \cdot \frac{\sin x}{x} + 2\left(\left[\frac{\pi}{x}\right] - \frac{\pi}{x}\right)\sin x + 2\sin\frac{\theta_x}{2}.$$

利用 $\lim\limits_{x \to 0} \sin x = 0$ (见例题 4.1.3), 可见有

$$S_x = 2\pi \cdot \frac{\sin x}{x} + o(1) \ (x \to 0^+).$$

当 $x \to 0^+$ 时, 上述圆内接多边形的每条边长都趋于 0, 因此就有 $\lim\limits_{x \to 0^+} S_x = 2\pi$. 这样就得到

$$\lim_{x \to 0^+} \frac{\sin x}{x} = \lim_{x \to 0} \left(\frac{S_x}{2\pi} + o(1) \right) = 1.$$

由于 $\dfrac{\sin x}{x}$ 为偶函数, 因此就得到所要求证的结果. □

注 函数 $\dfrac{\sin x}{x}$ 在理论和应用 (例如信号处理) 方面都很重要, 也是数学分析中的重要例子. 它在 $x > 0$ 的图像见图 4.2 (a) (又见图 8.8 (b)). 在例题 8.5.2 中研究了它的单调性. 在 $x = 0$ 处补充定义函数值为 1 后, 可以证明函数在该点无限次可微, 它的 Maclaurin (麦克劳林) 公式见例题 7.2.3 (参见例题 8.1.9 的注解 3). 它在积分学中还会一再出现 (如例题 11.3.1, 11.3.2, 12.3.6 等).

4.3.2 $\lim\limits_{x \to 0} (1+x)^{\frac{1}{x}} = \mathrm{e}$

这是 §2.5 的极限 $\lim\limits_{n \to \infty} \left(1 + \dfrac{1}{n} \right)^n = \mathrm{e}$ 的重要推广.

命题 4.3.2 (第二个重要极限) $\lim\limits_{x \to 0} (1+x)^{\frac{1}{x}} = \mathrm{e}.$

证 先考虑 $x \to 0^+$ 时的单侧极限 (如图 4.1).

对 $x \in (0, 1)$, 可有 $n \in \mathbf{N}_+$, 使得

$$\frac{1}{n+1} < x \leqslant \frac{1}{n}$$

成立. 实际上将这个不等式改写一下, 即是

$$n \leqslant \frac{1}{x} < n+1,$$

可见 n 是由以下公式确定的:

$$n = \left[\frac{1}{x} \right]. \tag{4.5}$$

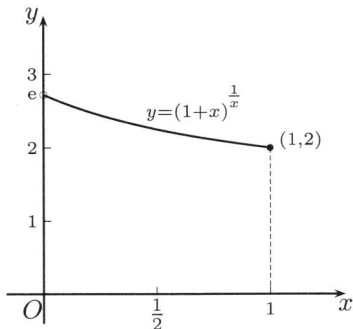

图 4.1

这时就可以得到估计

$$\left(1 + \frac{1}{n+1} \right)^n < (1+x)^{\frac{1}{x}} < \left(1 + \frac{1}{n} \right)^{n+1}, \tag{4.6}$$

其中的 n 由公式 (4.5) 与 x 相联系. 若将 n 看成独立的自变量, 就有

$$\lim_{n \to \infty} \left(1 + \frac{1}{n+1} \right)^n = \mathrm{e} \quad \text{和} \quad \lim_{n \to \infty} \left(1 + \frac{1}{n} \right)^{n+1} = \mathrm{e}$$

成立. 因此, $\forall \varepsilon > 0$, 存在 N, 当 $n > N$ 时, 同时成立

$$\left|\left(1 + \frac{1}{n+1}\right)^n - e\right| < \varepsilon \quad \text{和} \quad \left|\left(1 + \frac{1}{n}\right)^{n+1} - e\right| < \varepsilon. \tag{4.7}$$

利用 (4.5), 可见只要有 $0 < x < \delta = \dfrac{1}{N+1}$, 即 $\dfrac{1}{x} > N + 1$, 就可以使

$$n = \left[\frac{1}{x}\right] > \frac{1}{x} - 1 > N$$

成立, 从而由 (4.6) 和 (4.7) 得到 $\left|(1+x)^{\frac{1}{x}} - e\right| < \varepsilon$. 这样就证明了

$$\lim_{x \to 0^+} (1+x)^{\frac{1}{x}} = e.$$

为了讨论 $x \to 0^-$, 可以取 $z = -x$, 则当 $x \to 0^-$ 时 $z \to 0^+$, 因此

$$\lim_{x \to 0^-} (1+x)^{\frac{1}{x}} = \lim_{z \to 0^+} (1-z)^{-\frac{1}{z}} = \lim_{z \to 0^+} \left(\frac{1}{1-z}\right)^{\frac{1}{z}}$$

$$= \lim_{z \to 0^+} \left(1 + \frac{z}{1-z}\right)^{\frac{1}{z}} = \lim_{z \to 0^+} \left(1 + \frac{z}{1-z}\right)^{\frac{1-z}{z}} = e.$$

合并两个单侧极限就得到所求证的结果. □

注 1　对 (4.6) 不加分析就直接用夹逼定理是不妥当的. 由于该式中间是函数, 当然不可能用数列极限的夹逼定理. 如果用函数极限的夹逼定理, 则 (4.6) 的两侧又是什么样的函数? 为什么它们的极限都等于 e?

实际上该式两侧并非是数列 (的通项), 而是 x 的函数. 它们在每个区间 $[k, k+1)$ $(k \in \mathbf{N}_+)$ 上取常值. 若将它们分别记为 f 和 g, 则先要证明当 $x \to 0^+$ 时它们的极限均为 e, 在这以后才可以用函数极限的夹逼定理. 读者可以将这个做法与上面从单侧极限的 ε–δ 定义出发的证明作比较.

注 2　将函数 $(1+x)^{1/x}$ 在 $x = 0$ 处补充定义使它连续后, 就可以证明延拓后的函数在原点无限次可微. 它的 Maclaurin 公式计算见例题 7.2.4.

由以上两个重要极限可以导出以下几个基本结果. 由于一般教科书中都有它们的证明, 这里不再重复. 要求读者能记得, 会证明.

(1) $\lim\limits_{x \to 0} \dfrac{\tan x}{x} = 1$;　　　　　　　(2) $\lim\limits_{x \to 0} \dfrac{1 - \cos x}{x^2} = \dfrac{1}{2}$;

(3) $\lim\limits_{x \to 0} \dfrac{\ln(1+x)}{x} = 1$;　　　　　(4) $\lim\limits_{x \to 0} \dfrac{a^x - 1}{x} = \ln a \ (a > 0)$.

4.3.3　例题

下面的 3 个例题表明, 利用复合函数的极限方法, 即变量代换法 (参见命题 4.1.1), 可以扩大以上两个重要极限的适用范围 (证明从略).

例题 4.3.1 若 $\lim\limits_{t\to t_0} g(t) = 0$, 且当 $t \neq t_0$ 时 $g(t) \neq 0$, 则 $\lim\limits_{t\to t_0} \dfrac{\sin g(t)}{g(t)} = 1$.

例题 4.3.2 若 $\lim\limits_{t\to t_0} g(t) = +\infty\ (-\infty)$, 则 $\lim\limits_{t\to t_0} \left[1 + \dfrac{1}{g(t)}\right]^{g(t)} = \mathrm{e}$.

例题 4.3.3 设 $\lim\limits_{t\to t_0} g(t) = 0$, 且 $t \neq t_0$ 时 $g(t) \neq 0$, 则 $\lim\limits_{t\to t_0} \dfrac{\ln[1 + g(t)]}{g(t)} = 1$.

例题 4.3.4 求 $\lim\limits_{x\to 0} (\cos x)^{\frac{1}{x^2}}$.

解 首先看出这个问题是 1^∞ 型的不定式, 因此可以试用上述第二个重要极限. 改写原问题如下:

$$
\begin{aligned}
\lim_{x\to 0} (\cos x)^{\frac{1}{x^2}} &= \lim_{x\to 0} \left(1 - 2\sin^2 \frac{x}{2}\right)^{\frac{1}{x^2}} \\
&= \lim_{x\to 0} \left(1 - 2\sin^2 \frac{x}{2}\right)^{\frac{1}{-2\sin^2 \frac{x}{2}} \cdot \frac{-2\sin^2 \frac{x}{2}}{x^2}}.
\end{aligned}
$$

由于 $\lim\limits_{x\to 0} \dfrac{2\sin^2 \frac{x}{2}}{x^2} = \lim\limits_{x\to 0} \left(\dfrac{\sin \frac{x}{2}}{\frac{x}{2}}\right)^2 \cdot \dfrac{1}{2} = \dfrac{1}{2}$, 因此答案是 $\mathrm{e}^{-\frac{1}{2}}$. $\qquad\square$

例题 4.3.5 求 $\lim\limits_{x\to\infty} \left(\sin \frac{1}{x} + \cos \frac{1}{x}\right)^x$.

解 与上一题类似, 可将原式改写如下:

$$
\begin{aligned}
&\lim_{x\to\infty} \left[1 + \left(\sin \frac{1}{x} + \cos \frac{1}{x} - 1\right)\right]^x \\
&= \lim_{x\to\infty} \left[1 + \left(\sin \frac{1}{x} + \cos \frac{1}{x} - 1\right)\right]^{\frac{x}{\sin \frac{1}{x} + \cos \frac{1}{x} - 1} \cdot \left(\sin \frac{1}{x} + \cos \frac{1}{x} - 1\right)},
\end{aligned}
$$

可见只要计算出

$$
\lim_{x\to\infty} x \left(\sin \frac{1}{x} + \cos \frac{1}{x} - 1\right) = \lim_{x\to\infty} \left(\frac{\sin \frac{1}{x}}{\frac{1}{x}} - \frac{2\sin^2 \frac{1}{2x}}{\frac{1}{2x} \cdot 2}\right) = 1,
$$

即知原问题的答案为 e. $\qquad\square$

注 以上两个例题的求解在写法上可以利用 $u^v = \mathrm{e}^{v\ln u}$ 和例题 4.3.3 改写如下 (只写出后一例题):

$$
\begin{aligned}
\lim_{x\to\infty} x \ln \left(\sin \frac{1}{x} + \cos \frac{1}{x}\right) &= \lim_{x\to\infty} x \ln \left[1 + \left(\sin \frac{1}{x} + \cos \frac{1}{x} - 1\right)\right] \\
&= \lim_{x\to\infty} x \left(\sin \frac{1}{x} + \cos \frac{1}{x} - 1\right),
\end{aligned}
$$

以下同上. 又如果一开始作代换 $y = 1/x$, 则在书写上更方便一些.

4.3.4　练习题

1. 计算下列极限:

(1) $\lim\limits_{x\to+\infty}\left(\dfrac{2}{\pi}\arctan x\right)^{x}$;

(2) $\lim\limits_{x\to\frac{\pi}{2}-}(\sin x)^{\tan x}$;

(3) $\lim\limits_{x\to\infty}\left(\dfrac{x^2-1}{x^2+1}\right)^{x^2}$;

(4) $\lim\limits_{x\to\frac{\pi}{2}}(\cos x)^{\frac{\pi}{2}-x}$;

(5) $\lim\limits_{x\to0}\dfrac{\sin2x-2\sin x}{x^3}$;

(6) $\lim\limits_{x\to1}\left[(1-x)\tan\left(\dfrac{\pi}{2}x\right)\right]$.

2. 注意下列两个"不等式"并求出正确值:

(1) $\lim\limits_{x\to+\infty}\dfrac{\sin x}{x}\neq1$;

(2) $\lim\limits_{x\to+\infty}(1+x)^{\frac{1}{x}}\neq\mathrm{e}$.

3. 设 $a>0,b>0$, 求极限 $\lim\limits_{n\to\infty}\left(\dfrac{\sqrt[n]{a}+\sqrt[n]{b}}{2}\right)^{n}$.

(本题是数列极限问题, 但现在可以用函数极限知识来解决.)

4. 设 $a_1,a_2,\cdots,a_n$ 为正数, $n\geqslant2$, $f(x)=\left(\dfrac{a_1^x+a_2^x+\cdots+a_n^x}{n}\right)^{\frac{1}{x}}$, 求 $\lim\limits_{x\to0}f(x)$.

5. 计算极限 $\lim\limits_{n\to\infty}\prod\limits_{k=1}^{n}\cos\dfrac{x}{2^k}$, 并证明 Viète (韦达) 公式

$$\frac{\pi}{2}=\cfrac{1}{\sqrt{\dfrac{1}{2}}\cdot\sqrt{\dfrac{1}{2}+\dfrac{1}{2}\sqrt{\dfrac{1}{2}}}\cdot\sqrt{\dfrac{1}{2}+\dfrac{1}{2}\sqrt{\dfrac{1}{2}+\dfrac{1}{2}\sqrt{\dfrac{1}{2}}}\cdots}}.$$

(这是数学家 Viète 在 1593 年发表的. 它是数学史上第一次用无穷乘积来表示一个数, 同时也是对于圆周率 π 的认识上的重大突破.)

§4.4　无穷小量、有界量、无穷大量和阶的比较

从数列开始, 就已接触到无穷小量、有界量和无穷大量的概念. 在本节将介绍如何将它们用于函数极限计算, 其中特别是等价量代换法将成为计算函数极限的基本方法之一.

4.4.1   记号 o, O 与 $\sim$

设 $f(x)$ 和 $g(x)$ 在点 a 的某个去心邻域 $O(a) - \{a\}$ 上定义, 并且 $g(x) \neq 0$. (对于 a 为无穷大量的情况和单侧极限等情况可类推.)

1. $f(x) = o(g(x))$ $(x \to a)$ 的定义是: $\lim\limits_{x \to a} \dfrac{f(x)}{g(x)} = 0$, 如果当 $x \to a$ 时 $f(x)$ 和 $g(x)$ 都是无穷小量, 则称当 $x \to a$ 时 $f(x)$ 是比 $g(x)$ 更高阶的无穷小量.

2. $f(x) = o(1)$ $(x \to a)$ 的定义是: $\lim\limits_{x \to a} f(x) = 0$. 因此与数列情况一样, 记号 $o(1)$ 用于表示关于某个极限过程的无穷小量.

3. $f(x) = O(g(x))$ $(x \to a)$ 的定义是: 存在常数 $M > 0$, 使得 $\left| \dfrac{f(x)}{g(x)} \right| \leqslant M$ 在 a 的某个去心邻域上成立, 因此成立不等式 $|f(x)| \leqslant M|g(x)|$.

4. $f(x) = O(1)$ $(x \to a)$ 的定义是: 存在 a 的某个去心邻域, 使 f 在其上有界. 这与数列情况不太一样, 在那里 $O(1)$ 就是有界量, 而在这里记号 $O(1)$ $(x \to a)$ 用于表示在点 a 的某个去心邻域上的一个有界量, 因此也称为局部有界量.

5. 如果有 $\lim\limits_{x \to a} \dfrac{f(x)}{g(x)} = A \neq 0$, 而且当 $x \to a$ 时 f 和 g 都是无穷小量 (无穷大量), 则称 f 和 g 是同阶无穷小量 (无穷大量).

6. $f(x) \sim g(x)$ $(x \to a)$ 的定义是: $\lim\limits_{x \to a} \dfrac{f(x)}{g(x)} = 1$, 如果当 $x \to a$ 时 f 和 g 是无穷小量 (无穷大量), 则称 f 和 g 是等价无穷小量 (无穷大量).

   今后我们还将含有 o, O 和 $\sim$ 的等式称为**渐近等式**, 并将 $f(x) \sim g(x)$ $(x \to a)$ 说成是函数 $f(x)$ 和 $g(x)$ 当 $x \to a$ 时具有相同的**渐近性态**. 特别是当 $x \to \infty$ (包括数列极限中的 $n \to \infty$) 时这种表述在数学中用得很广泛.

7. 以上所说有关阶的概念还可以量化, 其方法是对有关的极限过程取一类简单的无穷小量 (或无穷大量) 作为标准. 下面只举出常用的情况. 设已知 $f(x) = o(1)$ $(x \to a)$. 若有常数 $\alpha > 0$, 使得 $\lim\limits_{x \to a} \left| \dfrac{f(x)}{(x-a)^\alpha} \right| = l > 0$, 则称 $f(x)$ 在 $x \to a$ 时是 α 阶的无穷小量.

8. 在使用这些记号时, 必需写出有关的极限过程. 除了对数列可以不写出 $(n \to \infty)$ 外, 其他极限过程均不可省略 (除非另加说明). 例如以下关于对数函数的三个最基本的渐近性质当然是与相应的极限过程不可分开的:

$$\ln x = o(1)\ (x \to 1), \quad \ln x = o(x)\ (x \to +\infty), \quad \ln x = o\left(\frac{1}{x}\right)\ (x \to 0^+).$$

9. 下面是几个重要的极限关系 (其中题 (7) 见下面的例题 4.4.4):

(1) $e^x - 1 \sim x \ (x \to 0)$;　　　　　(2) $\sin x \sim x \ (x \to 0)$;

(3) $\ln(1 + x) \sim x \ (x \to 0)$;　　　　(4) $1 - \cos x \sim \dfrac{1}{2}x^2 \ (x \to 0)$;

(5) $\ln x = o(x^{-\alpha}) \ (x \to 0^+) \ (\alpha > 0)$;　(6) $x^k = o(a^x) \ (x \to +\infty) \ (a > 1)$;

(7) $(1 + x)^\alpha - 1 \sim \alpha x \ (x \to 0)$;　　(8) $\arctan x \sim x \ (x \to 0)$.

上面引进的一些记号, 即 $o, O, \sim$ 和关于阶与等价的概念在处理函数极限时是很有用的工具, 但这里对初学者来说同时也有许多陷阱, 很容易出错.

在使用 $o, O, \sim$ 时, 除了必须写明极限过程之外, 还要知道以下两点:

首先, 含有 o, O 的等式, 即渐近等式, 与普通的等式大不一样. 它们并不是量的相等, 而是代表在极限过程中的关系.

其次, 它们一般只能从左往右读, 而不能从右往左读. 例如 $o(1) = O(1) \ (x \to a)$ 的含义是: 无穷小量必是局部有界量. 而 $O(1) = o(1) \ (x \to a)$ 是错的, 因为局部有界量当然未必是无穷小量.

注　含有 o, O 的等式, 是大部分学生理解的难点. 从教学中, 我们发现从集合论的角度, 可以向学生说清楚这种等式的真正含义. 例如, 在 $x \to 0$ 时, 将 $o(x)$ 理解为比 x 高阶的无穷小量组成的集合, 于是等式 $f(x) = o(x)$ 中等号 $=$ 所实际表达的意思是 $\in$. 凡是只有右边含有 o, O 的等式都可以这样理解. 而两边都含有 o, O 的等式中的等号 $=$ 实际表达的意思是 $\subset$. 因此, 它们只能从左往右读.

例题 4.4.1　证明 $O(x^2) = o(x) \ (x \to 0)$.

证　根据题意, 设 $\dfrac{f(x)}{x^2}$ 在某个 $O(0) - \{0\}$ 上有界, 即存在 $M > 0$ 和 $\delta > 0$, 当 $0 < |x| < \delta$ 时, 成立 $|f(x)| \leqslant Mx^2$. 于是, 当 $0 < |x| < \delta$ 时, 有

$$\left| \frac{f(x)}{x} \right| \leqslant \left| \frac{Mx^2}{x} \right| = |Mx|,$$

因此, 令 $x \to 0$ 时, 上式的极限为 0. 这就是 $f(x) = o(x) \ (x \to 0)$. 这样我们就证明了当 $f(x) = O(x^2) \ (x \to 0)$ 时, 一定就有 $f(x) = o(x) \ (x \to 0)$. □

例题 4.4.2　证明 $\cos x = 1 + O(x^2) \ (x \to 0)$ 成立.

证　已知有 $\lim\limits_{x \to 0} \dfrac{1 - \cos x}{x^2} = \dfrac{1}{2}$, 因此存在 $\delta > 0$, 使得当 $0 < |x| < \delta$ 时, $\dfrac{\cos x - 1}{x^2}$ 有界. 这就是说 $\cos x - 1 = O(x^2) \ (x \to 0)$. 再移项即得. □

关于无穷小量的阶可以从前面的许多例子得到理解. 例如, 当 $x \to 0$ 时, $\sin x$ 是一阶无穷小量, $1 - \cos x$ 是二阶无穷小量, $\sin x - \tan x$ 是三阶无穷小量等 (后者见例题 4.4.5). 又由此可见 $\sin x = O(x)$, $1 - \cos x = O(x^2)$, $\sin x - \tan x = O(x^3)$ $(x \to 0)$, 但并不能从这三个公式推出关于阶的结论.

应当指出, 无穷小量 (以及无穷大量) 不一定有阶.

例题 4.4.3 证明: 当 $x \to 0$ 时无穷小量 $x \sin \dfrac{1}{x}$ 没有阶.

证 这只要观察

$$\lim_{x \to 0} \frac{x \sin \dfrac{1}{x}}{x^\alpha}$$

即可. 如取 $\alpha \geqslant 1$, 则上述极限不存在; 但若取 $\alpha < 1$, 则上述极限为 0, 因此没有阶. 但是也可以说它的阶比任何 $\alpha < 1$ 高. $\qquad\square$

当然有 $x \sin \dfrac{1}{x} = O(x)$, $x \sin \dfrac{1}{x} = o(x^\alpha), \forall \, \alpha < 1$ $(x \to 0)$.

最后再举出两个用等价记号 $\sim$ 刻画的重要渐近公式.

1. 关于阶乘的 **Stirling 公式**:

$$n! \sim \left(\frac{n}{\mathrm{e}}\right)^n \sqrt{2\pi n}.$$

它的证明将在积分学中给出 (命题 11.4.2).

2. 如果将不超过 x 的素数个数记为 $\pi(x)$, 则有**素数定理**:

$$\pi(x) \sim \frac{x}{\ln x} \quad (x \to +\infty).$$

素数定理是数论中的重要定理. Legendre (勒让德) 和 Gauss 通过实验提出了猜测. Hadamard (阿达马) 和 de la Vallée-Poussin (德拉瓦莱普森) 于 1896 年分别独立地给出了素数定理的第一个证明. 1949 年, Selberg (塞尔伯格) 和 Erdös (爱尔迪希) 又给出了它的初等证明. (例如可参考华罗庚的《数论导引》.)

4.4.2 思考题

1. $10^{-10\,000}, \mathrm{e}^{-10^{10}}, x, \sin x$ 是否是无穷小量? $10^{10\,000}, \mathrm{e}^{10^{10}}, x^n, a^x \,(a > 1)$ 是否是无穷大量?

2. 确定下列极限是否存在, 若存在, 等于什么? (观察图 4.2 中的图像.)

(1) $\lim\limits_{x \to 0} \dfrac{\sin x}{x}$;

(2) $\lim\limits_{x \to +\infty} \dfrac{\sin x}{x}$;

(3) $\lim\limits_{x \to 0} x \sin \dfrac{1}{x}$;

(4) $\lim\limits_{x \to \infty} x \sin \dfrac{1}{x}$;

(5) $\lim\limits_{x \to 0} x \sin x$;

(6) $\lim\limits_{x \to \infty} x \sin x$;

(7) $\lim\limits_{x \to 0} \dfrac{1}{x} \sin \dfrac{1}{x}$;

(8) $\lim\limits_{x \to \infty} \dfrac{1}{x} \sin \dfrac{1}{x}$.

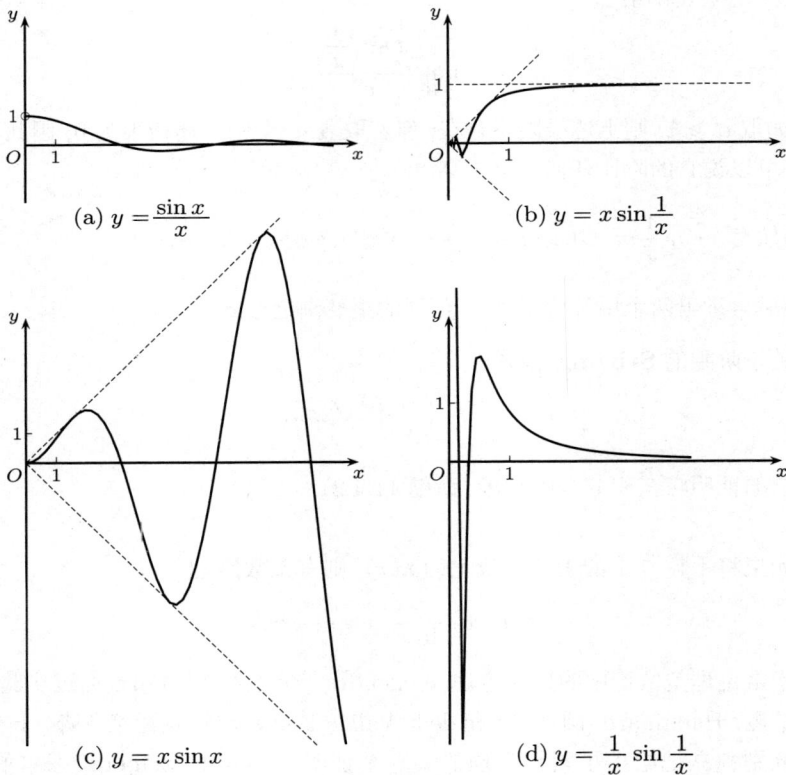

(a) $y = \dfrac{\sin x}{x}$

(b) $y = x \sin \dfrac{1}{x}$

(c) $y = x \sin x$

(d) $y = \dfrac{1}{x} \sin \dfrac{1}{x}$

图 4.2

3. 当 $x \to 0$ 时, 下列等式中哪些可以成立:

(1) $o(1) = O(1)$;

(2) $O(1) = o(1)$;

(3) $o(x^2) = o(x)$;

(4) $O(x^2) = o(x)$;

(5) $x \cdot o(x^2) = o(x^3)$;

(6) $\dfrac{O(x^2)}{x} = o(x)$.

4. 作出 $y = e^{\frac{1}{x}}$ 的图形, 观察: $e^{\frac{1}{x}} \to +\infty \ (x \to 0^+)$ 和 $e^{\frac{1}{x}} = o(1) \ (x \to 0^-)$.

4.4.3 等价量代换法

在求极限的计算中, 等价量代换法是基本方法之一.

例题 4.4.4 设 $\alpha \neq 0$. 求 $\lim\limits_{x \to 0} \dfrac{(1+x)^\alpha - 1}{x}$.

解 令 $y = (1+x)^\alpha - 1$, 则当 $x \to 0$ 时 $y \to 0$. 利用 $1 + y = (1+x)^\alpha$, 有 $\ln(1+y) = \alpha \ln(1+x)$. 计算如下:

$$\lim_{x \to 0} \frac{(1+x)^\alpha - 1}{x} = \lim_{x \to 0} \frac{(1+x)^\alpha - 1}{\ln(1+x)} = \lim_{y \to 0} \frac{\alpha y}{\ln(1+y)} = \lim_{y \to 0} \frac{\alpha y}{y} = \alpha. \qquad \square$$

注 1 本例是变量代换和等价代换两个方法结合的典型例子. 在以上计算中先利用 $\ln(1+x) \sim x \ (x \to 0)$, 将分母的 x 换为 $\ln(1+x)$ (将简单换成复杂), 后来又利用 $\ln(1+y) \sim y \ (y \to 0)$, 将 $\ln(1+y)$ 换为 y.

注 2 在本例中的指数 α 可以是不为 0 的任何实数. 而在过去我们只能用二项式展开的方法处理 α 为有理数的情况. 今后可以直接应用本题的一般结论.

例题 4.4.5 求极限 $\lim\limits_{x \to 0} \dfrac{\sin x - \tan x}{x^3}$.

解 1 将表达式进行分解, 利用已知极限即可如下计算:

$$\lim_{x \to 0} \frac{\sin x - \tan x}{x^3} = \lim_{x \to 0} \left(\frac{\sin x}{x} \cdot \frac{1}{\cos x} \cdot \frac{\cos x - 1}{x^2} \right) = -\frac{1}{2}. \qquad \square$$

解 2 若用等价量代换法, 则可写出 $\dfrac{\sin x - \tan x}{x^3} = \dfrac{\sin x(\cos x - 1)}{x^3 \cos x}$, 然后利用当 $x \to 0$ 时的等价关系 $\sin x \sim x$, $1 - \cos x \sim \dfrac{1}{2} x^2$ 和 $\cos x \sim 1$, 将上面的表达式中的 $\sin x$ 换为 x, $\cos x$ 换为 1, $\cos x - 1$ 换为 $-\dfrac{1}{2} x^2$, 就有

$$\lim_{x \to 0} \frac{\sin x - \tan x}{x^3} = \lim_{x \to 0} \frac{\sin x(\cos x - 1)}{x^3 \cos x} = \lim_{x \to 0} \frac{x \left(-\frac{1}{2} x^2 \right)}{x^3} = -\frac{1}{2}. \qquad \square$$

小结 一般的等价量代换法可以叙述如下:

设要求极限 $\lim\limits_{x \to a} uv$, 其中 u, v 是 x 的函数. 如已知 $u \sim u_1 \ (x \to a)$, 则可以将上式中的因子 u 用 u_1 代替, 写成公式就是

$$\lim_{x \to a} uv = \lim_{x \to a} \left(\frac{u}{u_1} \right) u_1 v = \lim_{x \to a} u_1 v, \tag{4.8}$$

这就是说可以将 u 换成 u_1 (其中假定在 a 邻近 $u_1 \neq 0$). 当然这个做法可以反复使用, 例如在例题 4.4.5 的解 2 中就代换了三个因子, 使函数的表达式大大简化.

在这里要强调指出: 在对于形式为 $u+v$ 或 $(u+v)w$ 的函数求极限时, 即使有 $u \sim u_1$ 也不能将 u 随便换成 u_1. 例如在例题 4.4.5 中, 以下做法都是错误的:

1. 利用 $\sin x \sim \tan x \, (x \to 0)$ 得到 $\lim\limits_{x \to 0} \dfrac{\sin x - \tan x}{x^3} = \lim\limits_{x \to 0} \dfrac{\sin x - \sin x}{x^3} = 0.$

2. 利用 $\sin x \sim x \, (x \to 0)$ 得到 $\lim\limits_{x \to 0} \dfrac{\sin x - \tan x}{x^3} = \lim\limits_{x \to 0} \dfrac{x - \tan x}{x^3} = -\dfrac{1}{3}.$

3. 利用 $\tan x \sim x \, (x \to 0)$ 得到 $\lim\limits_{x \to 0} \dfrac{\sin x - \tan x}{x^3} = \lim\limits_{x \to 0} \dfrac{\sin x - x}{x^3} = -\dfrac{1}{6}.$

这三个例子中的最后一步都没有错 (其中后两个数值 $-\frac{1}{3}$ 和 $-\frac{1}{6}$ 的计算在学了微分学后就可以得到), 但答案都是错的. 其原因是第一步的代换没有根据.

什么条件下才可以在和式中用等价量代换?

假定考虑的极限过程为 $x \to a$, 则一个容易证明的充分条件就是

$$u \sim u_1, \ v \sim v_1, \ \lim_{x \to a} u + v \neq 0 \implies u + v \sim u_1 + v_1. \tag{4.9}$$

它清楚地表明, 在和式中用等价量代换出错的根源就在于当时起作用的是更高阶的无穷小量. 关于 (4.9) 的证明从略. 这方面有许多研究, 感兴趣的读者可以参考 [57] 以及其中所引的文献.

实际上等价量代换 (在无穷小量的情况) 的本质就是用较为简单的无穷小量代替比较复杂的无穷小量, 而将两个无穷小量之间的差略去不计. 当然, 这时它们的差必须是更高阶的无穷小量. 一种安全的做法就是保留高阶无穷小量, 而不是简单的代换. 从下一个例题中可以看到这是如何进行的.

例题 4.4.6 设 $f(x) = \dfrac{m}{1-x^m} - \dfrac{n}{1-x^n}$, $m, n \in \mathbf{N}_+$, 求极限 $\lim\limits_{x \to 1} f(x)$.

解 令 $y = x - 1$, 则 $x \to 1 \Longleftrightarrow y \to 0$. 计算如下:

$$\begin{aligned}
f(x) = f(1+y) &= \frac{m}{1-(1+y)^m} - \frac{n}{1-(1+y)^n} \\
&= \frac{m[1-(1+y)^n] - n[1-(1+y)^m]}{[(1+y)^m - 1] \cdot [(1+y)^n - 1]} \\
&= \frac{n\left[my + \frac{m(m-1)}{2}y^2 + o(y^2)\right] - m\left[ny + \frac{n(n-1)}{2}y^2 + o(y^2)\right]}{nm[y+o(y)] \cdot [y+o(y)]} \\
&= \frac{\frac{mn}{2}(m-n)y^2 + o(y^2)}{mn[y^2 + o(y^2)]} = \frac{1}{2}(m-n) + o(1) \ (y \to 0),
\end{aligned}$$

其中的 $o(y^2), o(y), o(1)$ 均是对 $y \to 0$ 而言的, 可见极限为 $\frac{1}{2}(m-n)$. □

注 以上所用的方法已经超出了等价量代换法的思想. 一般称

$$(1+y)^n = 1 + ny + o(y) \ (y \to 0)$$

或

$$(1+y)^n = 1 + ny + \frac{n(n-1)}{2} + o(y^2) \ (y \to 0)$$

中的 $o(y)$ 或 $o(y^2)$ 为余项. 在上一个例题中出现的各个余项是根据需要而分别选取的. 在今后学了微分学中带 Peano (佩亚诺) 余项的 Taylor 公式后 (见命题 7.2.2), 可以将这个例题中的方法发展成更一般的方法 (见 §8.1 "函数极限的计算").

4.4.4 练习题

1. 确定下列无穷小量的阶:

   (1) $\sqrt{1+\tan x} - \sqrt{1-\tan x} \ (x \to 0)$;　(2) $\ln x - \ln a \ (x \to a), a > 0$;

   (3) $a^x - 1 \ (x \to 0)$, 其中 $a > 0$;　(4) $a^{x^2} - b^{x^2} \ (x \to 0)$, 其中 $a, b > 0$;

   (5) $\ln\left[x + \cos\left(\frac{\pi}{2}x\right)\right] \ (x \to 1)$;　(6) $\ln x \ln(x-1) \ (x \to 1^+)$.

2. 设存在极限 $\lim\limits_{x \to 0} \frac{f(x)}{x}$, 又有 $f(x) - f\left(\frac{x}{2}\right) = o(x) \ (x \to 0)$, 证明: $f(x) = o(x) \ (x \to 0)$.

3. 与数列中的几个常见的无穷大量之间的关系 $\ln n \ll n^\varepsilon \ll a^n \ll n! \ll n^n \ (a > 1, \varepsilon > 0)$ 相类似, 证明当 $x \to +\infty$ 时, 有

   $$\ln x \ll x^\varepsilon \ll a^x \ll x^x \ (a > 1, \varepsilon > 0),$$

   其中 $u \ll v$ 的定义是 $\lim \frac{u}{v} = 0$.

4. 用等价量代换方法计算下列极限:

   (1) $\lim\limits_{x \to 0} \dfrac{\ln(\sin^2 x + e^x) - x}{\ln(x^2 + e^{2x}) - 2x}$;　(2) $\lim\limits_{x \to +\infty} (x+1)[\ln(x^2 + x) - 2\ln(x+1)]$;

   (3) $\lim\limits_{x \to 0} \dfrac{\sqrt{1+x} - \sqrt[6]{1+x}}{\sqrt[3]{1+x} - 1}$;　(4) $\lim\limits_{x \to 0} \dfrac{\sqrt{\cos x} - \sqrt[3]{\cos x}}{\sin^2 x}$;

   (5) $\lim\limits_{x \to 0} \dfrac{(3 + 2\sin x)^x - 3^x}{\tan^2 x}$;　(6) $\lim\limits_{t \to 0} \left(\dfrac{\arcsin t}{t}\right)^{\frac{1}{t^2}}$.

§4.5 对于教学的建议

4.5.1 学习要点

1. 学习函数极限的基本概念和计算极限的方法是这一章中的主要内容. 它们为下面学习微分学中的导数计算做好了准备. 这里含有许多重要的基本计算技巧. 其中除了与过去相似的适当放大法、夹逼方法、单调函数的单侧极限存在定理和 Cauchy 收敛准则外, 还有许多新的工具. 今后虽然会学到以微分学为基础的许多更有力的方法, 但是本章有许多基本技巧并不能为将来的工具所覆盖或代替. 在下面的参考题中有许多就是如此.

2. **对习题课的建议** 对于学过此章的人来说, 本章一开始举出的多种不同类型的极限 (或广义极限) 似乎很平常, 但对于多数初学者来说仍然会有很大的困难. 举一反三已是不易, 更何况这里有二十几种极限. 细心观察一些优秀教材, 可以看到在安排上有很好的考虑. 例如, 一开始应当集中力量学习基本类型的函数极限 (即本章第一小节), 在有了基础后再涉及其余, 加以推广. 又往往将广义极限另列一节单独处理. 这样比较符合人的认识规律.

本章习题课重点为: 函数极限的定义; Heine 归结原理; 无穷大 (小) 量的比较. 估计需安排两次, 可在第一次围绕概念, 第二次围绕 Heine 归结原理和求极限技巧 (如等价量的替换、两个重要极限等) 来讲解.

4.5.2 参考题

1. 若函数 f 在区间 (a,b) 上单调, 且有一个数列 $\{x_n\}$ 使得 $x_n \to a^+$ 和 $\lim_{n\to\infty} f(x_n)= A$. 请按照单侧极限的定义直接证明: $\lim_{x\to a^+} f(x) = A$.

2. 设函数 f 在区间 $[a,b]$ 上严格单调增加, 且有一个在区间 $[a,b]$ 内的数列 $\{x_n\}$ 使得 $f(x_n) \to f(a)$. 证明: $\lim_{n\to\infty} x_n = a$.

3. 在 Heine 归结原理 (命题 4.2.3) 的条件中,

   (1) 若将"每个数列 $\{x_n\}$"改为"每个单调数列 $\{x_n\}$", 其他要求不变, 则结论是否仍然成立?

   (2) 若对"每个数列 $\{x_n\}$"增加要求 $|x_{n+1} - a| < |x_n - a|, n \in \mathbf{N}_+$, 其他不变, 则又如何?

   又若在它的推论 (命题 4.2.4) 中作这些改动, 结论是否仍然成立?

4. 证明 $\sin\sqrt{x+1} - \sin\sqrt{x}$ 当 $x \to +\infty$ 时极限为 0, 并分析其阶数.

5. 求 $\lim_{x\to+\infty} \left(\frac{1}{x} \cdot \frac{a^x - 1}{a - 1} \right)^{\frac{1}{x}}$, 其中 $a > 0, a \neq 1$.

6. (1) 设函数 $f(x) = a_1 \sin x + a_2 \sin 2x + \cdots + a_n \sin nx$, 且对所有 x 成立 $|f(x)| \leqslant |\sin x|$. 证明: $|a_1 + 2a_2 + \cdots + na_n| \leqslant 1$;

   (2) 设函数 $f(x) = a_1 \ln(1 + x) + a_2 \ln(1 + 2x) + \cdots + a_n \ln(1 + nx)$, 且对于所有 $x > 0$ 成立 $|f(x)| \leqslant |x|$. 试陈述与 (1) 相应的不等式并加以证明.

7. 对一般的正整数 n 计算极限 $\lim\limits_{x \to 0} \dfrac{\sin nx - n \sin x}{x^3}$.

8. 证明 Dirichlet 函数 (4.1.5 小节的题 11) 有以下解析表达式:
$$D(x) = \lim_{m \to \infty} \left\{ \lim_{n \to \infty} [\cos(\pi m! \, x)]^{2n} \right\}.$$

9. (1) 设函数 f 在区间 $(0, +\infty)$ 上满足条件 $f(2x) = f(x)$, 且存在有限极限 $f(+\infty)$. 证明: f 是常值函数.

   (2) 设存在 $a > 0, a \neq 1$, 使得函数 f 在区间 $(0, +\infty)$ 上满足要求 $f(ax) = f(x)$. 证明: 若存在有限极限 $f(+\infty)$ 或 $f(0^+)$, 则 f 为常值函数.

10. 设函数 f 在 $\mathbf{R}$ 上定义, 在 $x = 0$ 邻近有界, 又有 $a > 1, b > 1$, 使得对每个 $x \in \mathbf{R}$ 成立 $f(ax) = bf(x)$. 证明: $\lim\limits_{x \to 0} f(x) = 0$.

11. 设函数 f 在 $(0, +\infty)$ 上单调增加, 且有 $\lim\limits_{x \to +\infty} \dfrac{f(2x)}{f(x)} = 1$. 证明: 对每个 $a > 0$, 成立 $\lim\limits_{x \to +\infty} \dfrac{f(ax)}{f(x)} = 1$.

12. 设 f 在 $(0, +\infty)$ 上定义, 且在其中的每个有界子区间上有界. 证明: 等式
$$\lim_{x \to +\infty} \frac{f(x)}{x} = \lim_{x \to +\infty} [f(x + 1) - f(x)]$$

   在右边为有限极限或 $\pm\infty$ 时成立.

13. 设 f 在 $(0, +\infty)$ 上定义, 且在其中的每个有界子区间上有界. 证明: 等式
$$\lim_{x \to +\infty} \frac{f(x)}{x^{n+1}} = \frac{1}{n+1} \lim_{x \to +\infty} \frac{f(x+1) - f(x)}{x^n}$$

   在右边为有限极限或 $\pm\infty$ 时成立.

14. 设 T 为正常数, 若函数 f, g 在 $[a, +\infty)$ 上满足条件:

   (1) $g(x + T) > g(x), x \in [a, +\infty)$;

   (2) $\lim\limits_{x \to +\infty} g(x) = +\infty, f(x), g(x)$ 在 $[a, +\infty)$ 的每个有界子区间上有界;

   (3) $\lim\limits_{x \to +\infty} \dfrac{f(x + T) - f(x)}{g(x + T) - g(x)} = l$,

   则 $\lim\limits_{x \to +\infty} \dfrac{f(x)}{g(x)} = l$.

15. 设成立 $\lim\limits_{x \to 0} f(x) = 0, f(x) - f\left(\dfrac{x}{2}\right) = o(x) \ (x \to 0)$. 证明: $f(x) = o(x) \ (x \to 0)$. (本题比 4.4.4 小节的题 2 要难一点.)

第五章 连续函数

连续函数类是数学分析中的主要函数类之一. 有关连续函数的一系列重要结论是支持数学分析整个体系的支柱. 本章的主要内容是介绍连续函数的基本定理. 由于这些性质都和连续函数的整个定义域密切联系, 与局部有界性、局部保号性等局部性质有根本的不同, 因此称为连续函数的**整体性质**, 或**非局部性质**.

在 §5.1 的基本概念之后, 将基本定理分成三组, 逐节介绍它们的方法和应用. §5.5 为单调函数. 在 §5.6 中介绍连续函数在混沌中的应用, 这是 §2.6 (迭代生成数列) 的现代发展. 最后一节为学习要点和两组参考题.

§5.1 连续性概念

5.1.1 内容提要

1. 函数 f 在点 a 连续有两个定义: (1) 第一定义是: $\lim\limits_{x \to a} f(x) = f(a)$; (2) 第二定义是: 对于收敛于 a 的每个数列 $\{x_n\}$, 有 $\lim\limits_{n \to \infty} f(x_n) = f(a)$. 两个定义的等价性可用函数极限的 Heine 归结原理得到.

2. 函数 f 在点 a 左连续 (右连续) 的定义是: $f(a^-) = f(a)\,(f(a^+) = f(a))$. 函数 f 在点 a 连续的充分必要条件是 $f(a^-) = f(a) = f(a^+)$.

3. 设点 a 属于函数 f 的定义域, 若 f 在 a 连续, 则称 a 为 f 的连续点, 否则称点 a 为函数 f 的不连续点, 即间断点. 间断点的分类: 若存在两个单侧极限, 则为第一类, 否则为第二类. (请注意: 各种教材对于间断点的定义不完全相同.)

4. 区间上连续函数的定义: 函数 f 在区间 I 的每一点都连续 (即处处连续), 则称函数 f 在区间 I 上连续. 若区间包含端点, 则在端点处的连续性是按左连续或右连续来定义的. 本书经常采用记号 $f \in C(I)$ 表示函数 f 为区间 I 上的连续函数.

5. 用**函数在一个点的振幅**来刻画连续性有时是很方便的. 其定义如下. 对于点 a 的邻域 $O_\delta(a)$, 定义 f 在这个邻域上的振幅为

$$\omega_f(a, \delta) = \sup_{x \in O_\delta(a)} \{f(x)\} - \inf_{x \in O_\delta(a)} \{f(x)\},$$

然后令

$$\omega_f(a) = \lim_{\delta \to 0^+} \omega_f(a, \delta),$$

称为函数 f 在点 a 的振幅. 容易证明, 函数 f 在点 a 连续的充分必要条件是 $\omega_f(a) = 0$ (留作为 5.1.4 小节的练习题 12).

5.1.2 思考题

1. 当 f 于点 a 连续时, 函数 f^2 和 $|f|$ 在点 a 是否连续? 反之如何?

2. 设函数 f, g 在点 a 都不连续, 问 $f + g$ 和 $f \cdot g$ 在点 a 是否连续?

3. 设函数 f 在区间 (a, b) 上定义, 若对于每个闭区间 $[c, d] \subset (a, b)$, 函数 f 在 $[c, d]$ 上连续, 证明 f 在 (a, b) 上连续.

4. 讨论下列函数的连续性, 若有间断点则确定它的类型:

$$(1)\ f(x) = \begin{cases} e^{\frac{1}{x}}, & x \in (-\infty, 0), \\ x^2, & x \in [0, +\infty); \end{cases} \qquad (2)\ f(x) = \begin{cases} e^{\frac{1}{x}}, & x \in \mathbf{R} - \{0\}, \\ 0, & x = 0; \end{cases}$$

$$(3)\ f(x) = \begin{cases} \dfrac{\ln(1 + x^2)}{x}, & x \in (-1, 0) \cup (0, 1), \\ 2, & x = 0. \end{cases}$$

5. 找出下列函数的间断点, 并确定类型:

(1) $f(x) = \operatorname{sgn} x$;　　　　　　　　　(2) $g(x) = x - [x]$;

(3) $f(g(x))$ (f 和 g 由 (1),(2) 给定);　　(4) $g(f(x))$ (f 和 g 同 (3));

$$(5)\ h(x) = \frac{\dfrac{1}{x} - \dfrac{1}{x+1}}{\dfrac{1}{x-1} - \dfrac{1}{x}}; \qquad\qquad (6)\ y(x) = \frac{1}{\left[\dfrac{1}{x}\right]}.$$

5.1.3 例题

例题 5.1.1 设函数 f 在 $x = 0$ 处连续, 对每一个 $x \in \mathbf{R}$ 成立 $f(x) = f(2x)$. 证明: f 是常值函数.

证 任取一个 $x \in \mathbf{R}$, 则

$$f(x) = f\left(2 \cdot \frac{x}{2}\right) = f\left(\frac{x}{2}\right) = f\left(\frac{x}{2^2}\right) = \cdots = f\left(\frac{x}{2^n}\right).$$

利用 $f(x)$ 在 $x = 0$ 连续, 因此 (根据连续性的第二定义)

$$\lim_{n \to \infty} f\left(\frac{x}{2^n}\right) = f(0).$$

这样就知道对每一个 $x \in \mathbf{R}$ 成立 $f(x) = f(0)$. □

例题 5.1.2 设函数 f, g 是 $(-\infty, +\infty)$ 上的连续函数, 又在所有有理点上 $f(x) = g(x)$, 证明: $f(x) \equiv g(x)$.

证 只要对 $\mathbf{R}$ 中的每个无理数 x 证明 $f(x) = g(x)$ 成立即可. 取有理数列 $\{r_n\}$, 使 $\lim\limits_{n \to \infty} r_n = x$. 例如, 取无理数 x 的不足近似值 $r_n = [10^n x]/10^n$, 则有

$$r_n = \frac{[10^n x]}{10^n} = \frac{10^n x - \theta_{x,n}}{10^n},$$

其中 $0 \leqslant \theta_{x,n} < 1$. 因此就有 $r_n \to x \, (n \to \infty)$.

由于 $f(r_n) = g(r_n), n \in \mathbf{N}_+$, f, g 在点 x 连续, 利用连续性的第二定义, 就有

$$f(x) = \lim\limits_{n \to \infty} f(r_n) = \lim\limits_{n \to \infty} g(r_n) = g(x). \qquad \square$$

例题 5.1.3 (一个函数方程的连续解) 设函数 f 在 $x = 0$ 处连续, 且对一切 x, y 有 $f(x + y) = f(x) + f(y)$. 证明 f 在 $\mathbf{R}$ 上连续, 且 $f(x) = f(1)\,x$.

证 在方程 $f(x + y) = f(x) + f(y)$ 中令 $y = 0$, 可知 $f(0) = 0$. 因此有

$$\lim\limits_{x \to 0} f(x) = 0.$$

任取点 $x_0 \in \mathbf{R}$, 将 x 写成 $x = x_0 + \Delta x$, 计算极限

$$\begin{aligned}
\lim\limits_{x \to x_0} f(x) &= \lim\limits_{\Delta x \to 0} f(x_0 + \Delta x) \\
&= \lim\limits_{\Delta x \to 0} [f(x_0) + f(\Delta x)] \\
&= f(x_0) + \lim\limits_{\Delta x \to 0} f(\Delta x) = f(x_0),
\end{aligned}$$

可见 f 处处连续.

由于 $f(x) + f(-x) = f(x + (-x)) = f(0) = 0$, 可见有 $f(-x) = -f(x)$. 因此只需讨论 x 为正数的情况. 对正有理数 $x = m/n$, 其中 $m, n \in \mathbf{N}_+$, 用数学归纳法可以知道对正整数 $m \in \mathbf{N}_+$ 成立

$$f(mx) = mf(x).$$

再从

$$f(x) = f\left(n \cdot \frac{x}{n}\right) = nf\left(\frac{x}{n}\right)$$

得到 $f\left(\dfrac{x}{n}\right) = \dfrac{1}{n} f(x)$. 因此就有

$$f\left(\frac{m}{n} x\right) = mf\left(\frac{x}{n}\right) = \frac{m}{n} f(x).$$

令 $x = 1$, 代入得到

$$f\left(\frac{m}{n}\right) = \frac{m}{n} f(1).$$

因此, 等式 $f(x) = f(1)\,x$ 对一切有理数 $x \in \mathbf{Q}$ 已成立. 最后, 利用例题 5.1.2 的结论, 就知道 $f(x) = f(1)x$ 对一切实数 x 成立. $\qquad \square$

注 本例与例题 5.1.1 都是函数方程问题 (参见 [14, 44]). 但本例的结论和证明的方法具有较大的典型意义. 函数方程方面的基本材料可以看 [59] 第一册的 §1.10. 在 [66] 的第 48–50 页有这方面的较新材料. 此外, 本题所求出的是该函数方程的连续解. 实际上, 这个函数方程还有不连续解. 由以上证明可见, 这个方程的解只要在一个点上连续, 就处处连续. 因此所说的不连续解一定是处处不连续的函数. 有兴趣的读者可以参考 [58] 的第 68–70 页.

例题 5.1.4 (Riemann (黎曼) 函数的连续性) Riemann 函数的定义为

$$R(x) = \begin{cases} \dfrac{1}{q}, & x = \dfrac{p}{q}, \text{其中} \, p, q \text{ 为互素整数}, q > 0, \\ 0, & x \text{ 为无理数}. \end{cases}$$

确定 R 的间断点及其类型. (对于 $x = 0$, 可写出 $0 = \dfrac{0}{1}$, 因此取 $R(0) = 1$.)

解 以下主要是证明对每个 $x_0 \in \mathbf{R}$ 成立

$$\lim_{x \to x_0} R(x) = 0. \tag{5.1}$$

如果这一点已得到证明, 则从函数 $R(x)$ 的定义即可以知道, 在所有无理点处 $R(x)$ 连续, 而在所有有理点处 $R(x)$ 不连续, 且为可去间断点.

取定 x_0. 由于 (5.1) 与 $R(x_0)$ 无关, 因此无需区分 x_0 是有理点或无理点.

对给定的 $\varepsilon > 0$, 我们只需要证明有 $\delta > 0$, 使得当 $0 < |x - x_0| < \delta$ 时, 成立 $(0 \leqslant) R(x) < \varepsilon$. 考虑其反面, 使这个不等式不成立 (即 $R(x) \geqslant \varepsilon$) 的 x 是什么? 当然 x 只能是有理数. 将它写成 $x = p/q$, 其中 p, q 为互素的整数, $q > 0$, 则有

$$R\left(\frac{p}{q}\right) = \frac{1}{q} \geqslant \varepsilon.$$

这等价于 $q \leqslant \dfrac{1}{\varepsilon}$, 即

$$q \in \left\{1, 2, \cdots, \left[\frac{1}{\varepsilon}\right]\right\}.$$

由以上分析可见, 可以先取 $\delta_1 = 1$, 然后将去心邻域

$$(x_0 - 1) \cup (x_0 + 1)$$

中分母为 $q \in \{1, 2, \cdots, [1/\varepsilon]\}$ 的所有有理数 p/q 都挑出来. 由于这样的有理数至多只有有限个, 可以将它们记为 $x_1, x_2, \cdots, x_k$, 然后取

$$\delta = \min\{1, |x_1 - x_0|, |x_2 - x_0|, \cdots, |x_k - x_0|\},$$

则当 $0 < |x - x_0| < \delta$ 时就成立 $0 \leqslant R(x) < \varepsilon$. 因此 (5.1) 成立. □

注 如果用 $\delta_1 = \varepsilon^2/2$ 代替 $\delta_1 = 1$, 则可以证明: 在 $(x_0 - \delta_1) \cup (x_0 + \delta_1)$ 中分母 $q \leqslant 1/\varepsilon$ 的有理数 p/q 至多只有一个 (见 [42]).

5.1.4　练习题

1.　(1) 将对偶法则用于连续性的第一定义和第二定义, 写出函数 f 在点 a 处不连续的两个正面叙述;

　　(2) 证明连续性的两个定义的等价性.

2.　讨论下述函数的间断点及其类型:

　　(1) $f(x) = [x]$;　　　(2) $f(x) = \begin{cases} \dfrac{e^{\sin x} - 1}{x}, & x \in (-\infty, 0) \cup (0, +\infty), \\ 1, & x = 0; \end{cases}$

　　(3) $f(x) = [x] + [-x]$;　(4) $f(x) = \begin{cases} \dfrac{x^2 - x}{|x|(x^2 - 1)}, & x \neq 0, \pm 1, \\ 1, & x = 0, \pm 1. \end{cases}$

3.　设函数 $f \in C[a, b]$. 若有数列 $\{x_n\} \subset [a, b]$, 使得 $\lim\limits_{n \to \infty} f(x_n) = A$, 证明: 存在 $\xi \in [a, b]$, 使得 $f(\xi) = A$.

4.　设函数 f 在 $(-\infty, +\infty)$ 上定义, 在 $x = 0, 1$ 两点连续, 且满足 $f(x) = f(x^2), x \in \mathbf{R}$. 证明: f 是常值函数.

5.　设在区间 I 上函数 f, g 连续, 证明: $\max\{f, g\}, \min\{f, g\} \in C(I)$.

　　(可以从连续定义证, 也可用公式 $\max\{a, b\} = \dfrac{a + b}{2} + \dfrac{|a - b|}{2}$ 等.)

6.　设有三个函数 $f_1, f_2, f_3 \in C[a, b]$, 对每个 $x \in [a, b]$, 定义 $f(x)$ 是三个函数值 $f_1(x), f_2(x), f_3(x)$ 中处于中间的一个值, 证明: $f \in C[a, b]$.

7.　证明: f 为区间上连续函数的充分必要条件是: 对每个正整数 n, 函数

$$f_n(x) = \begin{cases} -n, & f(x) \leqslant -n, \\ f(x), & -n < f(x) \leqslant n, \\ n, & f(x) > n \end{cases}$$

连续.

　　(必要性证明可用 $f_n(x) = \max\{-n, \min\{f(x), n\}\}$ 归结为上一题.)

8.　证明 Dirichlet 函数 $D(x)$ (其定义见第四章 4.1.5 小节题 11) 处处不连续, 并确定其类型.

9.　构造一个在 $(-\infty, +\infty)$ 上有定义的函数, 使得它在某个指定点处连续, 但在所有其他点处都不连续.

10.　设 $f \in C(-\infty, +\infty)$, 且对任意 $x, y \in \mathbf{R}$ 有 $f(x + y) = f(x)f(y)$. 证明: 这个函数方程的解除了 $f \equiv 0$ 之外, 就是 $f(x) = a^x$, 其中 $a = f(1) > 0$.

11. 设 $f \in C(-\infty, +\infty)$, 且对任意 $x, y \in \mathbf{R}$ 有 $f\left(\dfrac{x+y}{2}\right) = \dfrac{1}{2}[f(x) + f(y)]$. 证明: $f(x) = [f(1) - f(0)]x + f(0)$.

12. 根据 5.1.1 小节中第 5 点给出的定义, 证明: 函数 f 在点 a 连续的充分必要条件是 f 在该点的振幅为 0, 即 $\omega_f(a) = 0$.

§5.2 零点存在定理与介值定理

这两个定理有密切的关系. 从内容上看, 后者包含了前者. 但实际上前一个定理是核心, 由它出发用一个辅助函数就可以推出后一个定理. 由于 f 的零点就是方程 $f(x) = 0$ 的根, 因此也经常将零点存在定理称为根的存在定理:

命题 5.2.1 (零点存在定理) 设 $f \in C[a, b]$, 并满足条件 $f(a)f(b) < 0$, 则存在点 $\xi \in (a, b)$ 使得 $f(\xi) = 0$.

注 由于定理的内容有明显的几何意义 (参见图 5.1), 非常直观, 因此很早就被我国古代数学家用来求方程的近似根 (见 [35]). 但实际上它和实数理论密切相关. 例如, 在有理数范围内函数 $f(x) = x^2 - 2$ 在区间 $[0, 2]$ 上满足定理的条件, 但是没有零点. 由此可见, 下面的证明必然要利用实数系的这个或那个基本定理.

5.2.1 定理的证明

关于零点存在定理的证明在数学分析的教科书中都有, 原则上从实数系的每一个基本定理 (包括与它们等价的每一个命题) 出发都可以证明它. 以下用例题的形式举出几个证明. 它们是学习实数系基本定理的好材料.

例题 5.2.1 用闭区间套定理和 Bolzano 二分法证明零点存在定理.

证 记 $a = a_1, b = b_1$. 用区间的中点 $c_1 = (a_1 + b_1)/2$ 从 $[a_1, b_1]$ 得到两个闭子区间 $[a_1, c_1]$ 和 $[c_1, b_1]$. 考虑 $f(c_1)$ 的符号. 如果恰好有 $f(c_1) = 0$, 则 c_1 就是 f 的零点, 讨论结束. 否则, 由于 $f(a_1)$ 和 $f(b_1)$ 异号, 其中一定有一个值的符号和 $f(c_1)$ 的符号相反. 因此在两个闭子区间中必有一个闭子区间, 在它的两端 f 的值异号. 将这个闭子区间记为 $[a_2, b_2]$, 这时满足条件 $f(a_2)f(b_2) < 0$.

用数学归纳法可以证明, 或者在有限次运用二分法后已经找到了 f 的一个零点, 或者以上过程可以无限地做下去, 得到一个闭区间套 $\{[a_n, b_n]\}$. 由于这个闭区间套是根据以上过程归纳地构造出来的, 因此它具有以下特点:

$$(1)\ b_{n+1} - a_{n+1} = (b_n - a_n)/2; \quad (2)\ f(a_n)f(b_n) < 0, \forall n \in \mathbf{N}_+.$$

对这个 $\{[a_n, b_n]\}$ 应用闭区间套定理, 就知道存在一个点 ξ, 使得

$$\lim_{n \to \infty} a_n = \lim_{n \to \infty} b_n = \xi.$$

考虑 $f(\xi)$ 的符号. 如果 $f(\xi) \neq 0$, 则从连续函数的局部保号性定理, 就有 ξ 的一个邻域 $O(\xi)$, 使得 f 在邻域 $O(\xi)$ 上同号. 但当 n 充分大时, a_n 和 b_n 将同时进入这个邻域, 从而保号性与 $f(a_n)f(b_n) < 0$ 矛盾. 因此只能有 $f(\xi) = 0$.   □

注 1   这个证明是闭区间套定理的典型应用. 如在第三章中所说, 闭区间套定理可以将原来的闭区间的某种性质 "凝聚" 到某一个点的附近. 在上面正是这样做的. 通过 Bolzano 二分法, 函数 f 在区间 $[a,b]$ 两端异号这个性质导致函数 f 在每个区间 $[a_n, b_n]$ 的两端异号, 而且将这个性质 "凝聚" 到一个点 ξ 的任意邻近. 从而如 $f(\xi) \neq 0$ 的话, 就与连续函数的局部保号性矛盾.

注 2   这个证明方法有一个优点, 即可以用于求近似解. (我们将这类证明方法称为构造性的证明.) 例如, 设 f 在区间 $[0,1]$ 上连续, $f(0)f(1) < 0$, 且只有一个根 ξ. 用以上二分法做 9 次, 得到 $[a_{10}, b_{10}]$. 取这个区间的中点 c 为近似值, 则误差可估计为

$$|c - \xi| < 2^{-10} \approx 0.001.$$

当然, 这个方法相当原始, 计算效率也低. 较好的求根方法见 §8.7.

在第三章中曾指出, 在上述注解 1 的意义上, 覆盖定理具有与闭区间套定理相反的特点, 即可以从局部性质推出整体性质. 根据具体问题的特点, 可以事先看出应当采取什么思路. 由于条件是非局部的, 而所要证明的结论, 即在一个点上函数值为 0, 是局部的, 这与覆盖定理的方向相反. 由此可见, 若用覆盖定理证明零点存在定理的话, 就应当用反证法.

例题 5.2.2 用覆盖定理证明零点存在定理.

证   用反证法. 设连续函数 f 在区间 $[a,b]$ 两端有 $f(a)f(b) < 0$, 但在区间中无零点. 任取一点 $x_0 \in [a,b]$, 因为 $f(x_0) \neq 0$, 从连续函数的局部保号性定理, 存在 $\delta > 0$, 使得函数 f 在邻域 $O_\delta(x_0) \cap [a,b]$ 上保号. 对区间 $[a,b]$ 中的每一个点都这样做, 就得到区间 $[a,b]$ 的一个开覆盖. 在这个开覆盖中的每一个开区间 (和区间 $[a,b]$ 的交集) 上, 函数 f 保号.

若现在直接用覆盖定理, 则不容易说清楚如何引出与条件 $f(a)f(b) < 0$ 的矛盾 (请读者试试看). 改用加强形式的覆盖定理 (即第三章例题 3.5.3), 存在 Lebesgue 数 $\delta > 0$, 使得对 $[a,b]$ 中的任何两点 x', x'', 只要 $|x' - x''| < \delta$, 就有开覆盖中的某一个开区间将这两个点 x', x'' 覆盖住. 对本题的开覆盖来说, 即保证了当 $|x' - x''| < \delta$ 时, $f(x')$ 和 $f(x'')$ 同号, 即 $f(x')f(x'') > 0$.

用这个 Lebesgue 数 δ 在区间 $[a,b]$ 中插入一系列点, 连同端点一起, 记为

$$a = x_0 < x_1 < x_2 < \cdots < x_n = b,$$

使得 $|x_i - x_{i-1}| < \delta, i \in \{1, 2, \cdots, n\}$. 由于 $f(x_{i-1})f(x_i) > 0, i \in \{1, 2, \cdots, n\}$, 可见 $f(a)f(b) > 0$. 引出矛盾. □

注 与用闭区间套定理的证明比较, 可见这个证明不是构造性的. 它断定了根的存在, 但并未提供方法去求这个根. 这种证明称为非构造性证明, 或纯粹存在性证明. 在过去已遇到过很多这类证明. 例如用反证法的证明都是如此.

例题 5.2.3 用确界存在定理和 Lebesgue 方法证明零点存在定理.

证 (请参考关于 Lebesgue 方法的例题 3.5.2 和例题 3.7.1 的证 6.) 为确定起见, 设 $f(a) > 0, f(b) < 0$. 定义数集

$$S = \{x \in [a,b] \mid f(x) \geqslant 0\}. \tag{5.2}$$

从 $f(a) > 0$ 知 $a \in S$, 所以 S 为非空有界数集. 用确界存在定理, 记 ξ 为 S 的上确界. 由于 $f(b) < 0$, 我们知道 f 在 b 附近也取负值 (局部保号性), 因此成立

$$\xi = \sup S < b.$$

我们断言: $f(\xi) = 0$.

由于实数只有三种可能, 即大于 0, 等于 0 和小于 0 (即实数的三歧性), 因此只要证明 $f(\xi) > 0$ 和 $f(\xi) < 0$ 都不可能.

如 $f(\xi) > 0$, 则 $\xi \in S$. 由于 $\xi < b$ 和连续函数的局部保号性, f 在点 ξ 的右侧邻近也取正值. 这与 ξ 是数集 S 的上界相矛盾.

如 $f(\xi) < 0$, 则同理知道 f 在点 ξ 左侧邻近也取负值. 这与 ξ 是数集 S 的最小上界矛盾. □

注 这个证明也没有能够提供具体的求根方法, 但从方法上看并不抽象, 倒是有很直观的几何意义. 如右边的图 5.1 所示, 函数 $y = f(x)$ 在 $[a,b]$ 内有三个零点. 由公式 (5.2) 定义的数集 S 在图上由两个粗黑线段表示. 数集 S 的上确界 ξ 就是 $f(x)$ 的最大的零点.

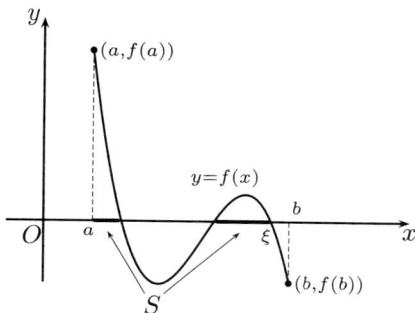

图 5.1

现在给出介值定理和它的证明. 这个定理的表达方式可有多种. 如果将各种区间 (包括有界区间、无限区间、开区间、闭区间以及半开半闭区间等) 的共同点抽出来, 则可以将介值定理表达如下:

命题 5.2.2 (介值定理) 区间上的连续函数的值域必是区间 (可缩为一点).

证 设 $f \in C(I)$, 其中 I 为区间. 为了证明 $f(I)$ 是区间, 只要证明: 若有 $x', x'' \in I$, 且 $f(x') \neq f(x'')$, 则函数 f 能取到在 $f(x')$ 和 $f(x'')$ 之间的每一个值.

为确定起见, 只写出 $x' < x'', f(x') < c < f(x'')$ 时的证明. 我们要证明, 存在点 $\eta \in (x', x'') \subset I$, 使得 $f(\eta) = c$.

为此作辅助函数

$$F(x) = f(x) - c.$$

这时有

$$F(x')F(x'') = (f(x') - c)(f(x'') - c) < 0.$$

在闭区间 $[x', x'']$ 上对函数 $F(x)$ 应用连续函数的零点存在定理, 就知道存在点 $\eta \in (x', x'')$, 使得 $F(\eta) = 0$. 这就是 $f(\eta) = c$. □

注 1 介值定理的常见形式为: 若 $f \in C[a, b]$, $a \leqslant x_1 < x_2 \leqslant b$, 且 $f(x_1) \neq f(x_2)$, 则 f 可取到在 $f(x_1)$ 和 $f(x_2)$ 之间的每个值. 我们将此称为**介值性质**.

思考题 举例说明: 区间上的函数即使处处不连续, 也可以具有介值性质.

注 2 介值定理只肯定在所说的条件下值域是区间, 未说是什么区间. 在下一节会知道在闭区间上的连续函数的值域一定是闭区间. 但若定义域是其他类型的区间, 包括无限区间, 则连续函数的值域可以是所有可能的各种区间.

5.2.2 例题

例题 5.2.4 设 $f \in C[a, b]$, 且有 $f([a, b]) \subset [a, b]$. 证明: 存在 $\xi \in [a, b]$, 使得 $f(\xi) = \xi$ (即 f 在区间 $[a, b]$ 中有不动点).

证 引入辅助函数 $F(x) = f(x) - x$. 从条件 $f([a, b]) \subset [a, b]$ 可以得到

$$F(a) = f(a) - a \geqslant 0, \quad F(b) = f(b) - b \leqslant 0,$$

因此 $F(a)F(b) \leqslant 0$. 如果此式等于零, 则 f 以 a 或 b 为不动点. 否则, 对函数 F 应用连续函数的零点存在定理, 知道 f 在 (a, b) 中有不动点. □

注 这个例题是著名的 Brouwer (布劳威尔) 不动点定理的特例. Brouwer 不动点定理是说, 从 n 维空间的球

$$D^n = \{ \boldsymbol{x} \in \mathbf{R}^n \mid x_1^2 + x_2^2 + \cdots + x_n^2 \leqslant 1 \}$$

到自身的连续映射必有不动点. 在数轴上的闭区间就是一维的球. 关于 Brouwer 不动点定理的一个简洁而漂亮的证明见 [40].

例题 5.2.5 若 $f \in C[a, b]$, 且对每一个 $x \in [a, b]$ 存在 $y \in [a, b]$, 使得 $|f(y)| \leqslant \frac{1}{2}|f(x)|$. 证明: f 在 $[a, b]$ 中有零点.

证 任取一点 $x_0 \in [a,b]$, 则存在 $x_1 \in [a,b]$, 使 $|f(x_1)| \leqslant \frac{1}{2}|f(x_0)|$. 这样继续下去, 就可以归纳地得到一个数列 $\{x_n\}$, 使得成立

$$|f(x_n)| \leqslant \frac{1}{2}|f(x_{n-1})| \leqslant \cdots \leqslant \frac{1}{2^n}|f(x_0)|.$$

因此有 $\lim\limits_{n\to\infty} f(x_n) = 0$, 即数列 $\{f(x_n)\}$ 为无穷小量.

对数列 $\{x_n\}$ 用凝聚定理, 存在收敛子列 $\{x_{n_k}\}$. 设极限为

$$\lim_{k\to\infty} x_{n_k} = \eta,$$

则有 $\eta \in [a,b]$. 由于 f 在 η 连续, 就有

$$\lim_{k\to\infty} f(x_{n_k}) = f(\eta).$$

由于 $\{f(x_{n_k})\}$ 是 $\{f(x_n)\}$ 的子列, 因此 $f(\eta) = 0$. □

注 在构造数列 $\{x_n\}$ 时, 有可能某个 x_n 恰好是 f 的零点. 这时当然可以不必做下去. 但上面写出的证明即使对这种特殊情况仍然是正确的.

5.2.3 练习题

1. 设 $f \in C[a,b]$, $a \leqslant x_1 < x_2 < \cdots < x_n \leqslant b$, 证明: 存在 $\xi \in [x_1, x_n]$, 使成立
$$f(\xi) = \frac{f(x_1) + f(x_2) + \cdots + f(x_n)}{n}.$$

2. 设 f 是定义在一个圆周上的连续函数. 证明: 存在一条直径, 使得 f 在其两端取相同的值. (试给出在圆周上的函数的连续性定义.)

3. 若余弦多项式 $C_n(x) = \sum\limits_{k=0}^{n} a_k \cos kx$ 的系数满足条件 $\sum\limits_{k=1}^{n-1} |a_k| < a_n$, 证明: $C_n(x)$ 在区间 $[0, 2\pi)$ 中至少有 $2n$ 个零点.

4. 设 $a_1, a_2, a_3 > 0$, 且 $b_1 < b_2 < b_3$. 证明: 方程
$$\frac{a_1}{x - b_1} + \frac{a_2}{x - b_2} + \frac{a_3}{x - b_3} = 0$$
在区间 (b_1, b_2) 和 (b_2, b_3) 内恰好各有一个根.

5. 证明:
   (1) 奇数次多项式方程 $f(x) = x^{2n+1} + a_1 x^{2n} + \cdots + a_{2n} x + a_{2n+1} = 0$ 至少有一个实根;
   (2) 偶数次多项式方程 $f(x) = x^{2n} + a_1 x^{2n-1} + \cdots + a_{2n-1} x + a_{2n} = 0$ 可以没有实根, 但当 $a_{2n} < 0$ 时则至少有两个实根.

6. 证明: $x^{17} + 215/(1 + \cos^2 3x) = 18$ 必有实根.

7. 若 $f \in C[a,b]$, 且 $f(x)$ 只取有理数. 问: f 有何特点?

8. 设 $f \in C[a,b]$, 且为一对一映射. 证明:

    (1) 若 $f(a) < f(b)$, 则 f 严格单调增加;

    (2) 若 $f(a) > f(b)$, 则 f 严格单调减少.

9. 设 $f \in C(-\infty, +\infty)$, 且有 $f(-\infty) = A < B = f(+\infty)$, 证明: 对每个 $c \in (A, B)$, 存在 ξ, 使得 $f(\xi) = c$.

10. 设 $f \in C[a,b)$, 数列 $\{x_n\}, \{y_n\} \subset [a,b)$, 已知

$$\lim_{n\to\infty} x_n = b, \lim_{n\to\infty} y_n = b, \lim_{n\to\infty} f(x_n) = A, \lim_{n\to\infty} f(y_n) = B,$$

但 $A \neq B$. 证明: 对每一个 $\eta \in (A, B)$, 存在数列 $\{z_n\} \subset [a,b)$, 满足要求

$$\lim_{n\to\infty} z_n = b, \lim_{n\to\infty} f(z_n) = \eta.$$

§5.3 有界性定理与最值定理

命题 5.3.1 (有界性定理) 有界闭区间上的连续函数一定有界.

命题 5.3.2 (最值定理) 有界闭区间上的连续函数一定取到最大值和最小值.

注 1   容易看出最值定理蕴涵有界性定理. 因此如果能直接证明最值定理的话, 则同时也就证明了有界性定理.

注 2   容易举出例子说明, 如果将这两个定理中的有界闭区间换成其他区间, 则结论都不再成立. 因此这两个定理是有界闭区间上连续函数才具有的性质. 由于有界闭区间与覆盖定理的紧密联系 (参见第三章 §3.5 关于覆盖定理的介绍), 因此可以看出, 要证明这两个定理也需要实数系的基本定理.

注 3   由连续函数的局部有界性定理知, 当 $f \in C[a,b]$ 时, f 在区间 $[a,b]$ 的每一点的一个邻域上有界. 联系到 3.7.2 小节中的内容, 可见我们已经对有界性定理作出了六个不同的证明. 但是本节还将给出对这个定理的新证明.

注 4   由最值定理再加上介值定理就得到有界闭区间上的连续函数的值域一定是闭区间的结论, 这就是连续函数的**值域定理**: 若 $f \in C[a,b]$, M, m 是 f 的最大值和最小值, 则有

$$f([a,b]) = [m, M].$$

(当 $m = M$ 时值域 $[m, M]$ 退化成一点, f 为常值函数.)

5.3.1 定理的证明

最值定理的证明往往是以有界性定理为基础, 但下面的第一个证明却不是如此, 因此它同时也可以看成是有界性定理的新证明 (见 [42]).

例题 5.3.1 用确界定理和凝聚定理同时证明有界性定理和最值定理.

证 由于值域 $f([a,b])$ 非空, 因此可取

$$M = \sup f([a,b]), \quad m = \inf f([a,b]).$$

这里并未假定 M, m 是有限数. 我们的目的是证明 $M, m \in f([a,b])$. 以下只写出 $M \in f([a,b])$ 的证明, 它同时说明 f 在 $[a,b]$ 上有上界.

从上确界的性质, 在 $[a,b]$ 中存在数列 $\{x_n\}$, 使得 $\lim\limits_{n\to\infty} f(x_n) = M$. (对 M 为有限数的情况, 见例题 3.1.3; 对 $M = +\infty$, 请读者完成.) 对 $\{x_n\}$ 用凝聚定理, 有收敛子列 $\{x_{n_k}\}$. 记该子列的极限为 ξ, 则点 $\xi \in [a,b]$. 由 f 在 ξ 处的连续性, 就有

$$f(\xi) = \lim\limits_{k\to\infty} f(x_{n_k}) = M.$$

这就表示 $M \in f([a,b])$. □

注 1 请读者回答: 上述证明中, 闭区间的"闭"这个关键条件用在哪里?

注 2 实际上用覆盖定理或闭区间套定理都不难同时证明有界性定理与最值定理. 这是实数系基本定理的很好的练习题. 请读者试之.

下一个证明说明从有界性定理到最值定理只是一步之遥.

例题 5.3.2 用两次有界性定理就可以证明最值定理, 关键是设计一个适当的辅助函数 (见 [14]).

证 只证明其中的最大值部分. 由有界性定理知道, 若 $f \in C[a,b]$, 则 f 有上界. 因此值域的上确界 $M = \sup f([a,b])$ 是有限数. 我们断言 $M \in f([a,b])$.

反证法. 若 $M \notin f([a,b])$, 则有 $f(x) < M, \forall x \in [a,b]$. 构造辅助函数

$$g(x) = \frac{1}{M - f(x)}.$$

由于 $f \in C[a,b]$, 且 f 的取值始终小于 M, 因此从连续函数的除法运算法则知道, 函数 g 在 $[a,b]$ 上处处连续, 即也有 $g \in C[a,b]$. 而且有 $g(x) > 0, x \in [a,b]$.

对 g 再次应用有界性定理, 知道它有上界, 将它记为 M', 则有

$$g(x) = \frac{1}{M - f(x)} \leqslant M', \forall x \in [a,b].$$

这就导致

$$f(x) \leqslant M - \frac{1}{M'}, \forall x \in [a,b].$$

因此 $M - \dfrac{1}{M'}$ 是值域 $f([a,b])$ 的上界. 这与 M 是值域的最小上界矛盾. □

5.3.2 例题

例题 5.3.3 设 $f \in C(a,b)$, $f(a^+)$ 和 $f(b^-)$ 有限. 证明: f 在 (a,b) 上有界.

证 1 在闭区间 $[a,b]$ 上构造辅助函数

$$F(x) = \begin{cases} f(x), & x \in (a,b), \\ f(a^+), & x = a, \\ f(b^-), & x = b. \end{cases}$$

则可以看出 $F \in C[a,b]$. 对 F 应用连续函数的有界性定理, 可见 F 在 $[a,b]$ 上有界. 因此 f 在 (a,b) 上也有界. □

证 2 根据函数极限的局部有界性定理, 存在 $\delta > 0$, 使得函数 f 在 $(a, a+\delta)$ 和 $(b-\delta, b)$ 上有界. 这里假定有 $a+\delta < b-\delta$ 成立. 然后在闭区间 $[a+\delta, b-\delta]$ 上可以用有界性定理. 这样就得到所要的结论. □

注 证 2 对 $a = -\infty$ 和 $b = +\infty$ 的情况同样有效.

用同样的方法可以解决下面的例题, 证明从略.

例题 5.3.4 设 $f \in C(a,b)$, 极限 $f(a^+)$ 和 $f(b^-)$ 有限. 若存在 $\xi \in (a,b)$ 使
$$f(\xi) \geqslant \max\{f(a^+), f(b^-)\},$$
证明 f 在 (a,b) 上有最大值.

用最值定理可以对于例题 5.2.5 给出简单得多的证明.

例题 5.3.5 若 $f \in C[a,b]$, 且对每一个 $x \in [a,b]$ 存在 $y \in [a,b]$, 使得 $|f(y)| \leqslant \frac{1}{2}|f(x)|$. 证明 f 在 $[a,b]$ 中有零点.

证 这时也有 $|f| \in C[a,b]$, 对 $|f|$ 用最值定理, 在题设条件下可见最小值只能是 0. 这时的最小值点就是 $|f|$ 的零点, 当然也是 f 的零点. □

5.3.3 练习题

1. 设函数 f 在区间 $[a,b]$ 中只有第一类间断点, 证明: f 在 $[a,b]$ 上有界.

2. 若 $f \in C[a, +\infty)$, 且存在有限极限 $\lim\limits_{x \to +\infty} f(x)$. 证明: f 在 $[a, +\infty)$ 上有界.

3. 问: 是否存在从区间 (1) $(0,1)$, (2) $[0,1]$, (3) $(0,1]$ 映射到整个实数集 $\mathbf{R}$ 的连续函数? (如果存在, 请举出例子; 如果不存在, 请作出证明.)

4. 问: 若函数 f 在区间 $[a,b]$ 上的值域为闭区间, 则 f 是否在 $[a,b]$ 上连续?

5. 若 $f \in C[a, +\infty)$, 且存在有限极限 $\lim\limits_{x \to +\infty} f(x)$. 证明: f 在 $[a, +\infty)$ 上至少可以取到最大值或最小值中的一个.

(可以与例题 2.2.1 作比较.)

6. 若 $f \in C(a, b)$, 且 $f(a^+) = f(b^-) = +\infty$, 证明: f 在 (a, b) 上有最小值.

7. 若 $f \in C(a, b)$, 且 $f(a^+) = f(b^-)$, 证明: f 在 (a, b) 上至少可以取到最大值或最小值中的一个.

8. 若 $f \in C(-\infty, +\infty)$, $\lim\limits_{x \to \pm\infty} f(x) = +\infty$, 且 $f(x)$ 的最小值 $f(a) < a$. 证明: 复合函数 $f(f(x))$ 至少在两个点上取到它的最小值.

9. 求出 Dirichlet 函数和 Riemann 函数的所有极值点和最值点.

(关于极值与极值点的定义见 7.1.1 小节.)

§5.4 一致连续性与 Cantor 定理

函数的一致连续性是一个比较精细的概念. 可以认为这个概念是由于数学分析内部理论发展的需要而产生的. 因此我们在下面先对这个概念列出要点, 提出几个思考题, 然后给出 Cantor (康托尔) 定理的证明, 并讨论其应用.

5.4.1 内容提要

关于函数的一致连续性的要点如下.

1. 定义: 函数 f 在区间 I 上一致连续, 如果对每一个 $\varepsilon > 0$, 存在 $\delta > 0$, 使得当 $x', x'' \in I$ 且 $|x' - x''| < \delta$ 时, 成立 $|f(x') - f(x'')| < \varepsilon$.

2. 若 f 在区间 I 上一致连续, 则 f 在 I 上一定连续.

3. 若 f 在区间 I 上一致连续, 又有区间 $J \subset I$, 则 f 在 J 上也一致连续.

4. 函数 f 在区间 I 上连续就是在 I 的每一点连续, 因此这是一个逐点 (pointwise) 定义的概念. 从本质上看, 连续性是个局部概念. 但是 f 在区间 I 上的一致连续性则是由 f 和 I 两者共同确定的整体性概念. 与此类似的是函数在区间上的有界性等概念.

5. Cantor 定理: 有界闭区间上的连续函数必在这个区间上一致连续.

6. 有界开区间 (a, b) 上的连续函数 f 在 (a, b) 上一致连续的充分必要条件是存在两个有限的单侧极限 $f(a^+)$ 和 $f(b^-)$ (见下面的例题 5.4.5).

7. 有界区间 (不论开或闭或半开半闭) 上的一致连续函数一定有界 (留作练习).

5.4.2　思考题

1. 写出函数 f 在区间 I 上不一致连续的正面叙述.

2. 判断对或错: f 在区间 $[a, b)$ 上连续, 则 f 在 $[a, b)$ 上一致连续.

3. 判断对或错: f 在区间 (a, b) 内的每一个闭子区间上连续, 则 f 在 (a, b) 上一致连续.

4. 判断对或错: f 在区间 (a, b) 上连续, 又有 $a < c < d < b$, 则 f 在区间 (c, d) 上一致连续.

5.4.3　Cantor 定理的证明

例题 5.4.1 用覆盖定理证明 Cantor 定理.

证　$\forall \varepsilon > 0$ 和 $x_0 \in [a, b]$, 由于 f 在 x_0 连续, 存在 $\delta_0 > 0$, 当 $x \in O_{\delta_0}(x_0) \cap [a, b]$ 时, 成立 $|f(x) - f(x_0)| < \frac{1}{2}\varepsilon$. 因此当 $x', x'' \in O_{\delta_0}(x_0) \cap [a, b]$ 时, 就有

$$|f(x') - f(x'')| \leqslant |f(x') - f(x_0)| + |f(x_0) - f(x'')| < \frac{1}{2}\varepsilon + \frac{1}{2}\varepsilon = \varepsilon.$$

对每个点 $x \in [a, b]$ 都这样做, 就得到区间 $[a, b]$ 的一个开覆盖. 这里出现了一个困难. 即如果对这个开覆盖直接应用覆盖定理的话, 则难以完成定理的证明. (读者可以试一下, 看看困难何在.) 再次应用例题 3.5.3 (即加强形式的覆盖定理), 将其中的 Lebesgue 数记为 η. 当 $x', x'' \in [a, b]$, 且 $|x' - x''| < \eta$ 时, 在开覆盖中存在一个开区间, 它覆盖点 x' 和 x''. 由上述构造方法, 就知道成立

$$|f(x') - f(x'')| < \varepsilon.$$

这样就已经证明了 f 在 $[a, b]$ 上一致连续. □

例题 5.4.2 用凝聚定理证明 Cantor 定理.

证　用反证法. 设 $f \in C[a, b]$, 但在 $[a, b]$ 上不一致连续. 应用 §1.4 的对偶法则, 可以得到不一致连续的正面叙述: $\exists \varepsilon_0 > 0$, $\forall \delta > 0$, $\exists x', x'' \in [a, b]$, $|x' - x''| < \delta$, 使得 $|f(x') - f(x'')| \geqslant \varepsilon_0$ 成立.

取 $\delta_n = 1/n$, 将对应的点 x', x'' 记为 x_n 和 x_n'. 并对每一个 $n \in \mathbf{N}_+$ 都这样做, 就得到区间 $[a, b]$ 中的两个数列 $\{x_n\}$ 和 $\{x_n'\}$, 使得

$$|x_n - x_n'| < \frac{1}{n}, \ |f(x_n) - f(x_n')| \geqslant \varepsilon_0, \forall n \in \mathbf{N}_+.$$

对数列 $\{x_n\}$ 用凝聚定理, 知道存在收敛子列 $\{x_{n_k}\}$. 记它的极限为 ξ, 即有

$$\lim_{k \to \infty} x_{n_k} = \xi.$$

由于

$$x_{n_k} - \frac{1}{n_k} < x'_{n_k} < x_{n_k} + \frac{1}{n_k},$$

以及 $n_k \geqslant k$, 因此数列 $\{x'_n\}$ 的对应子列 $\{x'_{n_k}\}$ 也收敛于 ξ, 即有

$$\lim_{k \to \infty} x'_{n_k} = \xi.$$

由于 f 在点 ξ 连续, 因此对 ε_0, 存在 $\eta > 0$, 当 $x', x'' \in O_\eta(\xi)$ 时, 成立 $|f(x') - f(x'')| < \varepsilon_0$. 但当 k 充分大时, 就有 $x_{n_k}, x'_{n_k} \in O_\eta(\xi)$. 这样就和

$$|f(x_{n_k}) - f(x'_{n_k})| \geqslant \varepsilon_0$$

矛盾. □

5.4.4 例题

例题 5.4.3 根据定义证明:

(1) 对于满足 $0 < \eta < 1$ 的每个 η, $f(x) = \dfrac{1}{x}$ 在 $[\eta, 1)$ 上一致连续;

(2) $f(x) = \dfrac{1}{x}$ 在开区间 $(0, 1)$ 上不一致连续.

证 (1) 对 $x', x'' \in [\eta, 1)$, 有

$$|f(x') - f(x'')| = \left| \frac{1}{x'} - \frac{1}{x''} \right| = \frac{|x' - x''|}{x'x''} \leqslant \frac{|x' - x''|}{\eta^2}.$$

因此对 $\varepsilon > 0$, 只要取

$$\delta = \eta^2 \varepsilon,$$

就可以使得 $x', x'' \in [\eta, 1)$ 且 $|x' - x''| < \delta$ 时, 成立 $\left| \dfrac{1}{x'} - \dfrac{1}{x''} \right| < \varepsilon$. 这表明 $f(x) = \dfrac{1}{x}$ 在区间 $[\eta, 1)$ 上一致连续.

(2) 用反证法. 设 $f(x) = \dfrac{1}{x}$ 在区间 $(0, 1)$ 上一致连续. 则对 $\varepsilon = 1$, 存在 $\delta > 0$, 使得当 $x', x'' \in (0, 1)$ 且 $|x' - x''| < \delta$ 时, 成立

$$|f(x') - f(x'')| = \left| \frac{1}{x'} - \frac{1}{x''} \right| = \frac{|x' - x''|}{x'x''} < 1.$$

设 $n \geqslant 2$, 并令

$$x' = \frac{1}{n}, x'' = \frac{1}{2n},$$

则有

$$|x' - x''| = \frac{1}{2n}, |f(x') - f(x'')| = n \geqslant 2 > 1.$$

因此只要取

$$n > \frac{1}{2\delta},$$

就引出矛盾, 所以 $f(x) = \dfrac{1}{x}$ 在 $(0, 1)$ 上不一致连续. □

注 1   若初学者对理解一致连续性概念有困难, 建议先将本例题彻底搞清楚. 利用 $y = 1/x$ 的几何图形, 可以体会出一致连续性与函数的"陡度"有关. 从证明也可看出, 本例中的困难完全发生在点 $x = 0$ 的右侧邻近.

注 2   可以类比: 同一个函数 $f(x) = 1/x$ 在 $(0, 1)$ 上无界, 但在 $(0, 1)$ 内的每一个闭子区间上有界. 由此可见, 有界性和一致连续性是属于同一类型的概念, 即整体性质, 也就是说与函数在整个区间上的性质有关. 而连续性、极限的存在性等是局部性质, 即只与所考虑的点附近的函数性质有关.

例题 5.4.4   若函数 f 在区间 $(a, b]$ 和 $[b, c)$ 上分别为一致连续, 证明: f 在 (a, c) 上一致连续.

证   对 $\varepsilon > 0$, 由条件知道存在 $\delta_1 > 0$, 使得当 $x', x'' \in (a, b]$ 且 $|x' - x''| < \delta_1$ 时, 成立 $|f(x') - f(x'')| < \varepsilon/2$. 又存在 $\delta_2 > 0$, 使得当 $x', x'' \in [b, c)$ 且 $|x' - x''| < \delta_2$ 时, 成立 $|f(x') - f(x'')| < \varepsilon/2$.

取 $\delta = \min\{\delta_1, \delta_2\}$. 我们断言: 当 $x', x'' \in (a, c)$ 且 $|x' - x''| < \delta$ 时, 成立 $|f(x') - f(x'')| < \varepsilon$.

先考虑 $x' < b < x''$ 的情况. 这时从 $|x' - x''| < \delta$ 推出 $|x' - b| < \delta_1, |x'' - b| < \delta_2$ 成立, 因此

$$|f(x') - f(x'')| \leqslant |f(x') - f(b)| + |f(b) - f(x'')| < \frac{\varepsilon}{2} + \frac{\varepsilon}{2} = \varepsilon.$$

对于其他情况, 即 x', x'' 同属区间 $(a, b]$ 或 $[b, c)$, 结论是明显的. 因此就证明了 f 在 (a, c) 上是一致连续的. $\qquad\square$

注   用下一个例题的结果可立即导致本题的结论. 但上面的证明只涉及一致连续性的定义, 完全是初等的. 而下一个例题的证明则需要用到 Cantor 定理和 Cauchy 收敛准则, 要"高级"得多.

例题 5.4.5   证明: 有界开区间 (a, b) 上的连续函数 f 在 (a, b) 上一致连续的充分必要条件是存在两个有限的单侧极限 $f(a^+)$ 和 $f(b^-)$.

证   先证充分性. 在闭区间 $[a, b]$ 上构造辅助函数

$$F(x) = \begin{cases} f(a^+), & x = a, \\ f(x), & x \in (a, b), \\ f(b^-), & x = b. \end{cases}$$

则可以看出 $F \in C[a, b]$. 对 F 应用 Cantor 定理, 可见 F 在 $[a, b]$ 上一致连续. 因此 f 在 (a, b) 上也一致连续. (这与例题 5.3.3 的第一个证明完全相同.)

再证必要性. 不妨只写出存在 $f(a^+)$ 的证明. 对 $\varepsilon > 0$, 由于 f 在 (a,b) 上一致连续, 因此存在 $\delta > 0$, 使得当 $x', x'' \in (a,b)$, 且 $|x' - x''| < \delta$ 时, 成立 $|f(x') - f(x'')| < \varepsilon$.

因此当 $x', x'' \in (a, a+\delta)$ 时, 就有 $|f(x') - f(x'')| < \varepsilon$ 成立. 应用关于右侧极限的 Cauchy 收敛准则 (命题 4.2.5), 可见存在极限 $f(a^+)$. □

以下讨论在无限区间上函数的一致连续性. 首先有如下的一个基本结果.

例题 5.4.6 设 $f \in C[a, +\infty)$, 且存在有限极限 $f(+\infty) = A$. 证明: f 在 $[a, +\infty)$ 上一致连续.

证 对 $\varepsilon > 0$, 存在 $M > a$, 当 $x > M$ 时成立 $|f(x) - A| < \frac{1}{2}\varepsilon$. 又利用 Cantor 定理, 知道 f 在 $[a, M+1]$ 上一致连续. 因此对上述 ε, 存在 $\delta > 0$, 使得当 $x', x'' \in [a, M+1]$ 且 $|x' - x''| < \delta$ 时, 成立 $|f(x') - f(x'')| < \varepsilon$.

不妨假定上述 $\delta < 1$. 我们断言: 当 $x', x'' \in [a, +\infty)$ 且 $|x' - x''| < \delta$ 时, 成立 $|f(x') - f(x'')| < \varepsilon$.

实际上, 如 $x', x'' \in [a, M+1]$, 则已无问题. 又若 $x', x'' > M$, 则有
$$|f(x') - f(x'')| \leqslant |f(x') - A| + |A - f(x'')| < \frac{\varepsilon}{2} + \frac{\varepsilon}{2} = \varepsilon.$$
由于 $|x' - x''| < \delta < 1$, 只可能发生以上两种情况. □

注 在教学中发现, 学生经常会对上述命题作出以下错误的证明:

"$\forall \varepsilon > 0$, 由于 $f(+\infty) = A$, 因此存在 $M > a$, 使当 $x', x'' \in [M, +\infty)$ 时, $|f(x') - f(x'')| < \varepsilon$. 由 ε 的任意性, 得 f 在 $[M, +\infty)$ 上一致连续. 再由 Cantor 定理, f 在 $[a, M+1]$ 上一致连续, 所以 f 在 $[a, +\infty)$ 上一致连续."

请读者思考上述证明错在哪里.

但是对于在无限区间上的函数的一致连续性来说, 上述极限 $f(+\infty)$ 的存在并非必要. 函数的有界性也不是必要的. 例如 $f(x) = ax + b$ 在 $(-\infty, +\infty)$ 上一致连续. 再举一个更有意义的例题.

例题 5.4.7 证明: 函数 $\sqrt{x}$ 在区间 $(0, +\infty)$ 上一致连续.

证 1 先分别证明 $\sqrt{x}$ 在区间 $(0,1]$ 和 $[1, +\infty)$ 上的一致连续性.

从例题 5.4.5 或在 $[0,1]$ 上用 Cantor 定理, 就知道 $\sqrt{x}$ 在 $(0,1]$ 上一致连续.

在区间 $[1, +\infty)$ 上, 可以从
$$|\sqrt{x'} - \sqrt{x''}| = \frac{|x' - x''|}{\sqrt{x'} + \sqrt{x''}} \leqslant \frac{1}{2}|x' - x''|$$
推出 $\sqrt{x}$ 在 $[1, +\infty)$ 上一致连续.

然后可以用例题 5.4.4 中的方法合并两个区间, 得到所要的结论 (从略). □

证 2 利用一个可以直接验证的不等式, 即当 $0 \leqslant b \leqslant a$ 时成立

$$\sqrt{a} - \sqrt{b} \leqslant \sqrt{a - b},$$

就有对任何 $x', x'' \geqslant 0$ 成立的不等式

$$|\sqrt{x'} - \sqrt{x''}| \leqslant \sqrt{|x' - x''|}.$$

因此对 $\varepsilon > 0$, 只要取 $\delta = \varepsilon^2$, 就可以直接得到所要的结论. □

在无限区间上的有界函数也可以不一致连续. 下面就是一个典型例子.

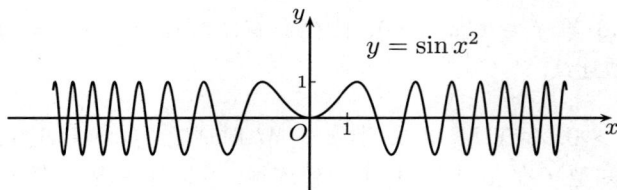

图 5.2

例题 5.4.8 证明: 函数 $\sin x^2$ 在 $(-\infty, +\infty)$ 上不一致连续.

证 用反证法. 设 $\sin x^2$ (如图 5.2 所示) 在 $(-\infty, +\infty)$ 上一致连续, 则 $\forall \varepsilon > 0$, 存在 $\delta > 0$, 当 x_1, x_2 满足 $|x_1 - x_2| < \delta$ 时, 成立

$$|\sin x_1^2 - \sin x_2^2| < \varepsilon. \tag{5.3}$$

设 $n \in \mathbf{N}_+$, 令

$$x_1 = \sqrt{n\pi}, \quad x_2 = \sqrt{n\pi + \frac{\pi}{2}},$$

则 $\sin x_1^2 = 0, \sin x_2^2 = \pm 1$. 因此当 $\varepsilon < 1$ 时, 不等式 (5.3) 不能成立.

但又有

$$|x_1 - x_2| = \frac{\dfrac{\pi}{2}}{\sqrt{n\pi} + \sqrt{n\pi + \dfrac{\pi}{2}}},$$

因此可以看出, 当 n 充分大时就有 $|x_1 - x_2| < \delta$ 成立. 由此引出矛盾. □

5.4.5 练习题

1. 若 f 在区间 I 上定义, 且存在 $L > 0$, 使得对任意 $x_1, x_2 \in I$ 成立 $|f(x_1) - f(x_2)| \leqslant L|x_1 - x_2|$, 则称 f 在 I 上满足 **Lipschitz (利普希茨) 条件**. 证明: 在区间 I 上满足 Lipschitz 条件的函数必是一致连续函数.

2. 根据一致连续性的定义直接证明: 若 f 在 (a, b) 上一致连续, 则 f 有界.

3. (1) 设 f, g 在区间 I 上均为一致连续, 问: 它们的线性组合 $af + bg$ 和乘积 fg 在 I 上是否一致连续?

    (2) 设 f 在区间 I_1 上一致连续, g 在区间 I_2 上一致连续, 且区间 I_2 包含了 f 的值域, 问: 复合函数 $g \circ f$ 在区间 I_1 上是否一致连续?

4. 设 $f \in C(-\infty, +\infty)$, 且为周期函数. 证明: f 在 $(-\infty, +\infty)$ 上一致连续.

5. (1) 设 $f \in C[0, +\infty)$, 且有 $\lim\limits_{x \to +\infty} [f(x) - (ax + b)] = 0$, 证明 f 在 $[0, +\infty)$ 上一致连续;

    (2) 若将 (1) 中的 $ax + b$ 换成 $ax^2 + bx + c$, 结论是否成立?

    (3) 又若将 $ax + b$ 换成某个函数 $g(x)$, 问: 当 $g(x)$ 具有什么性质时 (1) 中的结论仍成立?

6. 证明: 当 $n > 1$ 时, x^n 在 $[0, +\infty)$ 上不一致连续.

7. 证明: $f(x) = \ln x$ 在 $(1, +\infty)$ 一致连续, 但在 $(0, 1)$ 上不一致连续.

8. (1) 证明: 函数 $f(x) = |\sin x|/x$ 在区间 $(-1, 0)$ 和 $(0, 1)$ 均为一致连续, 但在 $(-1, 0) \cup (0, 1)$ 上不一致连续 (注意 $(-1, 0) \cup (0, 1)$ 不是一个区间);

    (2) 若函数 f 在区间 (a, b) 和 $[b, c)$ 上分别为一致连续, 问: f 在 (a, c) 上是否一致连续?

9. 讨论以下函数在指定区间上是否一致连续 (可参考图 4.2):

    (1) 在区间 $(0, 1)$ 上的函数 $x \sin \dfrac{1}{x}$;

    (2) 在区间 $(0, +\infty)$ 上的函数 $\dfrac{\sin x}{x}$;

    (3) 在区间 $[0, +\infty)$ 上的函数 $x \sin x$.

§5.5 单调函数

5.5.1 基本性质

单调函数是数学分析中除连续函数类之外的又一类重要函数. 本小节列出关于单调函数的主要结果.

首先, 从单调函数的单侧极限存在定理 (命题 4.2.2) 可以知道:

命题 5.5.1 单调函数的间断点是跳跃点, 即在该处有两个不等的单侧极限.

证 不妨只讨论 f 是 (a, b) 上的单调增加函数的情况. 设 $x_0 \in (a, b)$ 是 f 的间断点, 任取 x_0 两侧的点 x, x' $(x < x_0 < x')$, 则成立

$$f(x) \leqslant f(x_0) \leqslant f(x'). \tag{5.4}$$

令 $x \to x_0^-$, $x' \to x_0^+$, 应用单调函数的单侧极限存在定理, 得到

$$f(x_0^-) \leqslant f(x_0) \leqslant f(x_0^+),$$

并且其中的两个单侧极限都是有限数. 因此 x_0 是第一类间断点.

由于 x_0 是间断点, 因此在上面的两个不等号 $\leqslant$ 不可能同时成为等号. 这样就只能有严格的不等式

$$f(x_0^-) < f(x_0^+),$$

因此 x_0 是第一类间断点中的跳跃点. $\qquad\square$

命题 5.5.2 单调函数的间断点至多为可列个.

证 不妨只讨论 f 是开区间 (a, b) 上的单调增加函数, 且有无限多个间断点.

若 $x_0 \in (a, b)$ 是 f 的一个间断点, 则有 $f(x_0^-) < f(x_0^+)$. 这时 f 在点 x_0 的函数值满足不等式 $f(x_0^-) \leqslant f(x_0) \leqslant f(x_0^+)$. 称 $(f(x_0^-), f(x_0^+))$ 为与间断点 x_0 对应的一个跳跃区间.

对 f 的每一个间断点都可以得到一个跳跃区间. 我们要证明, 任何两个不同的间断点所对应的跳跃区间必不相交.

设 x_1 是 f 的另一个间断点, 且 $x_0 < x_1$. 我们要建立

$$(f(x_0^-), f(x_0^+)) \cap (f(x_1^-), f(x_1^+)) = \varnothing. \tag{5.5}$$

为此在 x_0 和 x_1 之间插入 x, x' 如下:

$$x_0 < x < x' < x_1,$$

则有不等式

$$f(x) \leqslant f(x').$$

固定 x', 令 $x \to x_0^+$, 由单调函数的单侧极限存在定理和函数极限的比较定理, 得到

$$f(x_0^+) \leqslant f(x').$$

再令 $x' \to x_1^-$, 又得到

$$f(x_0^+) \leqslant f(x_1^-).$$

于是得到

$$f(x_0^-) < f(x_0^+) \leqslant f(x_1^-) < f(x_1^+).$$

即所要证明的 (5.5).

这样就得到与无限多个间断点一一对应的跳跃区间, 且两两不交. 又在每个跳跃区间中取一个有理数, 从而得到一个有理数集, 它与跳跃区间全体形成一一对应. 由于有理数集 $\mathbf{Q}$ 为可列集, 它的无限子集也是可列集, 因此跳跃区间集合为可列集. 这就证明了单调函数如有无限个间断点, 则必为可列个. $\qquad\square$

命题 5.5.3 设 f 是区间 I 上的单调函数, 其值域 $f(I)$ 为区间的充分必要条件是 $f \in C(I)$.

证 先证充分性. 若 $f \in C(I)$, 则 $f(I)$ 为区间. 这就是前面已得到的介值定理. 这里不需要单调性条件.

再证必要性. 不妨设 f 单调增加, 已知 $f(I)$ 为区间. 要证明 f 处处连续. 这里用反证法. 若 f 有间断点 x_0, 在它的两侧任取两点 x 和 x', 则与前面的公式 (5.4) 一样可以得到

$$f(x) \leqslant f(x_0^-) \leqslant f(x_0) \leqslant f(x_0^+) \leqslant f(x').$$

由于 x_0 是 f 的间断点, 所以有 $f(x_0^-) < f(x_0^+)$ 成立. 以上不等式对于小于 x_0 的所有 x 和大于 x_0 的所有 x' 成立. 这样一来在非空开区间 $(f(x_0^-), f(x_0^+))$ 中至多只可能有一个点 $f(x_0)$ 在值域 $f(I)$ 中, 可见 $f(I)$ 不可能是区间. 这个矛盾表明 f 不能有间断点. $\qquad\square$

命题 5.5.4 设 f 是区间 I 上的严格单调连续函数, 则 f 的反函数是值域 $f(I)$ 上的严格单调连续函数, 且具有与 f 相同的单调性.

证 不妨只讨论 f 为区间 I 上的严格单调增加连续函数的情况. 由于 $f \in C(I)$, 所以 $f(I)$ 是区间. 由于 f 严格单调增加, 从 $x_1 < x_2$ 就有 $f(x_1) < f(x_2)$, 因此从 I 到 $f(I)$ 的对应是一对一的. 这就保证了从 $f(I)$ 到 I 的逆映射存在, 即 f 有反函数, 记为 f^{-1}. 反函数的定义域为区间 $f(I)$, 值域为 f 的定义域 I.

若记映射 f 为 $y = f(x), x \in I$, 则记其逆映射 f^{-1} 为 $x = f^{-1}(y), y \in f(I)$.

现证 f^{-1} 也是严格单调增加函数. 设有 $y_1, y_2 \in f(I)$, 且 $y_1 < y_2$. 则有

$$x_1 = f^{-1}(y_1), x_2 = f^{-1}(y_2).$$

它们是由

$$y_1 = f(x_1), y_2 = f(x_2)$$

确定的. 由于 f 严格单调增加, 可见当 $y_1 < y_2$ 时 $x_1 = x_2$ 和 $x_1 > x_2$ 都不能成立, 因此只有 $x_1 < x_2$ 是可能的. 这已表明 f^{-1} 严格单调增加.

由于 f^{-1} 是区间 $f(I)$ 上的单调函数, 而值域 I 是区间, 因此从上一个命题知道 f^{-1} 是连续函数. $\qquad\square$

直接用命题 5.5.4 即可得到如下结论:

例题 5.5.1 反三角函数 $\arcsin x, \arccos x, \arctan x, \text{arccot}\, x$ 都是严格单调的连续函数.

在 3.4.5 小节的练习题 7 中出现 Kepler 方程. 若将这个方程 $x - q\sin x = a\,(0 < q < 1)$ 中的 a 看成变量, 改记为 y, 则有以下结论:

例题 5.5.2 证明: 由 Kepler 方程 $y = x - q\sin x \, (0 < q < 1)$ 可以唯一地确定函数 $x = f(y)$, 而且它是定义在 $(-\infty, +\infty)$ 上的严格单调增加连续函数.

证 从 $y = x - q\sin x$ 知道它是定义在 $(-\infty, +\infty)$ 上的连续函数. 由于 $|\sin x| \leqslant 1$, 可见值域也是 $(-\infty, +\infty)$. 为研究单调性, 设 $x_1 < x_2$, 则有

$$y_1 - y_2 = (x_1 - q\sin x_1) - (x_2 - q\sin x_2) = (x_1 - x_2) - q(\sin x_1 - \sin x_2).$$

由于不等式 $|\sin x| \leqslant |x|$, 从

$$|\sin x_1 - \sin x_2| = 2\left|\sin\frac{x_1 - x_2}{2}\right| \cdot \left|\cos\frac{x_1 + x_2}{2}\right| \leqslant |x_1 - x_2|$$

和 $0 < q < 1$, 可知

$$|q(\sin x_1 - \sin x_2)| < |x_1 - x_2|,$$

因此 $y_1 - y_2$ 与 $x_1 - x_2$ 同号. 这就表明 $y = x - q\sin x$ 是严格单调增加函数. 用前面的命题 5.5.4 即得所要的结论. □

注 与单调函数类密切有关的是有界变差函数类. 有界变差函数可定义为两个单调增加函数之差. 它在数学的许多领域中起重要作用. 由于篇幅所限, 本书不介绍有界变差函数, 有需要的读者可参考 [14] 的第三卷第 15 章第 4 节.

5.5.2 练习题

1. 设函数 f 在开区间 (a, b) 上定义, 且对每一个点 $x \in (a, b)$, 存在邻域 $O(x)$, 使得 f 在 $O(x)$ 上单调增加, 证明: f 在 (a, b) 上单调增加.

2. 设 $f \in C[a, b]$, 且对 $[a, b]$ 内的任意两个有理数 $r_1, r_2 \, (r_1 < r_2)$, 成立 $f(r_1) \leqslant f(r_2)$, 证明: 函数 f 在 $[a, b]$ 上单调增加.

3. 设 f 是 $(-\infty, +\infty)$ 上的单调函数, 在每一点定义 $g(x) = f(x^+)$, 证明: g 是在 $(-\infty, +\infty)$ 上处处右连续的函数.

4. 设 f 为 $(-\infty, +\infty)$ 上的单调函数, 且对一切 $x, y \in \mathbf{R}$ 满足 $f(x+y) = f(x) + f(y)$. 证明: $f(x) = f(1)x$.

§5.6 周期 3 蕴涵混沌

本节的标题取自论文 [34] 的题目 "Period three implies chaos". 在本节中我们将介绍该文并证明其中的第一定理, 这样做有几个理由:

1. 该论文发表在《美国数学月刊》上, 该杂志拥有广大读者, 包括高等学校的教师和学生. 阅读该论文所需要的数学分析知识只限于本章的连续函数.

2. 该文在混沌发展的历史上起了极为重要的作用. 从此以后, 混沌不再只是一个普通名词, 而是有确切数学内容的一个科学名词了.

3. 该文的内容是在迭代生成数列方面的新发现, 因此和本书中已经多次介绍的内容 (§2.6 和 3.4.4 小节) 有直接的关系.

4. 由该文的第二定理产生了混沌的第一个数学定义, 即 Li-Yorke (李 – 约克) 定义. 我们虽然不给出第二定理的证明, 但读者还是可以由此对混沌有一个了解, 因为其中的关键概念恰恰就是 §3.6 中的上、下极限.

在数学分析教科书 [8] 中已经将与本节大体相当的内容收入教材, 作为函数的连续性一章的最后一节. 在同年出版的数学分析参考书 [66] 中收入了更多的材料. Li-Yorke 原论文 [34] 的译文和该文的第一作者李天岩关于发现经过的一篇短文可以在《数学译林》(1989) 第 3 期中找到.

5.6.1 动力系统的基本概念

现在很多论著中所说的动力系统是一个比较模糊的名词, 实际上只要系统的状态随时间而变化, 我们就可以说它是一个动力系统. 但是这样一来, 所有以时间为自变量的常微分方程, 以及在自变量中有一个是时间的偏微分方程的理论都可以说成是动力系统的理论了. 实际上在数学的学科分类中, 微分方程仍保持不变, 包含传统的稳定性理论、定性理论和解的存在性、唯一性等内容, 而动力系统中研究的对象则主要是在 20 世纪六七十年代之后形成的, 混沌就是其中占有突出地位的一部分.

关于混沌这门学科的诞生及其概况可以看 [16], 这是一本普及读物. 它的作者是纽约时报的记者, 他访问了开创混沌研究的许多科学家, 然后用完全通俗的语言写成此书.

这里我们主要介绍由迭代而生成的离散动力系统, 它的一般形式就是在前面已出现多次的递推公式

$$x_{n+1} = f(x_n), \ n \in \mathbf{N}_+,$$

在动力系统理论中称之为**一维迭代动力系统** (或**一维离散动力系统**).

先讲动力系统中的几个名词. 从初值 x_0 出发由迭代生成一个数列 $\{x_n\}_{n \geqslant 0}$, 称为由初值 x_0 确定的**轨道**. 在轨道中占有特殊地位的是不动点和周期轨.

如果 $x_1 = f(x_0) = x_0$, 则对所有 $n \geqslant 0$ 有 $x_{n+1} = x_n$. 这时称点 x_0, 也就是由它确定的轨道, 为系统的**不动点**. 这个概念在前面已多次出现.

如果对某一轨道 $\{x_n\}$ 存在正整数 p, 使 $x_{n+p} = x_n$ 对一切 $n \geqslant 0$ 成立, 就称这个轨道是以 p 为周期的**周期轨**. 周期轨中的点称为**周期点**. 显然, 不动点就是周期为 1 的周期轨. 对周期轨来说, 具有以上性质的最小 p 称为轨的最小周期. 实际上在第二章的第二组参考题 18 和 19 中都出现了周期 2 轨.

我们知道, 从函数 $y = f(x)$ 的几何图像就可以直接看到不动点. 实际上也不难从几何上看出是否有周期 2 轨 (请读者考虑如何看出). 但要从几何上发现是否有周期大于 2 的周期轨则并非易事.

注 在这里读者可以发现, 虽然迭代动力系统的外表形式与第二章中迭代生成数列的递推公式并无区别, 但实际上所研究的对象已大不相同. 在 §2.6 以及后来的 3.4.4 小节中介绍压缩映射原理时所关心的主要问题就是所得到的数列是否收敛, 若收敛则极限是什么. 而从以上的简单介绍中可以看到, 我们已经将周期轨 (和周期点) 作为更一般的研究对象了. 还应指出, 迭代动力系统的主要研究内容是比周期轨复杂得多的混沌现象. 这在下面讲了混沌的 Li-Yorke 定义后就会明白.

5.6.2 Li-Yorke 的两个定理

在李天岩和 Yorke 的论文 [34] 中主要有两个定理. 我们先介绍第一个.

命题 5.6.1 (Li-Yorke 第一定理) 设 I 为区间, 函数 $f \in C(I)$, 且有 $f(I) \subset I$. 设有点 a, b, c, d 属于区间 I, 满足条件

$$f(a) = b, f(b) = c, f(c) = d, \quad d \leqslant a < b < c \text{ (或 } d \geqslant a > b > c),$$

则 f 有最小周期为每个正整数的所有周期轨.

现在我们来证明这个命题. 为此先要做一些准备工作, 证明几个引理. 其中前两个引理恰好是关于连续函数基本性质的练习题.

例题 5.6.1 (引理 1) 设 I 为有界闭区间, $f \in C(I)$. 如果有 $f(I) \supset I$, 则 f 在 I 中有不动点.

证 记 $I = [a, b], f(I) = [c, d]$, 由闭区间上连续函数的值域定理知道 $f(I)$ 也是有界闭区间, 即有 $c \leqslant a < b \leqslant d$. 由连续函数的介值定理, 存在 $\xi, \eta \in [a, b]$, 使得 $f(\xi) = a, f(\eta) = b$. 不妨设 $\xi < \eta$. 构造辅助函数

$$F(x) = f(x) - x,$$

F 的零点即 f 的不动点, 则有

$$F(\xi) = f(\xi) - \xi = a - \xi \leqslant 0, \ F(\eta) = f(\eta) - \eta = b - \eta \geqslant 0.$$

因此知道

$$F(\xi)F(\eta) \leqslant 0.$$

若 ξ 或 η 不是 F 的零点, 则由零点存在定理可知在 $(\xi, \eta) \subset [a, b]$ 中有 F 的零点, 即 f 的不动点. $\square$

注 与此题类似的是经典性的例题 5.2.4, 注意它们的证明相似而不相同.

例题 5.6.2 (引理 2) 设 I, J 是两个有界闭区间, $f \in C(I)$. 如果有 $f(I) \supset J$, 则在 I 中存在一个闭子区间 I', 使得 $f(I') = J$.

证 设 $I = [a, b], J = [c, d]$. 由于 $f([a, b]) \supset [c, d]$, 由介值定理知道有 $\xi, \eta \in [a, b]$, 使得 $f(\xi) = c, f(\eta) = d$.

先考虑 $\xi < \eta$ 的情况. 定义

$$u = \sup\{s \mid f(s) = c, \xi \leqslant s < \eta\},$$
$$v = \inf\{t \mid f(t) = d, u < t \leqslant \eta\}.$$

我们断言: $f(u) = c, f(v) = d$. 实际上, u 是数集 $A = \{s \mid f(s) = c, \xi \leqslant s < \eta\}$ 的上确界. 如有 $u \in A$, 则当然 $f(u) = c$. 否则, 至少在集合 A 中存在数列收敛于 u (参见例题 3.1.3), 由 f 的连续性可知有 $f(u) = c$. 同理有 $f(v) = d$.

由 u, v 的定义可见 $u < v$, 而且在 (u, v) 中函数值 $f(x)$ 不可能取到 c 和 d, 从而一定有 $f((u, v)) \subset (c, d)$. 这样就得到

$$f([u, v]) = [c, d] = J,$$

因此 $I' = [u, v]$ 即为所求. 对于 $\xi > \eta$ 的讨论是类似的. $\square$

第三个引理是引理 2 的进一步发展, 而且和引理 1 结合起来了. 但是在这里要引进在迭代动力系统研究中使用的一个特定记号, 这个新记号就是将复合函数 $f(f(x))$ 简记为 $f^2(x)$, 将 $f(f(f(x)))$ 简记为 $f^3(x)$, $\cdots$, 一般地记

$$f^n(x) = \underbrace{f(f(\cdots f(x) \cdots))}_{n \text{ 重}} = (\underbrace{f \circ f \circ \cdots \circ f}_{n \text{ 个}})(x). \tag{5.6}$$

例题 5.6.3 (引理 3) 设 f 是在有界闭区间 $I_0, I_1, \cdots, I_{n-1}$ 上有定义的连续函数, 满足条件

$$f(I_0) \supset I_1, f(I_1) \supset I_2, \cdots, f(I_{n-2}) \supset I_{n-1}, f(I_{n-1}) \supset I_0,$$

则存在点 $x_0 \in I_0$, 使得 $f^n(x_0) = x_0$, 且满足 $f^i(x_0) \in I_i$, $i = 1, 2, \cdots, n-1$.

证 应用引理 2 于 $f(I_0) \supset I_1$, 知道存在闭区间 $I_0^1 \subset I_0$, 使得 $f(I_0^1) = I_1$.

从条件 $f(I_1) \supset I_2$, 又有 $f^2(I_0^1) \supset I_2$. 再次用引理 2 于区间 I_0^1 上的函数 f^2, 有闭区间 $I_0^2 \subset I_0^1 \subset I_0$, 使得 $f^2(I_0^2) = I_2$. 于是有

$$f(I_0^2) \subset I_1, f^2(I_0^2) = I_2.$$

这样进行下去就得到 $I_0^{n-1} \subset I_0$, 使得

$$f(I_0^{n-1}) \subset I_1, f^2(I_0^{n-1}) \subset I_2, \cdots, f^{n-2}(I_0^{n-1}) \subset I_{n-2}, f^{n-1}(I_0^{n-1}) = I_{n-1}. \quad (5.7)$$

用最后一个条件 $f(I_{n-1}) \supset I_0$, 有 $f^n(I_0^{n-1}) \supset I_0 \supset I_0^{n-1}$. 对于区间 I_0^{n-1} 上的 f^n 应用引理 1, 知道存在 f^n 的不动点 $x_0 \in I_0^{n-1} \subset I_0$, 使得 $f^n(x_0) = x_0$.

同时由 (5.7), 可见 $f(x_0) \in I_1, f^2(x_0) \in I_2, \cdots, f^{n-1}(x_0) \in I_{n-1}$. $\qquad\square$

命题 5.6.1 (Li-Yorke 第一定理) 的证明 定义区间 $L = [a,b], K = [b,c]$, 则从定理的主要条件

$$f(a) = b, f(b) = c, f(c) = d, \quad d \leqslant a < b < c \ (\text{或 } d \geqslant a > b > c),$$

可以看出有

$$f(L) \supset K, f(K) \supset L, f(K) \supset K.$$

现在对每个正整数 n, 寻找最小周期为 n 的周期点. 分以下几种情况分别讨论.

(i) $n = 1$. 从 $f(K) \supset K$ 和引理 1 即得.

(ii) $n = 2$. 从 $f(L) \supset K$, $f(K) \supset L$ 和引理 3 知, 存在点 $x_0 \in L$, 满足 $f(x_0) \in K$ 和 $f^2(x_0) = x_0$. 如果点 x_0 的最小周期不是 2, 则 x_0 就是 f 的不动点, 即 $x_0 = f(x_0)$. 由于 $x_0 \in L$ 和 $f(x_0) \in K$, 而 $L \cap K = \{b\}$, 因此只能是 $x_0 = b$. 但已知 $f(b) = c > b, b$ 不会是不动点, 引出矛盾.

(iii) $n \geqslant 3$. 令 $I_0 = L, I_1 = I_2 = \cdots = I_{n-1} = K$, 这样就如图 5.3 所示构成了一个圈. 图中所用的记号 $I \longrightarrow J$ 表示 $f(I) \supset J$. 从 $f(L) \supset K, f(K) \supset K$ 和 $f(K) \supset L$ 可见这个圈是成立的, 也就是说引理 3 的条件满足.

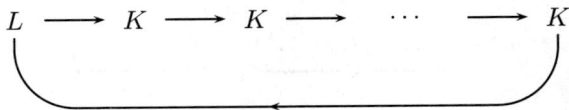

$$L \longrightarrow K \longrightarrow K \longrightarrow \cdots \longrightarrow K$$

图 5.3

对于所取的 n 个区间应用引理 3, 知道存在点 $x_0 \in L$, 满足

$$f^n(x_0) = x_0, f^i(x_0) \in K, i = 1, 2, \cdots, n-1. \quad (5.8)$$

若 n 不是点 x_0 的最小周期, 则有 $p, 1 \leqslant p < n$, 使得 $f^p(x_0) = x_0$. 由于这时 $f^p(x_0) \in K$, 而 $x_0 \in L$, 因此与 (ii) 一样, 只能有 $x_0 = b$. 但从条件 $n \geqslant 3$ 和 $f^2(x_0) = f^2(b) = f(f(b)) = f(c) = d \leqslant a$ 可见 $f^2(x_0) \notin K$, 与 (5.8) 相矛盾. $\qquad\square$

例题 5.6.4 在区间 $[0, 1]$ 上定义分段线性函数 (其图像在图 5.4 上用粗黑的折线表示):

$$f(x) = \begin{cases} x + \dfrac{1}{2}, & 0 \leqslant x \leqslant \dfrac{1}{2}, \\ 2(1 - x), & \dfrac{1}{2} < x \leqslant 1, \end{cases}$$

则 f 对一切 $n \in \mathbf{N}_+$ 存在以 n 为最小周期的周期轨.

证 取 $a = 0$, $b = \dfrac{1}{2}$, $c = 1$, 则有 $f(0) = \dfrac{1}{2}$, $f\left(\dfrac{1}{2}\right) = 1$, $f(1) = 0$. 因此从 Li-Yorke 第一定理知道结论成立. □

注 从图 5.4 可以清楚地看出, 其中有周期 3 轨 $\left\{0, \dfrac{1}{2}, 1\right\}$, 还有不动点 $\dfrac{2}{3}$ 和由 $\left\{\dfrac{1}{3}, \dfrac{5}{6}\right\}$ 组成的周期 2 轨, 其中周期 2 轨还特地用粗黑线的方框标出. 图 5.4 中的箭头是按照第二章 §2.6 中介绍的蛛网工作法作出的. 由于命题 5.6.1, 在这样简单地由两段直线组成的图像上还存在无穷多个其周期取到一切正整数的周期轨, 这完全超出了几何上的直观想像. 在 [34] 发表之前很少有人能想到如此简单的函数会有如此奇妙的可能性.

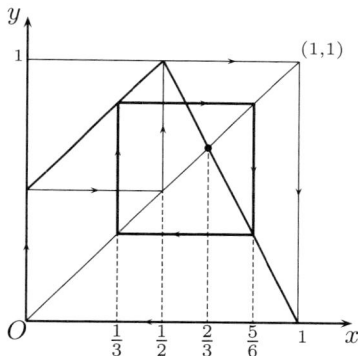

图 5.4

现在介绍 [34] 中的第二个定理. 虽然我们在这里并不证明, 但了解一下它的内容也是很有意义的. 这里的主要预备知识就是在第三章中的上、下极限.

命题 5.6.2 (Li-Yorke 第二定理) 在与命题 5.6.1 相同的条件下, 在区间 I 中存在一个不可列集 S, 使得以 S 中的任何两点 $x, y\ (x \neq y)$ 为初值的迭代生成数列 $\{f^n(x)\}$ 和 $\{f^n(y)\}$ 具有以下三个性质:

(1) $\varlimsup\limits_{n \to \infty} |f^n(x) - f^n(y)| > 0$,   (2) $\varliminf\limits_{n \to \infty} |f^n(x) - f^n(y)| = 0$,

(3) $\varlimsup\limits_{n \to \infty} |f^n(x) - f^n(p)| > 0$,

其中 p 是 f 的任何一个周期点.

根据我们对上、下极限的理解, 可以看出, 由 S 中任意两点出发的两个轨道 (就是两个迭代生成数列) 既会无限靠近, 但又总会分离开. 这样复杂的性态超出了过去的认识. 因此就产生出 Li-Yorke **混沌** 的定义.

定义 设 f 在区间 I 上有定义, 且有 $f(I) \subset I$. 如果满足以下条件:

(1) f 的周期点的最小周期无上界;

(2) 存在 I 的不可列子集 S, 对于 S 中的任意两点 x, y, $x \neq y$, 均有

(i) $\varlimsup\limits_{n\to\infty} |f^n(x) - f^n(y)| > 0,$ (ii) $\varliminf\limits_{n\to\infty} |f^n(x) - f^n(y)| = 0,$

则称由 f 迭代生成的动力系统为**混沌**.

应当指出, 混沌在数学上目前存在各种不同的定义. 而上述的 Li-Yorke 定义是在数学上第一个可操作的混沌定义. 对混沌有兴趣的读者可以从 [21, 34, 38, 39] 中得到比这里丰富得多的材料.

§5.7 对于教学的建议

5.7.1 学习要点

本章在极限理论的基础上介绍连续函数 (以及单调函数) 的基本性质. 这是进入微分学 (以及积分学) 前的最后准备工作.

1. 证明连续函数的基本定理和应用它们去解决各个问题不是一回事. 实际上, 由于这些基本定理反映了连续函数的深刻本质, 因此它们将成为今后的重要工具. 读者只有通过解题才能对如何运用这些工具获得直接的经验.

2. 单调函数在数学分析中经常出现. 本章对单调函数的基本性质作了小结. 读者应当注意它们的基础是上一章中的命题 4.2.2.

3. 以"周期 3 蕴涵混沌"为标题的 §5.6 可以作为课外活动材料. 由于已有不少数学分析的新书收入了同样的 (或更多的) 材料, 因此在 [39] 中作者的希望, 即将迭代动力系统的材料放到初等课程中去教, 正在变为现实. 相信读者只要浏览一下就会看到这些最新发现与数学分析有密切关系. 注意其中的第一个引理 (即例题 5.6.1) 已经成为数学分析教学中的基本题.

4. **对习题课的建议** 函数在某点的连续性概念的基础是极限概念. 习题课老师可以把两者联系起来讲. 可通过若干例题或课堂练习题来巩固这些概念. 当然, 复合函数的连续性 (包括复合函数的极限存在性) 是需要作一定训练的. 例题 5.1.2, 5.1.4 和 5.1.4 小节中的不少练习题等都是合适的材料.

本章习题课重点在于连续函数的整体性质. 从以往的教学经验看, 学生对学习零点定理、介值定理、有界性定理和最值定理的兴趣比较大. 这些定理也很直观. 用本书所列举的材料已可组织起比较好的习题课. 难点是一致连续性, 应该安排为某次习题课的训练重点. 本章的 §5.4 给出了训练的框架供参考. 比如可分为一致连续的概念、一致连续的判断条件、一致连续的应用三个层次来复习.

5.7.2 参考题

第一组参考题

1. 设非负函数 $f \in C[0,1]$, 且 $f(0) = f(1) = 0$. 证明: 对任一实数 $a \in (0,1)$, 存在 $x_0 \in [0,1]$, 使得 $x_0 + a \in [0,1]$, 并满足要求 $f(x_0) = f(x_0 + a)$. 又问, 如去掉函数 f 非负的条件, 则结论还成立否?

2. 设 $f \in C[0,1]$, $f(0) = f(1)$. 证明: $\forall n \in \mathbf{N}_+$, 存在 ξ, 使得 $f\left(\xi + \dfrac{1}{n}\right) = f(\xi)$.

3. 设 $f \in C[0,1]$, $f([0,1]) \subset [0,1]$. 证明: $y = f(x)$ 的图像不仅与直线 $y = x$ 有交点, 而且还与直线 $y = 1 - x$ 有交点.

4. 设 $f \in C(0, +\infty)$, 又对每个实数 c, 方程 $f(x) = c$ 至多只有有限个实根. 试分别给出极限 $\lim\limits_{x \to +\infty} f(x)$ 及 $\lim\limits_{x \to 0^+} f(x)$ 存在的充分必要条件, 并加以证明.

5. 设 f 在 $(-\infty, +\infty)$ 上有定义, 对于任意 x, y, 满足 $|f(x) - f(y)| \leqslant k |x - y|$ $(0 < k < 1)$. 证明:

    (1) 函数 $kx - f(x)$ 单调增加;

    (2) 存在唯一的 ξ, 使 $f(\xi) = \xi$.

6. 设 $f_n(x) = x^n + x, n \in \mathbf{N}_+$.

    (1) 证明: 对每个 $n > 1$, 方程 $f_n(x) = 1$ 在 $(1/2, 1)$ 内有且仅有一个根;

    (2) 证明: 若 $c_n \in (1/2, 1)$ 是 $f_n(x) = 1$ 的根, 则存在 $\lim\limits_{n \to \infty} c_n$. 试求出极限值.

7. 设对每个正整数 n, 数集 $A_n \subset [0,1]$ 是有限集, 而且 $A_i \cap A_j = \varnothing, \forall i, j \in \mathbf{N}_+, i \neq j$. 定义函数

$$f(x) = \begin{cases} \dfrac{1}{n}, & \text{若 } x \in A_n, \\ 0, & \text{若 } x \in [0,1] \text{ 但不在任何 } A_n \text{ 中}. \end{cases}$$

对每个 $a \in [0,1]$, 求 $\lim\limits_{x \to a} f(x)$.

8. 设函数 f 在区间 I 内只有可去间断点. 定义 $g(x) = \lim\limits_{t \to x} f(t), x \in I$, 证明: $g \in C(I)$.

9. 证明: 若函数 f 在区间 $[0, +\infty)$ 上连续且有界, 则对每个给定的 λ, 存在一个数列 $\{x_n\}$ 满足要求: (1) $\lim\limits_{n \to \infty} x_n = +\infty$; (2) $\lim\limits_{n \to \infty} [f(x_n + \lambda) - f(x_n)] = 0$.

10. 设函数 f 在区间 I 上满足带指数的 Lipschitz 条件, 即存在 $M > 0, \alpha > 0$, 使得当 $x, y \in I$ 时, 成立 $|f(x) - f(y)| \leqslant M |x - y|^{\alpha}$. 证明: 若 $\alpha > 1$, 则 f 在 I 上是常值函数.

11. 举出一个函数 f, 它的定义域为 $[0,1]$, 处处不连续, 但它的值域为区间.

12. 若 $f \in C[a,b]$, 证明: 对每个给定的 $\varepsilon > 0$, 存在区间 $[a,b]$ 上的分段线性函数 $L(x)$, 使得 $|f(x) - L(x)| < \varepsilon$ 在区间 $[a,b]$ 上处处成立.

13. 设 $f \in C(-\infty, +\infty)$, 且 $\lim\limits_{x \to \infty} f(f(x)) = \infty$, 证明: $\lim\limits_{x \to \infty} f(x) = \infty$.

14. 设 $f \in C(-\infty, +\infty)$, 且存在 $k > 0$, 使得对任意 $x_1, x_2 \in \mathbf{R}$, 成立 $|f(x_1) - f(x_2)| \geqslant k|x_1 - x_2|$. 证明: f 严格单调且值域为 $(-\infty, +\infty)$.

15. 证明: 不等于常数的连续周期函数一定有最小正周期. 又问: 如果将连续性条件去掉, 结论还能成立否①?

16. 设函数 f 在区间 $[a, +\infty)$ 上满足 Lipschitz 条件, 其中 $a > 0$. 证明: $\dfrac{f(x)}{x}$ 在 $[a, +\infty)$ 上一致连续.

17. 证明: 函数 f 在区间 I 上一致连续的充分必要条件是: 对任何满足条件 $\lim\limits_{n \to \infty}(x_n - y_n) = 0$ 的 $\{x_n\} \subset I$ 和 $\{y_n\} \subset I$, 都有 $\lim\limits_{n \to \infty}[f(x_n) - f(y_n)] = 0$.

18. 证明: 函数 f 在有界区间 I 上一致连续的充分必要条件是: 当 $\{x_n\}$ 为基本数列时, $\{f(x_n)\}$ 也一定是基本数列.

19. 设函数 f 在区间 $[0, +\infty)$ 上一致连续, 且对任何 $x \in [0,1]$ 有 $\lim\limits_{n \to \infty} f(x+n) = 0$. 证明: $\lim\limits_{x \to +\infty} f(x) = 0$.

20. 设 f 在 $(-\infty, +\infty)$ 上一致连续, 证明: 存在非负常数 a 和 b, 使得成立 $|f(x)| \leqslant a|x| + b$.

第二组参考题

1. 用连续函数的零点存在定理解决以下"实际问题":

(1) 一个煎饼, 不论形状如何, 必可切一刀, 使面积二等分;

(2) 两个煎饼, 不论形状如何, 相对位置如何, 必可切一刀, 使它们的面积同时二等分 (**双煎饼定理**);

(3) 三个煎饼, 不论形状如何, 相对位置如何, 能否切一刀, 使它们的面积同时二等分?

(4) 一个煎饼, 不论形状如何, 能否以相互垂直的方式切两刀, 使面积四等分?

(5) 某短跑运动员用 $10\,\mathrm{s}$ 跑完 $100\,\mathrm{m}$. 证明: 其中至少有一段长为 $10\,\mathrm{m}$ 的路程恰用 $1\,\mathrm{s}$ 完成;

(6) 四只脚的方台在不平整的地上可能会摇晃. 但如适当转动的话, 一定能找到使它不摇晃的位置 (**若做实验会很有趣**);

---

① 注意: 非常值周期函数若有一个连续点, 则必有最小周期. 见 [59] 第一册 79 页命题 1.5.

(7) 给定平面上的一条光滑的封闭曲线, 能否作一个包含这条闭曲线的正方形, 并且它的四边都与曲线相切 (**方镜框定理**)?

(本题中出现的许多概念, 包括区域、边界、面积、光滑曲线和相切等, 在今后的教学中将会得到严格的数学处理. 但是目前可以采取朴素的观点来对待题中的条件, 因为在所有这些题中, 主要的工具只是零点存在定理, 再加上你的想像力.)

2. 设函数 f 在区间 $[0, n]$ 上连续, 且有 $f(0) = f(n)$, 其中 n 是一个正整数. 证明: 至少有 n 对不同的 (x, y), 使得 $f(x) = f(y)$, 同时 $x - y$ 为非零整数.

3. 设函数 f 在 $[a, b]$ 上定义, 且处处有极限. 证明:

   (1) 对每个 $\varepsilon > 0$, 在 $[a, b]$ 中使 $|\lim_{t \to x} f(t) - f(x)| > \varepsilon$ 的点至多只有有限个;
   (2) f 在 $[a, b]$ 中至多只有可列个间断点.

4. 证明: 区间上的函数不可能以区间的每个点为它的可去间断点.

5. 是否存在定义于 $(-\infty, +\infty)$ 上的连续函数 f, 使对于每个 $c \in \mathbf{R}$,
   (1) 方程 $f(x) = c$ 都恰有两个解?
   (2) 方程 $f(x) = c$ 都恰有三个解?

6. 设 n 为正整数, 试求满足函数方程 $f(x + y^n) = f(x) + [f(y)]^n$ $(x, y \in \mathbf{R})$ 的所有解.

7. 设 $f \in C[0, 1]$, $f(0) = 0$, $f(1) = 1$, $f(f(x)) \equiv x$. 证明: $f(x) \equiv x$.

8. 确定使得函数方程 $f(f(x)) = kx^9$ 在 $(-\infty, +\infty)$ 上有连续解时参数 k 应满足的充分必要条件.

9. 设 f 是从 $\mathbf{R}$ 到 $\mathbf{R}$ 的一对一连续映射, 有不动点, 又满足

$$f(2x - f(x)) \equiv x, \forall x \in \mathbf{R},$$

   证明: $f(x) \equiv x$.

10. 设函数 $f \in C[a, b]$, 定义 $M(x) = \max\limits_{a \leqslant y \leqslant x} \{f(y)\}$, $m(x) = \min\limits_{a \leqslant y \leqslant x} \{f(y)\}$. 证明: 函数 $M, m \in C[a, b]$.

11. 设 f 在闭区间 $[a, b]$ 上单调增加, $f(a) > a$, $f(b) < b$. 证明: f 在 (a, b) 内必有不动点.

12. 设 f 在区间 $[0, 1]$ 上满足以下条件: (1) $f(0) > 0$, $f(1) < 0$; (2) 存在一个函数 $g \in C[0, 1]$, 使得 $f + g$ 在 $[0, 1]$ 上单调增加. 证明: f 在 $(0, 1)$ 中有零点.

13. 设 f_1, f_2 是分别以 T_1, T_2 为周期的连续函数, 且均非常值函数. 证明: 若周期 T_1, T_2 不可公约, 则 $f_1 + f_2$ 不是周期函数.

14. 设 f, g 是周期函数, 且有 $\lim\limits_{x \to +\infty} [f(x) - g(x)] = 0$, 证明: $f(x) \equiv g(x)$. (注意: 本题并不需要 f 和 g 为连续函数的条件.)

15. 证明: 函数 f 在区间 I 上一致连续的充分必要条件是: 对每一个 $\varepsilon > 0$, 存在正数 N, 使得当 $x, y \in I, x \ne y$ 且

$$\left| \frac{f(x) - f(y)}{x - y} \right| > N$$

时, 成立 $|f(x) - f(y)| < \varepsilon$.

16. 设 f 在开区间 I 上连续, 且于每点 $x \in I$ 取到极大值 (或者于每点取到极小值). 证明: f 为 I 上的常值函数.

17. (本题是对上一题的进一步加强) 设 f 在开区间 I 上连续, 且于每一点 $x \in I$ 处取到极值, 证明: f 为 I 上的常值函数.

18. 若 x_0 为函数 f 的极大值点 (极小值点), 且存在一个邻域 $O(x_0)$, 使得当 $x \in O(x_0)$ $(x \ne x_0)$ 时满足不等式 $f(x) < f(x_0)$ $(f(x) > f(x_0))$, 则称 x_0 为 f 的严格极大值点 (严格极小值点). 证明: 任何函数的严格极大值点 (严格极小值点) 至多可列, 并举出同时有可列个严格极大值点和严格极小值点的例子.

    (在每个区间上有严格极大值和严格极小值的连续函数也是存在的. 见《美国数学月刊》(1983) 第 90 卷 281–282 页和《美国数学月刊》(1985) 第 92 卷 209–211 页.)

19. 设 $f \in C(0, +\infty)$, 对每个 $x_0 > 0$, 有 $\lim\limits_{n \to \infty} f(nx_0) = 0$. 证明: $\lim\limits_{x \to +\infty} f(x) = 0$.

    (本题可以与 Heine 归结原理对比, $\lim\limits_{x \to +\infty} f(x) = 0$ 的充分必要条件是对每个严格单调增加的正无穷大数列 $\{x_n\}$, 成立 $\lim\limits_{n \to \infty} f(x_n) = 0$. 本题表明, 当 $f \in C(0, +\infty)$ 时, 上述条件只需对所有等差增加的 $\{x_n\}$ 成立即可.)

20. 设 f 是将区间 $[a, b]$ 映入自身的连续映射. 从 $[a, b]$ 内任一点 x 出发, 用 $x_1 = x$, $x_{n+1} = f(x_n)$ $(n \in \mathbf{N}_+)$ 生成迭代数列 $\{x_n\}$. 证明: $\{x_n\}$ 收敛的充分必要条件是 $\lim\limits_{n \to \infty} (x_{n+1} - x_n) = 0$.

    (这个出人意料的结果来自《美国数学月刊》(1976) 第 83 卷 273 页的论文. 它至少有两方面的意义: (1) 给出了一维迭代数列收敛的一个充分必要条件. 这时只假定迭代函数连续, 与第二章中依赖于单调性的几何方法完全不同. 当然也与第三章的压缩映射原理无关. (2) 又可看成是 Cauchy 收敛准则在一维迭代数列中的特殊化, 即此时不要求数列中下标任意大的两项之间的差任意小, 而只要求前后两项之差任意小即可.)

第六章 导数与微分

这是进入微分学的第一章. 本章含有四节. 在 §6.1 中介绍导数概念、基本的求导公式和计算, §6.2 介绍高阶导数及其他求导法则, 一阶微分的概念在 §6.3 中讨论, 最后一节为学习要点和两组参考题.

§6.1 导数及其计算

6.1.1 内容提要

这里的要点为

1. 导数就是变量的变化率. 它在几何上来源于如何定义一般曲线的切线, 而在运动学上则与中学物理中的瞬时速度的定义方式完全相同.

2. 从导数的定义可以看出, 计算导数就是要求 $\dfrac{0}{0}$ 型的不定式的函数极限. 这也就是在学习微分学之前先要学习极限理论的理由之一. §4.3 的两个重要极限以及许多例题都与此直接相关.

3. 函数在某一个点是否可导, 只与该函数在这点附近的性态有关. 因此与函数的极限和连续性类似, 函数的可导性是一种局部性概念.

4. 函数在一点可导, 则一定在该点连续. 反之未必成立.

5. 除了导数的几何意义之外, 还要知道单侧导数的几何意义, 以及在某一点的导数或单侧导数为无穷大时的几何意义.

6. 导函数的概念. 这直接导致高阶导数的概念.

7. 导数的计算. 初等函数的导函数仍是初等函数. 这里的计算可以用求导公式按部就班地进行. 对于分段定义的函数, 在特殊点上要从导数定义出发直接计算.

8. 复合函数求导的链式法则是导数计算中的基本工具.

9. 对隐函数和用参数方程定义的函数的导数计算所涉及的理论问题将在以后学习, 本章着重于学习用求导法则进行计算.

初等函数的求导公式在数学分析的教科书中都有, 本书不再重复. 请初学者注意: 求导数是数学分析中最基本的一项计算, 而这必须通过做教科书中的大量导数计算题才能学会. 否则连基本公式都记不住, 还有什么技能可谈.

6.1.2　思考题

1. 设 $f \in C(a,b)$, 又在点 $x_0 \in (a,b)$ 处可导. 在 $x \neq x_0$ 时定义函数

$$g(x) = \frac{f(x) - f(x_0)}{x - x_0}.$$

　　问: 如何在 x_0 处补充定义 $g(x)$ 才能使得 $g \in C(a,b)$?

2. 说明 $f'_+(x_0)$ 和 $f'(x_0^+)$ 的不同意义, 并举出它们取不同数值的例子.

3. $f'(x_0)$ 和 $(f(x_0))'$ 有无区别? 为什么?

4. 验证下列三个函数 $f(x) = \sin^2 x$, $g(x) = -\cos^2 x$, $h(x) = -\frac{1}{2}\cos 2x$ 的导函数均相等. 为什么相等?

5. 若 $f'(x_0)$ 存在, 求 $\lim\limits_{\Delta x \to 0} \dfrac{f(x_0 - \Delta x) - f(x_0)}{\Delta x}$.

6. 若 $[f(x^2)]' = [f^2(x)]'$, 证明: 或者 $f(1) = 1$, 或者 $f'(1) = 0$.

7. (1) 在圆面积公式 $S(r) = \pi r^2$ 和圆周长公式 $l(r) = 2\pi r$ 之间有微分学的关系 $S'(r) = l(r)$, 请作出解释;

　　(2) 同样, 在球体积公式 $V(r) = \dfrac{4}{3}\pi r^3$ 和球面积公式 $A(r) = 4\pi r^2$ 之间有微分学的关系 $V'(r) = A(r)$, 请作出解释;

　　(3) 能否在所知的初等几何计算公式中再找出类似的微分学联系?

8. 设 $f(x)$ 在 (a,b) 上可导.

　　(1) 若 $\lim\limits_{x \to a^+} f(x) = \infty$, 是否可以推出 $\lim\limits_{x \to a^+} f'(x) = \infty$?

　　(2) 若 $\lim\limits_{x \to a^+} f'(x) = \infty$, 是否可以推出 $\lim\limits_{x \to a^+} f(x) = \infty$?

9. 判断下列命题的真假, 并说明理由:

　　(1) 若 f 在 $x = 0$ 可导, 且 $f(0) = 0$, 则 $f'(0) = 0$; 反之也成立;

　　(2) 若 f 在 x_0 可导, 且在某 $O(x_0)$ 上 $f(x) > 0$, 则 $f'(x_0) > 0$;

　　(3) 若 f 为 $(-1,1)$ 上的偶函数, 于 $x = 0$ 处可导, 则 $f'(0) = 0$;

　　(4) 若 f 为 $(-1,1)$ 上的奇函数, 于 $x = 0$ 处可导, 则 $f'(0) = 0$;

　　(5) 若 f 在 x_0 可导, 则 $|f|$ 也在 x_0 处可导; 反之也成立;

　　(6) 若存在极限

$$\lim_{\Delta x \to 0} \frac{f(x_0 + \Delta x) - f(x_0 - \Delta x)}{\Delta x},$$

　　则 $f(x)$ 于 x_0 处可导; 反之也成立.

10. (1) 如果 $f(x)$ 在点 x_0 处既左连续, 又右连续, 问 $f(x)$ 在 x_0 处是否连续?

　　(2) 如果 $f(x)$ 在点 x_0 处既左侧可导, 又右侧可导, 问 $f(x)$ 在 x_0 处是否可导? 为什么?

6.1.3 例题

以下第一个例题的内容是联系导数与连续的基本结果.

例题 6.1.1 证明: 函数在某点可导, 则在该点一定连续.

证 1 设函数 $y = f(x)$ 于点 x_0 处可导. 根据定义, 存在极限

$$\lim_{\Delta x \to 0} \frac{\Delta y}{\Delta x} = f'(x_0).$$

因此有

$$\frac{\Delta y}{\Delta x} = f'(x_0) + o(1) \ (\Delta x \to 0).$$

两边乘以 Δx, 得到

$$\Delta y = f'(x_0)\Delta x + o(\Delta x) \ (\Delta x \to 0). \tag{6.1}$$

由于 $\Delta x = x - x_0, \Delta y = y - y_0 = f(x) - f(x_0)$, 上式可以重写为

$$f(x) = f(x_0) + f'(x_0)(x - x_0) + o(x - x_0) \ (x \to x_0).$$

令 $x \to x_0$, 就得到 $\lim\limits_{x \to x_0} f(x) = f(x_0)$. □

注 称 (6.1) 为**无穷小增量公式**. 它是微分学中的主要工具之一.

证 2 将函数 $y = f(x)$ 的因变量 y 的增量 Δy 写成 $(\Delta x \neq 0)$

$$\Delta y = \frac{\Delta y}{\Delta x} \cdot \Delta x.$$

由于右边的差商当 $\Delta x \to 0$ 时有极限, 第二个因子是无穷小量, 因此就得到

$$\Delta y = o(1) \ (\Delta x \to 0).$$

这就是说当 $x \to x_0$ 时 $f(x) \to f(x_0)$, 即 f 在 x_0 处连续. □

证 3 直接用连续性的 ε-δ 定义来进行证明. 由于存在极限

$$\lim_{x \to x_0} \frac{f(x) - f(x_0)}{x - x_0} = f'(x_0),$$

应用局部有界性定理, 存在 $M > 0, \eta > 0$, 使得当 $0 < |x - x_0| < \eta$ 时, 成立

$$\left| \frac{f(x) - f(x_0)}{x - x_0} \right| < M.$$

对给定的 $\varepsilon > 0$, 取

$$\delta = \min\left\{ \eta, \frac{\varepsilon}{M} \right\}.$$

则当 $0 < |x - x_0| < \delta$ 时, 成立

$$|f(x) - f(x_0)| = \left| \frac{f(x) - f(x_0)}{x - x_0} \right| \cdot |x - x_0| < M|x - x_0| \leqslant \varepsilon.$$

这样就证明了 f 在 x_0 处连续. □

注 与这个基本结论有关的其他内容有: (1) 若 $f(x)$ 在点 x_0 存在某个单侧导数, 则 $f(x)$ 在点 x_0 具有相应的单侧连续性; (2) 若 $f(x)$ 在点 x_0 存在两个单侧导数 (不论它们是否相等), 则 $f(x)$ 在点 x_0 处连续. (典型例子为 $f(x) = |x|, x_0 = 0$.)

例题 6.1.2 举例说明函数在某点可导, 但在这点外的每个点上可以不连续.

解 定义函数 f 如下:

$$f(x) = \begin{cases} x^2, & x \text{ 是有理数}, \\ 0, & x \text{ 是无理数}, \end{cases}$$

则在 $x = 0$ 处 $f'(0) = 0$, 当然函数于该点连续. 但在任何 $x \neq 0$ 处函数 f 均有第二类间断点 (证明细节请读者完成). □

若 $y = f(x)$ 在点 x_0 处可导, 则曲线 $y = f(x)$ 在点 $(x_0, f(x_0))$ 处有切线

$$l(x) = f(x_0) + f'(x_0)(x - x_0).$$

下一个例题刻画了这条特殊的直线所具有的局部最优性 (见 [17]).

例题 6.1.3 设函数 $f(x)$ 在点 x_0 处可导, $l(x)$ 定义如上. 对于不等于 $l(x)$ 的其他任何 $L(x) = ax + b$, 存在 $\delta > 0$, 使得当 $0 < |x - x_0| < \delta$ 时, 成立不等式

$$|f(x) - l(x)| < |f(x) - L(x)|. \tag{6.2}$$

证 如图 6.1 所示分两种情况讨论.

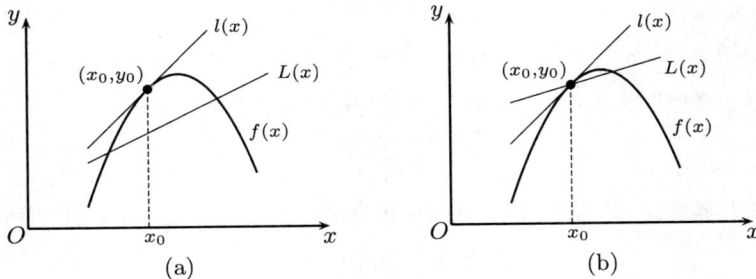

图 6.1

(1) $L(x_0) \neq f(x_0)$. 几何上这表明直线 $L(x) = ax + b$ 不经过点 (x_0, y_0), 其中 $y_0 = f(x_0) = l(x_0)$. 由于 $L(x_0) \neq y_0$, 利用

$$\lim_{x \to x_0} |f(x) - l(x)| = |f(x_0) - l(x_0)| = 0 < |f(x_0) - L(x_0)| = \lim_{x \to x_0} |f(x) - L(x)|$$

和连续函数的局部保号性, 存在 $\delta > 0$, 使得当 $|x - x_0| < \delta$ 时, 所要的不等式 (6.2) 成立. 注意: 这时 $x = x_0$ 是允许的.

(2) $L(x_0) = f(x_0)$, 几何上这表明直线 $L(x) = ax + b$ 经过点 (x_0, y_0), 即有

$$L(x_0) = f(x_0) = l(x_0) = ax_0 + b.$$

改写 $L(x)$ 为

$$L(x) = a(x - x_0) + f(x_0).$$

由于 $L(x) \neq l(x)$, 所以必有 $a \neq f'(x_0)$. 由于导数 $f'(x_0)$ 存在, 即有 (这就是无穷小增量公式 (6.1))

$$f(x) = f(x_0) + f'(x_0)(x - x_0) + o(x - x_0) \ (x \to x_0).$$

因此有

$$f(x) - l(x) = o(x - x_0) \ (x \to x_0).$$

另一方面, 既然 $a \neq f'(x_0)$, 因此有

$$\frac{f(x) - l(x)}{f(x) - L(x)} = \frac{o(x - x_0)}{[f'(x_0) - a](x - x_0) + o(x - x_0)} = o(1) \ (x \to x_0).$$

从而存在 $\delta > 0$, 使得当 $0 < |x - x_0| < \delta$ 时, 成立

$$\left| \frac{f(x) - l(x)}{f(x) - L(x)} \right| < 1,$$

这就是所要求证的不等式 (6.2). □

无穷小增量公式 (6.1) 可以加强为在下一个例题中更为有用的形式 (6.3). (取自 [17], 又参见本章第一组参考题 14.)

例题 6.1.4 设 $f(x)$ 在点 x_0 处可导, 则成立以下公式:

$$\Delta y = f'(x_0)\Delta x + \omega(x)\Delta x, \tag{6.3}$$

其中的函数 $\omega(x)$ 满足条件 $\lim\limits_{x \to x_0} \omega(x) = \omega(x_0) = 0$.

证 定义

$$\omega(x) = \begin{cases} \dfrac{\Delta y}{\Delta x} - f'(x_0), & x \neq x_0, \\ 0, & x = x_0. \end{cases}$$

可以看出 $\omega(x)$ 在点 x_0 处连续. 因此公式 (6.3) 成立. □

公式 (6.3) 的另一个形式是

$$f(x) = f(x_0) + f'(x_0)(x - x_0) + \omega(x)(x - x_0).$$

注 公式 (6.1) 右边的第二项带有小 o 记号, 因此并不是普通的等式, 这使得它的使用不如 (6.3) 方便. 实际上, 在用 (6.3) 来证明一系列求导公式时, 我们只需要作简单的计算即可. 作为例子, 我们将用它来证明反函数与复合函数的求导公式. 这两个公式的证明对初学者往往有困难, 在证明时也很容易犯错误.

命题 6.1.1 (反函数求导公式) 设 $x = \varphi(y)$ 在点 y_0 的某邻域上为严格单调连续函数, 且有 $\varphi'(y_0) \neq 0$. 若 $y = f(x)$ 是 $x = \varphi(y)$ 的反函数, 则 $f(x)$ 在点 $x_0 = \varphi(y_0)$ 处可导, 而且有

$$f'(x_0) = \frac{1}{\varphi'(y_0)}.$$

注 在图 6.2 中显示了反函数求导公式的几何意义, 其中同一条曲线代表了变量 x 和 y 之间的对应关系. 以 y 为自变量 x 为因变量时即代表函数 $x = \varphi(y)$, 而以 x 为自变量 y 为因变量时就得到反函数 $y = f(x)$. 它们在点 (x_0, y_0) 的切线是同一条直线, 而与两条坐标轴的交角的正切成倒数关系. 这就是反函数求导公式的几何意义.

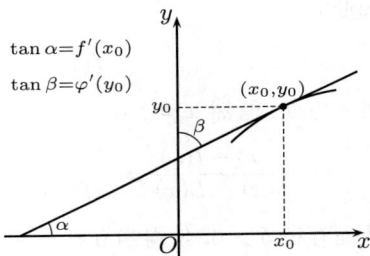

图 6.2

证 根据命题 5.5.4 (即单调连续函数的反函数定理), $f(x)$ 在点 x_0 的邻近也是严格单调连续函数. 从 $x = \varphi(y)$ 在点 y_0 处可导出发, 应用公式 (6.3) 得到

$$\Delta x = x - x_0 = [\varphi'(y_0) + \omega(y)](y - y_0) = [\varphi'(y_0) + \omega(y)]\Delta y, \quad (6.4)$$

其中 $\omega(y)$ 满足条件

$$\lim_{y \to y_0} \omega(y) = \omega(y_0) = 0.$$

现在用 $y = f(x)$ 代入等式 (6.4) 中的 $\omega(y)$ 内. 由于 $f(x)$ 在 x_0 处连续, 而 $\omega(y)$ 在 $y_0 = f(x_0)$ 处连续, 从复合函数的连续性定理知道 $\omega(f(x))$ 在 x_0 处连续, 且有

$$\lim_{x \to x_0} \omega(f(x)) = \omega(\lim_{x \to x_0} f(x)) = \omega(f(x_0)) = \omega(y_0) = 0.$$

再利用条件 $\varphi'(y_0) \neq 0$, 存在点 x_0 的某邻域 $O(x_0)$, 当 $x \in O(x_0)$ 时, 有

$$\varphi'(y_0) + \omega(f(x)) \neq 0.$$

因此当 $x \in O(x_0)$ 时, 可以从 (6.4) 得到

$$\frac{\Delta y}{\Delta x} = \frac{1}{\varphi'(y_0) + \omega(f(x))}.$$

令 $x \to x_0$, 即 $\Delta x \to 0$, 就有所要的结果

$$\lim_{\Delta x \to 0} \frac{\Delta y}{\Delta x} = \frac{1}{\varphi'(y_0)}. \qquad \square$$

注 对这个结果的常见说法是从

$$\frac{\Delta y}{\Delta x} = \frac{1}{\dfrac{\Delta x}{\Delta y}}$$

取极限, 就可以得到

$$\frac{\mathrm{d}y}{\mathrm{d}x} = \frac{1}{\dfrac{\mathrm{d}x}{\mathrm{d}y}}.$$

这作为一种启发或记忆方法是可以的, 但要严格讲清楚的话并不容易. 而在上面的证明中只要用公式 (6.3) 进行计算.

命题 6.1.2 (复合函数求导的链式法则) 设 $u = \varphi(x)$ 于 x_0 处可导, $y = f(u)$ 于 $u_0 = \varphi(x_0)$ 处可导, 则 $y = f(\varphi(x))$ 于 x_0 处可导, 而且有

$$[f(\varphi(x))]'_{x=x_0} = f'(u_0)\varphi'(x_0).$$

证 分别将无穷小增量公式 (6.3) 用于 $u = \varphi(x)$ (在 x_0) 和 $y = f(u)$ (在 u_0), 得到

$$\varphi(x) - \varphi(x_0) = [\varphi'(x_0) + \omega_1(x)]\Delta x, \qquad (6.5)$$

其中 $\omega_1(x)$ 在 x_0 处连续, 且取值为 0, 又有

$$f(u) - f(u_0) = [f'(u_0) + \omega_2(u)]\Delta u, \qquad (6.6)$$

其中 $\omega_2(u)$ 在 u_0 连续, 且取值为 0.

现在考虑复合函数 $y = f(\varphi(x))$. 在 (6.6) 中令 $u = \varphi(x)$, 利用条件 $u_0 = \varphi(x_0)$, 从而有 $\Delta u = \varphi(x) - \varphi(x_0)$. 然后再将 (6.5) 代入, 就得到

$$\Delta y = f(\varphi(x)) - f(\varphi(x_0)) = f'(u_0)\varphi'(x_0)\Delta x + \omega(x)\Delta x,$$

其中

$$\omega(x) = f'(u_0)\omega_1(x) + \varphi'(x_0)\omega_2(\varphi(x)) + \omega_1(x)\omega_2(\varphi(x)).$$

根据 $\omega_1(x)$ 和 $\omega_2(u)$ 分别在 x_0 和 $u_0 = \varphi(x_0)$ 处连续且取值为 0, 又知道 $\varphi(x)$ 在 x_0 处连续, 就可以看出函数 $\omega(x)$ 在 x_0 处连续且取值为 0. 这样就得到

$$\lim_{x \to x_0} \omega(x) = 0.$$

现在只要写出差商

$$\frac{\Delta y}{\Delta x} = f'(u_0)\varphi'(x_0) + \omega(x),$$

再令 $x \to x_0$, 就得到所要求证的公式

$$[f(\varphi(x))]'_{x=x_0} = f'(u_0)\varphi'(x_0).$$ □

注 关于复合函数求导法则证明的一个常见错误是从

$$\frac{\Delta y}{\Delta x} = \frac{\Delta y}{\Delta u} \cdot \frac{\Delta u}{\Delta x} \tag{6.7}$$

出发, 令 $\Delta x \to 0$, 得到

$$\frac{\mathrm{d}y}{\mathrm{d}x} = \frac{\mathrm{d}y}{\mathrm{d}u} \cdot \frac{\mathrm{d}u}{\mathrm{d}x}.$$

由于这里涉及对函数极限的基本理解问题, 需要作些解释.

在 (6.7) 的左边, 按照极限定义有 $\Delta x \neq 0$, 因此无问题. 但在右边的

$$\Delta u = u - u_0 = \varphi(x) - \varphi(x_0)$$

完全可能取到 0 值 (甚至有可能在 $\Delta x \to 0$ 的过程中无限次取到 0 值), 因此等式 (6.7) 是不合法的. 这里的 Δu 是中间变量 $u = \varphi(x)$ 的增量, 它是由自变量 x 的增量 Δx 决定的, 没有理由加上 $\Delta u \neq 0$ 的限制.

但在命题 6.1.2 的上述证明中不存在任何概念上的困难, 只是有关连续性的普通计算而已. 这就是用无穷小增量公式 (6.3) 代替 (6.1) 的优点.

例题 6.1.5 求函数

$$f(x) = \begin{cases} x^2 \sin \dfrac{1}{x}, & \text{当 } x \neq 0, \\ 0, & \text{当 } x = 0 \end{cases}$$

的导函数, 并讨论其连续性 (参见图 6.3).

解 在 $x \neq 0$ 处可以用初等函数的求导法则, 但在点 $x = 0$ 处则必须按导数的定义, 先写出差商, 再求极限. 根据 f 的定义, 可得到 $f'(0) = 0$ (具体计算过程从略). 这里只写出所得的结果:

$$f'(x) = \begin{cases} 2x \sin \dfrac{1}{x} - \cos \dfrac{1}{x}, & \text{当 } x \neq 0, \\ 0, & \text{当 } x = 0. \end{cases}$$

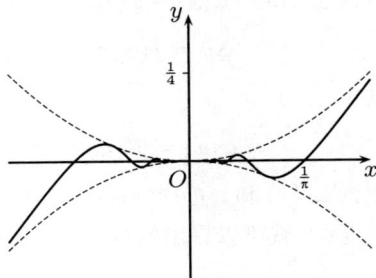

图 6.3

由此可见, 函数 $f(x)$ 处处可导, 但导函数 $f'(x)$ 在点 $x = 0$ 处不连续. 由于极限 $\lim\limits_{x \to 0} f'(x)$ 不存在, 因此 $x = 0$ 是第二类间断点. □

注 函数在某点的单侧导数和导函数在该点的单侧极限是不同的概念. 初学者在这一个问题上容易把两者混淆. 对本题来说, 既然有 $f'(0) = 0$, 因此在 $x = 0$ 处的两个单侧导数均为 0, 即 $f'_-(0) = f'_+(0) = 0$. 但从 $f'(x)$ 在 $x \neq 0$ 时的表达式可以看出, 导函数在点 $x = 0$ 的两个单侧极限, 即 $f'(0^-)$ 和 $f'(0^+)$ 都不存在. (参见下一章的命题 7.1.7, 即单侧导数极限定理.)

例题 6.1.6 确定函数

$$f(x) = \begin{cases} ax + b, & x > 1, \\ x^2, & x \leqslant 1 \end{cases}$$

中的 a, b, 使得函数 $f(x)$ 在 $x = 1$ 处可导.

解 根据函数在一点存在导数的充分必要条件是两个单侧导数存在且相等, 我们将分别计算 $f'_-(1)$ 和 $f'_+(1)$.

左侧导数 $f'_-(1)$ 可以直接计算如下:

$$f'_-(1) = \lim_{\Delta x \to 0^-} \frac{(1 + \Delta x)^2 - 1}{\Delta x} = \lim_{\Delta x \to 0^-} \frac{2\Delta x + \Delta^2 x}{\Delta x} = 2.$$

右侧导数的计算有所不同. 这里一方面涉及两个待定的数 a, b, 另一方面又必须保证函数在点 $x = 1$ 处右连续. 由函数 f 在 $x > 1$ 的表达式 $ax + b$ 和 $f(1) = 1$ 可见 a, b 必须满足要求 $a + b = 1$, 否则 $f'_+(1)$ 就不可能存在. 令 $b = 1 - a$, 然后可以计算如下:

$$f'_+(1) = \lim_{\Delta x \to 0^+} \frac{a(1 + \Delta x) + (1 - a) - 1}{\Delta x} = \lim_{\Delta x \to 0^+} \frac{a\Delta x}{\Delta x} = a.$$

令 $f'_-(1) = f'_+(1)$, 得到 $a = 2$, 从而 $b = -1$. $\square$

注 由于单侧导数与导函数的单侧极限是不同的概念, 因此本题应当按单侧导数的定义计算. 注意在求 (单侧) 导数之前先要看是否 (单侧) 连续.

导数计算中的一个困难是求形式为 $u(x)^{v(x)}$ 的函数的导函数.

例题 6.1.7 计算 $f(x) = x^{\frac{1}{x}}$ 的导函数.

解 用对数求导法. 先取对数得到

$$\ln f(x) = \ln (x^{\frac{1}{x}}) = \frac{\ln x}{x},$$

然后求导. 左边用复合函数求导法则得到

$$[\ln f(x)]' = \frac{f'(x)}{f(x)},$$

右边直接计算得到

$$\left(\frac{1}{x} \cdot \ln x\right)' = -\frac{1}{x^2}\ln x + \frac{1}{x^2} = \frac{1}{x^2}(1 - \ln x).$$

这样就计算出

$$f'(x) = f(x) \cdot \frac{1}{x^2}(1 - \ln x) = x^{\frac{1}{x} - 2}(1 - \ln x). \qquad \square$$

注 对数求导法在对乘积形式的函数求导数时也有用处. 例如设有多项式

$$p(x) = (x - x_1)(x - x_2)\cdots(x - x_n),$$

且其中 $x_i, i = 1, 2, \cdots, n$ 互不相等, 则为了求 $p(x)$ 的导数, 可以先取绝对值, 再取对数, 然后将

$$\ln|p(x)| = \ln|x - x_1| + \ln|x - x_2| + \cdots + \ln|x - x_n|$$

对 x 求导, 就很方便地得到

$$p'(x) = p(x) \cdot \left(\frac{1}{x - x_1} + \frac{1}{x - x_2} + \cdots + \frac{1}{x - x_n}\right).$$

6.1.4 练习题

1. 证明以下基本事实:

    (1) 可导的偶函数的导函数为奇函数;

    (2) 可导的奇函数的导函数为偶函数;

    (3) 可导的周期函数的导函数为周期函数.

2. 已知偶函数 $f(x)$ 在点 $x = 0$ 处可导, 求 $f'(0)$.

3. 确定 a 的值, 使两条曲线 $y = ax^2$ 与 $y = \ln x$ 相切.

4. 设函数 $f(x), g(x)$ 在点 x_0 处均可导. 证明: $f(x) - g(x) = o(x - x_0)\ (x \to x_0)$ 的充分必要条件是两条曲线 $y = f(x)$ 与 $y = g(x)$ 在 $x = x_0$ 时相切.

5. 设函数 $f(x)$ 可导, 且 $f(x)$ 无零点. 证明: 两条曲线 $y = f(x)$ 和 $y = f(x)\sin x$ 在其交点处相切.

6. 设 $p(x)$ 是有 n 个实根的 n 次多项式, 记它的相异根为 $x_1, x_2, \cdots, x_k$, 其中根 x_i 的重数为 $n_i, i = 1, 2, \cdots, k, n_1 + n_2 + \cdots + n_k = n$. 证明: 成立

$$p'(x) = p(x) \sum_{i=1}^{k} \frac{n_i}{x - x_i}.$$

7. 设函数

$$f(x) = \begin{cases} \dfrac{x}{1 + \mathrm{e}^{1/x}}, & x \neq 0, \\ 0, & x = 0, \end{cases}$$

研究 $f(x)$ 的可导性.

8. 设 n 为正整数, 在什么条件下, 函数

$$f(x) = \begin{cases} x^n \sin \dfrac{1}{x}, & x \neq 0, \\ 0, & x = 0 \end{cases}$$

(1) 在 $x = 0$ 处连续; (2) 在 $x = 0$ 处可导; (3) 在 $x = 0$ 处导函数连续.

9. 设函数 $f(x)$ 满足函数方程 $f(x + y) = f(x) \cdot f(y)$, 且已知 $f'(0) = 1$. 证明: $f(x)$ 处处可导, 且成立 $f'(x) = f(x)$. (可与 5.1.4 小节的题 10 作比较.)

10. 给定函数

$$f(x) = \begin{cases} 0, & x \text{ 为无理数}, \\ x, & x \text{ 为有理数}, \end{cases} \qquad g(x) = \begin{cases} 0, & x \text{ 为无理数}, \\ x^2, & x \text{ 为有理数}, \end{cases}$$

讨论它们的连续性与可导性.

11. 设 $f(x) = \begin{cases} x, & x \text{ 为有理数}, \\ x^2 + x, & x \text{ 为无理数}. \end{cases}$

(1) 证明 $x \neq 0$ 时, f 不连续; (2) 计算 $f'(0)$.

12. 设在原点某邻域 $O(0)$ 上有 $|f(x)| \leqslant |g(x)|$, 且 $g(0) = g'(0) = 0$. 求 $f'(0)$.

§6.2 高阶导数及其他求导法则

本节的内容为高阶导数的计算方法、隐函数求导法则和用参数方程给出的函数的求导法则.

6.2.1 高阶导数计算

高阶导数的计算, 特别是 n 阶导数的一般表达式的计算往往会有困难. 这里 Leibniz (莱布尼茨) 公式是主要工具:

$$\begin{aligned} (uv)^{(n)} &= \binom{n}{0} u^{(0)} v^{(n)} + \binom{n}{1} u' v^{(n-1)} + \binom{n}{2} u'' v^{(n-2)} + \cdots + \binom{n}{n} u^{(n)} v^{(0)} \\ &= \sum_{k=0}^{n} \binom{n}{k} u^{(k)} v^{(n-k)}. \end{aligned}$$

由于这个公式在各种教科书中都有证明, 这里不再重复.

在 Leibniz 公式的右边有 $n + 1$ 项, 如果在 uv 中有一个函数是低次多项式, 则实际出现的项数就很少. 这对于计算很有利.

例题 6.2.1 计算 $(x^2 \sin x)^{(80)}$.

解 用 Leibniz 公式和 $(\sin x)^{(4)} = \sin x, (\cos x)^{(4)} = \cos x$, 就有

$$(x^2 \sin x)^{(80)} = x^2(\sin x)^{(80)} + \binom{80}{1}(x^2)'(\sin x)^{(79)} + \binom{80}{2}(x^2)''(\sin x)^{(78)}$$

$$= (x^2 - 6\,320)\sin x - 160\,x\cos x. \qquad \square$$

例题 6.2.2 设 $f(x) = \dfrac{2x}{1-x^2}$, 求 $f^{(n)}(x)$.

解 分解为简单分式后再求导. 先将 f 改写为

$$f(x) = \frac{1}{1-x} - \frac{1}{1+x},$$

这样就有

$$f^{(n)}(x) = \left(\frac{1}{1-x}\right)^{(n)} - \left(\frac{1}{1+x}\right)^{(n)}.$$

然后可以试求几次找出规律, 并用数学归纳法证明 (细节从略):

$$\left(\frac{2x}{1-x}\right)^{(n)} = n!\left[\frac{1}{(1-x)^{n+1}} - \frac{(-1)^n}{(1+x)^{n+1}}\right]. \qquad \square$$

例题 6.2.3 对 $y = \arcsin x$ 计算 $y^{(n)}(0)$.

解 直接计算很难总结出规律. 关键是寻找递推关系. 首先有

$$y' = \frac{1}{\sqrt{1-x^2}},$$

将它改写为

$$y'\sqrt{1-x^2} = 1$$

后再求导, 得到

$$y''\sqrt{1-x^2} - y' \cdot \frac{x}{\sqrt{1-x^2}} = 0.$$

又将它整理为

$$(1-x^2)y'' - xy' = 0,$$

然后用 Leibniz 公式得到

$$y^{(n+2)}(1-x^2) + ny^{(n+1)}(-2x) + \frac{n(n-1)}{2}y^{(n)}(-2) - (xy^{(n+1)} + ny^{(n)}) = 0.$$

整理后得到

$$(1-x^2)y^{(n+2)} - (2n+1)xy^{(n+1)} - n^2 y^{(n)} = 0.$$

现在用 $x = 0$ 代入, 就得到递推公式

$$y^{(n+2)}(0) - n^2 y^{(n)}(0) = 0.$$

从 $y(0) = 0$ 即可知道 $y(x)$ 在 $x = 0$ 的所有偶数阶导数都等于零: $y^{(2k)}(0) = 0, k \in \mathbf{N}_+$. 再从 $y'(0) = 1$ 出发用递推公式, 计算出 $y'''(0) = 1, y^{(5)}(0) = 3^2,$ $y^{(7)}(0) = 5^2 \cdot 3^2, \cdots$, 即可以总结出 $y^{(2k+1)}(0) = [(2k-1)!!]^2, k \in \mathbf{N}_+.$ $\qquad\square$

注 在第七章学了 Taylor 公式后可以提出一种计算高阶导数的间接方法. 见那里的例题 7.2.1 解 1 之后的注解中对本题的回顾.

例题 6.2.4 设 $f(x) = \begin{cases} \mathrm{e}^{-\frac{1}{x^2}}, & x \neq 0, \\ 0, & x = 0, \end{cases}$ 证明 $f^{(n)}(0) = 0, n \in \mathbf{N}_+$ (见图 6.4).

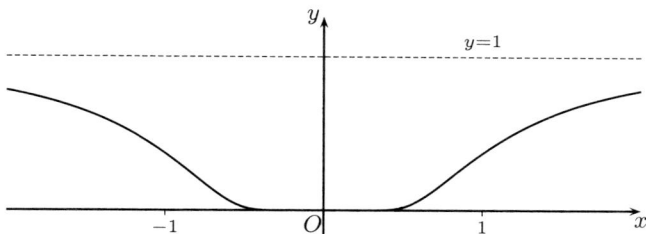

图 6.4

证 这里的基础是对于任何 α 成立

$$\lim_{u \to +\infty} \frac{u^\alpha}{\mathrm{e}^u} = 0.$$

先计算 $f'(0)$. 按定义计算并作代换 $y = 1/x$, 就有

$$f'(0) = \lim_{x \to 0} \frac{1}{x} \cdot \mathrm{e}^{-\frac{1}{x^2}} = \lim_{y \to \infty} y \mathrm{e}^{-y^2} = 0.$$

然后求出 $x \neq 0$ 时的导函数表达式

$$f'(x) = \frac{2}{x^3} \cdot \mathrm{e}^{-\frac{1}{x^2}},$$

再按定义计算出

$$f''(0) = \lim_{x \to 0} \frac{f'(x) - f'(0)}{x} = \lim_{x \to 0} \frac{2}{x^4} \cdot \mathrm{e}^{-\frac{1}{x^2}} = 0.$$

然后求出 $x \neq 0$ 时的二阶导函数表达式

$$f''(x) = \left(\frac{4}{x^6} - \frac{6}{x^4} \right) \cdot \mathrm{e}^{-\frac{1}{x^2}}.$$

可以提出猜测, 即函数 f 的 n 阶导数在 $x \neq 0$ 时具有以下形式:

$$f^{(n)}(x) = P_n\left(\frac{1}{x}\right) \cdot \mathrm{e}^{-\frac{1}{x^2}},$$

其中的 $P_n\left(\frac{1}{x}\right)$ 的意义是在变量 y 的多项式 $P_n(y)$ 中用 $y = \frac{1}{x}$ 代入. 由于我们只要求计算 $f^{(n)}(0)$, 而从前面的两次计算可以知道, 我们不必去关心多项式 $P_n(y)$ 的具体次数、系数和递推关系.

用数学归纳法来证明这个猜测. 已看到 $n = 1, 2$ 时猜测成立. 设 $f^{(k)}(x)$ 已具有所说的形式, 讨论 $f^{(k+1)}(x)$. 通过对 $f^{(k)}(x)$ 求导, 就有

$$
\begin{aligned}
f^{(k+1)}(x) &= (f^{(k)}(x))' \\
&= \left[P_k\left(\frac{1}{x}\right) \cdot \mathrm{e}^{-\frac{1}{x^2}}\right]' \\
&= P_k'\left(\frac{1}{x}\right) \cdot \left(-\frac{1}{x^2}\right) \cdot \mathrm{e}^{-\frac{1}{x^2}} + P_k\left(\frac{1}{x}\right) \cdot \frac{2}{x^3} \cdot \mathrm{e}^{-\frac{1}{x^2}} \\
&= \left[P_k'(y)(-y^2) + P_k(y)(2y^3)\right]\Big|_{y=\frac{1}{x}} \cdot \mathrm{e}^{-\frac{1}{x^2}},
\end{aligned}
$$

将第一个因子记为 $P_{k+1}\left(\frac{1}{x}\right)$ 即可.

最后, 用数学归纳法来证明对于任意的正整数 n, 有 $f^{(n)}(0) = 0$ 成立. 在 $n = 1, 2$ 时已经成立. 设在 $n = k$ 时已有 $f^{(k)}(0) = 0$, 则对于 $n = k+1$, 可以利用 $n = k$ 和 $x \neq 0$ 时 $f^{(k)}(x)$ 的上述特殊形式作以下计算:

$$
\begin{aligned}
f^{(k+1)}(0) &= \lim_{x \to 0} \frac{f^{(k)}(x) - f^{(k)}(0)}{x} = \lim_{x \to 0} \frac{f^{(k)}(x)}{x} \\
&= \lim_{x \to 0} \frac{1}{x} \cdot P_k\left(\frac{1}{x}\right) \cdot \mathrm{e}^{-\frac{1}{x^2}} = 0. \qquad \square
\end{aligned}
$$

注　这是在数学分析中的重要例子. (1) 它说明一个非常值函数也可以在某些点上的任何阶导数等于 0; (2) 幂函数 x^n ($n \geq 2$) 在 $x = 0$ 处直到 $n - 1$ 阶的导数均为 0, 当 $x \to 0$ 时为 n 阶无穷小量. 因此 x^n 的图像在原点附近随着 n 增加越来越平坦. 但是与本例的函数相比, 就大为不如. 因为这里对所有 n 都成立

$$\mathrm{e}^{-\frac{1}{x^2}} = o(x^n)\,(x \to 0).$$

从图 6.4 可见这个函数在 $x = 0$ 附近的图像极其平坦. (3) 在 Taylor 公式 (§7.2) 和 Taylor 级数 (见下册命题 14.4.2) 的理论中, 本例的函数有重要的应用.

下一个例题说明: 上述例子不只是理论上的 "精品", 而且有实际上的价值. 其中的辅助函数在许多研究中有用.

例题 6.2.5 将 $(-\infty, 0]$ 上的常值函数 $u(x) \equiv 0$ 和 $[1, +\infty)$ 上的常值函数 $v(x) \equiv 1$ 延拓为在 $(-\infty, +\infty)$ 上的无限次可微函数, 且使其值域为 $[0, 1]$.

解 先定义

$$g(x) = \begin{cases} 0, & x \leqslant 0, \\ \mathrm{e}^{-\frac{1}{x^2}}, & x > 0, \end{cases}$$

然后令

$$f(x) = \frac{g(x)}{g(x) + g(1-x)},$$

则 $f(x)$ 就满足要求. (请读者验证.) □

6.2.2 隐函数求导法

从上一章的命题 5.5.4 和其后的两个例题中我们已经看到, 函数的给定方法已经突破了过去的显式方法, 而可以采用隐式方法. 具体地说, 再举那里的 Kepler 方程为例, 即可以用一个方程

$$y = x - q \sin x \ (0 < q < 1)$$

来定义一个函数 $x = x(y)$. 用第二、三章中的迭代生成数列的方法可以计算这个函数 (的近似值). 在上一章我们能够确定这个函数是连续单调增加函数, 而在本章则从反函数求导法则 (即命题 6.1.1) 还知道它可导, 且可以将导数 $x'(y)$ 计算出来 (看下面的例题 6.2.6).

本小节的隐函数求导法则与多元函数的偏导数计算有关, 它的一般形式将在多元微积分的隐函数章节中学习. 在这里只介绍这个法则的基本思想, 并计算一些较为简单的问题.

这里的要点是: 如果一个函数 $y = y(x)$ 满足方程

$$F(x, y) = 0,$$

则将它代入后就得到恒等式 $F(x, y(x)) \equiv 0$. 然后对 x 求导, 就有可能将导数 $y'(x)$ 计算出来.

可以认为隐函数求导法则是反函数求导法则的一个发展. 实际上根据上述思想就可以导出反函数的求导法则如下.

若 $y = y(x)$ 和 $x = x(y)$ 互为反函数, 则可将 $y = y(x)$ 代入后者, 得到

$$x \equiv x(y(x)).$$

对 x 求导, 就有

$$1 = x'(y(x))y'(x),$$

这样就可以得到反函数求导公式

$$y'(x) = \frac{1}{x'(y)},$$

其中 $y = y(x)$ 由 $x = x(y)$ 决定. (这不能代替命题 6.1.1. 为什么?)

例题 6.2.6 设函数 $x = x(y)$ 满足 Kepler 方程 $y = x - q\sin x\,(0 < q < 1)$, 求 $x'(y)$.

解 1   已知 $y = x - q\sin x\,(0 < q < 1)$ 是以 $(-\infty, +\infty)$ 为定义域和值域的连续单调增加函数, 由于导数 $y' = 1 - q\cos x \neq 0$, 就可以应用命题 6.1.1, 知道反函数 $x(y)$ 可导, 且得到导数

$$x'(y) = \frac{1}{y'(x)} = \frac{1}{1 - q\cos x(y)}. \qquad\qquad \square$$

解 2   将函数 $x = x(y)$ 代入方程 $y - x + q\sin x = 0$ 中, 得到以 y 为自变量的恒等式

$$y - x(y) + q\sin x(y) \equiv 0.$$

对 y 求导, 得到

$$1 - x'(y) + q\cos x(y) \cdot x'(y) \equiv 0.$$

这样就可以得到

$$x'(y) = \frac{1}{1 - q\cos x(y)}. \qquad\qquad \square$$

注   对这两个方法进行比较.

第一种解法是严格的, 反函数的存在是由命题 5.5.4 保证的, 而反函数的可导与计算方法是以命题 6.1.1 为根据的. 它的缺点是不能解决一般的隐函数的存在和求导问题.

第二种解法的优点是可以用于一般的隐函数求导计算. 但在这一章中对隐函数的存在性和可导性都还不可能建立严格的理论基础, 这些问题要到多元微积分中才能解决, 在那里会证明这里的计算方法是正确的 (见下册的第二十章). 此外, 在一般计算中上述恒等式只写成为普通的等式.

现在举一个简单的例子, 从中可以看出隐函数求导方法的一个优点.

例题 6.2.7 设函数 $y = y(x)$ 满足单位圆方程 $x^2 + y^2 = 1$, 用显式和隐式两种方法求 $y'(x)$, 并作比较.

解   从所给方程可以得到两个显函数: 记为

$$y_1 = \sqrt{1 - x^2} \quad \text{和} \quad y_2 = -\sqrt{1 - x^2}, \ -1 \leqslant x \leqslant 1. \qquad (6.8)$$

它们在 $-1 < x < 1$ 上处处可导. 容易计算出

$$y_1' = -\frac{x}{\sqrt{1-x^2}} \quad \text{和} \quad y_2' = \frac{x}{\sqrt{1-x^2}}. \tag{6.9}$$

另一方面, 用隐函数求导法则, 将 $y = y(x)$ 代入方程, 有恒等式

$$x^2 + y^2(x) \equiv 1.$$

对 x 求导, 得到 $2x + 2y(x)y'(x) \equiv 0$, 就有

$$y'(x) = -\frac{x}{y(x)}. \tag{6.10}$$

现比较这两个不同的方法. 从前面的计算可见, 方程 $x^2 + y^2 = 1$ 确定的函数不止一个. 实际上, 根据函数的定义, 两个函数只要定义域不同, 即使解析表达式相同, 也应当看成是不同的函数. 因此从这个观点看的话, 方程 $x^2 + y^2 = 1$ 所确定的函数就不是只有两个, 而是多得不计其数了. (这正是将来要学习的隐函数理论中的观点.) 那么就产生了一个问题, 即第二个方法所得的公式 (6.10) 中的 $y'(x)$ 是指哪一个函数 $y(x)$ 的导数?

这个问题的回答是: 用隐函数求导法则所得到的导数公式对 (由方程确定的) 每一个函数同时有效. 由于本题十分简单, 只要在公式 (6.10) 中用公式 (6.8) 中的 $y_1(x)$ 和 $y_2(x)$ 分别代入, 就可以分别得到用第一个方法计算出来的 y_1' 和 y_2', 即公式 (6.9). 至于由单位圆方程确定的其他函数, 它们的定义域都是 $[-1,1]$ 的子集, 因此只要可导, 公式 (6.10) 同样有效. □

例题 6.2.8 设 $y = y(x)$ 可导, 且满足方程 $x^2 + xy + y^2 = 1$, 求 y', y'', y'''.

解 将 $x^2 + xy + y^2 = 1$ 看成关于 x 的恒等式, 其中 $y = y(x)$, 对 x 求导得到

$$2x + y + xy' + 2yy' = 0, \tag{6.11}$$

就有

$$y' = -\frac{2x+y}{x+2y}.$$

根据这个表达式可以直接看出, 在函数 $y(x)$ 可导的假定下, 只要分母 $x + 2y \neq 0$, 二阶导数 y'' 一定存在.

将 (6.11) (它实际上也是关于 x 的恒等式) 对 x 求导, 得到

$$2 + 2y' + xy'' + 2y'^2 + 2yy'' = 0.$$

由此可以计算出 (请读者补充计算过程)

$$y'' = -\frac{6}{(x+2y)^3}.$$

从这个公式又一次推知, 只要 $x + 2y \neq 0$, 函数 $y(x)$ 就会有三阶导数. 对 y'' 的公式再求导, 就得到

$$y''' = -\frac{54x}{(x+2y)^5}. \qquad \qquad \Box$$

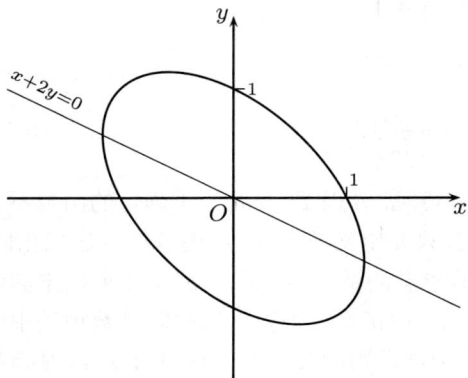

图 6.5

注　从平面解析几何的二次曲线理论可知, 如图 6.5 所示, 本题方程的几何图像是一个以原点为中心的椭圆, 但其主轴与坐标轴不重合. 这个椭圆与直线 $x + 2y = 0$ 的交点处的切线平行于 y 轴, 斜率为无穷大. 当然可以从方程出发得到 $y(x)$ 的显式, 但这时的显式表达式较复杂, 计算并不方便. 而且我们也不知道题意中的 $y(x)$ 是哪一个. 因而隐函数求导法则即使在能求出函数的显式公式时也有它的优点.

6.2.3　参数方程求导法

用参数方程给出平面或空间曲线的做法由来已久. 从解析几何的发展开始, 许多有实际意义的曲线都是这样给定的, 如果一定要用 $y = y(x)$ 或 $x = x(y)$ 来表示它们反而会很不方便. 这即使对于常见的圆也是如此. 在中学里已经学过极坐标和用 $\rho = \rho(\theta)$ 来表示的曲线. 若写出

$$x = \rho(\theta)\cos\theta, y = \rho(\theta)\sin\theta,$$

就得到了以 θ 为参数的参数方程.

对于一般的参数方程

$$x = \varphi(t), y = \psi(t), a \leqslant t \leqslant b,$$

在一定的条件下可以确定函数关系 $y = y(x)$ (或 $x = x(y)$). 这时对函数 $y = y(x)$ 的研究完全可以从参数方程出发来进行, 而不一定需要 $y = y(x)$ 的显式表达式. 因为这样的显式表达式一般地说不一定存在, 而即使存在也不一定有用. 这里的情况与上一小节完全类似.

命题 6.2.1　设 $x = \varphi(t), y = \psi(t)$ 在区间 (a,b) 上可导, 且 $\varphi'(t) \neq 0, \forall t \in (a,b)$, 则有以下结论成立:

(1) $x = \varphi(t)$ 是区间 (a,b) 上的严格单调连续函数, 因而存在反函数 $t = t(x)$;

(2) 在 $x = \varphi(t)$ 和 $y = \psi(t)$ 之间存在函数关系 $y = \psi(t(x))$, 简记为 $y = y(x)$;

(3) 函数 $y = y(x)$ 可导, 且有公式

$$y'(x) = \left.\frac{\psi'(t)}{\varphi'(t)}\right|_{t=t(x)}.$$

证 关于 (1) 的证明见注 2 的说明, 在这里暂且先承认它. (2) 是 (1) 的推论. 下面只对于 (3) 给出证明.

由 $\varphi'(t) \neq 0$ 和 (1), 可以用反函数求导法则 (即命题 6.1.1), 知道 $t = t(x)$ 可导, 且有

$$t'(x) = \left.\frac{1}{\varphi'(t)}\right|_{t=t(x)}.$$

对 $y = \psi(t(x))$ 用复合函数求导公式, 就有

$$y'(x) = \psi'(t(x)) \cdot t'(x) = \left.\frac{\psi'(t)}{\varphi'(t)}\right|_{t=t(x)}. \qquad \square$$

注 1 以上法则可以写为

$$y'_x = y'_t t'_x = \frac{y'_t}{x'_t},$$

因此是复合函数求导公式与反函数求导公式的结合.

注 2 关于 (1) 的证明在此作个说明. 由于在区间 (a,b) 上处处有 $\varphi'(t) \neq 0$, 应用下一章命题 7.1.6 的导函数介值定理 (Darboux (达布) 定理), 可见导函数 $\varphi'(t)$ 在区间 (a,b) 上保号. 然后再用第八章 §8.2 中关于单调性的讨论即可.

例题 6.2.9 将例题 6.2.8 中的椭圆用参数方程表示为

$$x = \frac{2}{\sqrt{3}} \cos t, \ y = \sin t - \frac{1}{\sqrt{3}} \cos t,$$

计算 y 对 x 的前三阶导数: y'_x, y''_x, y'''_x.

解 由上面的注解, 可以计算如下:

$$y'_x = \left(\sin t - \frac{1}{\sqrt{3}} \cos t\right)'_x = \left(\sin t - \frac{1}{\sqrt{3}} \cos t\right)'_t \cdot t'_x$$

$$= \left(\cos t + \frac{1}{\sqrt{3}} \sin t\right) \cdot \frac{1}{x'_t} = -\frac{\sqrt{3}}{2} \cot t - \frac{1}{2},$$

$$y''_x = (y'_x)'_x = (y'_x)'_t \cdot t'_x = \frac{\sqrt{3}}{2} \csc^2 t \cdot \frac{1}{x'_t} = -\frac{3}{4} \csc^3 t,$$

$$y'''_x = (y''_x)'_x = (y''_x)'_t \cdot t'_x = -\frac{9\sqrt{3}}{8} \cdot \frac{\cos t}{\sin^5 t}.$$

当然在三个答案中的 t 都应当理解为反函数 $t = t(x) = \arccos \dfrac{\sqrt{3}}{2} x$. 同时只有当分母中的 $\sin t \neq 0$ 时公式有效, 从 $x'_t = -\dfrac{2}{\sqrt{3}} \sin t$ 可知这就是在推导法则时的条件. 实际上有 $x + 2y = 2\sin t$, 因此与例题 6.2.8 一致.　　　　　　　□

6.2.4　练习题

1. 对 $y = \arctan x$ 计算 $y^{(n)}(0)$.

2. 对 $y = (\arctan x)^2$ 计算 $y^{(n)}(0)$.

3. 对 $y = (\arcsin x)^2$ 计算 $y^{(n)}(0)$.

4. 设 $y = x^{n-1}\mathrm{e}^{\frac{1}{x}}$, 证明: $y^{(n)} = \dfrac{(-1)^n}{x^{n+1}}\mathrm{e}^{\frac{1}{x}}$.

5. 求下列函数的 n 阶导函数:

   (1) $y = \sin^3 x$;　　　　　　　　　　　　(2) $y = \mathrm{e}^x \sin x$;

   (3) $y = x^{n-1}\ln x$;　　　　　　　　　　(4) $y = x^3\mathrm{e}^x$;

   (5) $y = \dfrac{x^n}{1-x}$;　　　　　　　　　　(6) $y = \dfrac{x^n}{(x+1)^2}$;

   (7) $y = \sin ax \sin bx$.

6. 证明: $y = C_1\mathrm{e}^{\lambda_1 x} + C_2\mathrm{e}^{\lambda_2 x}$ 满足微分方程 $y'' - (\lambda_1 + \lambda_2)y' + \lambda_1\lambda_2 y = 0$.

7. 证明: $y = C_1\sin(\omega t + \varphi) + C_2\cos(\omega t + \varphi)$ 满足微分方程 $y'' + \omega^2 y = 0$.

8. 若曲线由极坐标方程 $\rho = f(\theta)$ 表示, 则可得到参数方程 $x = f(\theta)\cos\theta$, $y = f(\theta)\sin\theta$, 求 $y'(x)$.

9. 证明: Archimedes 螺线 $\rho = a\theta$ 与双曲螺线 $\rho = a\theta^{-1}$ 在相交处的切线正交.

10. 对下列参数方程求 $y'(x)$ 和 $y''(x)$ (在 (4) 中假定 f 二阶可导):

    (1) $\begin{cases} x = \sqrt{1+t}, \\ y = \sqrt{1-t}; \end{cases}$　　　　　　(2) $\begin{cases} x = at\cos t, \\ y = at\sin t; \end{cases}$

    (3) $\begin{cases} x = a\cos^3 t, \\ y = a\sin^3 t; \end{cases}$　　　　　　(4) $\begin{cases} x = f'(t), \\ y = tf'(t) - f(t). \end{cases}$

11. 求出由方程 $x^3 + y^3 - 3xy = 0$ 确定的曲线上有水平切线的点.

12. 是否可以利用函数 $y = \sin x \sin 3x \sin 5x$ 的奇偶性计算 $y''(0)$?

13. 是否可以不展开乘积 $y = (6 + 5x)(4 + 3x)^2(2 + x)^3$ 就求出 $y^{(5)}(0)$?

14. 设 f 为 7 次多项式, 若 $f(x) + 1$ 能被 $(x-1)^4$ 整除, $f(x) - 1$ 能被 $(x+1)^4$ 整除, 能否利用导数工具求出 f?

§6.3 一阶微分及其形式不变性

6.3.1 基本概念

1. 微分是增量中的线性主部. 具体来说, 考虑 $y = f(x)$ 在点 x_0 由自变量的增量 Δx 引起的因变量的增量 Δy. 若有常数 a, 使得
$$\Delta y = a\Delta x + o(\Delta x) \ (\Delta x \to 0),$$
则称 Δy 有线性主部 $a\Delta x$. 这时称 $y = f(x)$ 在点 x_0 可微, 并将这个线性主部称为 $y = f(x)$ 在点 x_0 的微分.

2. 函数 $y = f(x)$ 在点 x_0 可微的充分必要条件是 $y = f(x)$ 在 x_0 可导, 而且这时的导数就等于上述线性主部中的系数 a, 即 $f'(x_0) = a$.

3. 由可微和可导的关系可知: 并非每个函数在某点的增量中都能分离出线性主部.

4. 上述微分的记号是 $\mathrm{d}y = f'(x_0)\,\mathrm{d}x$, 其中将自变量的增量 Δx 写为 $\mathrm{d}x$. 这是因为, 对于最简单的线性函数 $y = x$, 确实有 $\mathrm{d}y = \mathrm{d}x = \Delta x$.

5. 如果不只是考虑某个点 x_0 处函数 $y = f(x)$ 的微分, 而是一般地考虑函数 $y = f(x)$ 的微分, 则微分 $\mathrm{d}y = f'(x)\,\mathrm{d}x$ 实际上是二元函数. 每当给定了自变量 x 的值和增量 Δx 的值之后, 微分 $\mathrm{d}y$ 就有确定的值. 如果 x 固定, 则 $\mathrm{d}y$ 必是 $\mathrm{d}x$ 的线性函数.

6. 由于历史原因, 有时会将微分说成是 "很小很小的量" "小于任何给定量的量" 等. 应当指出这样说是错误的. 在 $\mathrm{d}y = f'(x_0)\,\mathrm{d}x$ 中 $\mathrm{d}x$ 只不过是一个自变量, 当 $f'(x_0) \neq 0$ 时, 只要 $\Delta x = \mathrm{d}x$ 取得足够大, 微分 $\mathrm{d}y$ 的值就可以取到任意大的值.

7. 固定点 x_0, 将微分 $\mathrm{d}y = f'(x_0)\,\mathrm{d}x$ 中的 $\mathrm{d}y$ 改写为 $y - f(x_0)$, $\mathrm{d}x$ 改写为 $x - x_0$, 就得到曲线 $y = f(x)$ 在点 $(x_0, f(x_0))$ 的切线方程
$$y = f(x_0) + f'(x_0)(x - x_0).$$

6.3.2 微分与近似计算

由于微分是增量的线性主部, 即有 $\Delta y = \mathrm{d}y + o(\Delta x) \ (\Delta x \to 0)$, 可见当 Δx 充分小时, 可以用微分作为增量的近似值. 这就是所谓的 "一次近似". 这种方法的效果有限, 也不能作误差估计, 但是在一些简单问题上还是很有用的工具.

例题 6.3.1 在没有数学用表和计算工具的情况下, 求 $\sqrt[3]{2}$ 的近似值.

解 若取 $f(x) = \sqrt[3]{x}$, 则有 $f'(x) = \dfrac{1}{3\sqrt[3]{x^2}}$. 这时有

$$\sqrt[3]{x} \approx \sqrt[3]{x_0} + \mathrm{d}\sqrt[3]{x},$$

其中第二项是函数 $\sqrt[3]{x}$ 在点 x_0 的微分:

$$\mathrm{d}\sqrt[3]{x} = \frac{1}{3\sqrt[3]{x_0^2}} \cdot \Delta x.$$

若取 $x_0 = 1$, 则 $\Delta x = 1$, 计算很简单, 即

$$\sqrt[3]{2} \approx 1 + \frac{1}{3} \approx 1.333.$$

但是这个近似值太差. 问题出在 $\Delta x = 1$ 太大了. 可以改进如下.

取近似值的前两位 1.3, 计算 1.3 的立方, 得到 $1.3^3 = 2.197$. 因此可以取

$$x_0 = 2.197, \Delta x = -0.197.$$

再次计算如下:

$$\sqrt[3]{2} = 1.3 + \frac{-0.197}{3 \cdot 1.3^2} = 1.3 - \frac{0.197}{5.07} \approx 1.3 - \frac{0.2}{5} = 1.3 - 0.04 = 1.26.$$

实际上有 $\sqrt[3]{2} \approx 1.25992$. 第二次的结果较好. 原因是这次的增量 Δx 较小. □

注 用微分代替增量, 就是在无穷小增量公式 $\Delta y = f'(x_0)\Delta x + o(\Delta x)$ ($\Delta x \to 0$) 中将余项 $o(\Delta x)$ 去掉. 这种做法很简单. 缺点是对于由此带来的误差不能作出定量估计. 在第八章微分学的应用中将会对此作进一步的讨论.

在测量问题中一般来说往往是测量一些容易得到的量, 然后通过计算得到最后结果. 这时使用微分可以对于测量的绝对误差和相对误差作出估计.

例题 6.3.2 假定用测量球的直径来得到球的体积. 为了所得的球体积的相对误差不超过 1%, 问测量直径的相对误差应如何才行?

解 从直径 D 计算球体积 V 的公式是

$$V = \frac{\pi}{6}D^3.$$

因此有

$$\mathrm{d}V = \frac{\pi}{2}D^2\mathrm{d}D.$$

我们看到, 由于用了微分代替增量, 公式就很简单, 而且一定是线性的. 这样就有

$$\frac{\mathrm{d}V}{V} = 3\frac{\mathrm{d}D}{D}.$$

因此为了所得到的球体积的相对误差不超过 1%, 在测量直径时的相对误差应当控制在 0.33% 之内. □

6.3.3 一阶微分的形式不变性

这是一个初学者不容易理解的问题. 由于这个不变性在一元微分学中不起重要作用, 更使它容易被忽视. 但在多元微分学中的情况不一样, 一阶微分的形式不变性将变得很有用处. 因此作为基础, 在这里应当了解: 一阶微分的形式不变性的确切意义是什么? 为什么叫"形式"不变性? 它会有什么用处?

为了讨论这些问题, 先简要回顾教科书中的内容.

若 $y = y(x)$ 可导, 则有微分

$$dy = y'(x)\, dx. \tag{6.12}$$

又若在 $y = y(x)$ 中的 x 并非自变量, 而只是中间变量, 即有 $x = x(t)$, 这里的 t 才是真的自变量. 这时若假定 $x(t)$ 也可导, 则对于函数 $y = y(x(t))$ 有微分

$$dy = [y(x(t))]'_t dt = y'_x(x(t))x'(t)\, dt. \tag{6.13}$$

从 $x = x(t)$ 又可以写出微分 $dx = x'(t)\, dt$. 将它代入 (6.13), 就可以将这个公式改写为

$$dy = y'_x(x(t))\, dx = y'(x)\, dx. \tag{6.14}$$

因此从形式上看, 公式 (6.14) 与公式 (6.12) 是一样的. 从而, 不论在 $y = y(x)$ 中的 x 是否是真的自变量, 一阶微分 (6.12) 在形式上是不变的.

仔细考察以上论证过程就可以发现, 这种不变性只是形式上的, 而并非真正的不变性. 这里至少可以列出以下几点:

1. 在 (6.12) 中的 $dx = \Delta x$, 如将公式写成 $dy = f'(x)\Delta x$ 也是正确的. 但在 (6.14) 中的 $dx = x'(t)\, dt$ 一般不等于 Δx. 我们知道它们之间相差一个 $o(\Delta t)$ $(\Delta t \to 0)$.

2. 在 (6.12) 中的 dy 与 Δx 成比例, 而在 (6.14) (即 (6.13)) 中的 dy 与 Δt 成比例. 它也与 dx 成比例, 但并不一定与 Δx 成比例, 因为 dx 一般不等于 Δx.

3. 在 (6.12) 中的 dy 是 x 和 dx ($= \Delta x$) 的二元函数, 但在 (6.14) (即 (6.13)) 中的 dy 是 t 和 dt ($= \Delta t$) 的二元函数. 只不过在 (6.14) 中我们故意抹去了它与 t 和 dt 的真正依赖关系, 从而造成了形式上的不变性.

既然我们关于一阶微分的形式不变性讲了这样多的"坏话", 那么学习这种不变性还有什么意义呢? 先观察一个例子.

例题 6.3.3 计算函数 $y = e^{\sin(ax+b)}$ 的微分.

解 1 根据 $\mathrm{d}y = y'(x)\,\mathrm{d}x$, 只要计算出导数 $y'(x)$. 根据复合函数的求导法则, 可以得到

$$
\begin{aligned}
(\mathrm{e}^{\sin(ax+b)})' &= \mathrm{e}^{\sin(ax+b)} \cdot [\sin(ax+b)]' \\
&= \mathrm{e}^{\sin(ax+b)} \cdot \cos(ax+b) \cdot (ax+b)' \\
&= \mathrm{e}^{\sin(ax+b)} \cdot \cos(ax+b) \cdot a \\
&= a\cos(ax+b)\,\mathrm{e}^{\sin(ax+b)}.
\end{aligned}
$$

因此有

$$
\mathrm{d}y = a\cos(ax+b)\,\mathrm{e}^{\sin(ax+b)}\mathrm{d}x. \qquad \square
$$

解 2 根据一阶微分的形式不变性, 可以计算如下:

$$
\begin{aligned}
\mathrm{d}(\mathrm{e}^{\sin(ax+b)}) &= \mathrm{e}^{\sin(ax+b)} \cdot \mathrm{d}(\sin(ax+b)) \\
&= \mathrm{e}^{\sin(ax+b)} \cdot (\cos(ax+b)) \cdot \mathrm{d}(ax+b) \\
&= \mathrm{e}^{\sin(ax+b)} \cdot \cos(ax+b) \cdot a\,\mathrm{d}x \\
&= a\cos(ax+b)\,\mathrm{e}^{\sin(ax+b)}\,\mathrm{d}x. \qquad \square
\end{aligned}
$$

注 一方面, 可以认为这两个解法没有很大的本质差别. 从 (6.13) 到 (6.14) 的推导可以知道, 其中的主要工具就是复合函数的求导法则. 因此从这一点来看, 两个解法之间的差别只是表面的, 其实质是完全一样的.

另一方面, 一阶微分的形式不变性毕竟为一阶微分的计算提供了一种新解法. 它的优点就是在每一步计算时不必考虑真正的自变量是什么. 由于微分的定义是由真正的自变量的增量所引起的因变量增量中的线性主部, 因此上述第二种解法确实含有新的思想.

6.3.4 练习题

1. 证明: 若 $f'(x_0) \neq 0$, 则 $\displaystyle\lim_{\Delta x \to 0} \frac{\Delta y}{\mathrm{d}y} = 1$.

2. 设 u, v, w 均为 x 的可微函数, 求 y 的微分:

(1) $y = uvw$; (2) $y = \dfrac{u}{v^2}$;

(4) $y = \arctan\dfrac{u}{vw}$; (4) $y = \dfrac{1}{\sqrt{u^2+v^2+w^2}}$.

3. 证明: 在 $x/a^n \approx 0$ 时有近似公式:

$$
\sqrt[n]{a^n + x} \approx a + \frac{x}{na^{n-1}} \quad (a > 0).
$$

并用于计算: (1) $\sqrt[3]{9}$; (2) $\sqrt[4]{80}$; (3) $\sqrt[7]{100}$; (4) $\sqrt[10]{1\,000}$.

4. 设通过单摆振动的实验, 用公式 $g = 4\pi^2 l/T^2$ 求重力加速度 g. 分别研究 (1) 测量摆长 l, (2) 测量周期 T 时的相对误差对 g 的影响.

5. 设要求测量值 x 的常用对数, 问: x 的相对误差会给结果带来什么影响?

§6.4 对于教学的建议

6.4.1 学习要点

1. 本章的重点包含: (1) 导数和微分的概念, (2) 求导的计算能力.

2. 在求导计算中, 主要的错误有这样几类: (1) 基本求导法则记不住, (2) 粗心, (3) 概念不清. 由于一般读者都明白如何克服前两类毛病, 因此本书在这一章中的内容主要是围绕概念来展开的. 实际上在运用反函数求导法则和复合函数求导法则时的错误主要是对于这两个法则并不真正理解.

3. 在一元微分学中, 微分的概念从另一种与变化率完全不同的角度加深了我们对导数的了解. 这对于今后多元微分学的学习是必要的基础.

4. 既然微分 dy 是增量 Δy 的线性主部, 因此在 Δx 充分小时可以用微分作为增量的近似值. 但这里不能对误差作出定量估计, 因此这只是近似计算的初步方法, 它是在以后学习 Taylor 公式的基础.

5. 本章没有提到二阶微分和一般的高阶微分的概念. 但是应当知道, 对于二阶微分以及更高阶的微分来说, 不存在形式上的不变性.

6. **对习题课的建议** 本章内容不难理解. 训练重点应当放在基本概念和基本运算能力上. 在习题课上要对概念模糊和运算马虎的学生提出警告. 同时, 在第一学期数学分析的讲授中这一章的内容也是比较容易的部分, 习题课教师可以利用这段时间处理一些前面的遗漏事项. 初学者往往对微分不予重视, 其实微分这种线性近似的观点是十分重要的. 要重视无穷小增量公式. 这是进入下一章学习的重要基础.

6.4.2 参考题

第一组参考题

1. 利用导数的定义计算极限 $\displaystyle\lim_{x \to 0} \frac{(1 + \tan x)^{10} - (1 - \sin x)^{10}}{\sin x}$.

2. 设 $f(x) = \dfrac{1}{x^2 + 3x + 2}$, 计算 $f^{(100)}(0)$, 要求相对误差不超过 1%.

3. 设 f 在点 a 处可导, $f(a) \neq 0$. 计算 $\displaystyle\lim_{n \to \infty} \left[\frac{f\left(a + \dfrac{1}{n}\right)}{f(a)} \right]^n$.

4. 设 $a \neq 0$, 计算 $f(x) = \dfrac{\sin x + \sin(x+a)}{\cos x - \cos(x+a)}$ 的导数并对结果作出解释.

5. 设 $f(0) = 0$, $f'(0)$ 存在. 定义数列

$$x_n = f\left(\frac{1}{n^2}\right) + f\left(\frac{2}{n^2}\right) + \cdots + f\left(\frac{n}{n^2}\right), n \in \mathbf{N}_+,$$

试求 $\lim\limits_{n \to \infty} x_n$.

6. 求下列数列极限:

   (1) $\lim\limits_{n \to \infty} \left(\sin \dfrac{1}{n^2} + \sin \dfrac{2}{n^2} + \cdots + \sin \dfrac{n}{n^2}\right)$;

   (2) $\lim\limits_{n \to \infty} \left[\left(1 + \dfrac{1}{n^2}\right)\left(1 + \dfrac{2}{n^2}\right) \cdots \left(1 + \dfrac{n}{n^2}\right)\right]$.

7. 设 $y = \dfrac{1+x}{\sqrt{1-x}}$, 计算 $y^{(n)}(x)$, $n \in \mathbf{N}_+$.

8. 设 f 在 $\mathbf{R}$ 上有任意阶导数, 证明: 对每个正整数 n 成立

$$\frac{1}{x^{n+1}} f^{(n)}\left(\frac{1}{x}\right) = (-1)^n \left[x^{n-1} f\left(\frac{1}{x}\right)\right]^{(n)}.$$

9. 利用 $1 + x + x^2 + \cdots + x^n$ 的和, 求以下各式之和:

   (1) $1 + 2x + 3x^2 + \cdots + nx^{n-1}$;

   (2) $1^2 + 2^2 x + 3^2 x^2 + \cdots + n^2 x^{n-1}$.

   又问: 不用微分学方法能否求出 (1) 与 (2) 中的和?

10. 证明组合恒等式:

   (1) $\sum\limits_{k=1}^{n} k \dbinom{n}{k} = n2^{n-1}$, $n \in \mathbf{N}_+$;

   (2) $\sum\limits_{k=1}^{n} k^2 \dbinom{n}{k} = n(n+1)2^{n-2}$, $n \in \mathbf{N}_+$.

11. 证明: 由抛物线的焦点出发的射线经过抛物线反射之后一定平行于抛物线的对称轴.

12. 证明: 由椭圆的焦点出发的射线经椭圆反射后一定经过椭圆的另一个焦点.

13. 证明: 在曳物线 $x = a\left(\ln \tan \dfrac{t}{2} + \cos t\right)$, $y = a\sin t$ 的每一条切线上从切点到与 x 轴的交点的长度为常数.

14. 证明: 函数 f 在点 x_0 可微的充分必要条件是 f 在 x_0 的某个邻域上可以写为
$f(x) = f(x_0) + \varphi(x)(x - x_0)$, 其中 $\varphi(x)$ 于 x_0 连续.

(上述充分必要条件称为导数的 Carathéodory (卡拉泰奥多里) 定义. 若在教学中一开始就用它作为导数的定义, 则有不少优点. 这方面可以参考《美国数学月刊》上的两篇文章: (1991) 第 98 卷 40–44 页, (1994) 第 101 卷 332–338 页. 还可以参考教材 [73] 在这方面的内容. 本章多次利用例题 6.1.4 中的无穷小增量公式 (6.3) 的做法与此类似.)

15. 设 $n \geqslant 2$, 函数 $f(x) = f(x_0) + \varphi(x)(x - x_0)$, $\varphi(x)$ 在某邻域 $O(x_0)$ 上 $n-1$ 阶可微, 且 $\varphi^{(n-1)}(x)$ 于 x_0 连续. 证明: 存在 $f^{(n)}(x_0)$.

16. 设 $f(x)$ 在区间 (a, b) 上有 n 阶导数, 且存在不全为 0 的 $n+1$ 个常数 $a_0, a_1, \cdots, a_n$, 使得
$$a_0 f(x) + a_1 f'(x) + \cdots + a_n f^{(n)}(x) \equiv 0.$$

证明: $f(x)$ 在 (a, b) 上存在任意阶导数.

17. 设多项式 $p(x)$ 只有实零点. 证明: $[p'(x)]^2 - p(x)p''(x) \geqslant 0, \forall x \in \mathbf{R}$.

18. 设 f 在 $[0, 1]$ 上可微, 且使得数集 $\{x \in [0, 1] \mid f(x) = 0 = f'(x)\} = \varnothing$. 证明: f 在 $[0, 1]$ 中只有有限个零点.

19. 对于 $y = \arctan x$, 证明:

(1) $y^{(n)}(x) = (n-1)! \cos^n y \sin n\left(y + \dfrac{\pi}{2}\right)$;

(2) $y^{(n)}(x) = \dfrac{P_{n-1}(x)}{(1+x^2)^n}$, 其中 $P_{n-1}(x)$ 是最高次项系数等于 $(-1)^{n-1} n!$ 的 $n-1$ 次多项式.

20. 定义 $f_0(x) \equiv 1$, $f_{n+1}(x) = x f_n(x) - f_n'(x)$, $n = 0, 1, \cdots$. 证明:

(1) $f_n(x)$ 是 n 次多项式;

(2) $f_n(x)$ 有 n 个不同实根, 且关于原点对称.

第二组参考题

1. (1) 求 $\sum\limits_{k=1}^{n} \sin kx$ 和 $\sum\limits_{k=1}^{n} \cos kx$;

   (2) 求 $\sum\limits_{k=1}^{n} k \sin kx$ 和 $\sum\limits_{k=1}^{n} k \cos kx$.

2. 证明: (例题 5.1.4 中的) Riemann 函数 $R(x)$ 处处不可导.

3. 若从点 (x_0, y_0) 向抛物线 $y = ax^2 + bx + c$ 能够作出两条切线, 或只能作出一条切线, 或不能作出切线, 问: 在这三种情况中的 (x_0, y_0) 的位置与抛物线有什么关系?

4. 证明: Legendre 多项式 $P_n(x) = \dfrac{1}{2^n n!} \dfrac{\mathrm{d}^n}{\mathrm{d}x^n}(x^2 - 1)^n$ 满足方程

$$P'_{n+1}(x) - P'_{n-1}(x) = (2n + 1)P_n(x).$$

5. 证明: Legendre 多项式满足方程

$$(1 - x^2)P''_n(x) - 2xP'_n(x) + n(n + 1)P_n(x) = 0.$$

6. 分析三项式 $(u + v + w)^n$ 展开的系数规律, 然后猜测并证明 $(uvw)^{(n)}$ 的一般计算公式.

7. 设 $f(x) = ax^2 + bx + c$, 当 $|x| \leqslant 1$ 时, $|f(x)| \leqslant 1$. 证明: 当 $|x| \leqslant 1$ 时, $|f'(x)| \leqslant 4$.

8. 证明: 对每个正整数 n, 成立

$$\sum_{k=0}^{n} (-1)^k \binom{n}{k} k^m = \begin{cases} 0, & 0 \leqslant m \leqslant n - 1, \\ (-1)^n n!, & m = n. \end{cases}$$

9. 设 $f(x) = x^n \ln x, n \in \mathbf{N}_+$, 求 $\lim\limits_{n \to \infty} \dfrac{f^{(n)}(1/n)}{n!}$.

10. 设 f 在 $x = 0$ 处连续, 且存在极限 $\lim\limits_{x \to 0} \dfrac{f(2x) - f(x)}{x} = A$. 证明: $f'(0) = A$.

11. 设 $y = (1 + \sqrt{x})^{2n+2}, n \in \mathbf{N}_+$, 求 $y^{(n)}(1)$.

12. 设 $f(x)$ 在区间 I 上三阶可导, 且 $f'(x) \neq 0$, 则可以定义 $f(x)$ 的 Schwarz 导数如下:

$$S(f, x) = \frac{f'''(x)}{f'(x)} - \frac{3}{2}\left(\frac{f''(x)}{f'(x)}\right)^2 = \left(\frac{f''(x)}{f'(x)}\right)' - \frac{1}{2}\left(\frac{f''(x)}{f'(x)}\right)^2.$$

证明:

(1) 若 $f(x) = (ax + b)/(cx + d)$, 即分式线性函数, 则 $S(f, x) = 0$;

(2) 若 $p(x)$ 是多项式, 且 $p'(x) = 0$ 的根都是互不相等的实数, 则 $S(p, x) < 0$;

(3) 若 f, g 具有所需的各阶导数, 则 $S(f \circ g, x) = S(f, g(x))(g'(x))^2 + S(g, x)$;

(4) 若 $S(f, x) < 0, S(g, x) < 0$, 则 $S(f \circ g, x) < 0$;

(5) 若 $S(f, x) < 0$, 又记 $f^n = \underbrace{f \circ f \circ \cdots \circ f}_{n \uparrow f}$, 则 $S(f^n, x) < 0$.

第七章 微分学的基本定理

本章是微分学的核心部分, 主要内容是微分学中值定理和 Taylor 定理, 将分别在前两节中讨论. 最后一节为学习要点和两组参考题.

本章的重点是基本理论, 关于应用将在下一章中分专题介绍.

从本章开始, 在谈到函数性质时经常使用"连续可微"的用语. 这就是指该函数存在连续的导函数. 为了避免误解, 有时就说"有连续导函数". 记号 $f \in C^k(I)$ 表示函数 f 在区间 I 上 k 阶连续可微, 即有连续的 k 阶导函数.

如果说函数 f 在闭区间 $[a, b]$ 上可微, 则应当理解为 f 在 (a, b) 内的每一点可导, 同时又存在有限的单侧导数 $f'_+(a)$ 和 $f'_-(b)$.

§7.1 微分学中值定理

这里一共有四个基本定理: Fermat (费马) 定理、Rolle (罗尔) 定理、Lagrange 中值定理和 Cauchy 中值定理. 实际上后三个是一个比一个更一般的中值定理. 中值定理名称的由来是因为在定理中出现了具有某种性质的中间值, 简称"中值". 虽然我们对中值缺乏定量的了解, 但这并不影响中值定理的广泛使用.

7.1.1 基本定理

由于 Fermat 定理是关于函数极值的基本定理, 因此在讲这个定理之前, 必须确切了解什么是函数的极值和极值点.

定义 设函数 $f(x)$ 在点 x_0 的一个邻域 $O(x_0)$ 上有定义. 如果对于每个 $x \in O(x_0)$ 成立不等式

$$f(x) \leqslant \ (\geqslant) \ f(x_0),$$

则称 $f(x)$ 在点 x_0 处达到**极大值 (极小值)**, 且称点 x_0 为函数 $f(x)$ 的一个**极大值点 (极小值点)**. 极大值和极小值统称**极值**, 极大值点和极小值点统称**极值点**.

注 在这里必须了解函数的极值点和最值点的区别和联系. 从极值点的定义中可以看出它必须是区间的内点. 因此若某个最值点又是区间的内点, 则必是极值点. 当然, 极值点不一定是最值点. 又若最值点是区间的端点, 则不是极值点 (有时也称为单侧极值点).

为了方便初学者, 在这里将一般教科书中的内点定义重复一下. 设 S 为 $\mathbf{R}$ 中的一个非空子集. 称点 $x \in S$ 为 S 的**内点**, 如果存在点 x 的一个邻域 $O(x) \subset S$. 对有界区间而言, 开区间 (a, b) 中的每一个点都是区间的内点. a, b 是它的端点, 但不

属于 (a, b). 闭区间 $[a, b]$ 含有自己的两个端点 a, b, 它们不是这个区间的内点, 但所有其他点都是区间 $[a, b]$ 的内点. 对半开半闭区间和无限区间可依此类推.

这里采取与多数教科书中不同的方法. 先建立一个预备性质的结果. 它不仅可以证明 Fermat 定理, 而且还可以处理更一般的问题. 它的证明也极其简单. 这里有四种情况. 我们只处理其中之一, 即右侧导数为非负的情况 (参见图 7.1).

命题 7.1.1 设函数 f 在点 x_0 处存在右侧导数 $f'_+(x_0)$.

(1) 若 $f'_+(x_0) > 0$, 则存在 $\delta > 0$, 使得当 $x_0 < x < x_0 + \delta$ 时, 成立 $f(x) > f(x_0)$;

(2) 若有 $\delta > 0$, 使得当 $x_0 < x < x_0 + \delta$ 时, 成立 $f(x) \geqslant f(x_0)$, 则 $f'_+(x_0) \geqslant 0$.

证 (1) 写出右侧导数的定义:

$$f'_+(x_0) = \lim_{x \to x_0^+} \frac{f(x) - f(x_0)}{x - x_0},$$

根据函数极限的局部保号性质, 就知道当 $f'_+(x_0) > 0$ 时, 存在 $\delta > 0$, 使得当 $x_0 < x < x_0 + \delta$ 时, 成立

$$\frac{f(x) - f(x_0)}{x - x_0} > 0.$$

由于 $x > x_0$, 所以就得到 $f(x) > f(x_0)$. 对 (2) 的证明完全类似. □

这个命题有明显的几何意义. 在下面的图 7.1 中显示了单侧导数大于 0 和小于 0 的 4 种可能情况. 其中情况 (a) 就是命题 7.1.1 中的情况 (1). 应当指出, 在命题 7.1.1 中实质上包含了比 Fermat 定理更一般的结论.

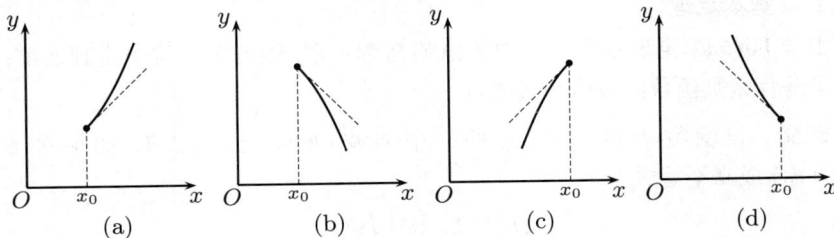

图 7.1

下面给出 Fermat 定理的两个证明. 第一个证明以命题 7.1.1 为依据, 第二个证明则完全不同, 它是用上一章的无穷小增量公式为工具.

命题 7.1.2 (Fermat 定理) 若 x_0 是函数 f 的极值点, 且存在导数 $f'(x_0)$, 则一定有 $f'(x_0) = 0$.

证 1 不妨只给出 x_0 为极小值点时的证明. 根据定义, 存在 $\delta > 0$, 使得当 $|x - x_0| < \delta$ 时, 成立

$$f(x) \geqslant f(x_0). \tag{7.1}$$

由于存在导数 $f'(x_0)$, 所以两个单侧导数存在且相等, 即有

$$f'(x_0) = f'_-(x_0) = f'_+(x_0). \tag{7.2}$$

从命题 7.1.1 之 (2) 和它对于 $f'_-(x_0)$ 的平行结论, 就有

$$f'_+(x_0) \geqslant 0, \ f'_-(x_0) \leqslant 0.$$

与 (7.2) 合并, 就得到 $f'(x_0) = 0$. $\square$

证 2 利用无穷小增量公式 (6.1), 可以写出

$$f(x) - f(x_0) = f'(x_0)(x - x_0) + o(x - x_0) \ (x \to x_0)$$
$$= [f'(x_0) + o(1)](x - x_0) \ (x \to x_0).$$

用反证法. 若 $f'(x_0) \neq 0$, 则当 x 与 x_0 充分接近时, $[f'(x_0) + o(1)]$ 与 $f'(x_0)$ 同号, 因此当变量 x 经过 x_0 时, $f(x) - f(x_0)$ 变号. 这与 x_0 为极值点矛盾. $\square$

注 1 以上两个证明方法都很重要. 第一个证明的主要工具 (即命题 7.1.1) 还会出现在下面的命题 7.1.6 (Darboux 定理) 的证明中. 第二个证明的方法可用于处理更为一般的极值条件 (见例题 8.3.1).

注 2 由 Fermat 定理知道, 若 x_0 是 $f(x)$ 的极值点, 则只有两种情况: (1) $f(x)$ 在点 x_0 处不可导; (2) $f'(x_0)$ 存在且等于零. 因此在寻找函数 f 的极值点时, 将 f 的不可导点和导数为零的点统称为 "极值可疑点". 当然这只是 "可疑", 因为容易举例说明 f 在点 x_0 不可导或 $f'(x_0) = 0$ 时, $f(x)$ 并不一定在点 x_0 处达到极值.

注 3 若 $f'(x_0) = 0$, 则称 x_0 为**驻点** (stationary point), 或**平稳点**. 这些名字的意思是说在这种点的附近, 因变量 $f(x)$ 的值几乎不变. 确切地说, 从无穷小增量公式 (6.1) 和条件 $f'(x_0) = 0$ 就可得出

$$\Delta y = f(x) - f(x_0) = o(\Delta x) \ (\Delta x \to 0).$$

即当 $\Delta x \to 0$ 时, Δy 是 Δx 的高阶无穷小. 不妨看一个具体例子来理解这是什么意思. 设 $y = x^3 + 1$, 则 $x_0 = 0$ 是驻点, $y(0) = 1$. 当 $x = 0.1$ 时, $y = 1.001$, 而当 $x = 0.01$ 时, $y = 1.000\,001$.

第二个基本定理是 Rolle 定理, 也可称为 Rolle 中值定理.

命题 7.1.3 (Rolle 定理) 设 f 在 $[a,b]$ 上连续, 在 (a,b) 上可微, 且有 $f(a) = f(b)$, 则存在 $\xi \in (a,b)$, 使得 $f'(\xi) = 0$.

证 1 若 f 是区间 $[a,b]$ 上的常值函数, 则在 (a,b) 的每一点上有 $f'(x) = 0$. 因此可以在 (a,b) 中任取一点作为 ξ.

否则, 由有界闭区间上连续函数的值域定理知, f 在 $[a,b]$ 上取到自己的最大值 M 和最小值 m, 且有 $m < M$. 由于有题设条件 $f(a) = f(b)$, 因此在 m 和 M 中,

至少有一个与函数在端点的值不同. 这就是说, 至少有一个最值是在 (a, b) 中取到的. 设这个最值点为 $\xi \in (a, b)$. 由于在区间的内点处取到的最值也就是极值, 而函数 f 又在 (a, b) 上可微, 因此可以用 Fermat 定理, 知道 $f'(\xi) = 0$.   □

注 1   我们看到, Fermat 定理的证明只需要很少的函数极限知识, 但是在 Rolle 定理的证明中则需要用连续函数的一个基本定理 —— 最值定理. 回忆这个基本定理的证明方法, 以及它所涉及的许多知识, 可以知道 Rolle 定理看似容易, 实际上是前面许多内容的结晶. 而这还是刚刚开始. 下面的其他许多结果都是直接或间接地建筑在 Rolle 定理的基础之上的.

注 2   在 Rolle 定理的三个条件之中任意去掉一个或几个, 定理的结论就不再成立. 这些训练对于理解 Rolle 定理很有必要, 在一般教科书中也都有, 这里不再重复.

注 3   Rolle 定理的上述证明即是一般教科书均采用的经典证明. 它以闭区间上连续函数的最值定理和 Fermat 定理为主要工具. 但是实际上 Rolle 定理和这两个定理并无必然联系. 将这一点再延伸一步就可以说, 本章从 Rolle 定理开始的全部内容都无须用 Fermat 定理就可以建立起来. 支持上述观点的根据就是 Rolle 定理的新证明, 其中所用的工具是连续函数的零点存在定理和闭区间套定理 (见《美国数学月刊》(1979) 第 86 卷 484–486 页). 此外还有用覆盖定理和 Dedekind 定理证明 Rolle 定理的工作 (参见 [57]).

证 2 (Rolle 定理的 Samuleson (萨缪尔森) 证明)   作辅助函数

$$F(x) = f(x) - f\left(x + \frac{b-a}{2}\right), \ a \leqslant x \leqslant \frac{a+b}{2}.$$

则可以从条件 $f(a) = f(b)$ 得出

$$F(a) = f(a) - f\left(\frac{a+b}{2}\right) \ \text{和} \ F\left(\frac{a+b}{2}\right) = f\left(\frac{a+b}{2}\right) - f(b) = -F(a).$$

在区间 $\left[a, \frac{1}{2}(a+b)\right]$ 上对函数 F 用零点存在定理, 知道存在 $a_1 \in \left[a, \frac{1}{2}(a+b)\right]$, 使得 $F(a_1) = 0$. 记 $b_1 = a_1 + \frac{1}{2}(b-a)$, 则就有 (见图 7.2)

$$f(a_1) = f(b_1), \ [a_1, b_1] \subset [a, b], \ b_1 - a_1 = \frac{1}{2}(b-a).$$

将以上做法继续下去, 得到一个闭区间套 $\{[a_n, b_n]\}$, 它满足要求:

$$b_n - a_n = \frac{1}{2^n}(b-a), \ f(a_n) = f(b_n), \ n \in \mathbf{N}_+.$$

应用闭区间套定理, 存在唯一的点 ξ, 它属于每个闭区间 $[a_n, b_n]$, 这也就是说成立不等式

$$a_n \leqslant \xi \leqslant b_n, \forall n \in \mathbf{N}_+, \tag{7.3}$$

而且有

$$\lim_{n\to\infty} a_n = \lim_{n\to\infty} b_n = \xi. \tag{7.4}$$

这里需要补充一点, 即总可以使得 $\xi \in (a,b)$. 为此只要使得 $\{a_n\}$ 和 $\{b_n\}$ 不是常值数列就可以了. 实际上, 若有 $a = a_1 = a_2$, 则

$$f(a) = f(a_1) = f(a_2) = f(b_1) = f(b_2),$$

可用 $[b_2, b_1]$ 代替 $[a_2, b_2]$ 进行下去. 同样可以避免 $\{b_n\}$ 为常值数列.

由于 f 在点 $\xi \in (a,b)$ 可导, 因此就有

$$\lim_{n\to\infty} \frac{f(b_n) - f(a_n)}{b_n - a_n} = f'(\xi). \tag{7.5}$$

为此只要写出无穷小增量公式:

$$f(b_n) = f(\xi) + f'(\xi)(b_n - \xi) + o(b_n - \xi)\,(b_n \to \xi),$$
$$f(a_n) = f(\xi) + f'(\xi)(a_n - \xi) + o(a_n - \xi)\,(a_n \to \xi),$$

代入 (7.5) 左边的分子, 并利用 (7.3) 和 (7.4) 即可.

由于 $f(a_n) = f(b_n), \forall n \in \mathbf{N}_+$, 因此从 (7.5) 可见 $f'(\xi) = 0$. □

注　以上证明的基本思想有两点. (1) 第一步是用 a_1, b_1 代替原来的区间端点 a 和 b, 一方面保持了在两个点上的函数值相等, 另一方面则使两点之间的距离缩小了一半. (关于这一步可以参考第五章第一组参考题 2 的内容.) 以下就是不断重复, 用闭区间套定理得到唯一的点 ξ. (2) 利用极限 (7.5), 就保证得到 $f'(\xi) = 0$. 在图 7.2 中我们显示了构造闭区间套过程的开始几步, 即有 $f(a_1) = f(b_1)$, $b_1 - a_1 = \frac{1}{2}(b-a)$, $f(a_2) = f(b_2)$, $b_2 - a_2 = \frac{1}{2}(b_1 - a_1)$. 在图 7.2 上似乎最后得到的点 ξ 是 f 的极值点. 但

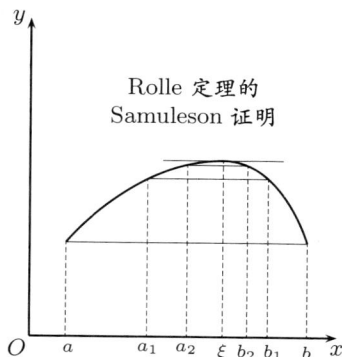

Rolle 定理的 Samuleson 证明

图 7.2

实际上可以举出例子, 使得在 Samuleson 证明中得到的 ξ 可以不是极值点 (作为思考题). 因此这个证明与前面的经典证明确实是完全不同的.

将 Rolle 定理中的条件 $f(a) = f(b)$ 去掉后加以推广, 就得到下面的 Lagrange 中值定理. 虽然可以说 Rolle 定理更为基本, 但总的来说 Lagrange 中值定理的用处要大得多, 因为它很好地解决了函数研究中的一个基本问题——如何将自变量从

a 到 b 时所引起的因变量的增量与导数联系起来. 从 Lagrange 中值定理的内容来说, 也已经包含了 Rolle 定理为其特例. 以下采用与多数教科书中的经典证明不同的面积证明方法.

命题 7.1.4 (Lagrange 中值定理) 设 f 在 $[a,b]$ 上连续, 在 (a,b) 上可微, 则存在 $\xi \in (a,b)$, 使得

$$f'(\xi) = \frac{f(b)-f(a)}{b-a}.$$

分析　先在图 7.3 中的 f 的图像上任取一点 $(x, f(x))$, 然后将它同点 $(a, f(a))$, $(b, f(b))$ 连接成一个三角形 (图中阴影区). 记它的面积为 $S(x)$. 如果让这个三角形的顶点 $(x, f(x))$ 平行它的对边移动 (见图 7.3 经过该点的一条直线), 则三角形面积不变. 这条对边就是连接 $(a, f(a))$ 和 $(b, f(b))$ 的直线段. 由此可见, 如果 ξ 是函数 $S(x)$ 的驻点 (见 Fermat 定理证明后的注解 3), 则 f 的图像在点 $(\xi, f(\xi))$ 的切线就可能同

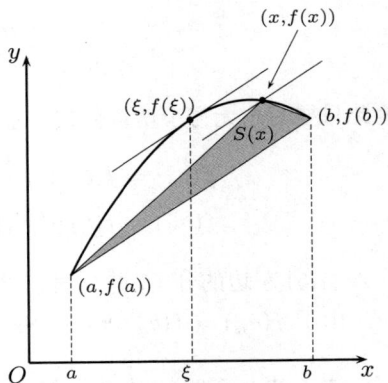

图 7.3

这条直线段平行. 而这就是定理中对点 ξ 的要求. 根据这个几何分析就可以写出以下证明.

证　Lagrange 中值定理的面积证明. 用行列式构造辅助函数:

$$\Delta(x) = \begin{vmatrix} 1 & 1 & 1 \\ a & b & x \\ f(a) & f(b) & f(x) \end{vmatrix} = \begin{vmatrix} b-a & x-a \\ f(b)-f(a) & f(x)-f(a) \end{vmatrix}. \tag{7.6}$$

(这个 $\Delta(x)$ 的值等于图 7.3 中的三角形面积 $S(x)$ 的两倍.) 利用 $\Delta(a) = \Delta(b) = 0$, 从 Rolle 定理知道有 $\xi \in (a,b)$, 使得 $\Delta'(\xi) = 0$. 写出

$$\Delta'(x) = \begin{vmatrix} 1 & 1 & 0 \\ a & b & 1 \\ f(a) & f(b) & f'(x) \end{vmatrix} = \begin{vmatrix} b-a & 1 \\ f(b)-f(a) & f'(x) \end{vmatrix},$$

就可以从 $\Delta'(\xi) = 0$ 直接得到所要求证的结论.　□

注 1　Rolle 定理和 Lagrange 中值定理都具有清晰的几何意义. 在图 7.3 中作出了曲线 $y = f(x)$ 在点 $(\xi, f(\xi))$ 处的切线, 它与连接点 $(a, f(a))$ 和 $(b, f(b))$ 的

直线段平行. Lagrange 中值定理的经典证明就是从这个几何意义出发, 将 f 的图像 "减去" 上述直线段来构造辅助函数. 由于一般教科书中均用这个证明, 本书不再重复. 上面的面积证明也是以几何背景为出发点的, 同时还利用了驻点所具有的特性. 又由于三角形面积可以用行列式表示, 从而证明过程带有更多的代数色彩. 这种证明方法还可以用于证明下面的 Cauchy 中值定理 (留作思考题).

应当看到, 几何作图虽然很有用, 但每张图都有局限性. 例如, 图 7.2 和 7.3 似乎提示我们中值 ξ 是唯一的. 实际上不一定如此. 中值可以有多个, 甚至无穷多个. 此外, 今后所遇到的许多问题并不一定都有几何背景. 即使确实有几何背景, 也不一定明显. 因此我们在下面将介绍构造辅助函数的其他方法, 它在许多问题中更实用一些.

注 2 也可以从物理上来理解这两个定理的意义. 例如, 设自变量 x 为时间, 因变量 y 是质点做直线运动时从某点起算的路程, 将 a 和 b 作为时间的起点和终点. Rolle 定理表明, 若质点在起点和终点的位置相同, 则一定有瞬时速度为零的时刻. 这个时刻在 Rolle 定理的 (第一个) 证明中就是质点运动转向的时刻. 同样, Lagrange 中值定理的运动学意义也很清楚. 它表明一定存在一个时刻 ξ, 使得在该时刻的瞬时速度恰好是质点运动 (从时刻 a 到 b) 的平均速度.

注 3 Lagrange 中值定理有下列各种形式, 经常称为**有限增量公式**:

$$f(b) = f(a) + f'(\xi)(b-a), a < \xi < b, \tag{7.7}$$

$$f(b) = f(a) + f'(a+\theta(b-a))(b-a), 0 < \theta < 1, \tag{7.8}$$

$$\Delta y = f'(x_0 + \theta\Delta x)\Delta x, 0 < \theta < 1. \tag{7.9}$$

将它们与上一章中的无穷小增量公式 (6.1) 或 (6.3) 作比较, 就可以看出这里已经前进了一大步. 从今以后, 我们有了与过去完全不同的有力工具, 在本章以及今后所能解决的许多问题都是过去的 "原始" 工具所难以对付的.

注 4 Lagrange 中值定理将函数的增量与函数在一个点上的导数值联系起来, 这就为用微分学研究函数提供了基础. 希望读者从今后的大量实例中体会引进导数 (即变化率) 的重要性.

本节的最后一个定理是

命题 7.1.5 (Cauchy 中值定理) 设函数 f, g 在 $[a,b]$ 上连续, 在 (a,b) 上可微, 且满足条件

$$g(b) - g(a) \neq 0 \ \text{和} \ f'^2(x) + g'^2(x) \neq 0, \forall x \in (a,b),$$

则存在 $\xi \in (a,b)$, 使得

$$\frac{f(b) - f(a)}{g(b) - g(a)} = \frac{f'(\xi)}{g'(\xi)}.$$

证 引进记号

$$\lambda = \frac{f(b) - f(a)}{g(b) - g(a)}.$$

我们的目的是要证明存在 $\xi \in (a, b)$, 使得

$$f'(\xi) - \lambda g'(\xi) = 0. \tag{7.10}$$

这里要说明, 如有 $g'(\xi) = 0$, 则由上式可见也有 $f'(\xi) = 0$, 这与条件 $f'^2(x) + g'^2(x) \neq 0, \forall x \in (a, b)$ 相矛盾. 因此有了 (7.10) 之后, 就一定有 $g'(\xi) \neq 0$, 从而可以由它推出定理中所要的等式.

由 (7.10) 出发试作辅助函数

$$F(x) = f(x) - \lambda g(x).$$

然后计算

$$F(a) = f(a) - \frac{f(b) - f(a)}{g(b) - g(a)} \cdot g(a) = \frac{f(a)g(b) - f(b)g(a)}{g(b) - g(a)},$$

$$F(b) = f(b) - \frac{f(b) - f(a)}{g(b) - g(a)} \cdot g(b) = \frac{f(a)g(b) - f(b)g(a)}{g(b) - g(a)},$$

可见有 $F(a) = F(b)$. 然后对 $F(x)$ 在区间 $[a, b]$ 上应用 Rolle 定理, 就知道存在 $\xi \in (a, b)$, 使得 $F'(\xi) = 0$. 这就是要证明的结果 (7.10). □

注 1 容易看出, 只要 $g(x) \equiv x$, 就从 Cauchy 中值定理得到 Lagrange 中值定理. 因此 Cauchy 中值定理是 Lagrange 中值定理的一种推广. 由于它能同时处理两个函数, 因此在今后的许多问题中起重要作用.

注 2 与 Rolle 定理和 Lagrange 中值定理一样, Cauchy 中值定理也有漂亮的几何意义. 为此可以先将定理中的自变量改记为 t, 然后用参数方程

$$x = g(t), y = f(t)$$

定义在平面上的一条曲线. 如图 7.4 所示, 该曲线的两个端点是 $(g(a), f(a))$ 和 $(g(b), f(b))$. 定理中关于两个函数 f, g 在 $[a, b]$ 上连续和在 (a, b) 上可微的条

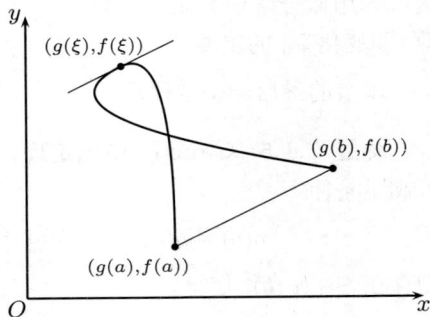

图 7.4

件表明, 这条曲线不但连续, 而且在 (除去端点之外的) 每一点都有切线. 实际上从参数方程的求导法则 (命题 6.2.1) 知道, 当 $g'(t) \neq 0$ 时, 切线的斜率

$$\frac{\mathrm{d}y}{\mathrm{d}x} = \frac{f'(t)}{g'(t)}$$

是有限数. 同样可以知道, 当 $g'(t) = 0$ 但 $f'(t) \neq 0$ 时, 切线将平行于 y 轴. 在 Cauchy 中值定理中的另一个条件 $g(b) - g(a) \neq 0$ 表明, 连接曲线两个端点的直线段不平行于 y 轴, 因此它的斜率

$$\frac{f(b) - f(a)}{g(b) - g(a)}$$

是有限数. 这样一来就可以看出, Cauchy 中值定理的结论就是说 (至少) 存在一个参数值 $\xi \in (a, b)$, 使得在曲线上的点 $(g(\xi), f(\xi))$ 的切线恰好与连接曲线两个端点 $(g(a), f(a))$ 和 $(g(b), f(b))$ 的直线段平行.

注 3 如果在 Cauchy 中值定理中的条件修改为 $g'(x) \neq 0, \forall\, x \in (a, b)$, 则可以用 $g(x)$ 的反函数为工具, 从 Lagrange 中值定理推出 Cauchy 中值定理. 由于这个条件对于用参数方程给出的曲线增加了不必要的限制, 排除了例如图 7.4 中那样的曲线, 因此本书采用了较一般的条件. 从图中可以看出, 曲线上某些点处的切线可以与 y 轴平行, 曲线也可以有自交点, Cauchy 中值定理仍然成立.

注 4 如果在某点 $t_0 \in (a, b)$ 发生 $f'(t_0) = g'(t_0) = 0$, 则称点 $(f(t_0), g(t_0))$ 为曲线 $x = f(t), y = g(t)$ 的**奇点**. 奇点有几种不同的类型. 本书中将在第八章的例题 8.6.1 中介绍奇点中的"**尖点**" (见图 8.10).

7.1.2 导函数的两个定理

本小节证明关于导函数的两个基本定理. 第一个定理 (Darboux 定理) 是说区间上的导函数一定具有介值性质, 即使导函数不连续时也如此. 第二个定理称为单侧导数极限定理或导数极限定理, 由此可以推出导函数不会有第一类间断点. 这两个定理都表明导函数具有特殊性质. 因此并不是每个函数都可以是某个函数的导函数. 这两个定理在今后, 特别是在积分学中, 要起重要作用.

命题 7.1.6 (Darboux 定理) 设 f 在区间 I 上可微, 则 f' 具有介值性质.

首先说明定理的意义. 在第五章中我们已经有连续函数的介值定理 (即命题 5.2.2). 如果导函数 $f' \in C(I)$, 则已不必再讨论. 可见本命题的意义在于, 区间上的导函数不论是否连续, 一定有介值性质.

证 1 (这是多数教科书中采用的经典证明. 这里只作简述. 需要了解细节的读者可参考 [14] 第一卷的 110 小节.)

仿照 §5.2, 分两步进行.

(1) 为确定起见, 不妨设有 $a, b \in I, a < b$, 使得 $f'(a) < 0, f'(b) > 0$. 如图 7.5 所示, 应用命题 7.1.1 知道存在 $\delta > 0$, 使得成立 $a + \delta < b - \delta$, 且满足

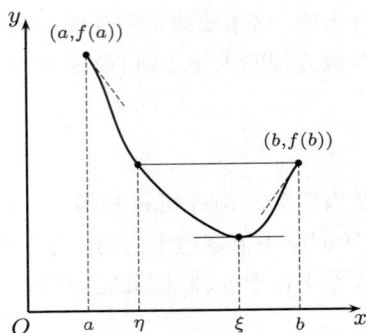

图 7.5

$$f(a + \delta) < f(a), \quad f(b - \delta) < f(b). \quad (7.11)$$

因此在 $[a, b]$ 上 f 的最小值点 ξ 一定是内点, 即极小值点. 应用 Fermat 定理就得到 $f'(\xi) = 0$.

(2) 对于 $f'(a) \neq f'(b)$ 的一般情况. 为确定起见, 不妨设有 $f'(a) < c < f'(b)$. 构造辅助函数

$$F(x) = f(x) - cx.$$

就可以将问题归结为 (1) 而知道 f' 能取到 c (细节从略). □

证 2 与 Rolle 定理的 Samuleson 证明类似, Darboux 定理的证明并不一定要用 Fermat 定理. 当然只需要修改证明 1 中的第 (1) 步. 若有 $f(a) = f(b)$, 则用 Rolle 定理即可. 否则, 不妨只看 $f(a) > f(b)$ 的情况 (见图 7.5). 由于有 $\delta > 0$, 使得 $f(a) > f(b) > f(b - \delta)$, 应用连续函数的介值定理, 就知道存在 $\eta \in (a, b - \delta)$, 满足 $f(\eta) = f(b)$. 在 $[\eta, b]$ 上再用 Rolle 定理即可 (见图 7.5). □

在上一章关于导数概念的讨论中, 我们曾强调过不要混淆函数在某点的单侧导数和这个函数的导函数在该点同侧的单侧极限. 这是两个不同的概念. 但是在那里还没有条件提及事情的另一方面, 即实际上这两者的值在很多情况中确实相等. 例题 6.1.6 就是如此. 这里的规律性就是下一个命题的内容. 根据这个命题, 今后对例题 6.1.6 类型的题可以有新的做法.

命题 7.1.7 (单侧导数极限定理) 设在区间 $[a, b)$ 上有定义的函数 f 在 (a, b) 上可微, 又在点 a 右连续. 若导函数 $f'(x)$ 在点 a 存在右侧极限 $f'(a^+) = A$, 则 f 在点 a 也一定存在右侧导数 $f'_+(a)$, 且成立

$$f'_+(a) = f'(a^+) = A,$$

即 $f'(x)$ 在点 a 右连续. 此外, 这里的 A 除了为有限数外, 也可以为 $\pm\infty$.

证 令 $\Delta x = x - a, \Delta y = f(x) - f(a)$, 写出函数 f 在点 a 右侧的差商

$$\frac{\Delta y}{\Delta x} = \frac{f(a + \Delta x) - f(a)}{\Delta x}, \ \text{其中} \ \Delta x > 0.$$

在闭区间 $[a, a + \Delta x]$ 上应用 Lagrange 中值定理 (7.9), 有 $0 < \theta < 1$, 使得

$$\Delta y = f(a + \Delta x) - f(a) = f'(a + \theta \Delta x) \Delta x.$$

因此在 $\Delta x > 0$ 时就有

$$\frac{\Delta y}{\Delta x} = f'(a + \theta \Delta x).$$

现设有 $\lim\limits_{x \to a^+} f'(x) = A$, 其中 A 为有限数. 则对 $\varepsilon > 0$, 存在 $\delta > 0$, 使得当 $a < x < a + \delta$ 时, 成立不等式

$$|f'(x) - A| < \varepsilon.$$

若有 $0 < \Delta x = x - a < \delta$, 则同时就有 $a < a + \theta \Delta x < x < a + \delta$. 因此当 $0 < \Delta x < \delta$ 时, 也就有

$$\left| \frac{\Delta y}{\Delta x} - A \right| = |f'(a + \theta \Delta x) - A| < \varepsilon.$$

这样就证明了函数 f 在点 a 存在右侧导数, 且等于 A. 对于 A 不是有限数的情况, 证明类似, 请读者补全. $\square$

思考题 对于下列问题, 如果肯定, 请作出证明; 如果否定, 请举出例子.

1. 如果在命题中将函数 f 在点 a 右连续的条件去掉, 则结论是否还能成立?

2. 如果在命题中的 A 是无穷大量, 而且不具有确定的符号, 则结论是否还能成立?

3. 如果存在 $f'_+(a) = A$, 则是否存在 $f'(a^+)$? 为什么?

若不只是考虑单侧情况, 就可以得到

导数极限定理 设函数 f 在点 a 的某邻域 $O(a)$ 上连续, 在 $O(a) - \{a\}$ 上可导. 若 f' 在点 a 处存在极限, 则 f 在点 a 处也可导, 而且 f' 在点 a 处连续.

注 由此可见, 若导函数在某点有极限, 则它就在该点连续. 这里甚至事先不要假定函数在该点可导. 回顾一般函数在某点存在极限时可以在该点不连续, 可见导函数的这个性质也是很独特的.

例题 7.1.1 设 f 在区间 (a, b) 上可微, 则导函数 $f'(x)$ 不会有第一类间断点.

证 用反证法. 设点 $c \in (a, b)$ 是 $f'(x)$ 的第一类间断点, 则导函数 f' 在点 c 存在有限的两个单侧极限

$$f'(c^-) \quad \text{和} \quad f'(c^+).$$

又因存在 $f'(c)$, 所以 f 在 c 连续, 这包含了函数 f 在该点的两个单侧连续性.

应用命题 7.1.7 的结论, 知道成立两个等式:

$$f'(c^-) = f'_-(c) \quad \text{和} \quad f'(c^+) = f'_+(c).$$

由于 f 在 c 可导, 因此有

$$f'_-(c) = f'(c) = f'_+(c).$$

合并这些结果就得到

$$f'(c^-) = f'(c) = f'(c^+).$$

这恰恰表明导函数 $f'(x)$ 在点 c 连续. 引出矛盾.   □

注   在区间上的导函数可以有第二类间断点, 见例题 6.1.5 及其图 6.3.

7.1.3 例题

由于本章的以下内容和下一章的大多数内容都可以说是中值定理的应用, 因此例题极多, 举不胜举. 凡能列入其他章节中的例题均不放在这一小节.

从 Rolle 定理知道, 可微函数的两个零点之间一定有导函数的零点. 以下举一个这方面的例题. 初学者需要通过习题来熟悉这种基本方法.

例题 7.1.2 设 $\dfrac{a_0}{n+1} + \dfrac{a_1}{n} + \cdots + a_n = 0$, 证明: 方程

$$f(x) = a_0 x^n + a_1 x^{n-1} + \cdots + a_n = 0$$

在区间 $(0,1)$ 中至少有一个根.

证   构造辅助函数

$$F(x) = \frac{a_0 x^{n+1}}{n+1} + \frac{a_1 x^n}{n} + \cdots + a_n x,$$

则可见 $F(0) = F(1) = 0$. 对 F 在区间 $[0,1]$ 上用 Rolle 定理, 就知道 $F'(x) = f(x)$ 在区间 $(0,1)$ 中有零点.   □

例题 7.1.3 设 f 在 $[a,b]$ 上二阶可微, $f(a) = f(b) = 0$. 证明: 对每个 $x \in (a,b)$, 存在 $\xi \in (a,b)$, 使得成立

$$f(x) = \frac{f''(\xi)}{2}(x-a)(x-b).$$

证 1   固定 $x \in (a,b)$, 令 $\lambda = \dfrac{2f(x)}{(x-a)(x-b)}$. 于是只要证明存在 $\xi \in (a,b)$, 使成立 $f''(\xi) = \lambda$. 构造在 $[a,b]$ 上的辅助函数

$$F(t) = f(t) - \frac{\lambda}{2}(t-a)(t-b).$$

由条件 $f(a) = f(b) = 0$ 得到 $F(a) = F(b) = 0$. 从 λ 的定义还可得到 $F(x) = 0$. 在区间 $[a,x]$ 和 $[x,b]$ 上分别对 F 用 Rolle 定理得到两个点 η_1 和 η_2, 满足条件

$$a < \eta_1 < x < \eta_2 < b \quad \text{和} \quad F'(\eta_1) = F'(\eta_2) = 0.$$

然后再在区间 $[\eta_1, \eta_2]$ 上对 F' 用 Rolle 定理, 知道有 $\xi \in (\eta_1, \eta_2) \subset (a, b)$, 满足要求 $F''(\xi) = 0$. 这就是 $f''(\xi) = \lambda$.   □

证 2 也可以用 Cauchy 中值定理来证明. 将要证明的等式改写为

$$f''(\xi) = \frac{2f(x)}{(x-a)(x-b)}. \tag{7.12}$$

记区间 $[a, b]$ 的中点为 $c = \frac{1}{2}(a+b)$. 若 $f'(c) \neq 0$, 则在 (7.12) 右边的分子和分母中将 x 换为变量 t 后得到的一对函数的导数不会同时为 0, 因此可利用条件 $f(a) = f(b) = 0$, 在子区间 $[a, x]$ 和 $[x, b]$ 上分别用 Cauchy 中值定理得到

$$\frac{2f(x)}{(x-a)(x-b)} = \frac{f'(\eta_1)}{\eta_1 - c} = \frac{f'(\eta_2)}{\eta_2 - c} = \frac{f'(\eta_1) - f'(\eta_2)}{\eta_1 - \eta_2},$$

其中 η_1 和 η_2 满足要求 $a < \eta_1 < x < \eta_2 < b$. 最后再用 Lagrange 中值定理, 得到 $\xi \in (\eta_1, \eta_2)$, 使 (7.12) 成立.

若有 $f'(c) = 0$, 则对于每个 $x \in (a, b)$, 在子区间 $[a, x]$ 和 $[x, b]$ 中至少有一个子区间上仍可用 Cauchy 中值定理, 并计算如下:

$$\frac{2f(x)}{(x-a)(x-b)} = \frac{f'(\eta)}{\eta - c} = \frac{f'(\eta) - f'(c)}{\eta - c} = f''(\xi).   □$$

注 以上两种方法可以解决许多类似的问题. 实际上如果仔细分析的话, 容易发现这两个方法并无多大差别, 只不过在写法上略有不同而已. 其中第一个方法可以称为**待定常数法**, 是作辅助函数的一种很有用的方法.

在某些情况下, 我们可能对中值定理中的中值 ξ 有进一步的了解.

例题 7.1.4 设函数 f 在点 a 处二阶可导, 且 $f''(a) \neq 0$, 则在 h 充分小时, 成立 $f(a+h) - f(a) = f'(a + \theta h)h$, 而且其中的 θ 具有性质 $\lim\limits_{h \to 0} \theta(h) = 1/2$.

证 由于存在 $f''(a)$, 因此至少在 a 的一个邻域上 f 可微. 当 h 充分小时, 可在区间 $[a, a+h]$ $(h > 0)$ 或 $[a+h, a]$ $(h < 0)$ 上用 Lagrange 中值定理, 得到

$$f(a+h) - f(a) = f'(a + \theta h)h, \tag{7.13}$$

其中 $0 < \theta < 1$.

考虑分式

$$I = \frac{f(a+h) - f(a) - f'(a)h}{h^2}. \tag{7.14}$$

若令 $F(x) = f(a+x) - f(a) - f'(a)x$, $G(x) = x^2$, 则上式的分子为 $F(h) - F(0)$, 分母为 $G(h) - G(0)$, 用 Cauchy 中值定理, 存在 $\eta \in (0, h)$ 或 $(h, 0)$, 使得

$$I = \frac{f'(a + \eta) - f'(a)}{2\eta}.$$

另一方面, 将 (7.13) 用于 (7.14) 的分子, 又有

$$I = \frac{f'(a+\theta h)h - f'(a)h}{h^2} = \frac{f'(a+\theta h) - f'(a)}{h}.$$

令以上两个表达式相等, 并写成

$$\theta \cdot \frac{f'(a+\theta h) - f'(a)}{\theta h} = \frac{f'(a+\eta) - f'(a)}{2\eta}.$$

由于 $0 < \theta < 1$, η 在 a 和 $a+h$ 之间, 而且有条件 $f''(a) \neq 0$, 因此在上式两边令 $h \to 0$, 就可以得到 $\lim\limits_{h \to 0} \theta(h) = 1/2$. □

从今后的一元函数积分学的角度来看, 下一个例题无疑是重要的.

例题 7.1.5 若 I 为区间, $f \in C(I)$, 且在区间 I 中的所有内点处的导数均为 0, 证明: f 为 I 上的常值函数.

证 1 任取 $a, b \in I$, 且设 $a < b$. 则可以在闭区间 $[a, b]$ 上对 f 用 Lagrange 中值定理, 知道存在 $\xi \in (a, b) (\subset I)$, 使得

$$f(a) - f(b) = f'(\xi)(a - b).$$

由于 $f'(\xi) = 0$, 就有 $f(a) = f(b)$. 这样就证明了函数 f 在区间 I 中的任意两个点上的值相等, 因此 f 是区间 I 上的常值函数. □

注 应当指出, 不用 Lagrange 中值定理也可以证明上述结论 (例如见 [50]). 这就是下面的第二个证明, 其中的方法是 Lebesgue 方法 (见例题 3.5.2, 例题 3.7.1 的证 6 和例题 5.2.3). 这个证明的优点是只需要用右导数为 0 就够了.

证 2 任取 $a, b \in I$, 且设 $a < b$. 只要证明 f 在 $[a, b]$ 上为常值函数即可.
对给定的 $\varepsilon > 0$, 从条件

$$\lim_{x \to a^+} \frac{f(x) - f(a)}{x - a} = f'_+(a) = 0,$$

可见存在 $\delta > 0$, 使得当 $x \in (a, a+\delta)$ 时, 成立

$$\left| \frac{f(x) - f(a)}{x - a} \right| < \varepsilon.$$

在不等式两边同乘 $(x - a) (> 0)$, 可以得到

$$|f(x) - f(a)| \leqslant \varepsilon |x - a|. \tag{7.15}$$

这里将不等号从 "$<$" 改为 "$\leqslant$", 可以使得 (7.15) 在 $x = a$ 时也成立. 此外, 由函数 f 的连续性可以知道, (7.15) 在 $x = a + \delta$ 时也成立. 于是, 就得到在 $a \leqslant x \leqslant a + \delta$ 时成立的不等式 (7.15). 它也可改写为

$$f(a) - \varepsilon(x - a) \leqslant f(x) \leqslant f(a) + \varepsilon(x - a). \tag{7.16}$$

从几何上看, 在 $[a, a+\delta]$ 上 $y = f(x)$ 被夹在两条直线 $y = f(a) \pm \varepsilon(x-a)$ 之间.

以下用 Lebesgue 方法证明不等式 (7.15) (即 (7.16)) 在区间 $[a, b]$ 上成立.

定义数集
$$S = \{t \in [a, b] \mid |f(x) - f(a)| \leqslant \varepsilon|x-a|, \forall x \in [a, t]\}.$$
已知有 $a + \delta \in S$, 因此 S 是非空有上界的数集. 根据确界存在定理, 有
$$\beta = \sup S.$$
由 S 的定义和 β 为 S 的最小上界, 可知这时有 $[a, \beta) \subset S$ (请读者补充). 在不等式 (7.15) 中令 $x \to \beta^-$, 利用 f 在 β 的连续性, 可见 $\beta \in S$.

还要证明 $\beta = b$. 实际上, 如果 $\beta < b$, 则从 $f'_+(\beta) = 0$, 可知存在 $\eta > 0$, 使得当 $\beta \leqslant x \leqslant \beta + \eta < b$ 时, 有
$$|f(x) - f(\beta)| \leqslant \varepsilon|x - \beta|.$$
因此当 $\beta \leqslant x \leqslant \beta + \eta$ 时就有
$$|f(x) - f(a)| \leqslant |f(x) - f(\beta)| + |f(\beta) - f(a)| \leqslant \varepsilon(|x - \beta| + |\beta - a|) = \varepsilon|x - a|.$$
这就推出 $\beta + \eta \in S$, 而与 β 为 S 的上界相矛盾.

于是我们已经证明对于区间 $[a, b]$ 内的每一个 x, 不等式 (7.15) 成立. 最后, 利用 $\varepsilon > 0$ 的任意性, 就得到 $f(x) \equiv f(a)$. 因此 f 在 $[a, b]$ 上是常值函数. 由于 a, b 是区间 I 中的任意两点, 因此 f 是 I 上的常值函数. $\qquad\square$

例题 7.1.6 (不定积分的基本定理) 若 I 为区间, $f, g \in C(I)$, 且已知最多除有限点外有 $f'(x) = g'(x)$, 则存在常数 C, 使得在区间 I 上成立 $f(x) = g(x) + C$, 这就是说 $f(x)$ 和 $g(x)$ 的差是区间 I 上的一个常值函数.

证 作辅助函数
$$F(x) = f(x) - g(x),$$
并将区间按所指出的有限个例外点分成有限个子区间, 然后对每一子区间上的函数 F 分别用例题 7.1.5 中的结论, 知道 F 在每一子区间上为常数. 最后从 $F \in C(I)$ 推出函数 $F(x)$ 在整个区间 I 上为常值函数. $\qquad\square$

例题 7.1.7 设 I 为区间, $f \in C(I)$, 且在 I 中的所有内点处可微. 又设存在常数 $L > 0$, 使得对 I 的所有内点 x 成立 $|f'(x)| \leqslant L$, 则 f 在区间 I 上满足 Lipschitz 条件.

证 任取 $x_1, x_2 \in I$, 且 $x_1 < x_2$. 在区间 $[x_1, x_2]$ 上对 f 用 Lagrange 中值定理, 就有 $\xi \in (x_1, x_2)$, 使成立
$$|f(x_1) - f(x_2)| = |f'(\xi)| \cdot |x_1 - x_2| \leqslant L|x_1 - x_2|. \qquad\square$$

注 在 5.4.5 小节的练习题 1 表明满足 Lipschitz 条件的函数是一致连续函数. 因此可知, 导函数有界的函数具有良好的性质.

例题 7.1.8 设 $f \in C[0,1]$, 在 $(0,1)$ 上可微, 并且 $f(0)=0$, $f(1)=1$. 又设 $k_1, k_2, \cdots, k_n$ 是满足 $k_1 + k_2 + \cdots + k_n = 1$ 的 n 个正数. 证明: 在 $(0,1)$ 中存在 n 个互不相同的数 $t_1, t_2, \cdots, t_n$, 使得

$$\frac{k_1}{f'(t_1)} + \frac{k_2}{f'(t_2)} + \cdots + \frac{k_n}{f'(t_n)} = 1. \tag{7.17}$$

证 由介值定理知可以在 $(0,1)$ 中插入 $x_1, x_2, \cdots, x_{n-1}$, 使得

$$0 = x_0 < x_1 < x_2 < \cdots < x_{n-1} < x_n = 1,$$

同时满足

$$f(x_1) = k_1, f(x_2) = k_1 + k_2, \cdots, f(x_{n-1}) = k_1 + k_2 + \cdots + k_{n-1}.$$

在区间 $[x_{i-1}, x_i]$ $(i = 1, 2, \cdots, n)$ 上用 Lagrange 中值定理, 有 $t_1, t_2, \cdots, t_n$, 使得

$$k_i = f(x_i) - f(x_{i-1}) = f'(t_i)(x_i - x_{i-1}), i = 1, 2, \cdots, n.$$

这样就有

$$\frac{k_1}{f'(t_1)} + \frac{k_2}{f'(t_2)} + \cdots + \frac{k_n}{f'(t_n)} = (x_1 - x_0) + (x_2 - x_1) + \cdots + (x_n - x_{n-1}) = 1. \quad \Box$$

注 本题的条件和求证的结论有什么意义? 若一开始就从运动学的角度来观察本题, 则就很容易理解, 而且可以很自然地想出证明的思路. 实际上, 如在 Lagrange 中值定理后的注 2 中所说, 将 $y = f(x)$ 看成是质点做直线运动时的路程与时间的关系, 则在等式 (7.17) 中左边的每一项可以看成是 k_i 除以 t_i 时刻的瞬时速度. 因此, 若将 k_i 看成是一段路程的长度, 则从 Lagrange 中值定理的运动学意义, 适当选择 t_i 就可以使得这样的商等于运动所花的时间. 由于 $k_1 + k_2 + \cdots + k_n = 1$, 又有 $f(0) = 0$ 和 $f(1) = 1$, 因此就可将全路程按长度 $k_1, k_2, \cdots, k_n$ 分段, 求出相应的时间 $x_1, x_2, \cdots, x_{n-1}$, 然后用 Lagrange 中值定理即可. 这就是上述证明背后的思想. 当然也可从几何角度来考虑本题的求解.

7.1.4　练习题

1. 用 Rolle 定理解决以下问题:

　(1) 证明: 方程 $e^x = ax^2 + bx + c$ 的不同实根不多于 3 个;

　(2) 证明: 方程 $4ax^3 + 3bx^2 + 2cx = a + b + c$ 在 $(0,1)$ 内至少有一个根;

　(3) 若 $f(x) = a_n x^n + a_{n-1} x^{n-1} + \cdots + a_1 x + a_0 = 0$ 有 $n + 1$ 个 (不同) 实根, 证明: $f(x) \equiv 0$;

　(4) 若 $2a^2 \leqslant 5b$, 证明: 方程 $x^5 + ax^4 + bx^3 + cx^2 + dx + e = 0$ 不可能有 5 个不同的实根;

(5) 证明: Legendre 多项式 $P_n(x) = \dfrac{1}{2^n n!}[(x^2-1)^n]^{(n)}$ 在 $(-1,1)$ 内有 n 个不同实根;

(6) 证明: Laguerre (拉盖尔) 多项式 $L_n(x) = \mathrm{e}^x(x^n \mathrm{e}^{-x})^{(n)}$ 有 n 个不同正根.

(这里需要用 Rolle 定理的一个推广, 见下面的题 6.)

2. 若 f 在 $[a,b]$ 上满足在 Rolle 定理中的条件, 且 $f'_+(a)f'_-(b) > 0$. 证明: $f'(x) = 0$ 在 (a,b) 中至少有两个根.

3. 设 f 在 $[a,b]$ 上连续, 在 (a,b) 上可微, 且有 $0 < a < b$ 成立. 证明: 存在 $\xi \in (a,b)$, 使成立

$$f(b) - f(a) = \ln \frac{b}{a} \cdot \xi f'(\xi).$$

4. 设 f 在 $[a,b]$ 上可微, 证明: 存在 $\xi \in (a,b)$, 使成立

$$2\xi[f(b) - f(a)] = (b^2 - a^2)f'(\xi).$$

(若应用 Cauchy 中值定理, 则要讨论其条件不满足的情况.)

5. 设 f, g 在 $[a,b]$ 上连续, 在 (a,b) 上可微, 且导函数 g' 在区间 (a,b) 中无零点. 证明: 存在 $\xi \in (a,b)$, 使得

$$\frac{f'(\xi)}{g'(\xi)} = \frac{f(\xi) - f(a)}{g(b) - g(\xi)}.$$

6. 设 f 在 $[a, +\infty)$ 上连续, 在 $(a, +\infty)$ 上可微, 且 $\lim\limits_{x \to +\infty} f(x) = f(a)$. 证明: 存在 $\xi > a$, 使得 $f'(\xi) = 0$.

(Rolle 定理在无限区间上的推广.)

7. 设 $f(x)$ 在 $[0, +\infty)$ 上可微, 且 $0 \leqslant f(x) \leqslant x/(1+x^2)$. 证明: 存在 $\xi > 0$, 使得

$$f'(\xi) = \frac{1 - \xi^2}{(1 + \xi^2)^2}.$$

8. 对于 (1) $f(x) = ax^2 + bx + c \ (a \neq 0)$, (2) $f(x) = 1/x \ (x > 0)$, 计算在公式 $f(x + \Delta x) - f(x) = f'(x + \theta\Delta x)\Delta x$ 中的 θ, 并求极限 $\lim\limits_{\Delta x \to 0} \theta$.

(这些计算是检验例题 7.1.4 的结论. 此外 (1) 与第二组参考题 9 有关.)

9. 证明: 当 $x \geqslant 0$ 时有 $\sqrt{x+1} - \sqrt{x} = \dfrac{1}{2\sqrt{x + \theta(x)}}$, 其中 $\dfrac{1}{4} \leqslant \theta(x) \leqslant \dfrac{1}{2}$, 且具有性质

$$\lim_{x \to 0^+} \theta(x) = \frac{1}{4}, \quad \lim_{x \to +\infty} \theta(x) = \frac{1}{2}.$$

10. 证明: 在区间上的导函数如果单调, 则一定连续.

11. 设 f 在区间 $[a,b]$ 上可微. 证明: 若 $f(a)$ 是 f 的最大值, 则 $f'_+(a) \leqslant 0$; 若 $f(b)$ 是 f 的最大值, 则 $f'_-(b) \geqslant 0$.

12. 证明: 当且仅当 $|x| \leqslant 1/\sqrt{2}$ 时, 成立 $2 \arcsin x \equiv \arcsin(2x\sqrt{1-x^2})$.

13. 设函数 f 在区间 I 上二阶可微, 且 $f''(x) \equiv 0$. 问: f 是什么函数?

14. 证明: 在有界开区间 (a, b) 上无界的可微函数的导数也一定无界.

15. 设 f 在 $(0, a)$ 上可微, $f(0^+) = +\infty$. 证明: $f'(x)$ 在点 $x = 0$ 的右侧无下界.

16. 设 f 在 $[a, b]$ 上连续, 在 (a, b) 上可微, $f(a) = f(b)$, 但 f 不是常值函数. 证明: 存在 $\xi \in (a, b)$, 使 $f'(\xi) > 0$.

17. 设 f 在 $[0, 1]$ 上连续, 在 $(0, 1)$ 上二阶可微, 又知连接点 $A(0, f(0))$ 和 $B(1, f(1))$ 的直线段与曲线 $y = f(x)$ 交于点 $C(c, f(c))$, 其中 $0 < c < 1$. 证明: 在 $(0, 1)$ 内存在一点 ξ, 使 $f''(\xi) = 0$.

18. 设 f 在 $[a, b]$ 上连续, 在 (a, b) 上可微, 且 $f'(x)$ 无零点. 证明: 存在 $\xi, \eta \in (a, b)$, 使得
$$\frac{f'(\xi)}{f'(\eta)} = \frac{\mathrm{e}^b - \mathrm{e}^a}{b - a} \mathrm{e}^{-\eta}.$$

19. 设 f 在 $[0, 1]$ 上连续, 在 $(0, 1)$ 上可微, $f(0) = f(1) = 0$, $f\left(\dfrac{1}{2}\right) = 1$. 证明:

   (1) 存在 $\eta \in \left(\dfrac{1}{2}, 1\right)$, 使 $f(\eta) = \eta$;

   (2) 对任何实数 λ, 存在 $\xi \in (0, \eta)$, 使 $f'(\xi) - \lambda[f(\xi) - \xi] = 1$.

20. 设 f 为区间 I 上的可微函数. 证明: f' 为 I 上的常值函数的充分必要条件是 f 为线性函数.

§7.2 Taylor 定理

　　这一节主要是两个 Taylor 公式 (也称为 Taylor 展开式), 即分别带有 Peano 余项和 Lagrange 余项的 Taylor 公式, 统称为 Taylor 定理. 前者是上一章中的无穷小增量公式的推广, 而后者是 Lagrange 中值定理 (即有限增量公式) 的推广.

　　Taylor 定理的内容和证明对初学者有一定的困难. 仅仅从两个公式的复杂形式看, 就有点使人望而生畏. 因此我们将对它们的内容和证明做一定的剖析. 实际上这里的根本问题就是怎样用多项式来逼近函数. 但是从方法上来说, 则只是上一节中已用过多次的方法的重复 (参见例题 7.1.3 的两个证明).

　　在以上内容的基础上, 本节还要介绍带 Cauchy 余项的 Taylor 公式. 在 7.2.3 小节中将介绍 Euler 数和 Bernoulli 数, 以供读者参考.

7.2.1　基本定理

这里要解决的基本问题就是用多项式来逼近一个函数.

实际上, 如果局限于一次多项式, 即线性函数, 则在前面已经讨论过这个问题. 回顾第六章中的无穷小增量公式 (6.1), 可见它就是用线性函数 $f(x_0) + f'(x_0)(x - x_0)$ 来逼近 $f(x)$. 例题 6.1.3 则严格建立了这个函数在所有线性函数中在一定意义上所具有的最优性质.

命题 7.2.2 可看成是公式 (6.1) 的推广. 命题 7.2.5 则是例题 6.1.3 的推广.

为此先做一项准备工作, 即证明在下列意义上于某点 x_0 附近逼近一个函数 $f(x)$ 的多项式如果存在, 则一定是唯一的.

命题 7.2.1 (唯一性引理) 设 f 在点 x_0 的某邻域 $O(x_0)$ 上有定义, 且有

$$f(x) = c_0 + c_1(x - x_0) + \cdots + c_n(x - x_0)^n + o((x - x_0)^n) \ (x \to x_0),$$

则其中的系数 $c_0, c_1, \cdots, c_n$ 是唯一确定的.

证　根据条件可以知道以下表达式右边的极限都是存在的. 又根据极限的唯一性定理, 可见所有这些系数都是唯一确定的.

$$c_0 = \lim_{x \to x_0} f(x),$$
$$c_1 = \lim_{x \to x_0} \frac{f(x) - c_0}{x - x_0},$$
$$\cdots\cdots\cdots\cdots$$
$$c_n = \lim_{x \to x_0} \frac{f(x) - [c_0 + c_1(x - x_0) + \cdots + c_{n-1}(x - x_0)^{n-1}]}{(x - x_0)^n}. \quad \Box$$

下面的第一个 Taylor 公式, 即带有 Peano 余项的 Taylor 公式, 肯定了当函数 $f(x)$ 在点 x_0 有 n 阶导数时, 满足唯一性引理的条件的 n 次多项式是存在的, 同时还给出了系数 $c_0, c_1, \cdots, c_n$ 的计算公式.

命题 7.2.2 (带 Peano 余项的 Taylor 公式) 若函数 f 在点 x_0 存在 n 阶导数 $f^{(n)}(x_0)$, 则有

$$f(x) = f(x_0) + f'(x_0)(x - x_0) + \frac{f''(x_0)}{2!}(x - x_0)^2 + \cdots$$
$$+ \frac{f^{(n)}(x_0)}{n!}(x - x_0)^n + o((x - x_0)^n) \ (x \to x_0).$$

证　首先要对于条件有准确的理解. 从函数 f 在点 x_0 有 n 阶导数可推出 f 在该点的某邻域上存在所有的 $k \ (< n)$ 阶导函数, 但是 $f^{(n)}(x)$ 只知在点 x_0 存在.

引入多项式

$$p_n(x) = f(x_0) + f'(x_0)(x-x_0) + \frac{f''(x_0)}{2!}(x-x_0)^2 + \cdots + \frac{f^{(n)}(x_0)}{n!}(x-x_0)^n \quad (7.18)$$

和

$$r_n(x) = f(x) - p_n(x). \quad (7.19)$$

今后称多项式 $p_n(x)$ 为 $f(x)$ 在点 x_0 处的 n 阶 **Taylor 多项式**, 称 $r_n(x)$ 为 (第 n 次) **余项**, 即用多项式 $p_n(x)$ 代替 $f(x)$ 所带来的误差项.

可以看出, 证明的目的只不过是要建立以下的极限关系:

$$\lim_{x \to x_0} \frac{r_n(x)}{(x-x_0)^n} = 0. \quad (7.20)$$

由 (7.19) 可见, 余项的可微性质与 f 完全相同. 直接验证以下等式 (具体计算从略),

$$p_n(x_0) = f(x_0),\ p'_n(x_0) = f'(x_0), \cdots, p_n^{(n)}(x_0) = f^{(n)}(x_0), \quad (7.21)$$

就知道余项 $r_n(x)$ 满足条件

$$r_n(x_0) = 0,\ r'_n(x_0) = 0, \cdots, r^{(n)}(x_0) = 0. \quad (7.22)$$

反复使用 Cauchy 中值定理并在最后令 $x \to x_0$, 就可以得到所要的结果:

$$\begin{aligned}
\frac{r_n(x)}{(x-x_0)^n} &= \frac{r_n(x) - r_n(x_0)}{(x-x_0)^n} = \frac{r'_n(\xi_1)}{n(\xi_1-x_0)^{n-1}} \\
&= \frac{r'_n(\xi_1) - r'_n(x_0)}{n(\xi_1-x_0)^{n-1}} = \frac{r''_n(\xi_2)}{n(n-1)(\xi_2-x_0)^{n-2}} \\
&\quad\quad\cdots\cdots\cdots\cdots \\
&= \frac{r_n^{(n-1)}(\xi_{n-1}) - r_n^{(n-1)}(x_0)}{n!(\xi_{n-1}-x_0)} \to \frac{r^{(n)}(x_0)}{n!} = 0 \quad (x \to x_0).
\end{aligned}$$

这里依次利用了余项 $r_n(x)$ 所具有的性质 (7.22) 中的每一个等式. 在反复使用 Cauchy 中值定理时得到的"中值" $\xi_1, \xi_2, \cdots, \xi_{n-1}$ 是在 x 与 x_0 之间的单调点列. 例如当 $x_0 < x$ 时, 从上面的推导可以看出有

$$x_0 < \xi_{n-1} < \cdots < \xi_2 < \xi_1 < x.$$

因此当 $x \to x_0$ 时也有 $\xi_{n-1} \to x_0$.

还要注意最后一步与前面不同. 由于只知道 $r_n(x)$ 在点 x_0 处有 n 阶导数, 所以最后一步不能用中值定理, 而只能用定义, 也就是说, 导数 $r_n^{(n)}(x_0)$ 是 $r_n(x)$ 的 $n-1$ 阶导函数 $r_n^{(n-1)}(x)$ 在点 x_0 处的导数. $\qquad\qquad\square$

注 1 称 $r_n(x) = o((x-x_0)^n)\,(x \to x_0)$ 为 **Peano (型) 余项**. 容易看出当 $n = 1$ 时带 Peano 余项的 Taylor 公式就是上一章中的无穷小增量公式 (6.1). 由于这样的公式并非普通的等式, 而是反映了极限性质的渐近等式, 因此带有 Peano 余项的 Taylor 公式在求极限时很有用处, 对余项可以提供无穷小量的阶的估计. 但是 Peano 余项并不能提供误差的定量估计. 带 Peano 余项的 Taylor 公式的这些特点与无穷小增量公式 (6.1) 完全相同. 因此可以将它称为局部 Taylor 公式.

注 2 带 Peano 余项的 Taylor 公式的证明方法很多, 例如, 用数学归纳法、中值定理和下一章的 L'Hospital 法则 (见例题 8.1.5) 都可以给出证明.

现在给出第二个 Taylor 公式. 在其中的余项有确定的表达式. 这就为误差估计提供了理论依据. 当然, 其中也有不确定的因素, 即出现了在每个中值定理中都有的"中值". 因此这个结果也可以称为 Taylor 中值定理. 读者可以看出, 在下面的公式中若 $n = 0$, 则就是 Lagrange 中值定理. 如果将 Cauchy 中值定理看成是 Lagrange 中值定理在两个函数情况的推广, 则 Taylor 中值定理就是 Lagrange 中值定理在高阶导数情况的推广.

命题 7.2.3 (带 Lagrange 余项的 Taylor 公式) 若 f 在点 x_0 的某邻域 $O(x_0)$ 上 $n+1$ 阶可微, 则对每个 $x \in O(x_0), x \neq x_0$, 在 x_0 和 x 之间存在 ξ, 使得

$$f(x) = f(x_0) + f'(x_0)(x-x_0) + \frac{f''(x_0)}{2!}(x-x_0)^2 + \cdots + \frac{f^{(n)}(x_0)}{n!}(x-x_0)^n + r_n(x),$$

其中

$$r_n(x) = \frac{f^{(n+1)}(\xi)}{(n+1)!}(x-x_0)^{n+1}.$$

证 1 可以与带 Peano 余项的 Taylor 公式的上述证明几乎一样来做, 即反复使用 Cauchy 中值定理, 但在最后一次是用 Lagrange 中值定理. 原因是在这里的函数 $f(x)$ (因而 $r_n(x)$) 在邻域 $O(x_0)$ 上有 $n+1$ 阶导函数, 条件要强得多了. 证明的主要过程如下:

$$\frac{r_n(x)}{(x-x_0)^{n+1}} = \frac{r_n(x) - r_n(x_0)}{(x-x_0)^{n+1}} = \frac{r_n'(\xi_1)}{(n+1)(\xi_1-x_0)^n}$$

$$= \frac{r_n'(\xi_1) - r_n'(x_0)}{(n+1)(\xi_1-x_0)^n} = \frac{r_n''(\xi_2)}{(n+1)n(\xi_2-x_0)^{n-1}}$$

$$\cdots\cdots\cdots\cdots$$

$$= \frac{r_n^{(n)}(\xi_n) - r_n^{(n)}(x_0)}{(n+1)!(\xi_n-x_0)} = \frac{r_n^{(n+1)}(\xi)}{(n+1)!}. \qquad \Box$$

回顾例题 7.1.3 的两种不同方法, 可以知道用辅助函数方法也能成功. 实际上, 在那里已经分析过这两个方法, 它们在本质上是完全一样的. 下面就是用辅助函数方法证明第二个 Taylor 公式.

证 2 对给定的 $x \neq x_0$, 定义

$$\lambda = \frac{r_n(x)(n+1)!}{(x-x_0)^{n+1}}.$$

于是只要证明在 x 和 x_0 之间存在 ξ, 使得

$$r_n^{(n+1)}(\xi) = \lambda$$

即可. 不妨只考虑 $x_0 < x$ 的情况. 现在固定 x, 在区间 $[x_0, x]$ 上构造辅助函数

$$F(t) = r_n(t) - \frac{\lambda}{(n+1)!}(t-x_0)^{n+1}, \ x_0 \leqslant t \leqslant x.$$

可见只要证明存在 $\xi \in (x_0, x)$, 使得 $F^{(n+1)}(\xi) = 0$.

从条件 (7.22) 和 λ 的定义知, 辅助函数 F 具有性质

$$F(x_0) = 0, F'(x_0) = 0, \cdots, F^{(n)}(x_0) = 0 \text{ 和 } F(x) = 0.$$

在区间 $[x_0, x]$ 上对 F 用 Rolle 定理, 有 $\xi_1 \in (x_0, x)$, 使得 $F'(\xi_1) = 0$. 然后由于 $F'(x_0) = 0$, 在区间 $[x_0, \xi_1]$ 上对 F' 用 Rolle 定理, 有 $\xi_2 \in (x_0, \xi_1)$, 使得 $F''(\xi_2) = 0$. 这样进行下去, 在做了 n 次后, 就有

$$x_0 < \xi_n < \xi_{n-1} < \cdots < \xi_1 < x$$

以及 $F^{(n)}(\xi_n) = 0$. 最后再利用 $F^{(n)}(x_0) = 0$, 在区间 $[x_0, \xi_n]$ 上对 $F^{(n)}(x)$ 用 Rolle 定理, 就得到 $\xi \in (x_0, \xi_n) \subset (x_0, x)$, 使得 $F^{(n+1)}(\xi) = 0$. 这样我们就完成了命题的证明. □

注 在上述命题中我们要求 $x \neq x_0$. 实际上在 $x = x_0$ 时 Taylor 公式自然成立, 这时的中值 ξ 可以任取. 此外, 从证明可以看出, 并不要求 $f^{(n+1)}(x_0)$ 存在, 也就是说只要 f 在 $O(x_0)$ 上 n 阶可微, 又在 $O(x_0) - \{x_0\}$ 上存在 $f^{(n+1)}(x)$ 即可. 这对下一个命题也是如此.

以上介绍了余项的两种不同形式, 即 Peano 余项和 Lagrange 余项. 实际上还有很多不同的其他余项形式, 其中对今后较为有用的是 Cauchy 余项和积分型余项. 后者见 11.4.3 小节. 下面是 Cauchy 余项及其证明.

命题 7.2.4 (带 Cauchy 余项的 Taylor 公式) 若 f 在点 x_0 的某邻域 $O(x_0)$ 上 $n+1$ 阶可微, 则对每个 $x \in O(x_0), x \neq x_0$, 在 x_0 和 x 之间存在 η, 使得

$$f(x) = f(x_0) + f'(x_0)(x-x_0) + \cdots + \frac{f^{(n)}(x_0)}{n!}(x-x_0)^n + r_n(x),$$

其中

$$r_n(x) = \frac{f^{(n+1)}(\eta)}{n!}(x-\eta)^n(x-x_0).$$

证 固定 x, 在余项

$$r_n(x) = f(x) - p_n(x)$$

$$= f(x) - [f(x_0) + f'(x_0)(x - x_0) + \cdots + \frac{f^{(n)}(x_0)}{n!}(x - x_0)^n]$$

的右边将 x_0 换为变量 $t \in [x_0, x]$, 定义函数

$$\Phi(t) = f(x) - [f(t) + f'(t)(x - t) + \cdots + \frac{f^{(n)}(t)}{n!}(x - t)^n].$$

可以看出有

$$\Phi(x_0) = r_n(x), \ \Phi(x) = 0.$$

通过直接计算可以得到

$$\Phi'(t) = -\frac{f^{(n+1)}(t)}{n!}(x - t)^n.$$

在区间 $[x_0, x]$ 上对 $\Phi(t)$ 用 Lagrange 中值定理, 就有 $\eta \in (x, x_0)$, 使得

$$r_n(x) = \Phi(x_0) - \Phi(x) = \Phi'(\eta)(x_0 - x).$$

将 $\Phi'(\eta)$ 的表达式代入就得到所要求证的 Cauchy 余项. □

注 用这个方法也可以得到其他余项形式 (见 [14] 的第一卷 126 小节).

到此为止本小节已介绍了 Taylor 公式的主要理论. 我们看到, 若函数 $f(x)$ 在点 x_0 有 n 阶导数, 则就有一个 n 次多项式 (7.18), 即 Taylor 多项式, 它与 $f(x)$ 的差 (即余项 (7.19)) 当 $x \to x_0$ 时是比 $(x - x_0)^n$ 更高阶的无穷小量. 命题 7.2.1 肯定了这样的多项式是唯一的, 命题 7.2.2 则解决了它的存在性. 命题 7.2.3 和 7.2.4 给出了余项的更为精确的表达式, 当然这时对 f 要有更多的条件.

可将例题 6.1.3 推广得到下列命题. 它确切地刻画了 Taylor 多项式在局部逼近方面的最优性质.

命题 7.2.5 (Taylor 多项式的逼近性质) 设函数 f 在点 x_0 存在 $f^{(n)}(x_0)$, $p_n(x)$ 是由公式 (7.18) 定义的 Taylor 多项式. 对于和 $p_n(x)$ 不相等的每一个不超过 n 次的多项式 $p(x)$, 存在 $\delta > 0$, 使得当 $0 < |x - x_0| < \delta$ 时, 成立不等式

$$|f(x) - p_n(x)| < |f(x) - p(x)|.$$

证 先将给定的多项式 $p(x)$ 转换成用 $(x - x_0)$ 的方幂表示的升幂多项式:

$$p(x) = a_0 + a_1(x - x_0) + \cdots + a_n(x - x_0)^n. \tag{7.23}$$

根据命题 7.2.2, 可以将 $p(x)$ 看成那里的 $f(x)$, 然后用公式 (7.21) 直接求出 $a_i = p^{(i)}(x_0)/i!$, $i = 0, 1, \cdots, n$. (当然也可以用代数方法计算, 这里从略.)

将 (7.23) 与 Taylor 多项式

$$p_n(x) = f(x_0) + f'(x_0)(x - x_0) + \frac{f''(x_0)}{2!}(x - x_0)^2 + \cdots + \frac{f^{(n)}(x_0)}{n!}(x - x_0)^n$$

进行比较. 如果 $a_0 \neq f(x_0)$, 则同例题 6.1.3 的情况 (1) 完全一样, 证明是容易的. 否则, 根据这两个多项式不相等的假设条件, 两者又均已表示为以 $(x - x_0)$ 为幂次的升幂多项式, 因此一定存在一个正整数 k, 满足 $0 < k \leqslant n$ 和

$$a_0 = f(x_0), a_1 = f(x_1), \cdots, a_{k-1} = f^{(k-1)}(x_0)/(k-1)!, \text{ 但是 } a_k \neq f^{(k)}(x_0)/k!.$$

利用命题 7.2.2 (即带 Peano 余项的 Taylor 公式), 有

$$f(x) - p_n(x) = o\left((x - x_0)^n\right) \ (x \to x_0),$$
$$f(x) - p(x) = [f(x) - p_n(x)] + [p_n(x) - p(x)]$$
$$= [f^{(k)}(x_0)/k! - a_k](x - x_0)^k + o\left((x - x_0)^k\right) \ (x \to x_0).$$

其中的项 $o\left((x - x_0)^k\right)$ 是对于在多项式 $[p_n(x) - p(x)]$ 中次数 $i > k$ 的所有 $(x - x_0)^i$ 项和余项 $f(x) - p_n(x)$ 之和的一个刻画.

于是有

$$\frac{f(x) - p_n(x)}{f(x) - p(x)} = \frac{o\left((x - x_0)^n\right)}{[f^{(k)}(x_0)/k! - a_k](x - x_0)^k + o\left((x - x_0)^k\right)} \ (x \to x_0).$$

由于 $f^{(k)}(x_0)/k! \neq a_k$ 和 $k \leqslant n$, 可见

$$\frac{f(x) - p_n(x)}{f(x) - p(x)} = o(1) \ (x \to x_0).$$

从而存在 $\delta > 0$, 使得当 $0 < |x - x_0| < \delta$ 时, 成立

$$\left| \frac{f(x) - p_n(x)}{f(x) - p(x)} \right| < 1,$$

这就是所要求证的不等式. $\qquad \square$

在图 7.6 中可以看到函数 e^x 以及它的 1 次到 4 次的 Taylor 多项式的图像, 其中粗黑曲线是 e^x 的图像. 又为清楚起见, 在每一个 Taylor 多项式的图像两端都用记号 $P_n(x)$ 作了标记. 这里的 $P_n(x)$ 是 e^x 在点 $x = 0$ 处的 n 阶 Taylor 多项式:

$$1 + x + \frac{x^2}{2!} + \frac{x^3}{3!} + \cdots + \frac{x^n}{n!}.$$

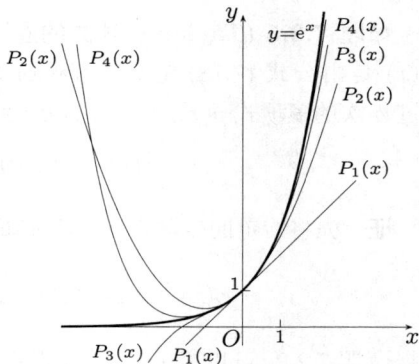

图 7.6

我们看到, 对于 $n = 3, 4$, Taylor 多项式在 $|x|$ 不很大时已提供了对 e^x 的较好的逼近. 但是当 $|x|$ 足够大时, 情况完全不是如此. 例如, 当 n 为奇数时 $P_n(x)$ 都有零点. 关于 e^x 的 Taylor 多项式的一般性结论可参看第八章的第二组参考题 4.

7.2.2 例题

当 Taylor 公式中的点 $x_0 = 0$ 时, 由于历史原因也称为 Maclaurin 公式. 在各种微积分教科书中都要介绍几个基本初等函数的 Maclaurin 公式, 其中包括 $\sin x, \cos x, \arctan x, e^x, \ln(1+x), (1+x)^\alpha \ (\alpha \neq 0)$ 等, 这里不再重复.

在求以上几个基本初等函数的 Maclaurin 公式时, 一般的方法是直接计算函数在点 $x = 0$ 处的 n 阶导数的通式, 这样就可以得到带 Peano 余项的 Maclaurin 公式. 为了得到带 Lagrange 余项的相应公式, 则需要得到 n 阶导函数的表达式, 这就困难得多了. 在上一章中关于高阶导数的不少训练与此有关.

在本小节介绍求 Taylor (或 Maclaurin) 公式的间接法. 这在很多求 Taylor 公式的问题中有效, 且具有很大的灵活性. 实际上, $\ln(1+x)$ 和 $\arctan x$ 的 Maclaurin 公式也都可以用间接法得到. 但是间接法是以若干个已知的 Taylor 公式为基础的. 如果连基本的 Taylor 公式都不知道, 也就不可能用间接法.

在本小节中除了 Taylor 公式的计算外, 还将介绍 Taylor 公式的其他应用, 特别是不能归入下一章的一些问题.

在下面有关 Taylor (或 Maclaurin) 公式的计算题中, 如不另作说明, 则均指带 Peano 余项的公式.

例题 7.2.1 计算 $f(x) = \arcsin x$ 的 Maclaurin 公式直到 x^5 项.

解 1 对 f 求导, 并利用二项式展开公式, 就有

$$f'(x) = (1 - x^2)^{-\frac{1}{2}} = 1 + \frac{1}{2}x^2 + \frac{3}{8}x^4 + o(x^5) \ \ (x \to 0).$$

根据上一小节的唯一性引理和带 Peano 余项的 Taylor 公式, 可见上式就是 $f'(x)$ 的 Maclaurin 公式. 利用 Taylor 公式中的系数公式, 就可以从上式右边的已知系数反过来求出 $f'(x)$ 在 $x = 0$ 处的值和各阶导数值:

$$1 = f'(0), 0 = f''(0), \frac{1}{2} = \frac{f'''(0)}{2}, 0 = f^{(4)}(0), \frac{3}{8} = \frac{f^{(5)}(0)}{4!}, 0 = f^{(6)}(0).$$

这样就求出所需要的前 6 阶导数:

$$f'(0) = 1, f''(0) = 0, f'''(0) = 1, f^{(4)}(0) = 0, f^{(5)}(0) = 9, f^{(6)}(0) = 0.$$

再利用 $f(0) = 0$, 就得到所要的 Maclaurin 公式:

$$\arcsin x = x + \frac{1}{3!}x^3 + \frac{9}{5!}x^5 + o(x^6)$$
$$= x + \frac{1}{6}x^3 + \frac{3}{40}x^5 + o(x^6) \ \ (x \to 0).$$
$\square$

注 若将以上的解法发展一步, 就可以写出 $\arcsin x$ 的一般的 Maclaurin 公式, 而无须求出这个函数在 $x = 0$ 处的任意阶导数值. 再往前一步, 我们可以提出求高阶导数的一种间接计算法. 从 $f(x) = \arcsin x$ 的导函数出发, 计算

$$f'(x) = (1 - x^2)^{-\frac{1}{2}}$$
$$= 1 + \sum_{k=1}^{n} \frac{\left(-\frac{1}{2}\right)\left(-\frac{3}{2}\right)\cdots\left(-\frac{1}{2} - k + 1\right)}{k!}(-x^2)^k + o(x^{2k+1})$$
$$= 1 + \sum_{k=1}^{n} \frac{(2k-1)!!}{2^k k!}x^{2k} + o(x^{2k+1}) \ \ (x \to 0),$$

就可以对任意正整数 k 得到 $f^{(2k)}(0) = 0$ 和

$$f^{(2k+1)}(0) = (2k)! \cdot \frac{(2k-1)!!}{2^k k!} = [(2k-1)!!]^2.$$

这就是在例题 6.2.3 已经得到的结果.

请读者试用这种新方法计算 $\arctan x$ 和 $\ln(1 + x)$ 的 Maclaurin 公式和它们在 $x = 0$ 处的任意阶导数值.

解 2 由于 $f(x) = \arcsin x$ 是奇函数, 又有 $f'(0) = 1$, 因此它的 Maclaurin 公式的形式如下:

$$\arcsin x = x + ax^3 + bx^5 + o(x^6) \ \ (x \to 0).$$

这里只有两个系数 a 和 b 需要确定. 利用 $\arcsin x$ 是 $\sin x$ 的反函数, 又利用 $\sin x$ 的 Maclaurin 公式, 就有

$$x = \sin(\arcsin x)$$
$$= \arcsin x - \frac{1}{6}(\arcsin x)^3 + \frac{1}{120}(\arcsin x)^5 + o(x^6)$$
$$= (x + ax^3 + bx^5) - \frac{1}{6}(x + ax^3)^3 + \frac{1}{120}x^5 + o(x^6) \ \ (x \to 0).$$

比较两边同次幂项的系数, 就有方程

$$a - \frac{1}{6} = 0, b - \frac{1}{6} \cdot 3a + \frac{1}{120} = 0.$$

这样就可解出

$$a = \frac{1}{6}, b = \frac{3}{40}.$$
$\square$

例题 7.2.2 计算 $f(x) = \sqrt[3]{2 - \cos x}$ 的 Maclaurin 公式直到 x^5 项.

解 1 将根式内的表达式写成 $1 + (1 - \cos x)$, 并利用

$$1 - \cos x = \frac{x^2}{2} - \frac{x^4}{24} + o(x^5) \ (x \to 0),$$

就可以计算如下:

$$
\begin{aligned}
f(x) &= \sqrt[3]{1 + (1 - \cos x)} \\
&= 1 + \frac{1 - \cos x}{3} - \frac{(1 - \cos x)^2}{9} + O((1 - \cos x)^3) \\
&= 1 + \left(\frac{x^2}{6} - \frac{x^4}{72}\right) - \frac{x^4}{36} + o(x^5) \\
&= 1 + \frac{x^2}{6} - \frac{x^4}{24} + o(x^5) \ (x \to 0). \qquad \square
\end{aligned}
$$

解 2 利用 f 为偶函数, 因此所要求的公式的形状已可确定为

$$f(x) = 1 + ax^2 + bx^4 + o(x^5) \ (x \to 0).$$

为确定 a 和 b, 只要将上式代入

$$[f(x)]^3 = 2 - \cos x = 1 + \frac{x^2}{2} - \frac{x^4}{24} + o(x^5) \ (x \to 0),$$

就得到关于待定系数的方程

$$3a = \frac{1}{2}, 3b + 3a^2 = -\frac{1}{24}.$$

从中解出

$$a = \frac{1}{6}, b = -\frac{1}{24}. \qquad \square$$

例题 7.2.3 计算 $f(x) = \ln \frac{\sin x}{x}$ 的 Maclaurin 公式直到 x^6 项. 这里 $f(x)$ 在 $x = 0$ 的值用函数在该点的极限值 0 来定义.

解 从正弦函数的展开式开始, 有

$$\sin x = x - \frac{1}{3!}x^3 + \frac{1}{5!}x^5 - \frac{1}{7!}x^7 + o(x^8) \ (x \to 0),$$

就有

$$\frac{\sin x}{x} = 1 - \frac{1}{3!}x^2 + \frac{1}{5!}x^4 - \frac{1}{7!}x^6 + o(x^7) \ (x \to 0).$$

记 $y = -\dfrac{1}{3!}x^2 + \dfrac{1}{5!}x^4 - \dfrac{1}{7!}x^6 + o(x^7)\ (x \to 0)$，则 $y = O(x^2)\ (x \to 0)$. 然后有

$$
\begin{aligned}
\ln \frac{\sin x}{x} &= \ln(1+y) \\
&= y - \frac{1}{2}y^2 + \frac{1}{3}y^3 + O(y^4) \\
&= \left(-\frac{1}{3!}x^2 + \frac{1}{5!}x^4 - \frac{1}{7!}x^6 \right) - \frac{1}{2}\left(\frac{1}{36}x^4 - \frac{2}{3!5!}x^6 \right) + \frac{1}{3}\left(-\frac{1}{216}x^6 \right) + o(x^7) \\
&= -\frac{1}{6}x^2 - \frac{1}{180}x^4 - \frac{1}{2\,835}x^6 + o(x^7)\ (x \to 0).
\end{aligned}
$$

例题 7.2.4 设已知函数 (参考图 4.1)

$$
f(x) = \begin{cases} (1+x)^{\frac{1}{x}}, & x \neq 0, \\ \mathrm{e}, & x = 0 \end{cases}
$$

在 $x = 0$ 无穷次可微, 计算 $f(x)$ 的 Maclaurin 公式直到 x^4 项.

解　在 $x \neq 0$ 时, 将函数 f 写为

$$
f(x) = \exp\left(\ln f(x) \right),
$$

然后写出

$$
\ln f(x) = \frac{\ln(1+x)}{x} = 1 - \frac{x}{2} + \frac{x^2}{3} - \frac{x^3}{4} + \frac{x^4}{5} + o(x^4)\ (x \to 0).
$$

将上式右边记为 $1+y$, 就有

$$
f(x) = \mathrm{e}^{1+y} = \mathrm{e} \cdot \mathrm{e}^y = \mathrm{e}\left(1 + y + \frac{y^2}{2!} + \frac{y^3}{3!} + \frac{y^4}{4!} \right) + o(x^4)\ (x \to 0),
$$

其中

$$
y = -\frac{x}{2} + \frac{x^2}{3} - \frac{x^3}{4} + \frac{x^4}{5} + o(x^4)\ (x \to 0).
$$

分别计算出

$$
\begin{aligned}
y^2 &= \frac{1}{4}x^2 - \frac{1}{3}x^3 + \frac{13}{36}x^4 + o(x^4)\ (x \to 0), \\
y^3 &= -\frac{1}{8}x^3 + \frac{1}{4}x^4 + o(x^4)\ (x \to 0), \\
y^4 &= \frac{1}{16}x^4 + o(x^4)\ (x \to 0),
\end{aligned}
$$

代入前面的表达式中, 最后得到

$$
f(x) = \mathrm{e}\left(1 - \frac{1}{2}x + \frac{11}{24}x^2 - \frac{7}{16}x^3 + \frac{2\,447}{5\,760}x^4 \right) + o(x^4)\ (x \to 0).
$$

注 在上面两个例题中都没有验证函数在 $x_0 = 0$ 处存在任意阶导数. 这是在使用间接法时经常会遇到的问题. 实际上这里涉及与幂级数 (或解析函数) 的四则运算和复合运算有关的一些理论问题, 在学幂级数之前作讨论是比较困难的. 因此在例题和练习题中我们将注意力集中在计算上, 而将有关的理论问题留待以后解决. 此外, 这里还从 $\sin x$ 和 $\ln(1+x)$ 的 Maclaurin 公式出发除以 x, 得到函数 $\dfrac{\sin x}{x}$ 和 $\dfrac{\ln(1+x)}{x}$ (在 $x = 0$ 处由极限定义) 的 Maclaurin 公式, 这里的理论根据可在下一章得到解决 (见例题 8.1.9 的第 3 个注解). (对此有兴趣的读者还可以参考 [73] 中对于这些问题的严格处理.)

例题 7.2.5 设 f 在 $(0, +\infty)$ 上二阶可微, 且已知

$$M_0 = \sup\{|f(x)| \mid x \in (0, +\infty)\} \ \text{和} \ M_2 = \sup\{|f''(x)| \mid x \in (0, +\infty)\}$$

为有限数. 证明 $M_1 = \sup\{|f'(x)| \mid x \in (0, +\infty)\}$ 也是有限数, 并满足不等式

$$M_1 \leqslant 2\sqrt{M_0 M_2}.$$

证 写出

$$f(x+t) = f(x) + f'(x)t + \frac{f''(\xi)}{2}t^2,$$

其中 $x, t > 0$, $\xi \in (x, x+t)$. 由此有估计

$$|tf'(x)| \leqslant \left| f(x+t) - f(x) - \frac{t^2}{2}f''(\xi) \right| \leqslant 2M_0 + \frac{t^2}{2}M_2.$$

这样就得到

$$|f'(x)| \leqslant \frac{2M_0}{t} + \frac{t}{2}M_2.$$

这对每个 $x \in (0, +\infty)$ 成立. 取上确界, 就有

$$M_1 \leqslant \frac{2M_0}{t} + \frac{t}{2}M_2. \tag{7.24}$$

因此 M_1 为有限数. 由于这对每个 $t > 0$ 成立, 为了得到最好的估计, 可以取 $t = 2\sqrt{M_0/M_2}$, 使右边的和达到最小, 即有

$$M_1 \leqslant 2\sqrt{M_0 M_2}. \qquad \square$$

注 本题有许多推广和研究, 例如见本章的第一组参考题 17、第二组参考题 15 等. 比较详细的资料见 [30].

例题 7.2.6 设 f 在 $[a,b]$ 上二阶可微. 证明: 存在 $\xi \in (a,b)$, 使得

$$f(a) - 2f\left(\frac{a+b}{2}\right) + f(b) = \frac{1}{4}(b-a)^2 f''(\xi).$$

证 写出 $f(a), f(b)$ 在点 $\frac{a+b}{2}$ 的 Taylor 展开式:

$$f(a) = f\left(\frac{a+b}{2}\right) + f'\left(\frac{a+b}{2}\right)\left(\frac{a-b}{2}\right) + \frac{1}{2}f''(\eta_1)\left(\frac{b-a}{2}\right)^2,$$

$$f(b) = f\left(\frac{a+b}{2}\right) + f'\left(\frac{a+b}{2}\right)\left(\frac{b-a}{2}\right) + \frac{1}{2}f''(\eta_2)\left(\frac{b-a}{2}\right)^2,$$

然后将两式相加, 就有

$$f(a) - 2f\left(\frac{a+b}{2}\right) + f(b) = \frac{1}{8}(b-a)^2[f''(\eta_1) + f''(\eta_2)].$$

对 f'' 用 Darboux 定理 (命题 7.1.6), 即有 $\xi \in (a,b)$, 使得

$$f''(\xi) = \frac{1}{2}[f''(\eta_1) + f''(\eta_2)]. \qquad \square$$

注 本题的证明方法很多, 除了用 Taylor 公式为主要工具的上述证明外, 这里再简述两种证明方法.

1. 令 $\lambda = \dfrac{f(a) + f(b) - 2f\left(\dfrac{a+b}{2}\right)}{\dfrac{(b-a)^2}{4}}$, 构造辅助函数

$$F(t) = f(t) + f(a) - 2f\left(\frac{t+a}{2}\right) - \lambda\frac{(t-a)^2}{4},$$

以下与例题 7.1.3 相同.

2. 作辅助函数

$$\varphi(x) = f\left(x + \frac{b-a}{2}\right) - f(x),$$

然后考虑差 $\varphi\left(\frac{a+b}{2}\right) - \varphi(a)$.

7.2.3 Euler 数与 Bernoulli 数

在初等函数的 Taylor 展开式中有几个例子, 如 $\sec x$ 和 $\tan x$, 一般难以求出通式. 原因在于其中出现了著名的 Euler 数和 Bernoulli 数.

例题 7.2.7 计算 $\sec x$ 的 Maclaurin 展开式.

解 由于 $\sec x$ 是偶函数, 可以假定有

$$\sec x = c_0 + c_2 x^2 + c_4 x^4 + \cdots + c_{2n} x^{2n} + o(x^{2n+1}) \ (x \to 0).$$

现在令

$$c_{2n} = (-1)^n \frac{E_{2n}}{(2n)!}, \ n \in \mathbf{N}_+,$$

写出

$$\sec x = E_0 - \frac{E_2}{2!} x^2 + \frac{E_4}{4!} x^4 - \cdots + (-1)^n \frac{E_{2n}}{(2n)!} x^{2n} + o(x^{2n+1}) \ (x \to 0). \quad (7.25)$$

将公式 (7.25) 和 $\cos x$ 的 Maclaurin 公式一起代入恒等式 $\cos x \sec x \equiv 1$ 中, 就可以得到确定数列 $\{E_{2n}\}$ 的递推公式:

$$E_0 = 1, \ E_2 + E_0 = 1, \ E_4 + \frac{4!}{2!2!} E_2 + E_0 = 0,$$

$$\cdots\cdots\cdots\cdots$$

$$E_{2n} + \binom{2n}{2} E_{2n-2} + \binom{2n}{4} E_{2n-4} + \cdots + E_0 = 0.$$

从而可以得出

$$E_2 = -1, E_4 = 5, E_6 = -61, E_8 = 1\,385, E_{10} = -50\,521, \cdots.$$

例如, 这样就可以写出直到前 6 项系数的公式:

$$\sec x = 1 + \frac{x^2}{2} + \frac{5}{24} x^4 + \frac{61}{720} x^6 + \frac{277}{8\,064} x^8 + \frac{50\,521}{3\,628\,800} x^{10} + o(x^{11}) \ (x \to 0).$$

称 E_{2n} 为 **Euler 数**. 当 n 为偶数时, E_{2n} 为正奇数, 且除 E_0 外, 其个位数字都是 5; 当 n 为奇数时, E_{2n} 为负奇数, 其个位数字都是 1. ☐

注 1 又有

$$\operatorname{sech} x = \frac{2}{e^x + e^{-x}} = E_0 + \frac{E_2}{2!} x^2 + \cdots + \frac{E_{2n}}{(2n)!} x^{2n} + o(x^{2n+1}) \ (x \to 0),$$

其中的函数 $\operatorname{sech} x$ 称为双曲正割.

注 2 令 $E_{2n} = (-1)^n \overline{E}_n$, 也有将 $\overline{E}_n$ 称为 Euler 数的.

Bernoulli 数是 Jacob Bernoulli 研究前 n 个正整数的 p 次方幂之和

$$1^p + 2^p + 3^p + \cdots + n^p$$

的计算公式时得到的 (其原文的中译文见 [35] 的 299–302 页). 对于 $p = 1, 2, 3$ 的公式, 学生在中学里都已经知道. Jacob Bernoulli 的目的是要对一切正整数 p 求出一般的计算公式. 他发现

$$1^p + 2^p + \cdots + n^p = \frac{1}{p+1} n^{p+1} + \frac{1}{2} n^p + \frac{p}{2} A n^{p-1} + \frac{p(p-1)(p-2)}{4!} B n^{p-3}$$
$$+ \frac{p(p-1)(p-2)(p-3)(p-4)}{6!} C n^{p-5} + \cdots,$$

其中右边的项直写到 n 或 n^2 项为止. 公式中出现的常数

$$A = \frac{1}{6}, B = -\frac{1}{30}, C = \frac{1}{42}, \cdots$$

就是 **Bernoulli 数**.

以下采用目前的标准方法来引入 Bernoulli 数. 考虑计算函数

$$f(x) = \begin{cases} \dfrac{x}{\mathrm{e}^x - 1}, & x \neq 0, \\ 1, & x = 0 \end{cases}$$

的 Maclaurin 展开式. 令

$$f(x) = B_0 + \frac{B_1}{1!} x + \frac{B_2}{2!} x^2 + \cdots + \frac{B_n}{n!} x^n + o(x^n) \ (x \to 0),$$

并将它代入恒等式

$$f(x) \cdot \frac{\mathrm{e}^x - 1}{x} = f(x) \left[1 + \frac{x}{2!} + \frac{x^2}{3!} + \cdots + \frac{x^n}{(n+1)!} + o(x^n) \right] \equiv 1$$

中, 就可以得到确定数列 $\{B_n\}$ 的递推公式:

$$B_0 = 1, \ \frac{1}{2!} B_0 + B_1 = 0, \ \frac{1}{3!} B_0 + \frac{1}{2!1!} B_1 + \frac{1}{2!} B_2 = 0,$$
$$\cdots\cdots\cdots\cdots$$
$$\binom{n}{0} B_0 + \binom{n}{1} B_1 + \binom{n}{2} B_2 + \cdots + \binom{n}{n-1} B_{n-1} = 0.$$

从而可以得出

$$B_1 = -\frac{1}{2}, B_2 = \frac{1}{6}, B_4 = -\frac{1}{30}, B_6 = \frac{1}{42}, B_8 = -\frac{1}{30},$$
$$B_{10} = \frac{5}{66}, B_{12} = -\frac{691}{2\,730}, B_{14} = \frac{7}{6}, \cdots,$$

当 n 为大于 1 的奇数时 $B_n = 0$.

注　令 $B_{2n} = (-1)^{n-1} \overline{B}_n \ (n \geqslant 1)$, 也有称 $\overline{B}_n$ 为 Bernoulli 数的. 注意所有 $\overline{B}_n > 0$.

例题 7.2.8 计算 $x \cot x$ 的 Maclaurin 展开式, 在 $x = 0$ 处的函数值补充定义为 1.

解 以下运算越出了实数的范围, 还用到了 Euler 公式 $\mathrm{e}^{\mathrm{i}x} = \cos x + \mathrm{i}\sin x$, 其合理性将在复变函数论中得到解释.

$$x \cot x = x \cdot \frac{\cos x}{\sin x} = \mathrm{i}x \cdot \frac{\mathrm{e}^{\mathrm{i}x} + \mathrm{e}^{-\mathrm{i}x}}{\mathrm{e}^{\mathrm{i}x} - \mathrm{e}^{-\mathrm{i}x}} = \mathrm{i}x + \frac{2\mathrm{i}x}{\mathrm{e}^{2\mathrm{i}x} - 1}$$

$$= \mathrm{i}x + B_0 + \frac{B_1}{1!}2\mathrm{i}x + \frac{B_2}{2!}(2\mathrm{i}x)^2 + \cdots + \frac{B_{2n}}{(2n)!}(2\mathrm{i}x)^{2n} + o(x^{2n})$$

$$= \mathrm{Re}\left[\mathrm{i}x + B_0 + \frac{B_1}{1!}2\mathrm{i}x + \frac{B_2}{2!}(2\mathrm{i}x)^2 + \cdots + \frac{B_{2n}}{(2n)!}(2\mathrm{i}x)^{2n} + o(x^{2n})\right]$$

$$= 1 - \frac{\overline{B}_1 2^2}{2!}x^2 - \frac{\overline{B}_2 2^4}{4!}x^4 + \cdots - \frac{\overline{B}_n 2^{2n}}{(2n)!}x^{2n} + o(x^{2n+1}) \quad (x \to 0).$$

写出其前 5 项的系数, 即有

$$x \cot x = 1 - \frac{1}{3}x^2 - \frac{1}{45}x^4 - \frac{2}{945}x^6 - \frac{1}{4\,725}x^8 + o(x^9) \quad (x \to 0). \qquad \square$$

例题 7.2.9 计算函数 $\tan x$ 的 Maclaurin 展开式.

解 利用恒等式 $\tan x = \cot x - 2\cot 2x$, 当 $x = 0$ 时将右边取其极限 0. 这样就有

$$\tan x = \frac{x \cot x - 2x \cot 2x}{x}$$

$$= \frac{\overline{B}_1(2^2 - 1)2^2}{2!}x + \frac{\overline{B}_2(2^4 - 1)2^4}{4!}x^3 + \cdots$$

$$+ \frac{\overline{B}_n(2^{2n} - 1)2^{2n}}{(2n)!}x^{2n-1} + o(x^{2n}) \quad (x \to 0).$$

写出其前 5 项的系数, 即有

$$\tan x = x + \frac{1}{3}x^3 + \frac{2}{15}x^5 + \frac{17}{315}x^7 + \frac{62}{2\,835}x^9 + o(x^{10}) \quad (x \to 0). \qquad \square$$

这样的例子还有很多, 例如在 $x \csc x, \ln \cos x, \ln (\sin x/x)$ 的 Maclaurin 公式中都出现 Bernoulli 数. 此外, Bernoulli 数还出现在以下无穷级数的求和公式中:

$$\sum_{n=1}^{\infty} \frac{1}{n^{2k}} = \frac{\overline{B}_k}{2} \cdot \frac{(2\pi)^{2k}}{(2k)!}, \tag{7.26}$$

其中 k 为正整数. 这个公式可以从例题 7.2.8 的结果得到 (见《数学译林》(1991) 第 10 期 348 页). 从第二章 2.3.2 小节的题 6 已经知道, 无穷级数

$$1 + \frac{1}{2^p} + \frac{1}{3^p} + \cdots + \frac{1}{n^p} + \cdots$$

在 $p > 1$ 时收敛. 公式 (7.26) 给出了当 $p = 2k$ 为偶数时的求和公式. 它是 Euler 发现的. 公式 (7.26) 的证明见本书下册的例题 16.2.3.

当 $k = 1$ 时就可从公式 (7.26) 得到数学分析中的一个重要结果:

$$\sum_{n=1}^{\infty} \frac{1}{n^2} = 1 + \frac{1}{4} + \frac{1}{9} + \cdots + \frac{1}{n^2} + \cdots = \frac{\pi^2}{6}.$$

求这个级数和就是所谓的 Basel 问题. 在 Euler 之前没有人想到它的答案中会出现圆周率 π. 有兴趣的读者可以从 [12] 的第九章中了解与此有关的故事.

在积分学的积分近似计算和 Stirling 公式中我们还会遇到 Bernoulli 数 (见 11.3.2 和 11.4.2 小节).

7.2.4 练习题

1. 计算 $x \csc x$, $\ln \cos x$, $\ln \left(\dfrac{\sin x}{x} \right)$ 的 Maclaurin 公式.

2. 能否用 Taylor 公式作如下计算:

$$\lim_{x \to 0} \frac{\sin x}{x} = \lim_{x \to 0} \frac{x + o(x^2)}{x} = 1,$$

$$\lim_{x \to 0} \frac{1 - \cos x}{x^2} = \lim_{x \to 0} \frac{1 - \left(1 - \frac{1}{2} x^2 + o(x^3) \right)}{x^2} = \frac{1}{2},$$

为什么?

3. 试对函数 $f(x) = (x + a)^n \ (a \neq 0)$ 和 $x_0 = 0$ 计算它的 Taylor 多项式, 从而得到二项式展开定理的一个新证明.

4. 设 f 在 x_0 处存在 $f^{(n)}(x_0)$, 且有 $f(x) = \sum\limits_{k=0}^{n} a_k (x - x_0)^k + o((x - x_0)^n) \ (x \to x_0)$,

证明: $f'(x) = \sum\limits_{k=0}^{n-1} (k+1) a_{k+1} (x - x_0)^k + o((x - x_0)^{n-1}) \ (x \to x_0)$.

5. 用间接法求函数 $f(x) = \sqrt[3]{\sin x^3}$ 的带 Peano 余项的 Maclaurin 公式, 要求写出直到 x^{13} 项的系数. 然后利用这个公式计算出函数 $f(x)$ 在点 $x = 0$ 的直到 13 阶的各阶导数值.

6. 计算 $\arcsin x$ 的带 Peano 余项的 Maclaurin 公式.

7. 计算 $f(x) = \dfrac{\arcsin x}{\sqrt{1 - x^2}}$ 的带 Peano 余项的 Maclaurin 公式.

8. 估计下列近似公式的绝对误差:

   (1) $e^x \approx 1 + x + \dfrac{x^2}{2!} + \cdots + \dfrac{x^n}{n!}$, 当 $0 \leqslant x \leqslant 1$;

   (2) $\sin x \approx x - \dfrac{x^3}{6}$, 当 $|x| \leqslant \dfrac{1}{2}$;

(3) $\tan x \approx x + \dfrac{x^3}{3}$, 当 $|x| \leqslant \dfrac{1}{10}$;

(4) $\sqrt{1+x} \approx 1 + \dfrac{x}{2} - \dfrac{x^2}{8}$, 当 $0 \leqslant x \leqslant 1$.

9. 若函数 f 在某点 x_0 的任意阶 Taylor 多项式均恒等于 0, 是否可推出 $f(x) \equiv 0$?
(参考例题 6.2.4 的结论.)

10. 设 f 在 $[-1,1]$ 上有任意阶导数, $f^{(n)}(0) = 0, \forall n \in \mathbf{N}_+$, 且存在常数 $C \geqslant 0$, 使得对所有 $n \in \mathbf{N}_+$ 和 $x \in [-1,1]$ 成立不等式 $|f^{(n)}(x)| \leqslant n!\,C^n$. 证明: $f(x) \equiv 0$.

11. 设 f 在 $[a,b]$ 上二阶可微, 且 $f'(a) = f'(b) = 0$. 证明: 存在 $\xi \in (a,b)$, 使得成立
$$|f''(\xi)| \geqslant \frac{4}{(b-a)^2}|f(b) - f(a)|.$$

12. (1) 设 f 在 (a,b) 上可微. 试问对每个点 $\xi \in (a,b)$, 是否一定存在两个点 $x_1, x_2 \in (a,b)$, 使得
$$\frac{f(x_2) - f(x_1)}{x_2 - x_1} = f'(\xi)?$$

(2) 设 f 在 (a,b) 上可微, 且在某点 $\xi \in (a,b)$ 处有 $f''(\xi) > 0$. 证明: 存在两个点 $x_1, x_2 \in (a,b)$, 使得成立
$$\frac{f(x_2) - f(x_1)}{x_2 - x_1} = f'(\xi).$$

13. 设 f 在 $[a,+\infty)$ 上二阶可微, 且 $f(x) \geqslant 0, f''(x) \leqslant 0$, 证明: 在 $x \geqslant a$ 时 $f'(x) \geqslant 0$.

14. 设 f 在 $(-1,1)$ 上 $n+1$ 阶可微, $f^{(n+1)}(0) \neq 0, n \in \mathbf{N}_+$, 在 $0 < |x| < 1$ 上有
$$f(x) = f(0) + f'(0)x + \cdots + \frac{f^{(n-1)}(0)}{(n-1)!}x^{n-1} + \frac{f^{(n)}(\theta x)}{n!}x^n,$$
其中 $0 < \theta < 1$, 证明: $\displaystyle\lim_{x \to 0} \theta = \frac{1}{n+1}$.

15. 证明: 在 $|x| \leqslant 1$ 时存在 $\theta \in (0,1)$, 使得 $\arcsin x = \dfrac{x}{\sqrt{1 - (\theta x)^2}}$, 且有
$$\lim_{x \to 0} \theta = \frac{1}{\sqrt{3}}.$$

16. 设 f 在 $O_\delta(x_0)$ 上 n 阶可微, 且 $f''(x_0) = f'''(x_0) = \cdots = f^{(n-1)}(x_0) = 0$, $f^{(n)}(x_0) \neq 0$. 证明: 当 $0 < |h| < \delta$ 时, 成立 $f(x_0 + h) - f(x_0) = hf'(x_0 + \theta h), 0 < \theta < 1$, 且成立
$$\lim_{h \to 0} \theta = \frac{1}{n^{\frac{1}{n-1}}}.$$

§7.3 对于教学的建议

7.3.1 学习要点

1. Fermat 定理看似简单, 但却是求函数的极值和最值问题的理论基础.

2. 中值定理将函数在两个 (可以相距很远) 点上的函数值之差, 也就是函数的增量, 与函数在某点的导数值联系起来. 从上一章我们已经知道函数的导数是一个局部性的概念, 但通过中值定理, 就可以用导数研究函数在大范围上的性质. 用与不用中值定理是完全不一样的. 读者只要对比例题 7.1.5 的两个证明, 就可以明白这一点. 其中第二个证明的复杂恰好衬托出中值定理的有力.

3. Taylor 公式是一元微分学的顶峰. 公式表面上似乎复杂, 但它所面对的问题却是重要的实际问题. 这就是如何用多项式来逼近函数. 这里只需要加、减、乘三种运算. 实际上从中学开始就清楚, 除了多项式以及开平方等运算之外, 一般初等函数的计算都不可能直接手算, 而是一定要用某些工具, 如数学用表、计算器或计算机, 才能实现. 所有函数计算, 在计算机中总是归结为多项式计算, 而 Taylor 公式就是这些计算的基础.

4. 两个带有不同余项形式的 Taylor 公式 (即命题 7.2.2 和 7.2.3), 分别是上一章的无穷小增量公式和本章的 Lagrange 中值定理 (即有限增量公式) 的推广. 注意它们分别代表了在微分学中两种基本的思想方法. 前者注重于当 $x \to x_0$ 时余项作为无穷小量的阶的估计, 后者则要将余项用高阶导数表示出来 (尽管其中仍有不确定的中值).

5. 仅仅从所得到的结果就不难看出, 在多次应用中值定理的基础上所得到的 Taylor 公式大大扩展了我们对可微函数的把握和使用. 这两个公式当然有极其广泛的应用. 本章的训练只是为理解公式本身而安排的.

6. 在教材 [8] 的第一册第 230 页中作者有一段关于 Taylor 定理的评价, 写得很出色. 我们原封不动地引在下面:

> "我们不想把话说得太绝对, 但至少可以说: 凡是用一元微分学中的定理、技巧能解决的问题, 其中的大部分都可以用 Taylor 定理来解决. 掌握了 Taylor 定理之后, 回过头去看前面的那些理论, 似乎一切都在你的掌握之中, 使你有一种'会当凌绝顶, 一览众山小'的意境. 从这个意义上说'Taylor 定理是一元微分学的顶峰', 并不过分."

7. **对习题课的建议**　中值定理的基础是 Fermat 定理与 Rolle 定理, 包括它们的证明思想. 这在 §7.1 中已作了比较多的说明. 如何根据具体情况使用这些有力的工具, 例如什么时候用 Lagrange 余项, 什么时候用 Peano 余项等, 这应该作为习题课训练的一个重点.

应用中值定理的另一个难点是作适当的辅助函数, 这也能体现一个学生的数学综合能力. 第一组参考题 4 是个很有启发性的题, 讲解此题后可进一步介绍下一个题.

例题 7.3.1 设 f 在 $[a,b]$ 上存在 $n+1$ 阶导数, 且满足

$$f^{(k)}(a) = f^{(k)}(b) = 0, \ k = 0, 1, 2, \cdots, n,$$

其中 $f^{(0)}(a) = f(a), f^{(0)}(b) = f(b)$. 证明: 存在 $\xi \in (a, b)$, 使得 $f(\xi) = f^{(n+1)}(\xi)$.

证 (1) 当 $n = 0$ 时, 令 $h(x) = \mathrm{e}^{-x} f(x)$, 则

$$h'(x) = \mathrm{e}^{-x}[f'(x) - f(x)].$$

由于 $h(a) = h(b) = 0$, 故由 Rolle 定理, 存在 $\xi \in (a, b)$, 使得 $h'(\xi) = \mathrm{e}^{-\xi}[f'(\xi) - f(\xi)] = 0$. 由于 $\mathrm{e}^{-\xi} > 0$, 从而 $f(\xi) = f'(\xi)$.

(2) 当 $n > 0$ 时, 令 $g(x) = \sum\limits_{k=0}^{n} f^{(k)}(x)$, 则 $g(a) = g(b)$, 且

$$g(x) - g'(x) = f(x) - f^{(n+1)}(x).$$

由 (1), 存在 $\xi \in (a, b)$, 使得 $g(\xi) = g'(\xi)$. 即 $f(\xi) = f^{(n+1)}(\xi)$. □

Taylor 展开式可以解决很多数学问题, 技巧性较强. 选择什么余项, 在哪一点展开, 是展开一点的值, 还是展开多点的值进行复合都很有讲究. 但在初学阶段的习题课还是要贯彻"少而精"的原则. 对一般的学生而言, 能用合适的余项展开 Taylor 公式就已达到基本要求. 这部分内容也是考研的复习重点. 我们在两组参考题中为此提供了必要的素材.

7.3.2 参考题

第一组参考题

1. 设有 n 个实数 $a_1, a_2, \cdots, a_n$ 满足

$$a_1 - \frac{1}{3}a_2 + \cdots + (-1)^{n-1}\frac{a_n}{2n-1} = 0,$$

证明: 方程 $a_1 \cos x + a_2 \cos 3x + \cdots + a_n \cos(2n-1)x = 0$ 在区间 $\left(0, \frac{\pi}{2}\right)$ 中至少有一个根.

2. 设 $c \neq 0$, 证明: 方程 $x^5 + ax^4 + bx^3 + c = 0$ 至少有两个根不是实根,

3. 设 $a \neq 0$, 证明: 方程 $x^{2n} + a^{2n} = (x+a)^{2n}$ 只有一个实根 $x = 0$.

4. 设 f 在 $[a,b]$ 上连续, 在 (a,b) 上可微, 且满足条件

$$f(a)f(b) > 0, \ f(a)f\left(\frac{a+b}{2}\right) < 0,$$

证明: 对每个实数 k, 在 (a,b) 内存在点 ξ, 使成立 $f'(\xi) - kf(\xi) = 0$.

5. 设 $f(x) = \sum\limits_{k=1}^{n} c_k \mathrm{e}^{\lambda_k x}$, 其中 $\lambda_1, \lambda_2, \cdots, \lambda_n$ 为互异实数, $c_1, c_2, \cdots, c_n$ 不同时为 0. 证明: f 的零点个数小于 n.

6. (1) 设 f 在 $[0,1]$ 上可微, $f(0) = 0, f(x) \neq 0, \forall\, x \in (0,1)$, 证明: 存在 $\xi \in (0,1)$, 使成立

$$2\frac{f'(\xi)}{f(\xi)} = \frac{f'(1-\xi)}{f(1-\xi)}.$$

(2) 设 f 在 $[0,1]$ 上可微, $f(0) = 0, f(x) \neq 0, \forall\, x \in (0,1)$, 证明: 对每个 $\alpha \neq 0$, 存在 $\xi \in (0,1)$, 使成立

$$|\alpha|\frac{f'(\xi)}{f(\xi)} = \frac{f'(1-\xi)}{f(1-\xi)}.$$

7. 设 f 在 $[a,b]$ 上连续, 在 (a,b) 上可微, 但不是线性函数, 证明: 存在 $\xi, \eta \in (a,b)$, 使成立

$$f'(\xi) > \frac{f(b)-f(a)}{b-a} > f'(\eta).$$

8. 设 f 在 $[a,b]$ 上二阶可微, $f(a) = f(b) = 0$, 且在某点 $c \in (a,b)$ 处有 $f(c) > 0$, 证明: 存在 $\xi \in (a,b)$, 使 $f''(\xi) < 0$.

9. 利用例题 7.1.3 的方法 (或其他方法) 解决以下问题:

(1) 设 f 在 $[a,b]$ 三阶可微, 且有 $f(a) = f'(a) = f(b) = 0$, 证明: 对每个 $x \in [a,b]$, 存在 $\xi \in (a,b)$, 使成立

$$f(x) = \frac{f'''(\xi)}{3!}(x-a)^2(x-b).$$

(2) 设 f 在 $[0,1]$ 上五阶可微, 且有 $f(1/3) = f(2/3) = f(1) = f'(1) = f''(1) = 0$, 证明: 对每个 $x \in [0,1]$, 存在 $\xi \in (0,1)$, 使成立

$$f(x) = \frac{f^{(5)}(\xi)}{5!}\left(x - \frac{1}{3}\right)\left(x - \frac{2}{3}\right)(x-1)^3.$$

(3) 设 f 在 $[a,b]$ 上三阶可微, 证明: 存在 $\xi \in (a,b)$, 使成立

$$f(b) = f(a) + \frac{1}{2}(b-a)[f'(a) + f'(b)] - \frac{1}{12}(b-a)^3 f'''(\xi).$$

(4) 设 f 在 $[a,b]$ 上二阶可微, 证明: 对每个 $c \in (a,b)$, 有 $\xi \in (a,b)$, 使成立

$$\frac{1}{2}f''(\xi) = \frac{f(a)}{(a-b)(a-c)} + \frac{f(b)}{(b-c)(b-a)} + \frac{f(c)}{(c-a)(c-b)}.$$

10. 设 $0 < a < b$, f 在 $[a,b]$ 上可微, 证明: 存在 $\xi \in (a,b)$, 使成立

$$\frac{1}{a-b}\begin{vmatrix} a & b \\ f(a) & f(b) \end{vmatrix} = f(\xi) - \xi f'(\xi).$$

11. 设 f 在区间 $[a,b]$ 上连续, 在 (a,b) 上 n 次可微, 设 $a = x_0 < x_1 < \cdots < x_n = b$, 证明: 存在 $\xi \in (a,b)$, 使成立

$$\Delta = \begin{vmatrix} 1 & 1 & \cdots & 1 \\ x_0 & x_1 & \cdots & x_n \\ \vdots & \vdots & & \vdots \\ x_0^{n-1} & x_1^{n-1} & \cdots & x_n^{n-1} \\ f(x_0) & f(x_1) & \cdots & f(x_n) \end{vmatrix} = \frac{f^{(n)}(\xi)}{n!}\prod_{i>j}(x_i - x_j).$$

12. 设 f 在 $[a,+\infty)$ 上可微, 且有 $\lim\limits_{x\to+\infty} f'(x) = \infty$, 证明: f 在 $[a,+\infty)$ 上非一致连续.

13. 设 f 在 $(0,a]$ 上可微, 又存在有限极限 $\lim\limits_{x\to 0^+} \sqrt{x}f'(x)$, 证明: f 在 $(0,a]$ 上一致连续.

14. 设 f 在 $[a,+\infty)$ 上可微, 且 $\lim\limits_{x\to+\infty} f'(x) = 0$, 证明: $\lim\limits_{x\to+\infty}\dfrac{f(x)}{x} = 0$.

15. 对分别满足以下两个条件的 f, 设已知 $f(1) = 1$, 求 $f(2)$:

    (1) $xf'(x) + f(x) = 0, \forall x > 0$,

    (2) $xf'(x) - f(x) = 0, \forall x > 0$.

16. 设 f 在 $[0,2]$ 上二阶可微, 且 $|f(x)| \leqslant 1$, $|f''(x)| \leqslant 1$, 证明: $|f'(x)| \leqslant 2$.

17. 证明: 若在例题 7.2.5 中的区间从 $(0,+\infty)$ 改为 $(-\infty,+\infty)$, 则可以得到更好的估计 $M_1 \leqslant \sqrt{2M_0M_2}$.

18. 设当 $x \in [0,a]$ 时有 $|f''(x)| \leqslant M$. 又已知 f 在 $(0,a)$ 中取到最大值. 证明: $|f'(0)| + |f'(a)| \leqslant Ma$.

第二组参考题

1. 设 f 在 $[a,b]$ 上可微, 在 (a,b) 上二阶可微, 证明: 存在 $\xi \in (a,b)$, 使成立

$$f'(b) - f'(a) = f''(\xi)(b-a).$$

(注意: 这里没有假定 $f' \in C[a,b]$.)

2. 设 f 在 $\mathbf{R}$ 上无限次可微, $f\left(\dfrac{1}{n}\right) = \dfrac{n^2}{n^2+1}$, 计算 $f^{(k)}(0), \forall k \in \mathbf{N}_+$.

3. 证明: 方程 $x^{2n} - 2x^{2n-1} + 3x^{2n-2} - \cdots - 2nx + 2n + 1 = 0$ 无实根.

4. 设 f 在 $(-\infty, +\infty)$ 上二阶可微, 且有界, 证明: 存在 ξ, 使成立 $f''(\xi) = 0$.

5. 设 f 在 $[a,b]$ 上可微, $f'(a) = f'(b)$, 证明: 存在 $\xi \in (a,b)$, 使成立

$$f'(\xi) = \frac{f(\xi) - f(a)}{\xi - a}.$$

6. 设 f 在 $[a,b]$ 上连续, 在 (a,b) 上可微, 又有 $c \in (a,b)$ 使成立 $f'(c) = 0$, 证明: 存在 $\xi \in (a,b)$, 满足

$$f'(\xi) = \frac{f(\xi) - f(a)}{b - a}.$$

7. 设 f 在 $[a,b]$ 上连续, 在 (a,b) 上可微, $f(a) = 0$, $f(x) > 0, \forall\, x \in [a,b]$, 证明: 对每个 $\alpha > 0$, 存在 $x_1, x_2 \in (a,b)$, 使成立

$$\frac{f'(x_1)}{f(x_1)} = \alpha \frac{f'(x_2)}{f(x_2)}.$$

8. 设 f 在 $(-\infty, +\infty)$ 上二阶连续可微, $|f(x)| \leqslant 1$, 且有 $[f(0)]^2 + [f'(0)]^2 = 4$, 证明: 存在 ξ, 使成立 $f(\xi) + f''(\xi) = 0$.

9. 设 f 在 $(-\infty, +\infty)$ 上二阶连续可微, 且对所有 $x, h \in \mathbf{R}$ 成立

$$f(x+h) - f(x) = hf'\left(x + \frac{h}{2}\right),$$

证明: $f(x) = ax^2 + bx + c$.

10. (**Schwarz 定理**) 定义广义二阶导数

$$f^{[2]}(x) = \lim_{h \to 0^+} \frac{f(x+2h) - 2f(x) + f(x-2h)}{4h^2},$$

若 $f \in C[a,b]$, 同时 $f^{[2]}(x)$ 在 (a,b) 上处处等于 0, 证明: f 为线性函数.

11. (Bellman-Gronwall (贝尔曼-格郎沃尔) 不等式的微分形式) 设 f 在 $[0, +\infty)$ 上可微, $f(0) = 0$, 且有常数 $c > 0$, 使成立

$$|f'(x)| \leqslant c |f(x)|, \forall\, x \in [a, +\infty),$$

证明: $f(x) \equiv 0$.

12. 设 f 在 $(-1, 1)$ 上有各阶导数, 且对每个 $n \geqslant 0$ 有 $|f^{(n)}(x)| \leqslant n! \, |x|$, 证明: $f(x) \equiv 0$.

13. 设 f 在 $(-\infty, +\infty)$ 上有任意阶导数, 且存在常数 $C \geqslant 0$, 使对所有 $n \in \mathbf{N}_+$ 和 $x \in (-\infty, +\infty)$ 成立不等式 $|f^{(n)}(x)| \leqslant C$, 又有 $f(1/n) = 0, \forall n \in \mathbf{N}_+$ 成立, 证明: $f(x) \equiv 0$.

14. 设 f 在点 x_0 有 n 阶导数, 证明:
$$f^{(n)}(x_0) = \lim_{h \to 0} \frac{1}{h^n} \sum_{k=0}^{n} (-1)^{n-k} \binom{n}{k} f(x_0 + kh).$$

15. 设 f 在 $(-\infty, +\infty)$ 上 n 阶可微,
$$M_k = \sup\{|f^{(k)}(x)| \mid x \in (-\infty, +\infty)\}, k = 0, 1, \cdots, n,$$

证明: 若 M_0, M_n 为有限数, 则 $M_1, M_2, \cdots, M_{n-1}$ 都是有限数.

16. 设 f 在 $[0, +\infty)$ 上 n 阶可微, 且存在有限极限
$$\lim_{x \to +\infty} f(x) \text{ 和 } \lim_{x \to +\infty} f^{(n)}(x),$$

证明: 对每个 $k = 1, 2, \cdots, n$, 成立 $\lim_{x \to +\infty} f^{(k)}(x) = 0$.

17. (1) 设 f 在 $[a, +\infty)$ 上二阶可微, f'' 有界, 且存在有限极限 $\lim_{x \to +\infty} f(x)$, 证明: $\lim_{x \to +\infty} f'(x) = 0$.

　(2) 设 f 在 $[a, +\infty)$ 可微, 且存在有限极限 $\lim_{x \to +\infty} f(x)$,

　　(i) 举例说明 $\lim_{x \to +\infty} f'(x) = 0$ 不一定成立;

　　(ii) 证明: 若 f' 在 $[a, +\infty)$ 上一致连续, 则一定成立 $\lim_{x \to +\infty} f'(x) = 0$.

18. 设 f 在 (a, b) 上任意阶可微, 且对每个正整数 n 有 $f^{(n)}(x) \geqslant 0$ 和 $|f(x)| \leqslant M$, 证明: 对每个 $x \in (a, b), r > 0, x + r \in (a, b)$, 成立关于导数的估计式
$$f^{(n)}(x) \leqslant \frac{2Mn!}{r^n}, \forall n \in \mathbf{N}_+.$$

19. (**Bernstein (伯恩斯坦) 定理**) 设 f 在 (a, b) 上任意阶可微, 且对每个 n 成立 $f^{(n)}(x) \geqslant 0$, 证明: 对每个 $x_0 \in (a, b)$ 存在 $r > 0$, 使得当 $x \in [x_0 - r, x_0 + r] \subset (a, b)$ 时, 成立
$$f(x) = \lim_{n \to \infty} \sum_{k=0}^{n} \frac{f^{(k)}(x_0)}{k!} (x - x_0)^k.$$

第八章 微分学的应用

有了微分学中值定理和 Taylor 定理后, 我们在函数研究方面就有了强有力的工具. 本章将分专题介绍这些工具是如何应用的. 虽然其中多数问题可能在过去已经遇到过, 但只有在学了微分学的知识之后, 我们才有条件来讨论解决这些问题的一般性方法.

§8.1 介绍求函数极限的两个主要方法 —— L'Hospital 法则和带 Peano 余项的 Taylor 公式. §8.2 是用导数判定函数的单调性. §8.3 是用微分学方法求函数的极值和最值. 在 §8.4 中对于凸函数的基本性质作较全面的介绍. §8.5 的主题是用各种不同的方法证明不等式. §8.6 为函数作图. §8.7 是以方程求根为中心的近似计算. 最后一节为学习要点和两组参考题.

§8.1 函数极限的计算

8.1.1 L'Hospital 法则

从数学分析的学习开始, 极限计算就是一大难题. 这种状况在有了 L'Hospital 法则后才可以说有了根本的改变. 由于这个法则将求不定式极限归之于简单的导数计算, 而且 (在条件满足时) 可以连续使用, 许多看似复杂的问题就可迎刃而解. 关于 L'Hospital 法则的叙述、证明以及应用时的注意事项等在数学分析的教科书中都有详细的介绍, 其基本思想又与 §2.4 完全相同, 这里不再重复[①]. 因同样的理由, 也不准备举很多常规性的例题和练习题.

这里只强调指出一点, 即虽然 L'Hospital 法则确实是计算极限的强有力工具, 但毕竟 "一花独放不是春", 初学者要学会将 L'Hospital 法则的使用与其他工具相结合, 这样才能有更好的效果. 这里所说的其他工具包括在前面各章中已经介绍的多种方法, 如等价量代换法、变量代换法、不定式因子的分离、各种恒等变换、无穷小增量公式等, 也包括在下一小节将要介绍的带 Peano 余项的 Taylor 公式等. 总之, 若初学者在用 L'Hospital 法则时出现复杂的计算或甚至失败, 原因往往不是 L'Hospital 法则不好, 而是你对于它的认识有误. 不要认为既然 L'Hospital 法则这样有力, 那么其他 (已经学过的) 方法都可以不要了.

先看下面几个简单问题, 它们在第四章中很难解决, 现在用 L'Hospital 法则来做就成为容易的问题了 (回顾那里的例题 4.4.5). 但从下面又可看出, 这里也需要与其他工具结合.

[①] L'Hospital 法则的一个精彩的几何证明见 [59] 第一册的命题 2.10.

例题 8.1.1 计算极限 $\lim\limits_{x\to 0}\dfrac{\sin x - x}{x^3}$.

解 用 L'Hospital 法则可计算如下:

$$\lim_{x\to 0}\frac{\sin x - x}{x^3} = \lim_{x\to 0}\frac{\cos x - 1}{3x^2} = -\frac{1}{6}.$$

最后一步利用了已知的等价关系 $1 - \cos x \sim \dfrac{1}{2}x^2\ (x\to 0)$. ☐

例题 8.1.2 计算极限 $\lim\limits_{x\to 0}\dfrac{x - \tan x}{x^3}$.

解 1 不用其他工具, 连用三次 L'Hospital 法则就可以解决问题:

$$\lim_{x\to 0}\frac{x - \tan x}{x^3} = \lim_{x\to 0}\frac{1 - \sec^2 x}{3x^2} = \lim_{x\to 0}\frac{-2\sec^2 x\tan x}{6x}$$
$$= -\lim_{x\to 0}\frac{2\sec^2 x\tan^2 x + \sec^4 x}{3} = -\frac{1}{3}.$$ ☐

解 2 实际上用一次 L'Hospital 法则就够了:

$$\lim_{x\to 0}\frac{x - \tan x}{x^3} = \lim_{x\to 0}\frac{1 - \sec^2 x}{3x^2} = \lim_{x\to 0}\frac{-\tan^2 x}{3x^2} = -\frac{1}{3}.$$ ☐

再举一个有多种解法的例子.

例题 8.1.3 计算 $\lim\limits_{x\to 0}\dfrac{1 - \cos x^2}{x^3\sin x}$.

解 1 直接用 L'Hospital 法则三次, 得到

$$\lim_{x\to 0}\frac{1 - \cos x^2}{x^3\sin x} = \lim_{x\to 0}\frac{2\sin x^2}{3x\sin x + x^2\cos x} = \lim_{x\to 0}\frac{4x\cos x^2}{(3 - x^2)\sin x + 5x\cos x}$$
$$= \lim_{x\to 0}\frac{4\cos x^2 - 8x^2\sin x^2}{(8 - x^2)\cos x - 7x\sin x} = \frac{1}{2}.$$ ☐

解 2 实际上不需要微分学知识, 用等价量代换法即可解决:

$$\lim_{x\to 0}\frac{1 - \cos x^2}{x^3\sin x} = \lim_{x\to 0}\frac{2\sin^2\dfrac{x^2}{2}}{x^3\sin x}$$
$$= \lim_{x\to 0}\left(\frac{\sin\dfrac{x^2}{2}}{\dfrac{x^2}{2}}\right)^2 \cdot \frac{x}{2\sin x} = \frac{1}{2}.$$ ☐

解 3 若利用当 $x\to 0$ 时成立 $\cos x^2 = 1 - \dfrac{(x^2)^2}{2} + o((x^2)^2)$ 和 $\sin x = x + o(x)$, 则就有

$$\lim_{x\to 0}\frac{1 - \cos x^2}{x^3\sin x} = \lim_{x\to 0}\frac{\dfrac{x^4}{2} + o(x^4)}{x^3(x + o(x))} = \lim_{x\to 0}\frac{\dfrac{x^4}{2} + o(x^4)}{x^4 + o(x^4)}$$
$$= \lim_{x\to 0}\frac{\dfrac{1}{2} + o(1)}{1 + o(1)} = \frac{1}{2}.$$ ☐

下面是在 §2.5 计算数 e 时留下的问题, 即证明公式 (2.15) 中的等价关系.

例题 8.1.4 设 $\delta_n = \mathrm{e} - \left(1 + \dfrac{1}{n}\right)^n$, 计算极限 $\lim\limits_{n \to \infty} n\delta_n$.

解　根据第四章的 Heine 归结原理 (即命题 4.2.3), 只要计算函数极限

$$\lim_{x \to 0^+} \frac{\mathrm{e} - (1+x)^{\frac{1}{x}}}{x}.$$

这是 $\dfrac{0}{0}$ 型的不定式问题. 用 L'Hospital 法则, 得到

$$\lim_{x \to 0^+} \frac{\mathrm{e} - (1+x)^{\frac{1}{x}}}{x} = \lim_{x \to 0^+} \left\{ -\left[(1+x)^{\frac{1}{x}}\right] \cdot \frac{\dfrac{x}{1+x} - \ln(1+x)}{x^2} \right\}$$

$$= -\mathrm{e} \cdot \lim_{x \to 0^+} \frac{\dfrac{x}{1+x} - \ln(1+x)}{x^2}$$

$$= -\mathrm{e} \cdot \lim_{x \to 0^+} \frac{\dfrac{1}{(1+x)^2} - \dfrac{1}{1+x}}{2x}$$

$$= -\mathrm{e} \cdot \lim_{x \to 0^+} \frac{-1}{2(1+x)^2} = \frac{\mathrm{e}}{2}. \qquad \square$$

注　实际上本题的答案就是例题 7.2.4 中的函数 $f(x)$ 的导数 $f'(0)$ (乘 -1).

用 L'Hospital 法则可以对带 Peano 余项的 Taylor 公式给出新证明.

例题 8.1.5 用 L'Hospital 法则证明: 若 f 在点 x_0 存在 $f^{(n)}(x_0)$, 则有

$$f(x) = f(x_0) + f'(x_0)(x - x_0) + \frac{f''(x_0)}{2!}(x - x_0)^2 + \cdots$$

$$+ \frac{f^{(n)}(x_0)}{n!}(x - x_0)^n + o((x - x_0)^n) \ (x \to x_0).$$

证　如在第七章的 (7.19) 那样引进余项

$$r_n(x) = f(x) - \left[f(x_0) + f'(x_0)(x - x_0) + \frac{f''(x_0)}{2!}(x - x_0)^2 + \cdots \right.$$

$$\left. + \frac{f^{(n)}(x_0)}{n!}(x - x_0)^n \right],$$

它满足以下的 $n+1$ 个条件:

$$r_n(x_0) = 0, \ r_n'(x_0) = 0, \cdots, r_n^{(n)}(x_0) = 0. \tag{8.1}$$

只需要证明 $\lim\limits_{x \to x_0} \dfrac{r_n(x)}{(x-x_0)^n} = 0$, 这是 $\dfrac{0}{0}$ 型的不定式. 用 L'Hospital 法则如下:

$$\lim_{x \to x_0} \frac{r_n(x)}{(x-x_0)^n} = \lim_{x \to x_0} \frac{r_n'(x)}{n(x-x_0)^{n-1}} = \cdots = \lim_{x \to x_0} \frac{r_n^{(n-1)}(x)}{n!\,(x-x_0)}.$$

在以上的 $n-1$ 次应用 L'Hospital 法则中, 利用了 (8.1) 中的前 $n-1$ 个条件. 从条件 $r_n^{(n-1)}(x_0) = 0$ 可见上面的最后一式仍然是 $\dfrac{0}{0}$ 型的不定式. 但这里不能再用 L'Hospital 法则. 与命题 7.2.2 中一样, 从导数定义出发, 即可利用条件 $r^{(n)}(x_0) = 0$ 得到所要求证的结果. $\qquad\square$

8.1.2 Taylor 公式与极限计算

先介绍用 Taylor 公式对错误使用等价量代换法进行分析的一个例子.

例题 8.1.6 根据实际教学情况, 在用 L'Hospital 法则计算例题 8.1.4 中的极限时, 很多学生在最后一步不再用 L'Hospital 法则, 而作以下计算:

$$\lim_{x \to 0} \frac{\dfrac{x}{1+x} - \ln(1+x)}{x^2} = \lim_{x \to 0} \frac{\dfrac{x}{1+x} - x}{x^2} = \lim_{x \to 0} \frac{x - (1+x)x}{(1+x)x^2} = -1,$$

但正确答案却是 $-\dfrac{1}{2}$. 问题当然出在不恰当地使用了等价量代换法. 因为根据 4.4.3 小节, 应当按照 (4.8) 或 (4.9) 的方式才能用等价量代换.

用 Taylor 公式进行分析就可一目了然. 分子的两项可用 Taylor 公式写出为

$$\frac{x}{1+x} = x - x^2 + o(x^2)\,(x \to 0),$$

$$\ln(1+x) = x - \frac{1}{2}x^2 + o(x^2)\,(x \to 0).$$

可见这两项相减后, x 的一次项恰好对消, 因此起作用的是在两个展开式中的 x^2 项的系数. 正确的计算为

$$\lim_{x \to 0} \frac{\dfrac{x}{1+x} - \ln(1+x)}{x^2} = \lim_{x \to 0} \frac{(x - x^2) - \left(x - \dfrac{1}{2}x^2\right) + o(x^2)}{x^2} = -\frac{1}{2}.$$

由此可见, 前面的错误原因在于用 x 替换 $\ln(1+x)$ 时太粗糙了, 丢掉了在该问题中起关键作用的二次项.

从 Taylor 公式的应用来看, 问题是在每一个具体场合究竟应当写出多少项? 当然这需要尝试. 再以上面的分子为例. 将 $\ln(1+x)$ 写为 $x + o(x)\,(x \to 0)$, 这也是 Taylor 公式, 并没有错误. 如果将第一项也写为 $x + o(x)$, 就会发现仅仅写出一次项的系数是不够的.

以上错误还说明, 学生在刚学了 Taylor 公式后一般还不会在求函数极限时加以使用, 在计算时仍停留在使用无穷小增量公式 (也就是 $n=1$ 的带 Peano 余项的最简单的 Taylor 公式) 的知识水平上. 解决这个问题的方法是实践和教师的引导.

带有 Peano 余项的 Taylor 公式在求极限中有广泛的应用是不奇怪的, 因为 Peano 余项本身就是对于无穷小量的一个刻画. 下面是应用 Taylor 公式求极限的第一个例子 (为清楚起见用 $\exp(x)$ 表示 e^x).

例题 8.1.4 的解 2   用 Taylor 公式作下列计算:

$$\delta_n = e - \left(1 + \frac{1}{n}\right)^n = e - \exp\left[n \ln\left(1 + \frac{1}{n}\right)\right]$$

$$= e - \exp\left\{n\left[\frac{1}{n} - \frac{1}{2n^2} + O\left(\frac{1}{n^3}\right)\right]\right\}$$

$$= e - \exp\left[1 - \frac{1}{2n} + O\left(\frac{1}{n^2}\right)\right]$$

$$= e\left\{1 - \exp\left[-\frac{1}{2n} + O\left(\frac{1}{n^2}\right)\right]\right\}$$

$$= e\left\{1 - \left[1 - \frac{1}{2n} + O\left(\frac{1}{n^2}\right)\right]\right\}$$

$$= \frac{e}{2n} + O\left(\frac{1}{n^2}\right),$$

可见 $\lim\limits_{n\to\infty} n\delta_n = \dfrac{e}{2}$.   □

注   例题 7.2.4 已经提供了本题的一种解法, 实质上与此相同. 此外, 本章第一组参考题 6 又提供了另一个解法.

在用 L'Hospital 法则时, 如果逐次求导运算会使表达式变得很复杂, 则往往不如用 Taylor 公式或结合其他工具为好.

例题 8.1.7   求 $\lim\limits_{x\to 0} \dfrac{1 - (\cos x)^{\sin x}}{x^3}$.

解   记所求的极限为 I, 写出分子的 Maclaurin 公式:

$$1 - (\cos x)^{\sin x} = 1 - e^{\sin x \ln \cos x}$$

$$= 1 - [1 + \sin x \ln \cos x + o(\sin x \ln \cos x)]$$

$$= -\sin x \ln \cos x + o(\sin x \ln \cos x) \ \ (x \to 0),$$

然后如下计算即可得到答案:

$$I = \lim_{x \to 0} \frac{-\sin x \ln \cos x}{x^3} = \lim_{x \to 0} \frac{-\ln \cos x}{x^2} = \lim_{x \to 0} \frac{-\ln \left[1 + \left(-\dfrac{x^2}{2} + o(x^3) \right) \right]}{x^2}$$

$$= \lim_{x \to 0} \frac{\dfrac{x^2}{2} + o(x^3) + o(x^2)}{x^2} = \frac{1}{2}. \qquad \square$$

在下一个例题的几种解法中我们可以看到各种工具的结合使用.

例题 8.1.8 求极限 $\displaystyle\lim_{x \to 0} \frac{\cos(\sin x) - \cos x}{x^4}$.

解 1 可以看出只要计算分子的 Maclaurin 展开式直到 x^4 项即可:

$$\cos(\sin x) - \cos x = 1 - \frac{1}{2!}(\sin x)^2 + \frac{1}{4!}(\sin x)^4 - \left(1 - \frac{1}{2!}x^2 + \frac{1}{4!}x^4 \right) + o(x^5)$$

$$= -\frac{1}{2} \left(x - \frac{1}{6}x^3 \right)^2 + \frac{1}{24}x^4 + \frac{1}{2}x^2 - \frac{1}{24}x^4 + o(x^5)$$

$$= -\frac{1}{2} \left(x^2 - \frac{1}{3}x^4 \right) + \frac{1}{2}x^2 + o(x^5)$$

$$= \frac{1}{6}x^4 + o(x^5) \ (x \to 0),$$

因此所求的极限为 $\dfrac{1}{6}$. $\qquad \square$

解 2 在写出 $\cos(\sin x) - \cos x$ 的展开式后, 可以看出只要计算如下:

$$\lim_{x \to 0} \frac{\cos(\sin x) - \cos x}{x^4} = \lim_{x \to 0} \left(\frac{1}{2} \cdot \frac{x^2 - \sin^2 x}{x^4} \right)$$

$$= \frac{1}{2} \lim_{x \to 0} \left(\frac{x + \sin x}{x} \cdot \frac{x - \sin x}{x^3} \right) = \frac{1}{6}. \qquad \square$$

解 3 利用分子的特殊形式, 应用 Lagrange 中值定理即可得到

$$\cos(\sin x) - \cos x = -\sin \xi \, (\sin x - x),$$

其中 ξ 在 x 与 $\sin x$ 之间. 因此就可以计算如下:

$$\lim_{x \to 0} \frac{\cos(\sin x) - \cos x}{x^4} = \lim_{x \to 0} \frac{-\sin \xi (\sin x - x)}{x^4}$$

$$= -\lim_{x \to 0} \left(\frac{\sin \xi}{\xi} \cdot \frac{\xi}{x} \cdot \frac{\sin x - x}{x^3} \right) = \frac{1}{6}. \qquad \square$$

解 4 本题也可以用三角函数的和差化积公式来做, 计算如下:

$$\lim_{x \to 0} \frac{\cos(\sin x) - \cos x}{x^4} = \lim_{x \to 0} \left[\frac{-1}{x^4} \cdot 2 \sin \left(\frac{\sin x - x}{2} \right) \cdot \sin \left(\frac{\sin x + x}{2} \right) \right]$$

$$= -2 \lim_{x \to 0} \left(\frac{1}{x^4} \cdot \frac{\sin x - x}{2} \cdot \frac{\sin x + x}{2} \right)$$

$$= -\lim_{x \to 0} \frac{\sin x - x}{x^3} = \frac{1}{6}. \qquad \square$$

注意这里使用了多次等价量代换, 使问题大大简化了. $\qquad \square$

例题 8.1.9 设函数 f 满足条件 $f(0) = 0$, 且存在 $f''(0)$, 证明: 函数

$$g(x) = \begin{cases} \dfrac{f(x)}{x}, & x \neq 0, \\ f'(0), & x = 0 \end{cases}$$

的导函数 g' 在 $x = 0$ 处连续, 且 $g'(0) = \dfrac{1}{2} f''(0)$.

证   这时 f 在 $x = 0$ 的某邻域上可微, 因此当 $x \neq 0$ 时可按定义求出

$$g'(x) = \frac{f'(x)x - f(x)}{x^2}. \tag{8.2}$$

余下只有一个问题, 即证明 $g'(0) = \dfrac{1}{2} f''(0)$ 且 $\lim\limits_{x \to 0} g'(x) = g'(0)$.

应用 7.1.2 小节的导数极限定理, 只要证明: (1) g 在 $x = 0$ 处连续; (2) g' 在 $x = 0$ 处有极限, 并求出此极限. (若不用导数极限定理, 则需另行计算 $g'(0)$.)

(1) 从 g 的定义即可得到

$$\lim_{x \to 0} g(x) = \lim_{x \to 0} \frac{f(x)}{x} = \lim_{x \to 0} \frac{f(x) - f(0)}{x} = f'(0) = g(0).$$

(2) 利用带 Peano 余项的 Maclaurin 公式:

$$f(x) = f'(0)x + \frac{1}{2} f''(0)x^2 + o(x^2) \, (x \to 0),$$

$$f'(x) = f'(0) + f''(0)x + o(x) \, (x \to 0),$$

将它们代入 (8.2), 就在 $x \neq 0$ 时有

$$g'(x) = \frac{[f'(0) + f''(0)x]x - \left[f'(0)x + \dfrac{1}{2} f''(0)x^2\right] + o(x^2)}{x^2}$$

$$= \frac{1}{2} f''(0) + o(1) \, (x \to 0).$$

因此存在极限 $\lim\limits_{x \to 0} g'(x) = \dfrac{1}{2} f''(0)$, 再应用导数极限定理即得所要的结论.   □

注 1   比较 f 和 g 的 Maclaurin 展开式:

$$f(x) \; = f'(0)x + \frac{f''(0)}{2} x^2 + o(x^2) \, (x \to 0),$$

$$g(x) \; = f'(0) + \frac{f''(0)}{2} x + o(x) \, (x \to 0),$$

可以发现, 后一个公式可以由前一个除以 x 得到, 恰与 $x \neq 0$ 时 $g(x)$ 的定义一致. 但是在证明 $g(0) = f'(0)$ 和 $g'(0) = \dfrac{1}{2} f''(0)$ 之前, 当然还不知道由这样的形式运

算得到的结果是否是 g 的 Maclaurin 展开式. 因此可以认为, 本例题的意义就在于对这样的形式运算作出了严格证明.

注 2 这个例题的结论可以推广. 只要多次应用导数极限定理, 就可以证明: 若 $f(0) = 0$, 且存在 $f^{(n+1)}(0)$, 则上述 $g(x)$ 的 n 阶导函数 $g^{(n)}$ 在 $x = 0$ 处连续, 且 $g^{(n)}(0) = f^{(n+1)}(0)/(n+1)$. (这将作为本章的第二组参考题 2.)

注 3 应用上述推广, 就可以为上一章的例题 7.2.3 和 7.2.4 中的计算提供理论根据. 这里的结果可以简述为: 如果 $f(x)$ 满足 $f(0) = 0$, 又存在 $f^{(n+1)}(0)$, 则如下定义的函数:

$$g(x) = \begin{cases} \dfrac{f(x)}{x}, & x \neq 0, \\ f'(0), & x = 0 \end{cases}$$

在 $x = 0$ 处存在 $g^{(n)}(0)$, 且有 Maclaurin 展开式:

$$g(x) = f'(0) + f''(0)x + \frac{f'''(0)}{2!}x^2 + \cdots + \frac{f^{(n+1)}(0)}{(n+1)!}x^n + o(x^n)\,(x \to 0).$$

因此, 形式上这个展开式可以从 f 的 Maclaurin 展开式除以 x 得到. 在例题 7.2.3 和 7.2.4 中对于 $\sin x$ 和 $\ln(1+x)$ 就是这样做的, 但当时没有能够证明其合理性.

下一个例题与例题 2.4.2 类似, 但需要用到 Taylor 公式的知识才能解决.

例题 8.1.10 设 $x_0 \in \left(0, \dfrac{\pi}{2}\right)$, $x_n = \sin x_{n-1}, n \in \mathbf{N}_+$, 证明: $x_n \sim \sqrt{\dfrac{3}{n}}$ ($n \to \infty$).

证 数列 $\{x_n\}$ 为严格单调减少数列, 收敛于 0 (请读者补充证明). 以下用 Stolz 定理计算:

$$\lim_{n \to \infty} nx_n^2 = \lim_{n \to \infty} \frac{n}{\dfrac{1}{x_n^2}}$$

$$= \lim_{n \to \infty} \frac{1}{\dfrac{1}{x_{n+1}^2} - \dfrac{1}{x_n^2}}$$

$$= \lim_{n \to \infty} \frac{x_n^2 x_{n+1}^2}{x_n^2 - x_{n+1}^2}$$

$$= \lim_{n \to \infty} \frac{x_n^2 \sin^2 x_n}{\dfrac{1}{3}x_n^4 + o(x_n^5)} = 3,$$

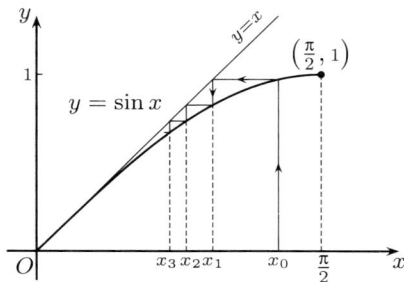

图 8.1

在其中用了 $x_{n+1} = \sin x_n = x_n - \dfrac{1}{6}x_n^3 + o(x_n^4)$. $\qquad\square$

注 在图 8.1 上用蛛网工作法 (见 2.6.2 小节) 作出了数列的前几项. 可以看出数列 $\{x_n\}$ 收敛于 0 一定很慢. 本题的结果对此作出了渐近的刻画.

8.1.3 练习题

1. 以下几个函数极限均不宜用 L'Hospital 法则, 为什么?

(1) $\lim\limits_{x\to 1} \dfrac{x}{x+1}$;
(2) $\lim\limits_{x\to +\infty} \dfrac{x+\sin x}{x-\sin x}$;

(3) $\lim\limits_{x\to +\infty} \dfrac{\mathrm{e}^x + \mathrm{e}^{-x}}{\mathrm{e}^x - \mathrm{e}^{-x}}$;
(4) $\lim\limits_{x\to +\infty} \dfrac{x}{\sqrt{1+x^2}}$.

2. 求下列极限:

(1) $\lim\limits_{x\to 0} \dfrac{a^{x^2} - b^{x^2}}{(a^x - b^x)^2}$;
(2) $\lim\limits_{x\to +\infty} \left[\left(x^3 - x^2 + \dfrac{x}{2} \right) \mathrm{e}^{\frac{1}{x}} - \sqrt{1+x^6} \right]$;

(3) $\lim\limits_{x\to 0^+} \left(\ln \dfrac{1}{x} \right)^x$;
(4) $\lim\limits_{x\to +\infty} \left(\dfrac{\pi}{2} - \arctan x \right)^{\frac{1}{\ln x}}$.

3. 确定 a, b, 使得当 $x \to 0$ 时, 下列函数为尽可能高阶的无穷小量:

(1) $f(x) = x - (a + b\cos x)\sin x$;
(2) $f(x) = \mathrm{e}^x - \dfrac{1+ax}{1+bx}$;

(3) $f(x) = \cot x - \dfrac{1+ax^2}{x+bx^3}$;
(4) $f(x) = \cos x - \dfrac{1+ax^2}{1+bx^2}$.

4. 应用 Taylor 公式求下列极限:

(1) $\lim\limits_{x\to 0} \left(\dfrac{1}{x} - \dfrac{1}{\sin x} \right)$;
(2) $\lim\limits_{x\to 0} \dfrac{\mathrm{e}^{x^3} - 1 - x^3}{\sin^6 2x}$;

(3) $\lim\limits_{n\to \infty} n^2 \ln \left(n \sin \dfrac{1}{n} \right)$;
(4) $\lim\limits_{n\to \infty} (-1)^n n \sin(\sqrt{n^2 + 2\,\pi})$;

(5) $\lim\limits_{x\to 0} \dfrac{\sin(\tan x) - \tan(\sin x)}{x^7}$;
(6) $\lim\limits_{x\to 0} \dfrac{x\sin(\sin x) - \sin^2 x}{x^6}$.

5. 设存在 $f''(a)$, 证明: $\lim\limits_{h\to 0} \dfrac{f(a+2h) - 2f(a+h) + f(a)}{h^2} = f''(a)$.

6. 设 f 在某邻域 $O(x_0)$ 上二阶连续可微, $f'(x_0) \neq 0, f(x) \neq f(x_0), \forall\, x \neq x_0$. 求

$$\lim\limits_{x\to x_0} \left[\dfrac{1}{f(x) - f(x_0)} - \dfrac{1}{f'(x_0)(x - x_0)} \right].$$

7. 设 f 在 $[0, +\infty)$ 上二阶连续可微, 且 $f''(x) > 0, f(0) = f'(0) = 0$. 试求极限 $\lim\limits_{x\to 0^+} \dfrac{xf(u)}{uf(x)}$, 其中 u 是函数 f 的图像在点 $(x, f(x))$ 处的切线在 x 轴上的截距.

8. 令 $f(x) = \lim\limits_{n \to \infty} n^x \left[\left(1 + \dfrac{1}{n+1}\right)^{n+1} - \left(1 + \dfrac{1}{n}\right)^n \right]$, 确定其定义域和值域.

9. 设 $x_1 > 0, x_{n+1} = \ln(1 + x_n), n \in \mathbf{N}_+$, 证明: $\lim\limits_{n \to \infty} n x_n = 2$.

10. 设 $x_0 = \ln a, a > 0, x_n = \sum\limits_{k=0}^{n-1} \ln(a - x_k), n \in \mathbf{N}_+$, 求 $\lim\limits_{n \to \infty} x_n$.

§8.2 函数的单调性

设函数 $f \in C(I)$, 在 I 的内点处处可微, 则有以下结论.

1. f 为区间 I 上的单调函数的充分必要条件是导函数不变号.

2. f 为区间 I 上的严格单调函数的充分必要条件是除了导函数不变号外, 还在集合 $\{x \in I \mid f'(x) = 0\}$ 中不包含任何长度大于零的区间.

证明的方法是用 Lagrange 中值定理. 这在教科书中都有, 不再重复.

从数列极限和函数极限的学习开始, 单调性就一直起着重要的作用. 现在以导数为工具, 给出了判定单调性的新的有效方法, 可以说解决了函数研究中的一个基本问题. 搞清了函数的不同单调区间, 也就知道了函数图像的上升与下降, 这对解决许多问题都是有帮助的.

8.2.1 例题

虽然函数的单调性与导数有如上所说的密切关系, 但仅仅由一个点上的导数符号不能得出单调性. 请将下一个例题与命题 7.1.1 联系起来考虑这个问题.

例题 8.2.1 问: 由函数在一个点上的导数符号大于 (小于) 0 能否推出函数在该点的一个充分小的邻域上为单调?

解 答案是不能. 举例如下: 令

$$f(x) = \begin{cases} x + 2x^2 \sin \dfrac{1}{x}, & x \neq 0, \\ 0, & x = 0. \end{cases}$$

则易求出 $f'(0) = 1 > 0$. 又可以求出当 $x \neq 0$ 时的导函数表达式为

$$f'(x) = 1 + 4x \sin \dfrac{1}{x} - 2 \cos \dfrac{1}{x}.$$

取 $x = \dfrac{1}{n\pi}$, 则有

$$f'\left(\frac{1}{n\pi}\right) = 1 - 2(-1)^n,$$

可见在 $x=0$ 的任意邻近导函数 $f'(x)$ 都不保号. 因此在 $x=0$ 的每个邻域上 f 都不是单调的 (该函数在 $x>0$ 部分的图像见图 8.2 (a)). □

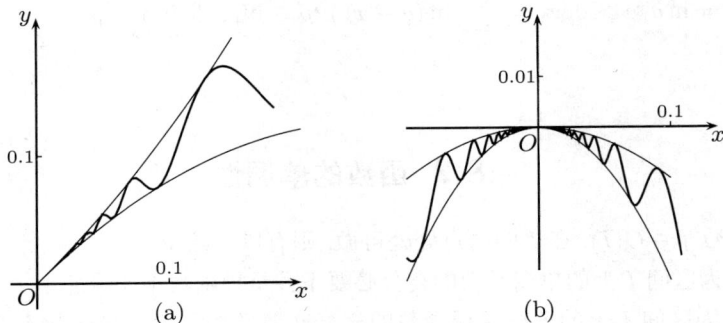

图 8.2

注 在任何一个区间上不单调的连续函数和可微函数都是存在的 (见 [57]).

例题 8.2.2 问: 函数在其极值点的每一侧邻近是否一定具有单调性?

解 答案是不一定. 举例如下: 令

$$f(x) = \begin{cases} 0, & x=0, \\ -x^2\left(2+\sin\frac{1}{x}\right), & x\neq 0, \end{cases}$$

则 f 在 $x=0$ 处取到极大值 0. 从不等式

$$-3x^2 \leqslant f(x) \leqslant -x^2$$

即可求出 $f'(0)=0$. 但当 $x\neq 0$ 时

$$f'(x) = -4x - 2x\sin\frac{1}{x} + \cos\frac{1}{x},$$

因此在极值点 $x=0$ 两侧的任意邻近都不可能是单调的 (见图 8.2 (b)). □

例题 8.2.3 设函数 $f(x) = \left(1+\frac{1}{x}\right)^{x+\alpha}$, 证明: 当 $\alpha \geqslant \frac{1}{2}$ 时, f 于 $x>0$ 时严格单调减少; 而当 $\alpha < \frac{1}{2}$ 时, 则 f 于 x 充分大时严格单调增加.

证 用对数求导法, 可以写出

$$f'(x) = f(x)\left[\ln\left(1+\frac{1}{x}\right) - \frac{x+\alpha}{x^2+x}\right].$$

将上式右边记为 $f(x)\cdot u(x)$, 则 f' 与 u 同号. 由于有

$$\lim_{x \to +\infty} u(x) = 0,$$

只要观察 u 是否单调即可判定其符号. 计算得到

$$u'(x) = \frac{\alpha + (2\alpha - 1)x}{x^2(1+x)^2}.$$

可见当 $\alpha \geqslant \frac{1}{2}$ 和 $x > 0$ 时有 $u'(x) > 0$, 因此 u 为严格单调增加函数, 所以当 $x > 0$ 时 $u(x) < 0$ 成立. 这保证了 f 在 $x > 0$ 时严格单调减少. 当 $\alpha < \frac{1}{2}$ 时, 则至少在 x 充分大时 $u'(x) < 0$, 所以有 $u(x) > 0$. 这保证了函数 $f(x)$ 在 x 充分大时严格单调增加. $\square$

将单调性分析与连续函数的零点存在定理相结合, 就可以确定方程的根的个数. 以下是在一维动力系统的研究中出现的一个代数方程.

例题 8.2.4 证明: 对每个正整数 n, 方程 $x^{n+2} - 2x^n - 1 = 0$ 只有唯一正根.

证 记方程左边的表达式为 $f(x)$. 从 $f(\sqrt{2}) = -1$ 和 $f(+\infty) = +\infty$ 可见方程有大于 $\sqrt{2}$ 的正根. 为了知道 f 的单调性, 求导后得到

$$f'(x) = (n+2)x^{n+1} - 2nx^{n-1} = (n+2)x^{n-1}\left(x^2 - \frac{2n}{n+2}\right).$$

因此函数 f 在点

$$\xi = \sqrt{\frac{2n}{n+2}} \; (< \sqrt{2})$$

的导数值为 0. 函数 f 在区间 $[0, \xi]$ 上严格单调减少, 而在区间 $[\xi, +\infty)$ 上严格单调增加. 又从 $f(0) = -1$, 就知道 $f(x) = 0$ 除了上述大于 $\sqrt{2}$ 的一个正根外没有其他正根. $\square$

例题 8.2.5 设 $a > 0$, 确定方程 $f(x) = ax - \ln x = 0$ 恰有两个正根的条件.

解 从 $f'(x) = a - 1/x$ 可见在 $(0, a^{-1}]$ 上 f 严格单调减少, 而在 $[a^{-1}, +\infty)$ 上 f 严格单调增加. 又由于

$$f(0^+) = +\infty, \quad f(+\infty) = \lim_{x \to +\infty} x\left(a - \frac{\ln x}{x}\right) = +\infty,$$

可见方程 $f(x) = 0$ 有两个正根的条件是

$$f\left(\frac{1}{a}\right) = 1 - \ln\frac{1}{a} < 0.$$

由此可以确定 a 应当满足条件 $a < \frac{1}{e}$. $\square$

8.2.2　练习题

1. 问: 单调函数若可微, 则其导函数是否也单调? 反之又如何? 请举例说明.

2. 证明: 函数 $\left(1+\dfrac{1}{x}\right)^x$ 在区间 $(-\infty,-1)$ 和 $(0,+\infty)$ 上单调增加.

3. 设 f 在 $[0,+\infty)$ 上可微, $f(0)=0$ 且 f' 严格单调增加, 证明: $\dfrac{f(x)}{x}$ 在 $(0,+\infty)$ 上也严格单调增加.

4. 设 f,g 在 $[0,a]$ 上连续, 在 $(0,a)$ 上可微, $f(0)=g(0)=0$, $f',g'>0$, 证明: 如果 f'/g' 单调增加, 则 f/g 也单调增加.

5. 设 f 在区间 $[a,+\infty)$ 上二阶可微, 并且满足条件: (1) $f(a)>0$; (2) $f'(a)<0$; (3) 在 $x>a$ 时 $f''(x)\leqslant 0$, 证明: $f(x)$ 在 $(a,+\infty)$ 内有且只有一个零点.

6. 设 $f\in C[a,+\infty)$, 且当 $x>a$ 时成立 $f'(x)>k>0$, 其中 k 为常数, 证明: 若 $f(a)<0$, 则于区间 $(a,a-f(a)/k)$ 内方程 $f(x)=0$ 有且只有一个实根.

7. 设 $a>0$, 证明: 方程 $ae^x=1+x+\dfrac{x^2}{2}$ 只有一个实根.

8. 证明: 方程 $f(x)=\left(\dfrac{2}{\pi}-1\right)\ln x-\ln 2+\ln\left(1+x^2\right)=0$ 在开区间 $(0,1)$ 内只有一个实根.

§8.3　函数的极值与最值

关于极值与最值的基本事实如下:

1. 根据 7.1.1 小节给出的定义, 极值点必须是函数的定义域中的内点. 这就是说, 极值点必须有一个邻域在函数的定义域中.

2. 若函数 f 在点 x_0 两侧 (邻近) 均为单调, 且具有相反的单调性, 则 x_0 为极值点.

3. 根据 Fermat 定理, 函数的极值点或是函数的不可导点 (包括不连续点), 或是函数的导数等于零的点.

4. 若函数 f 在点 x_0 处二阶可微, $f'(x_0)=0$, $f''(x_0)\neq 0$, 则点 x_0 一定是极值点. 此时, 若 $f''(x_0)>0$, 则点 x_0 是极小值点; 而若 $f''(x_0)<0$, 则点 x_0 是极大值点.

5. 若函数 f 在点 x_0 处为 n 阶可微, $f'(x_0)=f''(x_0)=\cdots=f^{(n-1)}(x_0)=0$, 但 $f^{(n)}(x_0)\neq 0$, 则有以下结论 (证明见例题 8.3.1):

(1) 若 n 为奇数, 则 x_0 一定不是极值点;

(2) 若 n 为偶数, 则 x_0 一定是 f 的极值点. 若 $f^{(n)}(x_0) > 0$, 则 x_0 是极小值点; 若 $f^{(n)}(x_0) < 0$, 则 x_0 是极大值点.

6. 以上 2,4,5 三项所列出的条件都是充分而非必要的条件. 目前还不知道函数在某个点达到极值的充分必要条件是什么.

7. 若函数 f 在点 x_0 有任意阶的导数, 而且所有这些导数值都等于 0, 则函数仍然可能在点 x_0 处达到或不达到极值. 前者的例子见例题 6.2.4, 其中的函数在点 $x = 0$ 的任意阶导数为 0, 又在该点取到极小值 (见图 6.4). 后者的例子可以从例题 6.2.4 中的函数经适当改造后得到 (留作思考题).

8. 若函数在内点达到最值, 则同时也达到极值.

9. 在闭区间或半闭半开区间上定义的函数的最值点位置只有两种可能: (1) 端点, (2) 极值点. 这是寻找函数最值点的基本原则.

8.3.1 例题

例题 8.3.1 若函数 f 在点 x_0 处 n 阶可微, 且满足条件

$$f'(x_0) = f''(x_0) = \cdots = f^{(n-1)}(x_0) = 0, \ f^{(n)}(x_0) \neq 0,$$

则有结论: (1) 若 n 为奇数, 则 x_0 一定不是 f 的极值点; (2) 若 n 为偶数, 则当 $f^{(n)}(x_0) > 0 \, (< 0)$ 时, x_0 是函数 f 的极小值点 (极大值点).

证 这时 f 在 x_0 的 Taylor 公式为

$$f(x) = f(x_0) + \frac{1}{n!} f^{(n)}(x_0)(x - x_0)^n + o((x - x_0)^n) \ (x \to x_0).$$

将它改写成

$$f(x) - f(x_0) = \frac{1}{n!} \big[f^{(n)}(x_0) + o(1) \big] (x - x_0)^n \ (x \to x_0), \tag{8.3}$$

由于 $f^{(n)}(x_0) \neq 0$, 则存在 $\delta > 0$, 当 $x \in O_\delta(x_0)$ 时, 公式 (8.3) 右边的方括号中的表达式的符号完全由 $f^{(n)}(x_0)$ 确定.

若 n 为奇数, 则可以从 (8.3) 看出当 $x \in (x_0 - \delta, x_0)$ 和 $x \in (x_0, x_0 + \delta)$ 时, $f(x) - f(x_0)$ 异号, 因此 x_0 一定不是极值点.

若 n 为偶数, 则公式 (8.3) 表明, 当 $x \in O_\delta(x_0) - \{x_0\}$ 时, $f(x) - f(x_0)$ 与 n 阶导数 $f^{(n)}(x_0)$ 的符号一致. 因此当 $f^{(n)}(x_0) > 0$ 时, x_0 是 f 的极小值点. 反之, 若 $f^{(n)}(x_0) < 0$, 则 x_0 是 f 的极大值点. □

注 $n = 1$ 时这就是 Fermat 定理 (命题 7.1.2), 即从 $f'(x_0) \neq 0$ 可推出 x_0 不是 f 的极值点. 上述证明就是那里的证 2.

例题 8.3.2 证明: $x = 0$ 是 $f(x) = e^x + e^{-x} + 2\cos x$ 的极小值点.

证　计算得到 $f'(0) = f''(0) = f'''(0) = 0$, $f^{(4)}(0) = 4$. 用上一命题的结论可见 $x = 0$ 是 $f(x)$ 的极小值点.　□

现在可以解决在 §2.5 中引进数 e 时所提出的下列问题.

例题 8.3.3 已知正数 a, 把它分成若干部分, 如果要求各部分的乘积达到最大, 应该怎样分法?

解　设将 a 分成 n 份, 然后相乘. 由平均值定理知道, 若给定 n, 则应将 a 分成相等的 n 份最为有利. 这时所得到的乘积为

$$\left(\frac{a}{n}\right)^n.$$

问题是如何取 n 才能使这个乘积最大.

令 $x = \dfrac{a}{n}$, 则上述乘积为 $\left(x^{\frac{1}{x}}\right)^a$. 因此所提的问题和求函数

$$f(x) = x^{\frac{1}{x}} \quad (x > 0) \tag{8.4}$$

的最大值有密切关系.

求 $f(x)$ 的导数, 得到

$$f'(x) = f(x)\left(\frac{\ln x}{x}\right)' = f(x) \cdot \frac{1}{x^2}(1 - \ln x).$$

可见导函数 $f'(x)$ 只有一个零点 $x = e$. 从导函数的表达式可见, 在 $(0, e)$ 上 f 严格单调增加, 而在 $(e, +\infty)$ 上 f 严格单调减少. 因此 $x = e$ 是函数 f 的最大值点 (见图 8.3).

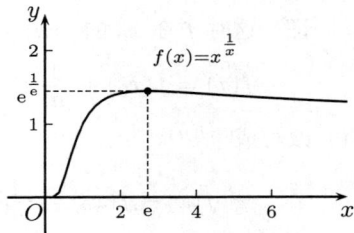

图 8.3

由于在一开始时令 $x = a/n$, 所以要求 a/x 为正整数. 如果 a/e 不是正整数, 则应当取 n 为多少?

若 $0 < a < e$, 则可以看出 $n = 1$. 也就是说不分比分好. 若 $a/e \notin \mathbf{N}_+$ 且 $a > e$, 则总可以找到一个正整数 n, 使得

$$\frac{a}{n+1} < e < \frac{a}{n}.$$

然后比较 $f\left(\dfrac{a}{n+1}\right)$ 和 $f\left(\dfrac{a}{n}\right)$ 的大小, 决定将 a 分成 n 份还是 $n+1$ 份.　□

注 1 另一个与此相关的问题是: 若 $a \in \mathbf{N}_+$, 且要求所分成的每一份都是正整数, 则应当如何分才能使乘积最大?

这个问题的答案是: 首先每一份应当不是 2 就是 3, 也就是说与数 e 尽可能接近. 一旦知道这个结论后, 可以用数学归纳法来证明它, 并不需要上述微分学的知识. 然后, 由于 $2+2+2 = 3+3$, 但 $2^3 < 3^2$, 因此在将正整数 a 分成若干个 2 与 3 之和时, 2 最多出现两次. 这样就将分法完全确定下来, 并保证乘积最大.

最后将分法小结如下: 设 $a \in \mathbf{N}_+$. (1) 若 a 是 3 的倍数, 则每一份为 3; (2) 若 $a \equiv 1 \pmod 3$, 则取两份 2, 其余均为 3; (3) 若 $a \equiv 2 \pmod 3$, 则取一份 2, 其余均为 3.

注 2 在 (8.4) 中的函数的最大值也可以从不等式
$$\mathrm{e}^u \geqslant 1+u$$
得到, 其中仅当 $u = 0$ 时成立等号. 这从带 Lagrange 余项的 Taylor 公式 (其中 $0 < \theta < 1$)
$$\mathrm{e}^u = 1 + u + \frac{\mathrm{e}^{\theta u}}{2!}u^2 \geqslant 1+u$$
就可以得到. 然后令
$$u = \frac{x - \mathrm{e}}{\mathrm{e}}$$
代入, 略加整理, 即可得到不等式
$$\mathrm{e}^{\frac{1}{\mathrm{e}}} \geqslant x^{\frac{1}{x}},$$
当且仅当 $x = \mathrm{e}$ 时成立等号.

例题 8.3.4 问: 能通过图 8.4 的直角河道的最长船身是多少?

解 在图上我们看到宽度为 a 和 b 的河道成直角相接. 现在设想将船简化为一个直线段. 在图上经过河岸的突出角作出一条斜线段. 以图示的角度 θ 为这个线段位置的参数, $0 < \theta < \frac{1}{2}\pi$. 可以看出, 能通过直角河道的船身长度在任何情况都不会超出这个线段的长度 $l(\theta)$. 由于这对每个 θ 都成立, 因此能通过这个河道的最长船身不会超过

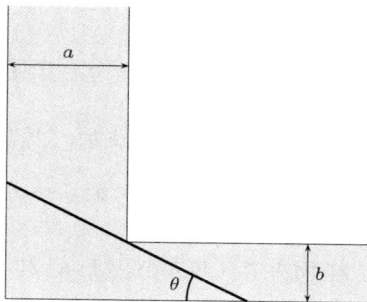

图 8.4

$$\min_{0 < \theta < \frac{\pi}{2}} \{l(\theta)\}.$$

另一方面, 可以看出, 在用一个直线段来表示船时, 只要船身不超过这个最小值, 船就能够通过这个直角河道. 所以求最大船长的问题就转变成为求函数 $l(\theta)$ 的最小值问题, 这里自变量 θ 的范围是 $\left(0, \frac{\pi}{2}\right)$.

容易写出函数 $l(\theta)$ 的表达式:

$$l(\theta) = a\sec\theta + b\csc\theta, 0 < \theta < \frac{\pi}{2}.$$

求导得到

$$l'(\theta) = \frac{a\sin\theta}{\cos^2\theta} - \frac{b\cos\theta}{\sin^2\theta} = \frac{1}{\sin^2\theta\cos^2\theta} \cdot (a\sin^3\theta - b\cos^3\theta).$$

由于当 θ 从 0 变到 $\frac{1}{2}\pi$ 时最后一个因子 $a\sin^3\theta - b\cos^3\theta$ 的值从 $-b$ 到 a 严格单调增加, 因此 $l'(\theta)$ 存在唯一的零点

$$\theta_0 = \arctan\sqrt[3]{\frac{b}{a}}.$$

从 $l'(\theta)$ 的符号变化可见 θ_0 是函数 $l(\theta)$ 的最小值点.

最后计算出 $l(\theta)$ 的最小值

$$l(\theta_0) = \left(a^{\frac{2}{3}} + b^{\frac{2}{3}}\right)^{\frac{3}{2}},$$

这就是能通过所示直角河道的最大船身长度. 由于我们无法考虑各种船的具体形状, 而是将船简化为一个直线段, 因此所求出的数值只有参考价值. 但是这个值肯定是能通过的船身长度的一个上界. □

8.3.2　练习题

1. 设 $f \in C(I)$, I 为区间, 证明: 若 $x_0 \in I$ 是 f 的唯一极值点, 则 x_0 一定是最值点; 又若 x_0 是极小值点 (极大值点), 则它也是 f 的唯一最小值点 (唯一最大值点).

2. 求出方程 $x^3 + px + q = 0$ 有三个不同实根的充分必要条件.

3. 求出方程 $\dfrac{1}{x^2} + px + q = 0$ 有三个不同实根的充分必要条件.

4. 证明: $f(x) = a^2 e^{\lambda x} + b^2 e^{-\lambda x}$ $(a, b > 0)$ 存在与 λ 无关的极小值.

5. 证明: $y = \dfrac{ax + b}{cx + d}$ 若不是常值函数, 则不会有极值.

6. 比较两个数的大小: (1) π^e 和 e^π, (2) $(\sqrt{n})^{\sqrt{n+1}}$ 和 $(\sqrt{n+1})^{\sqrt{n}}$.

7. 考虑下列几何极值问题 (能用初等方法做就不一定用微分学工具):

   (1) 在面积为定值的三角形中, 什么三角形的周长最小?

   (2) 在周长为定值的三角形中, 什么三角形的面积最大?

   (3) 在椭圆 $\dfrac{x^2}{a^2} + \dfrac{y^2}{b^2} = 1$ 内, 各边平行于坐标轴的内接矩形中, 面积最大的矩形的长和宽为多少?

(4) 在椭圆 $\dfrac{x^2}{a^2}+\dfrac{y^2}{b^2}=1$ 内, 各边平行于坐标轴的内接矩形中, 周长最大的矩形的长和宽为多少?

8. 考虑给定边界值的二阶线性非齐次微分方程

$$y'' + p(x)y' + q(x)y = r(x),\ a < x < b,\ y(a) = A,\ y(b) = B,$$

其中 p, q, r 是给定的函数, A 和 B 是给定的数. 又设 $q(x) < 0, \forall x \in (a,b)$, 证明: 如果这个微分方程在闭区间 $[a,b]$ 上存在解, 则必唯一.

注 前面与极值问题有关的材料还有 5.3.3 小节的题 9, 第五章第二组参考题 16–18.

§8.4 函数的凸性

凸函数是有广泛应用的一类重要函数. 它与凸集的研究一起已形成为一个专门的方向 —— 凸分析. 有关凸函数的试题经常在考研试卷中出现, 有时在高考试卷中也会出现. 本节将介绍凸函数的基本事实. 关于用凸函数为工具来证明不等式则将在下一节的 8.5.2 小节内介绍. 与积分有关的凸函数性质见第十一章中的 11.2.1 小节的凸函数不等式和部分参考题.

8.4.1 基本命题

定义 设函数 f 在区间 I 上定义. 若对每一对点 $x_1, x_2 \in I$, $x_1 \neq x_2$ 和每个 $\lambda \in (0,1)$, 成立不等式

$$f(\lambda x_1 + (1-\lambda)x_2) \leqslant \lambda f(x_1) + (1-\lambda)\, f(x_2), \tag{8.5}$$

则称 f 为区间 I 上的**下凸函数**. 又若在 (8.5) 中成立严格不等号, 则称 f 为区间 I 上的**严格下凸函数**. 若函数 $-f$ 为下凸函数 (严格下凸函数), 则称 f 为**上凸函数** (**严格上凸函数**). 下凸函数和上凸函数统称为**凸函数**.

注 请读者注意: 下凸函数和上凸函数的名称在我国的数学分析教学中使用已久, 它们与向下凸和向上凸的直观说法一致, 方便易记; 但也有很多教科书和其他文献使用凸函数和凹函数的名称, 因为下凸函数和上凸函数在英语中分别为 convex function 和 concave function.

凸函数的定义有明显的几何意义. 在图 8.5 中我们看到下凸条件 (8.5) 表明, 连接该函数图像 $y = f(x)$ 上的任意两点的直线段应当在相应的曲线段的上方. 在下

一个命题中我们将对条件 (8.5) 作进一步的发掘, 从而得到更多的等价条件, 这在研究凸函数时非常有用.

命题 8.4.1 函数 f 在区间 I 上为下凸的充分必要条件是对于区间 I 中的任意三点 $x_1 < x_2 < x_3$, 成立不等式

$$\frac{f(x_2) - f(x_1)}{x_2 - x_1} \leqslant \frac{f(x_3) - f(x_1)}{x_3 - x_1} \leqslant \frac{f(x_3) - f(x_2)}{x_3 - x_2}. \tag{8.6}$$

又如在不等式中的不等号 "$\leqslant$" 都改为严格的不等号 "$<$", 则就是严格下凸的充分必要条件.

分析 在证明之前先分析条件 (8.6) 的意义.

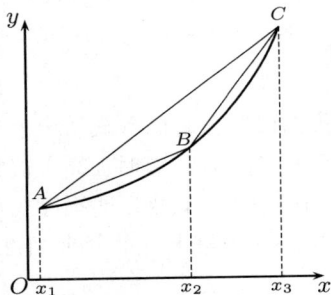

图 8.5

如图 8.5 所示, 将坐标平面上的三个点 $(x_1, f(x_1))$, $(x_2, f(x_2))$, $(x_3, f(x_3))$ 记为点 A, B, C, 又用 $k(\overline{AB}), k(\overline{BC}), k(\overline{AC})$ 表示直线段 $\overline{AB}, \overline{BC}, \overline{AC}$ 的斜率, 则可以将条件 (8.6) 改写为

$$k(\overline{AB}) \leqslant k(\overline{AC}) \leqslant k(\overline{BC}). \tag{8.7}$$

但这个条件实际上含有三个不等式:

$$k(\overline{AB}) \leqslant k(\overline{AC}), \ k(\overline{AB}) \leqslant k(\overline{BC}), \ k(\overline{AC}) \leqslant k(\overline{BC}). \tag{8.8}$$

利用行列式计算容易得到下列等式:

$$\begin{vmatrix} 1 & 1 & 1 \\ x_1 & x_2 & x_3 \\ f(x_1) & f(x_2) & f(x_3) \end{vmatrix} = \begin{vmatrix} x_2 - x_1 & x_3 - x_1 \\ f(x_2) - f(x_1) & f(x_3) - f(x_1) \end{vmatrix}$$

$$= \begin{vmatrix} x_2 - x_1 & x_3 - x_2 \\ f(x_2) - f(x_1) & f(x_3) - f(x_2) \end{vmatrix}$$

$$= \begin{vmatrix} x_3 - x_1 & x_3 - x_2 \\ f(x_3) - f(x_1) & f(x_3) - f(x_2) \end{vmatrix}.$$

由于三个二阶行列式非负的条件恰好分别对应了 (8.8) 中的三个不等式,因此这三个不等式相互等价①. 这样在下面命题 8.4.1 的证明中只需要证明下凸函数的定义和这三个不等式中的某一个等价即可.

---

① 用向量代数中的外积和混合积可对以上四个行列式非负的条件给出几何解释. 这里从略.

命题 8.4.1 的证明 （只写出下凸函数的证明，关于严格下凸函数的证明从略.）由给定的 $x_1 < x_2 < x_3$ 可以计算出

$$\lambda = \frac{x_3 - x_2}{x_3 - x_1},$$

它满足条件 $0 < \lambda < 1$ 和等式

$$x_2 = \lambda x_1 + (1 - \lambda)x_3.$$

先证必要性. 由于 f 下凸, 有

$$f(x_2) \leqslant \lambda f(x_1) + (1 - \lambda)f(x_3).$$

将 λ 的表达式代入, 再加整理, 就得到

$$(x_3 - x_1)[f(x_2) - f(x_1)] \leqslant (x_2 - x_1)[f(x_3) - f(x_1)],$$

这就是 $k(\overline{AB}) \leqslant k(\overline{AC})$.

再证充分性. 任取一个不等式, 例如 $k(\overline{AB}) \leqslant k(\overline{AC})$, 就可以改写为

$$f(\lambda x_1 + (1 - \lambda)x_3) \leqslant \lambda f(x_1) + (1 - \lambda)f(x_3).$$

由于 $x_1 < x_2 < x_3$, 同时它们又是区间 I 中的任意三点, 因此就证明了 f 在 I 上为下凸函数. $\qquad\square$

命题 8.4.2 开区间上的凸函数必是连续函数.

分析 先作几何观察. 不妨只讨论下凸函数. 设 f 为开区间 I 上的下凸函数, 点 $x_0 \in I$. 如图 8.6 所示, 在开区间 I 中于 x_0 两侧取 $x_1 < x_0 < x_2$, 记坐标平面上的点 $(x_1, f(x_1)), (x_0, f(x_0)), (x_2, f(x_2))$ 为 A, B, C. 先从几何上分析如何可以证明 f 于点 x_0 右连续.

取 $x_0 < x < x_2$, 并在图 8.6 上标出三个点 a, b, c, 它们分别是在坐标平面上过点 $(x, 0)$ 而平行于 y 轴的直线与直线段 $\overline{BC}$、曲线 $y = f(x)$ 和直线段 $\overline{AB}$ 的延长线的交点. 容易看出, 在 $x \to x_0^+$ 时, 点 a 和 c 沿直线趋于点 B, 若能证明点 b 确实在 a, c 之间, 则证明就完成了. 以下即是将这些几何上的观察翻译成分析语言.

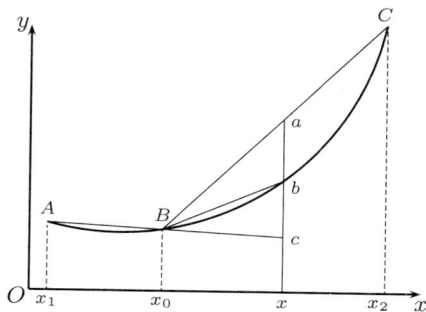

图 8.6

证 对 $x_1 < x_0 < x$ 和 $x_0 < x < x_2$ 分别应用命题 8.4.1, 就得到

$$k(\overline{Bc}) \leqslant k(\overline{Bb}) \leqslant k(\overline{Ba}). \tag{8.9}$$

由于 $x_0 < x$, 不等式 (8.9) 等价于在 a, b, c 三点的纵坐标之间的下列序关系:

$$\frac{x - x_0}{x_0 - x_1} \cdot [f(x_0) - f(x_1)] + f(x_0) \leqslant f(x) \leqslant \frac{x_2 - x}{x_2 - x_0} f(x_0) + \frac{x - x_0}{x_2 - x_0} f(x_2).$$

令 $x \to x_0^+$, 用夹逼定理, 就得到

$$\lim_{x \to x_0^+} f(x) = f(x_0).$$

关于 f 在点 x_0 为左连续的证明完全类似, 从略. $\square$

注 若凸函数的定义域不是开区间, 则在端点处可以不连续. 例如,

$$f(x) = \begin{cases} 1, & x = 0, 1, \\ 0, & 0 < x < 1 \end{cases}$$

在闭区间 $[0, 1]$ 上是下凸函数, 但在端点处不连续.

命题 8.4.3 若 f 为开区间 I 上的下凸函数, 则

(1) f 处处存在有限的两个单侧导数, 而且成立不等式 $f'_-(x) \leqslant f'_+(x), x \in I$;

(2) 对任何 $x, y \in I$, $x < y$, 成立不等式 $f'_-(x) \leqslant f'_+(x) \leqslant f'_-(y) \leqslant f'_+(y)$, 由此知道 f'_- 和 f'_+ 均为单调增加函数.

证 只要利用不等式 (8.6) 和图 8.5, 8.6 就够了.

(1) 利用 (8.8) 中的第一个不等式, 在图 8.6 上有 $k(\overline{Bb}) \leqslant k(\overline{BC})$, 而且可以看出当 $x \to x_0^+$ 时, $k(\overline{Bb})$ 单调减少, 同时又以 $k(\overline{Bc})$ 为下界, 因此一定有极限. 这就证明了 $f'_+(x_0)$ 存在. 类似地可以证明 $f'_-(x_0)$ 的存在性.

(2) 观察图 8.5, 利用 (8.6), 再分别令 $x_2 \to x_1^+$ 和 $x_2 \to x_3^-$, 由于在 (1) 中已经证明了两个单侧导数的存在性, 因此就得到 $f'_+(x_1) \leqslant k(\overline{AC}) \leqslant f'_-(x_3)$. 将 x_1, x_3 改记为 x, y 即可. $\square$

注 由于命题 8.4.3 的证明不需要用命题 8.4.2 的结论, 因此很多文献中将后者作为前者的推论得到, 即从两个单侧导数存在推出连续. 从命题 8.4.2 的证明可见, 直接证明连续性也是容易的.

命题 8.4.4 设 f 在区间 I 上可微, 则

(1) f 在 I 上为下凸函数的充分必要条件是 f' 在 I 上为单调增加函数;

(2) f 在 I 上为严格下凸函数的充分必要条件是 f' 在 I 上严格单调增加.

证 先给出 (1) 的充分性部分的证明. 利用命题 8.4.1 和对其结果 (在证明前) 的分析, 可见只需要证明对曲线 $y = f(x)$ 上自左到右的任意不同三点 A, B, C 成立 $k(\overline{AB}) \leqslant k(\overline{BC})$.

设 f' 在区间 I 上单调增加. 取 $x_1, x_2 \in I, x_1 < x_2, \lambda \in (0,1)$. 引入

$$x_\lambda = \lambda x_1 + (1-\lambda)x_2.$$

将点 $(x_1, f(x_1)), (x_\lambda, f(x_\lambda)), (x_2, f(x_2))$ 分别记为 A, B, C, 则就有

$$k(\overline{AB}) = \frac{f(x_\lambda) - f(x_1)}{x_\lambda - x_1},$$
$$k(\overline{BC}) = \frac{f(x_2) - f(x_\lambda)}{x_2 - x_\lambda}.$$

对右边的两个差商用 Lagrange 微分中值定理, 分别得到 $f'(\xi_1)$ 和 $f'(\xi_2)$, 其中

$$\xi_1 \in (x_1, x_\lambda), \ \xi_2 \in (x_\lambda, x_2).$$

由于 $\xi_1 < \xi_2$, 利用条件 f' 为单调增加, 因此有

$$f'(\xi_1) \leqslant f'(\xi_2). \tag{8.10}$$

这样就得到所要的结果

$$k(\overline{AB}) \leqslant k(\overline{BC}).$$

(1) 的必要性部分可由命题 8.4.3 之 (2) 得出.

关于 (2) 的证明只概述如下:

充分性部分可从上面看出. 由于 f' 严格单调增加, 因此从 $\xi_1 < \xi_2$ 可见不等式 (8.10) 成立严格不等号, 即有 $k(\overline{AB}) < k(\overline{BC})$. 由命题 8.4.1 的证明过程可知这时就保证了 f 严格下凸.

又若 f' 单调增加但不是严格单调增加, 则在区间 I 上存在点 $x_1 < x_2$, 使得 $f'(x)$ 在子区间 $[x_1, x_2]$ 上为常值函数, 从而 f 在区间 $[x_1, x_2]$ 上是线性函数, 而不可能是严格下凸函数. 这样就完成了必要性的证明. $\qquad\square$

命题 8.4.5 若 f 是区间 I 上的可微下凸函数, 则经过点 $(x_0, f(x_0))$ $(x_0 \in I)$ 的切线一定在曲线 $y = f(x)$ 的下方, 即成立不等式

$$f(x) \geqslant f(x_0) + f'(x_0)(x - x_0), \forall x \in I.$$

又若 f 严格下凸, 则上述不等式成立等号的充分必要条件是 $x = x_0$.

证 将上述不等式的右边移项到左边, 然后用 Lagrange 中值定理, 就有

$$f(x) - f(x_0) - f'(x_0)(x - x_0) = [f'(\xi) - f'(x_0)](x - x_0),$$

其中 $\xi \in (x_0, x)$ 或 (x, x_0). 用命题 8.4.4 可见上式非负, 而在 f 为严格下凸时, f' 为严格单调, 因此仅当 $x = x_0$ 时为 0. $\qquad\square$

注 称直线 $y = f(x_0) + f'(x_0)(x - x_0)$ 为凸函数 f 在点 $(x_0, f(x_0))$ 处的**支撑线**. 若去掉可微条件, 则仍存在相应的支撑线, 见 8.4.2 小节的题 11.

命题 8.4.6 设函数 f 于区间 I 上二阶可微, 则

(1) f 在 I 上为下凸函数的充分必要条件是在 I 上处处有 $f''(x) \geqslant 0$;

(2) f 在 I 上为严格下凸函数的充分必要条件是在 I 上处处有 $f''(x) \geqslant 0$, 而且在任一正长度的子区间上 $f''(x)$ 不恒等于零.

这个命题可以从命题 8.4.4 的结论直接得出, 但也可以证明如下.

证　(只证明 (1)) 先证必要性. 对区间的内点 x, 取 $h > 0$ 充分小, 就可以由下凸性推出不等式

$$f(x) \leqslant \frac{1}{2}[f(x-h) + f(x+h)].$$

这保证了下列极限非负:

$$\lim_{h \to 0} \frac{f(x+h) - 2f(x) + f(x-h)}{h^2} = f''(x).$$

对端点可由 Darboux 定理推出.

再证充分性. 如命题 8.4.4 证明一开始那样对 $x_1 < x_2$ 和 $0 < \lambda < 1$ 引入 x_λ, 并写出 $f(x_1)$ 和 $f(x_2)$ 在点 x_λ 的带 Lagrange 型余项的 Taylor 公式:

$$f(x_1) = f(x_\lambda) + f'(x_\lambda)(x_1 - x_\lambda) + \frac{1}{2}f''(\xi_1)(x_1 - x_\lambda)^2,$$

$$f(x_2) = f(x_\lambda) + f'(x_\lambda)(x_2 - x_\lambda) + \frac{1}{2}f''(\xi_2)(x_2 - x_\lambda)^2,$$

其中 $\xi_1 \in (x_1, x_\lambda)$, $\xi_2 \in (x_\lambda, x_2)$. 将第一式乘 λ 与第二式乘 $(1-\lambda)$ 相加, 利用二阶导数非负和 $x_\lambda = \lambda x_1 + (1-\lambda)x_2$, 就得到所要的不等式

$$\lambda f(x_1) + (1-\lambda)f(x_2) \geqslant f(x_\lambda). \qquad \square$$

命题 8.4.7 (下凸函数的 Jensen (詹森) 不等式)　如 f 为区间 I 上的二阶可微下凸函数, 则对任何 $x_1, x_2, \cdots, x_n \in I$ 与满足条件 $\lambda_1 + \lambda_2 + \cdots + \lambda_n = 1$ 的 n 个正数 $\lambda_1, \lambda_2, \cdots, \lambda_n$ 成立不等式

$$\lambda_1 f(x_1) + \lambda_2 f(x_2) + \cdots + \lambda_n f(x_n) \geqslant f(\lambda_1 x_1 + \lambda_2 x_2 + \cdots + \lambda_n x_n). \qquad (8.11)$$

又若 f 严格下凸, 则上述不等式成立等号的充分必要条件是

$$x_1 = x_2 = \cdots = x_n. \qquad (8.12)$$

证　记 $\overline{x} = \lambda_1 x_1 + \lambda_2 x_2 + \cdots + \lambda_n x_n$ (即数 $x_1, x_2, \cdots, x_n$ 的加权平均值), 并写出 $f(x_i)$ $(i = 1, 2, \cdots, n)$ 在点 $\overline{x}$ 的带 Lagrange 余项的 Taylor 公式:

$$f(x_i) = f(\overline{x}) + f'(\overline{x})(x_i - \overline{x}) + \frac{f''(\xi_i)}{2!}(x_i - \overline{x})^2, \ i = 1, 2, \cdots, n.$$

将这 n 个公式分别乘以 $\lambda_1, \lambda_2, \cdots, \lambda_n$ 后相加, 利用条件 $\lambda_1 + \lambda_2 + \cdots + \lambda_n = 1$ 和二阶导数非负, 就得到 Jensen 不等式:

$$\lambda_1 f(x_1) + \lambda_2 f(x_2) + \cdots + \lambda_n f(x_n) \geqslant f(\overline{x}) + f'(\overline{x})(\overline{x} - \overline{x}) = f(\overline{x}).$$

以下讨论当 f 严格下凸时, 在 Jensen 不等式中成立等号的条件.

若在上述不等式中成立等号, 则由于每个 $\lambda_i > 0 \ (i = 1, 2, \cdots, n)$, 从以上证明过程可以看出只能是对每个 $i = 1, 2, \cdots, n$ 成立

$$f(x_i) = f(\overline{x}) + f'(\overline{x})(x_i - \overline{x}).$$

用命题 8.4.5, 可见只能有 $x_i = \overline{x}$.

反之是明显的. 若条件 (8.12) 成立, 则对每个 $i = 1, 2, \cdots, n$ 有 $x_i = \overline{x}$, 因此在上面的不等式中成立等号. □

注 命题中的二阶可微条件并非必要 (作为下面的练习题 1). 但从应用来看, 用二阶导数来检验凸性较为方便. 这在 8.5.2 小节中有很多例题可供参考.

以下是一个与凸性密切相关的概念, 它在许多方面有应用.

定义 称曲线 $y = f(x)$ 上的点 $(x_0, f(x_0))$ 为**拐点** (或**变曲点**), 如果在该点两侧邻近的曲线具有不同的严格凸性.

关于拐点的基本命题见下面练习题的最后几个题.

8.4.2 练习题

1. 在不假定函数 f 可微的条件下, 证明 Jensen 不等式 (8.11) 仍然成立.

2. 设 f 是区间 (a, b) 上的上凸函数, 且 $f(x) > 0$, 证明: 函数 $1/f$ 是区间 (a, b) 上的下凸函数. 又问: 若在上题中将 f 的上凸条件改为下凸, 则有何结论?

   (本题的变形是对 f 加上一阶可微或二阶可微条件.)

3. 设 f, g 是 (a, b) 上的下凸函数, 证明: $\max\{f, g\}$ 也是 (a, b) 上的下凸函数.

4. 设 f 和 g 均为区间 I 上的单调增加非负下凸函数, 证明: $f \cdot g$ 为区间 I 上的下凸函数.

5. 设 f 在区间 I 上为下凸函数, 证明: $F(x) = \mathrm{e}^{f(x)}$ 也是 I 上的下凸函数.

6. 设 f 和 g 为 $(-\infty, +\infty)$ 上的下凸函数, 问: 复合函数 $f \circ g$ 是否一定是 $(-\infty, +\infty)$ 上的下凸函数?

7. 设 f 为 $(-\infty, +\infty)$ 上的下凸函数, 证明: 或者 f 为单调函数, 或者存在点 c, 使得 f 在 $(-\infty, c]$ 上单调减少, 而在 $[c, +\infty)$ 上单调增加.

8. 设 f 在 $(-\infty, +\infty)$ 上有界, 且处处有 $f''(x) \geqslant 0$, 证明: f 只能是常值函数.

9. 设 f 在 (a, b) 上 n 阶可微 $(n > 2)$, $f^{(n)}(x) > 0$. 又有 $x_0 \in (a, b)$, 使对于 $k = 1, 2, \cdots, n - 1$ 成立 $f^{(k)}(x_0) = 0$. 证明:

   (1) n 为奇数时, f 在 (a, b) 上严格单调增加;

(2) n 为偶数时, f 在 (a,b) 上严格下凸.

10. 设 f 在开区间 (c,d) 上为下凸函数, 则 f 一定满足内闭的 Lipschitz 条件. (这就是说对每个有界闭区间 $[a,b] \subset (c,d)$, 存在 $M > 0$, 对所有 $x_1, x_2 \in [a,b]$, 成立 $|f(x_1) - f(x_2)| \leqslant M|x_1 - x_2|$.)

11. 证明: f 在开区间 I 上为下凸函数的充分必要条件是对每个 $c \in I$, 存在 a, 使在区间 I 上成立不等式 $f(x) \geqslant a(x-c) + f(c)$ (称 $y = a(x-c) + f(c)$ 为**支撑线**).

12. 设 f 在 $[a, +\infty)$ 上为凸函数, 证明: $\lim\limits_{x \to +\infty} \dfrac{f(x)}{x}$ 一定有意义.

13. 设 f 在 $(-\infty, +\infty)$ 上为凸函数, 又有 $\lim\limits_{x \to \pm\infty} \dfrac{f(x)}{x} = 0$, 证明: f 是常值函数.

14. 设 f 是 $[a,b]$ 上的凸函数, 如果有 $c \in (a,b)$ 使得 $f(a) = f(c) = f(b)$, 证明: $f(x)$ 是 $[a,b]$ 上的常值函数.

15. 设 $a < b < c < d$, 证明: 若 f 在 $[a,c]$ 和 $[b,d]$ 上是下凸函数, 则 f 也是 $[a,d]$ 上的下凸函数.

16. 证明: 不存在三次或三次以上的奇次多项式为 $(-\infty, +\infty)$ 上的凸函数.

17. 设 f 在区间 (a,b) 上二阶可微, f'' 无零点, 证明: 对该区间内的任何两点 $a < x_1 < x_2 < b$ 用 Lagrange 中值定理得到 $f(x_1) - f(x_2) = f'(\xi)(x_1 - x_2)$ 时, 其中的中值 $\xi \in (x_1, x_2)$ 总是唯一的.

18. 若曲线 $y = f(x)$ 以 $(x_0, f(x_0))$ 为拐点, 且存在 $f''(x_0)$, 证明: $f''(x_0) = 0$.

19. 问: 若已知有 $f''(x_0) = 0$, 则点 $(x_0, f(x_0))$ 是否一定是曲线 $y = f(x)$ 的拐点?

20. 设 f 在点 x_0 处 n $(n > 2)$ 阶可微, 且满足条件 $f''(x_0) = f'''(x_0) = \cdots = f^{(n-1)}(x_0) = 0$, 但 $f^{(n)} x_0 \neq 0$, 请参考例题 8.3.1 写出点 $(x_0, f(x_0))$ 是拐点的充分必要条件并作出证明.

§8.5 不等式

不等式在数学中十分重要, 内容极为丰富. 在本节中我们用导数为工具来证明一些不等式. 其中用凸函数为工具的例题则在 8.5.2 小节中作专门介绍. 与积分有关的不等式见 §11.2. 这方面的部分参考书为 [2, 22, 30, 48, 62, 63].

8.5.1　例题

例题 8.5.1 是用 Lagrange 中值定理证明不等式的典型例子. 在图 8.7 中显示了不等式的几何意义.

例题 8.5.1 证明: 在 $x > -1, x \neq 0$ 时, 成立不等式

$$\frac{x}{1+x} < \ln(1+x) < x.$$

证 记 $f(x) = \ln(1+x)$, 从中值定理得到

$$\ln(1+x) = f(x) - f(0) = \frac{x}{1+\theta x}, 0 < \theta < 1.$$

对 $x > 0$ 和 $-1 < x < 0$ 分别讨论就可以得到

$$\frac{x}{1+x} < \frac{x}{1+\theta x} < x. \qquad \square$$

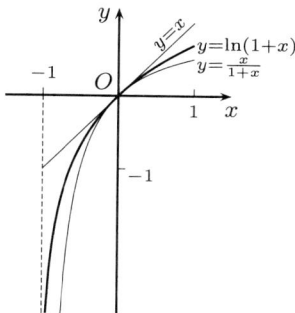

图 8.7

注 回顾第二章中的不等式 (2.16), 即

$$\frac{1}{n+1} < \ln\left(1+\frac{1}{n}\right) < \frac{1}{n},$$

可以看到它只是本例题在 $x = 1/n$ 时的特例. 当时的不等式 (2.16) 来自于对数 e 的研究, 在那里只用了一个工具 —— 平均值不等式.

Cauchy 中值定理在证明不等式中也有应用.

例题 8.5.2 证明: 对 $0 < a < b \leqslant \frac{\pi}{2}$, 成立不等式

$$\frac{\sin a}{a} > \frac{\sin b}{b}.$$

证 这等价于证明函数 $\frac{\sin x}{x}$ 在区间 $(0, \frac{\pi}{2}]$ 上严格单调减少. (该函数的图像见图 4.2(a) 和 8.8(b).) 这里用 Cauchy 中值定理来作出证明. 令 $f(x) = \sin x$, $g(x) = \sin\frac{b}{a}x$. 从 Cauchy 中值定理知道存在 $\xi \in (0, a)$, 使成立

$$\frac{\sin a}{\sin b} = \frac{f(a) - f(0)}{g(a) - g(0)} = \frac{f'(\xi)}{g'(\xi)}.$$

由于 $f'(\xi) = \cos\xi, g'(\xi) = \frac{b}{a}\cos\frac{b}{a}\xi$, 而 $\cos u$ 在 $0 < u < \frac{\pi}{2}$ 上严格单调减少, 因此就得到所要的结果

$$\frac{\sin a}{\sin b} = \frac{a}{b} \cdot \frac{\cos\xi}{\cos\frac{b}{a}\xi} > \frac{a}{b}. \qquad \square$$

注 这个例题的证明方法很多, 这里再举出两个.

(1) 在区间 $(0, \pi/2]$ 上定义辅助函数 $F(x) = \sin x/x$, 求导即可.

(2) 利用 8.2.2 小节的题 4, 在 $[0, \pi/2)$ 上取 $f(x) = x$, $g(x) = \sin x$, 由于 $f'(x)/g'(x) = \sec x$ 单调增加, 因此 $x/\sin x$ 也单调增加.

利用单调性证明不等式的例子很多. 一个典型例题就是

例题 8.5.3 证明: 在 $x > 0$ 时, 成立 $\sin x > x - \dfrac{x^3}{6}$.

证 令 $F(x) = \sin x - x + \dfrac{x^3}{6}$, 则有 $F(0) = 0$. 因此只要证明当 $x > 0$ 时成立 $F'(x) > 0$, 就可以从 F 单调增加知道在 $x > 0$ 时成立 $F(x) > 0$. 由于 $F'(0) = 0$, 又发现问题归结为证明 $F''(x) > 0$ $(x > 0)$. 由于 $F''(x) = -\sin x + x$, 可见这已满足. 由此反推即可. □

证明不等式的另一个方法是将它转化为极值问题. 下面就是一个典型例子 (见 [30]), 它在本书第十二章中有用.

例题 8.5.4 设 $a \geqslant 1$, 证明: 在 $x \in [0, a]$ 时成立不等式

$$0 \leqslant \mathrm{e}^{-x} - \left(1 - \frac{x}{a}\right)^a \leqslant \frac{x^2}{a} \mathrm{e}^{-x}.$$

证 先证明左边的不等式 (这时只要 $a > 0$). 将中间的表达式记为 $f(x)$, 则只要证明 f 在区间 $[0, a]$ 上的最小值非负即可. 由于 $f(0) = 0$, $f(a) = \mathrm{e}^{-a} > 0$, 因此只要证明若 f 有极值, 则该极值非负.

若 f' 没有零点, 则无极值; 若 f' 有零点, 记为 ξ, 就有

$$f'(\xi) = -\mathrm{e}^{-\xi} + \left(1 - \frac{\xi}{a}\right)^{a-1} = 0.$$

由此即可计算出

$$f(\xi) = \mathrm{e}^{-\xi} - \left(1 - \frac{\xi}{a}\right)^a = \frac{\xi}{a} \cdot \mathrm{e}^{-\xi} \geqslant 0.$$

因此左边不等式成立. 对右边不等式的证明留作为 8.5.3 小节的练习题 16. □

注 在证明右边的不等式时, 如果先乘以 e^x, 则计算方便一些 (见 [44]). 但这不是实质性的技巧.

下面是用一元微分学对平均值不等式的一个证明. 它是由 Liouville (刘维尔) 提出的 (又为后人多次"发现").

例题 8.5.5 用 Liouville 方法证平均值不等式, 即对非负数 $x_1, x_2, \cdots, x_n$ 有

$$\frac{x_1 + x_2 + \cdots + x_n}{n} \geqslant \sqrt[n]{x_1 x_2 \cdots x_n},$$

其中等号成立的充分必要条件是 $x_1 = x_2 = \cdots = x_n$.

证 若在 $x_1, x_2, \cdots, x_n$ 中有 0 出现, 则不等式已成立. 同时也可看出成立等号的条件是其中每个数为 0. 因此在下面设 $x_1, x_2, \cdots, x_n$ 全为正数.

用数学归纳法. 在 $n = 2$ 时已知成立. 现设平均值不等式对 n 已成立, 讨论 $n+1$ 的情况.

构造辅助函数

$$y = \left(\frac{1}{n+1} \sum_{i=1}^{n+1} x_i \right)^{n+1} - \prod_{i=1}^{n+1} x_i,$$

并将 x_{n+1} 看成是自变量, y 是因变量. 求导得到

$$\frac{dy}{dx_{n+1}} = \left(\frac{1}{n+1} \sum_{i=1}^{n+1} x_i \right)^n - \prod_{i=1}^n x_i.$$

可以看出这个导函数是 (x_{n+1} 的) 严格单调增加函数. 求出它的零点

$$x_{n+1} = -\sum_{i=1}^n x_i + (n+1) \left(\prod_{i=1}^n x_i \right)^{\frac{1}{n}}, \tag{8.13}$$

可见 y 在该点取到最小值. 记这个最小值为 m, 则可以计算出

$$\begin{aligned}
m &= \prod_{i=1}^n x_i \left(\frac{1}{n+1} \sum_{i=1}^{n+1} x_i - x_{n+1} \right) \\
&= \prod_{i=1}^n x_i \left[\left(\prod_{i=1}^n x_i \right)^{\frac{1}{n}} + \sum_{i=1}^n x_i - (n+1) \left(\prod_{i=1}^n x_i \right)^{\frac{1}{n}} \right] \\
&= \prod_{i=1}^n x_i \left[\sum_{i=1}^n x_i - n \left(\prod_{i=1}^n x_i \right)^{\frac{1}{n}} \right].
\end{aligned}$$

对最后一式的第二个因子用归纳假设, 可见最小值 $m \geqslant 0$. 因此得到 $y \geqslant m \geqslant 0$, 即已经得到了所要求证的不等式.

若在 $n+1$ 的平均值不等式中成立等号, 则有 $y = 0$, 从而有 $y = m = 0$. 从 m 的表达式和归纳假设可得 $x_1 = x_2 = \cdots = x_n$. 又由 $y = m$ 可见 x_{n+1} 满足等式 (8.13), 从而有 $x_{n+1} = x_1 = \cdots = x_n$. □

下面的 Jordan (若尔当) 不等式是关于正弦函数的一个基本不等式. 图 8.8(a) 是该不等式的几何意义, 在图 8.8(b) 中作出了证 1 中的辅助函数 $\sin x/x$ 的图像.

例题 8.5.6 (Jordan 不等式) 设 $0 \leqslant x \leqslant \frac{\pi}{2}$, 则成立不等式 $\sin x \geqslant \frac{2}{\pi} x$.

证 1 在 $x = 0$ 时不等式已成立. 对 $0 < x \leqslant \pi/2$ 可以引入辅助函数 (见图 8.8(b))

$$F(x) = \frac{\sin x}{x}.$$

从例题 8.5.2 知 $F(x)$ 在 $(0, \pi/2]$ 上严格单调减少, 从而在 $0 < x \leqslant \pi/2$ 时成立

$$F\left(\frac{\pi}{2}\right) = \frac{2}{\pi} \leqslant F(x) = \frac{\sin x}{x}.$$

这等价于所要求证的不等式. □

证 2 构造辅助函数

$$\varphi(x) = \sin x - \frac{2}{\pi}x,$$

则只要证明在区间 $[0, \pi/2]$ 上函数 $\varphi(x)$ 非负.

在区间的两个端点上有

$$\varphi(0) = \varphi\left(\frac{\pi}{2}\right) = 0.$$

计算

$$\varphi'(x) = \cos x - \frac{2}{\pi},$$

可见 $\varphi'(x)$ 在区间 $[0, \pi/2]$ 上严格单调减少. 由于 $\varphi'(0) > 0, \varphi'(\pi/2) < 0$, 因此存在唯一的点 $\xi \in (0, \pi/2)$, 使得 $\varphi'(\xi) = 0$. 这样就知道在 $0 \leqslant x \leqslant \xi$ 时函数 $\varphi(x)$ 严格单调增加, 因此有 $\varphi(x) \geqslant \varphi(0) = 0$; 而在 $\xi \leqslant x \leqslant \pi/2$ 时 $\varphi(x)$ 严格单调减少, 因此有 $\varphi(x) \geqslant \varphi(\pi/2) = 0$. 这样就证明了在区间 $[0, \pi/2]$ 上处处成立 $\varphi(x) \geqslant 0$. □

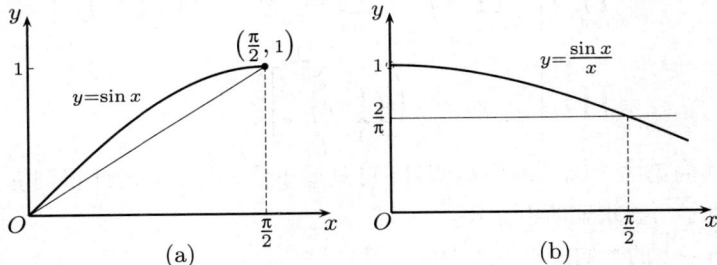

图 8.8

注 从图 8.8(a) 可以想到, 若 $y = \sin x$ 在 $[0, \pi/2]$ 上为上凸函数, 则就可以得到 Jordan 不等式. 从 $y'' = -\sin x$ 可见这是对的. 因此就得到了 Jordan 不等式的第三个证明.

用 Taylor 公式也是证明不等式的一种方法. 例如下一个例题中就同时提供了关于函数 $\ln(1 + x)$ 的许多不等式.

例题 8.5.7 当 $x > 0$ 时, 证明: 对每个正整数 n 成立不等式

$$x - \frac{x^2}{2} + \frac{x^3}{3} - \cdots - \frac{x^{2n}}{2n} < \ln(1 + x) < x - \frac{x^2}{2} + \frac{x^3}{3} - \cdots + \frac{x^{2n-1}}{2n - 1}.$$

证 写出函数 $\ln(1+x)$ 的带 Lagrange 余项的 Maclaurin 公式:

$$\ln(1+x) = x - \frac{x^2}{2} + \frac{x^3}{3} - \cdots + (-1)^{n-1}\frac{x^n}{n} + \frac{(-1)^n}{n+1}\cdot\frac{x^{n+1}}{(1+\theta x)^{n+1}},$$

其中 $0 < \theta < 1$. 由于 $x > 0$, 右边的余项的符号由 $(-1)^n$ 决定. 当 n 为偶数时该项大于 0, 而当 n 为奇数时该项小于 0. 这样就得到所要求证的不等式. $\qquad\square$

8.5.2 用凸性证不等式

这里的基本工具是 Jensen 不等式 (8.11) (见命题 8.4.7). 在那里已经提到, 该不等式对所有下凸函数成立, 而并不要求二阶可微的条件. 但用二阶导数的符号来验证一个给定函数是否下凸还是一个很实际的方法.

在下面的前三个不等式统称为**经典不等式**. 由于它们在数学中的重要性, 均作为命题给出. 第一个不等式即平均值不等式 (命题 1.3.3) 的推广.

命题 8.5.1 (广义的算术平均值–几何平均值不等式) 设有非负数 $x_1, x_2, \cdots, x_n$ 和正数 $\lambda_1, \lambda_2, \cdots, \lambda_n$, 且 $\lambda_1 + \lambda_2 + \cdots + \lambda_n = 1$, 则成立不等式

$$\prod_{k=1}^{n} x_k^{\lambda_k} \leqslant \sum_{k=1}^{n} \lambda_k x_k, \tag{8.14}$$

其中当且仅当 $x_1 = x_2 = \cdots = x_n$ 时成立等号.

证 令 $f(u) = -\ln u$, $u > 0$. 由于 $f''(u) = 1/u^2 > 0$, 因此 $f(u)$ 是严格下凸函数 (用命题 8.4.6). 用 Jensen 不等式 (8.11) 得到

$$-\ln\left(\sum_{k=1}^{n} \lambda_k x_k\right) \leqslant -\sum_{k=1}^{n} \lambda_k \ln x_k.$$

移项并利用对数函数的单调性, 即可得到所要求证的不等式. 关于其中成立等号的条件已在命题 8.4.7 中得到证明. $\qquad\square$

注 若取 $\lambda_i = 1/n$, $i = 1, 2, \cdots, n$, 就得到普通的平均值不等式. 此外, 与平均值不等式类似, 有许多不同的方法可以证明以上的广义平均值不等式.

第二个要介绍的 Hölder (赫尔德) 不等式是在第一章中的 Cauchy 不等式 (见命题 1.3.5) 的推广, 它在数学的许多领域中起重要作用, 也可以用于证明广义的平均值不等式.

命题 8.5.2 (Hölder 不等式) 设 $x_1, x_2, \cdots, x_n$ 和 $y_1, y_2, \cdots, y_n$ 均为非负数, 又有 $p > 1, q > 1$, 且满足 (共轭) 条件

$$\frac{1}{p} + \frac{1}{q} = 1,$$

则成立不等式

$$\sum_{k=1}^{n} x_k y_k \leqslant \left(\sum_{k=1}^{n} x_k^p \right)^{\frac{1}{p}} \left(\sum_{k=1}^{n} y_k^q \right)^{\frac{1}{q}}, \tag{8.15}$$

其中成立等号的充分必要条件是数组 $x_1^p, x_2^p, \cdots, x_n^p$ 和 $y_1^q, y_2^q, \cdots, y_n^q$ 成比例.

证 先对于至少有一个数组中的每个数都大于 0 的情况作出证明. 为确定起见, 不妨设 $y_1, y_2, \cdots, y_n$ 中的每个数都大于 0, 则可证明如下.

取函数 $f(u) = u^p, u \geqslant 0$. 由于 $f''(u) = p(p-1)u^{p-2} \geqslant 0$, 因此 $f(u)$ 是严格下凸函数. 令

$$\lambda_k = \frac{y_k^q}{\displaystyle\sum_{i=1}^{n} y_i^q}, \quad u_k = x_k y_k^{1-q}, \quad k = 1, 2, \cdots, n,$$

并代入 Jensen 不等式 (8.11), 就有

$$\left(\frac{\displaystyle\sum_{k=1}^{n} x_k y_k}{\displaystyle\sum_{k=1}^{n} y_k^q} \right)^p \leqslant \sum_{k=1}^{n} \left[\frac{y_k^q}{\displaystyle\sum_{i=1}^{n} y_i^q} \cdot (x_k y_k^{1-q})^p \right] = \frac{\displaystyle\sum_{k=1}^{n} x_k^p}{\displaystyle\sum_{k=1}^{n} y_k^q}. \tag{8.16}$$

其中利用了 p, q 满足条件 $p + q - pq = 0$. 两边开 p 次根, 并略加整理即得

$$\sum_{k=1}^{n} x_k y_k \leqslant \left(\sum_{k=1}^{n} x_k^p \right)^{\frac{1}{p}} \left(\sum_{k=1}^{n} y_k^q \right)^{1-\frac{1}{p}} = \left(\sum_{k=1}^{n} x_k^p \right)^{\frac{1}{p}} \left(\sum_{k=1}^{n} y_k^q \right)^{\frac{1}{q}}.$$

关于在 Hölder 不等式中成立等号的条件也可从 Jensen 不等式得到, 即 $u_1 = u_2 = \cdots = u_n$. 从 u_k 的表达式, 可以将这个条件写成: 存在常数 C, 使成立 $x_k^p = C y_k^q, k = 1, 2, \cdots, n$. 由不等式 (8.15) 的对称性, 对 $x_1, x_2, \cdots, x_n$ 中每个数大于 0 的情况的证明完全相同. 而在不等式中成立等号的条件可统一写成: 存在两个不全为 0 的数 λ 和 μ, 使成立

$$\lambda x_k^p = \mu y_k^q, k = 1, 2, \cdots, n. \tag{8.17}$$

现在讨论其余情况, 即在两个数组中都有某些数为 0 的情况.

若有一个数组中的数全为 0, 则不等式 (8.15) 成立等号, 且只要在 λ 和 μ 中取一个为 0, 就可以使得 (8.17) 成立.

对于两个数组都有部分数为 0, 但不是全为 0 的情况, 可以取定 $y_1, y_2, \cdots, y_n$, 将其中为 0 的数 (以及在数组 $x_1, x_2, \cdots, x_n$ 中相同下标的数) 剔除, 就可以归结为前面的情况来证明. 又从不等式 (8.15) 可直接看出, 如有某个 $y_k = 0$, 且在不等式中成立等号, 则相应地也一定有 $x_k = 0$. 因此条件 (8.17) 仍然成立.   □

第三个不等式就是下面的 Minkowski (闵可夫斯基) 不等式. 当其中的参数 $p = 2$ 时就是 n 维 Euclid (欧几里得) 空间的三点不等式 (或三角形不等式).

命题 8.5.3 (Minkowski 不等式) 设 $x_1, x_2, \cdots, x_n$ 和 $y_1, y_2, \cdots, y_n$ 均为非负数, 又有 $p \geqslant 1$, 则成立不等式

$$\left[\sum_{k=1}^{n} (x_k + y_k)^p \right]^{\frac{1}{p}} \leqslant \left(\sum_{k=1}^{n} x_k^p \right)^{\frac{1}{p}} + \left(\sum_{k=1}^{n} y_k^p \right)^{\frac{1}{p}}, \tag{8.18}$$

当且仅当数组 $x_1, x_2, \cdots, x_n$ 和 $y_1, y_2, \cdots, y_n$ 成比例时成立等号.

证 只需对 $p > 1$ 作出证明. 令 $f(u) = \left(1 - u^{\frac{1}{p}} \right)^p, 0 < u < 1$, 并计算导数

$$f'(u) = -\left(1 - u^{\frac{1}{p}} \right)^{p-1} u^{\frac{1}{p} - 1},$$

$$f''(u) = \left(1 - \frac{1}{p} \right) \left(1 - u^{\frac{1}{p}} \right)^{p-2} u^{\frac{1}{p} - 2}.$$

可见 $f(u)$ 是严格下凸函数. 令

$$\lambda_k = \frac{(x_k + y_k)^p}{\sum\limits_{i=1}^{n} (x_i + y_i)^p}, \ u_k = \left(\frac{x_k}{x_k + y_k} \right)^p,$$

这里假定每个 $x_k + y_k \neq 0 \ (k = 1, 2, \cdots, n)$ 成立. 这使得每个 u_k 有意义, 同时保证 $\lambda_k > 0$ 成立.

将上述 $\lambda_k, u_k \ (k = 1, 2, \cdots, n)$ 代入 Jensen 不等式 (8.11), 就有

$$\left[1 - \left(\sum_{k=1}^{n} \frac{x_k^p}{\sum\limits_{i=1}^{n} (x_i + y_i)^p} \right)^{\frac{1}{p}} \right]^p \leqslant \sum_{k=1}^{n} \frac{(x_k + y_k)^p}{\sum\limits_{i=1}^{n} (x_i + y_i)^p} \cdot \left(1 - \frac{x_k}{x_k + y_k} \right)^p$$

$$= \frac{\sum\limits_{k=1}^{n} y_k^p}{\sum\limits_{k=1}^{n} (x_k + y_k)^p}.$$

在上式两边开 p 次根并加以整理, 就可得到所要的 Minkowski 不等式.

若在该不等式中成立等号, 则从 Jensen 不等式知道有 $u_1 = u_2 = \cdots = u_n$. 由此可得到两个数组成比例的结论.

最后, 若对某些 (但不是所有) k 有 $x_k + y_k = 0$, 则由于 $x_k \geqslant 0$ 和 $y_k \geqslant 0$, 就有 $x_k = y_k = 0$. 因此在将它们剔除后就可以归结为前面的情况, 而且并不影响在等号成立时两个数组成比例的结论. 对于两个数组全由 0 组成的极端情况, 命题是明显成立的. $\qquad \square$

注 1 在 $p = 2$ 时两个数组中的数的非负性要求可以取消. 但这时成立等号的条件应当改写为: 存在两个不全为 0 的非负数 λ 和 μ, 使得成立

$$\lambda x_k = \mu y_k, k = 1, 2, \cdots, n.$$

读者可以思考这个条件在 n 维 Euclid 空间中的几何意义.

注 2 证明 Minkowski 不等式的方法很多, 例如用数学归纳法或 Hölder 不等式都可以证明它.

下面的不等式是第一章中的 Bernoulli 不等式 (命题 1.3.1) 的推广. 它也可以用凸性来证明. 读者如果对比两者的结论和所用的工具, 就可以对于自己已经向前走了多远有一个了解.

命题 8.5.4 (Bernoulli 不等式) 在 $x > -1$ 时, 对于 $0 < \alpha < 1$ 成立不等式
$$(1+x)^\alpha \leqslant 1 + \alpha x,$$
而对于 $\alpha < 0$ 和 $\alpha > 1$ 则成立相反的不等式
$$(1+x)^\alpha \geqslant 1 + \alpha x,$$
而且在这些不等式中仅当 $x = 0$ 时成立等号.

证 对于函数 $f(x) = (1+x)^\alpha$ 计算导数:
$$f'(x) = \alpha(1+x)^{\alpha-1},$$
$$f''(x) = \alpha(\alpha-1)(1+x)^{\alpha-2},$$
就可以知道, 当 $0 < \alpha < 1$ 时 $f(x)$ 是严格上凸函数, 而当 $\alpha < 0$ 和 $\alpha > 1$ 时 $f(x)$ 是严格下凸函数. 另一方面 $y = 1 + \alpha x$ 是曲线 $y = f(x)$ 在点 $(0,1)$ 处的切线. 应用命题 8.4.5, 就有所要的不等式, 包括成立等号的条件. □

8.5.3 练习题

1. 证明: 当 $x > 1$ 时, 成立 $\ln x > \dfrac{2(x-1)}{x+1}$.

2. 证明: 当 $0 < a < b$ 时, 成立不等式
$$a \ln a + b \ln b > (a+b) \cdot [\ln(a+b) - \ln 2].$$

3. 证明: 对任意 $0 < x_1 < x_2$, 成立不等式
$$\frac{x_2 - x_1}{x_2} < \ln \frac{x_2}{x_1} < \frac{x_2 - x_1}{x_1}.$$

4. 证明以下不等式:

(1) $a^{\frac{x_1+x_2+\cdots+x_n}{n}} \leqslant \dfrac{1}{n}(a^{x_1} + a^{x_2} + \cdots + a^{x_n})$, 其中 $a > 0$;

(2) $\left(\dfrac{x_1+x_2+\cdots+x_n}{n}\right)^p \leqslant \dfrac{1}{n}(x_1^p + x_2^p + \cdots + x_n^p)$, 其中 $p > 1$;

(3) 当 $x_1, x_2, \cdots, x_n > 0$ 时,

$$\frac{x_1 + x_2 + \cdots + x_n}{n} \leqslant (x_1^{x_1} x_2^{x_2} \cdots x_n^{x_n})^{\frac{1}{x_1 + x_2 + \cdots + x_n}}.$$

5. 证明: 对于 $0 < \alpha < 1$ 和 $x > 0$ 成立 $x^\alpha - \alpha x + \alpha - 1 \leqslant 0$, 而当 $\alpha > 1$ 时不等式反向成立.

6. 从命题 2.5.1 已知, 对每个 $n \in \mathbf{N}_+$, 成立不等式

$$\left(1 + \frac{1}{n}\right)^n \leqslant \mathrm{e} \leqslant \left(1 + \frac{1}{n}\right)^{n+1}.$$

作为进一步的发展, 求出最大的 α 和最小的 β, 使得

$$\left(1 + \frac{1}{n}\right)^{n+\alpha} \leqslant \mathrm{e} \leqslant \left(1 + \frac{1}{n}\right)^{n+\beta}, \forall\, n \in \mathbf{N}_+.$$

(本题与例题 8.2.3 有联系.)

7. 证明: 对 $0 < a < b$, 成立以下不等式:

$$a < \frac{2}{\dfrac{1}{a} + \dfrac{1}{b}} < \sqrt{ab} < \frac{b - a}{\ln b - \ln a} < \frac{a + b}{2} < \sqrt{\frac{a^2 + b^2}{2}} < b.$$

8. 对于 $2n$ 个正数 $x_1, x_2, \cdots, x_n$ 和 $\lambda_1, \lambda_2, \cdots, \lambda_n$, 且 $\lambda_1 + \lambda_2 + \cdots + \lambda_n = 1$, 定义加权的 t 阶平均值 (或 t 阶和) 为

$$M_t(x, \lambda) = \left(\sum_{i=1}^{n} \lambda_i x_i^t\right)^{\frac{1}{t}}.$$

它在 $t = -1$ 时为调和平均值, $t = 1$ 时为算术平均值, $t = 2$ 时为平方平均值 (即均方根值). 又若在 $t = 0, +\infty, -\infty$ 时用极限作补充定义, 则在 $t = 0$ 时为几何平均值, $t = +\infty$ 时为 $\max\{x\}$, $t = -\infty$ 时为 $\min\{x\}$. 这样就使 $M_t(x, \lambda)$ 在 $-\infty \leqslant t \leqslant +\infty$ 上处处有定义. 证明: $M_t(x, \lambda)$ 是 t 的单调增加函数, 在 $n > 1$ 且 $x_1, x_2, \cdots, x_n$ 不全相等时为 t 的严格单调增加函数.

9. 证明: 若将 Minkowski 不等式 (8.18) 中的参数 $p \geqslant 1$ 的条件改为 $0 < p < 1$, 则不等式反向成立.

10. 证明 Young (杨氏) 不等式: 若 $x, y \geqslant 0, p, q > 1, \dfrac{1}{p} + \dfrac{1}{q} = 1$, 则成立不等式

$$x^{\frac{1}{p}} y^{\frac{1}{q}} \leqslant \frac{x}{p} + \frac{y}{q}.$$

11. 试用 Young 不等式证明:

    (1) 广义的算术平均值 – 几何平均值不等式; (2) Hölder 不等式.

12. 设 f 和 φ 在 $x \geqslant a$ 时可微, $f(a) = \varphi(a)$, 且当 $x \geqslant a$ 时, 成立 $|f'(x)| \leqslant \varphi'(x)$, 证明: 当 $x \geqslant a$ 时, 成立 $|f(x) - f(a)| \leqslant \varphi(x) - \varphi(a)$.

13. 设 f 满足 $f(1) = 1$, 且当 $x \geqslant 1$ 时有 $f'(x) = \dfrac{1}{x^2 + f^2(x)}$. 证明: 极限 $\lim\limits_{x \to +\infty} f(x)$ 存在, 且小于 $1 + \pi/4$.

14. 设 $\boldsymbol{A} = (a_{ij})_{1 \leqslant i,j \leqslant n}$ 是每行每列的和均等于 1 的非负元素矩阵, 又有

$$\begin{pmatrix} y_1 \\ \vdots \\ y_n \end{pmatrix} = \boldsymbol{A} \begin{pmatrix} x_1 \\ \vdots \\ x_n \end{pmatrix},$$

其中两个向量的所有元素也都是非负数, 证明: $y_1 y_2 \cdots y_n \geqslant x_1 x_2 \cdots x_n$.

15. 若记

$$T_n(x) = x - \frac{1}{3!} x^3 + \cdots + \frac{(-1)^n}{(2n+1)!} x^{2n+1} = \sum_{k=0}^{n} \frac{(-1)^k}{(2k+1)!} x^{2k+1}$$

为 $\sin x$ 在 $x = 0$ 处的 $2n + 1$ 次 Taylor 多项式, 证明:

$$\sin x > \sum_{k=0}^{n} \frac{(-1)^k}{(2k+1)!} x^{2k+1}, \text{其中 } x > 0, \ n \text{ 为奇数},$$

$$\sin x < \sum_{k=0}^{n} \frac{(-1)^k}{(2k+1)!} x^{2k+1}, \text{其中 } x > 0, \ n \text{ 为偶数}.$$

(例题 8.5.3 是本题的一个特例. 类似地, 可以建立关于 $\cos x$ 的结果.)

16. 证明例题 8.5.4 中右边的不等式.

§8.6　函数作图

在用微分学知识作函数 $y = f(x)$ 的图像时, 应注意以下基本内容:

1. 基本初等函数的图像 (中学数学中的基本内容).

2. 多项式函数 $y = a_0 x^n + a_1 x^{n-1} + \cdots + a_n$ 的图像, 特别是其中 $n = 2, 3$ 时的所有可能情况, 以及 n 为奇数和偶数时的各种可能情况.

3. 利用某个函数的已知图像经过简单变换得到新的图像的方法. 这里的内容有, 设已知 $y = f(x)$ 的图像, 求以下函数的图像:

(1) $y = f(-x)$;　　　　　　　　　(2) $y = -f(x)$;

(3) $y = -f(-x)$;　　　　　　　　(4) $x = f(y)$;

(5) $y = f(x + a)$;　　　　　　　　(6) $y = f(kx)$;

(7) $y = kf(x)$;　　　　　　　　　(8) $y = f(x) + a$;

(9) $y = |f(x)|$.

4. 已知函数 $y = f(x)$ 和 $y = g(x)$ 的图像, 作出函数 $y = f(x) + g(x)$, $y = f(x) - g(x)$, $y = f(x) \cdot g(x)$ 的图像.

注　熟练掌握以上技巧对于作出函数的大致图像 (即所谓作草图) 有很大帮助. 作草图时不需要微分学的知识, 但是若能将作草图的方法与微分学相结合, 就可以既迅速又准确地作出函数的图像.

对于函数 $y = f(x)$ 的一般作图步骤在教科书中均有介绍, 这里不必重复. 对于用参数方程表示的函数 $x = x(t), y = y(t)$ 的作图问题, 一般是先分别作出 $x = x(t)$ 和 $y = y(t)$ 的图像, 然后再拼成为一张图 (见下面的例题). 对于用方程 $F(x, y) = 0$ 确定的隐函数, 往往引入参数 t 而转化为上一问题.

8.6.1　例题

例题 8.6.1 作出用参数方程 $x = 2t - 4t^3, y = t^2 - 3t^4$ 给出的曲线图像.

解　$x(t)$ 和 $y(t)$ 只是 t 的三次和四次多项式, 容易分别作出它们的图像如图 8.9(a)、8.9(b) 所示:

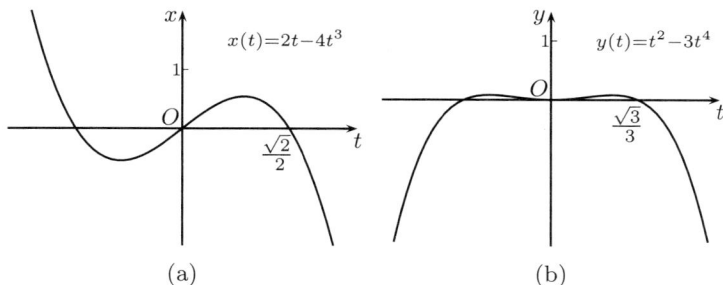

图 8.9

关于三次多项式 $x(t) = 2t - 4t^3$ 的主要分析如下: $x(t)$ 是奇函数; 导函数 $x'_t = 2 - 12t^2$ 的零点为 $t = \pm 1/\sqrt{6}$, 其中 $-1/\sqrt{6} \approx -0.408\,2$ 是极小值点, 极小值

为 $-2\sqrt{6}/9 \approx -0.544\,3$, $1/\sqrt{6} \approx 0.408\,2$ 是极大值点, 极大值为 $2\sqrt{6}/9 \approx 0.544\,3$; $x(t)$ 有三个零点: 0 和 $\pm\sqrt{2}/2 \approx \pm 0.707\,1$.

关于四次多项式 $y = t^2 - 3t^4$ 的主要分析如下: $y(t)$ 是偶函数; 导函数 $y'_t = 2t - 12t^3$ 有三个零点: 0 和 $\pm 1/\sqrt{6} \approx \pm 0.408\,2$, 其中 $t = 0$ 为极小值点, 极小值为 0, 其他两个零点是 $y(t)$ 的极大值点, 极大值为 $1/12 \approx 0.083\,3$; $y(t)$ 除了二重零点 0 之外还有两个零点: $\pm\sqrt{3}/3 \approx \pm 0.577\,4$.

现在已经可以将以上分析合并以得到所要求的参数方程的图像, 这就是图 8.10, 其中参数 t 的变化范围为从 -0.95 到 0.95.

图 8.10 的作法如下. 首先, 当 x 换为 $-x$ 时, 对应的参数值 t 也反号, 但 y 是 t 的偶函数, 从而可见在 xOy 坐标系中曲线关于 y 轴对称. 因此以下只需讨论参数 $t > 0$ 的情况. 根据 6.2.3 小节的参数方程求导法则, 就有

$$\frac{\mathrm{d}y}{\mathrm{d}x} = \frac{y'_t}{x'_t} = t \cdot \frac{1 - 6t^2}{1 - 6t^2},$$

因此当 $t \neq 1/\sqrt{6} \approx 0.408\,2$ 时, 就得到

$$\frac{\mathrm{d}y}{\mathrm{d}x} = t.$$

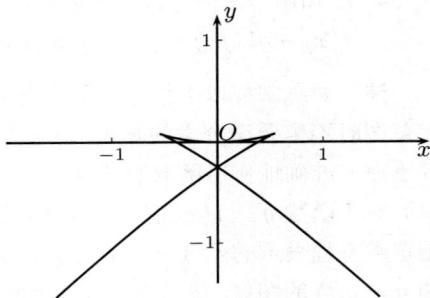

图 8.10

从前面对 x'_t 和 y'_t 的分析已经知道当 $t = 1/\sqrt{6}$ 时这两个导数均为 0, 我们将这样的点称为奇点. 这是本例中的主要困难. 由于关于 y 轴对称, 因此有两个奇点: $(\pm 2\sqrt{6}/9, 1/12)$, 两个坐标的近似值为 $\pm 0.544\,3$ 和 $0.083\,3$.

当 t 从 0 变化到 $1/\sqrt{6}$ 时, 由于 $y'_x = t$, 而 $x(t)$ 和 $y(t)$ 均为 t 的严格单调增加函数, 因此可以知道 y 是 x 的严格单调增加函数. 又由于导函数 y'_x 也是 x 的严格单调增加函数, 因此 $y = y(x)$ 是下凸函数.

从同样的分析可以知道, 当 t 从 $1/\sqrt{6}$ 起增加时, y 是 x 的严格单调增加函数, 而且是上凸函数.

从前面已经得到的导数公式可以知道, 有

$$\lim_{t \to \frac{1}{\sqrt{6}}} \frac{\mathrm{d}y}{\mathrm{d}x} = \frac{1}{\sqrt{6}} \approx 0.408\,2,$$

因此在奇点处存在切线. 确切地说, 在奇点 $(2\sqrt{6}/9, 1/12)$ 的左侧邻近, 存在 $y = y(x)$ 的两个分支, 它们在 $x = 1/\sqrt{6}$ 处存在相同的左侧导数. (这里对每一支可以应用命题 7.1.7, 即单侧导数极限定理.) 我们将这样的奇点称为**尖点**.

根据对称性就可以得到 $t < 0$ 时的曲线图像. 此外, 从表达式可以知道不存在任何渐近线.

值得注意的是, 参数方程 $x = x(t)$ 和 $y = y(t)$ 都是简单的多项式, 但在 xOy 平面上的曲线却会出现复杂的性态. 这个例子就是在**突变理论** (Catastrophe Theory) 中**燕尾突变** (Swallowtail Catastrophe) 的分歧集合的图像 (见 [52]). 图 8.10 就是燕尾突变这个名称的由来. 此外, 本题又见于《数学译林》(1992) 第 4 期《数学的基本要求》一文中的题 6.   □

注 1 以上关于凸性的结论是从导函数 y'_x 的单调性得到的, 即利用了命题 8.4.4. 也可以直接计算出

$$y''_x = (y'_x)'_x = \frac{(y'_x)'_t}{x'_t} = \frac{1}{2(1-6t^2)},$$

然后用命题 8.4.6 作出结论.

注 2 当 $t \to 0$ 时 $x(t)$ 和 $y(t)$ 均为无穷小量, 且有 $y(t) \sim \frac{1}{4}x(t)^2$ $(t \to 0)$. 这是对图 8.10 上的曲线在原点附近的渐近描述.

注 3 在 [59] 的第一册中, 对 [27] 中关于函数作图的 §1.4 和 §2.12 有较详细的讲解与分析, 并在附录 1 和附录 2 中, 利用软件 PSTricks 分别作出了这两节的作图题的全部答案. (附录 1 中的习题号为 237–380, 附录 2 中的习题号为 1471–1555.)

8.6.2 练习题

1. 随手画出一条曲线代表 $y = f(x)$, 然后试画出其一阶导函数和二阶导函数的图形 (本题是《数学译林》(1992) 第 4 期《数学的基本要求》一文中的第 1 题).

2. 证明: 曲线 $y = \frac{x+1}{x^2+1}$ 有位于同一直线上的三个拐点, 并作图.

3. 作出以下函数的图像:

(1) $y = \left(1 + \frac{1}{x}\right)^x$ $(x > 0)$; (2) $y = \frac{1}{1+x^2}e^{\frac{1}{1-x^2}}$;

(3) $y = \frac{x^4}{(1+x)^3}$; (4) $y = (1+x^2)e^{-x^2}$;

(5) $y = \frac{\ln x}{x}$ $(x > 0)$; (6) $y = x^{\frac{2}{3}}e^{-x}$;

(7) $y = \frac{(x-1)^3}{(x+1)^2}$; (8) $y = \sqrt{\frac{x^3}{x-a}}$ $(a > 0)$;

(9) $y = x^x$ $(x > 0)$; (10) $y = x^{\frac{1}{x}}$ $(x > 0)$.

4. 证明: 方程 $x^y = y^x$ 在第一象限内的图像由一条直线和一条曲线组成, 并作出此图像.

5. 作出以下用参数方程给出的曲线:

(1) $x = t^2 - 2, y = t(t^2 - 2)$;

(2) $x = 2t - t^2, y = 3t - t^3$;

(3) $x = \dfrac{3t}{1 + t^3}, y = \dfrac{3t^2}{1 + t^3}$;

(4) $x = t - t^3, y = 1 - t^4$;

(5) $x = a(t - \sin t), y = a(1 - \cos t)$ (摆线);

(6) $x = a(\cos t + t \sin t), y = a(\sin t - t \cos t)$ (圆的渐开线).

§8.7　方程求根与近似计算

　　方程求根是一个很有实际意义的问题, 在本书中到目前为止也已多次出现. 实际上, 研究迭代生成数列的动机之一就是求方程的近似解. 这方面的一个基本定理就是连续函数的零点存在定理. 在例题 5.2.1 的注 2 中已经指出, 用闭区间套定理给出的二分法证明同时就提供了一种近似求根方法. 在这一节中我们将介绍 Newton (牛顿) 求根法. 它不仅对方程求根问题是一种有效的计算方法, 同时在整个计算数学领域中都是重要的基本方法. 在数学分析教材中关于方程求根的材料还可以参看 [14] 第一卷的第四章第 5 节, [26] 的第一卷第八章.

8.7.1　迭代算法的收敛速度

　　在第二章的 2.5.2 小节中已经看到, 在求自然对数的底 e 的近似值时, 不同的计算方法的效果完全不一样. 这是因为在那里的两个数列收敛于 e 的速度有明显的不同. 因此在作迭代计算时必须考虑方法的效率. 在本小节我们将引进迭代算法的阶的概念, 为下一节介绍 Newton 求根法作好准备. 同时还介绍计算圆周率的两种不同的迭代算法.

　　现在引入迭代算法的阶的定义. 设某个迭代算法的第 n 次计算的误差为 ε_n. 若存在一个常数 α, 使得接连两次的误差之间满足递推估计式

$$k\varepsilon_n^\alpha \leqslant \varepsilon_{n+1} \leqslant K\varepsilon_n^\alpha, \tag{8.19}$$

其中 k, K 为两个正常数, 则称此算法为 α 阶算法. 其特例之一是存在极限

$$\lim_{n \to \infty} \frac{\varepsilon_{n+1}}{\varepsilon_n^\alpha} = A \neq 0, \tag{8.20}$$

则算法的阶为 α. 这时当 n 足够大时成立 $\varepsilon_{n+1} \approx A\varepsilon_n^\alpha$. 又若对某个算法只知道公式 (8.19) 右边的不等式成立, 则可以说该算法的阶不低于 α.

对于一般的收敛数列来说, 若有 $\lim\limits_{n\to\infty} x_n = a$, 而误差 $\varepsilon_n = |x_n - a| \, (n \in \mathbf{N}_+)$ 满足 (8.19) 或 (8.20), 则称这个数列的收敛速度为 α 阶.

在 $\alpha = 1$ 时的算法称为一阶 (线性) 算法. 不难看出一阶算法的收敛速度是比较慢的. 为简单起见, 不妨设有 $\varepsilon_{n+1} \approx C\varepsilon_n$, C 为某个正常数, 则就可以得到

$$\varepsilon_n \approx C^n \varepsilon_0. \tag{8.21}$$

可见常数 C 必须小于 1, 而且越小越好. 又可以看出, 为了使精度达到 10^{-n} 所需的迭代次数总是 $O(n)$ 的量级.

具有一阶收敛速度的数列在第二章中很多. 从 (8.20) 可见, 只要 $\{x_n\}$ 为无穷小量, 且满足

$$\lim_{n\to\infty} \left| \frac{x_{n+1}}{x_n} \right| = A \neq 0$$

(参见 2.7.3 小节的第一组参考题中的题 4), 则 $\{x_n\}$ 就是一阶收敛于 0 的数列. (当然在第二章中还有许多收敛速度远低于一阶的数列.) 现在举出一个一阶算法的重要例子. 这就是计算圆周率的 Archimedes -刘徽算法 (见第二章第一组参考题 20).

例题 8.7.1 设 $a_1 > b_1 > 0$, 并用递推公式

$$a_{n+1} = \frac{2a_n b_n}{a_n + b_n}, \; b_{n+1} = \sqrt{a_{n+1} b_n}, \; n \in \mathbf{N}_+ \tag{8.22}$$

作迭代, 证明: $\{a_n\}$ 和 $\{b_n\}$ 以一阶速度收敛于同一极限.

证 在这里只对收敛速度进行分析. 应用与例题 2.3.5 中类似的方法即可证明 $\{a_n\}$ 和 $\{b_n\}$ 收敛于同一极限. 记此极限为 $A > 0$, 即有

$$\lim_{n\to\infty} a_n = \lim_{n\to\infty} b_n = A,$$

又记

$$\varepsilon_n = a_n - b_n, n \in \mathbf{N}_+,$$

则可以对收敛速度分析如下. 首先进行恒等式运算

$$a_{n+1}^2 - b_{n+1}^2 = a_{n+1}^2 - a_{n+1} b_n = a_{n+1}(a_{n+1} - b_n)$$

$$= a_{n+1} \cdot \frac{2a_n b_n - b_n(a_n + b_n)}{a_n + b_n} = \frac{a_{n+1} b_n (a_n - b_n)}{a_n + b_n},$$

因此得到

$$\varepsilon_{n+1} = \frac{a_{n+1} b_n}{(a_{n+1} + b_{n+1})(a_n + b_n)} \cdot \varepsilon_n.$$

利用 $\{a_n\}$ 和 $\{b_n\}$ 收敛于同一极限 $A > 0$, 就有近似估计

$$\varepsilon_{n+1} \approx \frac{1}{4}\varepsilon_n,$$

因此收敛速度为一阶. □

注 1　若取 $a_1 = 2\sqrt{3}$, $b_1 = 3$, 即单位圆的外切和内接正六边形的半周长, 可以证明极限 $A = \pi$. 这就是计算圆周率的 Archimedes -刘徽算法. 从以上分析有

$$\left(\frac{1}{4}\right)^5 = \frac{1}{2^{10}} \approx 0.001,$$

可见这种算法每迭代 5 次大致可以增加 3 位新的有效数字. 这个估计与用这个算法求 π 的大量实际计算完全符合.

注 2　Archimedes -刘徽算法有个变形: 令 $A_n = 1/a_n$, $B_n = 1/b_n$, 有递推式:

$$A_{n+1} = \frac{A_n + B_n}{2}, \ B_{n+1} = \sqrt{A_{n+1}B_n}. \tag{8.23}$$

与算法 (8.22) 比较, 每次迭代的计算量少得多. 但是这个改进并没有提高收敛速度. 若仍令 $\varepsilon_n = B_n - A_n$, 则还是得到 $\varepsilon_{n+1} \approx \frac{1}{4}\varepsilon_n$.

当 $\alpha = 2$ 时算法为二阶收敛 (也称为平方收敛). 这时情况大不相同. 为简便起见, 只考虑误差递推估计的单侧不等式

$$\varepsilon_{n+1} \leqslant K\varepsilon^2. \tag{8.24}$$

上式两边乘以常数 K, 就有 $K\varepsilon_{n+1} \leqslant (K\varepsilon_n)^2$. 因此可以继续做下去, 得到

$$K\varepsilon_{n+1} \leqslant (K\varepsilon_n)^2 \leqslant (K\varepsilon_{n-1})^4 \leqslant \cdots \leqslant (K\varepsilon_0)^{2^{n+1}}.$$

这样就得到

$$\varepsilon_n \leqslant \frac{1}{K}(K\varepsilon_0)^{2^n}. \tag{8.25}$$

这里的常数 K 不一定要小于 1, 只要取初始值足够好, 使得 $K\varepsilon_0 < 1$ 即可. 这时在公式 (8.25) 右边的表达式收敛于 0 的速度是非常快的.

下一个例题是对在第二章中的例题 2.3.5 (其中的极限是 Gauss 的算术几何平均值) 进行收敛速度的分析.

例题 8.7.2　从 $0 < b < a$ 出发, 设 $a_0 = a, b_0 = b$, 并用递推公式

$$a_n = \frac{a_{n-1} + b_{n-1}}{2}, \ b_n = \sqrt{a_{n-1}b_{n-1}}, \ n \in \mathbf{N}_+ \tag{8.26}$$

作迭代, 证明: $\{a_n\}$ 和 $\{b_n\}$ 以二阶速度收敛于同一极限.

证 记极限为 $AG(a,b)$, $\varepsilon_n = a_n - b_n$, $n \in \mathbf{N}_+$. 利用恒等式

$$a_{n+1}^2 - b_{n+1}^2 = \frac{1}{4}(a_n - b_n)^2,$$

就可以得到

$$\varepsilon_{n+1} = \frac{1}{4(a_{n+1} + b_{n+1})}\varepsilon_n^2 \approx \frac{1}{8AG(a,b)}\varepsilon_n^2,$$

因此是二阶算法. □

注 迭代公式 (8.26) 与 (8.23) 很相似, 但实际上收敛速度完全不同.

在 1976 年出现了 Salamin - Brent 算法. 它就是以 (8.26) 和上述分析为基础的. 由于收敛速度快, 因此成为一类重要的算法, 具有广泛的应用. 自此以后计算圆周率 π 的新纪录很多都是用这类新算法得到的. 目前已经有计算 π 的任意高阶的算法. 下面列出计算 π 的二阶算法中的一个算法, 以及它的计算效果. 关于它以及其他有关材料可以从 [4, 1] 中找到, 还可以参看 [60] 第六章的圆周率及其计算.

Salamin - Brent 算法: 令 $a_0 = 1, b_0 = s_0 = \dfrac{1}{\sqrt{2}}$, 并用递推公式

$$a_n = \frac{a_{n-1} + b_{n-1}}{2},$$
$$b_n = \sqrt{a_{n-1}b_{n-1}},$$
$$s_n = s_{n-1} - 2^n(a_n^2 - b_n^2),$$
$$p_n = \frac{2a_n^2}{s_n}$$

作迭代, 则 $\{p_n\}$ 二阶收敛于 π.

它的计算结果为

迭代次数	1	2	3	4	5	6	7	8	9	$\cdots$	25
有效位数	1	4	9	20	42	85	173	347	697	$\cdots$	$\geqslant 4.5 \times 10^6$

从上面的计算结果可以看到, 每迭代一次, 有效位数几乎增加一倍. 实际上, 这是二阶算法的共同特征. 从公式 (8.24) 可以知道, 若常数 $K < 1$, 则一定如此. 这在下面的简单例题中可以看得很清楚.

例题 8.7.3 从初始值 $x_0 = 1$ 开始, 用迭代算法

$$x_{n+1} = \frac{1}{2}x_n + \frac{1}{x_n}$$

求无理数 $\sqrt{2}$ 的近似值, 观察有效位数的增长情况.

解　前几个值很容易计算:

$$x_2 = 1.5,\ x_3 \approx 1.417,\ x_4 \approx 1.414\,216.$$

与 $\sqrt{2} = 1.414\,213\,562\,3\cdots$ 比较, 可见有效位数分别为 1, 3, 6. 为了继续计算下去, 我们需要使用如 Mathematica 那样的软件. 具体地说, 即每次将 x_n 与 $\sqrt{2}$ 都计算到足够多的位数, 然后进行比较, 从而确定第 n 次近似值 x_n 的有效位数. 这里只列出实际计算结果:

迭代次数	1	2	3	4	5	6	7	8
有效位数	1	3	6	12	25	49	98	196

实际上, 不难直接验证在这个例题中的迭代算法确实为二阶算法. 用 §2.5 的方法知数列 $\{x_n\}$ 从 x_2 起严格单调减少收敛于 $\sqrt{2}$. 然后估计迭代误差

$$0 < \varepsilon_{n+1} = x_{n+1} - \sqrt{2} = \frac{1}{2}x_n + \frac{1}{x_n} - \sqrt{2} = \frac{(x_n - \sqrt{2})^2}{2x_n} \approx \frac{1}{2\sqrt{2}}\varepsilon_n^2,$$

可见恰好为二阶算法.　　　　　　　　　　□

我们即将看到, 这个开平方根的算法就是 Newton 求根法的一个例子.

8.7.2　Newton 求根法

可以从不同的角度来导出 Newton 求根法 (也称为Newton - Raphson (拉弗森) 求根法). 第一种推导方法完全来自 Newton 求根法的几何意义. 从图 8.11 上可以看出已有 $f(a) < 0$ 和 $f(b) > 0$, 因此从连续函数的零点存在定理知道在区间 (a, b) 内方程 $f(x) = 0$ 一定有根. 在图上记这个根为 ξ. 问题是如何计算出根 ξ 的近似值.

以 $b = x_0$ 为初值, 在点 $B(b, f(b))$ 作曲线 $y = f(x)$ 的切线, 与 x 轴的交点记为 x_1. 然后再在点 $(x_1, f(x_1))$ 作曲线 $y = f(x)$ 的切线, 与 x 轴交于点 x_2. 如此进行下去, 不难得到一般的递推公式是

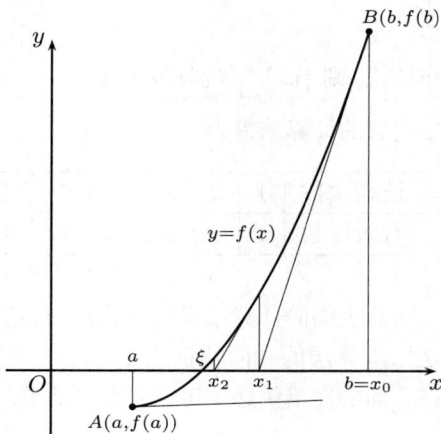

图 8.11

$$x_{n+1} = x_n - \frac{f(x_n)}{f'(x_n)}. \tag{8.27}$$

从图 8.11 可以看出, 所得到的数列 $\{x_n\}$ 有可能会很快收敛到方程 $f(x) = 0$ 的根 ξ. 这就是 **Newton 求根法**, 也称为 **Newton 切线法**.

但这里实际上有许多问题需要研究. 首先, 若设方程 $f(x) = 0$ 在区间 (a, b) 中只有唯一的一个根 ξ, 是否一定成立

$$\lim_{n \to \infty} x_n = \xi.$$

其次, 这个算法的收敛速度如何? 此外还有一个如何取初始值的问题. 在图 8.11 上从点 $A(a, f(a))$ 也作出了曲线 $y = f(x)$ 的切线, 但它与 x 轴的交点 (在图上未画出) 很可能会越出函数 $f(x)$ 的定义域.

可以从完全不同的角度导出 Newton 求根法. 例如, 假定已得到根 ξ 的第 n 个近似值 x_n, 又设 f 二阶可微, 则可以写出带 Lagrange 余项的 Taylor 展开式:

$$0 = f(\xi) = f(x_n) + f'(x_n)(\xi - x_n) + \frac{f''(\theta_n)}{2}(\xi - x_n)^2, \tag{8.28}$$

其中的中值 θ_n 在 x_n 和 ξ 之间. 在公式 (8.28) 中弃去右边的最后一项, 并将由此得到的根 ξ 的近似值记为 x_{n+1}, 就得到了前面已有的公式 (8.27). 在将 Newton 求根法推广到高维空间时用这种局部线性化的方法没有本质上的困难.

现在给出保证 Newton 求根法能够成功的一组充分条件, 并证明它的收敛速度恰好是二阶. 为直观起见, 下面所述的条件均与图 8.11 一致. 读者可自行写出与这组充分条件平行的其他充分条件.

命题 8.7.1 设函数 $f(x)$ 在区间 $[a, b]$ 上二阶连续可微, 且满足以下条件

(1) $f(a) < 0, f(b) > 0$;

(2) $f'(x) > 0, \forall x \in [a, b]$;

(3) $f''(x) > 0, \forall x \in [a, b]$;

(4) 取 $x_0 = b$ 为初始值;

那么就有

(1) 方程 $f(x) = 0$ 在区间 (a, b) 内存在唯一的根 ξ;

(2) 由递推公式 (8.27) 得到的数列 $\{x_n\}$ 是在区间 $[a, b]$ 中的严格单调减少数列, 且以 ξ 为极限;

(3) 数列 $\{x_n\}$ 的收敛速度为二阶.

证 从连续函数的零点存在定理知道方程 $f(x) = 0$ 在 (a, b) 中有根. 从 $f'(x)$ 在区间上处处大于 0 可知函数 $f(x)$ 严格单调增加, 因此方程的根唯一.

从公式 (8.28) 和 $f''(x) > 0, \forall x \in [a, b]$ 可见, 成立

$$f(x_n) + f'(x_n)(\xi - x_n) < 0, \forall n \in \mathbf{N}_+.$$

由此即可得到

$$\xi < x_n - \frac{f(x_n)}{f'(x_n)} = x_{n+1}, \forall\, n \in \mathbf{N}_+.$$

从递推公式 (8.27) 又可看出只要 $f(x_n) > 0$, 就有

$$x_{n+1} < x_n$$

成立. 由于初始值 $x_0 = b$ 处有 $f(b) > 0$, 而当 $x_n > \xi$ 时就有 $f(x_n) > 0$, 因此就保证了数列 $\{x_n\}$ 是严格单调减少数列, 且以 ξ 为下界. 记该数列的极限为 η, 在公式 (8.27) 两边令 $n \to \infty$, 得到

$$\eta = \eta - \frac{f(\eta)}{f'(\eta)},$$

可见 $f(\eta) = 0$. 由于方程 $f(x) = 0$ 在 $[a,b]$ 中的根唯一, 因此 $\eta = \xi$. 这样就证明了 Newton 求根法所得到的迭代数列 $\{x_n\}$ 收敛于方程在区间 $[a,b]$ 中的唯一根.

现在用 Taylor 公式 (8.28) 估计迭代误差

$$0 < x_{n+1} - \xi = x_n - \frac{f(x_n)}{f'(x_n)} - \xi$$
$$= \frac{(x_n - \xi)f'(x_n) - f(x_n)}{f'(x_n)}$$
$$= \frac{f''(\theta_n)(x_n - \xi)^2}{2f'(x_n)},$$

其中 $\theta_n \in (\xi, x_n)$. 利用 f'' 连续且处处大于 0, 就有

$$\lim_{n \to \infty} \frac{x_{n+1} - \xi}{(x_n - \xi)^2} = \frac{f''(\xi)}{2f'(\xi)} \neq 0,$$

因此 $\{x_n\}$ 二阶收敛于 ξ. □

注 1　容易看到在命题中的某些条件可以放宽, 而仍保证迭代数列为二阶收敛或不低于二阶收敛. 但另一方面也可以举出各种例子, 说明在 4 个条件中的某些条件不成立时, Newton 求根法可能失败. 一般而言, Newton 求根法在有拐点、重根和多根时会有困难.

注 2　不难得到 Newton 求根法的先验估计和事后估计 (可以与命题 3.4.4, 即压缩映射原理中的结果作比较). 由于 f 在 $[a,b]$ 上二阶连续可微, 因此在命题的条件下 f'' 在 $[a,b]$ 上有最大值 $M > 0$, 而 $f'(x)$ 在 $[a,b]$ 上有最小值 $m = f'(a) > 0$. 从证明中关于迭代误差的估计有

$$|x_{n+1} - \xi| \leqslant \frac{M}{2m}|x_n - \xi|^2,$$

代入公式 (8.25) 就得到

$$|x_n - \xi| \leqslant \frac{2m}{M} \left(\frac{M}{2m} |x_0 - \xi| \right)^{2^n}.$$

在计算前, 用它可以估计为达到指定精度所需的迭代次数, 即先验估计.

注意: 为了满足 $\dfrac{M}{2m}|x_0 - \xi| < 1$ 的要求, 区间 $[a, b]$ 的长度应当满足不等式

$$b - a < \frac{2m}{M}.$$

但从命题的证明知道, 即使这个条件不成立, 迭代数列仍然二阶收敛.

再利用 Lagrange 中值定理得到

$$|f(x_n) - f(\xi)| = |f(x_n)| \geqslant m|x_n - \xi|,$$

又用 Taylor 公式有

$$f(x_n) = f(x_{n-1}) + f'(x_{n-1})(x_n - x_{n-1}) + \frac{f''(\eta)}{2}(x_n - x_{n-1})^2$$

$$= \frac{f''(\eta)}{2}(x_n - x_{n-1})^2,$$

其中 η 在 x_n 与 x_{n-1} 之间, 就可以得到

$$|x_n - \xi| \leqslant \frac{1}{m}|f(x_n)| \leqslant \frac{M}{2m}|x_n - x_{n-1}|^2.$$

这可用于从相继两次计算的结果去估计当时的误差大小, 即事后估计.

例题 8.7.4 用 Newton 求根法导出开平方根的迭代算法.

解 设要求正数 A 的平方根. 取函数 $f(x) = x^2 - A$, 求 $\sqrt{A}$ 的问题就成为方程求根问题了. 将 f 代入迭代公式 (8.27) 中, 就得到

$$x_{n+1} = x_n - \frac{x_n^2 - A}{2x_n} = \frac{x_n}{2} + \frac{A}{2x_n}. \qquad \Box$$

注 1 在 $A = 2$ 时就得到例题 8.7.3 中的算法. 实际上本题的算法已在 2.6.3 小节的练习题 8 中出现. 其中练习题 9 还给出了求平方根的一个三阶算法.

注 2 这个算法的历史可以上溯到古代巴比伦文明 (见 [35]). 其思路可能是: 如果 x 是 $\sqrt{A}$ 的一个近似值, 那么 A/x 也是一个近似值, 这两个近似值的乘积等于 A, 而且分别在 $\sqrt{A}$ 的两侧, 因此取算术平均值可能会得到更好的结果.

8.7.3   练习题

本节的计算题应当根据在学习中所能使用的计算工具来安排. 下面的题中只有第 1 题是计算题, 且只需用计算器.

1. 用 Newton 求根法计算 (要求精确到 0.000 1):

   (1) $x^3 - 2x^2 - 4x - 7 = 0$ 在 $[3, 4]$ 之间的根的近似值;

   (2) $\sin x = 1 - x$ 的根的近似值.

2. 在命题 8.7.1 中给出了保证 Newton 求根法成功的充分条件, 其中共有 4 项要求. 试举出例子, 说明不满足其中的某些要求时, 用 Newton 求根法有可能失败.

3. 证明: 在例题 5.2.1 中提供的二分法是方程求根的一阶算法.

4. 证明: 2.6.3 小节的题 9 中的算法是求平方根的三阶算法.

5. 设 $A > 0$, 为计算立方根 $\sqrt[3]{A}$, 从 $x_0 > 0$ 出发用递推公式

$$x_{n+1} = \frac{x_n(x_n^3 + 2A)}{2x_n^3 + A}$$

作迭代, 证明数列 $\{x_n\}$ 收敛, 求出其极限, 并确定其收敛的阶.

6. 用 Newton 求根法设计一个求 $\sqrt[k]{A}\,(A > 0, k > 0)$ 的迭代算法, 并对其收敛速度作出分析.

7. 用 Newton 求根法设计一个求 $\dfrac{1}{A}$ 的迭代算法, 其中只用加法和乘法运算, 并对其收敛速度作出分析.

§8.8   对于教学的建议

微分学的应用极其广泛, 本章只介绍了其中的一部分内容, 主要是对于函数的研究, 还包括极限计算与方程求根的近似计算方法. 其他如曲率、渐屈线与渐伸线等在几何学上的应用均未收入. 有需要的读者可以从 [14, 8, 27, 59, 72] 等文献中找到微分学应用方面的更多材料.

8.8.1   学习要点

1. L'Hospital 法则无疑是求函数极限的首选工具. 但是若使用不当则会带来复杂的计算. 如何能综合使用包括 Taylor 公式在内的各种方法, 初学者需要通过大量的训练才能掌握. 今后学了积分学和无穷级数等知识后, 还会提供计算极限的许多新工具. 因此计算极限这一主题并非到此为止. 复习考研的学生尤其要注意这一点.

2. 函数的单调性分析 (即确定其单调区间) 以及函数极值和最值的确定, 这些都是函数研究中的基本问题. 这方面可以参考 [27, 59] 的 §2.7, §2.11. 对具有实际背景的极值应用题感兴趣的读者, 可以从 [27, 59] 的 §2.13 得到丰富多彩的材料 (例题 8.3.4 即是 [27] 中的习题 1587).

3. 凸函数在数学中是一类很重要的函数, 在理论和应用上均有其独特的地位. 有关凸函数的考题在考研中也是常见的. 本章对凸函数和有关的不等式作了基本的介绍. 请读者注意其中每个结论均有明显的几何意义, 由此出发不难掌握有关的结论和证明. 此外, 在凸函数中的许多有关问题可以从不利用导数、利用一阶导数和利用二阶导数三个层次来进行研究. 一个典型例子就是在本书中出现多次的 Jensen 不等式 (即命题 8.4.7).

4. 不等式在几乎每个数学领域中都是一个重要主题. 可以看出, 与本书第一章 §1.3 的初等不等式相比, 在本章中我们对不等式的认识上升到了一个全新的水平. 事实上在今后, 随着数学分析 (以及其他课程) 的学习, 不等式会一再出现, 在内容和方法上都会有层出不穷的新东西. 例如在 8.5.2 小节中的三个经典不等式在积分学和无穷级数中就都会遇到. 这方面的内容极其丰富, §8.5 是用微分学来研究不等式, 在后面的 §11.2 则是用积分学来研究不等式. 应当指出, [30] 是我国学者所写的不等式方面的专著, 材料极其丰富, 很有参考价值.

5. 微分学在函数作图方面的应用是明显的. 但是应当看到, 除了用微分学的作图方法之外, 还存在另一种作草图的简便方法. 这就是利用曲线的 "四则运算" 和移位、按比例放大缩小等技巧, 将曲线的大致趋势迅速确定出来. 值得注意的是在部分教科书中还专门介绍了这个方法 (例如见 [42, 72]). 在经典习题集 [27] 中为此将这两种不同的作图方法的练习分别安排在 §1.4 和 §2.12 中. 希望上习题课的教师注意不要漏掉这方面的训练. 在 [59] 的 §1.4 和 §2.12 中有很多详细解答的作图题可供参考.

6. 近似计算问题应当在数学分析的教学中占有一定的分量. 尽早培养学生在这方面的意识是数学分析在今后的改革方向之一. 从第二章开始, 本书注意了介绍这方面的内容. 当然这里还有许多不足之处. 若有可能, 希望在数学分析的教学中加入简单编程计算和使用 Mathematica 等软件的内容. 实际上本书的部分例题就是用 Mathematica 来计算的 (例如例题 8.7.3).

7. 对习题课的建议　本章习题课的材料很丰富, 都比较具体. 需要注意的是不要在习题课上草草过场, 对有关材料要充分展开. 通过应用微分学解决实际问题, 让学生加强应用的意识, 提高应用的能力. 凸函数、不等式都是很重要的题材, 需要在习题课上专门花时间训练.

8.8.2 参考题

第一组参考题

1. (1) 设 $\lim\limits_{x\to+\infty}[f(x)+f'(x)]=0$, 证明: $\lim\limits_{x\to+\infty}f(x)=0$;

   (2) 设 $|f(x)+f'(x)|\leqslant 1$, $f(x)$ 在 $(-\infty,+\infty)$ 上有界, 证明: $|f(x)|\leqslant 1$.

2. 设 $f(x)$ 在 $x=0$ 的某邻域上二阶可微, 且 $\lim\limits_{x\to0}\left(1+x+\dfrac{f(x)}{x}\right)^{\frac{1}{x}}=\mathrm{e}^3$. 求 $f(0)$, $f'(0)$, $f''(0)$ 和 $\lim\limits_{x\to0}\left(1+\dfrac{f(x)}{x}\right)^{\frac{1}{x}}$.

3. 例题 8.1.10 可以推广如下: 设正数数列 $\{x_n\}$ 为满足递推公式 $x_{n+1}=f(x_n)$ 的无穷小量, 函数 f 有 Maclaurin 展开式 $f(x)=x+Ax^k+o(x^k)$ $(x\to0)$, 其中 k 为大于 1 的某正整数, 系数 $A\neq0$, 证明: 有 $\alpha>0$, 使得存在非零极限 $\lim\limits_{n\to\infty}nx_n^\alpha$, 并求出此极限.

4. 设 $f\in C[a,b]$, 证明: f 在 (a,b) 内没有极值点的充分必要条件是 f 在区间 $[a,b]$ 上为严格单调函数.

5. 证明关于三点不等式 (命题 1.3.4) 的一个推广: 在 $0<p<1$ 时, 成立不等式
$$|a+b|^p\leqslant|a|^p+|b|^p.$$

6. 证明: 对每个正整数 n, 成立不等式
$$\frac{\mathrm{e}}{2n+2}<\mathrm{e}-\left(1+\frac{1}{n}\right)^n<\frac{\mathrm{e}}{2n+1}.$$

7. 证明: 当 $0<x<\dfrac{\pi}{2}$ 时, 成立不等式 $\left(\dfrac{\sin x}{x}\right)^3>\cos x$.

8. 证明: 当 $0<x<\dfrac{\pi}{2}$ 时, 成立不等式 $2\sin x+\tan x>3x$.

9. 证明: 当 $0<x<1$ 时, 成立不等式
$$\pi<\frac{\sin\pi x}{x(1-x)}\leqslant 4.$$

10. 证明: 当 $x\in[0,\pi/2]$ 时, 成立比 Jordan 不等式 (例题 8.5.6) 更好的结果:
$$\sin x\geqslant\frac{2}{\pi}x+\frac{1}{12\pi}x(\pi^2-4x^2).$$

11. 证明: 对 n 个正数 $x_1, x_2, \cdots, x_n$, 成立不等式

$$\frac{x_1 x_2 \cdots x_n}{(x_1 + x_2 + \cdots + x_n)^n} \leqslant \frac{(1+x_1)(1+x_2)\cdots(1+x_n)}{(n + x_1 + x_2 + \cdots + x_n)^n},$$

并讨论成立等号的条件.

12. 证明: 当 $x \in \left(0, \frac{\pi}{4}\right)$ 时, 成立 $(\sin x)^{\cos x} < (\cos x)^{\sin x}$; 而在 $x \in \left(\frac{\pi}{4}, \frac{\pi}{2}\right)$ 时, 不等式反向.

13. 设 $p > 1$, $a, b > 0$, 证明:

    (1) 当 $t > 0$ 时, 成立

    $$\frac{1}{p} t^{\frac{1}{p}-1} a + \left(1 - \frac{1}{p}\right) t^{\frac{1}{p}} b \geqslant a^{\frac{1}{p}} b^{1-\frac{1}{p}};$$

    (2) 当 $0 < t < 1$ 时, 成立

    $$t^{1-p} a^p + (1-t)^{1-p} b^p \geqslant (a+b)^p.$$

14. 设 $p(x)$ 为三次多项式, $p(a) = p(b) = 0$, 证明: $p(x)$ 在 $[a,b]$ 上不变号的充分必要条件是 $p'(a)\,p'(b) \leqslant 0$.

15. 证明在 $\mathbf{R}$ 上的任何可微函数都不可能满足下列函数方程:

    (1) $g(g(x)) = -x^3 + x + 1$; (2) $g(g(x)) = -x^3 + x^2 + 1$; (3) $g(g(x)) = x^2 - 3x + 3$.

16. 设 f 在 $[0,1]$ 上二阶可微, $f(0) = f(1) = 0$, $\min\limits_{0 \leqslant x \leqslant 1}\{f(x)\} = -1$, 证明: 存在 $\xi \in (0,1)$, 使成立 $f''(\xi) \geqslant 8$

17. 设 f 在 $[-1,1]$ 上三阶可微, $f(0) = f'(0) = 0$, $f(1) = 1$, $f(-1) = 0$, 证明: 存在 $\xi \in (-1,1)$, 使成立 $f'''(\xi) = 3$.

18. 设 f, g 在 $[a,b]$ 上连续可微, $f(a) = f(b) = 0$, Wronski (朗斯基) 行列式

$$W(f,g) = \begin{vmatrix} f(x) & g(x) \\ f'(x) & g'(x) \end{vmatrix} \neq 0, \forall\, x \in [a,b],$$

证明: $g(x)$ 在 (a,b) 中有零点.

第二组参考题

1. 设 f 在 $(0, +\infty)$ 上单调减少、可微, 且满足不等式 $0 < f(x) < |f'(x)|$, 证明: 当 $0 < x < 1$ 时, 成立不等式

$$xf(x) > \frac{1}{x} f\left(\frac{1}{x}\right).$$

2. 若 $f(0) = 0$, 且存在 $f^{(n+1)}(0)$, 定义

$$g(x) = \begin{cases} \dfrac{f(x)}{x}, & x \neq 0, \\ f'(0), & x = 0, \end{cases}$$

证明: $g(x)$ 的 n 阶导函数 $g^{(n)}(x)$ 在 $x=0$ 连续, 且 $g^{(n)}(0) = \dfrac{1}{n+1}f^{(n+1)}(0)$.

(例题 8.1.9 的推广.)

3. 设 f 在点 a 存在 $f^{(n)}(a)$, 且 $f(a) = 0$. 令 $F(x) = [f(x)]^n$, 证明: 对于 $k = 0, 1, \cdots, n-1$, $F^{(k)}(a) = 0$. 又举例说明: 导数 $f^{(n)}(a)$ 存在的条件不能去掉.

4. 记 $P_n(x) = 1 + \dfrac{x}{1!} + \dfrac{x^2}{2!} + \cdots + \dfrac{x^n}{n!}$, $n \in \mathbf{N}_+$, 证明:

   (1) n 为偶数时, $P_n(x) > 0, \forall x \in \mathbf{R}$;

   (2) n 为奇数时, $P_n(x)$ 有唯一的实零点;

   (3) 若将 $P_{2n+1}(x)$ 的零点记为 x_n, $n \in \mathbf{N}_+$, 则 $\{x_n\}$ 是严格单调减少的负无穷大量;

   (4) 当 $x < 0$ 时, 成立不等式 $P_{2n}(x) > \mathrm{e}^x > P_{2n+1}(x)$;

   (5) 当 $x > 0$ 时, 成立不等式 $\mathrm{e}^x > P_n(x) \geqslant \left(1 + \dfrac{x}{n}\right)^n$;

   (6) 对一切 $x \in \mathbf{R}$, 成立 $\lim\limits_{n \to \infty} P_n(x) = \mathrm{e}^x$.

5. 定义 $x_0 = a$, $x_1 = b$, $x_{n+1} = \dfrac{(2n-1)x_n + x_{n-1}}{2n}$, 求 $\lim\limits_{n \to \infty} x_n$.

6. 设 $0 < x_0 < y_0 \leqslant \dfrac{\pi}{2}$, 并用递推公式 $x_{n+1} = \sin x_n$ 和 $y_{n+1} = \sin y_n$ 生成两个数列 $\{x_n\}$ 和 $\{y_n\}$, 证明: $\lim\limits_{n \to \infty} \dfrac{x_n}{y_n} = 1$.

7. 证明: 若函数 $y = \dfrac{ax^2 + 2bx + c}{\alpha x^2 + 2\beta x + \gamma}$ $(\alpha \neq 0)$ 有三个拐点, 则它们必在一条直线上.

8. 下凸函数的 **Jensen 定义** 是: 称函数 f 在区间 I 上为下凸, 如果对所有 $x_1, x_2 \in I$, 成立

$$f\left(\dfrac{x_1 + x_2}{2}\right) \leqslant \dfrac{1}{2}[f(x_1) + f(x_2)].$$

证明: 对连续函数来说, 下凸的 Jensen 定义和 §8.4 中的下凸定义等价.

(确实存在按 Jensen 定义为下凸但不满足 §8.4 中的下凸定义的函数, 例题 5.1.3 的不连续解就是如此 (参见 [54, 56, 58]).)

9. 设 f 在区间 (a, b) 上按 Jensen 定义为下凸函数, 且至多只有第一类间断点, 证明: f 在 (a, b) 上连续.

10. 设 f 在区间 (a, b) 上按 Jensen 定义为下凸函数, 且在 (a, b) 内的每个闭子区间上有界, 证明: f 在 (a, b) 上连续.

11. 函数 f 在区间 $(-1, 1)$ 上二阶可微, $f(0) = f'(0) = 0$, 且在该区间上满足不等式 $|f''(x)| \leqslant |f(x)| + |f'(x)|$, 证明: $f(x) \equiv 0$.

12. 设 $f(x)$ 为区间 I 上的可微函数, 满足微分方程 $f'(x) = g(f(x))$, 其中 g 是在 f 的值域上有定义的函数, 证明: f 一定是单调函数.

13. 证明: 在 $(-\infty, +\infty)$ 上二阶可微的函数 f 不可能对于一切 x, 同时满足不等式

$$f(x) > 0, \ f'(x) > 0, \ f''(x) < 0.$$

14. 设 f 在 $\mathbf{R}$ 上三阶可微, 证明: 存在一个点 a 使得

$$f(a)f'(a)f''(a)f'''(a) \geqslant 0.$$

15. 设 $p(x)$ 是多项式, 证明: 若对每个 x 成立不等式

$$p'''(x) - p''(x) - p'(x) + p(x) \geqslant 0,$$

则 $p(x) \geqslant 0$ 对每个 x 成立.

16. 设 P 为多项式, $P(x) = 0$ 有 n 个大于 1 的互异实根, 令

$$Q(x) = (x^2 + 1)P(x)P'(x) + x[(P(x))^2 + (P'(x))^2],$$

证明: $Q(x) = 0$ 至少有 $2n - 1$ 个互异实根.

(下面两个题用于证明在第二章第二组参考题 18 中所用到的结论.)

17. 设 $f(x) = a^x$, 证明:

(1) 如 $a > \mathrm{e}^{\frac{1}{\mathrm{e}}}$, 则 f 无不动点;

(2) 如 $a = \mathrm{e}^{\frac{1}{\mathrm{e}}}$, 则 f 恰有一个不动点;

(3) 如 $1 < a < \mathrm{e}^{\frac{1}{\mathrm{e}}}$, 则 f 有两个不动点.

18. 设 $g(x) = a^{a^x}$, 证明:

(1) 如 $\mathrm{e}^{-\mathrm{e}} \leqslant a < 1$, 则 g 只有一个不动点;

(2) 如 $0 < a < \mathrm{e}^{-\mathrm{e}}$, 则 g 有三个不动点.

19. 讨论三角方程 $a\sin\theta + b\cos\theta - \sin\theta\cos\theta = 0$ 在 $[0, 2\pi)$ 中的实根个数.

20. 从平面上的一个定点向一个给定的椭圆可以引出多少条法线? 讨论在什么区域上法线的条数最多. (参见后面 412 页上关于本题所附的图 1 和图 2.)

(本题以及类似的问题最早是由 Apollonius (阿波罗尼奥斯, 约公元前 262–前 190 年) 提出和解决的. 又见于《数学译林》(1992) 第 4 期, 即 V. I. Arnold 给出的《构成对物理专业学生的最低限度的数学的一百个问题》中的第 7 题.)

第九章 不定积分

本章主要讨论不定积分的计算, 要点是掌握不定积分的基本计算方法与常见的可积函数类. 本章共分三节: 在 §9.1 中以分部积分法和换元积分法为中心, 通过例题介绍不定积分的计算方法; 在 §9.2 中讨论几类主要的可积函数; 最后一节为学习要点和参考题.

§9.1 不定积分的计算方法

9.1.1 内容提要

1. 求原函数的运算是求导数运算的逆运算, 即从函数 $F(x)$ 的导函数 $F'(x)$ 出发去求 $F(x)$.

2. **关于原函数的三个基本问题**: (1) 存在性, (2) 唯一性, (3) 如何求. 其中问题 (1) 要到下一章才能解决 (见命题 10.3.3), 问题 (2) 已在前面解决 (见例题 7.1.6). 本章主要是解决问题 (3), 即计算不定积分.

3. 如果函数 $f(x)$ 在区间 I 上有原函数, 则在此区间上 $f(x)$ 是某个函数的导函数, 因此它必须满足导函数的特有性质. 例如, 它一定具有介值性, 且不会有第一类间断点. 反之, 在区间 I 上有第一类间断点的函数在此区间上一定没有原函数. (参见 Darboux 定理 (即命题 7.1.6) 和例题 7.1.1.)

4. $f(x)$ 的不定积分 $\displaystyle\int f(x)\,\mathrm{d}x$ 是 $f(x)$ 的原函数全体, 它是一族函数, 而不止是一个函数. 由于不定积分 $\displaystyle\int f(x)\,\mathrm{d}x$ 中任意两个函数相差一个常值函数, 因此, 求 $\displaystyle\int f(x)\,\mathrm{d}x$ 时只要求出 $f(x)$ 的一个原函数, 再加上一个任意常值函数.

5. 初等函数 $f(x)$ 的原函数 $\displaystyle\int f(x)\,\mathrm{d}x$ 不一定是初等函数. 如果 $\displaystyle\int f(x)\,\mathrm{d}x$ 也是初等函数, 则称 $\displaystyle\int f(x)\,\mathrm{d}x$ 可积或积得出来; 反之, 则称其不可积或积不出来. 不定积分的计算就是求出原函数为初等函数的不定积分.

9.1.2 思考题

1. "不定积分" 与 "原函数" 这两个概念有什么区别? 有什么联系?

2. 在 $x = 0$ 点不连续的函数

$$f(x) = \begin{cases} 2x\sin\dfrac{1}{x} - \cos\dfrac{1}{x}, & \text{当 } x \neq 0, \\ 0, & \text{当 } x = 0 \end{cases}$$

在 $(-\infty, +\infty)$ 上是否有原函数?

3. 在不定积分公式 $\int \operatorname{sgn} x \, dx = |x| + C$ 和 $\int \frac{1}{x} \, dx = \ln|x| + C$ 中为什么会出现绝对值号?

4. 下列等式是否正确? 说明理由:

(1) $d \int f(x) \, dx = f(x)$; (2) $d \int f(x) \, dx = f(x) \, dx$;

(3) $\int df(x) = f(x)$; (4) $d \int df(x) = df(x)$;

其中 $d \int f(x) \, dx$ 是指对于 $\int f(x) \, dx$ 中每一个函数求微分所得到的集合.

5. 以下推导中有什么错误? 用分部积分公式可得到以下等式:

$$\int \frac{dx}{x} = x \cdot \frac{1}{x} - \int x \, d\left(\frac{1}{x}\right) = 1 + \int \frac{dx}{x},$$

因此推出 $0 = 1$.

9.1.3 基本计算方法

不定积分的基本计算方法有:

1. **第一换元法 —— 凑微分法**, 也称为**直接代换法**: 设 $\int f(u) \, du = F(u) + C$, $u = u(x)$ 可微, 则

$$\int f(u(x))u'(x) \, dx = F(u(x)) + C.$$

我们称这个方法为凑微分法, 是因为在实际计算时, $u(x)$ 的形式是"凑出来"的, 目的是使得被积表达式可以看成为 $f(u) \, du$, 同时能积出来.

2. **第二换元法 —— 代入换元法**, 也称为**逆代换法**: 设不定积分 $\int f(x) \, dx$ 存在, $x = x(t)$ 可微且存在反函数 $t = t(x)$, 又若 $\int f(x(t))x'(t) \, dt = F(t) + C$, 则得到

$$\int f(x) \, dx = F(t(x)) + C.$$

在使用第二换元法时, 往往会遇到一个问题: 是否一定要求存在反函数, 以及反函数是否要求处处可导? 对此在各种教科书上有不同的条件, 缺乏比较和讨论. 根据《美国数学月刊》(1994) 第 101 卷 520–526 页(译文见《数学译林》(1994) 348–352 页) 一文的调查, 这确实是在绝大多数教科书中都没有说清楚的一个问题. 我们在下面将介绍其中的证明. 从证明中可以看出, 对于 $t(x)$ 只有一个要求, 即满足恒等式 $x(t(x)) \equiv x$, 其他均无须考虑. 此外, 在 [42] 的 235–236 页中也注意到了这个问题.

3. **分部积分法**: 设 $u(x)$ 与 $v(x)$ 可微, 且在 $u(x)v'(x)$ 和 $v(x)u'(x)$ 中至少有一个存在原函数, 则

$$\int u(x)\, v'(x)\, \mathrm{d}x = u(x)v(x) - \int v(x)u'(x)\, \mathrm{d}x.$$

注 1　计算不定积分的一般步骤是: 通过代数运算、三角函数公式或换元、分部积分先将被积函数化为若干简单函数的和, 然后应用不定积分的线性运算法则与基本积分公式求出最后的结果. 为此, 在学习时除了必须牢记基本积分公式外, 还需要熟练掌握中学数学中的一些常用公式.

注 2　分部积分法是与求导运算中的乘积求导法则相对应的积分法则. 如果被积函数中出现幂函数、指数函数、三角函数这三类函数中两类或两类以上函数的乘积, 或者出现对数函数、反三角函数, 都可以考虑用分部积分法. 应用分部积分法, 最重要的是如何正确选择 $u(x)$ 与 $v(x)$. 一般说来, 要注意下面两个原则:

$$(1)\ v(x)\ \text{比较容易求出};\qquad (2) \int v\, \mathrm{d}u\ \text{要比} \int u\, \mathrm{d}v\ \text{容易计算}.$$

对于上面提到的五类初等函数, 有人总结出"反对幂三指"五个字, 这里"反""对""幂""三""指"依次是反三角函数、对数函数、幂函数、三角函数和指数函数, 积分时, 一般应将排列次序在后面的函数优先与 $\mathrm{d}x$ 结合成为 $\mathrm{d}v$. (有兴趣的读者可看 [42] 的 237 页和《美国数学月刊》(1983) 第 90 卷 211 页.)

命题 9.1.1 (第二换元法的证明)　设 $f(x)$ 有原函数, $x = x(t)$ 可微且有 $t = t(x)$ 满足 $x(t(x)) \equiv x$, 又若 $\int f(x(t))x'(t)\, \mathrm{d}t = F(t) + C$, 则

$$\int f(x)\, \mathrm{d}x = F(t(x)) + C.$$

证　已知 $f(x)$ 有原函数, 记为 $U(x)$, 则有 $U'(x) = f(x)$. 又已知 $F(t)$ 满足

$$F'(t) = f(x(t))x'(t).$$

从复合函数求导法则得到

$$\frac{\mathrm{d}U(x(t))}{\mathrm{d}t} = U'(x(t))x'(t) = f(x(t))x'(t) = F'(t).$$

因此 $U(x(t))$ 和 $F(t)$ 只相差一个常值函数, 即有

$$U(x(t)) = F(t) + C.$$

用 $t = t(x)$ 代入, 且利用恒等式 $x(t(x)) \equiv x$, 于是就有

$$U(x(t(x))) = U(x) = F(t(x)) + C,$$

因此

$$\frac{\mathrm{d}F(t(x))}{\mathrm{d}x} = U'(x) = f(x).$$ □

9.1.4　例题

首先, 我们通过一题多解来说明计算不定积分时的多种可能性.

例题 9.1.1 计算 $I = \displaystyle\int \frac{\mathrm{d}x}{x\sqrt{x^2-1}}$.

解 1　$I = \displaystyle\int \frac{\mathrm{d}x}{x^2\sqrt{1-\left(\dfrac{1}{x}\right)^2}} = -\int \frac{\mathrm{d}\left(\dfrac{1}{x}\right)}{\sqrt{1-\left(\dfrac{1}{x}\right)^2}} = -\arcsin\frac{1}{x} + C.$ □

注 1　这是第一换元法, 在其中将 $1/x$ 看成为 u, 将被积表达式看成 $\dfrac{\mathrm{d}u}{\sqrt{1-u^2}}$, 然后用基本积分公式. 但实际上也可以说是用第二换元法. 令 $x = 1/t$, 这时

$$\mathrm{d}x = -\frac{1}{t^2}\mathrm{d}t, \quad \frac{1}{x\sqrt{x^2-1}} = \frac{t^2}{\sqrt{1-t^2}},$$

于是就有

$$I = -\int \left(\frac{1}{t^2}\right) \cdot \frac{t^2}{\sqrt{1-t^2}}\,\mathrm{d}t = -\int \frac{\mathrm{d}t}{\sqrt{1-t^2}},$$

以下与解 1 相同. 这个解法中的变换称为"倒代换", 是一种常用的变量代换. 更一般的还有代换 $x = t^\alpha$, 其中 α 待定.

解 2　$I = \displaystyle\int \frac{x\,\mathrm{d}x}{x^2\sqrt{x^2-1}} = \int \frac{\mathrm{d}\sqrt{x^2-1}}{(\sqrt{x^2-1})^2+1} = \arctan\sqrt{x^2-1} + C.$ □

解 3　令 $x = \sec t$, 则 $\mathrm{d}x = \sec t \tan t\,\mathrm{d}t$,

$$I = \int \frac{\sec t \tan t}{\sec t \tan t}\,\mathrm{d}t = \int \mathrm{d}t = t + C = \arccos\frac{1}{x} + C.$$ □

解 4　令 $\sqrt{x^2-1} = x - t$, 则可解出 $x = \dfrac{t^2+1}{2t}$, 并计算得到

$$\mathrm{d}x = \frac{t^2-1}{2t^2}\mathrm{d}t, \quad \sqrt{x^2-1} = \frac{1-t^2}{2t}.$$

因此

$$I = \int \frac{2t \cdot 2t(t^2-1)}{(t^2+1)(1-t^2)2t^2}\,\mathrm{d}t = -2\int \frac{\mathrm{d}t}{1+t^2}$$

$$= -2\arctan t + C = -2\arctan(x - \sqrt{x^2-1}) + C.$$ □

解 5 令 $\sqrt{x^2 - 1} = t(x - 1)$, 则可解出 $x = (t^2 + 1)/(t^2 - 1)$, 并计算得到

$$\mathrm{d}x = -\frac{4t\,\mathrm{d}t}{(t^2 - 1)^2}, \quad \sqrt{x^2 - 1} = \frac{2t}{t^2 - 1}.$$

因此

$$I = \int \frac{(t^2 - 1)^2(-4t)}{(t^2 + 1)2t(t^2 - 1)^2}\,\mathrm{d}t = -2\int \frac{\mathrm{d}t}{1 + t^2}$$

$$= -2\arctan t + C = -2\arctan\frac{\sqrt{x^2 - 1}}{x - 1} + C. \qquad \square$$

注 2 最后两种解法中所用的变换称为 Euler 变换, 可以证明, 对于形如

$$\int R(x, \sqrt{ax^2 + bx + c})\,\mathrm{d}x \quad (a \neq 0)$$

的不定积分 (其中 R 为有理分式), 利用 Euler 变换一定能解决, 见 [14] 第二卷 281 小节和 [59] 第二册的 3.3.3 小节. 然而, 过于一般的方法对于具体问题往往不是最简单的方法. 正如本题的解 3 所示, 对形如 $\int R(x, \sqrt{x^2 - a^2})\,\mathrm{d}x \, (a > 0)$ 的不定积分, 用变换 $x = a\sec t$ 有时要比利用 Euler 变换简单得多. 一般来说, 对形如 $\int R(x, \sqrt{a^2 - x^2})\,\mathrm{d}x$ 与 $\int R(x, \sqrt{x^2 + a^2})\,\mathrm{d}x \, (a > 0)$ 的不定积分, 较为简单的常用变换分别是 $x = a\sin t$ 与 $x = a\tan t$.

注 3 本题的 5 种解法的答案表面上均不相同, 这在不定积分计算中是常见的现象. 由于不定积分是以一个原函数加上任意常值函数的形式来表示的, 而其中原函数的选择是任意的, 彼此之间只相差一个常值函数, 因此表面上就可能不一样, 但它们的导函数必须相同, 否则就出错了. 请初学者注意: **要养成用求导运算来检验不定积分计算结果是否正确的习惯**.

例题 9.1.2 计算不定积分 $I = \int x^2\sqrt{x^2 + 1}\,\mathrm{d}x$.

解 1 将根号外的一个因子 x 移入到根号下, 并将积分表达式看成为 $f(u)\,\mathrm{d}u$, 其中 $u = x^2$, 就可计算如下:

$$I = \frac{1}{2}\int \sqrt{x^4 + x^2}\,\mathrm{d}x^2$$

$$= \frac{1}{2}\int \sqrt{\left(x^2 + \frac{1}{2}\right)^2 - \left(\frac{1}{2}\right)^2}\,\mathrm{d}\left(x^2 + \frac{1}{2}\right)$$

$$= \frac{1}{4}\left(x^2 + \frac{1}{2}\right)\sqrt{x^4 + x^2} - \frac{1}{16}\ln\left(x^2 + \frac{1}{2} + \sqrt{x^4 + x^2}\right) + C_1$$

$$= \frac{1}{8}x(2x^2 + 1)\sqrt{x^2 + 1} - \frac{1}{16}\ln\left(x + \sqrt{x^2 + 1}\right)^2 + C \quad \left(C = C_1 + \frac{\ln 2}{16}\right)$$

$$= \frac{1}{8}x(2x^2 + 1)\sqrt{x^2 + 1} - \frac{1}{8}\ln\left(x + \sqrt{x^2 + 1}\right) + C. \qquad \square$$

解 2 因为 $\int x\sqrt{x^2+1}\,\mathrm{d}x = \frac{1}{2}\int \sqrt{x^2+1}\,\mathrm{d}(x^2+1) = \frac{1}{3}(x^2+1)^{\frac{3}{2}}+C_1$, 所以由分部积分法, 可得

$$I = \frac{1}{3}\int x\,\mathrm{d}(x^2+1)^{\frac{3}{2}} = \frac{1}{3}x(x^2+1)^{\frac{3}{2}} - \frac{1}{3}\int(x^2+1)^{\frac{3}{2}}\,\mathrm{d}x$$

$$= \frac{1}{3}x(x^2+1)^{\frac{3}{2}} - \frac{1}{3}\int(x^2+1)\sqrt{x^2+1}\,\mathrm{d}x$$

$$= \frac{1}{3}x(x^2+1)^{\frac{3}{2}} - \frac{1}{3}\int x^2\sqrt{x^2+1}\,\mathrm{d}x - \frac{1}{3}\int\sqrt{x^2+1}\,\mathrm{d}x$$

$$= \frac{1}{3}x(x^2+1)^{\frac{3}{2}} - \frac{I}{3} - \frac{1}{6}\left[x\sqrt{x^2+1}+\ln(x+\sqrt{x^2+1})\right].$$

将 $\frac{1}{3}I$ 移项到左边, 且对两边同除以 $\frac{4}{3}$, 得到

$$I = \frac{1}{4}x(x^2+1)^{\frac{3}{2}} - \frac{1}{8}\left[x\sqrt{x^2+1}+\ln(x+\sqrt{x^2+1})\right]+C. \qquad \square$$

本题还有下列解法, 这种解法虽然不容易想到, 但十分简洁.

解 3 因为

$$\left(x^3\sqrt{x^2+1}\right)' = 3x^2\sqrt{x^2+1} + \frac{x^4}{\sqrt{x^2+1}} = 4x^2\sqrt{x^2+1} - \sqrt{x^2+1} + \frac{1}{\sqrt{x^2+1}},$$

所以

$$x^2\sqrt{x^2+1} = \frac{1}{4}\left[\left(x^3\sqrt{x^2+1}\right)' + \sqrt{x^2+1} - \frac{1}{\sqrt{x^2+1}}\right].$$

于是

$$I = \frac{1}{4}\left[x^3\sqrt{x^2+1} + \frac{x}{2}\sqrt{x^2+1} - \frac{1}{2}\ln(x+\sqrt{x^2+1})\right]+C. \qquad \square$$

注 1 可由此设计不定积分 $\int x^k\sqrt{x^2+1}\,\mathrm{d}x$ 和 $\int \frac{x^k}{\sqrt{x^2+1}}\,\mathrm{d}x$ 的一般解法.

注 2 如解 1 所示, 往往可通过加减一个常数的方法来化简不定积分的结果.

注 3 本题解 2 通过分部积分法产生一个关于所求积分的方程, 然后解这个方程得到所求积分, 这样运用分部积分的方法可称为"**循环法**", 是一种常用的技巧. 特别当被积函数中含有指数函数与三角函数的乘积时, 往往可以用循环法来进行积分. 下面我们再看一道用循环法进行积分的例题.

例题 9.1.3 计算 $I = \int \csc^4 x\,\mathrm{d}x$.

解 $I = \int \csc^2 x\,\mathrm{d}(-\cot x) = -\cot x\,\csc^2 x + \int \cot x\,\mathrm{d}(\csc^2 x)$

$= -\cot x\,\csc^2 x - 2\int(\csc^4 x - \csc^2 x)\,\mathrm{d}x$

$= -\cot x\,\csc^2 x - 2I - 2\cot x,$

因此得到 $I = -\dfrac{1}{3} \cot x \csc^2 x - \dfrac{2}{3} \cot x + C.$ □

例题 9.1.4 计算 $I = \displaystyle\int x \tan x \sec^2 x \, \mathrm{d}x.$

解 用分部积分法计算:

$$\begin{aligned} I &= \int x \, \mathrm{d}\left(\frac{1}{2}\sec^2 x\right) = \frac{1}{2} x \sec^2 x - \frac{1}{2}\int \sec^2 x \, \mathrm{d}x \\ &= \frac{1}{2}(x \sec^2 x - \tan x) + C. \end{aligned}$$ □

注 有人用下面的方法做这道题:

错误解法 令 $x = \pi - t$, 则

$$\begin{aligned} I &= \int \frac{(\pi - t)\sin t}{\cos^3 t} \, \mathrm{d}t = \pi \int \frac{\sin t}{\cos^3 t} \, \mathrm{d}t - \int \frac{t\sin t}{\cos^3 t} \, \mathrm{d}t \\ &= \pi \int \mathrm{d}\left(\frac{1}{2\cos^2 t}\right) - I = \frac{\pi}{2}\sec^2 t - I, \end{aligned}$$

所以得到

$$I = \frac{\pi}{4}\sec^2 x + C.$$ □

用求导还原的方法就可以发现上述结果是错的. 原因是: 虽然 $\displaystyle\int \frac{t\sin t}{\cos^3 t} \, \mathrm{d}t$ 与 $\displaystyle\int \frac{x\sin x}{\cos^3 x} \, \mathrm{d}x$ 的被积函数有相同形式, 但它们是不同变量 t 与 x 的函数, 且有关系 $x = \pi - t$, 不能合并. 同样, $\sec^2 t$ 与 $\sec^2 x$ 也是不同的函数, 不能任意替换.

当被积函数含有指数函数、对数函数和反三角函数时, 其不定积分既可以用换元积分法求, 也可以用分部积分法求或用两种方法结合求. 但是, 同一道题, 用不同的方法去解, 其解法的难易程度可能很不相同.

例题 9.1.5 求不定积分 $\displaystyle\int \frac{x\ln x}{(1+x^2)^2} \, \mathrm{d}x.$

解 用分部积分法计算:

$$\begin{aligned} \int \frac{x\ln x}{(1+x^2)^2} \, \mathrm{d}x &= -\frac{1}{2}\int \ln x \, \mathrm{d}\left(\frac{1}{1+x^2}\right) \\ &= -\frac{1}{2}\left(\frac{\ln x}{1+x^2} - \int \frac{1}{1+x^2} \, \mathrm{d}\ln x\right) \\ &= -\frac{1}{2}\left[\frac{\ln x}{1+x^2} - \int \frac{\mathrm{d}x}{x(1+x^2)}\right] \\ &= -\frac{1}{2}\left[\frac{\ln x}{1+x^2} - \int \left(\frac{1}{x} - \frac{x}{1+x^2}\right) \mathrm{d}x\right] \\ &= -\frac{1}{2}\left[\frac{\ln x}{1+x^2} - \ln x + \frac{1}{2}\ln(1+x^2)\right] + C \\ &= -\frac{1}{2}\frac{\ln x}{1+x^2} + \frac{1}{4}\ln\frac{x^2}{1+x^2} + C. \end{aligned}$$ □

例题 9.1.6 求不定积分 $\displaystyle\int \frac{x\arctan x}{(1+x^2)^2}\,\mathrm{d}x$.

解 将分部积分法和换元法结合起来就很容易解决这个积分问题. 首先用分部积分法计算如下:

$$
\begin{aligned}
\int \frac{x\arctan x}{(1+x^2)^2}\,\mathrm{d}x &= -\frac{1}{2}\int \arctan x\,\mathrm{d}\left(\frac{1}{1+x^2}\right)\\
&= -\frac{\arctan x}{2(1+x^2)} + \frac{1}{2}\int \frac{\mathrm{d}\arctan x}{1+x^2}.
\end{aligned}
$$

然后对最后一个积分用代换 $\arctan x = t$, 就有

$$
\begin{aligned}
\frac{1}{2}\int \frac{\mathrm{d}\arctan x}{1+x^2} &= \frac{1}{2}\int \frac{\mathrm{d}t}{1+\tan^2 t}\\
&= \frac{1}{2}\int \cos^2 t\,\mathrm{d}t = \frac{1}{4}\int(\cos 2t + 1)\,\mathrm{d}t\\
&= \frac{1}{8}\sin 2t + \frac{1}{4}t + C\\
&= \frac{x}{4(1+x^2)} + \frac{1}{4}\arctan x + C.
\end{aligned}
$$

合并以上结果就得到

$$
\begin{aligned}
\int \frac{x\arctan x}{(1+x^2)^2}\,\mathrm{d}x &= -\frac{\arctan x}{2(1+x^2)} + \frac{x}{4(1+x^2)} + \frac{1}{4}\arctan x + C\\
&= \frac{x^2-1}{4(x^2+1)}\cdot\arctan x + \frac{x}{4(1+x^2)} + C. \qquad\square
\end{aligned}
$$

注 从以上例题的解法可以看出, 对于不定积分而言, 并不存在能对一切情况都适用的固定方法. 初学者必须通过相当数量的解题训练, 积累经验, 才能掌握计算不定积分的技能.

9.1.5 特殊计算方法

(一) 配对积分法

先看下面这道例题:

例题 9.1.7 计算不定积分 $I = \displaystyle\int \frac{\sin x\,\mathrm{d}x}{2\sin x + 3\cos x}$.

解 注意到 $\displaystyle\int \frac{2\sin x + 3\cos x}{2\sin x + 3\cos x}\,\mathrm{d}x = \int \mathrm{d}x = x + C$, 又有

$$
\int \frac{(2\sin x + 3\cos x)'}{2\sin x + 3\cos x}\,\mathrm{d}x = \int \frac{2\cos x - 3\sin x}{2\sin x + 3\cos x}\,\mathrm{d}x = \ln|2\sin x + 3\cos x| + C,
$$

不难看出, 如果设 $J = \int \dfrac{\cos x}{2\sin x + 3\cos x}\, \mathrm{d}x$, 则 $2I + 3J$ 与 $2J - 3I$ 是直接可以求出的. 因此为了求 I, 只要解代数方程组就行了. 具体计算从略. □

从上面这道题我们看到, 有时为了计算不定积分 $I(x) = \int f(x)\,\mathrm{d}x$, 可以找另一个不定积分 $J(x) = \int g(x)\,\mathrm{d}x$ 及实数 a, b, c, d $(ad - bc \neq 0)$, 使 $af + bg$ 和 $cf + dg$ 的积分都比 $\int f(x)\,\mathrm{d}x$ 容易计算. 计算出 $aI(x) + bJ(x)$ 和 $cI(x) + dJ(x)$ 之后, 就容易用代数方法求出 $I(x)$.

例题 9.1.8 求不定积分 $\int \dfrac{\mathrm{d}x}{1 + x^4}$.

解 令 $M(x) = \int \dfrac{\mathrm{d}x}{1 + x^4}$, $N(x) = \int \dfrac{x^2\,\mathrm{d}x}{1 + x^4}$, 则有

$$M(x) - N(x) = \int \frac{1 - x^2}{1 + x^4}\,\mathrm{d}x = -\int \frac{1 - \dfrac{1}{x^2}}{x^2 + \dfrac{1}{x^2}}\,\mathrm{d}x$$

$$= -\int \frac{\mathrm{d}\left(x + \dfrac{1}{x}\right)}{\left(x + \dfrac{1}{x}\right)^2 - 2} = -\frac{1}{2\sqrt{2}} \ln \frac{x^2 - \sqrt{2}x + 1}{x^2 + \sqrt{2}x + 1} + C,$$

$$M(x) + N(x) = \int \frac{1 + x^2}{1 + x^4}\,\mathrm{d}x = \int \frac{1 + \dfrac{1}{x^2}}{x^2 + \dfrac{1}{x^2}}\,\mathrm{d}x = \int \frac{\mathrm{d}\left(x - \dfrac{1}{x}\right)}{\left(x - \dfrac{1}{x}\right)^2 + 2}$$

$$= \frac{1}{\sqrt{2}} \arctan \frac{x - \dfrac{1}{x}}{\sqrt{2}} + C = \frac{1}{\sqrt{2}} \arctan \frac{x^2 - 1}{\sqrt{2}x} + C,$$

因此得到

$$M(x) = \frac{1}{2}[(M(x) + N(x)) + (M(x) - N(x))]$$

$$= -\frac{1}{4\sqrt{2}} \ln \frac{x^2 - \sqrt{2}x + 1}{x^2 + \sqrt{2}x + 1} + \frac{1}{2\sqrt{2}} \arctan \frac{x^2 - 1}{\sqrt{2}x} + C. \quad \square$$

注 本题也可用后面 9.2.1 小节中的标准方法做, 但计算量却要大得多.

(二) 递推法

设 $f_n(x)$ 是变量 x 的函数, 其表达式中含有参数 $n \in \mathbf{N}_+$. 为了计算积分 $I_n = \int f_n(x)\,\mathrm{d}x$, 可以用各种方法将它化成求参数值较小的积分 $I_{n-k} = \int f_{n-k}(x)\,\mathrm{d}x$ $(0 < k \leqslant n)$, 并且继续如此做下去, 直到最后把问题化为求参数值最小的一个或几个积分. 这种计算不定积分的方法, 称为**递推法**.

例题 9.1.9 导出求不定积分 $I_n = \int \dfrac{\mathrm{d}x}{(1+x^2)^n}$ (n 是正整数) 的递推公式.

解 由分部积分法, 我们有

$$
\begin{aligned}
I_n &= \int \frac{\mathrm{d}x}{(1+x^2)^n} = \frac{x}{(1+x^2)^n} + 2n \int \frac{x^2}{(1+x^2)^{n+1}} \, \mathrm{d}x \\
&= \frac{x}{(1+x^2)^n} + 2n \int \left[\frac{1}{(1+x^2)^n} - \frac{1}{(1+x^2)^{n+1}} \right] \mathrm{d}x \\
&= \frac{x}{(1+x^2)^n} + 2n I_n - 2n I_{n+1},
\end{aligned}
$$

因此得到递推公式

$$
I_{n+1} = \frac{1}{2n} \cdot \frac{x}{(1+x^2)^n} + \left(1 - \frac{1}{2n} \right) I_n, \quad n \in \mathbf{N}_+. \qquad \square
$$

例题 9.1.10 设对正整数 m, n, 定义 $I(m,n) = \int \cos^m x \sin^n x \, \mathrm{d}x$, 证明:

$$
I(m,n) = \frac{\cos^{m-1} x \sin^{n+1} x}{m+n} + \frac{m-1}{m+n} I(m-2, n).
$$

证 用分部积分法得到

$$
\begin{aligned}
I(m,n) &= \int \cos^m x \sin^n x \, \mathrm{d}x = \int \cos^{m-1} x \sin^n x \, \mathrm{d}(\sin x) \\
&= \cos^{m-1} x \sin^{n+1} x - \int \sin x \, \mathrm{d}(\cos^{m-1} x \sin^n x),
\end{aligned}
$$

而最后一个积分可以计算如下

$$
\begin{aligned}
&\int \sin x \, \mathrm{d}(\cos^{m-1} x \sin^n x) \\
={}&\int \sin x [-(m-1) \cos^{m-2} x \sin^{n+1} x + n \cos^m x \sin^{n-1} x] \, \mathrm{d}x \\
={}&-(m-1) \int \cos^{m-2} x (1 - \cos^2 x) \sin^n x \, \mathrm{d}x + n \int \cos^m x \sin^n x \, \mathrm{d}x \\
={}&-(m-1) I(m-2, n) + (m+n-1) I(m,n),
\end{aligned}
$$

加以整理并除以 $m+n$, 即得所要的递推公式. $\qquad \square$

虽然建立不定积分的递推公式主要是用分部积分法, 但有时还需要考虑其他方法. 下面我们看一道例题.

例题 9.1.11 设对正整数 $n > 2$, 定义 $I_n = \int \dfrac{\sin nx}{\sin x} \, \mathrm{d}x$, 证明:

$$
I_n = \frac{2}{n-1} \sin(n-1)x + I_{n-2}.
$$

证　考虑降 n,

$$\begin{aligned}
I_n &= \int \frac{\sin(n-1)x\,\cos x + \sin x\,\cos(n-1)x}{\sin x}\,\mathrm{d}x \\
&= \int \frac{\sin(n-1)x\,\cos x}{\sin x}\,\mathrm{d}x + \int \cos(n-1)x\,\mathrm{d}x \\
&= \frac{1}{2}\int \frac{\sin nx + \sin(n-2)x}{\sin x}\,\mathrm{d}x + \int \cos(n-1)x\,\mathrm{d}x \\
&= \frac{1}{2}I_n + \frac{1}{2}I_{n-2} + \frac{1}{n-1}\sin(n-1)x,
\end{aligned}$$

所以

$$I_n = \frac{2}{n-1}\sin(n-1)x + I_{n-2}. \qquad \square$$

9.1.6　练习题

1. 计算下列不定积分:

(1) $\displaystyle\int \frac{x}{1+x^4}\,\mathrm{d}x$;

(2) $\displaystyle\int \frac{\mathrm{d}x}{\sqrt{x(1-x)}}$;

(3) $\displaystyle\int \ln(1+x^2)\,\mathrm{d}x$;

(4) $\displaystyle\int \frac{\arctan\sqrt{x}}{\sqrt{x}(1+x)}\,\mathrm{d}x$;

(5) $\displaystyle\int \frac{\mathrm{d}x}{\mathrm{e}^x - 1}$;

(6) $\displaystyle\int \frac{x\ln(x+\sqrt{1+x^2})}{(1+x^2)^2}\,\mathrm{d}x$;

(7) $\displaystyle\int \frac{x\,\mathrm{e}^x}{(1+x)^2}\,\mathrm{d}x$;

(8) $\displaystyle\int \frac{1+x}{x(1+x\mathrm{e}^x)}\,\mathrm{d}x$;

(9) $\displaystyle\int \ln^2(x+\sqrt{1+x^2})\,\mathrm{d}x$;

(10) $\displaystyle\int \frac{\mathrm{e}^{\arctan x}}{(1+x^2)^{\frac{3}{2}}}\,\mathrm{d}x$.

2. 用配对积分法计算下列不定积分:

(1) $\displaystyle\int \frac{\mathrm{d}x}{1+x^2+x^4}$;

(2) $\displaystyle\int \frac{\mathrm{e}^x\,\mathrm{d}x}{\mathrm{e}^x + \mathrm{e}^{-x}}$;

(3) $\displaystyle\int \frac{b\sin x + a\cos x}{a\sin x + b\cos x}\,\mathrm{d}x \quad (a \neq b)$;

(4) $\displaystyle\int \frac{\mathrm{d}x}{1+x^3}$.

3. 通过计算不定积分

$$\int (\cos^4 x - \sin^4 x)\,\mathrm{d}x \quad 与 \quad \int (\cos^4 x + \sin^4 x)\,\mathrm{d}x,$$

进而求出不定积分

$$\int \cos^4 x\,\mathrm{d}x \quad 和 \quad \int \sin^4 x\,\mathrm{d}x.$$

4. 导出计算下列不定积分的递推公式:

(1) $\displaystyle\int \sin^n x \, \mathrm{d}x$;

(2) $\displaystyle\int \tan^n x \, \mathrm{d}x$;

(3) $\displaystyle\int \sec^n x \, \mathrm{d}x$;

(4) $\displaystyle\int \frac{1}{x^n \sqrt{1+x^2}} \, \mathrm{d}x$.

5. 试求: (1) $\displaystyle\int x f''(x) \, \mathrm{d}x$;

(2) $\displaystyle\int f'(2x) \, \mathrm{d}x$.

6. 设对任意正整数 m, n, 定义 $I(m,n) = \displaystyle\int \cos^m x \sin^n x \, \mathrm{d}x$, 证明:

(1) $I(m,n) = -\dfrac{\sin^{n-1} x \cos^{m+1} x}{m+n} + \dfrac{n-1}{m+n} \cdot I(m, n-2)$;

(2) $I(n,n) = -\dfrac{\cos 2x \sin^{n-1} 2x}{n \cdot 2^{n+1}} + \dfrac{n-1}{4n} \cdot I(n-2, n-2)$.

§9.2 几类可积函数

9.2.1 有理函数的积分

有理函数是最基本的可积函数类, 其他可积函数类都是化为有理函数进行积分的. 有理函数可以分解为多项式与真分式的和, 而真分式又可以分解为部分分式的和并求出积分, 因此有理函数的原函数一定是初等函数.

在将真分式分解为部分分式的和时, 理论上是将问题归结为求解线性代数方程组. 这方面的标准理论见 [14] 的第八章第 2 节.

实际上许多问题还可以有很灵活的解法. 这里有一些常用的技巧. 下面我们举例说明.

例题 9.2.1 将 $\dfrac{1}{1+x^3}$ 化为部分分式的和.

解 对待定的表达式

$$\frac{1}{1+x^3} = \frac{1}{(1+x)(1-x+x^2)} = \frac{A}{1+x} + \frac{Bx+C}{1-x+x^2} \tag{9.1}$$

两边同乘 $1+x$ 后, 令 $x \to -1$, 得 $A = \dfrac{1}{3}$.

又将 (9.1) 两边同乘 x 后, 令 $x \to +\infty$, 得 $A + B = 0$, 因此 $B = -A = -\dfrac{1}{3}$. 再在 (9.1) 两边用 $x = 0$ 代入, 得 $1 = A + C$, 因此 $C = 1 - A = \dfrac{2}{3}$. $\qquad\square$

注 从一般理论知道在求部分分式的计算中用四则代数运算就够了. 以上引入的极限计算也是如此. 容易看出, 求 A 的过程就是在 (9.1) 的左边将分母的因子 $(1+x)$ 去掉之后再用 $x = -1$ 代入的结果.

下面举一个比较复杂的例子 (见 [72]), 其中的解 1 中不仅有极限计算, 还有求导计算和在复数域中的计算.

例题 9.2.2 求不定积分

$$\int \frac{x^7 - 2x^6 + 4x^5 - 5x^4 + 4x^3 - 5x^2 - x}{(x-1)^2(x^2+1)^2} \, \mathrm{d}x.$$

解 1 记被积函数为 $R(x)$. 首先要分离出真分式, 得到

$$R(x) = x + \frac{x^5 - x^4 + x^3 - 3x^2 - 2x}{(x-1)^2(x^2+1)^2}.$$

根据部分分式理论, 一定有唯一的分解如下:

$$\frac{x^5 - x^4 + x^3 - 3x^2 - 2x}{(x-1)^2(x^2+1)^2} = \frac{A}{(x-1)^2} + \frac{B}{x-1} + \frac{Cx+D}{(x^2+1)^2} + \frac{Ex+F}{x^2+1}. \quad (9.2)$$

两边同乘 $(x-1)^2$ 后令 $x \to 1$, 就得到 $A = -1$. 又两边同乘 $(x-1)^2$ 后求在点 $x = 1$ 处的导数值, 则就可用求导法则计算如下:

$$B = \frac{(5 - 4 + 3 - 6 - 2) \cdot 4 - 8 \cdot (1 - 1 + 1 - 3 - 2)}{16} = 1.$$

又在 (9.2) 两边同乘 $(x^2+1)^2$, 再令 $x \to \mathrm{i}$ (复数域中的极限), 就得到[①],

$$C\,\mathrm{i} + D = \frac{\mathrm{i} - 1 - \mathrm{i} + 3 - 2\mathrm{i}}{-2\,\mathrm{i}} = 1 + \mathrm{i},$$

因此 $C = D = 1$. 再在 (9.2) 两边令 $x = 0$ 代入, 得到 $A - B + D + F = 0$, 因此 $F = 1$. 最后在 (9.2) 两边同乘以 x, 并令 $x \to +\infty$, 就得到 $1 = B + E$, 因此 $E = 0$.

以下的积分没有困难, 我们只列出结果为

$$\int R(x)\,\mathrm{d}x = \frac{1}{2}x^2 + \frac{1}{x-1} + \frac{x-1}{2(x^2+1)} + \ln|x-1| + \frac{3}{2}\arctan x + C. \qquad \square$$

代替用各种手段去确定 (9.2) 中的未知数的思路, 另外还有一种方法值得介绍, 它看似笨拙, 实际上往往很有效 (见 [72]).

解 2 写出 (9.2) 并求出 $A = -1$ 之后, 将右边这一项移到左边, 计算出

$$\frac{x^5 - x^4 + x^3 - 3x^2 - 2x}{(x-1)^2(x^2+1)^2} - \frac{-1}{(x-1)^2}$$

$$= \frac{x^5 + x^3 - x^2 - 2x + 1}{(x-1)^2(x^2+1)^2}$$

$$= \frac{x^4 + x^3 + 2x^2 + x - 1}{(x-1)(x^2+1)^2} = \frac{B}{x-1} + \cdots,$$

---

① 这方面的理论基础要到复变函数论中才能建立, 这里只能作为一种计算法则来使用.

然后就容易求出 $B = 1$. 再将这右边的第一项移到左边, 计算得到

$$\frac{x^4 + x^3 + 2x^2 + x - 1}{(x-1)(x^2+1)^2} - \frac{1}{x-1} = \frac{x^3 + x - 2}{(x-1)(x^2+1)^2} = \frac{x^2 + x + 2}{(x^2+1)^2}$$
$$= \frac{x+1}{(x^2+1)^2} + \frac{1}{x^2+1},$$

以下从略. □

在将真分式分解为部分分式的和时, 除了用观察法与待定系数法外, 对于一些特殊的情况, 另外有一些方法.

(1) **形如** $\int \dfrac{Q_m(x)}{(x-a)^n}\,\mathrm{d}x$ **的积分**, 其中 $Q_m(x)$ 为 m 次多项式. 对此类积分, 可用换元 $u = x - a$ 或者将 $Q_m(x)$ 展开为 $x = a$ 处的 Taylor 多项式.

例题 9.2.3 计算 $\int \dfrac{1 - x^3}{(1+x)^4}\,\mathrm{d}x$.

解 令 $u = 1 + x$, 则 $x = u - 1$, 因此

$$\int \frac{1-x^3}{(1+x)^4}\,\mathrm{d}x = \int \frac{1-(u-1)^3}{u^4}\,\mathrm{d}u = \int\left(-\frac{1}{u} + \frac{3}{u^2} - \frac{3}{u^3} + \frac{2}{u^4}\right)\mathrm{d}u$$
$$= -\ln|u| - \frac{3}{u} + \frac{3}{2u^2} - \frac{2}{3u^3} + C$$
$$= -\ln|x+1| - \frac{3}{x+1} + \frac{3}{2(x+1)^2} - \frac{2}{3(x+1)^3} + C. \quad \square$$

(2) **形如** $\int \dfrac{Q_m(x)}{(x^2+px+q)^n}\,\mathrm{d}x$ **的积分**, 其中分母无实根, $Q_m(x)$ 为 m 次多项式. 这时可用带余除法将 $Q_m(x)$ 化成 $Q_{m-2}(x)(x^2+px+q)$ 与一个余项的和, 如果 $m - 2 \geqslant 2$, 继续对 $Q_{m-2}(x)$ 作带余除法, 直到其次数小于 2 (例题从略).

9.2.2 三角函数有理式的积分

三角函数有理式的积分 $\int R(\sin x, \cos x)\,\mathrm{d}x$ 都可以用"万能变换" $t = \tan\dfrac{x}{2}$ 化为有理函数进行积分. 但这时产生的有理函数的分母的次数较高, 计算工作量较大. 因此我们往往避免用万能变换, 而是根据具体情况寻找较为简单的解法. 例如, 下面的几种变换的计算量往往比用万能变换要小.

1. 如果 $R(-\sin x, \cos x) = -R(\sin x, \cos x)$, 则令 $t = \cos x$;

2. 如果 $R(\sin x, -\cos x) = -R(\sin x, \cos x)$, 则令 $t = \sin x$;

3. 如果 $R(-\sin x, -\cos x) = R(\sin x, \cos x)$, 则令 $t = \tan x$.

例题 9.2.4 计算 $I = \displaystyle\int \frac{\mathrm{d}x}{\sin x \cos 2x}$.

解　这属于上面的情况 1, 所以可试用 $t = \cos x$ 计算如下:

$$I = \int \frac{\sin x\, \mathrm{d}x}{(1 - \cos^2 x)(2\cos^2 x - 1)} = \int \frac{\mathrm{d}\cos x}{(\cos^2 x - 1)(2\cos^2 x - 1)}$$

$$= \int \frac{\mathrm{d}t}{(t^2 - 1)(2t^2 - 1)} = \int \left(\frac{1}{t^2 - 1} - \frac{2}{2t^2 - 1} \right) \mathrm{d}t$$

$$= \frac{1}{2} \ln \left| \frac{t - 1}{t + 1} \right| - \frac{1}{\sqrt{2}} \ln \left| \frac{\sqrt{2}t - 1}{\sqrt{2}t + 1} \right| + C$$

$$= \frac{1}{2} \ln \left| \frac{\cos x - 1}{\cos x + 1} \right| - \frac{1}{\sqrt{2}} \ln \left| \frac{\sqrt{2}\cos x - 1}{\sqrt{2}\cos x + 1} \right| + C. \qquad \square$$

例题 9.2.5 计算 $I = \displaystyle\int \frac{\cos 2x}{\sin^4 x + \cos^4 x}\, \mathrm{d}x$.

解 1　这属于上面的情况 3, 因此可令 $t = \tan x$ 计算如下:

$$I = \int \frac{\dfrac{\cos^2 x - \sin^2 x}{\cos^2 x}}{\dfrac{\sin^4 x + \cos^4 x}{\cos^4 x}} \cdot \frac{1}{\cos^2 x}\, \mathrm{d}x = \int \frac{1 - \tan^2 x}{1 + \tan^4 x}\, \mathrm{d}\tan x = \int \frac{1 - t^2}{1 + t^4}\, \mathrm{d}t$$

$$= \frac{1}{2\sqrt{2}} \ln \frac{t^2 + \sqrt{2}t + 1}{t^2 - \sqrt{2}t + 1} + C = \frac{1}{2\sqrt{2}} \ln \frac{\sec^2 x + \sqrt{2}\tan x}{\sec^2 x - \sqrt{2}\tan x} + C,$$

上面最后一个积分利用了例题 9.1.8 中的结果. $\qquad \square$

解 2　如下解法更为简单:

$$I = \int \frac{\cos 2x}{(\sin^2 x + \cos^2 x)^2 - 2\sin^2 x \cos^2 x}\, \mathrm{d}x$$

$$= \int \frac{\cos 2x}{2 - \sin^2 2x}\, \mathrm{d}(2x) = \int \frac{\mathrm{d}\sin 2x}{2 - \sin^2 2x}$$

$$= \frac{1}{2\sqrt{2}} \ln \left| \frac{\sin 2x + \sqrt{2}}{\sin 2x - \sqrt{2}} \right| + C. \qquad \square$$

注　上面的例题表明, 求三角函数有理式的不定积分时, 不必拘泥于所提到的各种变换, 而应根据具体问题去寻求最适当的解法. 下面我们再举一例.

例题 9.2.6 计算 $I = \displaystyle\int \sin^4 x\, \mathrm{d}x$.

分析　本题属于上面的情况 3, 但如果用变换 $t = \tan x$ 做, 计算量较大. 下面介绍两种解法.

解 1　用分部积分法可进行如下:

$$I = -\int \sin^3 x \,\mathrm{d}\cos x$$
$$= -\sin^3 x \cos x + \int \cos x \,\mathrm{d}\sin^3 x$$
$$= -\sin^3 x \cos x + 3\int \sin^2 x \cos^2 x \,\mathrm{d}x$$
$$= -\sin^3 x \cos x + 3\int \sin^2 x(1 - \sin^2 x)\,\mathrm{d}x$$
$$= -\sin^3 x \cos x + 3\int \sin^2 x \,\mathrm{d}x - 3\int \sin^4 x \,\mathrm{d}x$$
$$= -\sin^3 x \cos x + \frac{3}{2}\int (1 - \cos 2x)\,\mathrm{d}x - 3I$$
$$= -\sin^3 x \cos x + \frac{3}{2}x - \frac{3}{4}\sin 2x - 3I,$$

所以得到

$$I = -\frac{1}{4}\sin^3 x \cos x + \frac{3}{8}x - \frac{3}{16}\sin 2x + C. \qquad\square$$

解 2　如果用三角函数的倍角公式, 则可得到更简单的解法:

$$I = \int \left(\frac{1 - \cos 2x}{2}\right)^2 \mathrm{d}x = \frac{1}{4}\int (1 - 2\cos 2x + \cos^2 2x)\,\mathrm{d}x$$
$$= \frac{1}{4}\int \left(1 - 2\cos 2x + \frac{1 + \cos 4x}{2}\right)\mathrm{d}x$$
$$= \frac{3}{8}x - \frac{1}{4}\sin 2x + \frac{1}{32}\sin 4x + C. \qquad\square$$

9.2.3　无理函数积分的例子

一般来说, 无理函数的不定积分并不总是积得出来的. 例如, 即使看似简单的二项式微分式的积分

$$\int x^m (a + bx^n)^p \,\mathrm{d}x,$$

其中 a, b 为常数, m, n, p 为有理数, 也仅仅在 p, $(m+1)/n$ 或 $(m+1)/n + p$ 为整数这三种特殊情况下才能积得出来. 其余情况下的二项式微分式都积不出来, 见 [14] 第二卷 279 小节. 在前面我们已经提到, 对于形如 $\int R(x, \sqrt{ax^2 + bx + c})\,\mathrm{d}x$ ($a \neq 0$), 其中 R 为有理分式的不定积分, 可以利用 Euler 变换或三角变换化为有理函数进行积分 (见例题 9.1.1 的注 2). 下面我们再举一些例题, 说明如何对一些特殊的无理函数进行积分.

例题 9.2.7　计算不定积分 $\int \frac{1}{x}\sqrt{\frac{x+2}{x-2}}\,\mathrm{d}x$.

解 令 $t = \sqrt{\dfrac{x+2}{x-2}}$，则 $x = \dfrac{2(t^2+1)}{t^2-1}$，$\mathrm{d}x = -\dfrac{8t}{(t^2-1)^2}\mathrm{d}t$. 因此

$$
\int \frac{1}{x}\sqrt{\frac{x+2}{x-2}}\,\mathrm{d}x = \int \frac{4t^2}{(1-t^2)(1+t^2)}\,\mathrm{d}t
$$

$$
= 2\int \left(\frac{1}{1-t^2} - \frac{1}{1+t^2}\right)\mathrm{d}t
$$

$$
= \ln\left|\frac{1+t}{1-t}\right| - 2\arctan t + C
$$

$$
= \ln\left|\frac{1+\sqrt{\dfrac{x+2}{x-2}}}{1-\sqrt{\dfrac{x+2}{x-2}}}\right| - 2\arctan\sqrt{\frac{x+2}{x-2}} + C
$$

$$
= \ln\left|x+\sqrt{x^2-4}\right| + \arctan\frac{\sqrt{x^2-4}}{2} + C. \qquad \square
$$

注 对于形如 $\displaystyle\int R\left(x, \sqrt[n]{\dfrac{ax+b}{cx+d}}\right)\mathrm{d}x$ $(n>1, ad-bc\neq 0)$ 的不定积分，一般只要令 $t = \sqrt[n]{\dfrac{ax+b}{cx+d}}$，就可以将其化为有理函数积分.

例题 9.2.8 计算不定积分 $I = \displaystyle\int \dfrac{1-\sqrt{x+1}}{(x+1)(1+\sqrt[3]{x+1})}\,\mathrm{d}x$.

解 令 $t = \sqrt[6]{x+1}$，则 $x = t^6 - 1$，$\mathrm{d}x = 6t^5\,\mathrm{d}t$. 因此

$$
I = \int \frac{6(1-t^3)t^5}{t^6(1+t^2)}\,\mathrm{d}t
$$

$$
= 6\int \frac{1-t^3}{t(1+t^2)}\,\mathrm{d}t
$$

$$
= 6\int \frac{(1+t^2)-t(t-1)-t(1+t^2)}{t(1+t^2)}\,\mathrm{d}t
$$

$$
= 6\int \left(\frac{1}{t} - \frac{t-1}{t^2+1} - 1\right)\mathrm{d}t
$$

$$
= 6\left[\ln|t| - \frac{1}{2}\ln(1+t^2) + \arctan t - t\right] + C
$$

$$
= 6\left[\ln\sqrt[6]{x+1} - \frac{1}{2}\ln(1+\sqrt[3]{x+1}) + \arctan\sqrt[6]{x+1} - \sqrt[6]{x+1}\right] + C
$$

$$
= 3\ln\frac{\sqrt[3]{x+1}}{1+\sqrt[3]{x+1}} + 6\arctan\sqrt[6]{x+1} - 6\sqrt[6]{x+1} + C. \qquad \square
$$

注 对于形如 $\displaystyle\int R(x, \sqrt[n]{ax+b}, \sqrt[m]{ax+b})\,\mathrm{d}x$ 的不定积分，其中 m, n 是正整数，可以用 $t = \sqrt[p]{ax+b}$，其中 p 是 m, n 的最小公倍数，将其有理化.

最后, 我们举出一些被积函数既含有无理式, 又含有超越函数 (指数函数、对数函数、三角函数与反三角函数) 的不定积分例题. 对这类题, 并没有固定的一般解法, 只有根据经验, 对具体问题进行分析和尝试, 寻找合适的解法.

例题 9.2.9 计算不定积分 $I = \displaystyle\int \sqrt{1 + \sin x}\, \mathrm{d}x$.

分析 关键是去掉根号或化掉根号下的三角函数. 我们介绍下列两种方法.

解 1 用适当的三角恒等式, 可计算如下:

$$
\begin{aligned}
I &= \int \sqrt{\sin^2 \frac{x}{2} + \cos^2 \frac{x}{2} + 2\sin \frac{x}{2}\cos \frac{x}{2}}\, \mathrm{d}x \\
&= \int \left(\sin \frac{x}{2} + \cos \frac{x}{2} \right) \mathrm{d}x \\
&= -2\cos \frac{x}{2} + 2\sin \frac{x}{2} + C.
\end{aligned}
$$
$\qquad\square$

解 2 用代换法, 令 $t = \sqrt{1 + \sin x}$, 则

$$
x = \arcsin(t^2 - 1), \quad \mathrm{d}x = \frac{2t\, \mathrm{d}t}{\sqrt{2t^2 - t^4}},
$$

因此

$$
I = \int \frac{2t^2\, \mathrm{d}t}{\sqrt{2t^2 - t^4}} = \int \frac{\mathrm{d}t^2}{\sqrt{2 - t^2}} = -2\sqrt{2 - t^2} + C = -2\sqrt{1 - \sin x} + C.
$$
$\qquad\square$

例题 9.2.10 计算不定积分 $I = \displaystyle\int \arctan \sqrt{\dfrac{a - x}{a + x}}\, \mathrm{d}x \ (a > 0)$.

解 1 用分部积分法:

$$
\begin{aligned}
I &= x \arctan \sqrt{\frac{a - x}{a + x}} - \int x \cdot \frac{1}{1 + \dfrac{a - x}{a + x}} \cdot \frac{1}{2\sqrt{\dfrac{a - x}{a + x}}} \cdot \frac{-2a}{(a + x)^2}\, \mathrm{d}x \\
&= x \arctan \sqrt{\frac{a - x}{a + x}} + \frac{1}{2} \int \frac{x}{\sqrt{a^2 - x^2}}\, \mathrm{d}x \\
&= x \arctan \sqrt{\frac{a - x}{a + x}} - \frac{1}{2} \sqrt{a^2 - x^2} + C.
\end{aligned}
$$
$\qquad\square$

解 2 令 $x = a\cos t$, 则有

$$
\arctan \sqrt{\frac{a - x}{a + x}} = \arctan \sqrt{\frac{1 - \cos t}{1 + \cos t}} = \arctan \sqrt{\frac{2\sin^2 \dfrac{t}{2}}{2\cos^2 \dfrac{t}{2}}} = \arctan \left(\tan \frac{t}{2} \right) = \frac{t}{2},
$$

因此

$$
\begin{aligned}
I &= a \int \frac{t}{2}\, \mathrm{d}\cos t = a \cdot \frac{t}{2}\cos t - \frac{a}{2} \int \cos t\, \mathrm{d}t \\
&= \frac{at}{2}\cos t - \frac{a}{2}\sin t + C \\
&= \frac{x}{2} \arccos \frac{x}{a} - \frac{1}{2}\sqrt{a^2 - x^2} + C.
\end{aligned}
$$
$\qquad\square$

9.2.4　练习题

1. 用观察法将被积函数拆开后计算不定积分:

(1) $\displaystyle\int \frac{x}{(x+1)(x+2)}\,\mathrm{d}x$;

(2) $\displaystyle\int \frac{x^2+x+1}{x(1+x^2)}\,\mathrm{d}x$;

(3) $\displaystyle\int \frac{\mathrm{d}x}{x^4(x^2+1)}$;

(4) $\displaystyle\int \frac{4x^2+3}{(x^2+1)(x^2+2)}\,\mathrm{d}x$.

2. 计算下列有理函数的不定积分:

(1) $\displaystyle\int \frac{x^5-x}{1+x^8}\,\mathrm{d}x$;

(2) $\displaystyle\int \frac{\mathrm{d}x}{x(x^n+a)}\ (a\neq 0)$;

(3) $\displaystyle\int \frac{x\,\mathrm{d}x}{(x+1)(x^2+3)}$;

(4) $\displaystyle\int \frac{x-1}{(x^2+2x+3)^2}\,\mathrm{d}x$;

(5) $\displaystyle\int \frac{1+x+x^2}{(x-2)^{10}}\,\mathrm{d}x$;

(6) $\displaystyle\int \frac{x^3+1}{x^3-5x^2+6x}\,\mathrm{d}x$;

(7) $\displaystyle\int \frac{\mathrm{d}x}{1+x^6}$;

(8) $\displaystyle\int \frac{x^2-x+3}{(x^2+x+1)(x-1)^2}\,\mathrm{d}x$.

3. 计算下列三角函数有理式的不定积分:

(1) $\displaystyle\int \frac{\mathrm{d}x}{1+\cos x}$;

(2) $\displaystyle\int \frac{\mathrm{d}x}{\sin x\cos^4 x}$;

(3) $\displaystyle\int \frac{\mathrm{d}x}{2+\tan^2 x}$;

(4) $\displaystyle\int \tan^5 x\sec^3 x\,\mathrm{d}x$;

(5) $\displaystyle\int \frac{\sec x}{(1+\sec x)^2}\,\mathrm{d}x$;

(6) $\displaystyle\int \frac{\sin^2 x\cos x}{\sin x+\cos x}\,\mathrm{d}x$;

(7) $\displaystyle\int \frac{\sin x\cos x}{1+\sin^4 x}\,\mathrm{d}x$;

(8) $\displaystyle\int \frac{\mathrm{d}x}{\sin^4 x\cos^2 x}$.

4. 计算 Poisson (泊松) 积分 $\displaystyle\int \frac{1-r^2}{1-2r\cos x+r^2}\,\mathrm{d}x\quad (-1<r<1)$.

5. 计算下列无理函数的不定积分:

(1) $\displaystyle\int \frac{\mathrm{d}x}{\sqrt{\sin x\cos^7 x}}$;

(2) $\displaystyle\int \frac{\mathrm{d}x}{x\sqrt{2x^2+3}}$;

(3) $\displaystyle\int \sqrt{\tan^2 x+2}\,\mathrm{d}x$;

(4) $\displaystyle\int \frac{x\mathrm{e}^x\,\mathrm{d}x}{\sqrt{1+\mathrm{e}^x}}$;

(5) $\displaystyle\int \frac{\mathrm{d}x}{\sqrt{(x-1)^3(x-2)}}$;

(6) $\displaystyle\int \frac{\sqrt{x}-1}{\sqrt[3]{x}+1}\,\mathrm{d}x$.

§9.3 对于教学的建议

9.3.1 学习要点

1. 计算不定积分是微积分课程的基本技能之一 (这方面可参看 [59] 第二册的第三章). 在计算机科学突飞猛进的今天, 许多不定积分都可以在计算机上用 Mathematica, Maple 等软件直接求出. 因此, 许多教师在教"不定积分"这一章时, 可能会产生这样一个问题: 关于求不定积分的方法与技巧, 究竟应该教些什么? 本章的内容反映了我们对这个问题的观点. 有兴趣的读者可以参看《美国数学月刊》(1985) 第 92 卷 214–215 页中的意见.

2. 不定积分的计算含有大量的技巧. 这些技巧对于爱好数学的大学一年级学生往往有很大的吸引力. 当然, 学生需要进行必要的训练来掌握这一项技能, 这对于今后的学习与数学素养的提高都是必不可少的. 但是如果在这方面花费太多的精力与时间, 特别是追求一些针对特殊类型不定积分的特殊技巧, 则是枉费心机和得不偿失的. 教师需要向学生强调, 例如

$$\int e^{-x^2}\,dx, \quad \int \sin x^2\,dx, \quad \int \cos x^2\,dx,$$

$$\int \frac{\sin x}{x}\,dx, \quad \int \frac{\cos x}{x}\,dx, \quad \int \frac{dx}{\ln x},$$

$$\int \frac{dx}{\sqrt{1-k^2\sin^2 x}}, \quad \int \sqrt{1-k^2\sin^2 x}\,dx,$$

$$\int \frac{dx}{(1+k^2\sin^2 x)\sqrt{1-k^2\sin^2 x}} \quad (0<k<1)$$

等在各种领域有重要应用的许多不定积分都不是初等函数. 这些不定积分的可积性, 就像中学时代遇到过的"用尺规三等分任意角"问题一样, 不是未解决的难题, 而是在 19 世纪早已解决的问题. (关于二项式微分式除三种情况外不可积的证明见 [11] 中的第六章.)

3. 许多初等函数的原函数不是初等函数并不是坏事, 而是好事. 例如上面列出的许多非初等不定积分都是有重要意义和多方面应用的新函数.

4. 利用求导运算是求不定积分的逆运算, 而求导运算要容易得多, 初学者在求得不定积分后应当用求导运算加以验证, 这样就可以纠正绝大部分错误.

5. **对习题课的建议** 不定积分计算灵活多变, 在学习中可以用一些不是很困难的题引导学生寻找多种解法. 这对于掌握基本技能很有好处. 例如

$$\int \frac{dx}{(x^2+a^2)^2}, \quad \int \frac{dx}{\sin x}, \quad \int \frac{\sin x\,dx}{\sin x+\cos x}$$

都是值得使用的积分题. 此外, 根据教材和时间的情况还可以介绍双曲代换和复数计算方法等内容.

9.3.2 参考题

1. 设 $f'(\sin^2 x) = \cos 4x + \tan^2 x, 0 < x < 1$, 求函数 $f(x)$.

2. 计算下列不定积分:

   (1) $\displaystyle\int x \arctan x \ln(1 + x^2) \, \mathrm{d}x$;

   (2) $\displaystyle\int \frac{1 - \ln x}{(x - \ln x)^2} \, \mathrm{d}x$;

   (3) $\displaystyle\int [x] \, |\sin \pi x| \, \mathrm{d}x \quad (x \geqslant 0)$;

   (4) $\displaystyle\int \sin x \ln(\sin x) \, \mathrm{d}x$;

   (5) $\displaystyle\int \frac{\mathrm{d}x}{\sin(x + a)\sin(x + b)}$;

   (6) $\displaystyle\int \frac{1 - x^n}{x(1 + x^n)} \, \mathrm{d}x \quad (n \in \mathbf{N}_+)$.

3. 对每个正整数 n, 定义 $I_n = \displaystyle\int \frac{(ax + b)^n}{\sqrt{cx + b}} \, \mathrm{d}x$, 求出计算 I_n 的递推公式.

4. 对于实数 $a \neq 0$ 与正整数 $n > 2$, 定义 $I_n = \displaystyle\int \left[\frac{\sin(x - a)/2}{\sin(x + a)/2} \right]^n \mathrm{d}x$. 证明: 对于 I_n 有递推公式

$$I_n = -I_{n-2} + 2\cos a \cdot I_{n-1} + \frac{2\sin a}{n - 1} \left[\frac{\sin(x - a)/2}{\sin(x + a)/2} \right]^{n-1}.$$

5. 设 Q 为 n 次多项式, 且具有 n 个相异实根 $x_i, i = 1, 2, \cdots, n$. 又设 P 是与 Q 不可约的 m 次多项式, 且 $m < n$, 证明:

$$\int \frac{P(x)}{Q(x)} \, \mathrm{d}x = \sum_{i=1}^{n} \frac{P(x_i)}{Q'(x_i)} \ln|x - x_i| + C.$$

6. 求 $\displaystyle\int f(x) \, \mathrm{d}x$, 其中 $f(x)$ 为 x 到离其最近的整数的距离.

7. Liouville 在 19 世纪 30 年代对于初等函数的不定积分在什么条件下是初等函数进行过深入的研究 (参见 [55]), 他得到的一个结果是:

   定理 设 f, g 为有理函数, g 不是常值函数, 如果 $\displaystyle\int f(x) \, \mathrm{e}^{g(x)} \, \mathrm{d}x$ 是初等函数, 则存在有理函数 h, 使得

$$\int f(x) \, \mathrm{e}^{g(x)} \, \mathrm{d}x = h(x) \, \mathrm{e}^{g(x)} + C.$$

   试用这个定理证明: $\displaystyle\int \mathrm{e}^{-x^2} \, \mathrm{d}x$ 和 $\displaystyle\int \frac{\mathrm{e}^x}{x} \, \mathrm{d}x$ 都是非初等不定积分 (由后者又可推出 $\displaystyle\int \frac{\mathrm{d}x}{\ln x}$ 也是非初等不定积分).

第十章 定积分

这一章是一元函数积分学的基本理论.

在 §10.1 中利用可积性的三个充分必要条件对于可积函数类进行了较深入的讨论. §10.2 为定积分的性质, 主要是积分中值定理与对积分求极限. 在 §10.3 中讨论变限积分与微积分基本定理. §10.4 为定积分的计算. 最后一节为学习要点和两组参考题.

定积分的应用极其广泛, 将在下一章中分专题介绍.

§10.1 定积分概念与可积条件

10.1.1 定积分的定义

设函数 f 在区间 $[a,b]$ 上有定义.

1. 称点集 $P = \{x_0, x_1, \cdots, x_{n-1}, x_n\}$ 为 $[a,b]$ 的一个**分划**, 如果满足条件:
$$a = x_0 < x_1 < \cdots < x_{n-1} < x_n = b.$$

   记 $\Delta x_i = x_i - x_{i-1}$, $i = 1, 2, \cdots, n$, 并称 $\|P\| = \max\limits_{1 \leqslant i \leqslant n} \{\Delta x_i\}$ 为分划 P 的**细度**. 如果 $\Delta x_i = \dfrac{b-a}{n}$, $i = 1, 2, \cdots, n$, 则称 P 为**等距分划**.

2. 设 $P = \{x_0, x_1, \cdots, x_{n-1}, x_n\}$ 为区间 $[a,b]$ 的一个分划. 对每个子区间 $[x_{i-1}, x_i]$, 任取 $\xi_i \in [x_{i-1}, x_i]$, 则称 $\xi = \{\xi_i \mid i = 1, 2, \cdots, n\}$ 为从属于 P 的一个**介点集**; 并称和式 $\sum\limits_{i=1}^{n} f(\xi_i) \Delta x_i$ 或 $\sum\limits_{P} f(\xi_i) \Delta x_i$ 为 f 在区间 $[a,b]$ 上的一个 **Riemann (积分) 和**.

3. 设 I 为实数, 且有 $\lim\limits_{\|P\| \to 0} \sum\limits_{i=1}^{n} f(\xi_i) \Delta x_i = I$, 即 $\forall \varepsilon > 0, \exists \delta > 0$, 对 $\|P\| < \delta$ 的每个分划 P, 以及对从属于 P 的每个介点集 ξ, 成立 $\left| \sum\limits_{i=1}^{n} f(\xi_i) \Delta x_i - I \right| < \varepsilon$, 则称函数 f 在区间 $[a,b]$ 上 **Riemann 可积**或简称**可积**, 记为
$$f \in R[a,b],$$

   并称 I 为 f 在区间 $[a,b]$ 上的 **Riemann 积分**或**定积分**, 简称积分, 记为
$$\int_a^b f(x)\, \mathrm{d}x = I, \quad \text{或其简化记号} \int_a^b f = I.$$

注 1   在上述定义中, 虽然仍然是用记号 lim, 但是这里的极限与以前的函数极限或数列极限是不一样的. 主要区别在于, 在函数极限或数列极限的定义中, 自变量简单地就是 x 或 n. 但这里对于每个确定的细度 $\|P\|$, 区间 $[a, b]$ 的分划 P 可以有无限多个, 而相对于每个 P, 介点集 ξ 的取法又有无限多个, 因此就有无限多个不同的 Riemann 和. 尽管如此, 函数极限和数列极限的许多性质, 例如, 极限的唯一性、极限运算与线性运算可以交换次序等, 对于这种新的极限仍然成立.

注 2   定积分 $\int_a^b f(x)\,\mathrm{d}x$ 是一个数, 它的值仅仅与被积函数 f 和积分区间 $[a, b]$ 有关, 而与积分变量用什么符号无关, 即有

$$\int_a^b f(x)\,\mathrm{d}x = \int_a^b f(t)\,\mathrm{d}t = \int_a^b f(u)\,\mathrm{d}u = \cdots.$$

因此在不需要写出积分变量时, 就可以使用定积分的简化记号 $\int_a^b f$.

10.1.2   可积条件

利用积分定义中介点集的任意性就可以得到可积的一个必要条件.

命题 10.1.1   设 $f \in R[a, b]$, 则 f 在 $[a, b]$ 上有界.

证   若记 $\int_a^b f(x)\,\mathrm{d}x = I$, 则从可积定义知道, 对于 $\varepsilon = 1$, 存在一个分划 P, 使得对于从属于这个 P 的任何介点集 ξ, 均成立不等式

$$\left| \sum_{i=1}^n f(\xi_i)\,\Delta x_i - I \right| < 1. \tag{10.1}$$

以下只要证明 f 在每个 $I_i = [x_{i-1}, x_i]$ 上有界即可. 对于确定的子区间 I_i, 固定所有 ξ_k $(k \neq i)$, 就可以从不等式 (10.1) 出发对于 $f(\xi_i)$ 作出估计如下:

$$\frac{1}{\Delta x_i}\left(I - 1 - \sum_{k \neq i} f(\xi_k)\Delta x_k \right) < f(\xi_i) < \frac{1}{\Delta x_i}\left(I + 1 - \sum_{k \neq i} f(\xi_k)\Delta x_k \right).$$

由于 $\xi_i \in I_i = [x_{i-1}, x_i]$ 的任意性, 可见 f 在 I_i 上有界.   □

为叙述可积的充分必要条件, 需要引入以下概念. 设函数 f 在区间 $[a, b]$ 上有界, $P = \{x_0, x_1, \cdots, x_{n-1}, x_n\}$ 为 $[a, b]$ 的一个分划, 对 $i = 1, 2, \cdots, n$, 记

$$M_i = \sup\{f(x) \mid x \in [x_{i-i}, x_i]\} \quad \text{与} \quad m_i = \inf\{f(x) \mid x \in [x_{i-i}, x_i]\},$$

称 $\omega_i = M_i - m_i$ 为 f 在 $[x_{i-1}, x_i]$ 上的**振幅**, $\sum_{i=1}^n \omega_i \Delta x_i$ 为 f 的**振幅面积**.

在一般的分析教科书中对下面两个最常用的可积充分必要条件都有证明.

命题 10.1.2 (可积的第一充分必要条件) 有界函数 $f \in R[a,b]$ 的充分必要条件是

$$\lim_{\|P\|\to 0} \sum_{i=1}^{n} \omega_i \, \Delta x_i = 0.$$

命题 10.1.3 (可积的第二充分必要条件) 有界函数 $f \in R[a,b]$ 的充分必要条件是对每个 $\varepsilon > 0$, 存在区间 $[a,b]$ 的一个分划 P, 使成立

$$\sum_{P} \omega_i \, \Delta x_i < \varepsilon.$$

注 1   条件 "$\lim_{\|P\|\to 0} \sum_{i=1}^{n} \omega_i \, \Delta x_i = 0$" 是指 "$\forall \varepsilon > 0, \exists \delta > 0$, 对 $[a,b]$ 的**任意**分划 P, 只要 $\|P\| < \delta$, 就都成立 $\sum_{P} \omega_i \, \Delta x_i < \varepsilon$". 而在可积的第二充分必要条件中, 对于每一个给定的 ε, **只要存在一个分划** P 就够了. 因此, 要证明给定函数的可积性, 用可积的第二充分必要条件方便得多.

注 2   在数列极限或函数极限的收敛定义中, 似乎没有与上述第二充分必要条件对应的结果, 但是对于单调数列 (以及单调函数) 却有类似的结果. 例如, 单调增加数列 $\{x_n\}$ 收敛于数 a 的充分必要条件是: 对每个 $\varepsilon > 0$, 存在数列的某一项 x_N, 使成立 $a - \varepsilon < x_N \leqslant a$. 这个结果已用于例题 3.1.1 中. 这个类比并非偶然. 可积的第二充分必要条件就是来源于 Riemann 和对于分划的某种"单调性". 对此有兴趣的读者可以参考 [14] 第三卷附录中的 Moore-Smith 收敛.

利用上面的充分必要条件, 就可以证明关于 Riemann 可积函数类的三个结论:

1. 设 $f \in C[a,b]$, 则 $f \in R[a,b]$.
2. 设 f 在 $[a,b]$ 上有界且只有有限个间断点, 则 $f \in R[a,b]$.
3. 设 f 在 $[a,b]$ 上单调, 则 $f \in R[a,b]$.

另一方面, 设 $D(x)$ 为 Dirichlet 函数 (见 4.1.5 小节题 11), 则对任意区间 $[a,b]$ 以及 $[a,b]$ 的任意分划 P, 当 ξ_i 均取有理数时, 有 $\sum_{P} f(\xi_i)\Delta x_i = b - a$, 而当 ξ_i 均取无理数时, 则有 $\sum_{P} f(\xi_i)\Delta x_i = 0$. 因此振幅面积总是等于 $b - a$. 由此可见, Dirichlet 函数在任何有界区间 $[a,b]$ 上都不可积.

下面是另一个可积的充分必要条件, 它在讨论较为复杂的函数的可积性时, 往往比可积的第二充分必要条件更为方便.

命题 10.1.4 (可积的第三充分必要条件) 有界函数 $f \in R[a,b]$ 的充分必要条件是 $\forall \varepsilon, \eta > 0$, 存在 $[a,b]$ 的分划 P, 使振幅不小于 η 的子区间的长度之和小于 ε.

证　设在 $[a,b]$ 上有 $m \leqslant f(x) \leqslant M$.

先证充分性. 对于 $\varepsilon > 0$, 取

$$\varepsilon' = \frac{\varepsilon}{2(M-m)}, \quad \eta = \frac{\varepsilon}{2(b-a)}.$$

根据条件, 存在 $[a,b]$ 的分划 P, 使振幅不小于 η 的子区间的长度之和小于 ε' (见图 10.1). 对 P, 用 $\sum'$ 和 $\sum''$ 分别表示在积分和式中对振幅不小于 η 的子区间和对振幅小于 η 的子区间求和. 我们有

$$\sum{}' \omega_i \, \Delta x_i \leqslant (M-m) \sum{}' \Delta x_i \leqslant (M-m)\varepsilon',$$

$$\sum{}'' \omega_i \, \Delta x_i < \eta \sum{}'' \Delta x_i \leqslant \eta(b-a).$$

合并得到

$$\sum \omega_i \, \Delta x_i \leqslant (M-m)\varepsilon' + \eta(b-a) < \varepsilon.$$

由可积的第二充分必要条件可见 f 在 $[a,b]$ 上 Riemann 可积.

再证必要性. 设 f 在 $[a,b]$ 上 Riemann 可积, 则由可积的第二充分必要条件, 对给定的 $\varepsilon, \eta > 0$, 存在 $[a,b]$ 的分划 P, 使 $\sum\limits_p \omega_i \, \Delta x_i < \varepsilon\eta$. 用 $\sum'$ 表示对振幅不小于 η 的子区间求和, 则

$$\eta \sum{}' \Delta x_i \leqslant \sum{}' \omega_i \, \Delta x_i \leqslant \sum_P \omega_i \, \Delta x_i < \varepsilon\eta.$$

因此 $\sum' \Delta x_i < \varepsilon$, 即振幅不小于 η 的子区间的长度之和小于 ε.　□

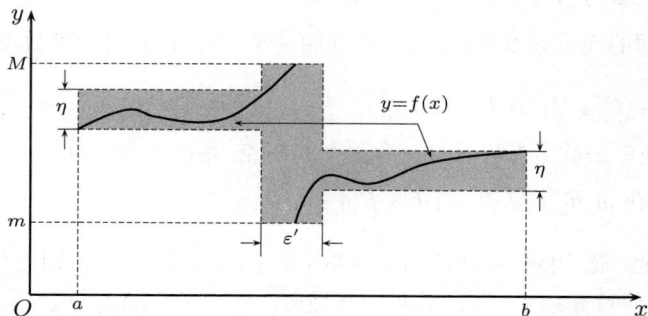

图 10.1

对于有无限多个间断点的函数, 用可积的第三充分必要条件来讨论其可积性比较容易.

例题 10.1.1 证明函数

$$f(x) = \begin{cases} \dfrac{1}{x} - \left[\dfrac{1}{x}\right], & x \in (0,1], \\ 0, & x = 0 \end{cases}$$

在 $[0,1]$ 上可积.

分析 虽然 f 在 $[0,1]$ 内有无限个间断点, 然而由于这些间断点可以看成为收敛于 0 的数列, 因此可用总长度任意小的有限个区间把所有间断点覆盖住, 这就是下列证明的要点.

证 对给定的 $\varepsilon,\eta>0$ 取 n 充分大, 使得

$$\delta=\frac{1}{n+\frac{1}{2}}<\frac{\varepsilon}{2}.$$

将区间 $[0,1]$ 分成 $[0,\delta)$ 和 $[\delta,1]$. f 在 $[\delta,1]$ 内的所有间断点是 $\{1/i \mid i=2,3,\cdots,n\}$. 用包含于 $(\delta,1]$ 中的 $n-1$ 个互不相交的开区间覆盖这些间断点, 并要求这些开区间的总长度小于 $\varepsilon/2$ (见图 10.2). 从 $[0,1]$ 中挖掉这些子区间与 $[0,\delta)$, 剩余的部分是 n 个闭子区间. 因为 f 在这些闭子区间上一致连续, 因此我们能够将这些子区间细分为更小的子区间, 使 f 在每个子区间上的振幅都小于 η. 上面所有子区间的端点构成 $[0,1]$ 的一个分划. 其中振幅不小于 η 的子区间的长度之和小于 ε, 由可积的第三充分必要条件可知 $f\in R[a,b]$. □

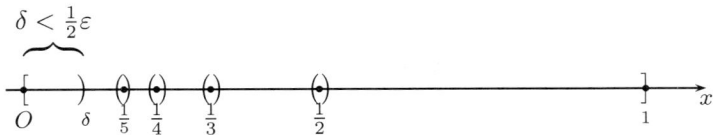

图 10.2

这样我们就看到 Riemann 可积函数可以有无限多个不连续点. 不仅如此, 这些不连续点的分布还可能比例题 10.1.1 中的情况复杂得多. 例如, 例题 5.1.4 中的 Riemann 函数以所有的有理数点为间断点, 但它仍然是可积函数 (留作 10.1.3 小节的练习题 10).

这里要注意, 虽然有理数在数轴上处处稠密, 但仍然可以用总长度任意小的开区间族来覆盖. 不过这时开区间的个数不是有限个, 而是可列的. 关键是用有理数的可列性, 先将它们记为一个数列 $\{r_n\}$. 对于给定的 $\varepsilon>0$, 用长度 $\frac{1}{2}\varepsilon$ 的开区间覆盖点 r_1, 用长度 $\frac{1}{4}\varepsilon$ 的开区间覆盖 r_2, $\cdots$, 用长度 $\frac{1}{2^n}\varepsilon$ 的开区间覆盖 r_n, 如此进行下去, 就可以覆盖所有有理数, 而所用的开区间的总长度不超过 ε.

从可积的第三充分必要条件不难得到下面对于可积函数的很一般的刻画.

命题 10.1.5 设函数 f 在区间 $[a,b]$ 上有界, 如果 f 的所有不连续点可以用总长度任意小的至多可列个开区间覆盖, 则 $f\in R[a,b]$.

证 对于给定的 $\varepsilon, \eta > 0$, 先用总长度小于 ε 的有限个或可列个开区间覆盖 f 的所有不连续点. 然后对于每个连续点, 设为 x_0, 用一个邻域 $O(x_0)$ 覆盖, 且要求 f 在这个邻域上的振幅小于 η. 由于 f 在点 x_0 的连续性, 这是能够满足的.

对于每个连续点都取这样的邻域, 于是所有这些邻域和覆盖不连续点的开区间一起就构成为区间 $[a, b]$ 的一个开覆盖, 记为 $\{\mathcal{O}_\alpha\}$.

利用加强形式的覆盖定理 (即例题 3.5.3), 存在 Lebesgue 数 δ, 使得在区间 $[a, b]$ 中的相距不超过 δ 的任何两个点可以用开覆盖 $\{\mathcal{O}_\alpha\}$ 中的某一个开区间同时覆盖.

对于区间 $[a, b]$ 取细度不超过 δ 的等距分划 P. 这时每个子区间被开覆盖中的一个开区间所覆盖. 如果子区间是由原来覆盖不连续点的开区间所覆盖, 则这类子区间的总长度必小于 ε. 而覆盖所有其他子区间的开区间都是原先用于覆盖连续点的邻域, 因此 f 在每一个这类子区间上的振幅小于 η.

根据可积的第三充分必要条件, 可知 f 在 $[a, b]$ 上可积. □

注 在实变函数论中, 如果一个点集可以用总长度任意小的至多可列个开区间覆盖, 就称这个点集为**零测度集**. 如果某种性质在一个零测度集之外成立, 就说这个性质**几乎处处**成立. 应用这些术语, 我们就可以叙述实变函数论中的 Lebesgue 定理, 它给出了 Riemann 可积函数的完整刻画, 非常有用.

命题 10.1.6 (Lebesgue 定理) 若函数 f 在 $[a, b]$ 上有界, 则 $f \in R[a, b]$ 的充分必要条件是 f 在 $[a, b]$ 上几乎处处连续.

证 这个定理的充分性部分就是上面的命题 10.1.5. 其必要性证明简述如下 (对细节有兴趣的读者可以参考 [8]).

设 $f \in R[a, b]$, 则从积分的第三充分必要条件可知, 对于 $\varepsilon, \eta > 0$, 存在分划 P, 使得其中振幅不小于 η 的子区间的长度之和小于 ε. 利用函数在一点的振幅概念 (见 5.1.1 小节的第 5 点), 可见 f 的振幅超过 η 的不连续点或者落在振幅超过 η 的子区间内 (而所有这类子区间的总长度小于 ε), 或者是分划 P 的某些分点. 再增加几个长度充分小的开区间来覆盖这些分点, 就可以用总长度小于 ε 的有限个开区间将所有振幅超过 η 的不连续点全部覆盖住.

现在取 $\eta_n = 1/2^n$, $\varepsilon_n = \varepsilon/2^n$, 并对每个 n 重复以上过程, 就可用总长度不超过 ε 的至多可列个开区间覆盖 f 的所有不连续点. 由于这对每个 $\varepsilon > 0$ 都能做到, 因此 f 在 $[a, b]$ 上几乎处处连续. □

10.1.3 练习题

对下面的前 10 个题来说, 每题至少可以举出两个解法. 其中的一个解法是从定积分定义出发, 而另一个解法则是以 Lebesgue 定理 (命题 10.1.6) 为根据的, 这两种解法的思路很不一样. 初学者通过这样的训练既可以熟悉定积分的基本出发点, 又可以学会如何应用 Lebesgue 定理和有关的概念去处理一般的 Riemann 可积函数. 对于今后遇到的有关可积函数的问题都可以如此考虑.

1. 设

$$f(x) = \begin{cases} x(1-x), & x \text{ 是有理数,} \\ 0, & x \text{ 是无理数.} \end{cases}$$

问 f 在 $[0,1]$ 上是否可积?

2. 设 $f, g \in R[a,b]$, 且 f 的值域在 $[a,b]$ 中, 问 $g \circ f$ 在 $[a,b]$ 上是否可积? 又若 f, g 在 $[a,b]$ 上都不可积, 问 $g \circ f$ 在 $[a,b]$ 上是否一定不可积?

3. 讨论区间 $[a,b]$ 上 f, $|f|$, f^2 的可积性之间的关系.

4. 设 $f \in R[a,b]$, g 与 f 在 $[a,b]$ 上仅在有限个点上取不同值, 证明: $g \in R[a,b]$, 并且 $\int_a^b f = \int_a^b g$①. 又问: 如果 f 和 g 在 $[a,b]$ 上几乎处处相等, 例如只在所有有理数点上的函数值不同, 则是否有相同结论?

5. 设 $f \in R[a,b]$, 且对每个 $(\alpha, \beta) \subseteq [a,b]$, $\exists x_1, x_2 \in (\alpha, \beta)$, 使 $f(x_1)f(x_2) \leqslant 0$, 问定积分 $\int_a^b f$ 的值是多少? 为什么?

6. 设 $g \in R[a,b]$, $M = \sup\limits_{x \in [a,b]} \{g(x)\}$, $m = \inf\limits_{x \in [a,b]} \{g(x)\}$, 如果 $m < M, f \in C[m, M]$, 证明: $f \circ g \in R[a,b]$.

7. 设 $f \in R[a,b]$, 且 $1/f$ 在 $[a,b]$ 上有界, 证明: $1/f \in R[a,b]$.

8. 设 f 在 $[a,b]$ 上有界, 且其所有间断点构成一个收敛数列, 证明: $f \in R[a,b]$.

9. 设 f 在区间 $[a,b]$ 的每一点的极限都存在且为零, 证明: $f \in R[a,b]$ 且 $\int_a^b f = 0$.

10. 证明: Riemann 函数 (见例题 5.1.4) 在每个有界区间 $[a,b]$ 上可积.

11. 对连续函数, 能否如下定义定积分: 如果 $f \in C[a,b]$ 且存在实数 I, 使

$$\lim_{n \to \infty} \frac{b-a}{n} \sum_{i=1}^{n} f\left(a + \frac{i}{n}(b-a)\right) = I,$$

则 $f \in R[a,b]$ 且 $\int_a^b f = I$.

---

① 因此对于在 $[a,b]$ 上的有界函数, 如果它在有限个点上没有定义, 我们可以采取补充定义的方法进行讨论. 这时的可积性和可积时的积分值与补充定义的具体做法无关.

12. 设 $f, g \in R[a, b]$, $P = \{x_0, x_1, \cdots, x_n\}$ 是区间 $[a, b]$ 的分划, 证明: $\forall \varepsilon > 0$, $\exists \delta > 0$, 使对于满足 $\|P\| < \delta$ 的任意分划 P, 成立

$$\left| \sum_{k=1}^{n} f(x_k) \sin[g(x_k)\Delta x_k] - \int_a^b f(x)g(x)\,\mathrm{d}x \right| < \varepsilon.$$

§10.2 定积分的性质

本节只列出最重要的两个积分中值定理, 介绍一般书中不放在正文中的两个基本性质, 并讨论第一中值定理的中值 ξ 的取值范围. 此外还介绍对积分求极限的几个重要例题. 关于积分中值定理的应用将在 10.4.5 小节作专题介绍.

10.2.1   积分中值定理

命题 10.2.1 (积分第一中值定理) 设 $f, g \in R[a, b]$, $m \leqslant f(x) \leqslant M, \forall x \in [a, b]$, g 在 $[a, b]$ 上不变号, 则存在 $\eta \in [m, M]$, 使

$$\int_a^b f(x)g(x)\,\mathrm{d}x = \eta \int_a^b g(x)\,\mathrm{d}x.$$

如果 $f \in C[a, b]$, $g \in R[a, b]$ 且在 $[a, b]$ 上不变号, 则存在 $\xi \in [a, b]$, 使

$$\int_a^b f(x)g(x)\,\mathrm{d}x = f(\xi) \int_a^b g(x)\,\mathrm{d}x. \tag{10.2}$$

特别是, 如果 $f \in C[a, b]$, 则存在 $\xi \in [a, b]$, 使 $\int_a^b f(x)\,\mathrm{d}x = f(\xi)(b - a)$.

注   与微分中值定理 (见 §7.1) 作比较, 自然会提出一个问题: 在 (10.2) 中的 $\xi \in [a, b]$ 能否改进为 $\xi \in (a, b)$? 答案是肯定的. 证明见后面的例题 10.2.2.

命题 10.2.2 (积分第二中值定理) 设 $f \in R[a, b]$, g 在 $[a, b]$ 上单调, 则存在 $\xi \in [a, b]$, 使

$$\int_a^b f(x)g(x)\,\mathrm{d}x = g(a) \int_a^\xi f(x)\,\mathrm{d}x + g(b) \int_\xi^b f(x)\,\mathrm{d}x.$$

特别是, 如果 g 在 $[a, b]$ 上单调增加且 $g(x) \geqslant 0$, 则存在 $\xi \in [a, b]$, 使

$$\int_a^b f(x)g(x)\,\mathrm{d}x = g(b) \int_\xi^b f(x)\,\mathrm{d}x;$$

如果 g 在 $[a, b]$ 上单调减少且 $g(x) \geqslant 0$, 则存在 $\xi \in [a, b]$, 使

$$\int_a^b f(x)g(x)\,\mathrm{d}x = g(a) \int_a^\xi f(x)\,\mathrm{d}x.$$

注 积分第二中值定理有几种形式. 上述形式的证明可在很多教科书中找到, 例如 [25] 上册第九章第 5 节. 证明中一般需用 Abel (阿贝尔) 变换 (见本书下册 (13.21) 和 [62] 的第一章). 但在实际应用中往往不需要这么强的形式. 本书中只在 "$f \in C[a,b]$, g 在 $[a,b]$ 上可微且 $g'(x) \leqslant 0$ (或 $\geqslant 0$), $\forall x \in (a,b)$" 的条件下作出证明, 这时只需用积分第一中值定理 (见例题 10.4.11), 中值的取值范围也可改进为 $\xi \in (a,b)$.

思考题

1. 举例说明: 在积分第一中值定理中 g 的保号性条件不满足时, 定理的结论可以不成立.

2. 举例说明: 在积分第二中值定理中 g 不是单调函数时, 定理的结论可以不成立.

10.2.2 例题

下面一个例题的结果是定积分的一个基本性质. 它对于连续的被积函数是平凡的. 对于一般的可积函数则可以用积分定义中介点集的任意性得到.

例题 10.2.1 设 $f \in R[a,b]$, 且 $I = \int_a^b f(x)\,\mathrm{d}x > 0$, 则有子区间 $[c,d] \subset [a,b]$ 和 $\mu > 0$, 使在区间 $[c,d]$ 上成立 $f(x) \geqslant \mu$.

证 1 从积分定义可知, 存在 $[a,b]$ 的一个分划 $P = \{x_0, x_1, \cdots, x_n\}$, 使得对从属于 P 的任何介点集 ξ, 成立

$$\sum_{i=1}^n f(\xi_i)\Delta x_i > \frac{I}{2} > 0.$$

记 $m_i = \inf\limits_{x \in [x_{i-1}, x_i]} f(x)$, $i = 1, 2, \cdots, n$, 并对于上面的和式取下确界, 就得到

$$\sum_{i=1}^n m_i\Delta x_i \geqslant \frac{I}{2} > 0.$$

显然在和式中至少有一项大于 0. 设这一项是第 k 项, 则就可取 $\mu = m_k$, $[c,d] = [x_{k-1}, x_k]$. $\qquad\square$

证 2 用反证法. 若结论不成立, 则 (由对偶法则) 对于每个 $\mu > 0$ 和每个子区间 $[c,d]$, 存在 $\xi \in [c,d]$, 满足 $f(\xi) < \mu$. 在 f 的 Riemann 和式中对于任何分划都取满足这个要求的介点集, 这样就得到 $\int_a^b f(x)\,\mathrm{d}x \leqslant \mu(b-a)$. 由于 $\mu > 0$ 是任意的, 因此只能得到 $\int_a^b f(x)\,\mathrm{d}x \leqslant 0$, 与条件矛盾. $\qquad\square$

注   若在教科书中有上、下和的 Darboux 理论, 则上题的证明可更为简单.

在上一个例题的基础上就可以解决关于积分第一中值定理 (命题 10.2.1) 中的中值取值范围问题.

例题 10.2.2 (对积分第一中值定理的改进)   如果 $f \in C[a,b]$, $g \in R[a,b]$ 且在 $[a,b]$ 上不变号, 则有 $\eta \in [m, M] = f([a,b])$ 使得成立等式

$$\int_a^b f(x)g(x)\,\mathrm{d}x = \eta \int_a^b g(x)\,\mathrm{d}x, \tag{10.3}$$

而且一定存在 $\xi \in (a,b)$, 使得 $\eta = f(\xi)$.

证   在此没有必要重复积分第一中值定理的经典证明过程, 下面只讨论一个问题: 能否在开区间 (a,b) 内取到中值 ξ.

下列三种情况是平凡的, 不需要多讨论.

(1) 如果积分 $\int_a^b g(x)\,\mathrm{d}x = 0$, 则从积分第一中值定理可见 (10.3) 左边也等于 0, 于是 ξ 可任取, 结论已成立.

(2) 如果 f 在 $[a,b]$ 上的最小值和最大值相等, 即有 $m = M$, 则 f 为常值函数, 因此 ξ 也可任取.

(3) 如果 $m < M$, 且在等式 (10.3) 中的 $\eta \in (m, M)$, 则从连续函数的介值性可知存在 $\xi \in (a,b)$ 使得 $f(\xi) = \eta$.

要讨论的只是以上三种情况之外的问题. 不妨设 g 在区间 $[a,b]$ 上非负, 且有 $\int_a^b g(x)\,\mathrm{d}x > 0$. 又设 $m < M$, 且不妨只讨论情况 $\eta = m$.

从例题 10.2.1 知道存在子区间 $[c,d]$ 和 $\mu > 0$, 使得在 $[c,d]$ 上有

$$g(x) \geqslant \mu > 0. \tag{10.4}$$

又由于 $f(x) - m$ 和 $g(x)$ 在 $[a,b]$ 上均非负, 因此从等式 (10.3) 得到

$$0 = \int_a^b [f(x) - m]g(x)\,\mathrm{d}x \geqslant \int_c^d [f(x) - m]g(x)\,\mathrm{d}x \geqslant \mu \int_c^d [f(x) - m]\,\mathrm{d}x \geqslant 0,$$

可见上式最右边的积分等于 0. 由于 $f \in C[c,d]$, 这只能导致在 $[c,d]$ 上成立

$$f(x) \equiv m.$$

因此在 $(c,d) \subset (a,b)$ 中任取一点作为中值 ξ 即可.   □

注   关于这个问题的讨论有许多文献, 可以参考 [53, 57]. 在 [53] 中指出, 若 f 的连续性条件改为只是可积, 则结论不成立. 而在 [57] 中则证明: 如果 f 既可积又有原函数, 则仍有 $\xi \in (a,b)$ (这将作为本章的第一组参考题 11).

下一例题的结论与例题 10.2.1 具有某种互补性, 也是可积函数的一个基本性质. 从方法上看则需要用实数系的基本定理 (参见第三章).

例题 10.2.3 设在区间 $[a, b]$ 上处处大于 0 的函数 $f \in R[a, b]$, 则有

$$\int_a^b f(x)\,\mathrm{d}x > 0.$$

证 用反证法. 这时易知 f 在 $[a, b]$ 上的定积分非负. 如果有 $\int_a^b f(x)\,\mathrm{d}x = 0$, 则可如下导致矛盾.

首先, 为在记号上不引起混淆, 将例题 10.2.1 的部分结论用文字概述如下:

若某定积分大于 0, 则其被积函数必在积分区间的某子区间上大于 0. (10.5)

对于 $\varepsilon > 0$, 在反证法的前提 $\int_a^b f(x)\,\mathrm{d}x = 0$ 下, 函数 $\varepsilon - f$ 在 $[a, b]$ 上的定积分为 $\varepsilon(b - a) > 0$. 用 (10.5) 就可以得到

$$\int_a^b [\varepsilon - f(x)]\,\mathrm{d}x > 0 \Longrightarrow \exists [c, d] \subset [a, b], \text{ 使得 } f(x) < \varepsilon, \forall x \in [c, d]. \quad (10.6)$$

这时 f 在 $[c, d]$ 上的积分仍然是 0.

以下应用实数系的闭区间套定理 (见 §3.2).

令 $\varepsilon_n = 1/n$, $n \in \mathbf{N}_+$. 对于 $n = 1$, 改记 (10.6) 中的 $[c, d]$ 为 $[a_1, b_1]$. 在 $[a_1, b_1]$ 上 f 的积分为 0. 对于 $n = 2$ 用 (10.6) 得到的 $[c, d]$ 记为 $[a_2, b_2]$. 如此归纳地用 (10.6), 就得到闭区间套 $\{[a_n, b_n]\}$, 使得对每个 n, 在区间 $[a_n, b_n]$ 上成立不等式

$$f(x) < \frac{1}{n}.$$

根据闭区间套定理, 在 $[a, b]$ 中存在属于每个闭区间 $[a_n, b_n]$ 的点 ξ, 也就是说对每个 n 成立

$$f(\xi) < \frac{1}{n}.$$

于是只能是 $f(\xi) \leqslant 0$, 但这与假设条件中 f 在 $[a, b]$ 上处处大于 0 相矛盾. $\qquad\square$

注 如 10.1.3 小节开始所说, 上面的例题 10.2.1 和 10.2.3 均可从 Lebesgue 定理 (命题 10.1.6) 推得. 读者可以一试. 但"杀鸡可不用牛刀", 因此我们只从积分定义出发给出它们的证明. 例题 10.2.3 也可从第一组参考题 8 推出.

10.2.3　对积分求极限

定积分是一个数. 如果其中的被积函数带有参数, 则就会得到数列或函数, 从而就会出现对积分求极限的问题 (也称为在积分号下求极限的问题). 这一小节主要考虑离散参数情况.

设有一列函数 $f_n(x) \in R[a, b]$, $n \in \mathbf{N}_+$, 又在 $[a, b]$ 上处处有极限 $\lim\limits_{n \to \infty} f_n(x) = f(x)$, 而且极限函数 $f \in R[a, b]$, 这时经常会问下列等式是否成立:

$$\lim_{n \to \infty} \int_a^b f_n(x)\,\mathrm{d}x \overset{?}{=} \int_a^b \lim_{n \to \infty} f_n(x)\,\mathrm{d}x = \int_a^b f(x)\,\mathrm{d}x. \quad (10.7)$$

这就是两种极限运算是否可以交换顺序的问题.

"不幸"的是, 对于问题 (10.7) 的答案是"不一定". 例如, 设

$$f_n(x) = \begin{cases} n, & 0 < x \leqslant \dfrac{1}{n}, \\ 0, & \dfrac{1}{n} < x \leqslant 1 \text{ 或 } x = 0, \end{cases}$$

则对一切 $x \in [0,1]$, 有

$$f(x) = \lim_{n \to \infty} f_n(x) = 0.$$

但容易验证

$$\lim_{n \to \infty} \int_0^1 f_n(x)\,\mathrm{d}x = 1 \neq 0 = \int_0^1 f(x)\,\mathrm{d}x.$$

这说明在对积分求极限 (也称为在积分号下求极限) 时, 不能随意将求极限运算与求积分运算交换顺序. 对于这种交换极限顺序问题的一般性讨论, 需要函数项级数和多元微积分的知识, 将在本书下册的 §14.2 和 18.1.5 小节中介绍. 下面将通过一个典型例题, 说明如何利用定积分的性质和一些技巧来解决一些较简单的问题.

例题 10.2.4 证明: $\displaystyle\lim_{n \to \infty} \int_0^{\pi/2} \sin^n x\,\mathrm{d}x = 0.$

由于本题的积分是定积分的重要结果 (见例题 10.4.9), 因此可将本题变为普通的数列极限问题, 而且还可以引用 2.3.2 小节的练习题 8. 但这种方法过分地依赖于定积分计算, 积不出怎么办? 所以我们下面要介绍新的方法.

分析 首先是从几何上作观察. 在图 10.3 中作出了 $n = 1, 4, 20, 100, 500$ 时的函数 $\sin^n x$ 的几何图像.

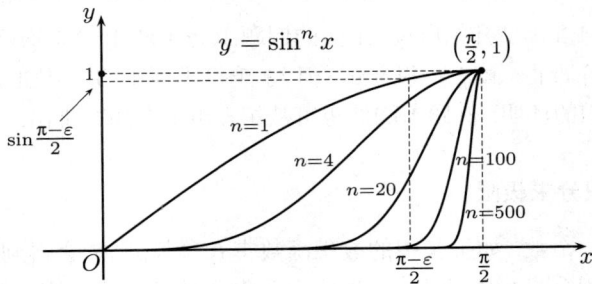

图 10.3

从图中可以看出, 由于 $\sin\dfrac{\pi}{2} = 1$, 因此对每个 n, 当 x 与 $\dfrac{\pi}{2}$ 充分接近时, 函数值 $\sin^n x$ 一定接近 1. 另一方面, 对于固定的 x 值, 只要 x 小于 $\dfrac{\pi}{2}$, 则当 n 增加时函数值 $\sin^n x$ 就很快趋于 0. 这就是下面的"分而治之"方法的几何背景.

证 按照数列极限的 ε-N 定义写出证明.

对于给定的 $\varepsilon > 0$, 不妨设 $\varepsilon < \pi$, 可以将积分分拆如下 (参看图 10.3):

$$0 \leqslant \int_0^{\pi/2} \sin^n x \, \mathrm{d}x = \int_0^{(\pi-\varepsilon)/2} \sin^n x \, \mathrm{d}x + \int_{(\pi-\varepsilon)/2}^{\pi/2} \sin^n x \, \mathrm{d}x$$
$$\leqslant \frac{\pi}{2} \sin^n \frac{\pi - \varepsilon}{2} + \frac{\varepsilon}{2}. \tag{10.8}$$

由 $0 < \sin \dfrac{\pi - \varepsilon}{2} < 1$, 可见 $\lim\limits_{n \to \infty} \sin^n \dfrac{\pi - \varepsilon}{2} = 0$. 从而对上述 ε, $\exists N$, 使 $n > N$ 时, 成立

$$0 < \frac{\pi}{2} \sin^n \frac{\pi - \varepsilon}{2} < \frac{\varepsilon}{2}.$$

因此 $n > N$ 时, 就有 $0 \leqslant \displaystyle\int_0^{\pi/2} \sin^n x \, \mathrm{d}x < \varepsilon$. $\qquad\square$

注 1 利用上、下极限工具 (见 §3.6), 还可将证明写得简洁一些. 在 (10.8) 的不等式中直接令 $n \to \infty$, 就得到

$$0 \leqslant \varliminf_{n \to \infty} \int_0^{\pi/2} \sin^n x \, \mathrm{d}x \leqslant \varlimsup_{n \to \infty} \int_0^{\pi/2} \sin^n x \, \mathrm{d}x \leqslant \frac{\varepsilon}{2}.$$

利用 $\varepsilon > 0$ 的任意性, 可见上、下极限相等且为 0.

注 2 在分拆积分时可以采取动态方法, 例如在 [41] 中按照区间

$$\left[0, \frac{\pi}{2} - \frac{1}{\sqrt[3]{n}}\right] \quad \text{和} \quad \left[\frac{\pi}{2} - \frac{1}{\sqrt[3]{n}}, \frac{\pi}{2}\right]$$

拆成两个积分, 然后分别证明它们 (作为数列) 当 $n \to \infty$ 时的极限都是 0. 读者可以一试.

注 3 本题的常见错误如下:

证 由积分第一中值定理, $\exists \xi \in \left(0, \dfrac{\pi}{2}\right)$, 使得

$$\int_0^{\pi/2} \sin^n x \, \mathrm{d}x = \sin^n \xi \int_0^{\pi/2} \mathrm{d}x = \frac{\pi}{2} \sin^n \xi.$$

不难看出一定有 $0 < \sin \xi < 1$ 成立, 因此得到

$$\lim_{n \to \infty} \int_0^{\pi/2} \sin^n x \, \mathrm{d}x = \lim_{n \to \infty} \frac{\pi}{2} \sin^n \xi = 0. \qquad\square$$

错误分析 错误在于 ξ 不是常数, 而是随着 n 的变化而变化的, 应该记为 ξ_n. 当 $n \to \infty$ 时, 不难证明有 $\xi_n \to \dfrac{\pi}{2}$, 因此 $\sin^n \xi_n$ 是 1^∞ 型的不定式. 回忆数列极限的内容, 我们知道, 从一个数列 $\{a_n\}$ 的每一项满足 $0 < a_n < 1$ 是得不出 $\lim\limits_{n \to \infty} a_n^n = 0$ 的 (试举例).

下一题是例题 2.2.3 在积分学中的推广.

例题 10.2.5 设非负函数 $f \in C[a, b]$, 证明:

$$\lim_{n \to \infty} \left(\int_a^b f^n(x)\, \mathrm{d}x \right)^{\frac{1}{n}} = \max\{f(x) \mid x \in [a, b]\}. \tag{10.9}$$

分析 设 $M = \max\{f(x) \mid x \in [a, b]\}$. 由于 $M = 0$ 时等式显然成立, 因此只要考虑 $M > 0$. 利用熟知的极限 $\lim\limits_{n \to \infty} \sqrt[n]{a} = 1 \ (a > 0)$, 可见若存在区间 $[\alpha, \beta] \subseteq [a, b]$, 使在这个区间上有

$$f(x) \geqslant M, \tag{10.10}$$

那么由

$$\left(\int_a^b f^n(x)\, \mathrm{d}x \right)^{\frac{1}{n}} \geqslant \left(\int_\alpha^\beta f^n(x)\, \mathrm{d}x \right)^{\frac{1}{n}} \geqslant M(\beta - \alpha)^{\frac{1}{n}} \to M \ (n \to \infty),$$

问题便解决了. 但 M 是函数 f 的最大值, 因此一般来说 (10.10) 不可能成立. 现在我们退而求其次, 对 $0 < \varepsilon < M$, 将 (10.10) 中的 M 改为 $M - \varepsilon$ 则不难实现. 下面就是将这个证法写出来而已.

证 如果 $f(x) \equiv 0$, 则所证等式显然成立. 否则, 设 $M = \max\{f(x) \mid x \in [a, b]\}$, 则 $M > 0$.

对 $0 < \varepsilon < M$, $\exists [\alpha, \beta] \subseteq [a, b]$, 使得

$$M - \varepsilon \leqslant f(x) \leqslant M, \quad x \in [\alpha, \beta].$$

于是有

$$\left(\int_a^b f^n(x)\, \mathrm{d}x \right)^{\frac{1}{n}} \geqslant \left(\int_\alpha^\beta f^n(x)\, \mathrm{d}x \right)^{\frac{1}{n}} \geqslant (M - \varepsilon)(\beta - \alpha)^{\frac{1}{n}}.$$

对于不等式

$$M(b - a)^{\frac{1}{n}} \geqslant \left(\int_a^b f^n(x)\, \mathrm{d}x \right)^{\frac{1}{n}} \geqslant (M - \varepsilon)(\beta - \alpha)^{\frac{1}{n}},$$

利用上、下极限工具就得到

$$M \geqslant \varlimsup_{n \to \infty} \left(\int_a^b f^n(x)\, \mathrm{d}x \right)^{\frac{1}{n}} \geqslant \varliminf_{n \to \infty} \left(\int_a^b f^n(x)\, \mathrm{d}x \right)^{\frac{1}{n}} \geqslant M - \varepsilon.$$

从 ε 的任意性可见上、下极限相等且等于 M. □

对含有参数的积分求极限的例题很多. 下面的 Riemann 引理是研究 Fourier (傅里叶) 级数的基本工具, 其证明在一般教科书中都可找到.

例题 10.2.6 (Riemann 引理) 设 $f \in R[a,b]$, 则

$$\lim_{p \to +\infty} \int_a^b f(x) \sin px \, \mathrm{d}x = 0, \qquad \lim_{p \to +\infty} \int_a^b f(x) \cos px \, \mathrm{d}x = 0.$$

这个结论可以推广为

例题 10.2.7 (Riemann 定理) 设 $f \in R[a,b]$, g 以 T 为周期且在 $[0,T]$ 上可积, 则

$$\lim_{p \to +\infty} \int_a^b f(x) g(px) \, \mathrm{d}x = \frac{1}{T} \int_0^T g(x) \, \mathrm{d}x \int_a^b f(x) \, \mathrm{d}x.$$

其证明留作为本章的第二组参考题 4. 需要指出, 以上两个结果对于 (第十二章中的) 广义可积函数 f 也是成立的, 但这时要求 f 还是绝对可积的.

10.2.4 练习题

1. 设 $f \in C[a,b]$, 且对满足条件 $g(a) = g(b) = 0$ 的每个函数 $g \in C[a,b]$, 都有 $\int_a^b f(x)g(x) \, \mathrm{d}x = 0$, 证明: $f \equiv 0$.

2. 设非负函数 $f \in R[a,b]$, 且 $\int_a^b f > 0$, 若有多项式 P 使 $\int_a^b P^2(x)f(x) \, \mathrm{d}x = 0$, 证明: $P \equiv 0$.

3. 设 $f \in C[-1,1]$, 且对 $[-1,1]$ 上的每个可积偶函数 g 都有 $\int_{-1}^1 f(x)g(x) \, \mathrm{d}x = 0$, 证明: f 是 $[-1,1]$ 上的奇函数.

4. 计算极限 $\lim_{n \to \infty} \int_0^1 (1-x^2)^n \, \mathrm{d}x$.

5. 分析例题 10.2.4 的条件和证明过程, 试写出它的可能推广, 并作出证明.
   (这是一道开放题, 要求设计出一定的条件, 使 $\lim_{n \to \infty} \int_a^b f^n(x) \, \mathrm{d}x = 0$ 成立.)

6. 已知 $x_n \in \left[0, \frac{\pi}{2}\right]$, $n = 1, 2, \cdots$, 且满足 $\frac{2}{\pi} \int_0^{\pi/2} \sin^n x \, \mathrm{d}x = \sin^n x_n$, 计算极限 $\lim_{n \to \infty} x_n$.

7. 设 $f \in C[-1,1]$, 证明: $\lim_{h \to 0^+} \int_{-1}^1 \frac{h}{h^2 + x^2} f(x) \, \mathrm{d}x = \pi f(0)$.

8. 设 $f \in C[0,1]$, 计算:

   (1) $\lim_{n \to \infty} \int_0^1 x^n f(x) \, \mathrm{d}x$; \qquad\qquad (2) $\lim_{n \to \infty} \int_0^1 nx^n f(x) \, \mathrm{d}x$.

9. 设正数列 $\{a_n\}$ 满足 $\lim\limits_{n\to\infty}\int_0^{a_n} x^n\,\mathrm{d}x = 2$, 计算极限 $\lim\limits_{n\to\infty} a_n$.

10. 设 $n \in \mathbf{N}_+$, $I_n = \int_0^{\pi/2} \dfrac{\sin^2 nt}{\sin t}\,\mathrm{d}t$, 计算极限 $\lim\limits_{n\to\infty} \dfrac{I_n}{\ln n}$.

§10.3 变限积分与微积分基本定理

本节的例题和练习题以变限积分方法为中心, 而将以 Newton-Leibniz 公式为主的内容放在下一节中.

10.3.1 主要命题

关于变限积分的主要结果是下面两个命题.

命题 10.3.1 设 $f \in R[a,b]$, 则变上限积分 $\int_a^x f(t)\,\mathrm{d}t$ 与变下限积分 $\int_x^b f(t)\,\mathrm{d}t$ 都是 $[a,b]$ 上的连续函数.

命题 10.3.2 设 $f \in R[a,b]$, $x \in [a,b]$ 是 f 的连续点, 则

$$\frac{\mathrm{d}}{\mathrm{d}x}\int_a^x f(t)\,\mathrm{d}t = f(x).$$

由此就给出了原函数存在的一个充分条件.

命题 10.3.3 (原函数存在定理) 设 $f \in C[a,b]$, 则 f 在 $[a,b]$ 上存在原函数.

命题 10.3.4 (微积分基本公式) 设 F 在 $[a,b]$ 上有连续的导函数, 则对每个 $x \in [a,b]$, 成立 Newton-Leibniz 公式:

$$\int_a^x F'(t)\,\mathrm{d}t = F(x) - F(a).$$

在多数文献中将命题 10.3.2 和 (或) 命题 10.3.4 称为**微积分基本定理**. 这是 Newton 和 Leibniz 发现的. 在他们之前, 微分和积分的许多个别结果已经得到. 但是只有当 Newton 和 Leibniz 发现了微分和积分运算的互逆关系之后, 微积分才成为统一的整体并开始了全新的发展 (这方面可参看 [6] 和 [60] 的第三章).

比命题 10.3.4 更一般的是

命题 10.3.5 设 $f \in R[a,b]$, F 是 f 在 $[a,b]$ 上的一个原函数, 则对每个 $x \in [a,b]$, 成立 Newton-Leibniz 公式:

$$\int_a^x f(t)\,\mathrm{d}t = F(x) - F(a).$$

注 1 这个命题也被称为微积分基本定理, 但是它的证明完全不需要关于变上限积分的命题. 此外, 两个条件缺一不可. 关于这些问题有许多深入的研究, 例如可以参考 [57] 以及其中所引的文献.

注 2 命题 10.3.5 可推广如下. 设 $f \in R[a,b]$, $F \in C[a,b]$, 且除了有限个点之外满足条件 $F' = f$, 则对于每个 $x \in [a,b]$, 仍成立等式

$$\int_a^x f(t)\,\mathrm{d}t = F(x) - F(a),$$

这有时称为广义的 Newton-Leibniz 公式.

例如有

$$\int_{-1}^3 \operatorname{sgn} x \,\mathrm{d}x = |x|\Big|_{-1}^3 = 2.$$

思考题 举例: (1) 可积函数未必有原函数; (2) 有原函数的函数未必可积.

注 由于有第一类间断点的函数不能是导函数, 因此 (1) 是容易的. 对于 (2), 可以考虑在区间 $[-1,1]$ 上的下列函数的导函数是否可积:

$$f(x) = \begin{cases} x^2 \sin \dfrac{1}{x^2}, & x \neq 0, \\ 0, & x = 0. \end{cases}$$

10.3.2 例题

在命题 10.3.1 中出现的变限积分不仅在建立微积分基本定理时有用, 而且是一种非常有效的工具. 对于 $f \in C[a,b]$, 引入变限积分 $F(x) = \displaystyle\int_a^x f(t)\,\mathrm{d}t$, 则 $F(x)$ 为 $[a,b]$ 上的连续可微函数. 因此, 我们就有可能同时用微分学和积分学的工具去研究它.

下一题的证明和应用一般出现在二重积分理论中, 但在这里用变限积分方法来证明还是很容易的.

例题 10.3.1 设 $f \in C[0,+\infty)$, $a > 0$, 证明:

$$\int_0^a \left(\int_0^x f(t)\,\mathrm{d}t \right) \mathrm{d}x = \int_0^a f(x)(a - x)\,\mathrm{d}x.$$

证 将 a 看成非负变量, 等式两边就成为变上限积分. 当 $a = 0$ 时两边都等于 0, 然后将两边对 a 求导, 右边求导后得到

$$\left(\int_0^a f(x)(a - x)\,\mathrm{d}x \right)' = \left(a \int_0^a f(x)\,\mathrm{d}x - \int_0^a x f(x)\,\mathrm{d}x \right)' = \int_0^a f(x)\,\mathrm{d}x,$$

与左边求导结果相同, 从 Newton-Leibniz 公式就得到所求的等式. □

下一题虽然不难, 但很容易出错. 先看正确的做法.

例题 10.3.2 设 $f \in R[A,B]$, $a,b \in (A,B)$ 是 f 的两个连续点, 证明:

$$\lim_{h\to 0}\int_a^b \frac{f(x+h)-f(x)}{h}\,dx = f(b)-f(a).$$

证 要点是利用变量代换改变积分限, 然后利用命题 10.3.2 计算如下:

$$\lim_{h\to 0}\int_a^b \frac{f(x+h)-f(x)}{h}\,dx = \lim_{h\to 0}\frac{1}{h}\left(\int_a^b f(x+h)\,dx - \int_a^b f(x)\,dx\right)$$
$$= \lim_{h\to 0}\frac{1}{h}\left(\int_{a+h}^{b+h} f(x)\,dx - \int_a^b f(x)\,dx\right)$$
$$= \lim_{h\to 0}\frac{1}{h}\left(\int_b^{b+h} f(x)\,dx - \int_a^{a+h} f(x)\,dx\right)$$
$$= f(b)-f(a). \qquad \square$$

错误证法分析 下面的 "证法" 是很有诱惑力的:

$$\lim_{h\to 0}\int_a^b \frac{f(x+h)-f(x)}{h}\,dx = \int_a^b \lim_{h\to 0}\frac{f(x+h)-f(x)}{h}\,dx$$
$$= \int_a^b f'(x)\,dx = f(b)-f(a).$$

请初学者注意: 上面的三步推导中的每一步都是错误的, 即犯了三个错误: (1) 没有根据就将求极限与求积分运算交换顺序; (2) 对差商求极限时忘记了题中 f 只在两点连续, 并无可导条件; (3) 即使 f 在 $[a,b]$ 上可导, 但导函数也不一定可积, 因此不能用 Newton-Leibniz 公式.

下一题的第一个证明是引进变限积分方法的典型应用.

例题 10.3.3 设 $f \in C[a,b]$, 且满足条件

$$\int_a^b x^k f(x)\,dx = 0 \quad (k=0,1,\cdots,n),$$

证明: 函数 f 在 (a,b) 内至少有 $n+1$ 个不同的零点.

证 1 用数学归纳法. 对于 $n=0$, 从 $\int_a^b f(x)\,dx = 0$ 和 $f \in C[a,b]$ 可见 f 在 (a,b) 上或变号, 或恒等于 0, 因此至少有一个零点.

设对于 n 的结论已成立, 我们讨论 $n+1$ 的情况. 引入辅助函数

$$F(x) = \int_a^x f(t)\,dt,$$

这时 $F(a) = 0$. 从 f 满足的条件 $\int_a^b f(x)\,\mathrm{d}x = 0$ 得到 $F(b) = 0$. 又从分部积分可见对 $k \geqslant 1$ 有

$$\int_a^b x^k f(x)\,\mathrm{d}x = \int_a^b x^k \,\mathrm{d}F(x) = x^k F(x)\Big|_a^b - \int_a^b k x^{k-1} F(x)\,\mathrm{d}x$$
$$= -\int_a^b k x^{k-1} F(x)\,\mathrm{d}x,$$

因此有

$$\int_a^b x^k f(x)\,\mathrm{d}x = 0 \Longrightarrow \int_a^b x^{k-1} F(x)\,\mathrm{d}x = 0, \quad k = 1, 2, \cdots, n+1.$$

根据归纳假设, F 在 (a, b) 内至少有 $n+1$ 个零点. 将它们记为 $x_1 < x_2 < \cdots < x_{n+1}$. 由于 a 和 b 又都是 F 的零点, 改记 $a = x_0$, $b = x_{n+2}$, 并对 $[x_i, x_{i+1}]$, $i = 0, 1, \cdots, n+1$, 用 $n+2$ 次 Rolle 定理, 就得到所要求的 $n+2$ 个零点. $\qquad\square$

下面再给出不利用变限积分的一个证明.

证 2 用反证法. 设有一个 f 满足所有题设条件, 但其零点个数不超过 n.

这时 f 在 $[a, b]$ 内的任何闭子区间上不会恒等于 0, 因此从条件 $\int_a^b f(x)\,\mathrm{d}x = 0$ 可见 f 在区间 $[a, b]$ 上一定变号.

利用 f 的所有零点或其中的一部分, 可以作出区间 $[a, b]$ 的一个分划

$$P = \{x_0, x_1, \cdots, x_k\},$$

其中 $x_0 = a$, $x_k = b$, 中间的 $k-1$ 个分点都是 f 的零点, f 在每个子区间上不变号, 而在相邻的子区间上 f 的符号相反.

由反证法前提可见 $k - 1 \leqslant n$.

对于分划 P 可以构造辅助多项式

$$g(x) = (x - x_1)(x - x_2) \cdots (x - x_{k-1}).$$

g 关于分划 P 具有与 f 相同的性质: 即在每个子区间上不变号, 而在相邻的子区间上符号相反. 这样就知道 $f \cdot g$ 在整个区间 $[a, b]$ 上不变号, 因此

$$\int_a^b f(x) g(x)\,\mathrm{d}x > 0 \ (< 0).$$

另一方面, 由于 g 是次数不超过 n 的多项式, 从题设条件可见上述积分应当等于 0, 从而引出矛盾. $\qquad\square$

10.3.3　练习题

1. 计算下列各题:

    (1) 设 $f(x) = \int_0^x t \sin \dfrac{1}{t} \, \mathrm{d}t$, 求 $f'(0)$;　　　　(2) $\dfrac{\mathrm{d}}{\mathrm{d}x} \int_{x^2}^{x^3} \dfrac{\sin t}{t} \, \mathrm{d}t$;

    (3) $\displaystyle\lim_{x \to 0} \dfrac{\int_0^x (\arctan t)^2 \, \mathrm{d}t}{x^2}$;　　　　(4) $\displaystyle\lim_{x \to +\infty} \dfrac{\left(\int_0^x \mathrm{e}^{t^2} \, \mathrm{d}t \right)^2}{\int_0^x \mathrm{e}^{2t^2} \, \mathrm{d}t}$.

2. 设 $f \in C[a,b]$, 且存在常数 $M, \eta > 0$, 使对每个 $[\alpha, \beta] \subseteq [a, b]$, 恒有

$$\left| \int_\alpha^\beta f(x) \, \mathrm{d}x \right| \leqslant M(\beta - \alpha)^{1+\eta},$$

证明: $f \equiv 0$.

3. 设 $f \in C[a,b]$, 且在 $[a,b]$ 上满足不等式 $f(x) \leqslant \int_a^x f(t) \, \mathrm{d}t$, 证明: 在 $[a,b]$ 上 $f(x) \leqslant 0$.

4. 设函数 $f \in C[0, \pi]$, 且有 $\int_0^\pi f(t) \cos t \, \mathrm{d}t = \int_0^\pi f(t) \sin t \, \mathrm{d}t = 0$, 证明: f 在区间 $(0, \pi)$ 内至少有两个零点.

5. 设 f 为周期函数, 且于每个有界区间上可积, 证明: 变上限积分

$$F(x) = \int_0^x f(t) \, \mathrm{d}t$$

可以表示为一个周期函数与一个线性函数之和.

6. 设 $f \in C(-\infty, +\infty)$, 且积分 $\int_a^{a+T} f(x) \, \mathrm{d}x$ 的值与 a 无关, 证明: f 为周期函数.

7. 设 $f \in C(0, +\infty)$, 且对任何 $a, b > 0$ 的积分 $\int_a^{ab} f(x) \, \mathrm{d}x$ 的值与 a 无关, 试求函数 f.

8. 设 $f \in R[a,b]$, 证明: 存在 $\xi \in [a, b]$, 使成立 $\int_\xi^b f(x) \, \mathrm{d}x = \int_a^\xi f(x) \, \mathrm{d}x$, 并举例说明这样的 ξ 在 (a,b) 内不一定存在.

9. 设 $f \in C[a,b]$, 且处处大于 0, 证明: 在 $[a,b]$ 上有

$$\frac{\mathrm{d}}{\mathrm{d}x} \left(\int_a^x f(t) \, \mathrm{d}t - \int_x^b \frac{\mathrm{d}t}{f(t)} \right) \geqslant 2.$$

10. 设 $a(t), b(t), c(t), d(t)$ 均为变量 t 的多项式, 证明:

$$\int_1^x a(t)\,c(t)\,\mathrm{d}t \int_1^x b(t)\,d(t)\,\mathrm{d}t - \int_1^x a(t)\,d(t)\,\mathrm{d}t \int_1^x b(t)\,c(t)\,\mathrm{d}t$$

可被 $(x-1)^4$ 整除.

11. 设 $f \in C(-\infty, +\infty)$, $g(x) = f(x) \int_0^x f(t)\,\mathrm{d}t$ 且单调减少, 证明: $f \equiv 0$.

12. 设 f 在 $[0, +\infty)$ 上可微, 且满足 $\int_0^x tf(t)\,\mathrm{d}t = \dfrac{x}{3} \int_0^x f(t)\,\mathrm{d}t$, 求 f.

§10.4 定积分的计算

一般来说, 从定义出发来计算定积分是不切实际的. 本节以 Newton-Leibniz 公式 (见命题 10.3.4 和 10.3.5) 为基础, 在前三小节中介绍定积分计算, 在最后一小节则与定积分计算相结合介绍积分中值定理的应用. (有关不等式、积分估计和近似计算等例题见下一章.)

10.4.1 计算公式与法则

与不定积分的计算法则相对应, 定积分的计算法则有以下两个.

命题 10.4.1 (定积分的分部积分法) 设 $u'(x), v'(x) \in R[a, b]$, 则

$$\int_a^b u(x)\,\mathrm{d}v(x) = u(x)v(x)\Big|_a^b - \int_a^b v(x)\,\mathrm{d}u(x). \tag{10.11}$$

注 在应用上述公式时, 如果 $u(a)v(a)$ 或 $u(b)v(b)$ 不存在, 或者 $u(x)v(x)$ 在点 $x = a$ 或 $x = b$ 不连续, 则应当将公式右边的第一项 $u(x)v(x)|_a^b$ 理解为 $\lim\limits_{x \to b^-} u(x)v(x) - \lim\limits_{x \to a^+} u(x)v(x)$. (虽然这时 $u'(x), v'(x)$ 在点 $x = a$ 或 $x = b$ 可能不存在, 但是由于函数在一个区间上的可积性以及积分值与其在有限点处的定义无关, 因此这不会影响 $u'(x), v'(x)$ 的可积性以及积分值.)

命题 10.4.2 (定积分的换元积分法) 设 $f \in R[a, b]$, $x = g(t)$ 在 $[\alpha, \beta]$ 上严格单调增加, $g'(t)$ 在 $[\alpha, \beta]$ 上可积, 且满足 $g(\alpha) = a$, $g(\beta) = b$, 则

$$\int_a^b f(x)\,\mathrm{d}x = \int_\alpha^\beta f(g(t))g'(t)\,\mathrm{d}t.$$

注 1 如果 $f \in C[a, b]$, 则 g 的单调性条件可换为较弱的条件 $g([\alpha, \beta]) \subset [a, b]$. 两种情况的证明均可见 [59] 第二册 140 页的命题 6.1 和 6.2 及其注.

注 2 尽管定积分的换元积分法与不定积分的相应法则在形式上是类似的, 但两者还是有区别的, 不能把前者简单地看成为后者与 Newton-Leibniz 公式的结合. 两者的主要区别在于: 定积分的计算与积分区间紧密关联, 不仅换元以后积分限要作相应的改变, 而且在采用变换前必须考虑进行变换所需的条件在有关区间上是否满足. 相对来说, 应用不定积分的换元法时对此不必多作强调, 只有当需要写出原函数时才会与区间联系起来.

从下面的很多例子中可以看到, 对定积分用换元法和分部积分法时往往能使一些积分项相互抵消, 因此有时即使被积函数的原函数不是初等函数, 我们仍然有可能计算出定积分的值. 因此, 定积分计算并不要求被积函数的原函数一定是初等函数, 这与不定积分计算完全不同.

10.4.2 例题

例题 10.4.1 计算 $I = \int_0^{\pi/2} \sin x \ln \sin x \, \mathrm{d}x$.

解 1 被积函数在 $x = 0$ 时没有定义, 但是从 $\sin x \sim x \ (x \to 0^+)$ 和 $x \ln x \to 0 \ (x \to 0^+)$ 可以知道被积函数在 $x = 0$ 右侧有界.

如果如下分部积分, 则有

$$I = \int_0^{\pi/2} \ln \sin x \, \mathrm{d}(-\cos x) = -\cos x \, \ln \sin x \Big|_{0^+}^{\pi/2} + \int_0^{\pi/2} \cos x \, \mathrm{d}\ln \sin x.$$

由于右边第一项为无穷大, 因此不能解决问题. 克服这个困难的方法也很简单, 只要将上面的 $\mathrm{d}(-\cos x)$ 改为 $\mathrm{d}(1 - \cos x)$ 即可. 利用 $1 - \cos x \sim \dfrac{1}{2} x^2 \ (x \to 0)$, 就可计算如下:

$$I = \int_0^{\pi/2} \ln \sin x \, \mathrm{d}(1 - \cos x)$$

$$= (1 - \cos x) \ln \sin x \Big|_{0^+}^{\pi/2} - \int_0^{\pi/2} (1 - \cos x) \, \mathrm{d}(\ln \sin x)$$

$$= -\int_0^{\pi/2} (1 - \cos x) \cdot \frac{\cos x}{\sin x} \, \mathrm{d}x = -\int_0^{\pi/2} \frac{\sin x \cos x}{1 + \cos x} \, \mathrm{d}x$$

$$= \int_0^{\pi/2} \left(-\sin x + \frac{\sin x}{1 + \cos x} \right) \mathrm{d}x$$

$$= [\cos x - \ln(1 + \cos x)] \Big|_0^{\pi/2} = \ln 2 - 1.$$ $\square$

解 2 从作代换 $x = 2t$ 开始可计算如下

$$\int_0^{\pi/2} \sin x \ln \sin x \, dx$$

$$= \int_0^{\pi/4} 2 \sin 2t \ln \sin 2t \, dt$$

$$= 2\ln 2 \int_0^{\pi/4} \sin 2t \, dt + \int_0^{\pi/4} 2 \sin 2t \ln \sin t \, dt + \int_0^{\pi/4} 2 \sin 2t \ln \cos t \, dt$$

(对第一个积分作代换 $2t = x$, 对最后一个积分作代换 $s = \dfrac{\pi}{2} - t$)

$$= \ln 2 + \int_0^{\pi/4} 2 \sin 2t \ln \sin t \, dt + \int_{\pi/4}^{\pi/2} 2 \sin 2s \ln \sin s \, ds$$

(利用定积分与积分变量无关的特点合并两个积分)

$$= \ln 2 + \int_0^{\pi/2} 4 \sin t \cos t \ln \sin t \, dt$$

(对积分再作代换 $\sin t = u$)

$$= \ln 2 + \int_0^1 4u \ln u \, du$$

$$= \ln 2 + 2u^2 \ln u \Big|_{0^+}^1 - \int_0^1 2u \, du = \ln 2 - 1. \qquad \square$$

注 1 本题解 1 中处理分部积分的方法具有普遍意义, 因此要再强调一下. 具体来说, 由于两个不同的原函数之间只差一个常值函数, 因此在分部积分公式 (10.11) 中左边的 $u(x) \, dv(x)$ 可改为 $u(x) \, d(v(x) + c)$, 其中 c 待定. 利用这一点灵活性可以解决不少问题.

注 2 有的文献将本题与广义积分中的 Euler 积分 $\int_0^{\pi/2} \ln \sin x \, dx$ (见例题 12.3.4) 相联系. 实际上本题是常义积分, 且有初等原函数, 这与 Euler 积分的情况并不相同. 但是本题的解 2 确实与例题 12.3.4 的解 2 中的方法类似.

下面是一个简单的题, 但其中还是有不少知识点需要注意.

例题 10.4.2 设 n 为大于 1 的正整数, 求 $\int_0^n (x - [x]) \, dx$, 其中 $[x]$ 表示不超过 x 的最大整数.

解 由于被积函数在积分区间上只有有限个间断点, 积分的存在性没有问题. 但由于这有限个间断点是跳跃间断点, 被积函数在整个区间上的原函数不存在 (例题 7.1.1), 需分段计算积分. 在区间 $[0, 1]$ 上, $x - [x]$ 与函数 $f(x) = x$ 仅在点 $x = 1$ 处有不同的值, 因此它们的可积性和积分值相同, 这样就有

$$\int_0^1 (x - [x]) \, dx = \int_0^1 x \, dx = \frac{1}{2}.$$

又由于 $x - [x]$ 是周期为 1 的周期函数, 它在每个长度为 1 的区间上的积分相同, 所以就可以得到

$$\int_0^n (x - [x])\,\mathrm{d}x = \left(\int_0^1 + \int_1^2 + \cdots + \int_{n-1}^n\right)(x - [x])\,\mathrm{d}x$$
$$= n\int_0^1 (x - [x])\,\mathrm{d}x = \frac{n}{2}. \qquad \square$$

下面的例题说明, 与计算不定积分一样, 熟练地掌握初等代数或三角函数的运算公式, 对于定积分的计算也是十分重要的.

例题 10.4.3 在区间 $(0, \pi)$ 上定义 $D_n(x) = \dfrac{\sin\dfrac{(2n+1)x}{2}}{2\sin\dfrac{x}{2}}$, $n \in \mathbf{N}_+$, 计算 $\int_0^\pi D_n(x)\,\mathrm{d}x$.

解　虽然 $D_n(x)$ 在 $x = 0$ 时无定义, 但容易证明 $\lim\limits_{x \to 0^+} D_n(x) = (2n+1)/2$, 因此 $D_n(x)$ 在 $[0, \pi]$ 上可积. 直接对 $D_n(x)$ 积分是困难的, 我们作如下变换. 利用三角恒等式

$$2\sin\frac{x}{2}\left(\frac{1}{2} + \sum_{k=1}^n \cos kx\right) = \sin\frac{(2n+1)x}{2},$$

就可以将 D_n 分解如下:

$$D_n(x) = \frac{1}{2} + \sum_{k=1}^n \cos kx.$$

逐项积分就得到

$$\int_0^\pi D_n(x)\,\mathrm{d}x = \int_0^\pi \left(\frac{1}{2} + \sum_{k=1}^n \cos kx\right)\mathrm{d}x$$
$$= \frac{\pi}{2} + \sum_{k=1}^n \int_0^\pi \cos kx\,\mathrm{d}x = \frac{\pi}{2}. \qquad (10.12)$$

$$\square$$

注　这个积分有时也称为 Dirichlet 积分, 其中的被积函数 D_n 称为 Dirichlet 核, (10.12) 又可写成

$$1 = \frac{2}{\pi}\int_0^\pi \frac{\sin\dfrac{(2n+1)x}{2}}{2\sin\dfrac{x}{2}}\,\mathrm{d}x. \qquad (10.13)$$

Dirichlet 核与公式 (10.13) 在积分理论与级数理论中有重要的应用.

下一题虽然是对变限积分求导, 但是不能直接应用命题 10.3.2. 同时它也表明, 该命题只给出了变限积分可导的充分条件. 变限积分在被积函数不连续点上仍有可能是可导的.

例题 10.4.4 设 $F(x) = \int_0^x \sin \dfrac{1}{t} \, \mathrm{d}t$, 求 $F'(0)$.

解　由于 $x = 0$ 是被积函数的第二类间断点, 不能用对变动上限求导的方法来求 $F'(0)$, 而只能按照定义来计算导数. 根据定义 $F(0) = 0$, 而当 $x \neq 0$ 时, 由分部积分公式可以得到

$$
\begin{aligned}
F(x) &= \int_0^x t^2 \, \mathrm{d}\cos \frac{1}{t} = t^2 \cos \frac{1}{t} \Big|_0^x - \int_0^x \cos \frac{1}{t} \, \mathrm{d}(t^2) \\
&= x^2 \cos \frac{1}{x} - \int_0^x 2t \cos \frac{1}{t} \, \mathrm{d}t.
\end{aligned}
\tag{10.14}
$$

按照导数的定义计算极限:

$$
F'(0) = \lim_{x \to 0} \frac{F(x) - F(0)}{x} = \lim_{x \to 0^+} x \cos \frac{1}{x} - \lim_{x \to 0^+} \frac{\int_0^x 2t \cos \frac{1}{t} \, \mathrm{d}t}{x}.
$$

右边的第一项极限明显为 0. 第二项是 $\dfrac{0}{0}$ 的不定式, 用 L'Hospital 法则就得到结果是 0. 因此 $F'(0) = 0$.　　　　□

注　$F'(0)$ 的计算也可以如下进行: 虽然函数 $2t \cos \dfrac{1}{t}$ 在 $t = 0$ 没有定义, 但是可以补充定义在该点的函数值为 0. 这时 (10.14) 中最后一个积分的被积函数在 $t = 0$ 连续, 从而可以直接用命题 10.3.2.

10.4.3　对称性在定积分计算中的应用

设积分区间关于原点对称, 例如为 $[-a, a]$ $(a > 0)$. 则容易知道, 当被积函数 f 是奇函数, 即其图像关于原点为中心对称时, 就有 $\int_{-a}^{a} f(x) \, \mathrm{d}x = 0$; 而当 f 为偶函数, 即其图像关于 y 轴为对称时, 就有 $\int_{-a}^{a} f(x) \, \mathrm{d}x = 2 \int_0^a f(x) \, \mathrm{d}x$.

如果将以上的对称性进一步推广, 则对于某些积分的计算是很有好处的. 下面我们会看到利用对称性甚至可以计算出被积函数没有初等原函数的某些定积分. 在举例之前先列出三个简单而有用的事实, 其证明留给读者.

命题 10.4.3 设函数 f 在区间 $[a, b]$ 上可积, 则成立

$$
\int_a^b f(x) \, \mathrm{d}x = \int_a^b f(a + b - x) \, \mathrm{d}x,
$$

特别当积分区间为 $[0, a]$ 时则有

$$\int_0^a f(x)\,\mathrm{d}x = \int_0^a f(a-x)\,\mathrm{d}x.$$

命题 10.4.4 设函数 f 在区间 $[0, a]$ 上可积, 且有 $f(x) = f(a-x)$, 即关于区间的中点为偶函数 (也就是关于直线 $x = a/2$ 为偶函数), 则成立

$$\int_0^a f(x)\,\mathrm{d}x = 2\int_0^{a/2} f(x)\,\mathrm{d}x.$$

命题 10.4.5 设函数 f 在区间 $[0, a]$ 上可积, 且有 $f(x) = -f(a-x)$, 即关于区间的中点为奇函数, 则成立

$$I = \int_0^a f(x)\,\mathrm{d}x = 0.$$

由于 $f(x) + f(a-x)$ 关于点 $x = a/2$ 总是偶函数, 因此就可得到以下更为有力的命题, 它包含了以上两个命题为其特例.

命题 10.4.6 设函数 f 在 $[0, a]$ 上可积, 记 $f(x) + f(a-x) = g(x)$, 则成立

$$\int_0^a f(x)\,\mathrm{d}x = \int_0^{a/2} g(x)\,\mathrm{d}x.$$

下面 4 个定积分计算题是利用对称性的典型例题, 它们都可以用命题 10.4.6 直接解决.

例题 10.4.5 对任意两个不同时为零的实数 a, b, 计算

$$\int_0^\pi \frac{\cos x}{\sqrt{a^2 \sin^2 x + b^2 \cos^2 x}}\,\mathrm{d}x.$$

解 由于被积函数关于积分区间的中点 $\frac{\pi}{2}$ 为奇函数, 因此用命题 10.4.5 (或命题 10.4.6) 即知该积分等于 0. □

例题 10.4.6 计算 $I = \displaystyle\int_0^\pi \frac{x \sin x}{1 + \cos^2 x}\,\mathrm{d}x$.

解 1 用命题 10.4.6 先计算

$$\frac{x \sin x}{1 + \cos^2 x} + \frac{(\pi - x)\sin(\pi - x)}{1 + \cos^2(\pi - x)} = \frac{\pi \sin x}{1 + \cos^2 x},$$

因此就有

$$I = \int_0^{\pi/2} \frac{\pi \sin x}{1 + \cos^2 x}\,\mathrm{d}x = -\pi \arctan(\cos x)\Big|_0^{\pi/2} = \frac{\pi^2}{4}. \qquad \square$$

解 2 本题中所利用的对称性可以如下理解: 由于被积函数 f 中除去因子 x 后的部分关于直线 $x = \frac{\pi}{2}$ 为偶函数, 而因子 x 关于点 $\left(\frac{\pi}{2}, \frac{\pi}{2}\right)$ 是奇函数, 因此如

果将因子 x 换为 $x - \dfrac{\pi}{2}$, 整个被积函数就是关于区间中点的奇函数. 从命题 10.4.5 知其积分为 0, 因此也可如下计算:

$$I = \int_0^\pi \frac{\left(x - \dfrac{\pi}{2}\right)\sin x}{1 + \cos^2 x}\, \mathrm{d}x + \frac{\pi}{2}\int_0^\pi \frac{\sin x}{1 + \cos^2 x}\, \mathrm{d}x$$

$$= \pi \int_0^{\pi/2} \frac{\sin x}{1 + \cos^2 x}\, \mathrm{d}x = -\pi \arctan(\cos x)\Big|_0^{\pi/2} = \frac{\pi^2}{4}. \qquad \square$$

例题 10.4.7 计算 $I = \displaystyle\int_0^1 \frac{\ln(1 + x)}{1 + x^2}\, \mathrm{d}x$.

解 作代换 $x = \tan t, \mathrm{d}x = \sec^2 t\, \mathrm{d}t$, 就得到

$$I = \int_0^1 \frac{\ln(1 + x)}{1 + x^2}\, \mathrm{d}x = \int_0^{\pi/4} \ln\left(1 + \tan t\right)\mathrm{d}t. \qquad (10.15)$$

用命题 10.4.6 计算上式的最后一个积分. 先计算

$$\ln(1 + \tan t) + \ln\left[1 + \tan\left(\frac{\pi}{4} - t\right)\right] = \ln(1 + \tan t) + \ln\left(1 + \frac{1 - \tan t}{1 + \tan t}\right)$$

$$= \ln(1 + \tan t) + \ln\frac{2}{1 + \tan t} = \ln 2,$$

然后就得到

$$I = \int_0^{\pi/8} \ln 2\, \mathrm{d}x = \frac{\pi}{8}\ln 2. \qquad \square$$

下一题的积分值关于被积函数中的参数 a 为常数, 在作代换 $\tan x = t$ 之后可以得到关于广义积分的相应结果 (见第十二章第一组参考题 1).

例题 10.4.8 证明: 对任意实数 a, 成立恒等式

$$\int_0^{\pi/2} \frac{\mathrm{d}x}{1 + \tan^a x} \equiv \int_0^{\pi/2} \frac{\mathrm{d}x}{1 + \cot^a x} \equiv \frac{\pi}{4}.$$

证 因 $\cot x = \tan\left(\dfrac{\pi}{2} - x\right)$, 用命题 10.4.3 知两个积分相等. 用命题 10.4.6, 从

$$\frac{1}{1 + \tan^\alpha x} + \frac{1}{1 + \cot^\alpha x} = \frac{1}{1 + \tan^\alpha x} + \frac{\tan^\alpha x}{1 + \tan^\alpha x} = 1$$

即知结论成立. $\qquad \square$

10.4.4 用递推方法求定积分

设有一列函数 $f_n(x) \in R[a, b]$, 其中下标 $n \in \mathbf{N}_+$ 为参数. 为了计算积分 $\displaystyle\int_a^b f_n(x)\, \mathrm{d}x$, 我们可用各种方法将下标为 n 的积分 $\displaystyle\int_a^b f_n(x)\, \mathrm{d}x$ 化成与下标 $k < n$ 的积分 $\displaystyle\int_a^b f_k(x)\, \mathrm{d}x$ 有关的表达式 (即**递推公式**). 继续如此做下去, 就有可能将问题化为求下标最小的一个或几个积分. 计算定积分的这种方法, 称为**递推方法**.

例题 10.4.9 计算 $I_n = \displaystyle\int_0^{\pi/2} \sin^n x \, \mathrm{d}x = \int_0^{\pi/2} \cos^n x \, \mathrm{d}x$.

解　两个积分相等可以由换元 $t = \dfrac{\pi}{2} - x$ 得到. 由定积分的分部积分法,

$$I_n = \int_0^{\pi/2} \sin^{n-1} x \, \mathrm{d}(-\cos x) = -\sin^{n-1} x \cos x \Big|_0^{\pi/2} + \int_0^{\pi/2} \cos x \, \mathrm{d}(\sin^{n-1} x)$$

$$= (n-1) \int_0^{\pi/2} \sin^{n-2} x \cos^2 x \, \mathrm{d}x = (n-1)I_{n-2} - (n-1)I_n,$$

移项后得递推公式:

$$I_n = \frac{n-1}{n} I_{n-2} \ (n \geqslant 2).$$

重复使用上述公式, 由于

$$I_0 = \int_0^{\pi/2} \mathrm{d}x = \frac{\pi}{2}, \quad I_1 = \int_0^{\pi/2} \sin x \, \mathrm{d}x = 1,$$

就得到

$$I_n = \begin{cases} \dfrac{(n-1)!!}{n!!}, & n \text{ 为奇数}, \\[2mm] \dfrac{(n-1)!!}{n!!} \cdot \dfrac{\pi}{2}, & n \text{ 为偶数}. \end{cases} \tag{10.16}$$

$\square$

注　请初学者注意, 在定积分的计算中, 公式 (10.16) 经常有用, 因此需要记住这个公式并能熟练应用. 此外, I_n 在 n 为奇数和偶数时的表达式不同是今后导出 Wallis 公式 (命题 11.4.1) 的关键.

例题 10.4.10 设 m, n 为正整数, 计算含双参数的积分

$$B(m, n) = \int_0^1 x^{m-1}(1-x)^{n-1} \, \mathrm{d}x.$$

解　令 $x^{m-1} \mathrm{d}x = \mathrm{d}v, \ (1-x)^{n-1} = u$, 进行分部积分, 得到递推公式:

$$B(m, n) = \frac{x^m(1-x)^{n-1}}{m} \Big|_0^1 + \frac{n-1}{m} \int_0^1 x^m (1-x)^{n-2} \, \mathrm{d}x$$

$$= \frac{n-1}{m} B(m+1, n-1),$$

连续应用上述公式, 得到

$$B(m, n) = \frac{(n-1)(n-2)\cdots(n-(n-1))}{m(m+1)\cdots(m+n-2)} B(m+n-1, 1)$$

$$= \frac{(n-1)!}{m(m+1)\cdots(m+n-2)} \int_0^1 x^{m+n-2} \, \mathrm{d}x$$

$$= \frac{(n-1)!}{m(m+1)\cdots(m+n-2)(m+n-1)}$$

$$= \frac{(n-1)!(m-1)!}{(m+n-1)!}.$$

$\square$

注 读者可将本题与例题 9.1.10 比较, 以看出定积分的分部积分法与不定积分的分部积分法之间的差别.

10.4.5 积分中值定理的应用

同微分中值定理一样, 积分中值定理在数学分析中同样十分重要. 应该指出, 应用积分中值定理的例题五花八门, 举不胜举, 其解题的方法与技巧也多种多样, 在研究生入学考试的数学分析试卷中更是经常出现. 由于篇幅限制, 我们不可能举出大量这样的例题, 希望初学者能通过**模仿与实践**, 举一反三, 拓宽自己的思路. 以下只是一些初步的例子, 更多的应用见下一章.

首先给出积分第二中值定理的一个证明, 它同时也是积分第一中值定理的典型应用. (注意其中的条件比命题 10.2.2 要强.)

例题 10.4.11 设 $f \in C[a,b]$, g 在区间 $[a,b]$ 上可微, $g' \in R[a,b]$ 且不变号, 则有 $\xi \in (a,b)$, 使成立

$$\int_a^b f(x)g(x)\,\mathrm{d}x = g(a)\int_a^\xi f(x)\,\mathrm{d}x + g(b)\int_\xi^b f(x)\,\mathrm{d}x.$$

证 在积分 $\int_a^b f(x)g(x)\,\mathrm{d}x$ 中, 令 $\mathrm{d}v = f(x)\,\mathrm{d}x$, $u = g(x)$, 作分部积分:

$$\int_a^b f(x)g(x)\,\mathrm{d}x = \left(g(x)\int_a^x f(t)\,\mathrm{d}t\right)\bigg|_a^b - \int_a^b g'(x)\,F(x)\,\mathrm{d}x$$
$$= g(b)\int_a^b f(x)\,\mathrm{d}x - \int_a^b g'(x)F(x)\,\mathrm{d}x.$$

注意到变限积分 $F(x) = \int_a^x f(t)\,\mathrm{d}t$ 连续和 $g'(x)$ 不变号, 对右边最后一个积分用积分第一中值定理 (及其在例题 10.2.2 中的改进), 知道存在 $\xi \in (a,b)$, 使得成立

$$\int_a^b g'(x)F(x)\,\mathrm{d}x = F(\xi)\int_a^b g'(x)\,\mathrm{d}x$$
$$= [g(b) - g(a)]\int_a^\xi f(x)\,\mathrm{d}x.$$

因此得到

$$\int_a^b f(x)g(x)\,\mathrm{d}x = g(b)\int_a^b f(x)\,\mathrm{d}x - [g(b) - g(a)]\int_a^\xi f(x)\,\mathrm{d}x$$
$$= g(a)\int_a^\xi f(x)\,\mathrm{d}x + g(b)\int_\xi^b f(x)\,\mathrm{d}x, \quad \xi \in (a,b). \qquad \square$$

下一个例题实际上是 Riemann 定理 (例题 10.2.7) 的一个特例.

例题 10.4.12 设 $f \in C[0, 2\pi]$，证明：

$$\lim_{n \to \infty} \int_0^{2\pi} f(x) |\sin nx| \, dx = \frac{2}{\pi} \int_0^{2\pi} f(x) \, dx. \tag{10.17}$$

证 先将积分区间 $[0, 2\pi]$ 划分为 $\sin nx$ 的定号区间，再用第一中值定理：

$$\int_0^{2\pi} f(x) |\sin nx| \, dx = \sum_{k=1}^n \int_{2(k-1)\pi/n}^{2k\pi/n} f(x) |\sin nx| \, dx$$

$$= \sum_{k=1}^n f(\xi_k) \int_{2(k-1)\pi/n}^{2k\pi/n} |\sin nx| \, dx,$$

其中 $\xi_k \in (2(k-1)\pi/n, 2k\pi/n)$，$k = 1, 2, \cdots, n$. 又直接计算得到

$$\int_{2(k-1)\pi/n}^{(2k\pi)/n} |\sin nx| \, dx = \frac{1}{n} \int_0^{2\pi} |\sin t| \, dt = \frac{4}{n} \int_0^{\pi/2} \sin t \, dt = \frac{4}{n},$$

因此有

$$\int_0^{2\pi} f(x) |\sin nx| \, dx = \frac{4}{n} \sum_{k=1}^n f(\xi_k) = \frac{2}{\pi} \left(\sum_{k=1}^n f(\xi_k) \cdot \frac{2\pi}{n} \right).$$

上式右边的和式可看成 $[0, 2\pi]$ 上的连续函数 f 在 $[0, 2\pi]$ 的 n 等距分划下的一个 Riemann 和. 令 $n \to \infty$ 就得到所求证的结果. □

注 1 本题采用的证明方法可称为"子区间法"，即在计算一列函数 $\{f_n(x)\}$ 在某个区间上的定积分的极限值时，对每个正整数 n，把该区间划分成 n 个子区间，分别计算出函数 $f_n(x)$ 在这些子区间上的定积分，然后相加. 一般会得到一个与 n 有关的值，最后取极限即可.

注 2 本题也可以通过如下方法证明：先对阶梯函数 f 证明 (10.17) 成立，然后用阶梯函数来逼近连续函数，从而证明 (10.17) 对一般的连续函数成立.

注 3 如例题 10.2.7 的 Riemann 定理 (又见本章第二组参考题 4) 所示，本题的积分区间改换为一般的区间 $[a, b]$ (此时 $f \in C[a, b]$) 时结论仍然成立.

下一题的方法很多，然而用积分中值定理的方法在思路上非常清晰.

例题 10.4.13 设对每个 $n \in \mathbf{N}_+$，$f_n(x) \in C[0, 1]$，且有 $\int_0^1 f_n^2(x) \, dx = 1$，证明：存在 N 和常数 c_i，$i = 1, 2, \cdots, N$，使得

$$\sum_{n=1}^N c_n^2 = 1, \quad \max_{0 \leqslant x \leqslant 1} \left\{ \left| \sum_{n=1}^N c_n f_n(x) \right| \right\} > 100.$$

证 容易看出题中的 100 换成其他大数都是可以的. 对于积分等式

$$\int_0^1 [f_1^2(x) + f_2^2(x) + \cdots + f_N^2(x)] \, \mathrm{d}x = N$$

的左边, 用积分第一中值定理, 知道存在 $\xi \in (0, 1)$, 使得

$$f_1^2(\xi) + f_2^2(\xi) + \cdots + f_N^2(\xi) = N.$$

将上式左边看成 N 维 Euclid 空间中的一个向量

$$\boldsymbol{v} = (f_1(\xi), f_2(\xi), \cdots, f_N(\xi))$$

的长度平方, 则这个向量的长度就是 $\sqrt{N}$.

另一方面, 可以将待定的 N 个数 $c_1, c_2, \cdots, c_N$ 看成一个单位长度的待定向量 $\boldsymbol{c}$. 这样一来就只要使得

$$|c_1 f_1(\xi) + c_2 f_2(\xi) + \cdots + c_N f_N(\xi)| > 100$$

就够了. 而上式的左边可以看成是向量 $\boldsymbol{v}$ 与单位向量 $\boldsymbol{c}$ 的内积的绝对值. 为了使它尽可能大, 只要使它们同方向即可. 这时的内积等于向量 $\boldsymbol{v}$ 的长度 $\sqrt{N}$. 因此, 只要取 $N = 10\,001 > 100^2$ 和

$$c_i = \frac{f_i(\xi)}{\sqrt{N}}, \quad i = 1, 2, \cdots, N,$$

就可以满足要求. $\qquad\qquad\qquad\qquad\qquad\qquad\qquad\qquad\qquad\qquad\square$

10.4.6 练习题

1. Cauchy 曾经用下面的例子说明用 Newton-Leibniz 公式时必须验证条件. 请指出以下计算中的错误并作更正:

$$\int_0^{3\pi/4} \frac{\sin x}{1 + \cos^2 x} \, \mathrm{d}x = \arctan(\sec x)\Big|_0^{3\pi/4} = -\arctan\sqrt{2} - \frac{\pi}{4}.$$

2. 计算下列各题:

(1) $\displaystyle\int_0^2 |1 - x| \, \mathrm{d}x$;

(2) $\displaystyle\int_{-2}^2 \min\left\{\frac{1}{|x|}, x^2\right\} \mathrm{d}x$;

(3) $\displaystyle\lim_{x \to +\infty} \sqrt{x} \int_x^{x+1} \frac{\mathrm{d}t}{\sqrt{t + \cos t}}$;

(4) $\displaystyle\int_{-\pi/4}^{\pi/4} \frac{\cos^2 x}{1 + \mathrm{e}^{-x}} \, \mathrm{d}x$;

(5) $\displaystyle\int_0^\pi \left(\int_0^x \frac{\sin t}{\pi - t} \, \mathrm{d}t\right) \mathrm{d}x$;

(6) $\displaystyle\int_0^\pi \frac{\mathrm{d}x}{a^2 \sin^2 x + b^2 \cos^2 x} \quad (ab \neq 0)$.

3. 利用对称性, 计算下列各题:

   (1) $\displaystyle\int_0^\pi \frac{x\,\mathrm{d}x}{1+\cos^2 x}$;
        (2) $\displaystyle\int_0^1 \frac{x}{\mathrm{e}^x+\mathrm{e}^{1-x}}\,\mathrm{d}x$;

   (3) $\displaystyle\int_{-2}^2 x\ln(1+\mathrm{e}^x)\,\mathrm{d}x$;
        (4) $\displaystyle\int_0^{\pi/4}\ln(1+\tan x)\,\mathrm{d}x$;

   (5) $\displaystyle\int_0^{\pi/2}\frac{\sin^n x}{\sin^n x+\cos^n x}\,\mathrm{d}x$;
     (6) $\displaystyle\int_0^\pi \frac{a^n\sin^2 x+b^n\cos^2 x}{a^{2n}\sin^2 x+b^{2n}\cos^2 x}\,\mathrm{d}x$.

4. 设 $f\in C[0,a], a>0$.

   (1) 在 $[0,a]$ 上 $f(x)+f(a-x)\neq 0$, 计算 $I=\displaystyle\int_0^a\frac{f(x)}{f(x)+f(a-x)}\,\mathrm{d}x$;

   (2) 在 $[0,a]$ 上 $f(x)f(a-x)\equiv 1$, 计算 $I=\displaystyle\int_0^a\frac{\mathrm{d}x}{1+f(x)}$.

5. 设 f 为连续函数, 证明下列等式:

   (1) $\displaystyle\int_0^\pi xf(\sin x)\,\mathrm{d}x=\frac{\pi}{2}\int_0^\pi f(\sin x)\,\mathrm{d}x$;

   (2) $\displaystyle\int_1^a f\left(x^2+\frac{a^2}{x^2}\right)\frac{\mathrm{d}x}{x}=\int_1^a f\left(x+\frac{a^2}{x}\right)\frac{\mathrm{d}x}{x}$;

   (3) $\displaystyle\int_0^{2\pi} f(a\cos x+b\sin x)\,\mathrm{d}x=2\int_0^\pi f(\sqrt{a^2+b^2}\cos x)\,\mathrm{d}x$.

6. 设 $n\in\mathbf{N}_+$, 计算 $\displaystyle\int_0^\pi \sin^{2n-1}x\cos(2n+1)x\,\mathrm{d}x$ 与 $\displaystyle\int_0^\pi \cos^{2n-1}x\sin(2n+1)x\,\mathrm{d}x$.

7. 计算 $I(m,n)=\displaystyle\int_0^1 x^m\ln^n x\,\mathrm{d}x$, 其中 m,n 是正整数.

8. 计算 $J(m,n)=\displaystyle\int_0^{\pi/2}\sin^m x\cos^n x\,\mathrm{d}x$, 其中 m,n 是正整数.

9. 求 $F'(0)$, 其中 $F(x)=\displaystyle\int_0^x \cos\frac{1}{t}\,\mathrm{d}t$.

10. (Fejér (费耶尔) 积分) 证明: $\displaystyle\int_0^{\pi/2}\left(\frac{\sin nx}{\sin x}\right)^2\mathrm{d}x=\frac{n\pi}{2}$.

11. 定义 $f(x)=\displaystyle\int_x^{x+\pi/2}|\sin t|\,\mathrm{d}t, x\in(-\infty,+\infty)$.

   (1) 证明: f 是周期为 π 的周期函数;

   (2) 求 f 的最大值与最小值.

12. 设 $f\in C[0,1]$, 且在 $(0,1)$ 上可微. 如果 $\displaystyle\int_{7/8}^1 f(x)\,\mathrm{d}x=\frac{1}{8}f(0)$, 证明: 存在 $\xi\in(0,1)$, 使 $f'(\xi)=0$.

§10.5 对于教学的建议

10.5.1 学习要点

1. 可积的三个充分必要条件对于本科阶段的学习一般已经足够. 但是近年来不少数学分析教科书 (例如 [8, 42] 等) 将原先在实变函数课程中的 Lebesgue 定理 (见命题 10.1.6) 写入教材, 并出现了各种处理方法. 这是数学分析课程改革中的一个新动向. 本书避免了对于零测度集的正面叙述, 但仍给出了 Lebesgue 定理的证明, 其中的方法来自 [8]. 我们认为其中的思路和处理还是比较容易接受的.

2. 微积分基本定理使得微分学和积分学成为统一的整体. 因此到了目前的学习阶段时, 解题方法非常丰富, 各种应用极其广泛. 为了选材和安排方便起见, 本章的题基本上还是围绕基本内容来选取的, 参考题一般也都比较容易; 较为困难的应用大都放在下一章内, 其中有很多材料是为考研服务的, 请读者根据自己的需要来选用.

3. **对习题课的建议** 本章定理较多, 在应用这些定理时, 学生往往容易忽视检验定理的某些条件. 例如, 在应用积分中值定理时, 忽视检验第一中值定理条件中的 $g(x)$ 在 $[a,b]$ 上不变号与第二中值定理条件中的 $g(x)$ 在 $[a,b]$ 上单调, 在应用定积分的换元积分法时, 忽视检验 $g'(t)$ 在 $[\alpha, \beta]$ 上连续, 而在对积分上限 x 求导时, 忽视检验被积函数在 x 点的连续性. 在习题课上可以举出反例, 以加深学生对这些条件的印象.

下面是一些可供学生思考和讨论的例题, 其中的解法或证法都有错误, 请分析原因, 并作改正.

例题 10.5.1 证明: $\int_{-1}^{1} x^2 \, \mathrm{d}x = 0$.

证 因为 $x^2 = x \cdot x$, 因此由积分第一中值定理, 存在 $\xi \in (-1, 1)$, 使

$$\int_{-1}^{1} x^2 \, \mathrm{d}x = \xi \int_{-1}^{1} x \, \mathrm{d}x = \frac{1}{2} \xi \cdot x^2 \Big|_{-1}^{1} = 0. \qquad \square$$

错误分析 应用第一中值定理的必要前提是被积函数的两个因子之一在积分区间上不变号, 而本题的上述做法不满足这个条件.

例题 10.5.2 设 f 是周期为 T 的可积函数, 证明: 对于任意实数 a, 成立

$$\int_{a}^{a+T} f(x) \, \mathrm{d}x = \int_{0}^{T} f(x) \, \mathrm{d}x.$$

证　定义函数 $F(a) = \displaystyle\int_a^{a+T} f(x)\,\mathrm{d}x,\ a \in (-\infty, +\infty).$ 则

$$F'(a) = \left(\int_0^{a+T} f(x)\,\mathrm{d}x - \int_0^a f(x)\,\mathrm{d}x\right)' = f(a+T) - f(a) = 0.$$

因此 $F(a) \equiv C$ (C 为常数), 又 $C = F(0) = \displaystyle\int_0^T f(x)\,\mathrm{d}x$, 所以

$$\int_a^{a+T} f(x)\,\mathrm{d}x = C = \int_0^T f(x)\,\mathrm{d}x. \qquad \Box$$

　　错误分析　本题只假定 f 可积, 因此不能在函数 $F(a) = \displaystyle\int_a^{a+T} f(x)\,\mathrm{d}x$ 中对变动积分限求导.

　　例题 10.5.3　计算 $\displaystyle\int_0^\pi \frac{\mathrm{d}x}{2 + \cos 2x}$.

　　解　先求不定积分, 得

$$\int \frac{\mathrm{d}x}{2 + \cos 2x} = \frac{1}{\sqrt{3}} \arctan\left(\frac{\tan x}{\sqrt{3}}\right) + C.$$

然后用 Newton-Leibniz 公式, 可以得到

$$\int_0^\pi \frac{\mathrm{d}x}{2 + \cos 2x} = \frac{1}{\sqrt{3}} \arctan\left(\frac{\tan x}{\sqrt{3}}\right)\bigg|_0^\pi = 0. \qquad \Box$$

　　错误分析　由于 $\dfrac{1}{\sqrt{3}} \arctan\left(\dfrac{\tan x}{\sqrt{3}}\right)$ 在区间 $[0, \pi]$ 上有间断点 $x = \dfrac{\pi}{2}$, 因此不能用 Newton-Leibniz 公式.

10.5.2　参考题

第一组参考题

1. 设 m 为正整数, $0 < a < b$, 试从定积分的定义出发计算 $\displaystyle\int_a^b x^m\,\mathrm{d}x$.

2. (1) 举例: 从 $|f| \in R[a,b]$ 未必能推出 $f \in R[a,b]$;

　　(2) 证明: 若 f 是导函数, 则当 $|f| \in R[a,b]$ 时, 就一定有 $f \in R[a,b]$.

3. 设 $f, g \in R[a,b]$, ξ 和 ξ' 是从属于分划 P 的两个不同介点集, 证明:

$$\lim_{\|P\| \to 0} \sum_{k=1}^n f(\xi_k)\, g(\xi_k')\Delta x_k = \int_a^b f(x)g(x)\,\mathrm{d}x.$$

4. 设 f 在区间 $I = (a, b)$ 上为下凸函数, 证明: f 的两个单侧导函数 $f'_-(x)$ 和 $f'_+(x)$ 在 I 中的任意有界闭区间 $[c, d]$ 上可积, 且成立 Newton-Leibniz 公式:

$$f(d) - f(c) = \int_c^d f'_-(x)\, \mathrm{d}x = \int_c^d f'_+(x)\, \mathrm{d}x.$$

5. 设 $f \in R[a, b]$, 证明: 对于每一个给定的 $\varepsilon > 0$, 存在函数 g, 使得

$$\int_a^b |f(x) - g(x)|\, \mathrm{d}x < \varepsilon,$$

其中的 g 是: (1) 阶梯函数; (2) 折线函数; (3) 连续函数; (4) 连续可微函数.

6. 证明**积分的连续性命题**: 设 $f \in R[a - \delta, b + \delta]$, 其中 $\delta > 0$, 则有

$$\lim_{h \to 0} \int_a^b |f(x + h) - f(x)|\, \mathrm{d}x = 0.$$

7. 设 $f \in R[a, b]$, 证明: $\forall \varepsilon > 0$, $\exists [c, d] \subseteq [a, b]$, 使 f 在子区间 $[c, d]$ 上的振幅 $\omega_{f[c,d]} < \varepsilon$.

8. 设 $f \in R[a, b]$, 证明: f 的连续点在 $[a, b]$ 中稠密 (即 f 在 $[a, b]$ 的每个子区间 (c, d) 中有连续点).

9. 设非负函数 $f \in R[a, b]$, 证明: 积分 $\int_a^b f(x)\, \mathrm{d}x = 0$ 的充分必要条件是 f 在所有连续点处的值都等于 0.

10. 设 $f, g \in R[a, b]$, 且在 $[a, b]$ 的每个子区间中有 x 使 $f(x) = g(x)$, 证明:

$$\int_a^b f(x)\, \mathrm{d}x = \int_a^b g(x)\, \mathrm{d}x.$$

11. (积分第一中值定理的一种推广) 证明: 设 $f, g \in R[a, b]$, 其中 f 在 $[a, b]$ 上有原函数, g 在 $[a, b]$ 上不变号, 则存在 $\xi \in (a, b)$, 使

$$\int_a^b f(x)g(x)\, \mathrm{d}x = f(\xi) \int_a^b g(x)\, \mathrm{d}x.$$

12. 计算以下渐近等式

$$\int_0^1 \frac{x^{n-1}}{1 + x}\, \mathrm{d}x = \frac{a}{n} + \frac{b}{n^2} + o\left(\frac{1}{n^2}\right) (n \to \infty)$$

中的待定常数 a, b.

13. 设非负严格单调增加函数 f 在区间 $[a, b]$ 上连续. 由积分中值定理, 对于每个 $p > 0$, 存在唯一的 $x_p \in (a, b)$, 使

$$f^p(x_p) = \frac{1}{b - a} \int_a^b f^p(t)\, \mathrm{d}t.$$

试求 $\lim_{p \to +\infty} x_p$.

14. 设 $f \in C[0, +\infty)$, $a > 0$, 且存在有限极限 $\lim\limits_{x \to +\infty} \left(f(x) + a \int_0^x f(t)\, \mathrm{d}t \right)$, 证明: $f(+\infty) = 0$.

15. 设 $f \in C(-\infty, +\infty)$, 定义 $F(x) = \int_a^b f(x+t) \cos t\, \mathrm{d}t$, $a \leqslant x \leqslant b$.

    (1) 证明 F 在 $[a, b]$ 上可导; (2) 计算 $F'(x)$.

16. 设 $n \in \mathbf{N}_+$, 计算积分 $\int_0^{\pi/2} \dfrac{\sin nx}{\sin x}\, \mathrm{d}x$.

17. 令 $B(m, n) = \sum\limits_{k=0}^{n} \mathrm{C}_n^k \dfrac{(-1)^k}{m+k+1}$, $m, n \in \mathbf{N}_+$.

    (1) 证明 $B(m, n) = B(n, m)$; (2) 计算 $B(m, n)$.

18. 证明: 当 $m < 2$ 时, $\lim\limits_{x \to 0^+} \dfrac{1}{x^m} \int_0^x \sin \dfrac{1}{t}\, \mathrm{d}t = 0$.

19. 证明: 当 $\lambda < 1$ 时, $\lim\limits_{R \to +\infty} R^\lambda \int_0^{\pi/2} \mathrm{e}^{-R \sin \theta}\, \mathrm{d}\theta = 0$.

20. 设 $f \in C^2[0, \pi]$, 且 $f(\pi) = 2$, $\int_0^\pi [f(x) + f''(x)] \sin x\, \mathrm{d}x = 5$, 求 $f(0)$.

21. 寻找同时满足以下三个条件:
$$\int_0^1 f(x)\, \mathrm{d}x = 1, \quad \int_0^1 x f(x)\, \mathrm{d}x = a, \quad \int_0^1 x^2 f(x)\, \mathrm{d}x = a^2$$

    的非负连续函数 f, 其中 a 为给定实数.

22. 设 f 在 $[0, 1]$ 上可微, 且满足条件 $f(1) = 3 \int_0^{1/3} \mathrm{e}^{x-1} f(x)\, \mathrm{d}x$, 证明: 存在 $\xi \in (0, 1)$, 使得 $f(\xi) + f'(\xi) = 0$.

23. 设 f 于 $[0, 1]$ 上非负连续, 且 $f^2(t) \leqslant 1 + 2 \int_0^t f(s)\, \mathrm{d}s$, 证明: $f(t) \leqslant 1 + t$.

24. 设 $f \in C^1[1, +\infty)$, $f(1) = 1$, 且当 $x \geqslant 1$ 时有 $f'(x) = \dfrac{1}{x^2 + f^2(x)}$, 证明: 存在有限极限 $f(+\infty)$, 且 $f(+\infty) < 1 + \dfrac{1}{4}\pi$.

    (本题与 8.5.3 小节题 13 相同, 当然这里可以用积分方法做.)

25. 证明: $\int_0^{2\pi} \left(\int_x^{2\pi} \dfrac{\sin t}{t}\, \mathrm{d}t \right) \mathrm{d}x = 0$.

第二组参考题

1. (连续量的平均值) 设 f 为 $[0, +\infty)$ 上的单调函数, 定义 f 的平均值为
$$F(x) = \begin{cases} f(0^+), & x = 0, \\ \dfrac{1}{x} \int_0^x f(t)\, \mathrm{d}t, & x > 0. \end{cases}$$

   证明: (1) F 在 $[0, +\infty)$ 上为单调连续函数, 且与 f 具有相同的单调性; (2) $F(+\infty) = f(+\infty)$.

2. 证明: $f \in R[a, b]$ 且 $\int_a^b f = I$ 的充分必要条件是存在 $[a, b]$ 的一个分划序列 $\{P_k\}_{k \in \mathbf{N}_+}$, 满足条件 $\lim_{k \to \infty} \|P_k\| = 0$, 使得 $\lim_{k \to \infty} \sum_{i=1}^{n_k} f(\xi_{k,i}) \Delta x_{k,i} = I$, 而且极限值不依赖于介点集的选取.

(本题表明在 Riemann 积分的定义中分划的任意性要求可以降低. 例如用等距分划也是可以的.)

3. 设 f 在 $[a, b]$ 上有界, 证明: 如果存在常数 I, 使对每个 $\varepsilon > 0$, 存在 $\delta > 0$, 对 $[a, b]$ 的任意分划 $P = \{x_0, x_1, \cdots, x_n\}$, 只要 $\|P\| < \delta$, 就有 $\left| \sum_{i=1}^n f(x_i) \Delta x_i - I \right| < \varepsilon$, 则 $f \in R[a, b]$ 且 $\int_a^b f = I$.

(不引入介点集来定义的积分在历史上称为 Cauchy 积分. 本题表明对于有界函数来说, Cauchy 积分与 Riemann 积分一致.)

4. (**Riemann 定理**) 设 $f \in R[a, b]$, g 以 T 为周期且在 $[0, T]$ 上可积, 证明:
$$\lim_{p \to +\infty} \int_a^b f(x) \, g(px) \, \mathrm{d}x = \frac{1}{T} \int_0^T g(x) \, \mathrm{d}x \int_a^b f(x) \, \mathrm{d}x.$$

5. 设 f 是一个 n 次多项式, 且满足条件 $\int_0^1 x^k f(x) \, \mathrm{d}x = 0$, $k = 1, 2, \cdots, n$, 证明:
$$\int_0^1 f^2(x) \, \mathrm{d}x = (n+1)^2 \left(\int_0^1 f(x) \, \mathrm{d}x \right)^2.$$

6. 计算下列积分:

(1) $\int_0^{\pi/2} \cos^n x \cos nx \, \mathrm{d}x$; \qquad\qquad (2) $\int_0^{\pi/2} \cos^n x \sin nx \, \mathrm{d}x$.

7. 证明: $\lim_{n \to \infty} \int_0^1 \cos^n \frac{1}{x} \, \mathrm{d}x = 0$.

8. 1996 年发现了计算圆周率的全新算法, 它可以计算圆周率在任意指定位数上的数字, 而不必求出在这一位之前的每一位数字. 这种算法的基础是关于圆周率的新公式. 它涉及一个积分的两种计算方法. 下面的问题就是其中的前一半. 其余部分见下册的例题 16.2.6.

证明:
$$\int_0^{1/\sqrt{2}} \frac{4\sqrt{2} - 8x^3 - 4\sqrt{2}x^4 - 8x^5}{1 - x^8} \, \mathrm{d}x = \pi.$$

第十一章 积分学的应用

本章共有 5 节. §11.1 是积分学在几何计算中的应用. §11.2 介绍与积分有关的不等式. §11.3 是积分的估计和近似计算. §11.4 是积分学在分析中的其他应用, 其中包括数列极限计算、Wallis 公式、Stirling 公式、Taylor 公式的积分型余项和 π 的无理性证明等. 最后一节为学习要点和两组参考题.

§11.1 积分学在几何计算中的应用

11.1.1 基本公式与方法

对于平面图形的面积计算, 除了可以用几个曲边梯形面积的代数和来计算之外, 还可以用下面两个公式, 它们在许多问题中比直角坐标下的公式要方便.

1. 设没有自交点的平面封闭曲线的参数方程为 $x = x(t)$, $y = y(t)$, $t \in [\alpha, \beta]$, 当 t 从 α 增加到 β 时, 点 $(x(t), y(t))$ 以逆时针方向绕闭曲线一周, 则该闭曲线所围面积为

$$S = \frac{1}{2} \int_{\alpha}^{\beta} (x \, dy - y \, dx). \tag{11.1}$$

这个公式实际上是下册的 §24.3 中关于第二型曲线积分的 Green (格林) 公式的特例. 对于比较简单的情况将在下面给出证明.

2. 在极坐标中由射线 $\theta = \theta_1$, $\theta = \theta_2$ (其中 $\theta_1 < \theta_2$) 与连续曲线 $\rho = \rho(\theta)$ 围成的扇形面积为

$$S = \frac{1}{2} \int_{\theta_1}^{\theta_2} \rho^2(\theta) \, d\theta. \tag{11.2}$$

在一定条件下, 利用一元函数定积分还可以计算分布在区间 $[a, b]$ 上的几何量或者物理量, 其中包括三维形体的体积和曲线弧长等. 由于这些公式在一般教科书中都有, 这里不再重复.

需要学习的是导出这些公式中所用的**微元法**. 这种方法不需要重复定积分定义中的极限过程, 是定积分应用中的重要方法. 为了说明微元法的主要思想, 先回顾作为定积分的几何背景的面积计算.

设要计算曲边梯形 $\{(x, y) \mid a \leqslant x \leqslant b, 0 \leqslant y \leqslant f(x)\}$ 的面积 S. 先考虑在充分小的子区间 $[x, x + \Delta x] \subset [a, b]$ 上的部分面积. 取 $\xi \in [x, x + \Delta x]$, 将矩形面积 $\Delta S = f(\xi) \Delta x$ 作为上述部分面积的近似值, 则就有 $\Delta S = f(x) \Delta x + o(\Delta x)$ $(\Delta x \to 0)$. 这个等式右边的第一项就是微分 $dS = f(x) \, dx$, 于是就得到 $S = \int_{a}^{b} f(x) \, dx$.

类似地, 对于分布在区间 $[a,b]$ 上的几何量 Q, 可先用某种**以直代曲**的方法 (对于物理量则还需考虑有关的物理知识), 得到在充分小的区间 $[x, x+\Delta x] \subset [a,b]$ 上的部分量的近似表达式 ΔQ, 然后求出其中关于 Δx 的线性主部并**舍弃高阶无穷小量**得到微分 (在微元法中也称为**微元**) $\mathrm{d}Q = g(x)\,\mathrm{d}x$, 于是就有 $Q = \displaystyle\int_a^b g(x)\,\mathrm{d}x$.

在许多数学分析教科书中都对微元法有介绍, 例如见 [25,36,67] 和下册的参考文献 [9,62] 等. 这里我们特别推荐读者阅读 [14] 的 348 小节 "定积分应用的大意". 本书中应用微元法的具体例子见后面的两个例题 11.1.5 和 11.1.6 的解 1.

11.1.2 例题

平面图形的面积计算公式 (11.1) 往往很有用. 由于目前的各种教科书在定积分应用部分不一定都有介绍, 因此我们在这里仿照 [42] 给出简单情况下的一个证明, 其中假定运算所需要的连续和可微等条件均满足.

如图 11.1 所示的一条封闭曲线由参数方程 $x = x(t), y = y(t)$ $(\alpha \leqslant t \leqslant \beta)$ 所描述. 当 t 从 α 到 β 时, 点 $(x(t), y(t))$ 从 A 点出发按逆时针方向经过 B 点绕曲线一周回到 A 点. 设 A, B 两点的横坐标分别是函数 $x(t)$ 在区间 $[\alpha, \beta]$ 上的最小值和最大值. A 点对应的参数值是 α 和 β, B 点对应的参数值为 γ. 设从 A 点到 B 点的两段曲线在直角坐标下的方程为 $f_1(x)$ 和 $f_2(x)$, $a \leqslant x \leqslant b$, 且如图所示在区间 (a,b) 上有 $f_2(x) > f_1(x)$.

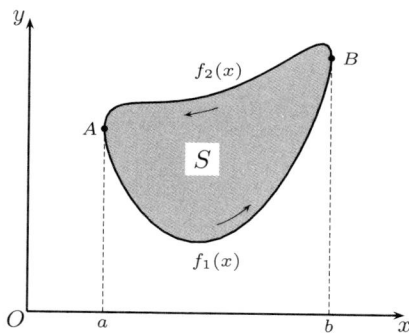

图 11.1

这样就可以计算封闭曲线所包含的图形面积如下:

$$S = \int_a^b [f_2(x) - f_1(x)]\,\mathrm{d}x$$

$$= \int_\beta^\gamma y(t)\,\mathrm{d}x(t) - \int_\alpha^\gamma y(t)\,\mathrm{d}x(t) = -\int_\alpha^\beta y(t)\,\mathrm{d}x(t),$$

由分部积分又可得到

$$S = -y(t)\,x(t)\Big|_\alpha^\beta + \int_\alpha^\beta x(t)\,\mathrm{d}y(t) = \int_\alpha^\beta x(t)\,\mathrm{d}y(t).$$

取两者的平均值就得到公式 (11.1).

注 1   从证明中可见实际上得到了计算面积 S 的三个公式. 但是将前两个取平均值后得到的公式 (11.1) 在计算中一般较为方便, 这从下面举例就可明白. 此外, 如前所说, 该公式对于一般的没有自交点的参数曲线都是成立的.

注 2   由于极坐标下的 θ 就可看成为参数, 因此完全可以从公式 (11.1) 推导出极坐标下的扇形面积计算公式 (11.2) (留作为 11.1.4 小节的练习题 2).

例题 11.1.1   求由方程 $x^2 + xy + y^2 = 1$ 所确定的图形面积.

这就是求 174 页上图 6.5 所示椭圆的面积. 容易想到的一种思路是: 先用解析几何中的转轴方法消去交叉项, 由此确定椭圆的长、短半轴, 最后用简单的定积分计算即可求出椭圆面积. 以下是不用转轴的几种积分解法.

解 1   从方程解出

$$y_{1,2}(x) = -\frac{x}{2} \pm \sqrt{1 - \frac{3}{4}x^2}, \quad -\frac{2}{\sqrt{3}} \leqslant x \leqslant \frac{2}{\sqrt{3}},$$

然后计算定积分

$$
\begin{aligned}
S &= \int_{-2/\sqrt{3}}^{2/\sqrt{3}} [y_1(x) - y_2(x)]\,\mathrm{d}x = 2\int_{-2/\sqrt{3}}^{2/\sqrt{3}} \sqrt{1 - \frac{3}{4}x^2}\,\mathrm{d}x \\
&= \frac{4}{\sqrt{3}}\int_{-\pi/2}^{\pi/2} \cos^2\theta\,\mathrm{d}\theta = \frac{2\pi}{\sqrt{3}}.
\end{aligned}
$$

解 2   用极坐标, 以 $x = r\cos\theta, y = r\sin\theta$ 代入方程, 得到

$$r^2 = \frac{1}{1 + \sin\theta\cos\theta}.$$

用公式 (11.2) 计算定积分:

$$S = \frac{1}{2}\int_0^{2\pi} r^2\,\mathrm{d}\theta = \frac{1}{2}\int_0^{2\pi} \frac{\mathrm{d}\theta}{1 + \frac{1}{2}\sin 2\theta} = \int_0^{2\pi} \frac{\mathrm{d}\varphi}{2 + \sin\varphi} = \frac{2\pi}{\sqrt{3}}.$$

注 1   一个更简单的方法是: 从表达式 $r^{-2} = 1 + \frac{1}{2}\sin 2\theta$ 出发, 求出 r 的最大值和最小值, 即椭圆的长半轴和短半轴, 然后利用椭圆面积公式就可计算出 S.

解 3   先将方程左边配方为

$$x^2 + xy + y^2 = \frac{3}{4}x^2 + \left(y + \frac{x}{2}\right)^2 = 1,$$

然后引入参数方程

$$x = \frac{2}{\sqrt{3}}\cos t, \ y = \sin t - \frac{1}{\sqrt{3}}\cos t, \quad 0 \leqslant t \leqslant 2\pi.$$

由于

$$x(t)\,y'(t) - y(t)\,x'(t)$$

$$= \frac{2}{\sqrt{3}} \cos t \left(\cos t + \frac{1}{\sqrt{3}} \sin t \right) - \left(\sin t - \frac{1}{\sqrt{3}} \cos t \right) \left(-\frac{2}{\sqrt{3}} \sin t \right)$$

$$= \frac{2}{\sqrt{3}},$$

因此最后的定积分计算极其简单:

$$S = \frac{1}{2} \int_0^{2\pi} (x\,\mathrm{d}y - y\,\mathrm{d}x) = \frac{1}{2} \int_0^{2\pi} \frac{2}{\sqrt{3}}\,\mathrm{d}t = \frac{2\pi}{\sqrt{3}}. \qquad \square$$

注 2 在 [59] 第二册的习题 2406 的讲解中, 列举了求椭圆

$$Ax^2 + 2Bxy + Cy^2 = 1 \quad (A > 0, \Delta = AC - B^2 > 0)$$

所围面积的 10 种解法, 其中解 8 和解 9 是多元微积分知识的应用, 解 10 则是代数方法. 此外, 还对于这些解法能否推广做了一点评论.

例题 11.1.2 求由 $y^2 - 2xy + x^3 = 0$ 所确定的封闭曲线所包围的图形面积.

分析 为了知道图形的形状, 需要找出 y 随 x 变化的规律. 为此需要引入参数. 令 $y = tx$ 是常用的方法. 这样就可以得到参数方程:

$$x = 2t - t^2,\ y = 2t^2 - t^3.$$

首先分析 $x = x(t)$ 和 $y = y(t)$ 的变化情况, 然后就不难合成 xOy 坐标平面上的曲线. 利用这些分析就可以画出题设的曲线图形如图 11.2 所示. (参看例题 8.6.1 中对于类似问题的分析.) 当变量 t 从 0 到 2 时点 $(x(t), y(t))$ 从原点出发又回到原点, 恰好按照逆时针方向描出图中的一条封闭曲线.

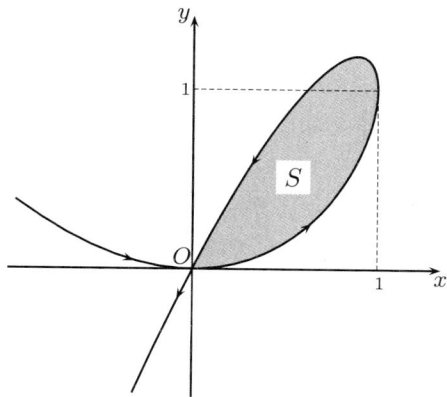

图 11.2

解 1 利用直角坐标下的公式. 由于不难从方程直接解出

$$y_{1,2}(x) = x(1 \pm \sqrt{1-x}),\ 0 \leqslant x \leqslant 1,$$

因此就有

$$S = \int_0^1 (x + x\sqrt{1-x})\,\mathrm{d}x - \int_0^1 (x - x\sqrt{1-x})\,\mathrm{d}x = 2\int_0^1 x\sqrt{1-x}\,\mathrm{d}x$$

$$= 2\int_0^1 (1-t)\sqrt{t}\,\mathrm{d}t = 2\left(\frac{2}{3}t^{3/2} - \frac{2}{5}t^{5/2} \right)\Big|_0^1 = \frac{8}{15}. \qquad \square$$

解 2　用公式 (11.1)：

$$S = \frac{1}{2}\int_0^2 (x\,\mathrm{d}y - y\,\mathrm{d}x) = \frac{1}{2}\int_0^2 [(2t - t^2)\,\mathrm{d}(2t^2 - t^3) - (2t^2 - t^3)\,\mathrm{d}(2t - t^2)]$$

$$= \frac{1}{2}\int_0^2 (4t^2 - 4t^3 + t^4)\,\mathrm{d}t = \frac{8}{15}. \qquad \square$$

例题 11.1.3　设曲线方程为 $y = \int_0^x \sqrt{\sin t}\,\mathrm{d}t, 0 \leqslant x \leqslant \pi$, 求曲线的长度.

解　记方程为 $y = f(x)$, 由弧长公式计算定积分：

$$l = \int_0^\pi \sqrt{1 + f'^2(x)}\,\mathrm{d}x = \int_0^\pi \sqrt{1 + \sin x}\,\mathrm{d}x$$

$$= \int_0^\pi \left(\sin\frac{x}{2} + \cos\frac{x}{2}\right)\mathrm{d}x \quad \left(\text{作代换 } t = \frac{x}{2}\right)$$

$$= 2\left(\int_0^{\pi/2} \sin t\,\mathrm{d}t + \int_0^{\pi/2} \cos t\,\mathrm{d}t\right) = 4\int_0^{\pi/2} \sin t\,\mathrm{d}t = 4. \qquad \square$$

例题 11.1.4　求由双曲抛物面 $z = x^2 - y^2$ 与平面 $x = 1$, $z = 0$ 所围成的立体体积.

分析　如图 11.3 所示, 该立体不是旋转体. 我们将用两种方法求解. 先计算平行于坐标平面 yOz 的平面或平行于坐标平面 xOy 的平面截立体所得的面积 $A(x)$ 或 $B(z)$, 然后计算定积分

$$\int_0^1 A(x)\,\mathrm{d}x \quad \text{或} \quad \int_0^1 B(z)\,\mathrm{d}z$$

得到所论立体的体积

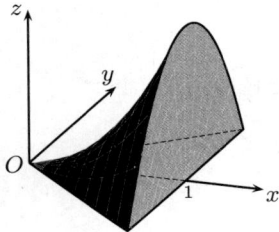

图 11.3

解 1　x 的变化范围是 $0 \leqslant x \leqslant 1$. 对每个固定的 $x \in [0, 1]$, 计算截面积 $A(x)$ 时, $z = x^2 - y^2$ 成为抛物线的方程, 其中 $y \in [-x, x]$. 从而得到

$$A(x) = 2\int_0^x (x^2 - y^2)\,\mathrm{d}y$$

$$= 2\left(x^3 - \frac{1}{3}x^3\right) = \frac{4}{3}x^3.$$

因此, 所求的体积为

$$V = \frac{4}{3}\int_0^1 x^3\,\mathrm{d}x = \frac{1}{3}. \qquad \square$$

解 2　z 的变化范围也是 $0 \leqslant z \leqslant 1$, 这可由 $x = 1$ 时 $z = 1 - y^2$, 而 $|y| \leqslant 1$ 得到. 计算 $B(z)$ 时, 也应把 z 看作在 $[0,1]$ 上取值的固定数, 于是 $z = x^2 - y^2$ 成为双曲线方程 $y^2 = x^2 - z$, $x \in [\sqrt{z}, 1]$ 或 $y = \pm\sqrt{x^2 - z}$, $x \in [\sqrt{z}, 1]$. 这样, $B(z)$ 便是平面 $Z = z$ 上的上述双曲线与 $x = 1$ 围成的弓形面积, 因此利用图形关于 x 轴的对称性, 可以计算得到

$$B(z) = 2\int_{\sqrt{z}}^1 \sqrt{x^2 - z}\,\mathrm{d}x = \left[x\sqrt{x^2 - z} - z\ln\left(x + \sqrt{x^2 - z}\right)\right]\Big|_{\sqrt{z}}^1$$

$$= \sqrt{1 - z} - z\ln\left(1 + \sqrt{1 - z}\right) + z\ln\sqrt{z}.$$

因此所求的体积为

$$V = \int_0^1 B(z)\,\mathrm{d}z$$

$$= \int_0^1 \sqrt{1 - z}\,\mathrm{d}z - \int_0^1 z\ln\left(1 + \sqrt{1 - z}\right)\mathrm{d}z + \int_0^1 z\ln\sqrt{z}\,\mathrm{d}z.$$

显然这三个积分的计算要比解 1 中的计算复杂得多 (细节从略), 最后结果为

$$V = \frac{2}{3} - \frac{5}{24} - \frac{1}{8} = \frac{1}{3}. \qquad\qquad \square$$

注　由此可见, 在利用平行的截面面积求体积的问题中, 选择合适的截面是十分重要的. 请读者考虑, 本题如果通过用平行于于坐标平面 xOz 的平面去截所论立体, 先计算与 y 有关的截面积后再积分的方法求体积, 计算过程是否简便?

11.1.3　Guldin 定理

质心是一个物理量. Guldin (古尔丁) 的第一和第二定理将求旋转体的体积和侧面积转化为求质心, 体现了数学问题与物理问题之间的内在联系.

命题 11.1.1 (质心公式)　设密度均匀的平面图形分布在直线 $X = a, X = b$ 和 $Y = c, Y = d$ 之间, 且对任一 $x \in [a,b]$ 和 $y \in [c,d]$, 直线 $X = x$ 和 $Y = y$ 截图形的线段长度为 $s(x)$ 和 $t(y)$, 则图形的质心的横坐标与纵坐标分别为

$$x_c = \frac{\int_a^b x s(x)\,\mathrm{d}x}{\int_a^b s(x)\,\mathrm{d}x}, \quad y_c = \frac{\int_c^d y\,t(y)\,\mathrm{d}y}{\int_c^d t(y)\,\mathrm{d}y}; \tag{11.3}$$

而密度均匀的分段光滑曲线 $y = f(x)\,(a \leqslant x \leqslant b)$ 的质心的横坐标与纵坐标分别为

$$x_c = \frac{\int_a^b x\sqrt{1 + f'^2(x)}\,\mathrm{d}x}{\int_a^b \sqrt{1 + f'^2(x)}\,\mathrm{d}x}, \quad y_c = \frac{\int_a^b f(x)\sqrt{1 + f'^2(x)}\,\mathrm{d}x}{\int_a^b \sqrt{1 + f'^2(x)}\,\mathrm{d}x}. \tag{11.4}$$

由上面的质心公式, 可以得到下面两条定理 (证明见 [59] 第二册 §4.9).

命题 11.1.2 (Guldin 第一定理) 设平面曲线的质心坐标为 (x_c, y_c), 且曲线位于右半平面内, 则曲线绕 y 轴旋转一周所产生的旋转曲面的面积 S_y 等于质心绕 y 轴一周所经过的路程 $2\pi x_c$ 乘以曲线的弧长 l, 即 $S_y = 2\pi x_c\, l$.

命题 11.1.3 (Guldin 第二定理) 设平面图形的质心坐标为 (x_c, y_c), 且图形位于右半平面内, 则图形绕 y 轴旋转一周所产生的旋转立体的体积 V_y 等于质心绕 y 轴一周所经过的路程 $2\pi x_c$ 乘以图形的面积 S, 即 $V_y = 2\pi x_c S$.

例题 11.1.5 设曲线 $y = f(x)\ (a \leqslant x \leqslant b)$ 分段光滑. 求曲边梯形

$$\{(x, y) \mid 0 \leqslant a \leqslant x \leqslant b, 0 \leqslant y \leqslant f(x)\}$$

绕 y 轴旋转一周得到的旋转体体积.

解 1　由微元法, 对曲边梯形在充分小的区间 $[x, x + \Delta x] \subseteq [a, b]$ 上的部分, 取 $\xi \in [x, x + \Delta x]$. 我们用过点 $(\xi, f(\xi))$ 而平行于 x 轴的直线段代替 $y = f(x)$ 的对应曲线段, 然后将所得到的矩形绕 y 轴旋转一周, 这样得到的旋转体体积为

$$\Delta V = \pi f(\xi)[(x + \Delta x)^2 - x^2] = \pi f(\xi)[2x\Delta x - (\Delta x)^2],$$

舍弃高阶无穷小量后, ΔV 的线性主部为 $2\pi f(x)\Delta x$, 于是就得到旋转体体积

$$V = 2\pi \int_a^b x f(x)\, \mathrm{d}x. \qquad \square$$

解 2　由 Guldin 第二定理, 曲边梯形 $\{(x, y) \mid 0 \leqslant a \leqslant x \leqslant b,\ 0 \leqslant y \leqslant f(x)\}$ 绕 y 轴旋转一周得到的旋转体体积等于曲边梯形的质心 (x_c, y_c) 绕 y 轴一周所经过的路程 $2\pi x_c$ 乘以图形的面积 S, 即有

$$V = 2\pi\, x_c S. \tag{11.5}$$

将质心公式 (11.3) 中关于 x_c 的公式与曲边梯形的面积公式 $S = \int_a^b f$ 代入 (11.5), 便得到

$$V = 2\pi \cdot \frac{\displaystyle\int_a^b x f(x)\, \mathrm{d}x}{\displaystyle\int_a^b f(x)\, \mathrm{d}x} \cdot \int_a^b f(x)\, \mathrm{d}x = 2\pi \int_a^b x f(x)\, \mathrm{d}x. \qquad \square$$

例题 11.1.6 求上题的旋转体中由曲线 $y = f(x)\ (a \leqslant x \leqslant b)$ 生成的侧面积.

解 1　由以直代曲法, 曲线 $y = f(x)$ 在充分小的区间 $[x, x + \Delta x] \subseteq [a, b]$ 上的曲线段绕 y 轴旋转一周得到的面积可用连接点 $(x, f(x))$ 与点 $(x + \Delta x, f(x + \Delta x))$ 的直线段绕 y 轴旋转一周得到的圆台的侧面积来代替, 即

$$\Delta S_{\text{侧}} = 2\pi \cdot \frac{1}{2} [x + (x + \Delta x)] \sqrt{(\Delta x)^2 + (\Delta f(x))^2}$$
$$= 2\pi \cdot \frac{1}{2} [x + (x + \Delta x)] \sqrt{1 + \left(\frac{\Delta f(x)}{\Delta x}\right)^2} \Delta x.$$

舍弃高阶无穷小量后, $\Delta S_{\text{侧}}$ 的线性主部为 $2\pi x \sqrt{1 + f'^2(x)}\,\Delta x$, 于是就得到旋转体侧面积

$$S_{\text{侧}} = 2\pi \int_a^b x \sqrt{1 + f'^2(x)}\,\mathrm{d}x. \qquad \Box$$

解 2　由 Guldin 第一定理, 所求的侧面积等于曲线段 $y = f(x)\ (a \leqslant x \leqslant b)$ 的质心 (x_c, y_c) 绕 y 轴一周所经过的路程 $2\pi x_c$ 乘以曲线的弧长 l, 即有

$$S_{\text{侧}} = 2\pi x_c l. \qquad (11.6)$$

将弧长公式 $l = \int_a^b \sqrt{1 + (f'(x))^2}\,\mathrm{d}x$ 与质心公式 (11.4) 中 x_c 的公式代入 (11.6), 便得到

$$S_{\text{侧}} = 2\pi \int_a^b x \sqrt{1 + f'^2(x)}\,\mathrm{d}x. \qquad \Box$$

11.1.4　练习题

由于在习题集 [27] (及其学习指引 [59]) 和各种教科书中都有许多几何计算题可用, 因此本节只收入少量练习题作为补充.

1. 设椭圆方程为 $Ax^2 + 2Bxy + Cy^2 = 1$, 其中 $A > 0, \Delta = AC - B^2 > 0$. 试用例题 11.1.1 中的第三种方法 (即公式 (11.1)) 证明: 由该椭圆所围的面积等于 $\pi/\sqrt{\Delta}$.

2. 试以公式 (11.1) 为出发点, 推导出极坐标下的扇形面积计算公式 (11.2).

3. 已知三个半径为 r 的圆, 其中每个圆的圆周都通过另外两个圆的圆心, 求三个圆公共部分的面积.

   (本题有不用微积分的初等解法.)

4. 周长一定的等腰三角形, 腰与底的比例为多少时, 它绕底边旋转所得的旋转体体积最大?

5. 半轴长为 a 和 b 的一个椭圆在曲线 $y = c\sin(x/a)$ 上进行无滑动的滚动. 问 a, b, c 之间的关系怎样时, 椭圆在曲线上滚动了曲线的一个周期时, 它正好转了一周?

6. 在单位圆周上任意取一段位于第一象限且长度为 s 的弧, 设位于该弧下方、x 轴上方的曲边梯形的面积为 A, 而位于该弧左侧、y 轴右侧的曲边梯形的面积为 B. 证明: $A + B$ 只依赖于弧的长度 s, 而与弧的位置无关.

7. 试求由抛物线 $y^2 = 2x$ 与过其焦点的弦所围的图形面积的最小值.

8. 至少用两种方法计算下列三个圆的公共部分的面积:
$$x^2 + y^2 \leqslant 4, \quad (x-2)^2 + y^2 \leqslant 4, \quad x^2 + (y-2)^2 \leqslant 4.$$

9. 求椭圆柱 $\dfrac{x^2}{16} + \dfrac{y^2}{100} \leqslant 1$ 夹在平面 $z = 0, y = 2z$ 之间部分的体积.

10. 求圆柱面 $x^2 + y^2 = a^2$ 与 $x^2 + z^2 = a^2$ 所围立体区域的体积.

   (这个立体区域在中国古代数学史上称为牟合方盖, 它是刘徽在研究球体积计算问题中提出来的, 见 [35]. 在这之前, Archimedes 在其著作《方法》的命题 15 中已经给出了这个立体区域的体积计算 (参见 [60] 的 192 页).)

§11.2 不等式

在 §1.3 和 §8.5 已经接触到了许多不等式. 现在有了积分学的工具, 可以得到的不等式就更多了. 由于这方面的材料较多, 我们将分成几小节来介绍.

11.2.1 凸函数不等式

凸函数的基本定义和主要理论见 §8.4 和第八章的部分参考题. 需要指出, 本书中的下凸函数和上凸函数分别与有的文献中的凸函数和凹函数相对应.

在含有积分的凸函数不等式中, 先介绍 Hadamard 不等式.

例题 11.2.1 (Hadamard 不等式) 设 f 是 (a, b) 上的下凸函数, 则对每一对 $x_1, x_2 \in (a, b), x_1 < x_2$, 有

$$f\left(\frac{x_1 + x_2}{2}\right) \leqslant \frac{1}{x_2 - x_1} \int_{x_1}^{x_2} f(t)\,\mathrm{d}t \leqslant \frac{f(x_1) + f(x_2)}{2}. \tag{11.7}$$

从图 11.4 上可以看出 Hadamard 不等式具有明显的几何意义. 由于 f 是 $[a, b]$ 上的下凸函数, 曲线段 $y = f(x)$ $(x_1 \leqslant x \leqslant x_2)$ 位于曲线过点 $\left(\frac{1}{2}(x_1 + x_2), f\left(\frac{1}{2}(x_1 + x_2)\right)\right)$ 的切线段上方[①], 并位于连接点 $(x_1, f(x_1))$ 与点 $(x_2, f(x_2))$

---
① 见命题 8.4.5. 若 f 于该点不可导, 则用 8.4.2 小节的题 11 中的支撑线代替切线.

的直线段下方, 因此曲线段 $y = f(x)$ $(x_1 \leqslant x \leqslant x_2)$ 与直线 $x = x_1$, $x = x_2$ 及 x 轴围成的曲边梯形面积应在上述两直线段分别与直线 $x = x_1$, $x = x_2$ 及 x 轴围成的两个梯形的面积之间.

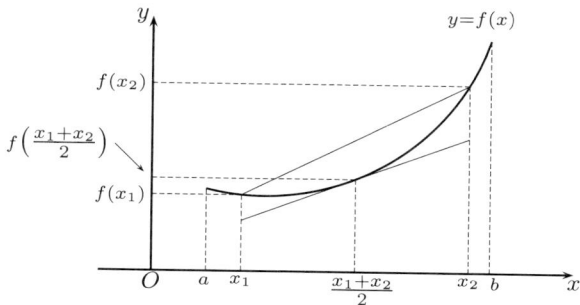

图 11.4

证 从命题 8.4.2 知道 f 连续, 因此可积性没有问题. 注意到点 $\frac{1}{2}(x_1 + x_2)$ 不仅是 x_1 和 x_2 的中点, 同时也是 $x_1 + \lambda(x_2 - x_1)$ 和 $x_2 - \lambda(x_2 - x_1)$ 的中点, 其中 $\lambda \in [0, 1]$. 利用 f 为下凸函数, 则就有不等式

$$\frac{1}{2}[f(x_1 + \lambda(x_2 - x_1)) + f(x_2 - \lambda(x_2 - x_1))] \geqslant f\left(\frac{x_1 + x_2}{2}\right). \tag{11.8}$$

将上式两边对 λ 从 0 到 1 积分, 经计算后就可以得到

$$\frac{1}{x_2 - x_1}\int_{x_1}^{x_2} f(t)\,\mathrm{d}t \geqslant f\left(\frac{x_1 + x_2}{2}\right). \tag{11.9}$$

另一方面, 由 f 是下凸函数又可得到

$$\frac{1}{x_2 - x_1}\int_{x_1}^{x_2} f(t)\,\mathrm{d}t = \int_0^1 f(\lambda x_2 + (1 - \lambda)x_1)\,\mathrm{d}\lambda$$

$$\leqslant \int_0^1 [\lambda f(x_2) + (1 - \lambda)f(x_1)]\,\mathrm{d}\lambda$$

$$= \frac{f(x_1) + f(x_2)}{2}. \qquad \square$$

注 Hadamard 不等式 (11.7) 含有左边和右边的两个不等式. 可以证明, 其中每一个不等式都是函数下凸的充分必要条件. 还可以证明, 若其中任何一个不等式对所有 $x_1, x_2 \in (a, b)$ 成立等号, 则 f 只能是线性函数 (留作本章第二组参考题 7).

第二个重要的凸函数不等式可以从命题 8.4.7 (Jensen 不等式) 取极限得到:

命题 11.2.1 (Jensen 不等式) 设 $f, p \in R[a, b]$, $m \leqslant f(x) \leqslant M$, $p(x)$ 非负

且 $\displaystyle\int_a^b p(x) > 0$, 则当 φ 是 $[m, M]$ 上的下凸函数时, 成立不等式:

$$\varphi\left(\frac{\displaystyle\int_a^b p(x)f(x)\,\mathrm{d}x}{\displaystyle\int_a^b p(x)\,\mathrm{d}x}\right) \leqslant \frac{\displaystyle\int_a^b p(x)\varphi(f(x))\,\mathrm{d}x}{\displaystyle\int_a^b p(x)\,\mathrm{d}x}.$$

若 φ 为上凸函数则不等式反向.

Jensen 不等式包含了很多不等式. 取 $p(x) \equiv 1$, 就得到

$$\varphi\left(\frac{1}{b-a}\int_a^b f(t)\,\mathrm{d}t\right) \leqslant \frac{1}{b-a}\int_a^b \varphi(f(t))\,\mathrm{d}t.$$

又若 $\displaystyle\int_a^b p(x)\,\mathrm{d}x = 1$, 并利用 e^x 为下凸函数和 $\ln x$ 为上凸函数就得到

$$\exp\left(\int_a^b p(x)\,\ln f(x)\,\mathrm{d}x\right) \leqslant \int_a^b p(x)\,f(x)\,\mathrm{d}x \leqslant \ln\left(\int_a^b p(x)\,\exp f(x)\,\mathrm{d}x\right). \quad (11.10)$$

左边的不等式就是广义的平均值不等式 (命题 8.5.1) 的积分形式.

下一个不等式也是 Jensen 不等式的特例. 设 $f \in R[a,b]$, $f(x) \geqslant m > 0$, 则成立不等式:

$$\ln\left(\frac{1}{b-a}\int_a^b f(x)\,\mathrm{d}x\right) \geqslant \frac{1}{b-a}\int_a^b \ln f(x)\,\mathrm{d}x.$$

以上的每个不等式又包含了许多具体的不等式. 例如

例题 11.2.2 若 f 为 $[0,1]$ 上的上凸函数, 则对每个正整数 n 成立不等式:

$$\int_0^1 f(x^n)\,\mathrm{d}x \leqslant f\left(\frac{1}{n+1}\right).$$

11.2.2 Schwarz 积分不等式

Schwarz 积分不等式是最基本的积分不等式之一, 应用非常广泛.

命题 11.2.2 (Schwarz 积分不等式) 设 $f, g \in R[a,b]$, 则

$$\left(\int_a^b f(x)g(x)\,\mathrm{d}x\right)^2 \leqslant \int_a^b f^2(x)\,\mathrm{d}x \int_a^b g^2(x)\,\mathrm{d}x.$$

证 1 (用证明 Cauchy 不等式 (命题 1.3.5) 的同样方法.) 如果 $\int_a^b f^2(x)\,\mathrm{d}x$ 与 $\int_a^b g^2(x)\,\mathrm{d}x$ 两个积分中至少有一个不等于 0, 我们不妨设 $\int_a^b f^2(x)\,\mathrm{d}x \neq 0$. 由于对一切实数 λ, 在 $[a,b]$ 上 $[\lambda f(x) - g(x)]^2 \geqslant 0$, 因此有

$$\int_a^b [\lambda f(x) - g(x)]^2 \,\mathrm{d}x \geqslant 0.$$

将它展开, 得到关于 λ 的非负二次三项式

$$\lambda^2 \int_a^b f(x)^2 \,\mathrm{d}x - 2\lambda \int_a^b f(x)\,g(x)\,\mathrm{d}x + \int_a^b g^2(x)\,\mathrm{d}x \geqslant 0,$$

因此它的判别式 $\Delta \leqslant 0$, 即

$$\left(\int_a^b f(x)\,g(x)\,\mathrm{d}x \right)^2 - \int_a^b f^2(x)\,\mathrm{d}x \int_a^b g^2(x)\,\mathrm{d}x \leqslant 0,$$

移项即得所欲证的不等式.

如果积分 $\int_a^b f^2(x)\,\mathrm{d}x = \int_a^b g^2(x)\,\mathrm{d}x = 0$, 则可以如下证明:

$$\left| \int_a^b f(x)g(x)\,\mathrm{d}x \right| \leqslant \int_a^b |f(x)g(x)|\,\mathrm{d}x \leqslant \int_a^b \frac{f^2(x) + g^2(x)}{2}\,\mathrm{d}x$$

$$= \frac{1}{2} \int_a^b f^2(x)\,\mathrm{d}x + \frac{1}{2} \int_a^b g^2(x)\,\mathrm{d}x = 0. \qquad \square$$

证 2 将 $[a,b]$ 作等距分划, 令 $x_i = a + \dfrac{i}{n}(b-a), i = 0, 1, \cdots, n$, 应用 Cauchy 不等式 (命题 1.3.5) 得到

$$\left(\frac{1}{n} \sum_{i=1}^n f(x_i)g(x_i) \right)^2 \leqslant \frac{1}{n} \sum_{i=1}^n f^2(x_i) \cdot \frac{1}{n} \sum_{i=1}^n g^2(x_i),$$

令 $n \to \infty$, 即得

$$\left(\int_a^b f(x)g(x)\,\mathrm{d}x \right)^2 \leqslant \int_a^b f^2(x)\,\mathrm{d}x \int_a^b g^2(x)\,\mathrm{d}x. \qquad \square$$

注 1 以上两个证明表明, 为了得到与离散不等式对应的积分不等式, 经常有两条思路可用: (1) 用过去的方法; (2) 从对应的离散不等式取极限.

注 2 从证 1 就可以得到 Schwarz 不等式成立等号的充分必要条件. 实际上, 从判别式 $\Delta = 0$ 知道存在某个 λ_0, 使得 $(\lambda_0 f - g)^2$ 在 $[a,b]$ 上的积分等于 0. 利用第十章的 Lebesgue 定理 (命题 10.1.6) 和该章的第一组参考题 9, 可见在 $[a,b]$ 上几

乎处处成立 $\lambda_0 f(x) = g(x)$. 回顾证 1, 这是在 f^2 于区间 $[a, b]$ 上的积分大于 0 的前提下得到的. 对于 g^2 的积分不等于 0 的情况有类似的结论.

注 3　从上述证明可见 Schwarz 不等式与 Cauchy 不等式本质上是同一不等式, 只是前者用积分形式表示而已. 因此 Schwarz 不等式也称为 Cauchy-Schwarz 不等式, 或者 Cauchy-Schwarz-Bunyakowskii (布尼亚科夫斯基) 不等式.

Schwarz 积分不等式在本书中有多次应用, 下面先举一个例子.

例题 11.2.3　设 $f \in C^1[a, b]$, 且 $f(a) = 0$, 证明:

$$\int_a^b f^2(x)\, \mathrm{d}x \leqslant \frac{(b-a)^2}{2} \int_a^b [f'(x)]^2\, \mathrm{d}x.$$

证　利用条件 $f(a) = 0$ 可以写出

$$f(x) = \int_a^x f'(t)\, \mathrm{d}t,$$

然后用 Schwarz 不等式作如下估计:

$$f^2(x) = \left(\int_a^x f'(t)\, \mathrm{d}t \right)^2 \leqslant \left(\int_a^x [f'(x)]^2\, \mathrm{d}x \right)(x-a) \leqslant (x-a) \int_a^b [f'(x)]^2\, \mathrm{d}x,$$

再将两边对 x 从 a 到 b 积分就得到所求的结果.　　　　　　　　　　　　$\square$

11.2.3　其他著名积分不等式

除了 Schwarz 不等式, 还有许多其他的著名积分不等式. 下面我们再介绍三个在分析中的基本不等式, 即 Young 不等式, Hölder 积分不等式与 Minkowski 积分不等式.

命题 11.2.3 (Young 不等式)　设 f 在 $[0, +\infty)$ 上连续可导且严格单调增加, $f(0) = 0$, $a, b > 0$, 则有

$$ab \leqslant \int_0^a f(x)\, \mathrm{d}x + \int_0^b g(y)\, \mathrm{d}y. \tag{11.11}$$

其中 $g(y)$ 是 $f(x)$ 的反函数, 而等号当且仅当 $b = f(a)$ 时成立.

注　Young 不等式的几何意义十分清楚. 由于定积分在几何上等于曲边梯形的面积, 可能发生的只有图 11.5 所示的 (a)、(b)、(c) 三种情况. 定积分 $\int_0^a f(x)\, \mathrm{d}x$ 和定积分 $\int_0^b g(y)\, \mathrm{d}y$ 的值在每一张分图中分别等于带有阴影的两个曲边三角形的

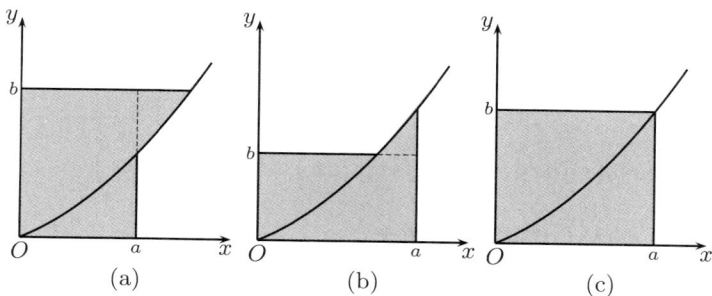

图 11.5

面积. 对于前两种情况, 这两个面积之和都严格大于边长为 a 和 b 的矩形面积, 而在第三种情况则相等. 这个矩形在图 11.5 (a) 和 (b) 中的边界是由曲边三角形的部分边界和一段虚线构成的.

证 将 (11.11) 右边的两个积分之和记为 I. 利用 $g(f(x)) \equiv x$, 对其中第二个积分作变量代换 $y = f(x)$, 即 $x = g(y)$, 然后分部积分得到:

$$I = \int_0^a f(x)\,\mathrm{d}x + \int_0^b g(y)\,\mathrm{d}y = \int_0^a f(x)\,\mathrm{d}x + \int_0^{g(b)} x\,\mathrm{d}f(x)$$

$$= \int_0^a f(x)\,\mathrm{d}x + xf(x)\Big|_0^{g(b)} - \int_0^{g(b)} f(x)\,\mathrm{d}x$$

$$= b\,g(b)\; - \int_a^{g(b)} f(x)\,\mathrm{d}x, \tag{11.12}$$

其中利用了 $f(g(b)) = b$. 如果 $a = g(b)$, 也就是 $b = f(a)$, 则已经得到 (11.11) 中成立等号的情况 (见图 11.5(c)).

在 $a < g(b)$ 时, 对于 (11.12) 中的积分利用 $f(x)$ 在区间 $[a, g(b)]$ 上严格单调增加, $f(x) \leqslant f(g(b)) = b$, 就得到 $I > b\,g(b) - [g(b) - a]b = ab$. 在 $a > g(b)$ 时, 类似地可得到

$$I = b\,g(b)\; + \int_{g(b)}^a f(x)\,\mathrm{d}x > b\,g(b)\; + [a - g(b)]b = ab. \qquad \square$$

注 可以发现以上证明的每一步都有明显的几何意义. 此外, Young 不等式中的条件 "$f \in C^1[0, +\infty)$" 可以降低为 "$f \in C[0, +\infty)$". 但这样改变条件后, 不能再用分部积分法, 而需要从积分定义出发来建立 (11.12). 这个证明及 Young 不等式的另一边估计留作为本章的第二组参考题 6.

下面的 Hölder 不等式和 Minkowski 不等式都可以从 §8.5 中对应的离散不等式取极限或者用与那里类似的方法得到, 因此这里不再给出证明.

命题 11.2.4 (Hölder 不等式) 设 $f, g \in R[a,b]$, p, q 为满足 $\frac{1}{p} + \frac{1}{q} = 1$ 的一对正实数 (共轭实数), 则成立

$$\left(\int_a^b |f(x)g(x)|\,\mathrm{d}x\right) \leqslant \left(\int_a^b |f(x)|^p\,\mathrm{d}x\right)^{\frac{1}{p}} \left(\int_a^b |g(x)|^q\,\mathrm{d}x\right)^{\frac{1}{q}}. \tag{11.13}$$

命题 11.2.5 (Minkowski 不等式) 设 $f, g \in R[a,b]$, $1 \leqslant p < +\infty$, 则成立

$$\left(\int_a^b |f(x)+g(x)|^p\,\mathrm{d}x\right)^{\frac{1}{p}} \leqslant \left(\int_a^b |f(x)|^p\,\mathrm{d}x\right)^{\frac{1}{p}} + \left(\int_a^b |g(x)|^p\,\mathrm{d}x\right)^{\frac{1}{p}}, \tag{11.14}$$

当 $0 < p < 1$ 时不等式反向成立.

注 Hölder 积分不等式与 Minkowski 积分不等式是"实变函数"与"泛函分析"课程中的两个基本不等式. 当然在那里对于函数 f, g 的条件要更为一般. 此外, 在 Hölder 不等式中成立等号的条件是存在常数 c, 使得 $|f(x)|^p = c|g(x)|^q$ (或者对换 f 和 g 并将 p 换为 q); 在 Minkowski 不等式中成立等号的条件是存在非负常数 c, 使得 $f(x) = cg(x)$ (或者对换 f 和 g). 但即使是在 Riemann 可积条件下, 这两个条件中的等式都应当理解为几乎处处成立 (参见命题 10.1.6).

11.2.4 不等式的其他例题

用积分学方法可以建立过去要用 Taylor 定理才能得到的某些不等式. 下面就是一个例子 (见《美国数学月刊》(1990) 第 97 卷 912–915 页).

例题 11.2.4 用积分学方法求出 $\sin x$ 和 $\cos x$ 的一些基本不等式.

解 在 $x > 0$ 时从 $\cos x \leqslant 1$ 出发, 从 0 到 x 积分, 得到不等式 (命题 1.3.6)

$$\sin x < x.$$

再对两边从 0 到 x 积分, 得到 $1 - \cos x < \frac{x^2}{2}$. 将它改写为

$$\cos x > 1 - \frac{x^2}{2},$$

然后再做一次积分得到

$$\sin x > x - \frac{x^3}{6},$$

即例题 8.5.3 中的不等式. 于是已经有

$$x - \frac{x^3}{6} < \sin x < x.$$

再一次积分后可以得到

$$1 - \frac{x^2}{2} < \cos x < 1 - \frac{x^2}{2} + \frac{x^4}{24}.$$

归纳地进行下去就可以得到关于正弦和余弦函数的一般性不等式, 其中包括了 8.5.3 小节的练习题 15 中的不等式. 此外, 还可以得到以下两个对所有 x 成立的绝对值不等式

$$\left| \sin x - \sum_{k=0}^{n} (-1)^k \frac{x^{2k+1}}{(2k+1)!} \right| \leqslant \frac{|x|^{2n+3}}{(2n+3)!},$$

$$\left| \cos x - \sum_{k=0}^{n} (-1)^k \frac{x^{2k}}{(2k)!} \right| \leqslant \frac{|x|^{2n+2}}{(2n+2)!}.$$

此外, 对于每个固定的 x, 令 $n \to \infty$, 就可得到正弦和余弦函数的 Taylor 级数展开式 (参见下册 §14.4 关于 Taylor 级数的一般性讨论). □

例题 11.2.5 设函数 $f \in C[a,b]$ 且单调增加, 证明:

$$\int_a^b x f(x)\, \mathrm{d}x \geqslant \frac{a+b}{2} \int_a^b f(x)\, \mathrm{d}x.$$

注 当 f 非负时, 本题有明显的物理意义: 如果曲线 $y = f(x)$ 单调增加, 则密度均匀的曲边梯形

$$\{(x,y) \mid a \leqslant x \leqslant b,\ 0 \leqslant y \leqslant f(x)\}$$

的质心不可能落在直线 $x = \frac{a+b}{2}$ 的左边 (参见 (11.3) 中关于 x_c 的公式).

分析 本题的解法很多 (参见 [13, 30]), 下面举出其中的两个证明. 关键是要利用 f 的单调性和 $x - \frac{a+b}{2}$ 关于积分区间的中点为奇函数的性质.

证 1 因为 f 单调增加, 所以成立

$$\left(x - \frac{a+b}{2}\right)\left[f(x) - f\left(\frac{a+b}{2}\right)\right] \geqslant 0. \tag{11.15}$$

将上式对 x 从 a 到 b 积分, 又利用

$$\int_a^b \left(x - \frac{a+b}{2}\right) \mathrm{d}x = 0,$$

就可以得到所要的不等式. □

证 2 将 $[a, b]$ 分为两个区间, 分别用第一中值定理, 就得到

$$\int_a^b \left(x - \frac{a+b}{2} \right) f(x) \, dx$$

$$= \int_a^{\frac{a+b}{2}} \left(x - \frac{a+b}{2} \right) f(x) \, dx + \int_{\frac{a+b}{2}}^b \left(x - \frac{a+b}{2} \right) f(x) \, dx$$

$$= f(\xi_1) \int_a^{\frac{a+b}{2}} \left(x - \frac{a+b}{2} \right) dx + f(\xi_2) \int_{\frac{a+b}{2}}^b \left(x - \frac{a+b}{2} \right) dx$$

$$= [f(\xi_2) - f(\xi_1)] \cdot \frac{(b-a)^2}{2} \geqslant 0,$$

因为其中 $a < \xi_1 < \frac{1}{2}(a+b) < \xi_2 < b$, 而 f 单调增加. $\qquad\square$

下面是对于广义算术平均值 – 几何平均值不等式 (例题 8.5.1) 的一个新的积分学证明, 见《美国数学月刊》(1996) 第 103 卷 585 页.

例题 11.2.6 设有 n 个非负数 $x_1, x_2, \cdots, x_n$ 和 n 个正数 $\lambda_1, \lambda_2, \cdots, \lambda_n$, 且 $\lambda_1 + \lambda_2 + \cdots + \lambda_n = 1$, 则成立不等式

$$G_n \equiv \prod_{i=1}^n x_i^{\lambda_i} \leqslant \sum_{i=1}^n \lambda_i x_i \equiv A_n, \tag{11.16}$$

其中当且仅当 $x_1 = x_2 = \cdots = x_n$ 时成立等号.

证 只需对 n 个正数 $x_1, x_2, \cdots, x_n$ 证明即可. 不妨设已有 $x_1 \leqslant x_2 \leqslant \cdots \leqslant x_n$, 则存在 $k \in \{1, 2, \cdots, n-1\}$, 使得 $x_k \leqslant G_n \leqslant x_{k+1}$. 这时用拟合法得到

$$\frac{A_n}{G_n} - 1 = \sum_{i=1}^n \lambda_i \left(\frac{x_i - G_n}{G_n} \right) = \sum_{i=1}^n \lambda_i \int_{G_n}^{x_i} \frac{dt}{G_n}$$

$$= -\sum_{i=1}^k \lambda_i \int_{x_i}^{G_n} \frac{dt}{G_n} + \sum_{i=k+1}^n \lambda_i \int_{G_n}^{x_i} \frac{dt}{G_n}.$$

又用拟合法 ("无中生有") 写出

$$0 = \ln G_n - \sum_{i=1}^n \lambda_i \ln x_i = \sum_{i=1}^n \lambda_i (\ln G_n - \ln x_i) = \sum_{i=1}^n \lambda_i \int_{x_i}^{G_n} \frac{dt}{t}$$

$$= \sum_{i=1}^k \lambda_i \int_{x_i}^{G_n} \frac{dt}{t} - \sum_{i=k+1}^n \lambda_i \int_{G_n}^{x_i} \frac{dt}{t}.$$

将两式相加得到

$$\frac{A_n}{G_n} - 1 = \sum_{i=1}^k \lambda_i \int_{x_i}^{G_n} \left(\frac{1}{t} - \frac{1}{G_n} \right) dt + \sum_{i=k+1}^n \lambda_i \int_{G_n}^{x_i} \left(\frac{1}{G_n} - \frac{1}{t} \right) dt,$$

由于右边的每一项都非负, 因此就得到 $A_n \geqslant G_n$, 而且可直接看出等号成立的充分必要条件是 $x_i = G_n, i = 1, 2, \cdots, n$, 也就是 $x_1 = x_2 = \cdots = x_n$. □

注 这个证明确有新意, 但关键并不在于用积分工具. 如果对于中间一步的 $\ln G_n - \ln x_i, i = 1, 2, \cdots, n$, 用 Lagrange 中值定理 (命题 7.1.4) 也可以进行到底.

11.2.5 练习题

1. 设 f 在 $[a, b]$ 上单调增加, 证明: 对每个 $c \in (a, b)$, 函数 $F(x) = \int_c^x f(t)\,\mathrm{d}t$ 为 $[a, b]$ 上的下凸函数.

2. 设 f 在 $[0, +\infty)$ 上是下凸函数, 证明: 函数 $F(x) = \dfrac{1}{x} \int_0^x f(t)\,\mathrm{d}t$ 是 $(0, +\infty)$ 上的下凸函数.

3. 设 f 于 $[0, 1]$ 上为非负的上凸函数, 证明: $\int_0^1 2f(x)\,\mathrm{d}x \geqslant \max\limits_{x \in [0,1]} \{f(x)\}$.

4. 设 f 在 $[a, b]$ 上为上凸可微函数, $f(a) = f(b) = 0, f'(a) = \alpha > 0, f'(b) = \beta < 0$, 证明:
$$0 \leqslant \int_a^b f(x)\,\mathrm{d}x \leqslant \frac{1}{2} \alpha\beta \cdot \frac{(b-a)^2}{\beta - \alpha}.$$

5. 设 $f \in C^1[0, 2], f(0) = f(2) = 1, |f'(x)| \leqslant 1$, 证明: $\left| \int_0^2 f(x)\,\mathrm{d}x \right| \geqslant 1$.

6. 已知函数 $f \in C[a, b]$, 且 $f(x)$ 处处大于 0, 证明:
$$\int_a^b f(x)\,\mathrm{d}x \int_a^b \frac{1}{f(x)}\,\mathrm{d}x \geqslant (b-a)^2.$$

7. 已知非负函数 $f \in R[a, b], \int_a^b f(x)\,\mathrm{d}x = 1, k$ 为实数, 证明:
$$\left(\int_a^b f(x) \cos kx\,\mathrm{d}x \right)^2 + \left(\int_a^b f(x) \sin kx\,\mathrm{d}x \right)^2 \leqslant 1.$$

8. 设 $f \in C^1[a, b]$ 且 $f(a) = 0$, 证明比例题 11.2.3 更强的不等式:
$$\int_a^b f^2(x)\,\mathrm{d}x \leqslant \frac{(b-a)^2}{2} \int_a^b (f'(x))^2\,\mathrm{d}x - \frac{1}{2} \int_a^b (f'(x))^2\,(x-a)^2\,\mathrm{d}x.$$

9. 设 f 在 $[0, 1]$ 上可微且当 $x \in (0, 1)$ 时, $0 \leqslant f'(x) \leqslant 1, f(0) = 0$. 证明:
$$\left(\int_0^1 f(x)\,\mathrm{d}x \right)^2 \geqslant \int_0^1 f^3(x)\,\mathrm{d}x,$$

且仅当 $f(x) \equiv 0$ 或 $f(x) = x$ 时成立等号.

10. (1) 试用 Young 不等式证明: 当 $a, b \geqslant 1$ 时成立 $ab \leqslant e^{a-1} + b \ln b$;

(2) 设函数 $f \in R[a, b]$, 试用 Minkowski 不等式证明下面两个不等式不能同时成立:

$$\int_0^\pi |f(x) - \sin x|^2 \,\mathrm{d}x \leqslant \frac{3}{4} \quad \text{和} \quad \int_0^\pi |f(x) - \cos x|^2 \,\mathrm{d}x \leqslant \frac{3}{4}.$$

§11.3 积分估计与近似计算

11.3.1   积分值的估计

在许多实际问题中, 我们往往不一定需要知道定积分的精确值, 而只需要对积分值的可能范围进行估计. 这里的方法很多, 其中最基本的方法是先估计被积函数在积分区间上的最小值和最大值 (或者下确界和上确界), 然后乘以区间的长度. 其次就是用积分中值定理和各种不等式进行估计. 当然需要考虑被积函数在积分区间上的具体特性. 下面先通过一个例子来说明各种方法.

例题 11.3.1 估计积分 $I = \int_a^b \dfrac{\sin x}{x} \,\mathrm{d}x$ 的值, 其中 $0 < a < b$.

解 如果利用 $|\sin x| \leqslant |x|$, 则只能得到

$$|I| \leqslant b - a. \tag{11.17}$$

这个估计在 $b - a$ 较大时当然很差.

利用积分第一中值定理, 由于因子 $1/x$ 不变号, 就得到

$$|I| = \left| \sin \xi \int_a^b \frac{\mathrm{d}x}{x} \right| \leqslant \int_a^b \frac{\mathrm{d}x}{x} = \ln \frac{b}{a} = \ln \left(1 + \frac{b-a}{a} \right) < \frac{b}{a} - 1. \tag{11.18}$$

如果 $a > 1$, 则这个估计比 (11.17) 要好. 但是对于 $b - a$ 很大的情况仍然不好.

利用积分第二中值定理和因子 $1/x$ 单调非负, 就有

$$|I| = \left| \frac{1}{a} \int_a^\xi \sin x \,\mathrm{d}x \right| \leqslant \frac{1}{a} |\cos \xi - \cos a| \leqslant \frac{2}{a}. \tag{11.19}$$

如果 $a > 1$, 则对于 $b - a$ 很大的情况这个估计明显比前两个要好. 观察该被积函数的特性 (其图像见图 4.2(a)), 当积分区间较大时, 必须将 $\sin x$ 所起的正负抵消的作用考虑进去, 而不能如前两个估计那样只利用 $|\sin x| \leqslant |x|$ 和 $|\sin x| \leqslant 1$. 这就是估计 (11.19) 优于它们的理由所在.

估计 (11.19) 与区间右端无关. 下面一个估计则对任何 $0 \leqslant a < b$ 都成立:

$$\left| \int_a^b \frac{\sin x}{x} \, \mathrm{d}x \right| < 3. \tag{11.20}$$

这里不妨设 $0 \leqslant a < 1 < b$, 否则下面的估计更为简单. 这时将积分拆开, 并利用 (11.17) 和 (11.19) 就得到

$$|I| \leqslant \left| \int_a^1 \frac{\sin x}{x} \, \mathrm{d}x \right| + \left| \int_1^b \frac{\sin x}{x} \, \mathrm{d}x \right| < 1 + 2 = 3. \tag{11.21}$$

$\square$

当然这还是一个很粗的估计. 与区间无关的最优估计问题留作为本章第二组参考题 5. 又若 a, b 是给定的具体数值, 则还需要利用被积函数在 $[a, b]$ 上的具体特性才能作出较好的估计. 下面就是一个例子 (即是 [27] 中的 2328 题).

例题 11.3.2 估计定积分 $I = \displaystyle\int_{100\pi}^{200\pi} \frac{\sin x}{x} \, \mathrm{d}x$ 的值.

解 1 将积分区间按 π 的整倍数拆开, 就不难证明 $I > 0$ (细节从略). 又利用上面已有的估计式 (11.19), 就得到 [27] 中的答案:

$$I = \frac{\theta}{50\pi}, \ 0 < \theta \leqslant 1. \qquad \square$$

解 2 利用被积函数的分母大于 100π, 而如下分部积分后会变得更大, 就有

$$I = \left(-\frac{\cos x}{x} - \frac{\sin x}{x^2} \right) \Bigg|_{100\pi}^{200\pi} - 2 \int_{100\pi}^{200\pi} \frac{\sin x}{x^3} \, \mathrm{d}x$$

$$= \frac{1}{200\pi} - 2 \int_{100\pi}^{200\pi} \frac{\sin x}{x^3} \, \mathrm{d}x.$$

对于右边的积分用积分第二中值定理估计, 就有

$$\left| I - \frac{1}{200\pi} \right| \leqslant \frac{2}{10^6 \pi^3} \left| \int_{100\pi}^{\xi} \sin x \, \mathrm{d}x \right| \leqslant \frac{4}{10^6 \pi^3} \approx 0.129 \times 10^{-6}.$$

也就是说积分 $I \approx \dfrac{1}{200\pi} \approx 0.001\,59$. $\qquad \square$

注 用 Mathematica 计算得到 $I \approx 0.001\,591\,49$. 实际上, 如果对上面的最后一个积分再用分部积分和第二中值定理, 则可以得到更为精确的近似值.

各种不等式在估计中都可能有用. 其中 Cauchy 不等式与 Schwarz 不等式更是常用的工具. 例如, 椭圆 $\dfrac{x^2}{a^2} + \dfrac{y^2}{b^2} = 1 \ (a, b > 0)$ 的周长为

$$s = 4 \int_0^{\pi/2} \sqrt{a^2 \sin^2 t + b^2 \cos^2 t} \, \mathrm{d}t,$$

其中被积函数的原函数不是初等函数, 因此不可能用 Newton-Leibniz 公式来计算 (可参看 [50] 中的 138–142 页). 下面我们分别用 Schwarz 不等式和 Cauchy 不等式来估计这个积分的上界和下界. 它们的平均值即是在某些数学手册中关于椭圆周长的近似公式之一.

例题 11.3.3 证明: $\pi(a+b) \leqslant s \leqslant \pi\sqrt{2a^2+2b^2}$.

证 首先, 不难由 Schwarz 不等式得到上界估计:

$$s = 4\int_0^{\pi/2} \sqrt{a^2\sin^2 t + b^2\cos^2 t}\,\mathrm{d}t$$

$$\leqslant 4\left(\int_0^{\pi/2}(a^2\sin^2 t + b^2\cos^2 t)\,\mathrm{d}t\right)^{\frac{1}{2}}\left(\int_0^{\pi/2}\mathrm{d}t\right)^{\frac{1}{2}}$$

$$= 4\left[\frac{\pi}{4}(a^2+b^2)\right]^{\frac{1}{2}}\left(\frac{\pi}{2}\right)^{\frac{1}{2}} = \pi\sqrt{2a^2+2b^2}.$$

然后 (反方向) 用 Cauchy 不等式求出被积函数的下界:

$$\sqrt{a^2\sin^2 t + b^2\cos^2 t} = \sqrt{a^2\sin^2 t + b^2\cos^2 t}\cdot\sqrt{\sin^2 t + \cos^2 t}$$

$$\geqslant a\sin t\cdot\sin t + b\cos t\cdot\cos t$$

$$= a\sin^2 t + b\cos^2 t,$$

对两边积分再乘 4 就得到积分的下界估计:

$$s \geqslant 4\int_0^{\pi/2}(a\sin^2 t + b\cos^2 t)\,\mathrm{d}t = \pi(a+b). \qquad \square$$

11.3.2 积分的近似计算

在数学分析教科书中对于积分的近似计算一般是介绍三种方法, 即梯形公式、矩形公式和抛物线公式 (也称为 Simpson (辛普森) 公式). 这些公式以及更深入的数值积分方法都是以下面的定理为基础的.

命题 11.3.1 (Euler-Maclaurin 求和公式) 设函数 $f \in C^{(2m+2)}[a,b]$, $h = (b-a)/n$, $x_i = a+ih$, $i = 0, 1, \cdots, n$, 则

$$\frac{b-a}{n}\sum_{i=1}^n \frac{1}{2}[f(x_{i-1})+f(x_i)] - \int_a^b f(x)\,\mathrm{d}x$$

$$= \sum_{k=1}^m \frac{B_{2k}}{(2k)!}h^{2k}[f^{(2k-1)}(b) - f^{(2k-1)}(a)]$$

$$+ \frac{B_{2m+2}}{(2m+2)!}h^{2m+2}f^{(2m+2)}(\xi)(b-a), \tag{11.22}$$

其中 $\xi \in [a, b]$, B_{2k} $(k = 1, 2, \cdots, m + 1)$ 是 Bernoulli 数 (见 7.2.3 小节), 其中前三个是:

$$B_2 = \frac{1}{6}, \ B_4 = -\frac{1}{30}, \ B_6 = \frac{1}{42}.$$

容易看出, 上述公式的左边就是对于区间 $[a, b]$ 的 n 等距分划下的梯形公式与积分之差, 因此公式给出了梯形公式的误差表达式. 通过组合就可以得到矩形公式和抛物线公式的误差估计.

公式 (11.22) 的证明并不困难, 主要是用分部积分法. 下面给出的几个例题 主要是介绍方法. 将例题中所得的结果用于等距分划的每个子区间, 并加以合并就可以得到 $m = 0, 1$ 时的 Euler-Maclaurin 公式. 它们提供了梯形公式和矩形公式的误差估计.

例题 11.3.4 设 $f \in C^2[0, h]$, 则存在 $\xi \in [0, h]$, 使成立

$$\int_0^h f(x)\,\mathrm{d}x = \frac{h}{2}[f(0) + f(h)] - \frac{1}{12}f''(\xi)h^3. \tag{11.23}$$

证 如下用两次分部积分得到

$$
\begin{aligned}
\int_0^h f(x)\,\mathrm{d}x &= \int_0^h f(x)\left(x - \frac{h}{2}\right)'\mathrm{d}x \\
&= f(x)\left(x - \frac{h}{2}\right)\Big|_0^h - \int_0^h f'(x)\left(x - \frac{h}{2}\right)\mathrm{d}x \\
&= \frac{h}{2}[f(0) + f(h)] - \frac{1}{2}\int_0^h f'(x)[x(x - h)]'\,\mathrm{d}x \\
&= \frac{h}{2}[f(0) + f(h)] + \frac{1}{2}\int_0^h f''(x)[x(x - h)]\,\mathrm{d}x. \tag{11.24}
\end{aligned}
$$

由于 $x(x - h)$ 不变号, 对右边的积分用第一中值定理就得到所要的结果:

$$\frac{1}{2}\int_0^h f''(x)[x(x - h)]\,\mathrm{d}x = \frac{1}{2}f''(\xi)\int_0^h x(x - h)\,\mathrm{d}x = -\frac{1}{12}f''(\xi)h^3. \qquad \square$$

注 如果引进变上限积分 $F(x) = \int_0^x f(t)\,\mathrm{d}t, 0 \leqslant x \leqslant h$, 就可以看出本题与第七章第一组参考题 9(3) 相同. 两者在条件和结论上的差异不是本质的, 只要应用第十章第一组参考题 11 就可以解决. 此外, 这也说明在积分学中的许多问题用微分学也是可以解决的.

例题 11.3.5 设 $f \in C^4[0, h]$, 证明: 存在 $\xi \in [0, h]$, 使成立

$$\int_0^h f(x)\,\mathrm{d}x = \frac{h}{2}[f(0) + f(h)] - \frac{h^2}{12}[f'(h) - f'(0)] + \frac{1}{720}f^{(4)}(\xi)h^5. \tag{11.25}$$

证 从上一例题中推导得到的等式 (11.24) 继续做下去:

$$\int_0^h f(x)\,\mathrm{d}x - \frac{h}{2}[f(0)+f(h)]$$

$$= \frac{1}{2}\int_0^h f''(x)[x(x-h)]\,\mathrm{d}x$$

$$= -\frac{h^2}{12}\int_0^h f''(x)\,\mathrm{d}x + \frac{1}{2}\int_0^h f''(x)\left(x^2 - hx + \frac{h^2}{6}\right)\mathrm{d}x$$

$$= -\frac{h^2}{12}[f'(h)-f'(0)] + \frac{1}{2}\int_0^h f''(x)\left(\frac{x^3}{3} - \frac{hx^2}{2} + \frac{h^2 x}{6}\right)'\mathrm{d}x$$

$$= -\frac{h^2}{12}[f'(h)-f'(0)] - \frac{1}{2}\int_0^h f'''(x)\left(\frac{x^3}{3} - \frac{hx^2}{2} + \frac{h^2 x}{6}\right)\mathrm{d}x$$

$$= -\frac{h^2}{12}[f'(h)-f'(0)] - \frac{1}{2}\int_0^h f'''(x)\left(\frac{x^4}{12} - \frac{hx^3}{6} + \frac{h^2 x^2}{12}\right)'\mathrm{d}x$$

$$= -\frac{h^2}{12}[f'(h)-f'(0)] + \frac{1}{24}\int_0^h f^{(4)}(x)\left[x^2(x-h)^2\right]\mathrm{d}x,$$

在最后一个积分中, 利用因子 $x^2(h-x)^2$ 不变号, 再用积分第一中值定理就可得到所要的等式. □

以上结果对于梯形公式和矩形公式的误差估计已经够用. 为了对抛物线公式作出误差估计, 还需要 $m=2$ 时的 Euler-Maclaurin 公式, 其证明方法与上面完全一样, 读者可自己完成. 此外, 在 [14, 17] 等教科书中均对抛物线公式采用微分学方法作出误差估计. 下面只是对于抛物线方法中的基本公式作一点介绍.

例题 11.3.6 (万能公式) 若 $p(x)$ 是不超过 3 次的多项式, 则有

$$\int_a^b p(x)\,\mathrm{d}x = \frac{1}{6}\left[p(a) + 4p\left(\frac{1}{2}(a+b)\right) + p(b)\right](b-a). \tag{11.26}$$

证 令 $q(t) = f(a + t(b-a))$, 就可以将要证明的公式变为等价的

$$\int_0^1 q(t)\,\mathrm{d}t = \frac{1}{6}\left[q(0) + 4q\left(\frac{1}{2}\right) + q(1)\right].$$

然后利用积分为线性运算, 分别用 $q(t) = 1, t, t^2, t^3$ 代入验算即可. □

注 这个公式在初等数学的体积计算中有万能公式的美名: 只要将一个立体的顶截面、中截面和底截面的面积分别乘 $1:4:1$ 并相加, 然后除以 6, 再乘高度即可. 容易验证它对于球、圆锥和圆台等形体的体积都给出了准确的答案.

11.3.3 练习题

1. 证明:

(1) $\displaystyle\int_0^{\sqrt{2\pi}} \sin x^2\,\mathrm{d}x > 0$;

(2) $\displaystyle\frac{1}{20\sqrt[3]{2}} < \int_0^1 \frac{x^{19}}{\sqrt[3]{1+x^6}}\,\mathrm{d}x < \frac{1}{20}$;

(3) $\displaystyle\int_0^{\pi/2} x\left(\frac{\sin nx}{\sin x}\right)^4\mathrm{d}x < \frac{n^2\pi^2}{4}$;

(4) $\displaystyle 0 < \frac{\pi}{2} - \int_0^{\pi/2}\frac{\sin x}{x}\,\mathrm{d}x < \frac{\pi^3}{144}$;

(5) $\displaystyle 0.005 < \int_0^{100}\frac{\mathrm{e}^{-x}}{x+100}\,\mathrm{d}x < 0.01$;

(6) $\displaystyle\frac{2}{9}\pi^2 < \int_{\pi/6}^{\pi/2}\frac{2x}{\sin x}\,\mathrm{d}x < \frac{1}{3}\pi^2$.

2. 设 f 在 $[0,a]$ $(a>0)$ 上有可积的导函数, 证明:

$$|f(0)| \leqslant \frac{1}{a}\int_0^a |f(x)|\,\mathrm{d}x + \int_0^a |f'(x)|\,\mathrm{d}x.$$

3. 设 f 在 $[0,1]$ 上有可积的导函数, 证明:

$$\int_0^1 |f(x)|\,\mathrm{d}x \leqslant \max\left\{\int_0^1 |f'(x)|\,\mathrm{d}x,\ \left|\int_0^1 f(x)\,\mathrm{d}x\right|\right\}.$$

4. 设函数 f 在 $[a,b]$ 上可微, $|f'(x)| \leqslant M$, 且 $\displaystyle\int_a^b f(x)\,\mathrm{d}x = 0$. 对于函数 $F(x) = \displaystyle\int_a^x f(t)\,\mathrm{d}t$,

(1) 证明: $\displaystyle|F(x)| \leqslant \frac{M(b-a)^2}{8}$;

(2) 在增加条件 $f(a) = f(b) = 0$ 时证明: $\displaystyle|F(x)| \leqslant \frac{M(b-a)^2}{16}$.

5. 证明: 对每个正整数 n, 成立

$$\frac{2}{3}n\sqrt{n} < 1 + \sqrt{2} + \cdots + \sqrt{n} < \frac{4n+3}{6}\sqrt{n}.$$

6. 设 f 在 $[a,b]$ 上可微, $f(a) = f(b) = 0$, $|f'(x)| \leqslant M$, 证明:

$$\left|\int_a^b f(x)\,\mathrm{d}x\right| \leqslant \frac{M}{4}(b-a)^2.$$

7. 设 f 在 $[a,b]$ 上二阶可微, $f(a) = f(b) = 0$, $|f''(x)| \leqslant M$, 证明:

$$\left|\int_a^b f(x)\,\mathrm{d}x\right| \leqslant \frac{M}{12}(b-a)^3.$$

8. (矩形公式) 设 $f \in C^2[a,b]$, 证明: 存在 $\xi \in (a,b)$, 使成立

$$\int_a^b f(x)\,\mathrm{d}x - (b-a)f\left(\frac{a+b}{2}\right) = \frac{f''(\xi)(b-a)^3}{24}.$$

9. 设 f 于 $[-1,1]$ 上可微, 且有 $a \in (0,1)$, 使得 $\displaystyle\int_{-a}^a f(x)\,\mathrm{d}x = 0$, 证明:

$$\left|\int_{-1}^1 f(x)\,\mathrm{d}x\right| \leqslant M(1-a^2).$$

10. 设 f 于 $[0,1]$ 上可微, $|f'(x)| \leqslant M$, 证明:

$$\left|\int_0^1 f(x)\,\mathrm{d}x - \frac{1}{n}\sum_{k=1}^n f\left(\frac{k}{n}\right)\right| \leqslant \frac{M}{2n}.$$

11. 设 f 在区间 $[0,1]$ 上可微, 且 $f' \in R[0,1]$, 对正整数 n 定义

$$A_n = \int_0^1 f(x)\,\mathrm{d}x - \frac{1}{n}\sum_{k=1}^n f\left(\frac{k}{n}\right),$$

证明: $\displaystyle\lim_{n\to\infty} nA_n = \frac{1}{2}[f(0)-f(1)].$

12. 设 f 在区间 $[0,1]$ 上二阶可微, 且 $f'' \in R[0,1]$, 对正整数 n 定义

$$B_n = \int_0^1 f(x)\,\mathrm{d}x - \frac{1}{n}\sum_{k=1}^n f\left(\frac{2k-1}{2n}\right),$$

证明: $\displaystyle\lim_{n\to\infty} n^2 B_n = \frac{1}{24}[f'(1)-f'(0)].$

§11.4　积分学在分析中的其他应用

11.4.1　利用定积分求数列极限

从第二章开始, 已经介绍过求数列极限的许多方法. 下面再介绍一种求数列极限的新方法——将求数列极限化为求定积分. 它的原理如下:

设 $f \in R[a,b]$, 则有与等距分划对应的极限等式:

$$\int_a^b f(x)\,\mathrm{d}x = \lim_{n\to\infty} \sum_{i=1}^n f\left(a + i\frac{b-a}{n}\right)\frac{b-a}{n}$$

或

$$\int_a^b f(x)\,\mathrm{d}x = \lim_{n\to\infty} \sum_{i=1}^n f\left(a + (i-1)\frac{b-a}{n}\right)\frac{b-a}{n}.$$

因此, 如果能将某个数列 $\{a_n\}$ 的通项 a_n 写成如上面右边的积分和式那样的表达式, 则就将极限计算问题转换为定积分的计算问题了. 当然还可以有与不等距分划相对应的变形.

应当指出, 这个新方法有时很有效, 但有时也不一定比过去的方法简单. 它的优点是至少对于一类问题提供了一种统一的思路.

例题 11.4.1 计算数列 $\{a_n\}$ 的极限, 其中通项为
$$a_n = \frac{1}{n+1} + \frac{1}{n+2} + \cdots + \frac{1}{2n}.$$

解 这里用定积分方法的计算非常简单:
$$\lim_{n\to\infty} a_n = \lim_{n\to\infty} \frac{1}{n}\left(\frac{1}{1+\frac{1}{n}} + \frac{1}{1+\frac{2}{n}} + \cdots + \frac{1}{1+\frac{n}{n}}\right)$$
$$= \int_0^1 \frac{\mathrm{d}x}{1+x} = \ln 2. \qquad\qquad \square$$

注 在过去对于本题已经有了两个解法. 这就是例题 2.5.4, 其中以 Euler 常数的命题 2.5.6 为工具, 以及 2.8.3 小节中巧用夹逼定理的方法. 本节的解法虽然需要积分学的知识, 但思路要简明得多.

例题 11.4.2 证明: $\displaystyle\lim_{n\to\infty} \frac{\sqrt[n]{n!}}{n} = \frac{1}{\mathrm{e}}$.

证 1 取对数后就不难写成积分和式:
$$\ln \frac{\sqrt[n]{n!}}{n} = \frac{1}{n}\ln(n!) - \ln n = \frac{1}{n}\sum_{k=1}^n \ln k - \frac{1}{n}\sum_{k=1}^n \ln n = \frac{1}{n}\sum_{k=1}^n \ln\left(\frac{k}{n}\right).$$

令 $n \to \infty$, 注意到上式右端的极限为 $\displaystyle\int_0^1 \ln x\,\mathrm{d}x = -1$, 便得到
$$\lim_{n\to\infty} \frac{\sqrt[n]{n!}}{n} = \frac{1}{\mathrm{e}}. \qquad\qquad \square$$

注 这个题在过去已有几种解法 (见例题 2.5.3). 这里的方法从思路上是清楚的, 但是函数 $\ln x$ 在 $x = 0$ 右侧邻近无界, 因此所涉及的积分是第十二章中的广义积分. 而用和式取极限计算广义积分是要另行讨论的问题 (见例题 12.1.1).

不用积分和式的方法, 也可以用积分估计证明如下.

证 2 由于对数函数单调增加, 因而成立不等式
$$\sum_{k=1}^{n-1} \ln k < \int_1^n \ln x\,\mathrm{d}x < \sum_{k=2}^n \ln k,$$

这就是

$$\ln(n-1)! < (x\ln x - x)\Big|_1^n = n\ln n - n + 1 < \ln n!,$$

整理后得到关于 $n!$ 的双边不等式:

$$e\left(\frac{n}{e}\right)^n < n! < ne\left(\frac{n}{e}\right)^n.$$

开 n 次根后取极限, 利用 $\lim\limits_{n\to\infty}\sqrt[n]{e} = 1$, $\lim\limits_{n\to\infty}\sqrt[n]{n} = 1$, 即可达到目的. $\qquad\square$

在用定积分方法计算数列的极限时, 配合 Taylor 公式分离出主要部分也是需要掌握的方法.

例题 11.4.3 计算极限

$$\lim_{n\to\infty}\left[\left(1+\frac{1}{n}\right)\sin\frac{\pi}{n^2} + \left(1+\frac{2}{n}\right)\sin\frac{2\pi}{n^2} + \cdots + \left(1+\frac{n}{n}\right)\sin\frac{n\pi}{n^2}\right].$$

解 记表达式为 a_n. 由 Taylor 公式, 我们有

$$\sin\frac{k\pi}{n^2} = \frac{k\pi}{n^2} + o\left(\left(\frac{k}{n^2}\right)^2\right) = \frac{k\pi}{n^2} + o\left(\frac{1}{n^2}\right), \quad k = 1, 2, \cdots, n.$$

因此可计算如下:

$$\begin{aligned}
\lim_{n\to\infty} a_n &= \lim_{n\to\infty}\left[\sum_{k=1}^n\left(1+\frac{k}{n}\right)\cdot\frac{k\pi}{n^2} + o\left(\frac{1}{n}\right)\right]\\
&= \lim_{n\to\infty}\sum_{k=1}^n\frac{\pi}{n}\cdot\frac{k}{n}\cdot\left(1+\frac{k}{n}\right)\\
&= \int_0^1 \pi x(1+x)\,\mathrm{d}x = \frac{5}{6}\pi. \qquad\square
\end{aligned}$$

11.4.2　Wallis 公式与 Stirling 公式

本小节将介绍与阶乘 $n!$ 有关的两个重要公式, 它们在处理有关阶乘的极限问题时非常有用.

第一个公式是数学家 Wallis 得到的 (1655 年), 因此称为 Wallis 公式 (其原文见 [4]). 它与 Viète 公式 (见 4.3.4 小节题 5) 都是关于圆周率的无穷乘积公式, 但在 Wallis 公式中只需要乘除运算, 连开方运算也不需要. Wallis 公式对于 π 的近似计算没有直接影响, 但是在导出 Stirling 公式中将起重要作用.

命题 11.4.1 (Wallis 公式)

$$\lim_{n\to\infty}\frac{1}{2n+1}\left[\frac{2\cdot 4\cdot\cdots\cdot(2n)}{1\cdot 3\cdot\cdots\cdot(2n-1)}\right]^2 = \frac{\pi}{2}. \tag{11.27}$$

分析 回顾 2.3.2 小节的练习题 8 和 9, 我们看到 (11.27) 左边的极限存在性是容易证明的, 困难在于求出这个极限.

从例题 10.4.9 的积分计算已知 $I_n = \int_0^{\pi/2} \sin^n x \, dx$ 的表达式为

$$I_{2n} = \frac{(2n-1)!!}{(2n)!!} \cdot \frac{\pi}{2}, \quad I_{2n+1} = \frac{(2n)!!}{(2n+1)!!}. \tag{11.28}$$

这里的差异是显著的, 圆周率 π 只出现在一个公式中!

将 I_n 作为一个数列的通项, 则从例题 10.2.4 已知 $\{I_n\}$ 是无穷小量: $\lim_{n\to\infty} I_n = 0$. 可以想像, 当 n 充分大时, I_n 与 I_{n+1} 之间的差是更高阶的无穷小量 (见 310 页的图 10.3), 从而 I_{2n+1}/I_{2n} 的极限很有可能是 1. 如果真是如此, 则就有可能得到关于 π 的某种结果. 当然这里又遇到了 0/0 型的不定式, 但是由于有表达式 (11.28), 因此不难处理.

证 在 $0 < x < \frac{\pi}{2}$ 时有 $0 < \sin x < 1$, 因此就有 $\sin^{2n+2} x < \sin^{2n+1} x < \sin^{2n} x$. 这样就成立 (积分) 不等式 $I_{2n+2} < I_{2n+1} < I_{2n}$. 利用 (11.28), 得到

$$I_{2n+2} = \frac{2n+1}{2n+2} \cdot I_{2n} < I_{2n+1} < I_{2n}.$$

两边除以 I_{2n}, 并取极限 (即夹逼), 可见确实有

$$\lim_{n\to\infty} \frac{I_{2n+1}}{I_{2n}} = 1.$$

再用 (11.28) 代入, 就得到所要的结果:

$$\lim_{n\to\infty} \frac{1}{2n+1} \left[\frac{(2n)!!}{(2n-1)!!} \right]^2 \cdot \frac{2}{\pi} = 1. \qquad \square$$

注 在应用中, Wallis 公式的几个等价形式有时更为方便, 例如:

$$\frac{(2n)!!}{(2n-1)!!} \sim \sqrt{\pi n}, \tag{11.29}$$

$$\frac{(n!)^2 2^{2n}}{(2n)!} \sim \sqrt{\pi n}. \tag{11.30}$$

特别是公式 (11.29) 刻画了双阶乘 $(2n)!!$ 与 $(2n-1)!!$ 之比的渐近性态, 是 Wallis 公式的一种便于使用的形式.

Stirling 公式 是关于阶乘 $n!$ 的重要结果, 具有广泛的应用. 其一般形式为

$$\ln n! = \ln\sqrt{2\pi} + \left(n + \frac{1}{2}\right)\ln n - n + \frac{B_2}{1\cdot 2n} + \frac{B_4}{3\cdot 4n^3} + \cdots$$
$$+ \frac{B_{2m}}{(2m-1)(2m)\,n^{2m-1}} + \theta_n \cdot \frac{B_{2m+2}}{(2m+1)(2m+2)\,n^{2m+1}}, \tag{11.31}$$

其中 $0 < \theta_n < 1$, B_{2n} 是 Bernoulli 数 (见 7.2.3 小节).

本书只给出含有上述公式右边前三项的最简单形式的 Stirling 公式的证明, 而在第二组参考题 15 中指出如何可以得到更为精细的下一个公式的证明. 一般形式的 Stirling 公式 (11.31) 可以从 Euler-Maclaurin 公式 (11.22) 推出. 其他证明方法还有很多, 有兴趣的读者可以参看近年来在《美国数学月刊》上发表的许多新方法.

命题 11.4.2 (最简单形式的 Stirling 公式) 关于阶乘 $n!$ 有渐近公式:

$$n! \sim \sqrt{2\pi n}\left(\frac{n}{e}\right)^n \ (n \to \infty). \tag{11.32}$$

分析 关于阶乘 $n!$ 的结果很多. 就本书来说, 在前面的 1.3.2, 2.5.5, 2.7.3 各小节中都有关于 $n!$ 的不等式, 此外还有许多与极限有关的结果. 在 2.7.1 小节中还有对于 $n!$ 作为无穷大量的比较: $a^n \ll n! \ll n^n \ (a > 1)$. 但如何确切地刻画 $n!$ 的渐近性态, 当时还是不清楚. 这就是 Stirling 公式要解决的问题.

从以前的结果出发, 可以得到许多启示. 首先, 从 2.5.5 小节练习题 7 就有对每个 $n \in \mathbf{N}_+$ 成立的不等式:

$$\left(1 + \frac{1}{n}\right)^n < b_n = \frac{n!e^n}{n^n} < n \cdot \left(1 + \frac{1}{n}\right)^{n+1}.$$

为了研究 $\{b_n\}$ 的性态, 自然要观察它的前后项之比, 这样就有

$$\frac{b_n}{b_{n+1}} = \frac{1}{e}\left(1 + \frac{1}{n}\right)^n < 1,$$

因此数列 $\{b_n\}$ 严格单调增加. 这里只不过利用了关于数 e 的最初讨论 (见命题 2.5.1). 再利用例题 8.2.3 的结论, 可见以 $\left(1 + \frac{1}{n}\right)^{n+\frac{1}{2}}$ 为通项的数列严格单调减少, 且收敛于 e. 这样就得到

$$\frac{b_n\sqrt{n+1}}{b_{n+1}\sqrt{n}} = \frac{b_n}{b_{n+1}}\left(1 + \frac{1}{n}\right)^{\frac{1}{2}} = \frac{1}{e}\left(1 + \frac{1}{n}\right)^{n+\frac{1}{2}} > 1,$$

它就是下面证明的出发点.

证 定义数列

$$a_n = \frac{n!\,e^n}{n^{n+\frac{1}{2}}}, \quad n \in \mathbf{N}_+,$$

则只需证明 $\{a_n\}$ 收敛于 $\sqrt{2\pi}$. 为此写出其前后项之比:

$$\frac{a_n}{a_{n+1}} = \frac{1}{e}\left(1 + \frac{1}{n}\right)^{n+\frac{1}{2}}. \tag{11.33}$$

利用 $f(x) = 1/x$ 下凸, 在 Hadamard 不等式 (例题 11.2.1) 中, 令 $x_1 = n$, $x_2 = n+1$ 代入, 得到不等式:

$$\frac{1}{n + \frac{1}{2}} \leqslant \ln\left(1 + \frac{1}{n}\right) \leqslant \frac{1}{2}\left(\frac{1}{n} + \frac{1}{n+1}\right).$$

将上式乘 $\left(n + \frac{1}{2}\right)$ 并作整理, 得到等价的不等式:

$$0 \leqslant \left(n + \frac{1}{2}\right)\ln\left(1 + \frac{1}{n}\right) - 1 \leqslant \frac{1}{4}\left(\frac{1}{n} - \frac{1}{n+1}\right). \tag{11.34}$$

将它与 (11.33) 作比较, 就有

$$1 \leqslant \frac{a_n}{a_{n+1}} \leqslant e^{\frac{1}{4}\left(\frac{1}{n} - \frac{1}{n+1}\right)}. \tag{11.35}$$

这表明正数列 $\{a_n\}$ 单调减少, 因此收敛, 记其极限为 α. 同时从 (11.35) 的右边不等式又知道另一个正数列 $\{a_n e^{-\frac{1}{4n}}\}$ 单调增加. 由于它的极限也是 α, 这样就证明了 $\alpha > 0$.

利用 Wallis 公式 (11.27) 或 (11.30), 并用 $n! = a_n \cdot \dfrac{n^{n+\frac{1}{2}}}{e^n}$ 代入, 就有

$$\sqrt{\pi} = \lim_{n\to\infty} \frac{(n!)^2 2^{2n}}{(2n)!\sqrt{n}} = \lim_{n\to\infty} \frac{a_n^2}{a_{2n}\sqrt{2}} = \frac{\alpha^2}{\alpha\sqrt{2}}, \tag{11.36}$$

可见极限 $\alpha = \sqrt{2\pi}$. $\qquad\qquad\square$

注 对于数列 $\{a_n\}$ 不仅要证明它收敛, 而且还必须证明其极限 $\alpha > 0$, 否则 (11.36) 的最后一步通不过. 有不少文献忽略了这一点. 上述证明来自 [8].

11.4.3 Taylor 公式的积分型余项

在第七章"微分学的基本定理"中已介绍了带有 Peano 余项、Lagrange 余项与 Cauchy 余项的 Taylor 公式. 这里将介绍带积分型余项的 Taylor 公式.

命题 11.4.3 设 $f(x)$ 在区间 $(x_0 - r, x_0 + r)$ 上有 $n + 1$ 阶连续导函数, 则对每个 $x \in (x_0 - r, x_0 + r)$ 成立

$$f(x) = \sum_{k=0}^{n} \frac{f^{(k)}(x_0)}{k!}(x - x_0)^k + R_n(x),$$

其中余项

$$R_n(x) = \frac{1}{n!}\int_{x_0}^{x} f^{(n+1)}(t)(x - t)^n \, dt. \tag{11.37}$$

证 从

$$R_n(x) = f(x) - \sum_{k=0}^{n} \frac{f^{(k)}(x_0)}{k!}(x - x_0)^k,$$

可以得到

$$R_n^{(k)}(x_0) = 0, \ k = 1, 2, \cdots, n, \quad R_n^{(n+1)}(x) = f^{(n+1)}(x).$$

利用逐次分部积分运算就可以有

$$\begin{aligned}
R_n(x) &= \int_{x_0}^{x} R_n'(t)\,\mathrm{d}t = (t-x)R_n'(t)\Big|_{x_0}^{x} + \int_{x_0}^{x} R_n''(t)(x-t)\,\mathrm{d}t \\
&= \int_{x_0}^{x} R_n''(t)(x-t)\,\mathrm{d}t = \frac{1}{2}\int_{x_0}^{x} R_n'''(t)(x-t)^2\,\mathrm{d}t \\
&= \cdots = \frac{1}{n!}\int_{x_0}^{x} R_n^{(n+1)}(t)(x-t)^n\,\mathrm{d}t \\
&= \frac{1}{n!}\int_{x_0}^{x} f^{(n+1)}(t)(x-t)^n\,\mathrm{d}t.
\end{aligned}$$ $\qquad\square$

注 (1) 对余项 (11.37) 右边用第一中值定理, 在 x_0 与 x 之间有 ξ, 使得

$$\begin{aligned}
R_n(x) &= \frac{1}{n!}\int_{x_0}^{x} f^{(n+1)}(t)(x-t)^n\,\mathrm{d}t = \frac{1}{n!}f^{(n+1)}(\xi)\int_{x_0}^{x}(x-t)^n\,\mathrm{d}t \\
&= -\frac{1}{(n+1)!}f^{(n+1)}(\xi)(x-t)^{n+1}\Big|_{x_0}^{x} \\
&= \frac{1}{(n+1)!}f^{(n+1)}(\xi)(x-x_0)^{n+1}.
\end{aligned}$$

这就是 Lagrange 余项 (命题 7.2.3).

(2) 在 (11.37) 右边的积分中, 把被积函数看作 $f^{(n+1)}(t)(x-t)^n$ 与 1 的乘积, 由积分第一中值定理, 存在 ξ 在 x_0 与 x 之间, 使

$$\begin{aligned}
R_n(x) &= \frac{1}{n!}f^{(n+1)}(\xi)(x-\xi)^n\int_{x_0}^{x}\mathrm{d}t \\
&= \frac{1}{n!}f^{(n+1)}(\xi)(x-\xi)^n(x-x_0).
\end{aligned}$$

将 ξ 改写成 $\xi = x_0 + \eta(x - x_0), 0 \leqslant \eta \leqslant 1$, 则上式成为

$$R_n(x) = \frac{1}{n!}f^{(n+1)}(x_0 + \eta(x - x_0))(1 - \eta)^n(x - x_0)^{n+1}.$$

这就是 Cauchy 余项 (命题 7.2.4).

(3) Lagrange 余项与 Cauchy 余项分别含有不完全确定的中值 ξ 与 η, 而积分型余项中则不含中值, 这无疑是一个优点. 由于这个原因, 带积分型余项的 Taylor 公式常被用于比较精确的表达式中.

11.4.4 π 的无理性证明

作为定积分的又一方面的应用, 我们证明 π 是无理数. 下面的证法是由 I. Niven (尼文) 提出的 (见 [4]). 这方面较新的材料见《美国数学月刊》(2001) 第 108 卷 222–231 页 (《数学译林》(2001) 第 3 期).

命题 11.4.4 π 是无理数.

证 用反证法. 假定 π 是有理数, 则可设 $\pi = \dfrac{a}{b}$, 其中 a, b 为正整数. 定义辅助函数

$$f(x) = \frac{x^n(a - bx)^n}{n!} = \frac{b^n x^n(\pi - x)^n}{n!}.$$

这是一个多项式, 其中各项的次数从 n 到 $2n$. 可以证明: 对每一项求任意阶导数后, 再令 $x = 0$ 代入, 只能得到 0 或者整数. 实际上这里只有三种情况: (1) 该项求导后仍含有因子 x; (2) 该项求导后已经是常数 0; (3) 该项求导后为非零常数. 只需要讨论情况 (3). 假设求导之前该项为 cx^k, 则情况 (3) 只能是对该项求 k 阶导数的结果, 这时得到的值是 $k!c$. 由于 c 是整数除以 $n!$ 得到的有理数, 而 $k \geqslant n$, 因此 $k!c$ 一定是整数.

这就证明了对任意正整数 i, $f^{(i)}(0)$ 都是整数.

又由 $f(x)$ 的表达式可知 $f(x) = f(\pi - x)$, 因此对任意正整数 i, $f^{(i)}(\pi) = (-1)^n f^{(i)}(0)$ 也是整数.

然后我们要证明定积分

$$\int_0^\pi f(x) \sin x \, \mathrm{d}x \tag{11.38}$$

的值也是整数. 对这个积分用分部积分得到

$$
\begin{aligned}
\int_0^\pi f(x) \sin x \, \mathrm{d}x &= f(x)(-\cos x)\Big|_0^\pi + \int_0^\pi f'(x) \cos x \, \mathrm{d}x \\
&= f(0) + f(\pi) + f'(x) \sin x \Big|_0^\pi - \int_0^\pi f''(x) \sin x \, \mathrm{d}x \\
&= f(0) + f(\pi) - \int_0^\pi f''(x) \sin x \, \mathrm{d}x.
\end{aligned}
$$

由于 f 为 $2n$ 次多项式, 重复以上过程, 最后的结果是

$$\int_0^\pi f(x) \sin x \, \mathrm{d}x = f(0) + f(\pi) - f''(0) - f''(\pi) + \cdots + (-1)^n f^{(2n)}(0) + (-1)^n f^{(2n)}(\pi).$$

根据前面的分析, 可见左边的积分值是整数.

另一方面, 在区间 $[0, \pi]$ 上, $0 \leqslant a - bx = b(\pi - x) \leqslant a$, 因此对 $f(x)$ 有估计式

$$0 \leqslant f(x) = \frac{x^n(a - bx)^n}{n!} \leqslant \frac{\pi^n a^n}{n!},$$

这样就得到对于积分 (11.38) 的估计:

$$0 < \int_0^\pi f(x)\sin x\,\mathrm{d}x \leqslant \int_0^\pi f(x)\,\mathrm{d}x < \frac{\pi^{n+1}a^n}{n!}.$$

由于当 $n \to \infty$ 时 $n!$ 是较 $\pi^n a^n$ 更为高阶的无穷大量, 因此只要取 n 充分大, 上式右边就小于1. 这与积分 (11.38) 为整数不相容. 因此 π 不能是有理数, 而只能是无理数. □

一个复数, 如果它是某个整系数代数方程的根, 则称之为**代数数**, 否则, 就称之为**超越数**. 命题 2.5.5 已经证明数 e 是无理数. 在它的注解中还提到 e 还是超越数. π 的情况也是如此. Lindemann (林德曼) 于 1882 年证明了 π 是超越数, 从而最后解决了用圆规和直尺不可能化圆为方这个古希腊三大几何难题中的最后一个问题. 关于 e 和 π 的超越性证明可看 [53, 55, 4] 等.

11.4.5 练习题

1. 求下列极限:

(1) $\displaystyle\lim_{n\to\infty} n\left(\frac{1}{n^2+1^2} + \frac{1}{n^2+2^2} + \cdots + \frac{1}{2n^2}\right)$;

(2) $\displaystyle\lim_{n\to\infty}\left[\frac{1}{\sqrt{n^2}} + \frac{1}{\sqrt{n(n+1)}} + \cdots + \frac{1}{\sqrt{n(2n-1)}}\right]$;

(3) $\displaystyle\lim_{n\to\infty} \frac{\left[1^a + 3^a + \cdots + (2n+1)^a\right]^{b+1}}{\left[2^b + 4^b + \cdots + (2n)^b\right]^{a+1}}$, 其中 $a, b \neq -1$;

(4) $\displaystyle\lim_{n\to\infty} \prod_{k=0}^{n-1}\left(2 + \cos\frac{k\pi}{n}\right)^{\pi/n}$;

(5) $\displaystyle\lim_{n\to\infty} \frac{1}{n}\sqrt[n]{n(n+1)\cdots(2n-1)}$;

(6) $\displaystyle\lim_{n\to\infty} \frac{1}{n^2}\sum_{k=1}^{n}\sqrt{(nx+k)(nx+k-1)}$ $(x > 0)$.

(题 (4) 可利用第十一章第二组参考题 2 中的 Poisson 积分, 题 (6) 可利用第十章第一组参考题 3.)

2. 证明对于区间 $\left(\frac{2}{3}, 1\right)$ 中的数 A, 存在 N 使 $n > N$ 时, 成立

$$\sqrt{1} + \sqrt{2} + \cdots + \sqrt{n} < An^{\frac{3}{2}},$$

并与 11.3.3 小节的题 5 在方法和结果上进行比较.

3. 设 $f(x) \in C[0,1]$, $f(x)$ 处处大于 0, 求极限

$$\lim_{n\to\infty}\sqrt[n]{f\left(\frac{1}{n}\right)f\left(\frac{2}{n}\right)\cdots f\left(\frac{n-1}{n}\right)f(1)},$$

由此导出算术平均值 – 几何平均值不等式的积分形式, 并与 11.2.1 小节的不等式 (11.10) 作比较.

4. 设 $A_n = \dfrac{1}{n+1} + \dfrac{1}{n+2} + \cdots + \dfrac{1}{2n}$, 求 $\lim\limits_{n\to\infty} n(\ln 2 - A_n)$.

5. 设 $B_n = \dfrac{2}{2n+1} + \dfrac{2}{2n+3} + \cdots + \dfrac{2}{4n-1}$, 求 $\lim\limits_{n\to\infty} n^2(\ln 2 - B_n)$.

6. 求 $\lim\limits_{n\to\infty} \sqrt{n} \displaystyle\int_{-1}^{1} (1-x^2)^n \, \mathrm{d}x$.

7. 试从 Stirling 公式 (命题 11.4.2) 的证明中推导出

$$n! = \sqrt{2\pi n} \left(\frac{n}{e} \right)^n e^{\frac{\theta_n}{4n}},$$

其中 $0 < \theta_n < 1$.

(在第十一章第二组参考题 15 中有更好的结果, 但需要比 (11.34) 更强的不等式.)

8. 试写出 $(2n)!!$, $(2n-1)!!$ 和 C_{2n}^n 的渐近公式.

9. 利用 Stirling 公式计算下列极限:

(1) $\lim\limits_{n\to\infty} \left(1 + \dfrac{1}{n}\right)^{n^2} \cdot \dfrac{n!}{n^n \sqrt{n}}$;   (2) $\lim\limits_{n\to\infty} (-1)^n \dbinom{-1/2}{n} \sqrt{n}$.

10. 证明: $\lim\limits_{n\to\infty} \sqrt{n} \displaystyle\prod_{k=1}^{n} \dfrac{e^{1-\frac{1}{k}}}{\left(1 + \frac{1}{k}\right)^k} = \dfrac{\sqrt{2\pi}}{e^{1+\gamma}}$, 其中 γ 是 Euler 常数.

§11.5 对于教学的建议

11.5.1 学习要点

1. 在第一节中所说的"微元法"虽然不是一种严格的数学方法, 但是在学习多元微积分以前, 对于一些利用定积分进行计算的几何与物理问题, 我们还经常要利用它. 在教学上, 对这种方法不作严格论证, 只要使学生在一些具体计算问题中能够使用就行了.

2. 本章分各个专题介绍积分学的应用, 与上一章一起组成积分学的比较完整的内容. 本章的取材是围绕积分学中的基本内容来选取的, 其中考虑到了本科和考研两方面的需要. 由于篇幅所限, 没有能够收入积分学在力学和物理学等方面的应用, 在数值积分方面也未作更多的介绍. 在这些方面 [27, 59] 的第四章提供了一定的补充材料, 可供读者选用.

3. 对习题课的建议 本章除了积分学在几何上的应用之外, 对于本科学习来说, 至少需要学习利用定积分计算某些数列的极限 (11.4.1 小节) 和 Stirling 公式 (11.32). 这些内容对于前面的数列极限内容也是重要的补充和发展. 至于其他内容, 则机动余地较大, 教师可以根据教材和学生情况来决定取舍.

11.5.2 参考题

第一组参考题

1. 设 $f \in C^1[0,1]$, 且 $f(0) = 0$, $f(1) = 1$, 证明:
$$\int_0^1 |f(x) - f'(x)| \, \mathrm{d}x \geqslant \frac{1}{\mathrm{e}}.$$

2. 设 $a > 0$, 证明:
$$\int_0^\pi x a^{\sin x} \, \mathrm{d}x \int_0^{\pi/2} a^{-\cos x} \, \mathrm{d}x \geqslant \frac{\pi^3}{4}.$$

3. (Tchebycheff (切比雪夫) 不等式) (1) 设 $F \in C[a,b]$, 处处大于 0, 且单调减少, 证明:
$$\int_a^b F(x) \, \mathrm{d}x \int_a^b x F^2(x) \, \mathrm{d}x \leqslant \int_a^b F^2(x) \, \mathrm{d}x \int_a^b x F(x) \, \mathrm{d}x;$$

(2) 设 f, g 在区间 $[a,b]$ 上可积, 且对于任何 $x < y$ 具有性质 $(f(x) - f(y))(g(x) - g(y)) \geqslant 0$, 又设 $p \in R[a,b]$, 且处处大于 0, 证明:
$$\int_a^b p(x) f(x) \, \mathrm{d}x \int_a^b p(x) g(x) \, \mathrm{d}x \leqslant \int_a^b p(x) \, \mathrm{d}x \int_a^b p(x) f(x) g(x) \, \mathrm{d}x.$$

4. 设 f 在 $[0,1]$ 上连续, 且 $0 \leqslant f(x) < 1$, 证明:
$$\int_0^1 \frac{f(x)}{1 - f(x)} \, \mathrm{d}x \geqslant \frac{\int_0^1 f(x) \, \mathrm{d}x}{1 - \int_0^1 f(x) \, \mathrm{d}x}.$$

5. 证明不等式:
$$\int_0^1 \frac{\cos x}{\sqrt{1 - x^2}} \, \mathrm{d}x \geqslant \int_0^1 \frac{\sin x}{\sqrt{1 - x^2}} \, \mathrm{d}x.$$

6. 设 $f^{(2n)} \in C[a,b]$, 且 $f^{(k)}(a) = f^{(k)}(b) = 0$, $k = 0, 1, 2, \cdots, n-1$, 证明:
$$\left| \int_a^b f(x) \, \mathrm{d}x \right| \leqslant \frac{(n!)^2 (b-a)^{2n+1}}{(2n)!(2n+1)!} \cdot \max_{a \leqslant x \leqslant b} \{|f^{(2n)}(x)|\}.$$

7. 设函数 $f, g \in C[a,b]$, 且 $f(x) \not\equiv 0$, $g(x)$ 处处大于 0. 记

$$d_n = \int_a^b |f(x)|^n g(x)\,\mathrm{d}x, \ n = 1, 2, \cdots,$$

证明: 数列 $\left\{\dfrac{d_{n+1}}{d_n}\right\}$ 收敛, 并求出其极限.

8. 计算 $\displaystyle\lim_{n\to\infty}\left[\frac{\sin(\pi/n)}{n+1} + \frac{\sin(2\pi/n)}{n+1/2} + \cdots + \frac{\sin\pi}{n+1/n}\right]$.

9. 对任意实数 a, 证明: $\displaystyle\lim_{n\to\infty}\prod_{k=1}^{n+1}\cos\left(\frac{\sqrt{2k-1}}{n}a^2\right) = \mathrm{e}^{-\frac{a^4}{2}}$.

10. 设 f 是 $[1,+\infty)$ 上的非负单调减少函数, 令

$$a_n = \sum_{k=1}^n f(k) - \int_1^n f(x)\,\mathrm{d}x, \ n \in \mathbf{N}_+,$$

证明: 数列 $\{a_n\}$ 收敛.

(这是"面积原理"的一种简单情况 (参见 [26]). 取 $f(x) = \dfrac{1}{x}$, 就得到关于 Euler 常数的命题 2.5.6; 取 $f(x) = \dfrac{1}{\sqrt{x}}$, 就是第二章第一组参考题 14.)

11. 计算积分 $\displaystyle\int_0^1 \sin x^2\,\mathrm{d}x$, 使得误差不超过 0.001.

12. 证明: 函数 $F(x) = \displaystyle\int_0^x \sin\frac{1}{t}\,\mathrm{d}t$ 在区间 $(0,1]$ 上有无穷多个零点.

13. 设 f 在 $[a,b]$ 上可导, f' 单调增加且有 $f'(x) \geqslant m > 0$, 证明:

$$\left|\int_a^b \cos f(x)\,dx\right| \leqslant \frac{2}{m}.$$

14. 设 f 在 $[a,b]$ 上连续可微, 且满足 $f'(x) \geqslant m > 0$, $|f(x)| \leqslant \pi$, 证明:

$$\left|\int_a^b \sin f(x)\,dx\right| \leqslant \frac{2}{m}.$$

15. 对 $n \in \mathbf{N}_+$, 定义

$$S_n = 1 + \frac{n-1}{n+2} + \frac{n-1}{n+2}\cdot\frac{n-2}{n+3} + \cdots + \frac{n-1}{n+2}\cdot\frac{n-2}{n+3}\cdots\frac{1}{2n},$$

证明: $\displaystyle\lim_{n\to\infty}\frac{S_n}{\sqrt{n}} = \frac{\sqrt{\pi}}{2}$.

第二组参考题

1. 曲线 K 的极坐标方程为 $\rho = \rho(\theta)$, $0 \leqslant \theta \leqslant \pi$, $\rho \in C[0,\pi]$, 且已知 K 上任何两点之间的距离不超过 1, 证明: 由曲线 K 与射线 $\theta = 0$, $\theta = \pi$ 围成的扇形面积

$$S = \frac{1}{2} \int_0^\pi \rho^2(\theta)\,\mathrm{d}\theta \leqslant \frac{\pi}{4}.$$

(由此可见, 直径不超过 1 的图形面积最多为 $\pi/4$.)

2. 设 $f \in C[a,b]$, 且处处大于 0. 记 $f_{kn} = f(a + kh_n)$, $h_n = (b-a)/n$, $k = 1, 2, \cdots, n$. 证明:

$$\lim_{n\to\infty} \sqrt[n]{f_{1n} f_{2n} \cdots f_{nn}} = \exp\left(\frac{1}{b-a} \int_a^b \ln f(x)\,\mathrm{d}x \right),$$

并用于证明 (Poisson 积分):

$$\frac{1}{2\pi} \int_0^{2\pi} \ln\left(1 - 2r\cos x + r^2\right)\mathrm{d}x = 2\ln r,$$

其中 $r > 1$.

3. 设 $f \in C[0,1]$, $\int_0^1 x^2 f(x)\,\mathrm{d}x = 1$.

   (1) 证明: $\displaystyle\max_{0\leqslant x\leqslant 1}\{|f(x)|\} \geqslant 3$;

   (2) 又知 $\int_0^1 x f(x)\,\mathrm{d}x = 0$, 证明: $\displaystyle\max_{0\leqslant x\leqslant 1}\{|f(x)|\} > 10.2$.

4. 设 $f \in C[0,1]$, 如果对某个正整数 $n > 1$, 成立

$$\int_0^1 f(x)\,\mathrm{d}x = \int_0^1 x f(x)\,\mathrm{d}x = \cdots = \int_0^1 x^{n-1} f(x)\,\mathrm{d}x = 0, \quad \int_0^1 x^n f(x)\,\mathrm{d}x = 1,$$

证明: $M = \displaystyle\max_{0\leqslant x\leqslant 1}\{|f(x)|\} \geqslant 2^n(n+1)$.

5. 求出使不等式

$$c_1 \leqslant \int_a^b \frac{\sin x}{x}\,\mathrm{d}x \leqslant c_2$$

成立的最佳常数 c_1, c_2, 对其中的积分限分两种情况讨论: (1) $0 \leqslant a < b$; (2) $a < b$.

6. 在命题 11.2.3 (即 Young 不等式) 中的可微条件可以去掉, 此外还可以得到另一个方向的不等式. 设 $f \in C[0,+\infty)$, 严格单调增加, 且 $f(0) = 0$, 记其反函数为 $g(y)$. 对 $a, b > 0$, 证明下列不等式并解释其几何意义:

$$ab \leqslant \int_0^a f(x)\,\mathrm{d}x + \int_0^b g(y)\,\mathrm{d}y \leqslant bg(b) + af(a) - f(a)g(b),$$

其中成立等号的充分必要条件是 $b = f(a)$ (即 $a = g(b)$).

7. 设 $f \in C(a, b)$, 证明:

(1) 若对任何 $a < x_1 < x_2 < b$ 成立不等式

$$f\left(\frac{x_1 + x_2}{2}\right) \leqslant \frac{1}{x_2 - x_1} \int_{x_1}^{x_2} f(x)\, \mathrm{d}x,$$

则 f 为下凸函数;

(2) 若对任何 $a < x_1 < x_2 < b$ 成立不等式

$$\frac{1}{x_2 - x_1} \int_{x_1}^{x_2} f(x)\, \mathrm{d}x \leqslant \frac{f(x_1) + f(x_2)}{2},$$

则 f 为下凸函数;

(3) 若以上两个不等式中的任何一个始终成立等号, 则 f 只能是线性函数.

(因此 Hadamard 不等式 (11.7) 中的每个不等式都是 f 下凸的充分必要条件.)

8. 设 $f \in C^1[0, a]$, $f(0) = 0$.

(1) 证明:

$$\int_0^a |f(x)f'(x)|\, \mathrm{d}x \leqslant \frac{a}{2} \int_0^a |f'(x)|^2\, \mathrm{d}x,$$

且其中成立等号当且仅当 $f(x) = cx$;

(2) (Opial (奥皮尔) 不等式) 增加条件 $f(a) = 0$, f 在 $(0, a)$ 上大于 0, 证明:

$$\int_0^a |f(x)f'(x)|\, \mathrm{d}x \leqslant \frac{a}{4} \int_0^a |f'(x)|^2\, \mathrm{d}x.$$

9. (Bellman-Gronwall 不等式) 设当 $x \geqslant 0$ 时 $f(x), g(x)$ 为非负连续函数, 且有

$$f(x) \leqslant A + \int_0^x f(t)g(t)\, \mathrm{d}t,$$

其中 $A > 0$, 证明: 当 $x \geqslant 0$ 时

$$f(x) \leqslant A \exp\left(\int_0^x g(t)\, \mathrm{d}t\right).$$

10. 设 $f \in C^2[0, 1]$, $f(0) = f(1) = 0$, f 在 $(0, 1)$ 中无零点, 证明:

$$\int_0^1 \left|\frac{f''(x)}{f(x)}\right| \mathrm{d}x > 4,$$

且其中 4 是最佳下界.

11. 设 f 在 $[0,1]$ 上可积, 且有 $0 < m \leqslant f(x) \leqslant M$, 则有

$$\int_0^1 f(x)\,\mathrm{d}x \int_0^1 \frac{1}{f(x)}\,\mathrm{d}x \leqslant \frac{(m+M)^2}{4mM}.$$

(这是 Cauchy-Schwarz 不等式的反向不等式, 也称为 Kantorovich (康托罗维奇) 不等式.)

12. 设非常值函数 f 在区间 $[a,b]$ 上可微, 且 $f(a) = f(b) = 0$, 证明: 在 $[a,b]$ 内至少存在一点 ξ, 使

$$|f'(\xi)| > \frac{4}{(b-a)^2} \int_a^b |f(x)|\,\mathrm{d}x.$$

13. 设 $f \in C^2[0,1]$, $f(0) = f(1) = f'(0) = 0$, $f'(1) = 1$, 证明:

$$\int_0^1 [f''(x)]^2\,\mathrm{d}x \geqslant 4,$$

且其中成立等式当且仅当 $f(x) = x^3 - x^2$.

14. 设函数 f 在区间 $[a,b]$ 上处处大于 0, 且对于 $L > 0$ 满足 Lipschitz 条件 $|f(x_1) - f(x_2)| \leqslant L|x_1 - x_2|$, 又已知对于 $a \leqslant c \leqslant d \leqslant b$ 有

$$\int_c^d \frac{\mathrm{d}x}{f(x)} = \alpha, \qquad \int_a^b \frac{\mathrm{d}x}{f(x)} = \beta,$$

证明下列积分不等式:

$$\int_a^b f(x)\,\mathrm{d}x \leqslant \frac{\mathrm{e}^{2L\beta} - 1}{2L\alpha} \int_c^d f(x)\,\mathrm{d}x.$$

15. 先用微分学或其他方法证明: 当 $0 < x < 1$ 时, 成立不等式

$$0 < \frac{1}{2} \ln \frac{1+x}{1-x} - x < \frac{x^3}{3(1-x^2)},$$

并用 $x = 1/(2n+1)$ 代入, 得到比 (11.34) 更强的不等式. 然后证明比 (11.32) 更为精细的 Stirling 公式, 也就是一般性公式 (11.31) 中 $m = 0$ 的情况:

$$\ln n! = \ln\sqrt{2\pi} + \left(n + \frac{1}{2}\right)\ln n - n + \frac{\theta_n}{12n},$$

或者其等价形式:

$$n! = \sqrt{2\pi n}\left(\frac{n}{\mathrm{e}}\right)^n \mathrm{e}^{\frac{\theta_n}{12n}},$$

其中 $0 < \theta_n < 1$.

第十二章 广义积分

广义积分 (也称反常积分) 作为变限积分函数的极限, 其许多性质与定积分类似. 本章共分 5 节. §12.1 讨论广义积分的定义. §12.2 与 §12.3 分别讨论广义积分的敛散性判别与计算. §12.4 讨论无穷限广义积分的一些特殊性质. 最后一节为学习要点和两组参考题.

广义积分与无穷级数之间有密切联系. 在各种数学分析教材中两者的教学顺序并不相同. 虽然本书在第二章中已经提到了无穷级数的概念 (见 2.2.3 小节末的注解以及例题 2.2.6, 2.2.9, 命题 2.5.2 等), 但是要到下册中才有关于无穷级数的全面论述. 因此这方面的联系也要到后面介绍 (例如下册命题 13.2.1 等).

§12.1 广义积分的定义

12.1.1 基本定义

1. 在定积分一章中给出函数 f 为 Riemann 可积的定义时, 有两个基本限制: (1) 积分区间 $[a, b]$ 必须有限, (2) 函数 f 在 $[a, b]$ 上必须有界. 前者是在积分的分划定义中隐含的必要条件, 后者则可以作为可积的必要条件而得到 (见命题 10.1.1). 广义积分就是在这两个方面对于定积分定义的突破. 今后也称原有的 Riemann 积分为**常义积分**.

2. 为方便起见, 引入如下定义: 设 I 为区间, 函数 f 在 I 上有定义, 如果对任意有界闭区间 $[a, b] \subseteq I, f \in R[a, b]$, 则称 f 在 I 上**内闭可积**.

3. 广义积分的定义方法是通过对常义积分取极限. 称 b 为函数 $f(x)$ 在定义域区间 $[a, b)$ 上的**奇点**, 如果 $b = +\infty$ 或者 $f(x)$ 在点 b 左侧邻近无界. 假如 $f(x)$ 在区间 $[a, b)$ 上内闭可积, b 为 $f(x)$ 在 $[a, b)$ 上的奇点, 则定义广义积分如下:

$$\int_a^b f = \int_a^b f(x)\,\mathrm{d}x = \lim_{b' \to b^-} \int_a^{b'} f(x)\,\mathrm{d}x.$$

如果上式右边极限存在且有限 (在 $b = +\infty$ 时, $b' \to b^-$ 是指 $b' \to +\infty$), 则称广义积分 $\int_a^b f$ 收敛或 f 广义可积 (在不产生混淆时也可简称可积); 否则, 称广义积分 $\int_a^b f$ 发散或 f 广义不可积 (简称不可积). 类似地, 定义以 a 为奇点的广义积分 $\int_a^b f$ 及其敛散性.

4. 称广义积分 $\int_a^b f$ 绝对收敛或 f (广义) 绝对可积, 若广义积分 $\int_a^b |f|$ 收敛.

5. 设 b 为 f 在 $[a, b)$ 上的奇点. 如果 $b = +\infty$, 则称广义积分 $\int_0^{+\infty} f$ 为**无穷限广义积分**, 简称为**无穷限积分**或**无限积分**. 如果 b 为有限数, 则称广义积分 $\int_a^b f$ 为**无界广义积分**, 简称为**无界积分**或**瑕积分**, 也称奇点 b 为**瑕点**. 这两类广义积分不但往往可以用换元法互换, 而且它们的定义与很多性质也可以统一叙述.

6. 设 $a < c < b$, 如果 c 为 f 在 $[a, c)$ 与 $(c, b]$ 上的奇点或 a, b 分别为 f 在 $(a, c]$ 与 $[c, b)$ 上的奇点, 则定义广义积分

$$\int_a^b f = \int_a^c f + \int_c^b f,$$

当右边两个广义积分都收敛时, 称广义积分 $\int_a^b f$ 收敛; 否则, 称广义积分 $\int_a^b f$ 发散.

注 1   上述无穷限积分与无界积分的统一叙述可以简化广义积分的许多结果的表达. 但两类广义积分毕竟还有区别 (例如见 §12.4), 学习本章时要注意两类广义积分的异同.

注 2   对不定积分、定积分和广义积分, 可积的含义是不同的. 不定积分的可积是指其为初等函数族, 定积分的可积是指其 Riemann 可积, 即 Riemann 积分存在, 而广义积分可积是指广义积分收敛. 这似乎容易引起混淆, 但在上下文不会引起混淆的情况下, 使用可积这个术语可以简化叙述.

除了以上基本概念之外, 还需要知道广义积分的主值. 以下对两种广义积分分别给出它们的主值定义.

设函数 f 在 $(-\infty, +\infty)$ 上内闭可积, 定义

$$P.V. \int_{-\infty}^{+\infty} f = \lim_{A \to +\infty} \int_{-A}^{A} f$$

为广义积分 $\int_{-\infty}^{+\infty} f$ 的 Cauchy **主值**, 如果右边极限存在的话.

对于无界积分, 设 f 在区间 $[a, b]$ 中只有一个瑕点 $c, a < c < b$, 则定义

$$P.V. \int_a^b f = \lim_{\delta \to 0^+} \left(\int_a^{c-\delta} f + \int_{c+\delta}^b f \right)$$

为广义积分 $\int_a^b f$ 的 Cauchy **主值**, 如果右边极限存在的话.

容易看出, 若广义积分收敛, 则其主值与广义积分的值相同; 但是当广义积分发散时, 它的主值仍可能存在. 因此主值是广义积分概念的一个推广, 它在理论和应用上都很有价值. 对于本章内容来说, 如果事先能判定某个广义积分收敛, 则在计算该广义积分时可以用主值来代替, 这有时会带来方便.

12.1.2 广义积分与和式极限

虽然广义积分是通过对常义积分取极限得到, 但在被积函数单调情况下也有可能如常义积分那样直接从积分和式取极限得到. 首先我们讨论有界区间上的无界广义积分. 下面就是这类结果之一.

例题 12.1.1 设 f 在 $(0,1)$ 上单调, 无界广义积分 $\int_0^1 f(x)\,\mathrm{d}x$ 收敛, 则有

$$\lim_{n\to\infty} \frac{f\left(\dfrac{1}{n}\right) + f\left(\dfrac{2}{n}\right) + \cdots + f\left(\dfrac{n-1}{n}\right)}{n} = \int_0^1 f(x)\,\mathrm{d}x. \qquad (12.1)$$

证 不妨只讨论 f 单调增加, 则有不等式

$$\int_0^{1-\frac{1}{n}} f(x)\,\mathrm{d}x \leqslant \frac{f\left(\dfrac{1}{n}\right) + f\left(\dfrac{2}{n}\right) + \cdots + f\left(\dfrac{n-1}{n}\right)}{n} \leqslant \int_{\frac{1}{n}}^1 f(x)\,\mathrm{d}x.$$

这里两边的积分中至少有一个是广义积分. 然后令 $n \to \infty$ 即可. $\qquad\square$

注 这里有几点需要注意. 首先, 单调性条件只要在奇点邻近满足即可. 其次, 在只有一个奇点的情况, 从等式 (12.1) 左边极限存在可推出右边的广义积分收敛. 然而对于有两个奇点的情况这是不成立的. 例如

$$f(x) = \frac{1}{x} - \frac{1}{1-x}$$

就是如此 (见 [48] 第一卷 253 页).

对于无穷限广义积分也有类似结果. 但是这时的积分和式本身已经是无穷项求和, 也就是无穷级数. 在学习无穷级数理论之前, 可以先按照 2.2.3 小节末的注解来理解.

例题 12.1.2 设 f 在 $[0,+\infty)$ 上单调, $\int_0^{+\infty} f(x)\,\mathrm{d}x$ 收敛, 则有

$$\lim_{h\to 0^+} h\sum_{n=1}^{\infty} f(nh) = \int_0^{+\infty} f(x)\,\mathrm{d}x.$$

证 不妨假定 f 单调减少. 首先可以证明 f 在 $[0,+\infty)$ 上非负. 用反证法. 如果在某点 x_0 处有 $f(x_0) < 0$, 则就有

$$\int_{x_0}^A f(x)\,\mathrm{d}x \leqslant f(x_0)(A - x_0) \to -\infty \quad (A \to +\infty),$$

这与无穷限广义积分收敛的条件矛盾.

于是, 对任意正整数 n, 我们有

$$\int_h^{(n+1)h} f(x)\,\mathrm{d}x \leqslant \sum_{k=1}^n hf(kh) = h\sum_{k=1}^n f(kh) \leqslant \int_0^{nh} f(x)\,\mathrm{d}x.$$

注意到中间的和式作为 n 的函数 (即数列) 为单调增加, 且有上界, 因此存在极限. 令 $n \to \infty$, 得到

$$\int_h^{+\infty} f(x)\,\mathrm{d}x \leqslant h\sum_{n=1}^\infty f(nh) \leqslant \int_0^{+\infty} f(x)\,\mathrm{d}x.$$

再令 $h \to 0^+$ 即得所要求证的结果. $\qquad\square$

12.1.3　练习题

1. 设 f 在 $[0,+\infty)$ 上非负连续, 且积分 $\int_0^{+\infty} f = 0$, 证明: $f \equiv 0$.

2. 如果广义积分 $\int_a^b f^2$ 收敛, 则称 f 在 $[a,b]$ 上平方可积. 分无穷限积分与无界积分两种情况讨论广义积分的平方可积性与绝对可积性之间的关系.

3. 设 $f \in C(0,1]$, $f(0^+) = +\infty$, 定义函数 $f_n(x) = \min\{f(x),n\}$, $0 < x \leqslant 1$, $n \in \mathbf{N}_+$. 证明: 广义积分 $\int_0^1 f$ 收敛的充分必要条件是存在有限极限

$$\lim_{n\to\infty} \int_0^1 f_n(x)\,\mathrm{d}x.$$

4. 设 f 在 $(-\infty,+\infty)$ 上内闭可积, $\int_{-\infty}^{+\infty} f^2$ 收敛, 证明: 对于任何实数 a, 下列广义积分也收敛:

$$\int_{-\infty}^{+\infty} |f(x)f(x+a)|\,\mathrm{d}x.$$

5. 设 f 在 $(-\infty,+\infty)$ 上内闭可积, 并且 $\lim\limits_{x\to+\infty} f(x) = A$, $\lim\limits_{x\to-\infty} f(x) = B$ 都存在且有限. 证明: 对任意实数 $a > 0$, 广义积分

$$\int_{-\infty}^{+\infty} [f(x+a) - f(x)]\,\mathrm{d}x$$

收敛, 并求它的值.

6. 找出以下广义积分计算中的错误, 说明理由, 并计算其主值. 在积分

$$\int_{-\frac12}^{\frac12} \frac{\mathrm{d}x}{x\sqrt{1-x^2}}$$

中, 由于被积函数是奇函数, 积分区间关于原点对称, 从而所求积分为 0.

§12.2 广义积分的敛散性判别法

本节在第一小节中从一个例题开始, 讨论敛散性判别法. 对 Dirichlet 判别法和 Abel 判别法的必要性给出证明和改进. 在后两个小节中给出例题和练习题.

12.2.1 敛散性判别法

下面先看一个简单例题. 在其中我们将从基本定义出发进行讨论, 而不直接应用某个判别法, 其目的是说明这里所遇到的问题的一般特征.

例题 12.2.1 设 f 在 $[a, +\infty)$ $(a > 1)$ 上内闭可积, 且已知广义积分

$$\int_a^{+\infty} x f(x) \, \mathrm{d}x$$

收敛, 证明: 广义积分 $\int_a^{+\infty} f(x) \, \mathrm{d}x$ 也收敛.

证 如果 f 非负, 则可以写出不等式

$$0 \leqslant \int_a^A f(x) \, \mathrm{d}x \leqslant \int_a^A x f(x) \, \mathrm{d}x,$$

其中两个积分作为变上限 A 的函数都是单调增加函数. 由于右边在 $A \to +\infty$ 时存在极限, 中间的积分作为 $A \in [a, +\infty)$ 的函数就是有上界的单调增加函数, 因此当 $A \to +\infty$ 时也有极限. 这就证明了 f 在区间 $[a, +\infty)$ 上的广义积分收敛. 对于 f 非正情况的讨论是类似的. 这就是比较判别法.

但是当 f 为变号函数时, 上面的比较方法不能直接使用[①]. 这时需要两个新的工具: (1) 广义积分的 Cauchy 收敛准则, (2) 积分第二中值定理.

任取 $a < A < A'$, 对于积分

$$\left| \int_A^{A'} f(x) \, \mathrm{d}x \right| = \left| \int_A^{A'} x f(x) \cdot \frac{1}{x} \, \mathrm{d}x \right|,$$

利用右边积分号下第二个因子 $1/x$ 单调且非负, 就有 $\xi \in (A, A')$, 使得成立

$$\left| \int_A^{A'} f(x) \, \mathrm{d}x \right| = \left| \frac{1}{A} \int_A^{\xi} x f(x) \, \mathrm{d}x \right|,$$

然后利用条件就可以使得左边的积分当 A, A' 充分大时小于事先给定的 $\varepsilon > 0$, 因此 f 在 $[a, +\infty)$ 上广义可积. $\qquad \square$

---

① 如果 f 绝对可积, 则比较方法还可以用.

注 1 注意在证明过程中两次应用 Cauchy 收敛准则, 一次是用收敛的必要条件, 另一次是用收敛的充分条件. 实际上从广义积分开始, 在后面的无穷级数和含参积分各章中各种形式的 Cauchy 收敛准则都要起非常重要的作用. 其中的基本理由和上面这个简单例题是相同的. 初学者可以复习一下 §3.4 中对于 Cauchy 收敛准则的基本内容.

注 2 上面的证明实际上重复了 Abel 判别法与 Dirichlet 判别法的推导过程. 当然可以直接应用这两个判别法之一来达到目的.

这里需要指出, Abel 判别法和 Dirichlet 判别法中的条件不仅是广义积分收敛的充分条件, 同时也是必要条件. 当然, Abel 判别法的必要性是平凡的. 但是 Dirichlet 判别法的必要性则是较新的发现, 多数教科书中都没有收入. 下面我们给出它的证明 (参见 [68]).

命题 12.2.1 (Dirichlet 判别法) 设 f 在 $[a, b)$ 上内闭可积, b 为奇点, 广义积分 $\int_a^b f$ 收敛的充分必要条件是存在分解 $f = uv$, 使得

(1) 函数 u 在 $[a, b)$ 上单调, 且 $\lim\limits_{x \to b^-} u(x) = 0$;

(2) 对任何 $b' > a$, 积分 $\int_a^{b'} v(x)\,\mathrm{d}x$ 存在且有界.

证 充分性见一般教科书. 下面只对 $b = +\infty$ 情况的必要性给出证明, 对于其他情况的证明是类似的.

由于广义积分 $\int_a^{+\infty} f(x)\,\mathrm{d}x$ 收敛, 根据 Cauchy 收敛准则, 存在 $A_1 > a$, 使得对于任何 $B > A \geqslant A_1$, 成立 $\left| \int_A^B f(x)\,\mathrm{d}x \right| < 1$.

归纳地可知, 对于 $n \geqslant 2$, 存在 $A_n \geqslant A_{n-1} + 1$, 使得对于任何 $B > A \geqslant A_n$, 成立 $\left| \int_A^B f(x)\,\mathrm{d}x \right| < \dfrac{1}{n^3}$. 这样得到的 $\{A_n\}$ 是严格单调增加的无穷大数列.

现在定义

$$u(x) = \begin{cases} 1, & a \leqslant x \leqslant A_1, \\ \dfrac{1}{n}, & A_n < x \leqslant A_{n+1}, \ n \in \mathbf{N}_+ \end{cases} \tag{12.2}$$

和

$$v(x) = \frac{f(x)}{u(x)}, \ a \leqslant x < +\infty, \tag{12.3}$$

这样就有分解 $f = uv$, 其中函数 u 满足条件 (1) 是明显的, 下面只需验证函数 v 满足条件 (2). 容易看出 v 在 $[a, +\infty)$ 上内闭可积, 因此只需要证明它在任何区间 $[a, A]$ 上的积分有界.

由于当 $a \leqslant A \leqslant A_1$ 时 $v(x) = f(x)$, 因此存在常数 $L > 0$, 使得对这样的 A 成立估计:

$$\left| \int_a^A v(x) \, \mathrm{d}x \right| < L.$$

若 $A > A_1$, 则存在 n, 使得 $A_n < A \leqslant A_{n+1}$. 这时根据定义 (12.3) 和 (12.2), 可以先作分解:

$$\int_a^A v(x) \, \mathrm{d}x = \left[\int_a^{A_1} + \int_{A_1}^{A_2} + 2 \int_{A_2}^{A_3} + \cdots + (n-1) \int_{A_{n-1}}^{A_n} + n \int_{A_n}^{A} \right] f(x) \, \mathrm{d}x,$$

然后就不难作出所需要的估计如下:

$$\left| \int_a^A v(x) \, \mathrm{d}x \right| \leqslant \left| \int_a^{A_1} f \right| + \left| \int_{A_1}^{A_2} f \right| + 2 \left| \int_{A_2}^{A_3} f \right| + \cdots + (n-1) \left| \int_{A_{n-1}}^{A_n} f \right| + n \left| \int_{A_n}^{A} f \right|$$

$$\leqslant L + 1 + 2 \cdot \frac{1}{2^3} + \cdots + (n-1) \cdot \frac{1}{(n-1)^3} + n \cdot \frac{1}{n^3}$$

$$= L + 1 + \frac{1}{2^2} + \cdots + \frac{1}{n^2}$$

$$< L + 1 + \frac{1}{1 \cdot 2} + \cdots + \frac{1}{(n-1)n} < L + 2. \qquad \square$$

下面我们再观察 Abel 判别法.

命题 12.2.2 (Abel 判别法) 设 f 在 $[a, b)$ 上内闭可积, b 为奇点, 广义积分 $\int_a^b f$ 收敛的充分必要条件是存在分解 $f = uv$, 使得

(1) 函数 u 在 $[a, b)$ 上单调有界;

(2) 积分 $\int_a^b v(x) \, \mathrm{d}x$ 收敛.

众所周知, Abel 判别法的充分性可以从 Dirichlet 判别法导出, 同时其必要性是平凡的, 因为可以令 $u \equiv 1$, $v \equiv f$. 但是应用 Dirichlet 判别法的必要性可以证明, 在 Abel 判别法中的必要性可以加强为: $u(x)$ 不仅单调, 而且 $u(b^-) = 0$ (见 [68]).

证明是简单的. 设 $f = uv$ 是满足 Dirichlet 判别法条件的分解. 不妨设其中 u 非负. 然后令

$$u_1 = \sqrt{u}, \quad v_1 = \sqrt{u} v,$$

就不难看出 $f = u_1 v_1$ 是满足 Abel 判别法条件的分解, 而且 $u_1(b^-) = 0$.

12.2.2 例题

例题 12.2.2 讨论下列广义积分的敛散性:

(1) $\displaystyle\int_1^{+\infty}\left(\frac{x}{x^2+p}-\frac{p}{x+1}\right)\mathrm{d}x;$ 　　(2) $\displaystyle\int_0^1|\ln x|^p\,\mathrm{d}x;$

(3) $\displaystyle\int_0^{+\infty}\frac{\mathrm{d}x}{\sqrt[3]{x^2(x-1)^2}};$ 　　(4) $\displaystyle\int_0^{+\infty}\frac{\mathrm{d}x}{x^p(1+x^2)}\ (p>0).$

解 容易验证, 这 4 个题的被积函数都在奇点附近不变号, 因此都可用比较判别法和 Cauchy 判别法 (见教科书) 来解, 并且它们的收敛性就是绝对收敛性.

(1) 这是一个无穷限积分. 由通分可得

$$\frac{x}{x^2+p}-\frac{p}{x+1}=\frac{(1-p)x^2+x-p^2}{(x^2+p)(x+1)}.$$

当 $p=1$ 时, 由

$$\lim_{x\to+\infty}x^2\cdot\frac{x-1}{(x^2+1)(x+1)}=1$$

及 Cauchy 判别法, 知原广义积分收敛.

当 $p\neq 1$ 时, 由

$$\lim_{x\to+\infty}x\cdot\frac{(1-p)x^2+x-p^2}{(x^2+p)(x+1)}=1-p\neq 0$$

及 Cauchy 判别法, 知原广义积分发散. □

(2) 当 $p=0$ 时这是常义积分, 而当 $p\neq 0$ 时这是瑕积分.

当 $p>0$ 时, 瑕点是 $x=0$. 这时, 由 $\displaystyle\lim_{x\to 0^+}x^{\frac{1}{2}}|\ln x|^p=0$, 知 $\displaystyle\int_0^1|\ln x|^p\,\mathrm{d}x$ 总是收敛的.

当 $p<0$ 时, 虽然被积函数在 $x=0$ 处无定义, 但由于 $\displaystyle\lim_{x\to 0^+}|\ln x|^p=0$, 可见 $x=0$ 并不是瑕点. 这里要注意: 定积分的可积性和积分值与被积函数在有限个点处的值无关, 因此可以采取补充定义的方法来讨论, 而且可积性和积分值与补充定义的具体方法无关.

由 $\displaystyle\lim_{x\to 1^-}|\ln x|^p=+\infty$ 知 $x=1$ 是瑕点. 由

$$|\ln x|^p=|\ln(1-(1-x))|^p\sim(1-x)^p=\frac{1}{(1-x)^{-p}}\quad(x\to 1^-)$$

可知, 原积分在 $-1<p<0$ 时收敛, 而在 $p\leqslant-1$ 时发散. □

(3) 此广义积分的瑕点为 $x=0,1$. 我们可以分别讨论被积函数在区间 $\left[0,\frac{1}{2}\right]$, $\left[\frac{1}{2},1\right]$, $\left[1,\frac{3}{2}\right]$ 和 $\left[\frac{3}{2},+\infty\right)$ 上的积分, 并将在这四个区间上的积分分别记为 I_i, $i=1,2,3,4$. 这时每个积分只有一个奇点, 而且奇点是积分区间的端点.

记被积函数为 $f(x) = \dfrac{1}{\sqrt[3]{x^2(x-1)^2}}$.

对 I_1, 由 $f(x) \sim x^{-\frac{2}{3}}$ $(x \to 0^+)$, 可知 I_1 收敛.

对 I_2 和 I_3, 由 $f(x) \sim (x-1)^{-\frac{2}{3}}$ $(x \to 1)$, 可知 I_2, I_3 均收敛.

最后, 由 $f(x) \sim x^{-\frac{4}{3}}$ $(x \to +\infty)$, 可知 I_4 收敛.

因为 I_1, I_2, I_3, I_4 都收敛, 所以原广义积分收敛. $\qquad\square$

(4) 这是一个无穷限积分, 同时 $x = 0$ 又是瑕点. 下面我们分别讨论被积函数在区间 $[0,1]$ 和 $[1,+\infty)$ 上的积分, 并将这两个积分记为 I_1 和 I_2.

对 I_1, 由于

$$\lim_{x \to 0^+} x^p \cdot \frac{1}{x^p(1+x^2)} = 1,$$

因此 $p < 1$ 时 I_1 收敛, 而 $p \geqslant 1$ 时 I_1 发散.

对 I_2, 由于

$$\lim_{x \to +\infty} x^{p+2} \frac{1}{x^p(1+x^2)} = 1,$$

而由 $p > 0$ 知 $p+2 > 1$, 因此 I_2 收敛.

合并以上讨论, 知原广义积分在 $p \geqslant 1$ 时发散, 在 $0 < p < 1$ 时收敛. $\qquad\square$

注 在题 (1) 中两个广义积分 $\displaystyle\int_1^{+\infty} \frac{x}{x^2+p}\,\mathrm{d}x$ 与 $\displaystyle\int_1^{+\infty} \frac{p}{x+1}\,\mathrm{d}x$ 都是发散的, 但不能因此得出

$$\int_1^{+\infty} \left(\frac{x}{x^2+p} - \frac{p}{x+1} \right) \mathrm{d}x$$

是发散的结论.

解题 (2) 时, 由于无论 p 取何值, $|\ln x|^p$ 在 $x = 0$ 处总是无定义的, 因此初学者容易在 $p < 0$ 时, 仍然将 $x = 0$ 当作瑕点. 教学时应该向学生强调, 判别积分区间的一个端点 (或内点) 是不是瑕点的根据不是被积函数是否在该点有定义, 而是被积函数是否在该点邻近无界. 例如, 对于

$$\int_0^{+\infty} \frac{\sin x}{x}\,\mathrm{d}x, \quad \int_0^{+\infty} x \ln x\,\mathrm{d}x$$

等广义积分, $x = 0$ 都不是瑕点.

解题 (3) 时, 初学者容易犯的错误是忽略位于积分区间内部的瑕点 $x = 1$.

此外要注意, 在没有判定收敛性之前, 没有根据写出积分分解的等式. 例如对于题 (3), 等式

$$\int_0^{+\infty} \frac{\mathrm{d}x}{\sqrt[3]{x^2(x-1)^2}} = \left(\int_0^{\frac{1}{2}} + \int_{\frac{1}{2}}^1 + \int_1^{\frac{3}{2}} + \int_{\frac{3}{2}}^{+\infty} \right) \frac{\mathrm{d}x}{\sqrt[3]{x^2(x-1)^2}}$$

只有在判定右边每个积分收敛之后才成立, 而不是在此前.

例题 12.2.3 讨论广义积分 $\displaystyle\int_0^{+\infty} \frac{\sin x}{x^p}\,\mathrm{d}x$ $(p > 0)$ 的敛散性, 对于收敛的情况还要判别是条件收敛还是绝对收敛.

解 (1) 当 $0 < p \leqslant 1$ 时, 由 $0 \leqslant \displaystyle\lim_{x \to 0^+} \frac{\sin x}{x^p} \leqslant 1$ 知 $x = 0$ 不是瑕点.

因为 $\left| \displaystyle\int_0^A \sin x\,\mathrm{d}x \right| \leqslant 2$ 对每个有限的 A 成立, $\dfrac{1}{x^p}$ 在 $[0, +\infty)$ 上单调减少且 $\displaystyle\lim_{x \to +\infty} \frac{1}{x^p} = 0$, 由 Dirichlet 判别法知道原广义积分收敛.

下面讨论其绝对收敛性. 如果 $\displaystyle\int_0^{+\infty} \frac{|\sin x|}{x^p}\,\mathrm{d}x$ 收敛, 则 $\displaystyle\int_1^{+\infty} \frac{|\sin x|}{x^p}\,\mathrm{d}x$ 也收敛. 但从

$$\frac{|\sin x|}{x^p} \geqslant \frac{\sin^2 x}{x^p} = \frac{1}{2}\left(\frac{1}{x^p} - \frac{\cos 2x}{x^p} \right),$$

而且 $\displaystyle\int_1^{+\infty} \frac{1}{x^p}\,\mathrm{d}x$ 发散, $\displaystyle\int_1^{+\infty} \frac{\cos 2x}{x^p}\,\mathrm{d}x$ 收敛, 可见 $\displaystyle\int_1^{+\infty} \frac{|\sin x|}{x^p}\,\mathrm{d}x$ 发散, 从而积分 $\displaystyle\int_0^{+\infty} \frac{|\sin x|}{x^p}\,\mathrm{d}x$ 也发散. 因此原广义积分在 $0 < p \leqslant 1$ 时条件收敛.

(2) 当 $p > 1$ 时, $x = 0$ 是瑕点. 分解

$$\int_0^{+\infty} \frac{\sin x}{x^p}\,\mathrm{d}x = \left(\int_0^1 + \int_1^{+\infty} \right) \frac{\sin x}{x^p}\,\mathrm{d}x = I_1 + I_2.$$

对 I_2, 由 $\left| \dfrac{\sin x}{x^p} \right| \leqslant \dfrac{1}{x^p}$ 及 $\displaystyle\int_1^{+\infty} \frac{\mathrm{d}x}{x^p}$ 收敛, 知 I_2 绝对收敛.

对 I_1, 由 $\dfrac{\sin x}{x^p} \sim x^{1-p}$ $(x \to 0^+)$ 知 I_1 在 $1 - p > -1$, 即 $1 < p < 2$ 时绝对收敛, 在 $1 - p \leqslant -1$, 即 $p \geqslant 2$ 时发散.

因此, 原广义积分在 $1 < p < 2$ 时绝对收敛, 在 $p \geqslant 2$ 时发散. □

在判别广义积分的敛散性时, 我们往往要进行不等式的放大与缩小, 有时还要进行恒等式的变换.

例题 12.2.4 设 $p > 0$, 证明广义积分

$$\int_0^{+\infty} \frac{\sin x}{x^p + \sin x}\,\mathrm{d}x$$

在 $0 < p \leqslant \dfrac{1}{2}$ 时发散, 在 $\dfrac{1}{2} < p \leqslant 1$ 时条件收敛, 在 $p > 1$ 时绝对收敛.

分析 由被积函数的形式, 容易联想起利用广义积分 $\displaystyle\int_0^{+\infty} \frac{\sin x}{x^p}\,\mathrm{d}x$. 检验两个被积函数之差:

$$\frac{\sin x}{x^p + \sin x} - \frac{\sin x}{x^p} = -\frac{\sin^2 x}{x^p(x^p + \sin x)}, \tag{12.4}$$

可以发现上式右边的分母上比被积函数的分母多了一个因子 x^p, 其广义积分的敛散性要好处理一些.

证 由于被积函数 $\dfrac{\sin x}{x^p + \sin x}$ 在 $x = 0$ 右侧有界, $x = 0$ 不是瑕点. 因此我们只要讨论广义积分

$$\int_1^{+\infty} \frac{\sin x}{x^p + \sin x}\,\mathrm{d}x. \tag{12.5}$$

由 (12.4) 得到

$$\frac{\sin x}{x^p + \sin x} = \frac{\sin x}{x^p} - \frac{\sin^2 x}{x^p(x^p + \sin x)}.$$

由上一个例题知, 右边第一项的广义积分

$$\int_1^{+\infty} \frac{\sin x}{x^p}\,\mathrm{d}x$$

在 $0 < p \leqslant 1$ 时条件收敛, 而在 $p > 1$ 时绝对收敛. 下面考虑广义积分

$$\int_1^{+\infty} \frac{\sin^2 x}{x^p(x^p + \sin x)}\,\mathrm{d}x. \tag{12.6}$$

当 $0 < p \leqslant \dfrac{1}{2}$ 时, 由

$$\frac{\sin^2 x}{x^p(x^p + \sin x)} \geqslant \frac{\sin^2 x}{x^p(x^p + 1)}$$

与

$$\int_1^{+\infty} \frac{\sin^2 x}{x^p(x^p + 1)}\,\mathrm{d}x$$

发散, 知道广义积分 (12.6) 发散. 而当 $p > \dfrac{1}{2}$ 时, 由

$$\frac{\sin^2 x}{x^p(x^p + \sin x)} \leqslant \frac{1}{x^p(x^p - 1)} \sim \frac{1}{x^{2p}} \ (x \to +\infty)$$

与

$$\int_1^{+\infty} \frac{1}{x^{2p}}\,\mathrm{d}x$$

收敛, 知道广义积分 (12.6) 绝对收敛.

因此, 广义积分 (12.5) 当 $0 < p \leqslant \dfrac{1}{2}$ 时, 为收敛的广义积分与发散的广义积分之差, 从而发散; 当 $\dfrac{1}{2} < p \leqslant 1$ 时, 为条件收敛的广义积分与绝对收敛的广义积分之差, 从而条件收敛; 当 $p > 1$ 时, 为两个都是绝对收敛的广义积分之差, 从而绝对收敛. □

注 1 本例虽然有 $\lim\limits_{x \to +\infty} \dfrac{1}{x^p + \sin x} = 0$, 且 $\left| \int_a^A \sin x\,\mathrm{d}x \right| \leqslant 2$ 对每个 $A > a$ 成立, 但在 $0 < p \leqslant \dfrac{1}{2}$ 时, 所论广义积分仍发散. 这说明在 Dirichlet 判别法中, 单调性的条件是不能缺少的.

注 2   本例最后利用了两个推理: (1) 如果一个广义积分能表示为条件收敛的广义积分与绝对收敛的广义积分之差, 则必然条件收敛; (2) 如果一个广义积分能表示为两个绝对收敛的广义积分之和或差, 则必然绝对收敛.

现在考虑一个很不一般的广义积分. 图 12.1 是其中的被积函数的图像, 它具有非常奇特的性质, 可以说明一些重要的问题.

例题 12.2.5 判别广义积分 $\int_0^{+\infty} \dfrac{x\,\mathrm{d}x}{1+x^6\sin^2 x}$ 的敛散性.

解   由于被积函数在 $x>0$ 时大于 0, 因此只需要研究变上限积分

$$F(A) = \int_0^A \frac{x\,\mathrm{d}x}{1+x^6\sin^2 x}$$

在 $[0,+\infty)$ 上的有界性. 若有界则收敛, 否则即发散. 又因 F 单调增加, 因此只要观察 F 在趋于无穷大的一个点列 $\{A_n\}$ 上的函数值序列是否有界即可.

取 $A_n = n\pi$, $n \in \mathbf{N}_+$, 则可分解积分为

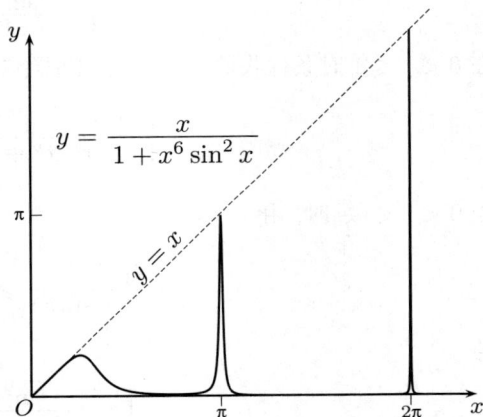

图 12.1

$$\int_0^{n\pi} \frac{x\,\mathrm{d}x}{1+x^6\sin^2 x} = \sum_{k=1}^n u_k, \text{ 其中 } u_k = \int_{(k-1)\pi}^{k\pi} \frac{x\,\mathrm{d}x}{1+x^6\sin^2 x}.$$

对于 u_k 可估计如下 ($k \geqslant 2$), 其中对于区间 $\left[0, \dfrac{\pi}{2}\right]$ 上的 $\sin x$ 应用 Jordan 不等式 $\sin x \geqslant 2x/\pi$ (例题 8.5.6):

$$u_k \leqslant k\pi \int_{(k-1)\pi}^{k\pi} \frac{\mathrm{d}x}{1+(k-1)^6\pi^6\sin^2 x} = k\pi \int_0^\pi \frac{\mathrm{d}x}{1+(k-1)^6\pi^6\sin^2 x}$$

$$= 2k\pi \int_0^{\pi/2} \frac{\mathrm{d}x}{1+(k-1)^6\pi^6\sin^2 x} \leqslant 2k\pi \int_0^{\pi/2} \frac{\mathrm{d}x}{1+4(k-1)^6\pi^4 x^2}$$

$$= \frac{k}{\pi(k-1)^3} \int_0^{(k-1)^3\pi^3} \frac{\mathrm{d}t}{1+t^2} \sim \frac{1}{2k^2} \quad (k \to \infty).$$

由于

$$1 + \frac{1}{2^2} + \cdots + \frac{1}{n^2} < 1 + \frac{1}{1\cdot 2} + \cdots + \frac{1}{(n-1)n} < 2$$

与 n 无关, 可见函数值序列 $\{F(n\pi)\}$ 有界, 从而函数 $F(A)$ 在 $0 \leqslant A < +\infty$ 上有界, 因此本题的广义积分收敛. □

注 如图 12.1 所示, 这个收敛积分的被积函数满足等式 $f(k\pi) = k\pi$. 这表明函数图像与第一象限的角平分线 $y = x$ 有无穷多个交点. 交点的坐标是 $(k\pi, k\pi)$, k 取所有非负整数. 但是当 $x \neq k\pi$ 时函数值 $f(x)$ 就急剧下降, 当 $x > \pi$ 时函数图像在图 12.1 上已经与 x 轴很难区分开. 由这个例子可见, 无穷限广义积分 $\int_a^{+\infty} f(x)\,\mathrm{d}x$ 收敛时, 其被积函数的极限 $f(+\infty)$ 不仅可以不存在, 而且可以有 $\varlimsup_{x \to +\infty} f(x) = +\infty$ (这里的上极限是 §3.6 中的相应概念在连续情况下的推广).

12.2.3 练习题

1. 讨论下列广义积分的敛散性, 若是收敛, 还要讨论是条件收敛还是绝对收敛:

   (1) $\displaystyle\int_0^{+\infty} x \sin^4 x \,\mathrm{d}x$;

   (2) $\displaystyle\int_3^{+\infty} \frac{\ln\ln x}{\ln x} \sin x \,\mathrm{d}x$;

   (3) $\displaystyle\int_0^{+\infty} \frac{1}{x} \mathrm{e}^{\cos x} \sin(\sin x) \,\mathrm{d}x$;

   (4) $\displaystyle\int_1^{+\infty} \ln \frac{x^2}{x^2 - 1} \,\mathrm{d}x$;

   (5) $\displaystyle\int_1^{+\infty} \ln\left(\cos\frac{1}{x} + \sin\frac{1}{x}\right) \,\mathrm{d}x$;

   (6) $\displaystyle\int_0^1 \frac{1}{x} \ln\frac{1+x}{1-x} \,\mathrm{d}x$;

   (7) $\displaystyle\int_0^{+\infty} \left[\frac{1}{\sqrt{x}} - \sqrt{\ln\left(1 + \frac{1}{x}\right)}\right] \,\mathrm{d}x$;

   (8) $\displaystyle\int_0^{+\infty} \frac{\sin x}{\sqrt{x + \cos x}} \,\mathrm{d}x$.

2. 对于以下含有参数的广义积分, 确定出使积分绝对收敛、条件收敛和发散的参数范围:

   (1) $\displaystyle\int_0^{\pi/2} \frac{\mathrm{d}x}{\sin^p x \cos^q x}$;

   (2) $\displaystyle\int_0^{+\infty} \frac{\cos x}{1 + x^p} \,\mathrm{d}x \ (p > 0)$;

   (3) $\displaystyle\int_0^{+\infty} \frac{\sin x}{x} |\ln x|^p \,\mathrm{d}x$;

   (4) $\displaystyle\int_0^{+\infty} \frac{\ln(1+x)}{x^p} \,\mathrm{d}x$;

   (5) $\displaystyle\int_0^{+\infty} \frac{\sin x^2}{1 + x^p} \,\mathrm{d}x \ (p \geqslant 0)$;

   (6) $\displaystyle\int_0^{+\infty} \frac{x^p \sin x}{1 + x^q} \,\mathrm{d}x$;

   (7) $\displaystyle\int_0^{+\infty} \frac{\mathrm{e}^{\sin x} \sin 2x}{x^p} \,\mathrm{d}x$;

   (8) $\displaystyle\int_{\mathrm{e}}^{+\infty} \frac{\mathrm{d}x}{(x - \mathrm{e})^p (\ln\ln x)^q}$.

3. 设 $a_1, a_2, \cdots, a_n$ 为互不相同的实数, $p_1, p_2, \cdots, p_n > 0$, 讨论广义积分

$$\int_{-\infty}^{+\infty} \frac{\mathrm{d}x}{|x - a_1|^{p_1} |x - a_2|^{p_2} \cdots |x - a_n|^{p_n}}$$

的敛散性.

4. 讨论广义积分 $\int_0^{+\infty} \left[\ln\left(1 + \dfrac{1}{x}\right) - \dfrac{1}{1+x} \right] \mathrm{d}x$ 的敛散性.

5. 判别广义积分 $\int_0^{+\infty} \dfrac{x\,\mathrm{d}x}{1 + x^4 \sin^2 x}$ 的敛散性.

6. 求函数 $F(x) = \int_0^{+\infty} \left| t^2 - \dfrac{1}{t^2} \right|^x \mathrm{d}t$ 的定义域.

7. 设 $f' \in C[0,1]$ 且 $f'(x)$ 处处大于 0, 证明: 广义积分

$$\int_0^1 \frac{f(x) - f(0)}{x^p}\,\mathrm{d}x$$

在 $p < 2$ 时收敛, $p \geqslant 2$ 时发散.

8. 设 $\int_a^{+\infty} f$ 为条件收敛, 证明:

(1) 广义积分 $\int_a^{+\infty} (|f| \pm f)$ 发散; (2) $\lim\limits_{x \to +\infty} \dfrac{\displaystyle\int_a^x (|f| + f)}{\displaystyle\int_a^x (|f| - f)} = 1.$

9. 设 $f \in C^1[a, +\infty)$ 单调, 且 $f(+\infty) = 0$, 证明: $\int_a^{+\infty} f'(x) \sin^2 x \,\mathrm{d}x$ 收敛.

10. 设 $f, g \in C^1[a, +\infty)$, $f'(x)$ 非负, $f(+\infty) = 0$, 且 $g(x)$ 在 $[a, +\infty)$ 上有界, 证明: $\int_a^{+\infty} f(x) g'(x) \,\mathrm{d}x$ 收敛.

§12.3 广义积分的计算

　　广义积分是定积分与函数极限的结合, 因此定积分计算的公式与技巧几乎都能应用于广义积分. 这方面的例题放在下面第一小节中. 第二小节则专门介绍几个特殊广义积分的计算, 它们都有重要的应用, 也都需要用特殊的技巧来计算.

　　与常义积分的计算不同之处是, 在计算一个广义积分之前应当先观察它是否收敛, 如果该广义积分是发散的, 就不必做无用功了. (在某些问题中这时还需要考虑其主值是否存在和怎样计算的问题.)

12.3.1　例题

　　例题 12.3.1 计算广义积分 $I = \int_0^{+\infty} \dfrac{\ln x}{1 + x^2}\,\mathrm{d}x$.

解 这时的积分以 0 和 $+\infty$ 为奇点, 容易验证其收敛性. 因此可以将积分拆开成两个积分:

$$\int_0^{+\infty} \frac{\ln x}{1+x^2}\,dx = \int_0^1 \frac{\ln x}{1+x^2}\,dx + \int_1^{+\infty} \frac{\ln x}{1+x^2}\,dx,$$

然后对上式右边的第二个积分作倒代换, 就得到

$$\int_1^{+\infty} \frac{\ln x}{1+x^2}\,dx = -\int_0^1 \frac{\ln x}{1+x^2}\,dx,$$

因此原广义积分等于 0. □

注 以上计算的实质是什么? 试作代换 $x=\tan t$, 就得到

$$I = \int_0^{\pi/2} \ln\tan t\,dt.$$

由于

$$\ln\tan\left(\frac{\pi}{2}-t\right) = \ln\cot t = -\ln\tan t,$$

因此被积函数 $\ln\tan t$ 在区间 $(0,\pi/2)$ 上关于区间中点为奇函数. 如果与命题 10.4.5 作比较, 可见积分等于 0 的原因在于对称性. 关于命题 10.4.5 在广义积分情况的推广留作 12.3.3 小节的练习题 1.

例题 12.3.2 计算广义积分 $\int_0^1 (\ln x)^n\,dx, n\in\mathbf{N}_+$.

解 这是一个无界积分, $x=0$ 是瑕点. 由 $\lim\limits_{x\to 0^+} x^{\frac{1}{2}}(\ln x)^n = 0$, 知所求广义积分收敛. 设 $I_n = \int_0^1 (\ln x)^n\,dx$, 应用分部积分法得到

$$I_n = x(\ln x)^n\Big|_{0^+}^1 - \int_0^1 n(\ln x)^{n-1}\,dx = -n\int_0^1 (\ln x)^{n-1}\,dx$$

$$= -nI_{n-1} = (-1)^2 n(n-1)I_{n-2} = \cdots = (-1)^n n! I_0 = (-1)^n n!. \qquad \Box$$

在广义积分计算中也可以用分部积分, 但这时需要注意, 如果在积分外出现非有限数, 则不能得到正确结果.

例题 12.3.3 计算广义积分 $\int_0^{+\infty} \frac{x\ln x}{(1+x^2)^2}\,dx$.

分析 这个广义积分的收敛性是容易判别的, 而且 $x=0$ 不是瑕点. 为了计算它的值, 可以用与例题 12.3.1 完全相同的方法, 答案也是 0, 同时那里的注解对本题也一样有效, 细节从略.

但是由于本题的被积函数的形式, 容易使我们产生用分部积分的想法. 这时用分部积分得到

$$\int_0^{+\infty} \frac{x\ln x}{(1+x^2)^2}\,dx = \int_0^{+\infty} \ln x\,d\left(-\frac{1}{2(1+x^2)}\right)$$
$$= -\frac{\ln x}{2(1+x^2)}\bigg|_{0^+}^{+\infty} + \int_0^{+\infty} \frac{dx}{2x(1+x^2)}.$$

这时右边的第一项当 $x\to 0^+$ 时发散, 同时最后一个积分也发散, 出现了 $\infty-\infty$ 型的不等式. 造成错误的原因是忽视了运用广义积分分部积分法的基本条件: 在 $\int_a^b u\,dv, \int_a^b v\,du, uv\big|_a^{b^-}$ 中至少要知道已有两个收敛.

注　类似的问题对于常义积分也是存在的, 这在例题 10.4.1 中已经遇到过, 但对于广义积分却难以用那里介绍的待定常数法来解决. 当然, 也可以如例题 9.1.5 那样, 用分部积分法先求出本题的被积函数的不定积分, 然后用广义的 Newton-Leibniz 公式进行计算.

12.3.2　几个特殊广义积分的计算

本节介绍几个有名的广义积分, 其中的方法和结果都是重要的. 利用这些积分还可以计算出很多其他积分 (见下一小节的练习题 3–6).

例题 12.3.4 (Euler 积分)　计算积分 $I = \int_0^{\pi/2} \ln\sin x\,dx$.

解 1　这是无界积分, 瑕点为 $x=0$. 利用 Cauchy 判别法, 容易验证其收敛性. 应用命题 10.4.6 在无界积分情况的推广就容易计算如下:

$$I = \int_0^{\pi/4} (\ln\sin x + \ln\cos x)\,dx = \int_0^{\pi/4}(\ln\sin 2x - \ln 2)\,dx$$
$$= \frac{1}{2}\int_0^{\pi/2}\ln\sin y\,dy - \frac{\pi}{4}\ln 2 = \frac{1}{2}I - \frac{\pi}{4}\ln 2,$$

所以 $I = -\frac{\pi}{2}\ln 2$.　□

解 2　先作代换 $x=2t$, 得到

$$I = \int_0^{\pi/4} 2\ln\sin 2t\,dt = \frac{\pi}{2}\ln 2 + \int_0^{\pi/4}2\ln\sin t\,dt + \int_0^{\pi/4}2\ln\cos t\,dt,$$

对右边最后一个积分用代换 $t=\pi/2-u$, 得到

$$I = \frac{\pi}{2}\ln 2 + \int_0^{\pi/4}2\ln\sin t\,dt + \int_{\pi/4}^{\pi/2}2\ln\sin u\,du$$
$$= \frac{\pi}{2}\ln 2 + \int_0^{\pi/2}2\ln\sin t\,dt = \frac{\pi}{2}\ln 2 + 2I,$$

所以 $I = -\frac{\pi}{2}\ln 2$.　□

例题 12.3.5 (Froullani (伏汝兰尼) 积分) 设函数 f 在 $[0, +\infty)$ 上连续, 极限 $f(+\infty)$ 存在且有限, $0 < a < b$, 计算积分

$$\int_0^{+\infty} \frac{f(ax) - f(bx)}{x} \, \mathrm{d}x.$$

解 本题的广义积分的收敛性将在下面的计算过程中建立. 对 $0 < r < R < +\infty$, 由定积分的换元积分法, 成立

$$\int_r^R \frac{f(ax) - f(bx)}{x} \, \mathrm{d}x = \int_r^R \frac{f(ax)}{x} \, \mathrm{d}x - \int_r^R \frac{f(bx)}{x} \, \mathrm{d}x$$

$$= \int_{ar}^{aR} \frac{f(x)}{x} \, \mathrm{d}x - \int_{br}^{bR} \frac{f(x)}{x} \, \mathrm{d}x$$

$$= \int_{ar}^{br} \frac{f(x)}{x} \, \mathrm{d}x - \int_{aR}^{bR} \frac{f(x)}{x} \, \mathrm{d}x.$$

对上式右边的两个定积分分别应用积分第一中值定理, 得到

$$\int_{ar}^{br} \frac{f(x)}{x} \, \mathrm{d}x = f(\xi) \int_{ar}^{br} \frac{\mathrm{d}x}{x} = f(\xi) \ln \frac{b}{a} \quad (ar < \xi < br),$$

$$\int_{aR}^{bR} \frac{f(x)}{x} \, \mathrm{d}x = f(\eta) \int_{aR}^{bR} \frac{\mathrm{d}x}{x} = f(\eta) \ln \frac{b}{a} \quad (aR < \eta < bR).$$

在上两式中分别令 $r \to 0^+$, $R \to +\infty$, 注意到这时 $\xi \to 0^+$, $\eta \to +\infty$, 由于 $f(0^+) = f(0)$, $f(+\infty)$ 存在且有限, 而且 $\int_r^R \frac{f(ax) - f(bx)}{x} \, \mathrm{d}x$ 在这时的极限就是 Froullani 积分, 便得到

$$\int_0^{+\infty} \frac{f(ax) - f(bx)}{x} \, \mathrm{d}x = [f(0) - f(+\infty)] \cdot \ln \frac{b}{a}. \qquad \square$$

注 从上面的证明过程可以得到 Froullani 积分的两种变形:
(1) 若 $x \to +\infty$ 时 $f(x)$ 没有有限极限, 但是对某个 $A > 0$, 积分

$$\int_A^{+\infty} \frac{f(x)}{x} \, \mathrm{d}x$$

收敛, 则有

$$\int_0^{+\infty} \frac{f(ax) - f(bx)}{x} \, \mathrm{d}x = f(0) \cdot \ln \frac{b}{a}.$$

(2) 若 f 在 0 点不连续, 甚至右极限也不存在, 但对于某个 $A > 0$, 积分

$$\int_0^A \frac{f(x)}{x} \, \mathrm{d}x$$

收敛, 则有

$$\int_0^{+\infty} \frac{f(ax) - f(bx)}{x}\, \mathrm{d}x = -f(+\infty) \cdot \ln \frac{b}{a}.$$

例题 12.3.6 (Dirichlet 积分) 证明: 积分 $\displaystyle\int_0^{+\infty} \frac{\sin x}{x}\, \mathrm{d}x = \frac{\pi}{2}$.

证 从例题 12.2.3 已知这个广义积分为条件收敛. 为了计算它的值, 要利用在例题 10.4.3 中已经得到的结果 (也有称为 Dirichlet 积分的):

$$\int_0^\pi \frac{\sin \left(n + \dfrac{1}{2}\right) x}{2 \sin \dfrac{x}{2}}\, \mathrm{d}x = \frac{\pi}{2}.$$

先观察将其分母换为 x 所产生的影响. 用 L'Hospital 法则, 有

$$f(x) = \frac{1}{x} - \frac{1}{2 \sin \dfrac{x}{2}} = O(x) \ (x \to 0),$$

因此 f 在 $[0, \pi]$ 上常义可积. 应用 Riemann 引理 (例题 10.2.6), 有

$$\lim_{n \to \infty} \int_0^\pi f(x) \sin \left(n + \frac{1}{2}\right) x\, \mathrm{d}x = 0,$$

并且得到

$$\lim_{n \to \infty} \int_0^\pi \frac{\sin \left(n + \dfrac{1}{2}\right) x}{x}\, \mathrm{d}x = \lim_{n \to \infty} \int_0^\pi \frac{\sin \left(n + \dfrac{1}{2}\right) x}{2 \sin \dfrac{x}{2}}\, \mathrm{d}x = \frac{\pi}{2}.$$

最后在利用代换得到的等式

$$\int_0^\pi \frac{\sin \left(n + \dfrac{1}{2}\right) x}{x}\, \mathrm{d}x = \int_0^{\left(n + \frac{1}{2}\right)\pi} \frac{\sin t}{t}\, \mathrm{d}t$$

的两边令 $n \to \infty$, 就得到所要的结果. $\qquad\square$

下面的一个广义积分称为概率积分 (也称为 Euler-Poisson 积分), 它的值在概率统计中是一个基本量.

例题 12.3.7 (Euler-Poisson 积分) 证明: 积分 $\displaystyle\int_0^{+\infty} \mathrm{e}^{-t^2}\, \mathrm{d}t = \frac{\sqrt{\pi}}{2}$.

证 积分的收敛性是明显的. 利用对于每个 t, 数列 $\left\{\left(1 - \dfrac{t^2}{n}\right)^n\right\}$ 的极限是 e^{-t^2}, 我们研究积分

$$I_n = \int_0^{\sqrt{n}} \left(1 - \frac{t^2}{n}\right)^n \, \mathrm{d}t.$$

作代换 $t = \sqrt{n}\sin x$, 就有

$$I_n = \sqrt{n} \int_0^{\pi/2} \cos^{2n+1} x \, \mathrm{d}x = \sqrt{n} \cdot \frac{(2n)!!}{(2n+1)!!} \to \frac{\sqrt{\pi}}{2} \ (n \to \infty).$$

这里利用了例题 10.4.9 和 Wallis 公式 (11.29). 由于右边的极限值已经是概率积分的数值, 而且又有

$$\int_0^{+\infty} \mathrm{e}^{-t^2} \, \mathrm{d}t = \lim_{n\to\infty} \int_0^{\sqrt{n}} \mathrm{e}^{-t^2} \, \mathrm{d}t,$$

因此只需要再证明

$$\lim_{n\to\infty} \int_0^{\sqrt{n}} \left[\mathrm{e}^{-t^2} - \left(1 - \frac{t^2}{n}\right)^n\right] \mathrm{d}t = 0.$$

利用关于指数函数的一个不等式 (见例题 8.5.4): 当 $a \geqslant 1$ 时在区间 $[0, a]$ 上成立

$$0 \leqslant \mathrm{e}^{-x} - \left(1 - \frac{x}{a}\right)^a \leqslant \frac{x^2}{a}\mathrm{e}^{-x}, \tag{12.7}$$

在其中令 $x = t^2, a = n$, 就得到估计式

$$0 \leqslant \int_0^{\sqrt{n}} \left[\mathrm{e}^{-t^2} - \left(1 - \frac{t^2}{n}\right)^n\right] \mathrm{d}t \leqslant \frac{\int_0^{\sqrt{n}} t^4 \mathrm{e}^{-t^2} \, \mathrm{d}t}{n}.$$

由于当 $n \to \infty$ 时右边分子上的广义积分收敛, 因此右边极限为 0. □

注 计算概率积分的方法很多. 比较传统的方法有: (1) 从简单不等式

$$1 - x^2 \leqslant \mathrm{e}^{-x^2} \leqslant \frac{1}{1+x^2} \ (x \geqslant 0) \tag{12.8}$$

出发, 用夹逼方法, 见 [14] 第二卷 492 小节 (留作为第二组参考题 1); (2) 二重广义积分方法, 见 [14] 第三卷 617 小节与本书下册例题 22.4.1; (3) 含参积分中交换积分次序的方法, 见 [14] 第二卷 522 小节; (4) 对广义积分取极限的方法, 见本书下册例题 16.1.2. 上面所用的方法见《美国数学月刊》(1956) 第 63 卷 35–37 页.

12.3.3 练习题

1. 根据例题 12.3.1 的注, (1) 写出命题 10.4.5 在广义积分情况的推广, 并作出证明; (2) 推广该例题, 也就是说当 f 在区间 $[0, +\infty)$ 上满足什么条件时, 可以利用类似的方法, 或命题 10.4.5 的推广形式, 证明 f 在这个区间上的广义积分等于 0.

2. 计算下列广义积分:

(1) $\displaystyle\int_0^{+\infty} \mathrm{e}^{-x}|\sin x|\,\mathrm{d}x;$

(2) $\displaystyle\int_1^{+\infty} \frac{\mathrm{d}x}{\mathrm{e}^{x+1} + \mathrm{e}^{3-x}};$

(3) $\displaystyle\int_a^b \frac{\mathrm{d}x}{\sqrt{(x-a)(b-x)}};$

(4) $\displaystyle\int_0^{+\infty} \frac{\mathrm{d}x}{(1+x^2)^n} \ (n \in \mathbf{N}_+);$

(5) $\displaystyle\int_0^1 x^n \left(\ln \frac{1}{x}\right)^m \mathrm{d}x \ (n, m \in \mathbf{N}_+);$

(6) $\displaystyle\int_0^{+\infty} \frac{\sin\left(x - \dfrac{1}{x}\right)}{x}\,\mathrm{d}x;$

(7) $\displaystyle\int_0^{+\infty} \frac{\ln x}{(x^2+1)(x^2+4)}\,\mathrm{d}x;$

(8) $\displaystyle\int_{-1}^1 \frac{\mathrm{d}}{\mathrm{d}x}\left(\frac{1}{1 + 2^{\frac{1}{x}}}\right)\mathrm{d}x.$

3. 利用 Euler 积分 (例题 12.3.4) 计算下列积分:

(1) $\displaystyle\int_0^{\pi/2} \ln\tan x\,\mathrm{d}x;$

(2) $\displaystyle\int_0^1 \frac{\ln x}{\sqrt{1-x^2}}\,\mathrm{d}x;$

(3) $\displaystyle\int_0^1 \frac{\arcsin x}{x}\,\mathrm{d}x;$

(4) $\displaystyle\int_0^{\pi/2} x\cot x\,\mathrm{d}x;$

(5) $\displaystyle\int_0^{\pi} x\ln\sin x\,\mathrm{d}x;$

(6) $\displaystyle\int_0^{\pi} \frac{x\sin x}{1-\cos x}\,\mathrm{d}x;$

(7) $\displaystyle\int_0^{+\infty} \frac{x}{\sqrt{\mathrm{e}^{2x}-1}}\,\mathrm{d}x;$

(8) $\displaystyle\int_0^{\pi/2} \ln|\sin^2 x - a^2|\,\mathrm{d}x \ (a^2 \leqslant 1).$

4. 利用 Froullani 积分 (例题 12.3.5 及其注) 计算下列积分 $(a, b > 0)$:

(1) $\displaystyle\int_0^{+\infty} \frac{\arctan ax - \arctan bx}{x}\,\mathrm{d}x;$

(2) $\displaystyle\int_0^{+\infty} \frac{\mathrm{e}^{-ax} - \mathrm{e}^{-bx}}{x}\,\mathrm{d}x;$

(3) $\displaystyle\int_0^{+\infty} \frac{\cos ax - \cos bx}{x}\,\mathrm{d}x;$

(4) $\displaystyle\int_0^{+\infty} \frac{\sin ax \sin bx}{x}\,\mathrm{d}x;$

(5) $\displaystyle\int_0^1 \frac{x^{a-1} - x^{b-1}}{\ln x}\,\mathrm{d}x;$

(6) $\displaystyle\int_0^{+\infty} \frac{b\sin ax - a\sin bx}{x^2}\,\mathrm{d}x.$

5. 利用 Dirichlet 积分 (例题 12.3.6) 计算下列积分:

(1) $\displaystyle\int_0^{+\infty} \frac{\sin^2 x}{x^2}\,\mathrm{d}x;$

(2) $\displaystyle\int_0^{+\infty} \frac{\sin^4 x}{x^2}\,\mathrm{d}x;$

(3) $\displaystyle\int_0^{+\infty} \frac{\sin^4 x}{x^4}\,\mathrm{d}x;$

(4) $\displaystyle\int_0^{+\infty} \frac{x - \sin x}{x^3}\,\mathrm{d}x;$

(5) $\displaystyle\int_{-\infty}^{+\infty} \frac{\sin x}{x(x-\pi)}\,\mathrm{d}x;$

(6) $\displaystyle\int_0^{+\infty} \frac{\sin x^2}{x}\,\mathrm{d}x.$

6. 利用概率积分 (例题 12.3.7) 计算下列积分:

(1) $\displaystyle\int_0^{+\infty} \frac{\mathrm{e}^{-x^2}}{\left(x^2+\frac{1}{2}\right)^2}\,\mathrm{d}x$;   (2) $\displaystyle\int_0^{+\infty} \mathrm{e}^{-a^2x^2-\frac{b^2}{x^2}}\,\mathrm{d}x$.

7. 若 $a, b > 0$, 广义积分 $\displaystyle\int_0^{+\infty} f\left(ax+\frac{b}{x}\right)\mathrm{d}x$ 收敛, 证明:

$$\int_0^{+\infty} f\left(ax+\frac{b}{x}\right)\mathrm{d}x = \frac{1}{a}\int_0^{+\infty} f(\sqrt{t^2+4ab})\,\mathrm{d}t.$$

§12.4 广义积分的特殊性质

这方面只提出需要注意的两点. 第一点是: 对广义积分, 绝对可积必可积, 但反之未必; 对定积分, 可积必绝对可积, 但反之未必. 两者恰恰相反. 就此点而言, 广义积分与其说像定积分, 倒不如说更像数项级数 (见下册命题 13.3.1). 第二点是无穷限广义积分所特有的性质, 将在本节讨论.

12.4.1   收敛无穷限积分的被积函数在无穷远处的性质

由例题 2.2.9 及其注知道, 如果无穷级数 $\displaystyle\sum_{n=1}^{\infty} a_n$ 收敛, 则 $\displaystyle\lim_{n\to\infty} a_n = 0$. 与之类比, 初学者容易认为对无穷限广义积分应当成立以下结论:

$$\int_a^{+\infty} f(x)\,\mathrm{d}x \text{ 收敛} \Longrightarrow \lim_{x\to+\infty} f(x) = 0.$$

但是从例题 12.2.5 和图 12.1 中我们知道极限 $f(+\infty)$ 完全可以不存在.

首先建立以下基本结论:

例题 12.4.1 设无穷限广义积分 $\displaystyle\int_a^{+\infty} f(x)\,\mathrm{d}x$ 收敛, 且 $\displaystyle\lim_{x\to+\infty} f(x)$ 有意义, 则它一定等于 0.

证 若 $f(+\infty)$ 为有限正数或正无穷大, 则都存在 $x_0 > a$ 和 $c > 0$, 使得当 $x > x_0$ 时成立 $f(x) > c$. 因此对于 $A > x_0$, 有

$$\int_a^A f(x)\,\mathrm{d}x = \int_a^{x_0} f(x)\,\mathrm{d}x + \int_{x_0}^A f(x)\,\mathrm{d}x$$

$$> \int_a^{x_0} f(x)\,\mathrm{d}x + c\,(A-x_0) \to +\infty\ (A\to+\infty).$$

这与无穷限积分收敛的条件矛盾, 可见 $f(+\infty)$ 不可能是有限正数或正无穷大. 同样地可以证明 $f(+\infty)$ 也不可能是负数或负无穷大, 因此得到 $f(+\infty) = 0$. □

若 f 单调, 则 $f(+\infty)$ 一定有意义, 从而有 $f(+\infty) = 0$. 但是实际上这时还有更强的结论.

例题 12.4.2 若无穷限积分 $\displaystyle\int_a^{+\infty} f(x)\,\mathrm{d}x$ 收敛, 且 f 单调, 则有

$$\lim_{x \to +\infty} x f(x) = 0.$$

证 不妨只讨论 f 单调减少的情况. 与例题 12.4.1 的证明类似, 可以知道 f 非负. 由于广义积分收敛, 对于 $\varepsilon > 0$, 有正数 $M > a$, 使得对于任何一对 $A_1, A_2 > M$, 成立不等式

$$\left| \int_{A_1}^{A_2} f(t)\,\mathrm{d}t \right| < \varepsilon.$$

取 $A_1 = x, A_2 = 2x$, 则当 $x > M$ 时, 就有

$$0 \leqslant x f(2x) \leqslant \int_x^{2x} f(t)\,\mathrm{d}t < \varepsilon,$$

即已经得到 $\displaystyle\lim_{x \to +\infty} x f(x) = 0$. $\qquad\square$

下面是无穷限积分 $\displaystyle\int_a^{+\infty} f(x)\,\mathrm{d}x$ 收敛时使 $\displaystyle\lim_{x \to +\infty} f(x) = 0$ 成立的主要结果.

命题 12.4.1 设无穷限积分 $\displaystyle\int_a^{+\infty} f(x)\,\mathrm{d}x$ 收敛, 且被积函数 f 在 $[a, +\infty)$ 上一致连续, 则

$$\lim_{x \to +\infty} f(x) = 0.$$

证 用反证法. 假设 $\displaystyle\lim_{x \to +\infty} f(x) = 0$ 不成立, 则 $\exists \varepsilon_0 > 0$, 使 $\forall A > a$, $\exists x_0 > A$, 满足 $|f(x_0)| \geqslant 2\varepsilon_0$.

因为 $f(x)$ 在 $[a, +\infty)$ 上一致连续, 因此对 $\varepsilon_0 > 0$, $\exists \delta > 0$, $\forall x', x'' \in [a, +\infty)$ $(|x' - x''| < \delta)$, 成立 $|f(x') - f(x'')| < \varepsilon_0$. 所以当 $x \in (x_0, x_0 + \delta)$ 时, 有

$$|f(x)| \geqslant |f(x_0)| - |f(x_0) - f(x)| > \varepsilon_0,$$

并且 $f(x)$ 与 $f(x_0)$ 同号. 因此就有

$$\left| \int_{x_0}^{x_0+\delta} f(x)\,\mathrm{d}x \right| \geqslant \varepsilon_0 \int_{x_0}^{x_0+\delta} \mathrm{d}x = \varepsilon_0 \delta. \tag{12.9}$$

由于这个不等式右边的 $\varepsilon_0 \delta$ 是一个固定的正数, 而对于每个 $A > a$, 都存在 $x_0 > A$ 满足 (12.9), 因此与无穷限积分的 Cauchy 收敛准则矛盾. $\qquad\square$

注 在无穷限积分 $\int_a^{+\infty} f(x)\,\mathrm{d}x$ 收敛时, 我们不知道保证 $f(+\infty) = 0$ 的充分必要条件是什么. 但若有 $f \in C[a, +\infty)$, 则在积分收敛时, 条件 $f(+\infty) = 0$ 等价于 f 在 $[a, +\infty)$ 上一致连续 (参见例题 5.4.6).

此外下面的一个结论也是基本的, 它表明虽然极限 $f(+\infty)$ 不一定存在, 但若将数列的极限点概念 (3.6.1 小节) 推广到函数极限, 则当连续被积函数的无穷限广义积分收敛时, 必有一个极限点是 0.

例题 12.4.3 设 $f \in C[a, +\infty)$, 且 $\int_a^{+\infty} f(x)\,\mathrm{d}x$ 收敛, 则存在数列 $\{x_n\} \subset [a, +\infty)$, 满足条件

$$\lim_{n\to\infty} x_n = +\infty, \quad \lim_{n\to\infty} f(x_n) = 0.$$

证 根据广义积分收敛的条件得到

$$\lim_{n\to\infty} \int_n^{n+1} f(x)\,\mathrm{d}x = 0.$$

对上面的积分用积分第一中值定理, 并且用 x_n 记其中的中值, 就有

$$\lim_{n\to\infty} f(x_n) = 0,$$

这时 $x_n \in (n, n+1)$. 因此 $\{f(x_n)\}$ 是无穷小量, 而 $\{x_n\}$ 是正无穷大量. $\quad\square$

注 可以进一步证明存在数列 $\{x_n\} \subset [a, +\infty)$, 满足条件 $\lim_{n\to\infty} x_n = +\infty$, $\lim_{n\to\infty} x_n f(x_n) = 0$. 见下面的练习题 6.

12.4.2 练习题

1. 设 f 于 $[a, +\infty)$ 上可导, f' 内闭可积, 且广义积分 $\int_a^{+\infty} f(x)\,\mathrm{d}x$ 和 $\int_a^{+\infty} f'(x)\,\mathrm{d}x$ 都收敛, 证明: $\lim_{x\to+\infty} f(x) = 0$.

2. 设函数 $f(x)$ 在 $[a, +\infty)$ 上有有界的导函数且无穷限积分 $\int_a^{+\infty} f(x)\,\mathrm{d}x$ 收敛, 证明: $\lim_{x\to+\infty} f(x) = 0$.

3. 举例说明例题 12.4.2 之逆不成立, 也就是说, 当函数 f 在 $[a, +\infty)$ 上单调, 且满足条件 $\lim_{x\to+\infty} xf(x) = 0$ 时, 广义积分 $\int_a^{+\infty} f(x)\,\mathrm{d}x$ 仍可能发散.

4. 若 $\int_a^{+\infty} f(x)\,\mathrm{d}x$ 收敛, 且 $xf(x)$ 单调, 证明: $\lim_{x\to+\infty} xf(x)\ln x = 0$.

5. 设函数 f 在 $[a, +\infty)$ 上可微且无穷限积分 $\int_a^{+\infty} f(x)\,\mathrm{d}x$ 收敛, 证明: 存在数列 $\{x_n\}$, 使 $\lim_{n\to\infty} x_n = +\infty$, $\lim_{n\to\infty} f'(x_n) = 0$.

6. (1) 设 $f \in C[a, +\infty)$, 且 $\int_a^{+\infty} |f(x)| \, \mathrm{d}x$ 收敛, 证明存在数列 $\{x_n\} \subset [a, +\infty)$, 满足条件 $\lim\limits_{n \to \infty} x_n = +\infty$, $\lim\limits_{n \to \infty} x_n f(x_n) = 0$;

 (2) 证明在 $f \in C[a, +\infty)$, 且 f 在 $[a, +\infty)$ 上的广义积分为条件收敛时有与 (1) 同样的结论;

 (3) 问: 在 f 不满足连续条件时结论是否成立? 根据 f 在 $[a, +\infty)$ 上的广义积分为绝对收敛和条件收敛分别讨论.

§12.5 对于教学的建议

12.5.1 学习要点

1. 在很多教科书中, 无穷限积分与无界积分的定义、性质、敛散性判别和计算等都是分成两部分来讲授的. 这样做必然会使得可以统一的许多结果必须分成两次重复叙述了. 我们倾向于将它们放在一起叙述, 而在需要分开的地方再分开叙述, 这样不但可以精简文字, 而且可以突出两类广义积分的异同之处.

2. 广义积分的许多敛散性判别法与数项级数的敛散性判别法是平行的, 例如比较判别法、Cauchy 收敛准则、Abel 判别法与 Dirichlet 判别法等. 这在学了级数之后就非常清楚. 如果所用教材中数项级数的讲授安排在广义积分之前, 则应当加入这方面的例题和练习题.

3. **对习题课的建议** 广义积分内容在各种数学分析教科书中所占篇幅一般不多, 因此主要的训练内容集中在敛散性判别法上, 而关于计算和估计就比较少. 但是从目前考研的情况来看, 在常义积分方面的每种题型都可能在广义积分中出现. 因此我们在参考题中较多地收入了这方面的题, 希望引起注意. 在这方面较有特色的不仅有传统题, 也有过去注意不多的题. 前者如用代换 $x = t - 1/t$ 解决积分

$$\int_0^{+\infty} \frac{1}{1+x^4} \, \mathrm{d}x = \int_0^{+\infty} \frac{x^2}{1+x^4} \, \mathrm{d}x = \frac{1}{2} \int_0^{+\infty} \frac{1+x^2}{1+x^4} \, \mathrm{d}x$$

的计算, 后者如第一组参考题 1, 2, 第二组参考题 7, 8.

12.5.2 参考题

第一组参考题

1. 证明: 对于任何实数 α, 成立恒等式

$$\int_0^{+\infty} \frac{\mathrm{d}x}{(1+x^2)(1+x^\alpha)} = \int_1^{+\infty} \frac{\mathrm{d}x}{1+x^2} = \frac{\pi}{4},$$

并计算以下积分:

(1) $\int_0^{+\infty} \dfrac{\mathrm{d}x}{(1+x^2)(1+x^6)}$;

(2) $\int_0^{\pi/2} \dfrac{\mathrm{d}x}{1+\tan^{100}x}$.

2. 证明 (或改进) 对以下广义积分的估计:

(1) $\dfrac{1}{29} < \int_1^{+\infty} \dfrac{x^{30}+1}{x^{60}+1}\,\mathrm{d}x < \dfrac{1}{29}+\dfrac{1}{59}$;

(2) $\dfrac{\pi}{10} < \int_0^2 \dfrac{\mathrm{d}x}{(4+\sqrt{\sin x})\sqrt{4-x^2}} < \dfrac{\pi}{8}$;

(3) $\dfrac{1}{30} < \int_2^{+\infty} \dfrac{\sqrt{x^3-x^2+3}}{x^5+x^2+1}\,\mathrm{d}x < \dfrac{\sqrt{2}}{20}$;

(4) $0.009\,9 < \int_0^{+\infty} \dfrac{\mathrm{e}^{-x}}{x+100}\,\mathrm{d}x < 0.01$.

3. 设 f 在 $(-\infty,+\infty)$ 上内闭可积, $p \geqslant 1$, 且 $|f|^p$ 在 $(-\infty,+\infty)$ 上可积, 证明:

$$\lim_{h\to 0}\int_{-\infty}^{+\infty} |f(x+h)-f(x)|^p\,\mathrm{d}x = 0.$$

4. 设 f,g 在 $(-\infty,+\infty)$ 上内闭可积, $p > 1$, 且 $|f|^p$, $|g|^{p/(p-1)}$ 在 $(-\infty,+\infty)$ 上可积, 证明: 函数

$$I(t) = \int_{-\infty}^{+\infty} f(x+t)g(x)\,\mathrm{d}x$$

在 $(-\infty,+\infty)$ 上连续.

5. 设 $f \in C^1[a,+\infty)$, 单调减少, 且 $f(+\infty)=0$, 证明: 广义积分 $\int_a^{+\infty} f(x)\,\mathrm{d}x$ 收敛的充分必要条件是 $\int_a^{+\infty} xf'(x)\,\mathrm{d}x$ 收敛.

6. 设 f 在 $[a,+\infty)$ 上为内闭可积的正函数, 且有 $\lim\limits_{x\to+\infty} \dfrac{\ln f(x)}{\ln x} = p$, 则当 $-\infty \leqslant p < -1$ 时, 积分 $\int_a^{+\infty} f(x)\,\mathrm{d}x$ 收敛, 而当 $-1 < p \leqslant +\infty$ 时, 积分 $\int_a^{+\infty} f(x)\,\mathrm{d}x$ 发散.

7. 证明: $\int_1^{+\infty}\left(\dfrac{1}{[x]}-\dfrac{1}{x}\right)\mathrm{d}x = \gamma$, 其中 γ 是 Euler 常数 (见 2.5.3 小节).

8. 判别广义积分 $\int_0^{+\infty}\left[\left(1-\dfrac{\sin x}{x}\right)^{-\frac{1}{3}}-1\right]\mathrm{d}x$ 的收敛性与绝对收敛性.

9. 讨论以下带有参数的广义积分的敛散性, 确定使得积分绝对收敛、条件收敛和发散的参数范围:

$$(1) \int_0^{+\infty} \frac{x^p}{1 + x^q \left| \sin x \right|^r} \, \mathrm{d}x \ (p, q, r > 0); \qquad (2) \int_1^{+\infty} \frac{\sin x \cos \frac{1}{x}}{x^p} \, \mathrm{d}x.$$

10. 设 f 在 $[a, +\infty)$ 上为单调有界, 广义积分 $\int_a^{+\infty} f(x) \sin px \, \mathrm{d}x$ 在 $p > 0$ 时收敛, 证明:

$$\lim_{p \to +\infty} \int_a^{+\infty} f(x) \sin px \, \mathrm{d}x = 0.$$

11. 设 $f \in C[0, +\infty)$, 广义积分 $\int_0^{+\infty} \varphi(x) \, \mathrm{d}x$ 绝对收敛, 证明:

$$\lim_{n \to \infty} \int_0^{\sqrt{n}} f\left(\frac{x}{n} \right) \varphi(x) \, \mathrm{d}x = f(0) \int_0^{+\infty} \varphi(x) \, \mathrm{d}x.$$

12. 设 f 在 $(-\infty, +\infty)$ 上绝对可积, 证明:

$$(1) \ \lim_{n \to \infty} \int_{-\infty}^{+\infty} f(x) \sin nx \, \mathrm{d}x = 0;$$

$$(2) \ \lim_{n \to \infty} \int_{-\infty}^{+\infty} f(x) |\sin nx| \, \mathrm{d}x = \frac{2}{\pi} \int_{-\infty}^{+\infty} f(x) \, \mathrm{d}x.$$

13. 在常义积分的积分第二中值定理的基础上, 证明**广义积分第二中值定理**: 设广义积分 $\int_a^b g(x) \, \mathrm{d}x$ 收敛 (奇点为 a 或 b, 或者 a 和 b 都是奇点), 如果 f 在 (a, b) 上单调有界, 则存在 $\xi \in [a, b]$, 使

$$\int_a^b f(x) g(x) \, \mathrm{d}x = f(a^+) \int_a^\xi g(x) \, \mathrm{d}x + f(b^-) \int_\xi^b g(x) \, \mathrm{d}x.$$

14. 设广义积分 $\int_1^{+\infty} f(x) \, \mathrm{d}x$ 收敛. 证明: 存在 $\xi \in (1, +\infty)$, 使得

$$\int_1^{+\infty} x^{-1} f(x) \, \mathrm{d}x = \int_1^\xi f(x) \, \mathrm{d}x.$$

15. 设 $a > 0$, f 在 $[a, +\infty)$ 上平方可积, 证明: 积分 $\int_a^{+\infty} \frac{f(x)}{x} \, \mathrm{d}x$ 收敛.

16. 在 $x > 0$ 时定义特殊函数 $\Gamma(x) = \int_0^{+\infty} t^{x-1} \mathrm{e}^{-t} \, \mathrm{d}t$, 证明:

$$(1) \ \Gamma(x) < +\infty, \forall x > 0; \qquad\qquad (2) \ \Gamma(x+1) = x\Gamma(x);$$

$$(3) \ \Gamma(1) = 1, \ \Gamma(n+1) = n!, \forall n \in \mathbf{N}_+; \qquad (4) \ \Gamma\left(\frac{1}{2} \right) = \sqrt{\pi}.$$

(从 (3) 可见 $\Gamma(x)$ 是阶乘 $n!$ 的连续化. 这在一定条件下是唯一的, 见下册 §23.3 对 $\Gamma(x)$ 的介绍和命题 23.3.1, 或参见 [14, 55].)

第二组参考题

1. 先证明不等式 (12.8), 然后由

$$\int_0^1 (1-x^2)^n\,\mathrm{d}x \leqslant \int_0^{+\infty} \mathrm{e}^{-nx^2}\,\mathrm{d}x \leqslant \int_0^{+\infty} \frac{\mathrm{d}x}{(1+x^2)^n}$$

出发, 用夹逼方法计算概率积分.

2. (**Gordon 不等式**) 证明: 函数 $f(x) = \mathrm{e}^{\frac{x^2}{2}} \int_x^{+\infty} \mathrm{e}^{-\frac{t^2}{2}}\,\mathrm{d}t$ 在 $x > 0$ 时严格单调减少, 且成立

$$\frac{x}{x^2+1} < f(x) < \frac{1}{x}.$$

3. 设 $f \in C[0, +\infty)$ 且平方可积, 令 $g(x) = \int_0^x f(t)\,\mathrm{d}t$, 证明: $\dfrac{g(x)}{x}$ 在 $[0, +\infty)$ 上平方可积, 且成立

$$\int_0^{+\infty} \frac{g^2(x)}{x^2}\,\mathrm{d}x \leqslant 4\int_0^{+\infty} f^2(x)\,\mathrm{d}x.$$

4. 设 f 在 $[0, +\infty)$ 上二阶可微, f 和 f'' 在这个区间上均平方可积, 证明: f' 在这个区间上也平方可积.

5. 设 $f \in C^1[0, +\infty)$, 且 $xf(x)$ 和 $f'(x)$ 在这个区间上均平方可积, 证明:

(1) f 也在这个区间上平方可积;

(2) 成立不等式

$$\int_0^{+\infty} f^2(x)\,\mathrm{d}x \leqslant 2 \left(\int_0^{+\infty} x^2 f^2(x)\,\mathrm{d}x \right)^{\frac{1}{2}} \left(\int_0^{+\infty} [f'(x)]^2\,\mathrm{d}x \right)^{\frac{1}{2}};$$

(3) 在上述不等式中成立等号的充分必要条件是 $f(x) = a\mathrm{e}^{-bx^2}$, 其中 $b > 0$.

6. 问 a, b 是怎样的正实数时, 广义积分

$$\int_0^{+\infty} \left(\sqrt{\sqrt{x+a} - \sqrt{x}} - \sqrt{\sqrt{x} - \sqrt{x-b}} \right) \mathrm{d}x$$

是收敛的?

7. 设有理函数 $f(x) = P(x)/Q(x)$ 在 $(-\infty, +\infty)$ 上可积, 证明:

$$\int_{-\infty}^{+\infty} \frac{P(x)}{Q(x)} \, \mathrm{d}x = 2\pi \mathrm{i} \sum_k A_k,$$

其中 A_k 是有理函数 f 的部分分式分解中 $1/x_k$ 项的系数, x_k 是分母 $Q(x)$ 的零点, 和式只对虚部大于 0 的 x_k 求和. 当 x_k 为单根时, 有简单公式 $A_k = P(x_k)/Q'(x_k)$.

8. 应用上题的结果于下列各小题:

(1) 证明: 对 $n \in \mathbf{N}_+$ 成立 $\displaystyle\int_{-\infty}^{+\infty} \frac{1}{1 + x^{2n}} \, \mathrm{d}x = \frac{\pi}{n} \csc \frac{\pi}{2n}$;

(2) 证明: 若 $n, m \in \mathbf{N}_+$ 满足条件 $2m + 1 < 2n$, 则成立

$$\int_{-\infty}^{+\infty} \frac{x^{2m}}{1 + x^{2n}} \, \mathrm{d}x = \frac{\pi}{n} \csc \frac{(2m+1)\pi}{2n};$$

(3) 计算积分: (a) $\displaystyle\int_0^{+\infty} \frac{x^{50}}{x^{100} + 1} \, \mathrm{d}x$, (b) $\displaystyle\int_0^{+\infty} \frac{x^{30} + 1}{x^{60} + 1} \, \mathrm{d}x$.

9. 设 f 是 $(-\infty, +\infty)$ 上的非负函数, 且满足以下条件:

$$\int_{-\infty}^{+\infty} f(x) \, \mathrm{d}x = 1, \quad \int_{-\infty}^{+\infty} x f(x) \, \mathrm{d}x = 0, \quad \int_{-\infty}^{+\infty} x^2 f(x) \, \mathrm{d}x = 1,$$

证明:

(1) 在 $x > 0$ 时, 成立 $\displaystyle\int_{-\infty}^{x} f(t) \, \mathrm{d}t \geqslant \frac{x^2}{1 + x^2}$;

(2) 在 $x < 0$ 时, 成立 $\displaystyle\int_{-\infty}^{x} f(t) \, \mathrm{d}t \leqslant \frac{1}{1 + x^2}$.

(本题是概率论中的基本不等式, 且不能再改进 (见 [30]). 它表明期望与方差有限的连续随机变量的分布函数 (在标准化之后) 所必须满足的限制.)

10. 设 $p > 0$, 定义

$$g(x) = \begin{cases} p\left[\dfrac{x}{p}\right] + \dfrac{p}{2}, & x \geqslant 0, \\[2mm] -g(-x), & x < 0. \end{cases}$$

证明: 对所有 x, 成立

$$\frac{p}{2\pi} \int_{-\infty}^{+\infty} \sum_{n=-[x/p]}^{[x/p]} \frac{\sin\left(n + \frac{1}{2}\right) p\,t}{\sin \frac{1}{2} p\,t} \cdot \frac{\sin xt}{t} \, \mathrm{d}t = \frac{1}{2}[g(x^+) + g(x^-)].$$

参 考 题 提 示

第二章 数列极限

第一组参考题 (55 页)

1. 设前两个子列收敛于 α 和 β, 利用第三个条件取适当的子列证明 $\alpha = \beta$.

2. 利用单调有界数列收敛定理和上一题的结论.

3. 用极限的和差运算法则即可.

4. 试用反证法.

5. 试用夹逼定理.

6. 将 n 写成素数因子的乘积, 由此对 $p(n)$ 作出估计.

7. 用拟合法 (参考例题 2.4.3 及其注 1). 答案为 0.

8. 利用 $0 < k < 1$ 和 $x > 0$ 时成立的不等式 $(1+x)^k < 1 + x$.

9. (1) 答案是不一定收敛, 甚至可以是无穷大量; (2) 用反证法, 并利用例题 2.2.6.

10. (1) 用反证法, 注意至少从某项开始, $\{a_n\}$ 是递增的; (2) 用反证法, 对 a_n 作出估计.

11. 可用数学归纳法.

12. 可用数学归纳法.

13. (1) 可用数学归纳法; 由 (1) 即可得 (2); 对于 (3), 可模仿命题 2.5.4 对误差作出估计.

14. 证明数列递减且有下界. 此题今后还可用积分法做 (见第十一章第一组参考题 10).

15. 将 $\dfrac{a_n}{n}$ 用算术平均值表示出来.

16. 可用夹逼定理, 也可取对数后用 Stolz 定理. (此题还可以推广: 设 $a_n > 0$, $a_{n+1}/a_n \to a$, 则有 $(a_1 a_2 \cdots a_n)^{1/n^2} \to \sqrt{a}$. 用两次 Stolz 定理即可.)

17. 注意 $\{x_n\}$ 至少从第二项起大于 0. 证明 $\{x_n\}$ 单调增加有上界. 极限为 $1/2$.

18. 此题解法非常多. 一种方法是归纳地证明 $a_{2k} \searrow$, $a_{2k-1} \nearrow$, 且有相同极限. 答案为 $(b + 2c)/3$.

19. 注意对每个 n 成立 $a_n + b_n + c_n = a + b + c = A$. 答案为 $A/3$.

20. (1) 证明 $b_n \nearrow$, $a_n \searrow$, 且有相同极限; (2) 在题中已有提示. 极限 $\lim\limits_{n \to \infty} n \sin \dfrac{\pi}{n} = \pi$ 可从命题 1.3.6 的不等式得到.

第二组参考题 (57 页)

1. 有很多方法可以证明 $\{a_n\}$ 有界, 其中较有推广价值的一种方法是先利用

$$\sqrt{n - 1 + \sqrt{n}} \leqslant \sqrt{n - 1 + 2\sqrt{n-1} + 1} = \sqrt{n-1} + 1,$$

然后用 $\sqrt{n-1} < 2\sqrt{n-2} \ (n \geqslant 3)$ 从里向外将根号逐个脱去.

2. 将左边开, 并利用一个辅助不等式 (见 1.3.2 小节的练习题 1(3)):

$$\left(1 - \frac{1}{2}\right)\left(1 - \frac{1}{3}\right) \cdots \left(1 - \frac{1}{k}\right) \geqslant 1 - \frac{1}{2} - \frac{1}{3} - \cdots - \frac{1}{k}.$$

3. 利用命题 2.5.4 和夹逼定理. 答案为 2π.

4. 利用命题 2.5.6. 答案为 e.

5. 用两次 Stolz 定理. 答案为 1/2.

6. (1) 用二项式定理; (2) 取对数后用两次 Stolz 定理.

7. 作 Abel 变换 (见下册 (13.21)): 用 $a_1 = A_1, a_k = A_k - A_{k-1}, k = 2, 3, \cdots, n$, 整理得到
$$\frac{p_1 a_1 + p_2 a_2 + \cdots + p_n a_n}{p_n} = \frac{(p_1 - p_2)A_1 + (p_2 - p_3)A_2 + \cdots + (p_{n-1} - p_n)A_{n-1}}{p_n} + A_n.$$
若 $\{p_n\}$ 严格单调增加, 对右边第一项用 Stolz 定理即可; 否则用 Cauchy 命题的证明方法, 或用下面题 10 提供的 Toeplitz 定理.

8. 先证明 $\lim\limits_{n \to \infty} \sum\limits_{i=1}^{n} a_i^2 = +\infty$, 然后再用 Stolz 定理计算 $\lim\limits_{n \to \infty} n a_n^3$.

9. 先找出 u_n 与 u_{n+1} 的关系. 由此可知, 若 $u_0 > 0$, 则每个 $u_n > 0$, 数列 $\{u_n\}$ 严格单调减少趋于 0. 用 Stolz 定理证明 $u_n \sim \dfrac{1}{n}$, 引出矛盾.

10. 用 Cauchy 命题的证明方法即可.

11. 将 $\dfrac{a_n}{b_n}$ 用 $\dfrac{a_i - a_{i-1}}{b_i - b_{i-1}}$ $(i = 2, 3, \cdots, n)$ 的线性组合表示出来.

12. 试用拟合法 (参考例题 2.4.3).

13. 先推出 $\lim\limits_{n \to \infty} y_n = 0$ (参见例题 2.2.9), 然后用 Cauchy 命题的证明方法. 反例可考虑 $x_n = y_n = 1/\sqrt{n}, n \in \mathbf{N}_+$.

14. 可以直接写出 $\{x_n\}$ 的表达式, 然后用上一题的结论. 本题的其他解法见例题 3.6.3.

15. 可求出通项 a_n 的表达式. 答案是 $a_0 = 1/5$.

16. 分别考虑奇数项子列和偶数项子列, 证明它们均收敛于 2.

17. 试作变量代换 $y_0 = x + x^{-1}$, 然后用 x 将 y_n 和 S_n 表示出来.

18. 用迭代生成数列一节的结论即可. (关于函数性质的讨论可以在学了微分学后再做.)

19. 注意 $b = 1 + \sqrt{5}$ 时 $\{x_n\}$ 本身恰为一个周期 2 轨.

20. 本题有多种证法, 这里提示两种.

(1) 记 n 维空间 $\mathbf{R}^n$ 中的点 $\boldsymbol{x} = (x_1, x_2, \cdots, x_n)$, 证明对点 $\boldsymbol{x}$ 反复作题示的线性变换的极限是每个分量等于 $x_1, x_2, \cdots, x_n$ 的平均值 $\overline{x}$ 的点. 写出线性变换的矩阵 $\mathbf{A}$, 计算出其特征方程, 即可发现所有特征值均匀分布在复平面上以点 $(1/2, 0)$ 为圆心, 半径为 $1/2$ 的圆周上, 其中有一个单重特征值 1, 其余特征值的模均小于 1, 由此可以计算得到 $\lim\limits_{k \to \infty} \mathbf{A}^k \boldsymbol{x} = \overline{x} \boldsymbol{e}$, 其中 $\boldsymbol{e} = (1, 1, \cdots, 1)$.

(2) 令 $f(\varepsilon) = x_1 + x_2 \varepsilon + \cdots + x_n \varepsilon^{n-1}$, $f^{(k)}(\varepsilon) = x_1^{(k)} + x_2^{(k)} \varepsilon + \cdots + x_n^{(k)} \varepsilon^{n-1}$, $k \in \mathbf{N}_+$, 其中 ε 是 1 的 n 次原根 (即 ε^i, $i = 0, 1, \cdots, n-1$, 给出了方程 $x^n = 1$ 的所有 n 个根). 这样就可以得到 $f^{(k)}(\varepsilon) = f(\varepsilon)(1 + \varepsilon)^k/2^k$. 由此将 $x_i^{(k)}$ $(i = 1, 2, \cdots, n)$ 写为 $x_1, x_2, \cdots, x_n$ 的线性组合, 可以发现问题归结为证明在二项式系数 $1, C_k^1, C_k^2, \cdots, C_k^k$ 中将相隔 n 项的各项取和后除以 2^k, 当 $k \to \infty$ 时极限均为 $\dfrac{1}{n}$. (参见 [19] 之题 77.)

第三章　实数系的基本定理

第一组参考题 (95 页)

1. 用凝聚定理等工具即可.

2. 与上一题类似.

3. 参考例题 3.7.1 的某一个证明. 举例说明, 开区间上的无界函数未必有这样的性质.

4. 用闭区间套定理或其他等价工具.

5. 与原证明无本质不同. 参考例题 3.6.1 的几个证明.

6. 与正文内容基本平行. 可先对有界数列证明.

7. 与题 5 类似.

8. 考虑子列中的收敛子列就够了.

9. 只要证明存在无穷多个 n, 使得 $\dfrac{1+x_{n+1}}{x_n} > 1 + \dfrac{1}{n}$. 然后用反证法.

10. 与上题类似.

第二组参考题 (96 页)

1. 本题的意义是: 在用公理化方法建立实数系时, 若取确界存在定理的结论为公理, 则 Archimedes 公理不再是一条独立的公理.

2. 试用实数系的某一个基本定理来证明.

3. 试用实数系的某一个基本定理来证明.

4. 需要确定一个闭区间, 使得在这个区间上压缩常数较易估计.

5. 可试用 $y_n = -x_n, n \in \mathbf{N}_+$.

6. (1) 试从几何上考虑如何归纳地找出所要的项; (2) 用反证法.

7. 参考例题 3.6.3 的证明方法. (第二章第二组参考题 14 是本题的特例.)

8. 参考例题 3.6.3 的证明方法.

9. 为了证明 $\{\sin n\}$ 在 $[-1, 1]$ 中稠密, 可定义 $a_n \equiv n \bmod 2\pi, n \in \mathbf{N}_+$, 先证明数列 $\{a_n\}$ 在 $[0, 2\pi]$ 中稠密.

10. 利用几何直观: 数列 $\{x_n\}$ 的项在 n 增加时既要到 l 邻近, 又要到 L 邻近, 而且前后两项之差趋于 0, 因此一定会无限多次进入在 (l, L) 中的任意一个邻域中去.

第四章   函数极限

参考题 (122 页)

1. 利用单调性与单侧极限定义.

2. 用极限定义即可.

3. 必要性无问题. 充分性在作了修改 (1) 和 (2) 后仍成立. 但对于推论来说, 情况不同. (1) 不行; (2) 可以.

4. 只能说阶小于 1/2, 但不是 1/2.

5. 这里 $a > 1$ 和 $a < 1$ 是不一样的. 答案为 $\max\{a, 1\}$.

6. (1) 除以 x 后求极限即可. (2) 类似.

7. 记极限为 $p(n)$, 求出递推关系. 答案为 $p(n) = \dfrac{n(n^2 - 1)}{6}$.

8. 直接验证即可 ($D(x)$ 的定义见 4.1.5 小节题 10).

9. (1) 和 (2) 均与例题 5.1.1 类似.

10. 与上一题类似, 稍难一点.

11. 对 $a > 1$ 有 $k \geqslant 0$, 使 $2^k \leqslant a < 2^{k+1}$, 然后利用条件. 对 $0 < a < 1$ 可化为前一情况.

12. 这是数列极限中的 Cauchy 命题的推广, 证明方法相同.

13. 与上一题类似.

14. 这是数列极限中的 $\frac{*}{\infty}$ 型的 Stolz 定理的推广, 并包含了前两题.

15. 本题比 4.4.4 小节题 2 难一点, 需要用 Cauchy 命题的证明方法.

第五章　连续函数

第一组参考题 (153 页)

1. 构造辅助函数 $F(x) = f(x+a) - f(x), 0 \leqslant x \leqslant 1-a$.

2. 与上一题类似, 但注意两个题的条件和结论均不相同.

3. 请先作图.

4. 充要条件为有界. 对充分性证明可用反证法. 两个极限是类似的.

5. (1) 可直接证, (2) 可作辅助函数 $F(x) = f(x) - x$.

6. 可证明 $\{c_n\}$ 严格单调.

7. 学习例题 5.1.4 的方法.

8. 试用反证法.

9. 作辅助函数 $g(x) = f(x+\lambda) - f(x)$, 试证明: $\forall \varepsilon > 0, \forall M > 0, \exists x > M$, 使得 $|g(x)| < \varepsilon$.

10. 任取 $x < y$, 在两点之间插入足够多的等距分布的点, 用以估计 $|f(x) - f(y)|$. 此外, 在学了微分学后有更容易的解法. (从本题可知, 在文献中若提到带指数的 Lipschitz 条件时, 总假定其中的指数不大于 1.)

11. 能否从 Dirichlet 函数学到点什么?

12. 利用一致连续性. (本题有重要的意义, 即可以用简单的分段线性连续函数来一致逼近任何给定的连续函数.)

13. 试用反证法.

14. 严格单调性是明显的. 试从几何观察来设计一个证明方法.

15. 前半题可用反证法. 后半题的答案是否定的. 例如考虑 Dirichlet 函数.

16. 直接按定义证即可.

17. 与连续性的两个定义的等价性证明类似.

18. 与上题类似.

19. 按定义证明即可.

20. 可以从几何上考虑 $y = f(x)$ 的图像, 理解为什么会有这样的"线性估计"?

第二组参考题 (154 页)

1. 再强调一次, 这里的 7 个小题都不要很多知识, 有连续函数的零点存在定理就够了. 关键在于发挥你的想像力.

2. 可用数学归纳法. 其中第二步假设结论对 $n-1$ 已成立. 首先在区间 $[0, n]$ 内找出点 x_0, 使得 $f(x_0) = f(x_0 + 1)$ (这与第一组参考题 2 相同). 然后挖掉子区间 $[x_0, x_0 + 1]$ 而将 f 在 $[0, x_0]$ 和 $[x_0 + 1, n]$ 上的两段衔接成为区间 $[0, n-1]$ 上的一个函数. 对它用归纳假设, 从而可以实现数学归纳法的第二步.

3. 在题 (1) 中可试用反证法和凝聚定理; (2) 以 (1) 为基础, 例如取 $\varepsilon_n = \dfrac{1}{n}, n \in \mathbf{N}_+$.

4. 有了上一个题的结论本题就很容易了.

5. 本题的结论很有趣: (1) 答案是不存在 (请证明); (2) 答案是存在 (请举例).

6. 设法将问题转化为熟知的函数方程 $f(x+y) = f(x) + f(y)$.

7. 试用反证法. (如将条件 $f(f(x)) \equiv x$ 中 f 的两次迭代改为 n 次, 结论仍然成立.)

8. 结论是 $k \geqslant 0$.

9. 可从证明 f 一定是严格单调增加函数着手.

10. 注意: $M(x)$ 和 $m(x)$ 都是单调函数. 证明前先作草图观察这两个函数有什么特点.

11. 可试用 Lebesgue 方法.

12. 用闭区间套定理或其他工具均可.

13. 本题中的连续性条件是本质的, 但还可以减弱, 见 [59] 第一册 73 页之命题 6.1. 还可以注意: 在《数学通报》(1965) 第 5 期和《美国数学月刊》(1957) 第 64 卷 598–599 页上均有讨论, 指出两个周期不可公约的周期函数之和仍有可能为周期函数.

14. 注意 f 和 g 的周期未必相同.

15. 充分性容易. 证明必要性时可以考虑在 x 和 y 之间插入多个等分点.

16. 可试用 Lebesgue 方法.

17. 可试用闭区间套定理.

18. 可以学习命题 5.5.2 中的方法.

19. 可以先建立一个中间结果: 对于 $\varepsilon > 0$, 存在某个正整数 k 和某个 (非退化) 闭区间 $[a, b]$, 使得对 $n \geqslant k$ 和 $x \in [a, b]$ 成立 $|f(nx)| \leqslant \varepsilon$ (用反证法和闭区间套定理即可).

20. 用反证法. 这时设有两个极限点 $\xi_1 < \xi_2$. 根据第三章第二组参考题 10, 区间 (ξ_1, ξ_2) 中每个点都是极限点. 只需证明它们都是 f 的不动点. (本题的第一个证明见《美国数学月刊》(1976) 第 83 卷 273 页. 此外还可看该杂志 (1980) 第 87 卷 748–749 页.)

第六章 导数与微分

第一组参考题 (181 页)

1. 本题完全是巧用导数定义.

2. 将 $f(x)$ 拆成简单分式后求导.

3. 先取对数, 用 Heine 归结原理化为导数计算问题.

4. f 是常值函数. 用三角公式即可.

5. 用无穷小增量公式 (6.1). 答案为 $\dfrac{1}{2} f'(0)$.

6. (1) $\dfrac{1}{2}$; (2) $\sqrt{e}$.

7. 将 f 拆成适当的两项后求导.

8. 试用数学归纳法.

9. 用微分法更方便一些.

10. 与上题类似.

11. 焦点可以倒用题意来确定.

12. 与上题类似, 但计算可能复杂一些.

13. 证明不难. 注意本题解释了曳物线的实际意义.

14. 必要性就是正文中的例题 6.1.4.

15. 用 Leibniz 公式或数学归纳法均可.

16. 先考虑 $a_n \neq 0$ 的情况.

17. 可以借用 6.1.4 之题 6 中的公式.

18. 试用凝聚定理.

19. 想出这些结果不容易, 用数学归纳法证明不难.

20. 试用数学归纳法.

第二组参考题 (183 页)

1. (1) 用 Euler 公式 $e^{ix} = \cos x + i\sin x$ 计算 $e^{ix} + e^{2ix} + \cdots + e^{nix}$ 的实部和虚部较为方便. (2) 在 (1) 的基础上求导. (Euler 公式的证明可以留到今后解决, 但不必因为尚未证明而在数学分析教学中不敢用它.)

2. 在有理点上 $R(x)$ 不连续, 因此只要对 x_0 为无理点时证明 $R(x)$ 不可导. 对每个正整数 q, 总有整数 p, 使 $\dfrac{p}{q} < x_0 < \dfrac{p+1}{q}$. 然后估计差商.

3. 先作图猜出结论, 然后设法写出证明. (总是先要有结论, 然后才去证明它, 否则证明什么? 当然结论可能猜错, 那就重新再来过.)

4. 直接计算即可.

5. 用数学归纳法即可. 但本题还有其他捷径.

6. 可以用 $(u+v+w)^n = \sum\limits_{\substack{0 \leqslant i,j,k \leqslant n \\ i+j+k=n}} \dfrac{n!}{i!j!k!} u^i v^j w^k$ 为样板.

7. 注意导函数是线性的, 因此最大值在边界达到.

8. 引入 $f_m(x) = \sum\limits_{k=1}^{n} (-1)^k \binom{n}{k} k^m x^{k-1}$, $m = 1, 2, \cdots, n$. 发现它们之间的递推关系.

9. 可先用 Leibniz 公式写出 $\dfrac{f^{(n)}\left(\dfrac{1}{n}\right)}{n!} = \ln\left(\dfrac{1}{n}\right) + g(n)$. 然后证明 $g(n) = 1 + \dfrac{1}{2} + \cdots + \dfrac{1}{n}$. 答案为 Euler 常数 γ.

10. 注意要证明 $f'(0)$ 存在. 也可利用第四章参考题 15 的结果.

11. 令 $z = (1 - \sqrt{x})^{2n+2}$, 证明 $z^{(n)}(1) = 0$, 然后计算 $y^{(n)}(1) = (y+z)^{(n)}(1)$.

12. Schwarz 导数是在复分析中较老的概念, 但自 1978 年后出人意料地在混沌研究中得到重要的应用. 本题的各小题计算均不难.

第七章 微分学的基本定理

第一组参考题 (221 页)

1. 仿例题 7.1.2.
2. 令方程左边为 $f(x)$, 分析 $f'(x)$, 讨论 f 的单调性.
3. 与上题的方法类似.
4. 试作辅助函数 $F(x) = \mathrm{e}^{-kx}f(x)$.
5. 试用数学归纳法.
6. (1) 试作辅助函数 $F(x) = f^2(x)f(1-x)$; (2) 类似.
7. 先从几何意义搞清楚本题要证明什么?
8. 与上一题类似.
9. 这 4 小题都可用于复习在例题 7.1.3 中的方法.
10. 设法用 Cauchy 中值定理.
11. 实际上与题 9 类似.
12. 试用反证法.
13. 可用 Cauchy 中值定理和函数 $\sqrt{x}$ 在 $[0, +\infty)$ 上一致连续.
14. 可用第四章参考题 12. 本题是下一章的 L'Hospital 法则的特例.
15. 设法利用例题 7.1.5 的结论.
16. 设 $0 < x < 2$, 写出 $f(0), f(2)$ 在点 x 处的 Taylor 展开式.
17. 注意在例题 7.2.5 中只能用 $t > 0$ 作估计. (在 [59] 第一册 332 页对本题给出了一个有强烈几何直观意义的证明.)
18. 在 $(0, a)$ 中的最大值点当然是极大值点, 因此在该点的导数为 0. 如何利用这个条件?

第二组参考题 (223 页)

1. 若 $f' \in C[a,b]$, 则用 Lagrange 中值定理即可. 本题的意义在于对导函数来说, 连续性的要求不是必要的.
2. 可研究辅助函数 $g(x) = f(x) - \dfrac{1}{1+x^2}$.
3. 试用变换 $y = \dfrac{1}{x}$ 后再作合适的辅助函数.
4. 用反证法. 若 f'' 无零点, 则保号. 然后用 Taylor 公式导出矛盾.
5. 考虑本题的几何意义. 可试用辅助函数
$$F(x) = \begin{cases} \dfrac{f(x)-f(a)}{x-a}, & a < x \leqslant b, \\ f'(a), & x = a. \end{cases}$$
6. 试用辅助函数 $F(x) = [f(x)-f(a)] \cdot \mathrm{e}^{-\frac{x}{b-a}}$.
7. 可以只考虑 $\alpha > 1$. 试用辅助函数 $F(x) = \ln f(x)$, $a < x < b$.
8. 试用辅助函数 $F(x) = f^2(x) + [f'(x)]^2$.
9. 本题给出了关于 x, h 的一个恒等式, 条件很强. 试固定 x 后对 h 求导, 先证明 f' 为线性函数.

10. 对线性函数和二次函数, 广义二阶导数与普通的二阶导数是一样的. 试用辅助函数

$$F(x) = \pm[f(x) - f(a) - \frac{f(b) - f(a)}{b - a}(x - a)] - \varepsilon(x - a)(b - x)],$$

其中 $\varepsilon > 0$. 设法证明 $F(x) \leqslant 0$.

11. 可以先证明在区间 $\left[0, \frac{1}{2c}\right]$ 上 $f(x) \equiv 0$.

12. 注意在条件中蕴涵了 $f^{(n)}(0) = 0, \forall n \geqslant 0$.

13. 上题的提示在这里也是对的.

14. 一阶导数是差商的极限. 本题是其推广. 试用带 Peano 余项的 Taylor 公式. 还可以利用第六章第二组参考题 8.

15. 利用例题 7.2.5 的方法, 写出带 Lagrange 余项的 Taylor 公式:

$$f(x + h) = f(x) + f'(x)h + \frac{f''(x)}{2!}h^2 + \cdots + \frac{f^{(n-1)}(x)}{(n-1)!}h^{n-1} + \frac{f^{(n)}(x + \theta h)}{n!}h^n.$$

取互异的 $h_1, h_2, \cdots, h_{n-1}$ 代替上面的 h, 然后从中解出 $f'(x), f''(x), \cdots, f^{(n-1)}(x)$.

16. 不妨设已有 $f(+\infty) = 0$. 设法证明 $f^{(n)}(+\infty) = 0$. 然后可以借用上题中的思路.

17. (1) 本题可以从例题 7.2.5 得到. 实际上 (1) 可从 (2)(ii) 推出.

   (2) 从几何上不难考虑. 对 (ii) 试用反证法. 这里需要关于极限类型为 $x \to +\infty$ 的 Cauchy 收敛准则.

   (在学了积分学后可以知道本题所讨论的问题等价于: 在区间 $[a, +\infty)$ 上广义可积的函数当 $x \to +\infty$ 时是否一定收敛于 0.)

18. 写出 $f(x + r)$ 在点 x 的带 Lagrange 余项的 Taylor 公式, 利用单调性作估计.

19. 在上题的基础上已不难得到. (参见《美国数学月刊》(1983) 第 90 卷 130–131 页.)

第八章　微分学的应用

第一组参考题 (274 页)

1. 试考虑辅助函数 $e^x f(x)$ 和 $e^x(f(x) \pm 1)$.

2. 先证明 $f(0) = f'(0) = 0$, 然后从条件中求出 $f''(0) = 4$. 答案为 e^2.

3. 与例题 8.1.10 类似. 答案: $\alpha = k - 1$, 极限为 $-\dfrac{1}{(k-1)A}$.

4. 注意 f 是闭区间上的连续函数.

5. $p = 1$ 时即三点不等式. 对于 $0 < p < 1$ 可以用微分学工具.

6. 注意所要证明的不等式等价于

$$\left(1 + \frac{1}{2n+1}\right)\left(1 + \frac{1}{n}\right)^n < e < \left(1 + \frac{1}{2n}\right)\left(1 + \frac{1}{n}\right)^n.$$

若将 n 改为连续变量 x, 就可用微分学方法证明.

7. 可试对辅助函数 $f(x) = x - \sin x(\cos x)^{-1/3}$ 计算 f' 和 f''. 若能够用广义的算术平均值 – 几何平均值不等式 (命题 8.5.1), 则不必计算 f''.

8. 可以按常规的微分学方法求解.

9. 分别处理左边和右边的不等式.

10. 试用辅助函数 $f(x) = \dfrac{\sin x}{x} + \dfrac{1}{3\pi}x^2$, $x \in \left(0, \dfrac{\pi}{2}\right]$. 在 $x = 0$ 用极限值补充定义.

11. 取对数, 然后利用凸函数知识.

12. 只要证明 $f(x) = (\sin x)^{\cos x}$ 严格单调增加.

13. 可用 Young 不等式或凸性不等式.

14. 必要性对一般可微函数都成立. 充分性可用反证法.

15. 研究映射 $g \circ g$ 的不动点, 它可能是 g 的不动点或周期 2 点. 然后利用可微性计算 $[g(g(x))]'$ 在该点的值.

16. 写出 $f(0)$ 和 $f(1)$ 在极小值点处的 Taylor 展开式.

17. 用 Taylor 展开式, 或试用辅助函数 $\varphi(t) = f(t) - \dfrac{1}{2}t^2(t+1)$.

18. 用反证法. 若 g 在 (a,b) 中无零点, 则可以试用辅助函数 $F(x) = \dfrac{f(x)}{g(x)}$.

第二组参考题 (275 页)

1. 可从辅助函数 $F(x) = \mathrm{e}^x f(x)$ 开始.

2. 计算 $x \neq 0$ 时的 $g^{(n)}(x)$ 和它在 $x \to 0$ 时的极限. 这里可以使用导数极限定理 (7.1.2 小节).

3. 可以用上一题的结论.

4. 注意基本关系 $P_n'(x) = P_{n-1}(x)$, $\forall n \geqslant 2$. 主要工具是带 Lagrange 余项的 Maclaurin 公式. 只有 (3) 稍难一点.

5. 可以利用上题的 (6). 答案为 $a + (b-a)\mathrm{e}^{-1/2}$.

6. 证明数列 $\{x_n/y_n\}$ 严格单调增加.

7. 不妨从 $\alpha = 1, a = 0$ 开始. 可以证明: 若分母有实根或 $b = 0$, 则不会有三个拐点. 再用平移, 将问题归结为讨论

$$y = \frac{x}{x^2 + 2\beta x + \gamma}, \quad \beta^2 - \gamma < 0.$$

可以用二阶导数证明这时存在三个拐点.

8. 可以用第一章中的向前 – 向后数学归纳法证明对一切正整数 n, 成立

$$f\left(\frac{x_1 + x_2 + \cdots + x_n}{n}\right) \leqslant \frac{f(x_1) + f(x_2) + \cdots + f(x_n)}{n},$$

然后用连续性条件.

9. 证明对每个 $x_0 \in (a,b)$, 成立 $f(x_0) = f(x_0^+) = f(x_0^-)$.

10. 从条件可有 $f(x+h) - f(x) \leqslant \dfrac{1}{2}[f(x+2h) - f(x)]$, 反复利用这个关系和 f 的局部有界性, 可证明 f 在 (a,b) 内的每个闭子区间上一致连续.

11. 可以先在一个长度较小的区间上证明 f 恒等于 0.

12. 试用反证法.

13. 用带 Lagrange 余项的 Taylor 公式即可 (本题的结论若联系到凸性就容易理解).

14. 用反证法. 若对每个 $x \in \mathbf{R}$ 成立 $f(x)f'(x)f''(x)f'''(x) < 0$, 则由于 f 及其各阶导函数均具有介值性质, 因此均保号. 然后设法利用上一题.

15. 可以先证明一个引理: 若多项式 p 对每个 x 成立 $p + p' \geqslant 0$ (或 $p - p' \geqslant 0$), 则 $p \geqslant 0$. 然后用三次引理即可.

16. 注意有 $Q(x) = [xP(x) + P'(x)] \cdot [xP'(x) + P(x)]$, 然后分别研究两个因子的零点个数, 并证明这些零点都是单重根.

17. 用 $F(x) = f(x) - x$ 就容易做.

18. 思路同上, 只是讨论稍长一些.

19. 结论取决于表达式 $A = a^{\frac{2}{3}} + b^{\frac{2}{3}} - 1$ 的值. 在 $A < 0$ 时有 4 个相异实根, 在 $A > 0$ 时有两个相异实根. 在 $A = 0$ 时有重根.

20. 法线的条数可以归结为上一题的三角方程的实根个数 (也可归结为四次代数方程的实根个数问题). 设定点的座标为 (X, Y), 则可以确定出一条曲线:

$$(aX)^{\frac{2}{3}} + (bY)^{\frac{2}{3}} = (a^2 - b^2)^{\frac{2}{3}}.$$

稍有一点曲率知识的读者会知道这就是椭圆的渐屈线方程①. 结论是: 若定点在椭圆的渐屈线内 (即图 1 的阴影区) 时, 可引出 4 条法线; 若定点在渐屈线外, 则只有两条. 若在渐屈线上, 则一般为三条, 但在尖点处只有两条. 在下面的图 1 中作出了一个椭圆和它的渐屈线, 其中 $a = 3, b = 2$. 在图 2 中显示了从点 $(0.5, 0.5)$ 出发可以得到 4 条法线的情况.

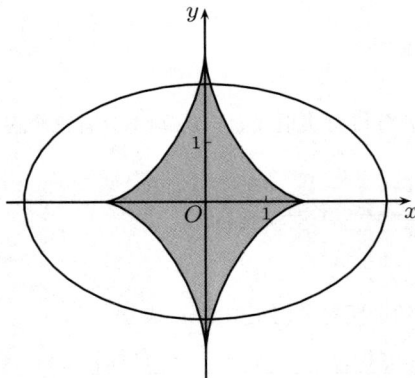

图 1

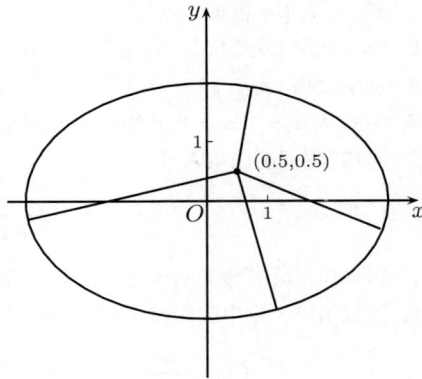

图 2

第九章　不定积分

参考题 (298 页)

1. 作代换 $\sin^2 x = t$.

---
① 关于曲率和渐屈线方面的基本知识可以参考 [27] 和 [59] 第一册的 §2.14.

2. (1) 先求 $x\ln(1+x^2)$ 的原函数, 然后分部积分; (2) 作代换 $x=\mathrm{e}^t$; (3) 求 $F(0)=0$ 的原函数, 分段求出 F 的增量; (4) 分部积分; (5) 在 $a-b$ 不是 π 的整数倍时利用 $\sin(a-b)=\sin[(x+a)-(x+b)]$; (6) 将被积函数拆成两项即可积出.

3. 分部积分.

4. 对积分作线性代换 $t=(x+a)/2$, 将被积函数写为两个因子之积:
$$I_n = 2\int \left[\frac{\sin(t-a)}{\sin t}\right]^n \mathrm{d}t = 2\int \left[\frac{\sin(t-a)}{\sin t}\right]^{n-2}\cdot \frac{\sin^2(t-a)}{\sin^2 t}\,\mathrm{d}t,$$
展开上式右边积分号下被积函数的第二个因子成三项即可.

5. 这时的部分分式分解是形式为 $A_i/(x-x_i)$ 的 n 项之和.

6. 求满足条件 $F(0)=0$ 的原函数.

7. 这里的方法与证明 $\sqrt{2}$ 不是有理数的代数方法类似. 用反证法. 设 $h(x)=P(x)/Q(x)$, 其中 P 和 Q 是不可约的多项式, 设法引出矛盾.

第十章   定积分

第一组参考题 (332 页)

1. 不要取等距分划.

2. (1) 将 Dirichlet 函数加以改造; (2) 利用导函数的介值性.

3. 分析因介点集不同所引起的差.

4. 所需知识均见命题 8.4.3 (及其证明).

5. (1) 可从积分定义得到, 其余可以由此逐步改造得到.

6. 可先对连续函数情况作出证明, 这比较容易, 然后对一般情况利用题 5 之 (3).

7. 与例题 10.2.1 类似.

8. 连续点即振幅为零的点, 因此可用上题与闭区间套定理.

9. 必要性明显, 充分性可用上题的结论.

10. 令 $h=f-g$, 直接证明 h 在 $[a,b]$ 上的定积分值为 0.

11. 利用导函数的介值性.

12. 作两次分部积分, 然后对最后出现的定积分作出估计, 证明其极限为 0.

13. 利用例题 10.2.5 (将其中 n 换为连续参数 p), 并证明 x_p 关于 p 为单调增加.

14. 将题中的变上限积分记为 $F(x)$, 用 L'Hospital 法则计算 $F(x)=[F(x)\mathrm{e}^{ax}]/\mathrm{e}^{ax}$ 当 $x\to +\infty$ 时的极限.

15. 作适当代换, 使变量 x 不出现在被积函数中.

16. n 为奇数时就是例题 10.4.3, n 为偶数时需要利用类似的三角恒等式.

17. 求出 $B(m,n)$ 的积分形式, 然后利用例题 10.4.10.

18. 参考例题 10.4.4 并用 L'Hospital 法则计算 $x\to 0^+$ 时的极限.

19. 用 Jordan 不等式克服指数上出现 $\sin\theta$ 的困难.

20. 对 $f''(x)\sin x$ 的积分用分部积分法.

21. 这样的 f 是不存在的.

22. 用积分中值定理和微分中值定理. 若引入适当的辅助函数, 也可以只用微分中值定理.

23. 将题设条件中的不等式两边开方, 然后将右边除到左边再积分.

24. 利用 f 单调增加, 在 $x \geqslant 1$ 时有 $f'(x) \leqslant 1/(x^2 + 1)$.

25. 利用例题 10.3.1.

第二组参考题 (334 页)

1. (1) 为证单调性可作代换 $t = xu$, 关于连续性只需证 F 在点 $x = 0$ 右连续; (2) 由于 f 未必连续, 不能用 L'Hospital 法则, 但可用第二章中 Cauchy 命题的证明方法.

2. 只需证明充分性. 首先, 与命题 10.1.1 类似地证明 f 在积分区间上有界. 然后利用条件中的一列特殊分划去估计细度足够小的任何一个分划的和式与 I 之差.

3. 此题尚未见到较为简明的解法. 读者可以参考 [56] 106 页上的证明. 此外, 在 [69] 中也给出了一个证明.

4. 先对周期函数 g 作预处理. 由于 g 为常值函数时结论平凡成立, 因此只需要对于 g 在一个周期上的积分为 0 的情况证明题中的极限为 0. 注意这时 g 在 $[0, x]$ 上的积分为 x 的周期为 T 的连续函数. 对 $f \in R[a, b]$ 的讨论则可从常值函数开始, 然后是阶梯函数, 最后利用本章第一组参考题 5(1).

5. 写出 f 的多项式形式, 将 f 与 x^k 相乘后的积分写成关于 k 的有理分式.

6. 找递推关系.

7. 对给定的 $\varepsilon > 0$, 将积分拆开估计.

8. 作代换 $y = \sqrt{2}x$ 可使计算容易些. 对被积函数的分子和分母作因式分解, 发现它们有 4 次公因子, 约去后就可用 9.2.1 小节中的标准方法求出原函数并计算出积分值.

第十一章　积分学的应用

第一组参考题 (370 页)

1. 将被积函数乘以 e^{-x} (积分值不会增加), 然后进行估计即可.

2. 利用对称性处理左边第一个积分, 然后用 Schwarz 不等式 (参见 11.2.5 小节题 6).

3. (1) 将不等式 $F(x)F(y)(x - y)[F(x) - F(y)] \leqslant 0$ 先对 x 积分, 再对 y 积分. (2) 与 (1) 的方法类似.

4. 先将不等式整理成等价形式 $\int_0^1 \dfrac{1}{1 - f} \int_0^1 (1 - f) \geqslant 1$.

5. 作积分代换, 使两边的被积函数分别为 $\cos(\sin x)$ 和 $\sin(\cos x)$, 证明在 $[0, \pi/2]$ 上 $\cos(\sin x) \geqslant \sin(\cos x)$.

6. 令 $g(x) = (x - a)^n(b - x)^n$, 对 $f^{(2n)}(x)g(x)$ 在 $[a, b]$ 上的积分作多次分部积分即可.

7. 先用 Schwarz 不等式证明数列 $\{d_{n+1}/d_n\}$ 单调有界, 然后利用 2.4.3 小节题 6.

8. 用夹逼方法将问题化为求积分和的极限.

9. 取对数后用 Taylor 公式分出主部并求和.

10. 参考命题 2.5.6 的证明.

11. 作 Taylor 展开, 并用余项控制误差. 答案为 0.310.

12. 从 $\sin(1/t)$ 的几何图像可猜到 $F(1/(n\pi))$ 与 $(-1)^n$ 同号. 然后用分部积分法证明它.

13. 对积分作代换 $f(x) = y$, 然后用命题 10.2.2 的最后一个公式作出估计.

14. 先将对 f 有零点时的讨论转化为对 f 无零点时的讨论, 对后一种情况可作代换 $f(x) = y$, 然后用积分第一中值定理作估计.

15. 将 S_n 用组合数表示并作简化.

第二组参考题 (372 页)

1. 将积分分拆成在 $[0, \pi/2]$ 和 $[\pi/2, \pi]$ 两个区间上的积分之和, 然后设法用勾股定理.

2. 在证明 Poisson 积分时利用在复数域中的因式分解 $r^{2n} - 1 = \prod\limits_{k=-n}^{n-1} (r - \mathrm{e}^{\mathrm{i}k\pi/n})$.

3. (1) 用反证法即可, 因为 $3x^2$ 在 $[0,1]$ 上的积分为 1; (2) 这时积分 $\int_0^1 x(x-a)f(x)\,\mathrm{d}x = 1$ 对每个 a 成立, 利用 a 的任意性作最佳估计.

4. 与上题类似, 这时 $\int_0^1 (x-a)^n f(x)\,\mathrm{d}x = 1$ 对每个 a 成立.

5. 从函数 $\sin x/x$ 的几何图像 (见图 4.2(a)) 容易猜到答案, 然后作出证明. (1) c_1 是从 π 到 2π 的积分, 而 c_2 是从 0 到 π 的积分, 它们的近似值为 $-0.433\,785$ 和 $1.851\,94$; (2) 这时 c_1 不变, c_2 是从 $-\pi$ 到 π 的积分.

6. 先要理解不等式的几何意义, 由此设计出证明方法, 并写出证明.

7. (1) 先证明满足条件的函数在任何闭区间上必在端点达到最大值, 然后将此结论用于函数 $h(x) = f(x) - f(x_1) - \{[f(x_2) - f(x_1)]/(x_2 - x_1)\} \cdot (x - x_1)$; (2) 可用反证法; (3) 同时具有两种凸性的函数一定是线性函数.

8. (1) 令 $h(x) = \int_0^x |f'(t)|\,\mathrm{d}t$, $0 \leqslant x \leqslant a$, 则 $h \geqslant |f|$, $h' = |f'|$, 再用 Schwarz 不等式.
   (2) 将积分拆开, 用两次 (1).

9. 将右边除到左边, 乘以函数 $g(x)$ 后再积分.

10. 不妨设 f 在 $(0,1)$ 上大于 0. 设 $f(x_0)$ 为最大值, 将分母 $|f(x)|$ 换为 $f(x_0)$, 积分只会严格变小. 然后在 $[0, x_0]$ 和 $[x_0, 1]$ 上用微分中值定理, 得到两个中值点 α 和 β, 在子区间 $[\alpha, \beta]$ 上的积分即大于等于 4.

11. 从 $\dfrac{[f(x) - m][f(x) - M]}{f(x)} \leqslant 0$ 出发积分即可.

12. 记 $K = \sup\limits_{a \leqslant x \leqslant b} \{|f'(x)|\}$. 若 $K = +\infty$, 则无需再讨论. 否则利用边界条件, $|f(x)|$ 的图像可由带有角点的折线控制. 由于 f 处处可微, 两者不可能重合, 积分比较即可.

13. 记 $p(x) = x^3 - x^2$, 证明 $\int_0^1 (f'')^2 - 4 = \int_0^1 [(f'')^2 - (p'')^2] = \int_0^1 (f'' - p'')^2 \geqslant 0$.

14. 因 f 连续, 取 m 为其最小值, 设 $f(x_0) = m$, 则 $m \leqslant f(x) \leqslant m + L|x - x_0|$. 由此出发估计有关的积分.

15. 参考正文中的 Stirling 公式的证明和注, 并先做 11.4.5 小节练习题 7. (关于 Stirling 公式的进一步改进可以看看 [59] 第二册 397–398 页上的有关内容.)

第十二章　广义积分

第一组参考题 (398 页)

1. 作代换即可. 注意与例题 10.4.8 的联系.

2. (4) 的左边估计需要作分部积分.

3. 用 Minkowski 不等式和第十章第一组参考题 6 (积分的连续性命题).

4. 用 Hölder 不等式和上一题.

5. 在 $[a, A]$ 上分部积分, 在必要性证明中用例题 12.4.2.

6. 归结到 Cauchy 判别法. (这是广义积分的比较判别法中的对数判别法.)

7. 先证明积分收敛. 在计算时注意: 若 k 为正整数, 则在区间 $[k, k+1]$ 上 $[x] = k$.

8. 用 Taylor 公式估计阶.

9. (1) $\dfrac{q}{p+1} \leqslant 1$ 时发散; $\dfrac{q}{p+1} > 1$ 时, 若 $\dfrac{q}{p+1} > r$ 则收敛, 否则发散;

   (2) $1 < p < 2$ 时绝对收敛, $0 < p \leqslant 1$ 与 $2 \leqslant p < 3$ 时条件收敛, 其他情况均发散.

10. 先证 $f(+\infty) = 0$, 然后可用积分第二中值定理作估计.

11. 分段估计.

12. 这两题在常义积分情况都可归之于 Riemann 定理 (第十章第二组参考题 4), 这里的推广不难.

13. 参考常义积分的第二中值定理的证明.

14. 先证明 $\displaystyle\int_1^{+\infty} \frac{f(x)}{x}\,\mathrm{d}x = \int_1^{+\infty} \frac{F(x)}{x^2}\,\mathrm{d}x$, 其中 $F(x) = \displaystyle\int_1^x f(t)\,\mathrm{d}t$, $x \geqslant 0$. 关于存在 $\xi > 1$ 的讨论可参考例题 10.2.2 的证明过程.

15. 用 Schwarz 不等式. 注意本题的积分还是绝对收敛的.

16. (4) 需要概率积分 (见例题 12.3.7).

第二组参考题 (401 页)

1. 需要 Wallis 公式.

2. 为得到右边的不等式, 可以用辅助函数 $F(x) = \displaystyle\int_x^{+\infty} \mathrm{e}^{-\frac{t^2}{2}}\,\mathrm{d}t - \frac{1}{x}\mathrm{e}^{-\frac{x^2}{2}}$, $x > 0$. 另一边不等式的证明是类似的.

3. 可在区间 $[0, A]$ 上对积分作分部积分, 然后用 Schwarz 不等式, 最后令 $A \to +\infty$.

4. 用 Schwarz 不等式, 或反证法.

5. 主要工具是分部积分和 Schwarz 不等式.

6. 作 Taylor 展开.

7. 用 9.2.1 小节中分解有理函数为部分分式的方法做, 可参考 [14] 的第二卷 496 小节.

8. 在 (1), (2) 中用 Euler 公式 $\mathrm{e}^{\mathrm{i}\theta} = \cos\theta + \mathrm{i}\sin\theta$ 做比较方便.

9. (1) 与 (2) 等价. 用 Schwarz 不等式即可.

10. 积分号下和式可以对消至只剩一项.

参 考 文 献

[说明] 以下文献按作者名 (编者名) 的 (拼音) 字母顺序排列. 为简明起见, 对翻译著作未列
出原著作的外文名和译者名.

[1] Bailey D H, Borwein J M, Borwein P B, et al. The quest for pi. The Mathematical Intelligencer, 1997, 19: 50–57.

[2] Beckenbach E F, Bellman R. Inequalities. Berlin: Springer, 1961.

[3] 别莱利曼. 趣味代数学. 3版. 北京: 中国青年出版社, 1980.

[4] Berggren L, Borwein J, Borwein P. Pi: A Source Book. New York: Springer, 1997.

[5] 布朗克. 微积分和数学分析习题集. 北京: 科学出版社, 1986.

[6] 波耶. 微积分概念史. 上海: 上海人民出版社, 1977.

[7] Bullen P S. Handbook of Means and Their Inequalities. Dordrecht: Kluwer Academic Publishers, 2003.

[8] 常庚哲, 史济怀. 数学分析教程. 北京: 高等教育出版社, 2003.

[9] Conway J H, Guy R K. The Book of Numbers. New York: Copernicus, 1996.

[10] 柯朗, 约翰. 微积分和数学分析引论. 北京: 科学出版社, 1979.

[11] 德林费尔特. 普通数学分析教程补篇. 北京: 人民教育出版社, 1960.

[12] 邓纳姆. 天才引导的历程. 北京: 中国对外翻译出版公司, 1994.

[13] 方企勤, 林源渠. 数学分析习题课教材. 北京: 北京大学出版社, 1990.

[14] 菲赫金哥尔茨. 微积分学教程. 8 版. 北京: 高等教育出版社, 2006.

[15] Finlay-Freundlich E. Celestial Mechanics. London: Pergamon Press, 1958.

[16] 格雷克. 混沌: 开创新科学. 北京: 高等教育出版社, 2004.

[17] 格列本卡, 罗渥舍诺夫. 数学分析教程. 上海: 商务印书馆, 1953.

[18] 关肇直. 高等数学教程. 北京: 高等教育出版社, 1959.

[19] 陈湘能, 黄汉侠, 等. 国际最佳数学征解问题分析. 长沙: 湖南科学技术出版社, 1983.

[20] Halmos P R. How to write mathematics. L'Enseignement mathématique, 1970, 14: 123–152.

[21] 郝柏林. 从抛物线谈起: 混沌动力学引论. 上海: 上海科技教育出版社, 1993.

[22] 哈代, 李特伍德, 波利亚. 不等式. 北京: 科学出版社, 1965.

[23] 侯世达. 哥德尔、艾舍尔、巴赫: 集异璧之大成. 北京: 商务印书馆, 1996.

[24] 胡雁军, 李育生, 邓聚成. 数学分析中的证题方法与难题选解. 郑州: 河南大学出版社, 1987.

[25] 华东师范大学数学系. 数学分析. 4 版. 北京: 高等教育出版社, 2001.

[26] 华罗庚. 高等数学引论. 北京: 高等教育出版社, 2009.

[27] 吉米多维奇. 数学分析习题集 (根据 2010 年俄文版翻译). 北京: 高等教育出版社, 2011.

[28] 克莱鲍尔. 分析中的问题与命题. 长沙: 湖南师范学院学报, 1984.

[29] 克莱因. 古今数学思想. 上海: 上海科学技术出版社, 2014.

[30] 匡继昌. 常用不等式. 4 版. 济南: 山东科学技术出版社, 2010.

[31] 邝荣雨, 杨新华, 林莉. 数学分析习题集. 北京: 教育科学出版社, 1997.

[32] Larson L C. Problem-Solving through Problems. New York: Springer, 1983.

[33] 李成章, 黄玉民. 数学分析. 2 版. 北京: 科学出版社, 2007.

[34] Li T-Y, Yorke J A. Period three implies chaos. Am. Math. Monthly, 1975, 82: 985–992.

[35] 李文林. 数学珍宝: 历史文献精选. 北京: 科学出版社, 1998.

[36] 刘玉琏, 傅沛仁. 数学分析讲义. 北京: 高等教育出版社, 1985.
[37] 李世金, 赵洁. 数学分析方法600例. 长春: 东北师范大学出版社, 1992.
[38] 卢侃, 孙建华, 欧阳容百, 等. 混沌动力学. 上海: 上海翻译出版公司, 1990.
[39] May R M. Simple mathematical models with very complicated dynamics. Nature, 1976, 261: 459–467.
[40] 米尔诺. 从微分观点看拓扑. 上海: 上海科学技术出版社, 1983.
[41] 沐定夷. 数学分析. 上海: 上海交通大学出版社, 1993.
[42] 欧阳光中, 姚允龙, 周渊. 数学分析. 上海: 复旦大学出版社, 2004.
[43] 欧阳光中, 朱学炎, 金福临, 等. 数学分析. 3版. 北京: 高等教育出版社, 2007.
[44] 裴礼文. 数学分析中的典型问题与方法. 2版. 北京: 高等教育出版社, 2006.
[45] 波利亚. 怎样解题. 北京: 科学出版社, 1982.
[46] 波利亚. 数学与猜想. 北京: 科学出版社, 1984.
[47] 波利亚. 数学的发现. 呼和浩特: 内蒙古人民出版社, 1979.
[48] 波利亚, 舍贵. 数学分析中的问题和定理. 上海: 上海科学技术出版社, 1981.
[49] 钱昌本. 高等数学解题过程的分析和研究. 北京: 科学出版社, 1994.
[50] 秦曾复, 朱学炎. 数学分析. 北京: 高等教育出版社, 1991.
[51] 卢丁. 数学分析原理. 北京: 人民教育出版社, 1979.
[52] Saunders P T. An Introduction to Catastrophe Theory. Cambridge: Cambridge University Press, 1980.
[53] 沈燮昌, 邵品琮. 数学分析纵横谈. 北京: 北京大学出版社, 1991.
[54] 沈燮昌, 方企勤, 廖可人, 等. 数学分析. 北京: 高等教育出版社, 1986.
[55] 斯皮瓦克. 微积分. 北京: 人民教育出版社, 1980.
[56] 孙本旺, 汪浩. 数学分析中的典型例题和解题方法. 长沙: 湖南科学技术出版社, 1981.
[57] 汪林, 戴正德, 杨富春, 等. 数学分析问题研究与评注. 北京: 科学出版社, 1995.
[58] 谢邦杰. 超穷数与超穷论法. 长春: 吉林人民出版社, 1979.
[59] 谢惠民, 沐定夷. 吉米多维奇数学分析习题集学习指引. 北京: 高等教育出版社, 2010.
[60] 谢惠民. 数学史赏析. 北京: 高等教育出版社, 2014.
[61] 薛宗慈, 曾昭著, 邝荣雨, 等. 数学分析习作课讲义. 北京: 北京师范大学出版社, 1985.
[62] 徐利治. 数学分析的方法及例题选讲. 上海: 商务印书馆, 1955.
[63] 徐利治, 王兴华. 数学分析的方法及例题选讲. 修订版. 北京: 高等教育出版社, 1983.
[64] 杨宗磐. 数学分析入门. 北京: 科学出版社, 1958.
[65] 张元德, 宋烈侠. 高等数学辅导三十讲. 北京: 清华大学出版社, 1988.
[66] 张志军. 数学分析中的一些新思想与新方法. 兰州: 兰州大学出版社, 1998.
[67] 张筑生. 数学分析新讲. 北京: 北京大学出版社, 1990.
[68] 赵显曾. 高等微积分. 北京: 高等教育出版社, 1991.
[69] 赵显曾. 数学分析拾遗. 南京: 东南大学出版社, 2006.
[70] 郑英元, 毛羽辉, 宋国栋. 数学分析习题课教程. 北京: 高等教育出版社, 1991.
[71] 周家云, 刘一鸣, 解际太. 数学分析的方法. 济南: 山东教育出版社, 1991.
[72] 卓里奇. 数学分析. 4版. 北京: 高等教育出版社, 2006.
[73] 邹应. 数学分析. 北京: 高等教育出版社, 1995.
[74] 邹应. 数学分析习题及其解答. 武汉: 武汉大学出版社, 2001.

中文名词索引

外文名词索引

郑重声明

高等教育出版社依法对本书享有专有出版权。任何未经许可的复制、销售行为均违反《中华人民共和国著作权法》，其行为人将承担相应的民事责任和行政责任；构成犯罪的，将被依法追究刑事责任。为了维护市场秩序，保护读者的合法权益，避免读者误用盗版书造成不良后果，我社将配合行政执法部门和司法机关对违法犯罪的单位和个人进行严厉打击。社会各界人士如发现上述侵权行为，希望及时举报，我社将奖励举报有功人员。

反盗版举报电话　　（010）58581999　58582371

反盗版举报邮箱　　dd@hep.com.cn

通信地址　北京市西城区德外大街4号　高等教育出版社法律事务部

邮政编码　100120

读者意见反馈

为收集对教材的意见建议，进一步完善教材编写并做好服务工作，读者可将对本教材的意见建议通过如下渠道反馈至我社。

咨询电话　400-810-0598

反馈邮箱　hepsci@pub.hep.cn

通信地址　北京市朝阳区惠新东街4号富盛大厦1座

　　　　　高等教育出版社理科事业部

邮政编码　100029